生态环保规划
案例讲评

主　编　刘会成　张振昌　金伟成

副主编　刘　冬　张维清　周文强　林立清

付丽洋　王彩红

编　委　陆义媛　刘丹丹　刘远思　陈　亭

徐　冰　张晓荟　马　丽　庄　园

南京师范大学出版社

图书在版编目(CIP)数据

生态环保规划案例讲评 / 刘会成，张振昌，金伟成主编. — 南京 ：南京师范大学出版社，2024.3

ISBN 978-7-5651-5989-3

Ⅰ. ①生… Ⅱ. ①刘… ②张… ③金… Ⅲ. ①生态环境保护—案例—中国 Ⅳ. ①X321.2

中国国家版本馆 CIP 数据核字(2024)第 003434 号

书　　名 生态环保规划案例讲评
主　　编 刘会成　张振昌　金伟成
策　　划 翟姗姗
责任编辑 翟姗姗
出版发行 南京师范大学出版社
地　　址 江苏省南京市玄武区后宰门西村 9 号(邮编:210016)
电　　话 (025)83598919(总编办)　83598412(营销部)　83598009(邮购部)
网　　址 http://press.njnu.edu.cn
电子信箱 nspzbb@njnu.edu.cn
印　　刷 江苏凤凰数码印务有限公司
开　　本 889 毫米×1194 毫米　1/16
印　　张 19.25
字　　数 600 千
版　　次 2024 年 3 月第 1 版
印　　次 2024 年 3 月第 1 次印刷
书　　号 ISBN 978-7-5651-5989-3
定　　价 88.00 元

出 版 人 张　鹏

前　言

党的十八大以来，以习近平为核心的党中央把生态文明建设作为关系中华民族永续发展的根本大计，开展了一系列开创性工作，决心之大、力度之大、成效之大前所未有，生态文明建设从理论到实践都发生了历史性、转折性、全局性变化，美丽中国建设迈出重大步伐。新时代生态文明建设的成就举世瞩目，成为新时代党和国家事业取得历史性成就、发生历史性变革的显著标志。

编制实施生态环境保护规划是美丽中国建设处理好重点攻坚和协同治理关系的重要方式之一，对于促进以高品质生态环境支撑高质量发展，加快推进人与自然和谐共生的现代化起到十分重要的作用。为总结生态环境保护规划实践经验，为今后开展生态环境保护规划提供更多参考，编者精心挑选了长江流域、太湖流域、淮河流域等重点区域的典型案例。全书由三篇组成，第一篇生态文明建设规划，第二篇“十四五”生态环境保护规划，第三篇生态环境保护专项规划，经过梳理、完善和凝练，并邀请专家对案例进行针对性点评，希望本书的出版能对生态环境保护规划的管理和技术人员有所启发和借鉴。

本书的编辑得到了有关单位及专家的大力支持，案例提供单位、讲评专家和本书的编者同为本书作者。南京师范大学出版社为本书顺利出版做了大量工作，在此表示衷心感谢和致敬！

在本书的编写过程中，作者力求充分展示生态环境保护规划的系列成果，但由于编者能力有限、本书篇幅所限、时间仓促，书中难免有些不当之处，恳请专家、学者及读者批评和指正。

编　者

2023 年 9 月

目　录

生态文明建设规划

“十四五”生态环境保护规划

生态环境保护专项规划

生态文明建设规划

推进生态文明建设是党中央做出的重大决策，是关系国家发展全局的重大战略，对于实现“两个一百年”奋斗目标、实现中华民族伟大复兴的中国梦，具有重大的现实意义和深远的历史意义。习近平生态文明思想为新时代推进生态文明建设提供了根本遵循和行动指南。党的二十大报告指出，“中国式现代化是人与自然和谐共生的现代化”，明确了我国新时代生态文明建设的战略任务，总基调是推动绿色发展，促进人与自然和谐共生。生态文明建设规划篇，选取了经济发达地区太湖流域无锡市、滨江临海南通市和淮河生态经济带淮安市，介绍了地方以高水平保护支撑高质量发展的经验、做法和成效，同时结合我国生态文明建设新形势下面临的机遇和挑战，提出了未来美丽中国发展路径，为其他地区生态文明建设提供可复制可推广的经验做法。

无锡市生态文明建设规划(2021—2025)

前 言

无锡市地处长江三角洲腹地,拥有太湖山水组合中最美丽的区域,土地肥沃、物产丰饶、山明水秀,素有江南鱼米之乡的美称。截至2021年,全市总面积4 627.46平方千米,现辖江阴、宜兴两个县级市,梁溪、锡山、惠山、滨湖、新吴五个区和无锡经济开发区。

近年来,无锡市围绕着成为"具有国际影响力的现代化区域中心城市"的总体定位,打造具有国际竞争力的产业创新名城、具有国际美誉度的生态宜居名城、具有全国影响力的山水文旅名城。全市地区生产总值(GDP)于2017年突破万亿大关,2020年达12 370.48亿元,人均GDP在全国大中城市中排名第一。新兴产业态势发展良好,集成电路产业规模位于全省第一、全国第二,建有国家集成电路设计无锡产业化基地等9个国家级技术创新载体,以及国家集成电路特色工艺及封装测试创新中心。在经济迅猛发展的同时,2020年,全市水、大气质量均创有监测记录以来的最好水平,生态环境质量之跨越式提升前所未有,走出了一条经济发展和生态文明建设互促互进之路。2013年,无锡市被原环保部授予"国家生态市"称号,建成全国首个生态城市群,2017年获评"国家生态文明建设示范市"。

无锡市上一轮生态文明建设规划实施年限为2016—2020年,进入"十四五"时期,是开启全面建设社会主义现代化新征程、奋力谱写"强富美高"新篇章的关键阶段,也是深入打好污染防治攻坚战、实现碳达峰目标的关键期和窗口期。为深入贯彻习近平生态文明思想,落实中央、省有关生态文明建设的新要求、新目标、新任务,进一步加强生态文明建设,推动高质量发展,无锡市政府决定编制《无锡市生态文明建设规划(2021—2025)》。

2021年7月13日,江苏省生态环境厅受生态环境部委托,在南京组织召开了《无锡市生态文明建设规划(2021—2025)》的评审会。

第一章 规划基础

1.1 区域概况

1.1.1 自然条件

1. 地理位置优越

无锡市位于东经119°31′~120°36′,北纬31°07′~32°02′之间,地处长江三角洲江湖间的走廊部分,江苏省的东南部,太湖之滨,北临长江,西邻常州市,东靠苏州市。全市总面积4 627.46平方千米,其中水域面积为939.61平方千米,占20.31%,城市建成区面积为347.03平方千米,占7.50%。

2. 资源禀赋得天独厚

无锡市南濒太湖,北枕长江,京杭运河穿越而过,属长江下游太湖水网区。太湖水域面积2 338.1平方千米,东西宽56千米,南北长68千米,其中无锡境内太湖水域面积758平方千米;长江全长6 300余千米,其中无锡境内35.7千米;京杭大运河全长1794千米,其中无锡市境内京杭运河42.28千米。

湿地类型多样,主要有湖泊湿地、河流湿地、沼泽湿地和人工湿地等多种形态,其中湖泊湿地占比最高。无锡市境内著名湿地有梁鸿国家湿地公园、长广溪国家湿地公园、蠡湖国家湿地公园、太湖十八湾、尚贤河湿地、宜兴南滆湖湿地、宜兴氿滨湿地、宛山荡等湿地。其中环太湖 24 千米湿地生态修复工程被原国家林业局命名为“太湖治理湿地保护与恢复国家示范工程”。

1.1.2 经济发展

1. 经济增长速度快

2016—2020 年，全市宏观经济稳步增长，地区生产总值由 2016 年的 9 210.20 亿元逐渐增加至 2020 年的 12 370.48 亿元，于 2017 年突破万亿大关。

2. 经济结构明显改善

第一、第二、第三产业的比例由 2016 的 1.4∶47.4∶51.2 调整为 2020 年的 1.0∶46.5∶52.5，第一产业有所降低，第二产业呈降低趋势、第三产业呈上升趋势。

农业。农林牧渔总产值呈降低趋势，由 2016 年的 249.98 亿元降低至 2020 年的 209.85 亿元，下降幅度为 16.05%。

工业。规模以上工业企业总产值呈增长趋势，由 2016 年的 14 352.96 亿元增加至 2020 年的 17 594.50 亿元，增长幅度为 22.58%。其中计算机、通信和其他电子设备制造业产值占全市规模以上工业总产值的比例总体呈升高趋势，至 2020 年，占比达到 15.24%。

服务业。规模以上服务业营业收入呈升高趋势，由 2016 年的 825.52 亿元升高至 2020 年的 1 194.16 亿元，升高幅度为 44.66%。

1.2 生态文明示范建设巩固提升工作基础

1.2.1 经济发展方式更加绿色

综合经济实力实现新跨越，全市地区生产总值迈上万亿新台阶，2020 年，人均地区生产总值达到全国大中城市第一名。实体经济蓄力发展，产值超千亿元的制造业产业集群达到 8 个，战略性新兴产业产值占规模以上工业总产值比重达到 34.9%。供给侧改革深入推进，累计压减钢铁产能 290 万吨、水泥产能 30 万吨，淘汰印染产能 1.45 亿米，关停化工企业 887 家，累计关停取缔“散乱污”企业(作坊)12 523 家。无锡作为战略性新兴产业培育成效明显市、全国工业稳增长和转型升级成效明显市，两次受到国务院办公厅通报激励。资源集约利用水平不断提升，全市万元 GDP 用水量较 2015 年下降 24.8%，单位 GDP 能耗较 2015 年累计下降 18.69%，多次获评江苏省国土资源节约集约利用模范市，无锡节约集约用地综合评价得分连续四年位列全省第一。

1.2.2 治污攻坚成效更加显著

碧水保卫战取得重要进展，2020 年，太湖无锡水域水质总体符合Ⅳ类水平，总氮浓度 2018 年首次达到Ⅳ类标准，连续 13 年实现太湖安全度夏和“两个确保”；国省考断面优Ⅲ比例从 2015 年 28.9%提升到 2020 年 86.0%；13 条主要入湖河流和 3 条主要入江支流水质 2019 年起首次全部达到Ⅲ类及以上标准。蓝天保卫战持续深入开展，$PM_{2.5}$年均浓度由 2015 年 61 微克/立方米下降到 2020 年 33 微克/立方米，在全省率先达到环境空气质量二级标准；优良天数比率由 2015 年 64.1%上升到 2020 年 81.7%。净土保卫战扎实稳步推进，如期完成农用地详查和重点行业企业用地土壤污染状况调查。环境基础设施能力大幅提升，危废焚烧填埋处置能力较 2015 年增加 6 倍，增加幅度居全省前列。

1.2.3 人与自然关系更加和谐

生态保护网络建设积极推进，形成太湖生态保护圈、江阴长江生态安全示范区和宜兴生态保护引领区“一圈两区”生态格局。生态修复力度持续加强，全面整治长江干流两岸 10 千米范围内的废弃露天矿山，加强沿江地区生态防护林建设，森林覆盖率达 21.39%；积极创建宜兴矿地融合省级示范区，实施国土生态恢复性整治 12.81 平方千米、矿山地质环境治理 3.27 平方千米。湿地保护管理体系不断健全，先后建成蠡湖、梁鸿、长广溪等3个国家湿地公园,江阴月城芙蓉湖等6个省级湿地公园和十八湾等24个湿地保护小区,2020年自然湿地保护率达62%、位列全省前三。全市域筹备生物多样性调查工作,宜兴作为全省首批试点县(市)区完成生物多样性本底调查。

1.2.4 生态文明理念更加深入

无锡率先在省内成立以市委书记、市长为"双组长"的生态文明建设领导小组。持续开展环保宣传"四进"活动,党委政府领导干部生态文明建设意识普遍提高,生态优先、绿色发展日益成为全市上下共识和自觉行动;公众生态文明素养不断提升,自觉践行生活垃圾分类、绿色出行、碳普惠制等。生态文明共建共享持续深化,累计创成省级生态文明建设示范镇(街道)67个,省级生态文明建设示范村(社区)26个,公众对生态文明建设的满意度由2015年的86.3%提升到2020年的93.5%,对于政府重视生态文明建设的认可率高居全省第一。

第二章 现状分析

2.1 生态环境质量

2.1.1 水环境

1. 国省考断面

2020年,14个国考断面水质优良率为69.2%,45个国省考断面水质优良率为86%。2016—2020年,无锡市国考断面水质优良率总体呈上升趋势,从42.9%提升至69.2%;国省考断面水质优良率逐年提升,从37.8%提升至86.0%。横向对比江苏省内其他设区市,无锡市2016—2020年国省考断面水质优良率改善幅度位居全省之首,2020年排名位列全省第9位。

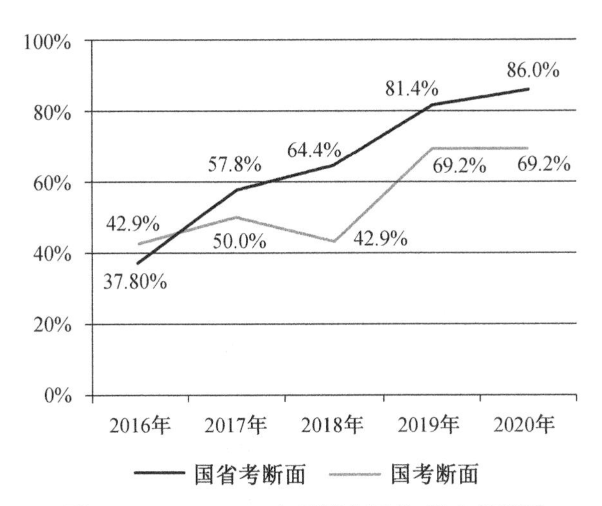

图1.1 2016—2020年无锡市国考、国省考断面水质优良率示意图

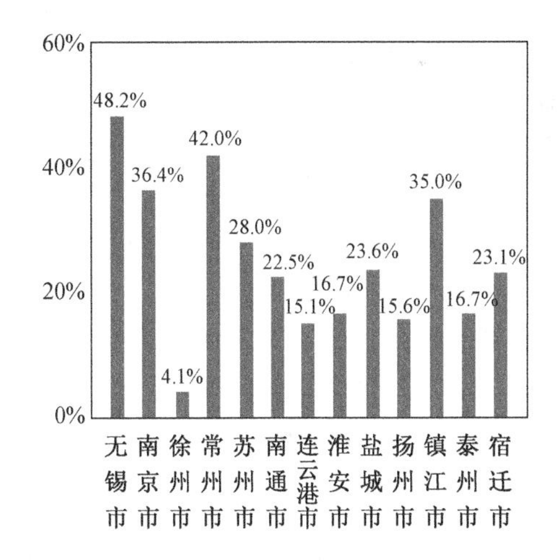

图1.2 2016—2020年无锡市国省考断面水质优良率改善幅度示意图

2. 太湖无锡水域

2020年,太湖无锡水域水质总体符合Ⅳ类评价标准,定类指标总磷浓度为0.082毫克/升;化学需氧量浓度为15.8毫克/升,达到Ⅲ类标准;高锰酸盐指数浓度为4.1毫克/升,达到Ⅲ类标准;氨氮浓度为0.14毫克/升,达到Ⅰ类标准;总氮作为单独评价指标,浓度为1.24毫克/升,达到Ⅳ类标准;综合营养状态指数55.4,水体处于轻度富营养化状态。2016—2020年,太湖无锡水域除总磷外,其他主要指标持续好转,水质类别稳定在Ⅳ类,定类指标为总磷;总氮浓度下降最为明显,下降幅度达到31.87%;总磷浓度出现波动。

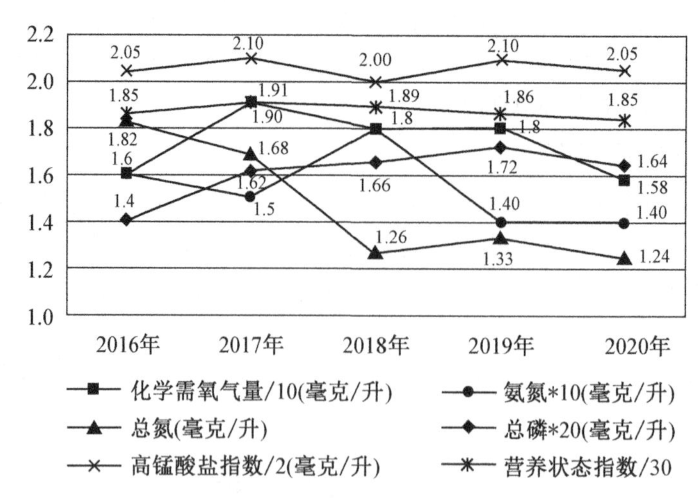

图 1.3　2016—2020 年太湖无锡水域水质和富营养状态指数变化示意图

3. 主要入湖河流和入江支流水质

2020 年，13 条主要入湖河流中，达到Ⅱ类的有 2 条，达到Ⅲ类的有 11 条；3 条主要入江支流中，锡澄运河、白屈港和利港河水质类别分别为Ⅱ类、Ⅲ类和Ⅱ类。自 2019 年起，13 条主要入湖河道和 3 条主要入江支流水质全部达到Ⅲ类及以上。

2.1.2　大气环境

整个"十三五"期间，$PM_{2.5}$年均浓度由 2015 年 61 微克/立方米下降到 2020 年 33 微克/立方米，在全省率先达到环境空气质量二级标准；优良天数比率由 2015 年 64.1%上升到 2020 年 81.7%。横向分析对比江苏省其他设区市，无锡市 2016 年—2020 年优良天数比率改善幅度位居全省第三，2020 年排名位列全省第六位；年均 $PM_{2.5}$浓度改善幅度位居全省之首，2020 年排名位列全省第二位。

2.1.3　声环境

2020 年，全市声环境质量总体较好，昼间和夜间声环境质量基本保持稳定。

2.1.4　土壤环境

2020 年，无锡市 5 个国控土壤背景监测点位均为酸性土壤，处于清洁(安全)等级。

2.1.5　生态系统状况

无锡市共有生态空间保护区域 12 类 42 块，总面积 1 324.67 平方千米，其中国家级生态保护红线面积 673.05 平方千米，生态空间管控区域面积 1 227.45 平方千米。无锡市国家生态保护红线和生态空间管控区域占国土面积的比例分别为 14.55%和 28.63%，均位居全省前列，高于全省 8.21%和 22.49%的平均水平。

2.2　主要污染物排放

2.2.1　水污染物

2020 年，无锡市废水量排放量为 57 256.00 万吨，其中化学需氧量排放量 24 007.99 吨、氨氮排放量 2 228.07 吨、总氮排放量 7 824.99 吨、总磷排放量 198.83 吨。化学需氧量、氨氮、总氮和总磷排放量均主要来源于生活源和工业源，其中生活源占比分别高达 75.01%、88.54%、79.23%和 84.55%。

2020 年，无锡市工业废水排放总量为 17 760.17 万吨，其中化学需氧量排放量 6 150.92 吨、氨氮排放量 253.61 吨、总氮排放量 1 619.66 吨、总磷排放量 30.36 吨。从行业类别来看，纺织业和计算机、通信和其他电子设备制造业水污染排放量最大，合计占比达 70%以上。

表 1.1　2020 年无锡市工业废水污染物排放量前十行业占工业废水排放污染物总量比例

序号	行业	化学需氧量/%	氨氮/%	总氮/%	总磷/%
1	纺织业	47.87	52.71	47.34	42.77
2	计算机、通信和其他电子设备制造业	25.27	26.68	26.63	30.71
3	化学原料和化学制品制造业	6.28	2.44	5.33	5.90
4	电气机械和器材制造业	3.27	2.91	3.77	4.20
5	造纸和纸制品业	4.30	2.93	3.02	2.56
6	黑色金属冶炼和压延加工业	1.24	3.81	1.38	0.70
7	汽车制造业	1.76	1.03	1.70	1.73
8	电力、热力生产和供应业	1.49	1.33	1.52	1.56
9	有色金属冶炼和压延加工业	1.50	0.90	1.48	1.12
10	金属制品业	1.15	0.84	1.23	1.54

注:数据来源于 2020 年无锡市环境统计。

进一步分析无锡市单位国土面积工业化学需氧量、氨氮、总氮和总磷排放量分别为 1.33 吨/平方千米、0.05 吨/平方千米、0.35 吨/平方千米和 0.01 吨/平方千米;单位工业增加值化学需氧量、氨氮、总氮和总磷排放量分别为 0.15 千克/万元、0.01 千克/万元、0.04 千克/万元和 0.8 克/万元。对比分析江苏省平均水平及省内部分地级市水污染物公开数据,排放负荷方面,无锡市单位国土面积工业废水化学需氧量和氨氮排放量均高于全省平均水平;排放强度方面,无锡市单位工业增加值水污染物排放量均优于全省平均水平。

2.2.2　大气污染物

2020 年,无锡市二氧化硫排放量 13 298.71 吨、氮氧化物 52 485.43 吨、烟(粉)尘 16 462.87 吨、挥发性有机物 37 166.32 吨,其中二氧化硫和烟(粉)尘排放主要来源工业源,占比分别为 99.99%和 97.79%;氮氧化物排放量主要来源于工业源和移动源,占比分别为 43.13%和 55.74%;挥发性有机物排放主要来源于工业源、移动源和生活源,占比依次为 43.35%、32.49%和 24.16%。

2020 年,无锡市工业废气排放量为 9 474.89 亿立方米,其中二氧化硫排放量 13 297.08 吨,氮氧化物排放量 22 637.48 吨,烟(粉)尘排放量 16 098.63 吨,挥发性有机物排放量 16 111.65 吨。从行业类别来看,电力、热力生产和供应业、黑色金属冶炼和压延加工业两个行业的工业二氧化硫排放量之和占排放总量的 80.81%,氮氧化物排放量之和占排放总量的 76.16%;黑色金属冶炼和压延加工业、非金属矿物制品业烟(粉)尘排放量之和占排放总量的 86.12%;化学原料和化学制品制造业、计算机、通信和其他电子设备制造业挥发性有机物排放量之和占排放总量的 46.34%。

表 1.2　2020 年无锡市工业废气污染物排放量前十行业占工业废气排放污染物总量比例

序号	行业	二氧化硫/%	氮氧化物/%	烟(粉)尘/%	挥发性有机物/%
1	黑色金属冶炼和压延加工业	32.49	27.25	60.70	4.08
2	电力、热力生产和供应业	48.32	48.91	3.88	1.31
3	化学原料和化学制品制造业	4.30	1.92	4.32	30.02
4	非金属矿物制品业	3.33	8.42	25.42	0.81
5	橡胶和塑料制品业	8.33	1.81	0.43	8.74

续表

序号	行业	二氧化硫/%	氮氧化物/%	烟(粉)尘/%	挥发性有机物/%
6	计算机、通信和其他电子设备制造业	0.18	0.38	0.20	16.32
7	纺织业	0.61	2.20	1.23	5.44
8	有色金属冶炼和压延加工业	0.62	5.25	0.96	0.62
9	印刷和记录媒介复制业	0.00	0.04	0.01	6.65
10	金属制品业	0.08	0.96	0.93	4.38

注:数据来源于2020年无锡市环境统计。

进一步分析单位国土面积工业二氧化硫、氮氧化物、烟(粉)尘、挥发性有机物排放量分别为2.87吨/平方千米、4.89吨/平方千米、3.48吨/平方千米、3.48吨/平方千米;单位工业增加值二氧化硫、氮氧化物、烟(粉)尘、挥发性有机物排放量分别为0.34千克/万元、0.57千克/万元、0.41千克/万元、0.41千克/万元。对比分析江苏省平均水平及省内部分地级市大气污染物公开数据,排放负荷方面,无锡市单位国土面积各工业大气污染物排放量排名均位列比较城市的第一或第二位;排放强度方面,无锡市单位工业增加值各大气污染物排放量均优于全省平均水平。

2.2.3 固体废物

2020年,无锡市一般工业固体废物产生量1 024.98万吨,综合利用量967.38万吨,综合利用往年贮存量1.86万吨,综合利用率为94.2%。从行业类别来看,电力、热力生产和供应业、黑色金属冶炼和压延加工是全市工业固体废物产生量最高的两大行业,占产生总量比例分别为48.15%和37.90%。

2020年,无锡市工业危险废物产生量为104.88万吨,综合利用量28.98万吨,处置量75.27万吨(含往年贮存1.62万吨),危险废物贮存量2.25万吨。从行业类别来看,计算机、通信和其他电子设备制造业是全市工业危险废物产生量最大的行业,占比达37.22%。

2.3 资源能源消耗

2.3.1 规模以上工业能源消耗

2020年,全市规模以上工业企业能源消耗总量为3 996.22万吨标准煤,其中煤炭消费1 687.61万吨标准煤,占能源消费总量的42.23%,能源消耗以煤炭为主。

从行业类别来看,主要集中在电力、热力生产和供应业、黑色金属冶炼和压延加工业、化学原料和化学制品制造业三个行业,合计占比68.42%。单位规模以上工业增加值能耗为0.64吨标准煤/万元。

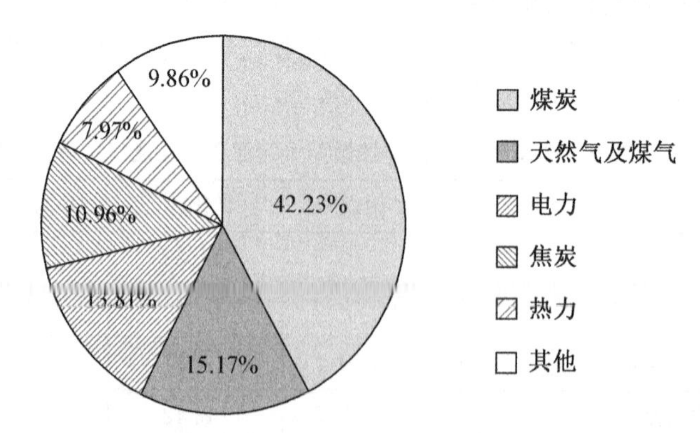

图1.4 2020年无锡市规模以上工业企业能源利用结构示意图

表 1.3 2020 年无锡市规模以上工业企业综合能耗前十行业

序号	行业	规模以上工业企业综合能耗/万吨标准煤	占规模以上工业企业综合能耗总量比例/%
1	电力、热力生产和供应业	705.97	27.71
2	黑色金属冶炼和压延加工业	699.97	27.47
3	化学原料和化学制品制造业	337.32	13.24
4	石油、煤炭及其他燃料加工业	128.09	5.03
5	纺织业	113.5	4.45
6	化学纤维制造业	104.41	4.10
7	非金属矿物制品业	76.71	3.01
8	计算机、通信和其他电子设备制造业	69.53	2.73
9	金属制品业	46.51	1.83
10	电气机械和器材制造业	44.62	1.75

注:数据来源于 2021 年无锡市统计年鉴。

对比分析全省 13 个地级市能源消耗总量及强度情况,2019 年无锡市工业能源消耗总量占全省能源消耗总量的 12.37%,能源消耗总量排名位列全省第三位;单位工业增加值能耗排名位列全省第八位,优于全省平均水平。

2.3.2 水资源利用

2020 年,无锡市总用水量为 28.211 4 亿立方米,主要以工业用水为主,占比 44.19%。从行业类别来看,主要集中在计算机、通信和其他电子设备制造业,占比 30.70%。进一步分析,单位规模以上工业增加值用水量 32.22 吨/万元。

表 1.4 2020 年无锡市规模以上工业企业用水总量前十行业

序号	行业	规模以上工业企业用水总量/万立方米	占规模以上工业企业用水总量比例/%
1	计算机、通信和其他电子设备制造业	9 268.04	30.70
2	纺织业	5 301.60	17.56
3	黑色金属冶炼和压延加工业	2 851.81	9.45
4	化学原料和化学制品制造业	2 431.24	8.05
5	电气机械和器材制造业	1 504.36	4.98
6	金属制品业	1 152.57	3.82
7	通用设备制造业	818.73	2.71
8	汽车制造业	767.25	2.54
9	橡胶和塑料制品业	701.18	2.32
10	造纸和纸制品业	655.25	2.17

注:数据来源于 2021 年无锡市统计年鉴,其中不含电力、热力生产和供应业以及水的生产和供应业。

对比分析省内部分地级市工业用水总量公开数据,2019 年,无锡市工业用水总量较大,排名位列比较城市中的第三位,单位工业增加值用水量排名位列比较城市中的第六位。

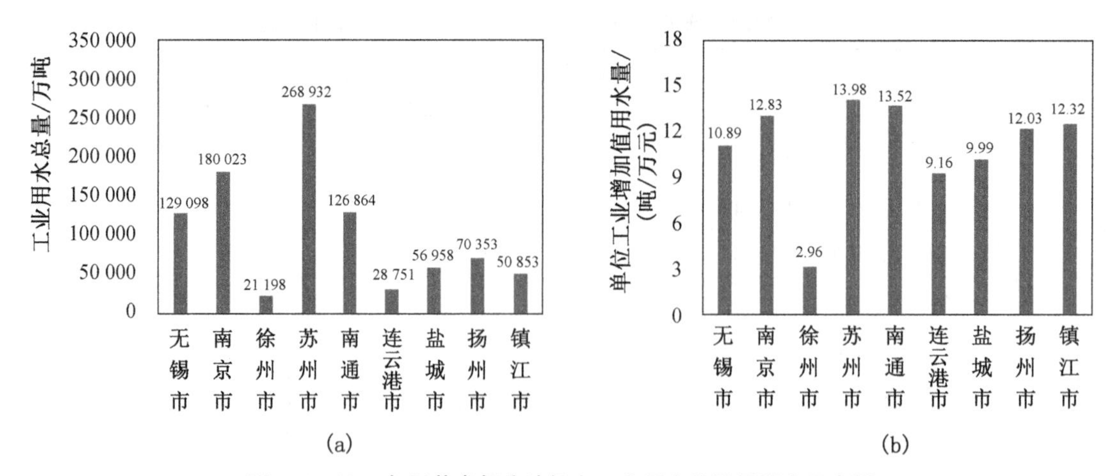

图 1.5　2019 年江苏省部分地级市工业用水总量及强度示意图

2.3.3　土地资源利用

根据 2018 年无锡市土地利用调查结果，无锡市土地总面积 694.12 万亩，主要为城镇村及工矿用地、水域及水利设施用地、耕地等，占比分别为 28.32%、27.64%和 24.63%。

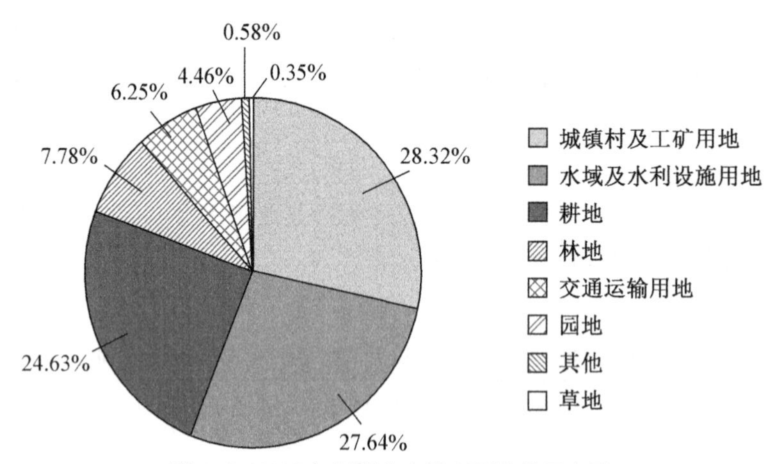

图 1.6　2018 年无锡市土地利用结构示意图

2019 年，无锡市建设用地面积 228.40 万亩，建设用地亩均产值为 50.26 万元/亩。从变化趋势来看，建设用地面积逐年增加，2019 年全市土地开发强度 32.5%，为全省最高；建设用地亩均产值逐年增加，由 2016 年的 41.30 万元/亩逐年增加至 2019 年的 50.26 万元/亩。

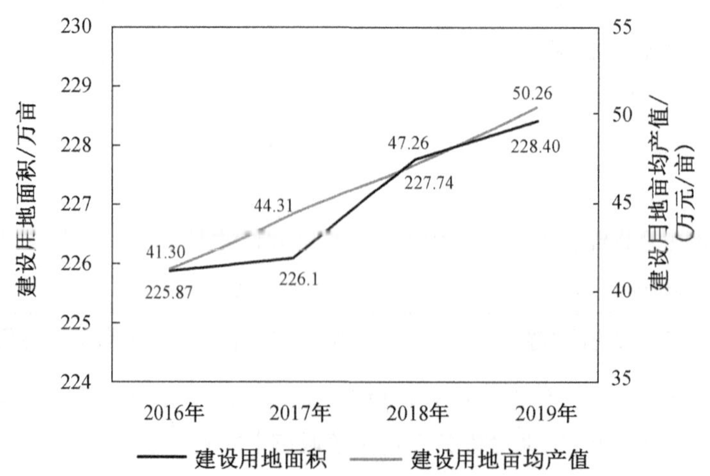

图 1.7　2016—2019 年无锡市建设用地面积和亩均产值变化趋势示意图

2.3.4 二氧化碳排放

碳排放量的主要排放领域为能源活动,约占全市总碳排放量的92%。其中,能源活动碳排放主要集中在工业领域,其能耗占全社会能耗80%左右。进一步分析规模以上工业分行业碳排放规模,电力、热力生产和供应业、黑色金属冶炼和压延加工业两个行业的碳排放规模最大,占规模以上工业企业碳排放总量的比例分别为59.68%和24.86%,合计占比达85%左右。

2019年,无锡市碳排放总量9 098.41万吨,单位GDP碳排放强度0.79吨/万元。碳排放总量逐年增加,由2016年8 566.06万吨增至2019年9 098.41万吨,单位GDP碳排放强度逐年降低,由2016年0.92吨/万元降至2019年0.79吨/万元。

◆专家讲评◆

整个现状章节内容翔实,分析透彻,语言精练,能够让人很快了解到"十三五"期间无锡市的生态环境质量、污染物排放、资源能源消耗等方面的变化趋势,以及当前在全省所处的水平,有助于精准定位无锡市生态文明建设巩固提升的方向。

第三章 形势分析

3.1 存在问题

虽然无锡市生态文明示范建设工作取得了一些成绩,但对照生态文明新要求、高质量发展新定位、人民群众新期盼,还存在一些问题和短板:污染排放总量较大,单位国土面积工业废水化学需氧量和氨氮排放量均高于全省平均水平,单位国土面积各工业大气污染物排放量在全省处于高位。环境质量达标尚不稳定,太湖无锡水域总磷浓度出现波动。环境治理能力存在短板,污水收集处理、垃圾处置等基础设施建设仍需加强,温室气体和挥发性有机物(VOCs)监测能力不足,污染溯源能力还不强,队伍建设亟待加强,能力素质仍需提升。

3.2 机遇与挑战

"十四五"时期是无锡市全面开启新时代社会主义现代化先行示范区建设、奋力谱写"强富美高"新无锡建设新篇章的关键阶段,生态文明建设进入了以降碳为重点战略方向、推动减污降碳协同增效、促进经济社会发展全面绿色转型、实现生态环境质量改善由量变到质变的关键时期,生态文明建设面临着新的机遇和挑战。

从机遇看,当前和今后一个时期,我国发展仍然处于重要战略机遇期,对无锡而言生态文明建设仍然处于关键期、窗口期。一是党中央、国务院一以贯之重视生态文明建设,把应对气候变化工作摆在了生态文明建设更加突出重要的位置,把实现减污降碳协同效应作为深入打好污染防治攻坚战的目标要求,为生态文明建设实现新进步提供了方向指引和根本遵循。二是绿色"一带一路"、长江经济带、长三角一体化等国家战略的深入实施,有利于建立生态环境联保共治的新机制,成为太湖水环境治理、跨区域大气污染等关键问题新的突破口,为解决区域、流域性环境问题提供重要契机。三是无锡市圆满完成污染防治攻坚战阶段性目标任务,积累了丰富的生态环境保护经验,经济发展与生态环境协同发展的理念已成为全市上下各级领导干部共识,为"十四五"在新的起点上深入打好污染防治攻坚战奠定了良好基础。

从挑战看,生态文明建设仍处于压力叠加、负重前行的攻坚期,保护与发展长期矛盾和短期问题交织,生态环境保护结构性、根源性、趋势性压力总体上尚未根本缓解。一是生态环境容量依然偏紧,"十四五"以重工业为主的制造业仍是支撑全市经济发展的重要基石,能源消费、货物运输量需求将持续保持高位,土地开发强度大、产业结构偏重、能源结构偏煤、运输结构偏公路的情况较难发生根本改变。二是污染防治触及的矛盾问题层次更深、领域更广、要求更高，太湖安全度夏和“两个确保”仍然面临较大压力，地表水国省考断面由45个增加到71个，大气臭氧污染的势头尚未遏制，生物多样性保护、化学品环境风险防控、新污染物治理等更广泛的领域亟须加强。三是应对气候变化压力较大，能耗强度持续下降的难度越来越大，煤炭减排的空间越来越小，可再生能源的应用面临瓶颈，能源结构调整空间有限，率先实现碳排放达峰面临“多道坎”。

第四章　总体要求

4.1　指导思想

以习近平新时代中国特色社会主义思想为指导，全面贯彻习近平生态文明思想和习近平总书记视察江苏重要讲话指示精神，坚持新发展理念，协同推进经济高质量发展和生态环境高水平保护，把握减污降碳总要求，深入打好污染防治攻坚战，实行最严格的生态环境保护制度，持续推进治理体系和治理能力现代化，推动无锡市生态文明建设工作持续走在全省和全国前列，为无锡开启全面建设社会主义现代化新征程、勇创全省“强富美高”建设示范区奠定坚实的生态文明基础。

4.2　基本原则

生态优先，绿色发展。坚定践行“两山”理念，尊重自然、顺应自然、保护自然，统筹推进经济生态化与生态经济化，加快形成绿色发展方式和生活方式，增加经济社会发展的“含绿量”。

系统谋划，彰显特色。依托优越的地理位置和自然生态环境本底，以及在经济发展和生态文明建设方面取得的良好基础，统筹山水林田湖草系统治理，系统谋划生态文明建设巩固提升路径。

统筹协调，分步实施。妥善处理好经济社会发展与环境保护、城镇与乡村、全面推进与解决重点问题的关系，着力补短板、强弱项，提升城市品质，使生态文明建设协调有序地整体向前推进。

政府主导，全民参与。发挥政府组织、引导、协调作用，强化以政府为主导、各部门分工协作、全社会共同参与的工作机制，凝聚整体合力，推动无锡市生态文明建设的稳步、高质量发展。

4.3　规划目标

规划到2025年，人与自然和谐共生的现代化“强富美高”新无锡美好画面生动展现，城市生态承载力稳步增强，群众绿色发展获得感持续提升，资源节约型、环境友好型社会建设取得显著进展，无锡特色、江南韵味进一步彰显，太湖湾科创带率先实现碳达峰，生态文明建设示范县（市、区）实现全覆盖，成为美丽中国、美丽江苏的样板城市。

——美丽无锡建设展现新面貌。更高标准打好蓝天、碧水、净土保卫战，实现环境质量明显改善，优良天数比例达82.0%，$PM_{2.5}$浓度达30微克/立方米，水质优Ⅲ类比例达90%以上，主要入湖河流、入江支流优Ⅲ类比例保持100%。城乡宜居品质显著提升，自然村农村生活污水治理率达95%，人均公园绿地面积达15平方米/人。

——生态系统功能不断增强。国土空间开发保护格局得到优化，山水林田湖草系统修复稳步推进，自然生态空间持续实现面积不减少、性质不改变、功能不降低，河湖岸线得到有效保护，林草覆盖率达21.39%以上，生物多样性调查覆盖率达100%，生态环境状况指数稳中向好。

——产业绿色发展取得实质进展。绿色低碳循环发展产业体系初步建立，能源资源利用效率大幅提高，单位地区生产总值能耗、单位地区生产总值用水量、单位国内生产总值建设用地使用面积下降率完成省定目标，单位地区生产总值二氧化碳排放低于0.79吨/万元，一般工业固体废物综合利用率逐步提高。

——环境治理现代化取得重要突破。生态文明制度改革深入推进，导向清晰、决策科学、执行有力、激励有效、多元参与的现代环境治理体系基本建立，数字化、智能化的环境治理监测监管能力显著提升，公众对生态文明建设的满意度、参与度逐步提高。

展望2035年，率先实现人与自然和谐共生的现代化，绿色生产生活方式普遍形成，资源能源集约安全利用处于国内国际先进水平，碳排放提前实现达峰并稳中有降，生态环境实现根本好转，建成更高水平的美丽中国、美丽江苏的样板城市，成为具有国际美誉度的生态宜居名城。

4.4 规划指标

规划指标体系由生态制度、生态安全、生态空间、生态经济、生态生活和生态文化等六大类35项指标构成，其中约束性指标19项，参考性指标16项。指标设定主要以2021年生态环境部印发的《国家生态文明建设示范区建设指标(修订版)》为依据，并结合无锡生态文明建设工作实际，增设“主要入湖河流监测断面达到或优于Ⅲ类比例”“主要入江支流监测断面达到或优于Ⅲ类比例”“生物多样性调查覆盖率”和以自然村为统计口径的“农村生活污水治理率”4项特色指标。

◆专家讲评◆

生态文明评价指标体系构建是生态文明建设的核心，无锡市生态文明建设指标体系结合无锡市已有工作基础和国家最新工作要求，增设了2项能够体现地域特色的指标、1项落实国家新要求的指标、1项自我加压的指标，符合无锡市生态文明建设所处的阶段——巩固提升阶段。

表1.5 无锡市生态文明建设规划建设指标

领域	任务	序号	指标名称	单位	国家指标体系目标值	指标属性	2020年现状值	规划目标值		备注
								2022年	2025年	
生态制度	(一)目标责任体系与制度建设	1	生态文明建设规划	—	制定实施	约束性	全面实施并达到规划目标	本规划颁布实施并达到阶段目标	全面实施并达到规划目标	
		2	党委政府对生态文明建设重大目标任务部署情况	—	有效开展	约束性	开展部署且有效落实	持续推进且有效落实	持续推进且深化升级	
		3	生态文明建设工作占党政实绩考核的比例	%	≥20	约束性	31	≥31	≥31	
		4	河长制	—	全面实施	约束性	全面实施	全面深化提升	打造河长制管理新版本	
		5	生态环境信息公开率	%	100	约束性	100	100	100	
		6	依法开展规划环境影响评价	%	100	约束性	100	100	100	
生态安全	(二)生态环境质量改善	7	环境空气质量：优良天数比例	%	完成上级规定的考核任务；保持稳定或持续改善	约束性	81.7	81.9	82.0	
			环境空气质量：$PM_{2.5}$浓度下降幅度	%			33微克/立方米	32微克/立方米	30微克/立方米	规划目标为$PM_{2.5}$年均浓度

续表

领域	任务	序号	指标名称		单位	国家指标体系目标值	指标属性	2020年现状值	规划目标值		备注
									2022年	2025年	
生态安全	(二)生态环境质量改善	8	水环境质量	水质达到或优于Ⅲ类比例提高幅度	%	完成上级规定的考核任务;保持稳定或持续改善	约束性	86	90	>90	规划目标为达到或优于Ⅲ类比例
				主要入湖河流监测断面达到或优于Ⅲ类比例*		—		100	100	100	
				主要入江支流监测断面达到或优于Ⅲ类比例*		—		100	100	100	
				劣Ⅴ类水体比例下降幅度		完成上级规定的考核任务;保持稳定或持续改善		无劣Ⅴ类断面	无劣Ⅴ类断面	无劣Ⅴ类断面	
				黑臭水体消除比例				100	100	100	
	(三)生态系统保护	9	生态环境状况指数		—	≥60	约束性	66.4	稳中向好	稳中向好	
		10	林草覆盖率		%	≥18	参考性	21.39	≥21.39	≥21.39	暂采用森林覆盖率数据
		11	生物多样性保护	生物多样性调查覆盖率*	%	—		14.3	28.6	100	市(县)、区完成调查的比例
				国家重点保护野生动植物保护率	—	≥95	参考性	100	100	100	
				外来物种入侵	%	不明显		不明显	不明显	不明显	
				特有性或指示性水生物种保持率	%	不降低		不降低	不降低	不降低	
	(四)生态环境风险防范	12	危险废物利用处置率		%	100	约束性	100	100	100	
		13	建设用地土壤污染风险管控和修复名录制度		—	建立	参考性	执行	执行	执行	
		14	突发生态环境事件应急管理机制		—	建立	约束性	严格落实	严格落实	严格落实	
生态空间	(五)空间格局优化	15	自然生态空间	生态保护红线	—	面积不减少,性质不改变,功能不降低	约束性	面积未减少,性质未改变,功能未降低	面积不减少,性质不改变,功能不降低	面积不减少,性质不改变,功能不降低	
				自然保护地							
		16	河湖岸线保护率		%	完成上级管控目标	参考性	按照上级统一部署开展相关工作	按照上级统一部署开展相关工作	按照上级统一部署开展相关工作	

续表

领域	任务	序号	指标名称	单位	国家指标体系目标值	指标属性	2020年现状值	规划目标值		备注
								2022年	2025年	
生态经济	(六)资源节约与利用	17	单位地区生产总值能耗	吨标准煤/万元	完成上级规定的目标任务;保持稳定或持续改善	约束性	0.3	完成省定目标	完成省定目标	
		18	单位地区生产总值用水量	立方米/万元	完成上级规定的目标任务;保持稳定或持续改善	约束性	22.81	完成省定目标	完成省定目标	
		19	单位国内生产总值建设用地使用面积下降率	%	≥4.5	参考性	6.01	完成省定目标	完成省定目标	现状值为2019年数据
		20	单位地区生产总值二氧化碳排放	吨/万元	完成上级管控目标;保持稳定或持续改善	约束性	0.79	＜0.79	＜0.79	现状值为2019年数据
		21	应当实施强制性清洁生产企业通过审核的比例	%	完成年度审核计划	参考性	100	100	100	
	(七)产业循环发展	22	一般工业固体废物综合利用率提高幅度	%	保持稳定或持续改善	参考性	94.2	保持稳定	逐步提高	现状值为综合利用率
生态生活	(八)人居环境改善	23	集中式饮用水水源地水质优良比例	%	100	约束性	100	100	100	
		24	城镇污水处理率	%	≥95	约束性	98.33	98.5	98.8	
		25	农村生活污水治理率*	%	≥50	参考性	80	90	95	以自然村为统计口径
		26	城镇生活垃圾无害化处理率	%	≥95	约束性	100	100	100	
		27	城镇人均公园绿地面积	平方米/人	≥15	参考性	14.95	14.97	15	
	(九)生活方式绿色化	28	城镇新建绿色建筑比例	%	≥50	参考性	100	100	100	
		29	公共交通出行分担率	%	≥60(大城市)	参考性	64.4	稳步提高	稳步提高	计算过程中出行总人次扣除自行车和步行
		30	生活废弃物综合利用:城镇生活垃圾分类减量化行动	—	实施	参考性	有效实施	有效实施	全面实施	
			生活废弃物综合利用:农村生活垃圾集中收集储运				全覆盖实施	全覆盖实施	全覆盖实施	

续表

领域	任务	序号	指标名称		单位	国家指标体系目标值	指标属性	2020年现状值	规划目标值		备注
									2022年	2025年	
		31	绿色产品市场占有率	节能家电市场占有率	%	≥50	参考性	—	≥50	≥50	现状值根据国家指标解释尚未涉及
				在售用水器具中节水型器具占比	%	100		100	100	100	
				一次性消费品人均使用量	千克	逐步下降		10.97	逐步下降	逐步下降	
		32	政府绿色采购比例		%	≥80	约束性	96.75	97	98	
生态文化	(十)观念意识普及	33	党政领导干部参加生态文明培训的人数比例		%	100	参考性	100	100	100	
		34	公众对生态文明建设的满意度		%	≥80	参考性	93.5	逐步提高	逐步提高	
		35	公众对生态文明建设的参与度		%	≥80	参考性	90.2	逐步提高	逐步提高	

注:① 本规划设置2022年阶段性目标值,为推动规划的实施和中期评估提供依据。② 标“*”的为特色指标。

第五章 规划任务与措施

5.1 完善生态文明制度,健全现代治理体系

构建责任清晰、激励约束并重、系统完整的生态文明制度体系,推进生态文明领域治理体系和治理能力现代化,促使生态文明建设实现新进展。

5.1.1 强化生态文明法治体系和能力

1. 健全法规政策体系

完善生态环境领域地方性法规政策体系,加快水资源节约利用条例、河道保护条例等生态文明建设地方性法规的修订进程,结合国家有关立法进展情况推动市级应对气候变化立法工作。严格执行江苏省地方性法规和地方标准,落实企业(污染源)全过程环境管理规范。

2. 强化生态文明责任制

明确生态文明建设责任,完善工作推进机制,修订完善市级生态环境保护责任清单,进一步厘清相关部门生态环境保护责任,强化权责体系建设,实现权责统一;完善落实“河(湖)长”“断面长”制和空气质量三级“点位长”制。加强企业环境治理责任制建设,指导督促企业制订环境管理清单,探索研究企业环境管理标准化、规范化模式,以电子信息、印刷包装等行业为示范,分行业将相关法律、法规、标准、管理要求等梳理成管理标准,引导企业对照进行管理。推动企业严格落实固定污染源排污许可“一证式”管理实施细则,确保企业持证排污、按证排污;推动排污许可与环境执法、环境监测、总量控制、排污权交易等环境管理制度有机衔接。

3. 完善执法监管体系

严格环境监管,完善落实“双随机一公开”制度,持续开展“绿刃”“大风”“排污许可”专项执法活动,加强执法标准化建设,严格执行执法公示、全过程记录、重大执法决定法制审核制度。加强移动执法,配齐配强执法装备,积极推行非现场监管,推行生态环境行政败诉案件过错责任追究制度。加强司法衔接,落实生态环境审判体制改革,加强生态环境民事、行政公益诉讼,完善司法服务保障机制。加强环境污染刑事案件检测鉴定工作,强化生态环境损害赔偿制度,完善《无锡市生态环境损害赔偿制度改革实施方案》及8个配套文件的实施细则,探索建立生态环境损害赔偿。

4. 提升监测监控能力

依托“感知环境、智慧环保”物联网应用平台,构建天地一体、省市县三级联网共享的生态环境监测监控网络,实现全市综合整治河道考核断面、83个蓝藻打捞点、太湖无锡水域重点“湖泛”区自动监测站全覆盖;完成全市重点区域大气颗粒物监测网、光化学监测网、温室气体监测网和超级站建设升级,推进消耗臭氧层物质(ODS)大气监测网络建设,构建全市大气臭氧立体综合监测网络。在入太湖河流开展有毒有害污染物监测试点,在火电、钢铁、水泥等行业企业开展温室气体排放源监测试点。

5. 加大信息公开力度

进一步深化群众关注的重点领域信息公开,修订完善主动公开目录;加大对生态文明建设重大决策、重要改革措施、重点工作解读力度,及时关注舆情,回应好人民群众关切期待。严格执行重点排污企业环境信息强制公开制度,排污单位要及时公布监测和排污数据、污染防治设施建设运行情况、重污染天气应对措施等信息;定期向社会公众开放环保治理设施。

5.1.2 完善生态环境市场经济政策

1. 完善生态补偿制度

全面贯彻落实《无锡市生态补偿条例》,科学界定保护者与受益者权利义务,推动形成生态补偿与秸秆焚烧、化肥农药减量使用、精准帮扶结合的生态补偿制度体系。健全生态保护补偿、水环境资源双向补偿、生态红线保护及转移支付等制度,实施太湖流域跨地区生态保护补偿试点。健全生态补偿配套机制,形成生态补偿稳定投入机制,完善生态补偿考核评价制度。

2. 推行环境权益交易

根据国家、江苏省要求建立完善环境权益交易市场,积极参与区域水权、排污权、用能权、碳排放权等初始分配与跨区域交易制度建设,推行项目节能量交易和用能权有偿使用、交易制度,开展水权交易试点,推动有限资源能源和环境容量指标向重点行业企业流动。实施与污染物排放总量挂钩的财政政策。

3. 推动绿色金融发展

鼓励商业银行开发绿色金融产品,加大对企业节能减排、污染治理技术改造的信贷支持。探索在省下达的专项债务额度内申请发行专项债券用于符合条件的环境基础设施项目建设,支持符合条件的绿色企业上市和再融资。积极推进宜兴创建国家绿色金融创新改革试验区,支持企业申报“环保贷”,落实绿色债券贴息、绿色产业企业发行上市奖励、绿色担保奖补等政策。深化实施环境污染责任保险制度“无锡模式2.0”的建设,进一步扩大参保行业和企业数量,加大参保企业在环保领域金融政策和财政政策的扶持。

4. 优化环境市场价格机制

加快形成有利于绿色发展的价格政策体系,严格落实“谁污染、谁付费”的政策导向,建立和完善固体废物处置、污水垃圾处理、节水节能、大气污染治理等重点领域的价格形成机制。强化工业企业资源利用绩效评价和环境信用评价结果应用,落实差别化电价、水价政策。

5.1.3 推行绿色考核及责任追究制度

1. 健全绿色政绩评价考核机制

完善经济社会发展绿色评价办法,将环境损害、碳排放总量、生态效益等纳入经济社会发展评价体系,根据区域发展现状和生态环境特点，实行差别化考核政策。完善干部政绩考核体系，把生态文明指标完成情况和实绩作为重要考核内容，逐步提高生态文明建设工作占党政实绩考核的比例。

2. 推进自然资源资产负债表编制

根据上级统一部署，在总结宜兴市自然资源资产负债表编制经验的基础上，逐步开展其他市(县)、区自然资源资产负债表编制，逐步建立健全科学规范的土地、矿产、森林、湿地、水等自然资源统计调查制度和资产负债表编制制度。

3. 实行领导干部自然资源资产离任审计制度

结合无锡自然资源禀赋特点和生态环境保护的具体要求、重点内容等，建立健全无锡市领导干部自然资源资产离任审计技术体系，规范审计内容，逐步扩大审计对象，完善审计工作构架，建立整改督查机制和协作配合机制，督促问题的整改。加强审计结果的分析和应用，为党委政府决策提供依据。

4. 落实生态环境损害责任追究制度

落实“党政同责、一岗双责、失职问责、终身追责”制度，坚持“属地管理、分级负责”“谁决策、谁负责”“谁主管、谁负责”原则，对职责履行不到位、任务推进不到位、问题整改不到位的，实施追责机制，对违背可持续要求、造成资源环境生态严重破坏的，记录在案并实行终身追责。

5. 建立严格惩戒机制

按照“最严标准、最严措施、最严监管、最严问责”要求，紧紧围绕环境质量目标达标、突出环境问题整改、高质量考核完成等当前重点工作，制定出台严格惩戒措施，通过采取收取惩戒金、暂停项目环评审核上报、暂停生态环境类荣誉表彰推荐、实施约谈曝光、实施责任追究等惩戒措施，进一步压实生态文明建设责任。

5.2 改善生态环境质量，持续巩固攻坚成效

坚持源头治理，推进精准治污、科学治污、依法治污，深入打好污染防治攻坚战，将应对气候变化工作摆在更加突出位置，持续改善生态环境质量，实现减污降碳协同效应。

5.2.1 坚持示范引领　扮靓太湖湾科创带

1. 引领环境质量新目标

将低碳、生态、绿色理念贯穿太湖湾科创带建设全过程，把太湖湾科创带打造成全市生态环境质量最优、产业经济绿色化水平最高、污染排放总量最低的生态环境标杆区，使太湖湾科创带成为长三角生态优先绿色发展的示范区。到2025年，太湖湾科创带率先实现碳达峰，$PM_{2.5}$浓度优于全市平均水平25%，空气优良天数比率优于全市平均水平，主要河道监测断面100%达到地表水Ⅲ类水质标准。

2. 推动率先实现碳达峰

在太湖湾科创带深入推进低碳城市、低碳城(镇)、低碳园区、低碳社区建设，在全市推广复制典型经验和模式。积极创建国家低碳城市试点、国家气候适应型城市建设试点、碳排放达峰先行区、零碳城市、国家低碳工业园区试点和国家低碳示范社区试点。加快推进新吴区零碳科技产业园、宜兴市零碳创新中心和经开区智慧城市典型能源示范项目建设。广泛开展低碳商业、低碳旅游、低碳企业和碳普惠试点，深入开展“碳普惠制”二期建设。加快建设一批“零碳”园区和工厂，推动建设一批碳捕获、利用与封存示范工程，加快形成符合无锡自身特点的“零碳”发展模式。

3. 试行环境治理新要求

积极稳妥推进各项前瞻性、示范性生态环境治理工程。推动城镇污水处理厂准Ⅲ类提标全覆盖，新吴区率先实现尾水排放基本达到地表水Ⅲ类标准；推进“污水零直排区”建设试点和中水回用工程建设。基本实现VOCs治理从末端治理向源头替代转变，油漆涂料使用比例逐年降低并大幅优于全市水平；实行国内最严格的机动车和非道路移动机械排放监管，禁止国五以下排放柴油货车和国三以下排放非道路移动机械使用；对照“全国最干净城市”，打造餐饮油烟、汽修、干洗行业等城市生活源治理“标杆”。建成“分

类化收集、无害化处理、资源化利用”固危废处置体系,做到“零”暴露污染。

5.2.2 坚持减污降碳 强化气候变化应对

1. 强化目标约束和峰值引领

贯彻落实国家、江苏省对无锡市二氧化碳排放达峰目标的要求,编制无锡碳达峰碳中和实施意见和碳达峰总体方案,力争全市二氧化碳排放提前达峰。有效推动电力、钢铁、水泥等高耗能行业在“十四五”期间率先达峰。鼓励大型企业,特别是大型国有企业制定二氧化碳达峰行动方案。推动省级开发区(园区)率先达峰,到2025年,50%以上省级开发区(园区)实现碳排放达峰。实施碳排放总量和强度“双控”,加强达峰目标过程管理,2025年二氧化碳排放总量控制在1.1亿吨左右。

2. 严控重点领域二氧化碳排放

构建低碳工业体系,积极推广低碳新工艺、新技术,支持采取原料替代、生产工艺改善、设备改进等措施减少工业过程温室气体排放。发展低碳运输,推行“绿色车轮”计划。加快绿色施工技术全面应用,推进绿色建材产品认证和采信应用,稳步发展装配式建筑,推广装配化装修。提高生态系统碳汇增量,结合国家生态园林城市创建工作,发挥森林、农田、湿地的重要作用,增强温室气体吸收能力。探索低碳农业试点,积极提高土壤有机质含量,增加农田土壤生态系统固碳能力。

3. 提升气候变化应对水平

加强气候变化风险评估与应对。开展气候变化风险评估,识别气候变化对敏感区水资源保障、粮食生产、城乡环境、人体健康、重大工程的影响,开展应对气候变化风险管理。完善区域防灾减灾及风险应对机制,制定应对和防范措施,提升风险应对能力。

开展协同减排和融合管控试点。以部省共建生态环境治理体系和治理能力现代化试点省为契机,探索温室气体排放与污染防治监管体系的有效衔接路径。探索将温室气体排放清单逐步纳入环境统计体系,逐步将温室气体的排放监测、监督等纳入环境监测执法监督范畴。积极推动排放单位监管、排污许可制度、减排措施融合,推进碳排放报告、监测、核查制度与排污许可制度融合,将碳排放重点企业纳入污染源日常监管。推进空气质量和二氧化碳排放“双达”。

5.2.3 坚持协同控制 改善大气环境质量

1. 加强大气环境综合管理

严格落实《无锡市大气环境质量限期达标规划(2018—2025)》《无锡市大气臭氧污染防治攻坚28条三年行动计划(2020—2022)》等,制订大气污染防治年度计划。加强达标进程管理,研究制订环境空气质量达标路线图及污染防治重点任务,重点开展$PM_{2.5}$和臭氧协同污染防治,推进$PM_{2.5}$和臭氧污染协同控制研究性监测,统筹考虑$PM_{2.5}$和臭氧污染区域传输规律和季节性特征,加强重点区域、重点时段、重点行业治理,强化分区分时分类的差异化精细化协同管控,推动大气环境质量稳步达标。到2025年,全市$PM_{2.5}$浓度达30微克/立方米,优良天数比例达82.0%。

2. 持续推进污染源治理

推动固定源深度治理。2021—2022年有序完成电子、纺织、橡胶及塑料制品、化纤、家具制造、铸造行业等重点行业深度整治,适时开展“回头看”。全面完成天然气电厂低氮改造,其他燃气锅炉低氮改造实现全覆盖。对钢铁行业超低排放改造完成情况开展评估监测,评估不合格的企业限期完成整改。有序规划石化、水泥、建材、有色等非电非钢行业超低排放改造。

推进VOCs治理攻坚。大力推进源头替代,以减少苯、甲苯、二甲苯等溶剂和助剂的使用为重点,推进低VOCs含量、低反应活性原辅材料和产品的替代。强化重点行业VOCs治理减排,完善重点行业VOCs总量核算体系,实施新增项目总量平衡“减二增一”;加强石化、化工、工业涂装、包装印刷、油品储运销等重点行业VOCs治理,督促已纳入VOCs重点监管企业名录的企业编制并实施“一企一策”综合治理方案。加大涉VOCs排放工业园区和全市15个产业集群综合整治力度,对全市市级及以上园区排查或

"回头看"，督促石化、化工类园区建立健全监测预警监控体系，完善园区统一的LDAR管理系统，纳入园区环保监控管理平台；完成县区级及以下产业园区(集中区)排查整治，存在突出问题的制订整改方案。根据产业结构特征建设集中喷涂中心、活性炭集中处理中心、溶剂回收中心等大气"绿岛"项目，实现"集约建设，共享治污"，降低企业治理成本。试点创建"无异味"园区。到2022年，家具、印刷、汽修等行业全面采用低挥发性原辅材料。

强化车船油路港联合防控。强化在用机动车执法监管，完善排放检验与维护(I/M)制度，稳步提高柴油车监督抽测排放合格率，基本消除冒黑烟现象，落实重型车辆绕城方案，严格落实国三及以下柴油货车限制通行区。加强非道路移动机械污染防治，持续推进非道路移动机械的摸底调查和编码登记工作，推动扩大禁止高排放非道路移动机械使用区域的范围，推进机场、港口、码头和货场非道路移动机械零排放或近零排放示范。开展车船油品联合管控，进一步规范成品油市场，推进油品清洁化，推进重点加油站、储油库油气回收在线监控建设。

加强城市面源污染治理。严格工地监管，建立工地名单台账并动态更新；持续按照"六个百分之百"要求，推进建筑工地整改提升；推进"智慧"工地建设，5 000平方米及以上建筑工地全部安装在线监测和视频监控设施。加强城市道路清扫保洁和洒水抑尘，推行"以克论净"，全面推行主次干路高压冲洗作业，综合运用车载光散射、走航监测车等高科技检测、评价手段，建设"智慧道路"扬尘在线监控系统。落实渣土车全过程监管，试点渣土车白天运输，推广原装封闭式环保型渣土车。推进堆场、码头扬尘污染控制，开展干散货码头扬尘专项治理，建立健全港口粉尘防治与经营许可准入挂钩制度，取缔无证无照和达不到环保要求的干散货码头。深入推进餐饮油烟和住宅油烟治理，因地制宜建设油烟净化处理"绿岛"项目，实现集中收集处理。

3. 强化重污染天气管控

修订完善重污染天气应急预案，实现"分级预警，及时响应"。开展绩效分级，实施差异化管控。夯实应急减排清单，制订"一厂一策"应急减排方案。综合运用排放源清单、污染源在线监测、用电量及工况监控、卫星遥感等大数据，实现环境质量与污染源的关联分析，推动溯源追踪与成因研判，形成快速应对指挥能力。重污染天气橙色及以上预警期间，推动火电、钢铁、水泥、石化等重点行业企业落实短期深度减排措施。

5.2.4 坚持统筹联动　打造美丽河湖样板

1. 打造世界级生态湖区

实现更高水平"两个确保"。加快太湖饮用水水源地预警体系建设，推进饮用水水源地应急处置能力提升。加强蓝藻打捞处置设施建设、运维体系建设、监测能力建设、装备技术研发，完善蓝藻治理信息共享平台。西部湖区、梅梁湖和贡湖水源地等重点水域推广实施蓝藻离岸防控及原位控藻，建设挡藻设施形成外围防线，提高机械化、智能化打捞水平，并通过对现有固定式藻水分离站进行工艺改造、提能扩建及增配移动藻水分离船等途径，进一步提升蓝藻处理能力。

推进入湖河流整治。加快入湖河流及支浜整治，以流域为主线，以汇水区域为控制单元，将小流域治理覆盖全部支浜，力争一级支浜消除劣Ⅴ类水体。在确保防洪安全和水土保持的前提下，优先对主要行洪河道和航道以外的主要入湖河道实施生态化改造，降低入湖污染负荷，持续保持主要入湖河流达到或优于地表水Ⅲ类标准。

深入实施生态清淤。实施新一轮太湖生态清淤，按照"常态+应急"相结合的模式，对主要入湖河口、西部和北部湖区近岸带以及集中式饮用水水源地附近实行常态清淤，对湖泛易发区及时开展应急清淤，进一步减轻内源污染。到2025年，完成梅梁湖、湖西部沿岸区域清淤。

科学调度水资源。科学核定水资源使用上限，适时适量引水，根据上级部署管控西北片区入湖水量，开展污染物通量监测，长江引排水通道、主要入湖河流水质水量同步监测，探索建立水质水量双考核机制。优化排水方案，统筹考虑防汛抗旱与生态保障需求，充分发挥新沟河、走马塘北排长江功能。在望虞河大型调水通道入湖口附近建设潜水坝,改善湖体水动力,促进太湖休养生息。

2. 全力推进长江大保护

严格长江岸线保护。落实《长江岸线保护和开发利用总体规划》,严格分区管理和用途管理,加大保护区和保留区岸线保护力度,逐步恢复增加生态岸线,到2025年,江阴长江生产性岸线占比下降至省控线。持续开展岸线违规利用项目整治,非法码头清理整顿,推动既有危险化学品码头分类整合,严禁在长江干流及主要支流岸线1千米范围内新建危险化学品码头。系统打造长江大保护“测管治”工程,集成优化“环境监测、管理、治理”一体化平台。

推进入江支流整治。全面开展入江排口及锡澄运河、白屈港、利港河等入江支流整治,重点防治有机毒物污染,严格控制重金属、持久性有机污染物和内分泌干扰物质排入长江。完善入江支流、上游客水监控预警机制,提升精细化管理水平,持续保持主要入江河流达到或优于地表水Ⅲ类标准。

3. 强化水环境保障监管

加强饮用水源安全保障。巩固集中式饮用水水源地达标建设成果,推进宜兴市桃花水库水源地等新建饮用水水源地达标建设,完成绮山应急备用水源地等一批新建饮用水水源地保护区划分。做好双源供水和深度处理,持续推进供水管网改造。实施从“自来水厂—供水管网—水龙头”的全过程监管,构建“水源达标、应急备用、深度处理、预警检测”的城市供水安全保障体系并加强考核,确保饮用水安全。

实施水质达标攻坚行动。围绕全市71个国省考断面,结合“消劣奔Ⅲ”行动,以水质改善为核心,全域推进5 635条河道、35个湖泊新一轮河道环境综合整治,其中市级重点整治河道80条,各市(县)、区重点整治河道552条。到2023年底,重点整治河道水质优Ⅲ比例达到90%以上,全市其他河湖水质基本达到或优于Ⅳ类。

强化汛期水质应急保障。制订汛期水质防范应对工作方案。加强汛前防控,推广建设分布式污水处理设施,推动秸秆离田,优化城镇引排泵站调度,在国省考断面全部安装水质自动监测和视频监控装置,建立水质日报制度。做好汛中处置,提升应急处理能力,强化水质监测监控与预警。促进汛后水质恢复,开展汛后滞留污水处理处置,加大汛后生态保护修复。

巩固黑臭水体治理成效。建立长效管理机制,夯实“河长制”责任,推动河长制、湖长制体系向村级延伸。组织开展已完成整治水体“回头看”,不定期开展水体水质抽检,确保城市和农村整治后的水体不返黑返臭。

4. 持续深化水污染治理

开展入河排污口专项整治。2021年,完成全市53条主要河道和新增国省考断面所在的12条河流(湖库)的排污口排查、监测、溯源工作。“十四五”期间,持续推进排污口整治工作,通过整治一批、关闭一批,全面规范排污口管理,实现排污单位—污水管网—受纳水体全过程监管,为改善太湖流域水环境质量奠定基础。

加强工业水污染防治。完善工业废水处理设施建设,重点推进化工、印染、电镀、医药、食品等行业废水治理。开展工业园区(集聚区)和工业企业内部管网的雨污分流改造,推动省级及以上工业园区基本消除污水直排口和管网空白区。结合所在排水分区实际,鼓励有条件的相邻企业,打破企业间的地理边界,实施管网统建共管。提高工业污染源监管水平,开展重点企业、工业园区“水平衡”排查,间接排放企业出水在线监测数据应与城镇污水处理厂实时共享。开展水污染物分类管控研究,重点做好挥发酚、重金属、汞来源的相关研究,建立重点园区有毒有害水污染物名录库,加强对重金属、抗生素、持久性有机污染物和内分泌干扰物等有毒有害水污染物的监管。

加强农业水污染防治。推进种植业面源污染治理,从源头减少化肥投入,强化种植业栽培过程中科学用药、合理施肥,在太湖流域一级保护区稻麦种植区开展化肥限量使用制度试点,推进太湖流域绿色防控示范区主要农作物、主要乡镇全覆盖。探索实施高标准生态农田建设试点,对农田灌排系统进行生态化改造,推进农田退水净化利用。推进畜禽养殖场粪污综合利用和污染治理,建立健全粪肥还田监管体系和制度，强化过程监管，防止粪肥随农田退水进入水体，造成二次污染；支持在田间地头配套建设管网和储粪（液）池等基础设施，解决粪肥还田"最后一千米"问题，新建、改建、扩建规模化畜禽养殖场（小区）要实施雨污分流、粪便污水资源化利用。推进水产养殖尾水治理，加强养殖尾水监测，按照江苏省新出台的池塘养殖尾水排放强制性标准，推进养殖池塘生态化改造，推进宜兴市渔业养殖综合治理和集约化管理，开展百亩以上连片养殖池塘尾水达标排放或循环利用试点示范。到2025年，化肥施用量和农用农药施用量均比2020年下降3%，养殖池塘生态化改造基本完成。

加强船舶港口污染治理。推广应用船舶水污染物联合监管与服务信息系统，落实港口船舶污染物接收、转运、处置联合监管电子联单制度，实现对船舶污染物的全过程监管。实施船舶生活污水储存设施改造工作，严控船舶含油废水和生活污水达标排放。加快推进港口码头污水接收设施建设，通过固定接收和流动接收相结合，基本具备靠港船舶送交污染物的"应收尽收"接收能力。到2022年，无锡市重要航道船舶生活污水稳定实现"零排放"。

5.2.5 坚持系统防控 保障土壤环境安全

1. 加强源头系统防控

持续开展土壤和地下水状况调查与评估。在国家重点行业企业用地调查基础上，深入开展土壤污染状况调查和风险评估，强化成果应用。在农用地土壤污染典型区域开展加密调查和溯源分析。启动地下水环境状况调查评估，开展化学品生产企业以及工业集聚区、危险废物处置场、垃圾填埋场等地下水状况调查评估，摸清地下水环境风险及其对周边环境的潜在风险。2022年年底前，完成省级及以上化工园区地下水环境状况调查评估。

防范新增土壤污染。新建项目或园区开展环评及回顾性评估时，同步开展土壤和地下水污染状况评价，严禁在优先保护类耕地集中区域新建有色金属冶炼、化工、电镀等行业企业。根据重点行业企业用地土壤污染状况调查结果，动态更新土壤污染重点监管单位名录，实施重点单位全生命周期监管。土壤污染重点监管单位要因地制宜实施管道化、密闭化改造、重点场所防腐防渗改造及物料、污水、废气管线架空建设和改造，从源头上消除土壤污染。定期对土壤污染重点监管单位和地下水重点污染源周边土壤、地下水开展监督性监测。

开展地下水环境风险管控。开展地下水污染防治分区划定，构建全市地下水分区管控体系，实施地下水分区管理。强化化工类集聚区、危险废物填埋场和生活垃圾填埋场等地下水污染风险管控。加快化工园区土壤和地下水环境监控预警体系建设，构建土壤和地下水一体化监测预警网络，纳入园区环境信息化管理体系。

2. 推进土壤安全利用

加强农用地分类管理和安全利用。严格保护优先保护类农用地，确保其面积不减少、土壤环境质量不下降。加强严格管控类耕地监管，依法划定特定农产品严格管控区域，鼓励采取种植结构调整、退耕还林还草等措施，推动严格管控类耕地实现安全利用。利用卫星遥感等技术，探索开展严格管控类耕地种植结构调整或退耕还林还草等措施实施情况监测评估。总结农用地安全利用与修复技术模式，加强安全利用技术攻关，建立完善安全利用技术库和农作物种植推荐清单，鼓励对安全利用类耕地种植的植物收获物采取离田措施。动态调整耕地土壤环境质量类别。

严格污染地块准入管理。积极开展宜兴市化学工业园、江阴高新技术产业开发区化工集中区等化工定位取消后的土壤污染监测和调查工作。根据调查评估结果，强化污染地块用途管控，重度污染地块原则上不得规划为住宅、学校、养老机构等敏感用地。组织做好暂不开发利用地块的风险管控，防范污染风险扩大。探索在产企业边生产边管控的土壤污染风险管控模式。强化建设用地再开发利用联动监管，推动各地建立有效的联动监管机制，严格建设用地再开发利用准入管理。

有序推进土壤污染治理修复。以重点地区危险化学品生产企业搬迁改造、长江经济带化工污染整治等专项行动遗留地块为重点，加强腾退土地污染风险管控和治理修复。积极开展耕地土壤修复与综合治理,以镉、汞污染耕地为重点,开展以降低土壤中污染物含量为目的的修复试点建设。

5.2.6 坚持源头控制 营造宁静舒适环境

1. 推进规划源头管理

制订实施噪声污染防治行动计划。强化声环境功能区管理,开展声环境功能区评估与调整。在制订国土空间规划及交通运输等相关规划时,充分考虑建设项目和区域开发改造所产生的噪声对周围生活环境影响,合理规划各类功能区域和交通干线走向,科学划定防噪声距离,并明确规划设计要求。

2. 强化各类噪声防治

推进工业企业噪声纳入排污许可管理,严厉查处工业企业噪声排放超标的扰民行为。严格夜间施工审批并向社会公开,鼓励采用低噪声施工设备和工艺,强化夜间施工管理。加强对文化娱乐、商业经营中社会生活噪声热点问题日常监管和集中治理。倡导制定公共场所文明公约、社区噪声控制规约,鼓励创建宁静社区等宁静休息空间。开展城市交通干线、机场等交通运输噪声影响调查,对穿越噪声敏感建筑物集中区域的,加强环境噪声污染防控。

5.2.7 坚持底线思维 防范生态环境风险

1. 落实危险废物无害化处置

提升危险废物处置水平。提升生活垃圾焚烧飞灰、医疗废物等处置能力,研究推进生活垃圾焚烧飞灰、危险废物焚烧灰渣等次生废物的非填埋处置路径。坚定推进小微企业智能化收集试点,提速危废"绿岛"建设,建立更为有效的危废收集物流体系。鼓励石化、化工等产业基地、大型企业集团根据需要自行配套建设高标准的危险废物利用处置设施,鼓励化工集中区配套建设危险废物预处理和处置设施。加强危险化学品废弃处置能力建设,消除处置能力瓶颈。

做好危险废物环境监管。坚决打击和遏制危险废物非法转移、倾倒等环境违法犯罪行为,排查非法填埋、倾倒等历史遗留问题,建立问题清单,加大整改力度,实行销号管理,严控增量,削减存量。提升危险废物经营单位管理水平,分类别、分阶段逐步提升洗桶、污泥、废酸等危废经营单位的规范化管理水平。完善环境管理体系,加快建设危废全生命周期监管系统,研究建立危化品废弃备案制度。

2. 强化核与辐射安全监管

开展核与辐射安全风险隐患排查治理,督促企业开展低放射性矿废渣分类监测和低放射性废渣豁免备案,强化城市放废库清源工作,建设高风险移动放射源在线监控平台,推进核与辐射科学监管、智慧监管。

3. 加强环境应急处置应对

强化环境风险源头防控。严格预案管理,参与江苏省环境应急预案电子备案系统建设。常态开展环境风险隐患排查,确保风险点、危险源可防可控。优化化工产业布局,加大沿江产业布局调整力度,有效解决"重化围江"问题。推动化工园区、化工集中区开展有毒有害气体环境风险预警体系建设,鼓励江阴临港化工园区建立危险废物智能化可追溯管控平台。开展饮用水水源地、重要生态功能区环境风险评估,干流、主要支流及湖库等累积性环境风险评估,从严实施环境风险防控措施。全面提升园区环境应急管理水平,实现全市化工园区、化工集中区、涉危涉重园区突发生态环境事件三级防控体系工程建设全覆盖。

提升环境应急处置能力。夯实环境应急保障基础,加快构建与区域环境风险水平相匹配的基层专职环境应急管理、救援、专家队伍。按照国家建设标准,加强市级环境应急能力建设。将企业环境风险防控及应急治理能力纳入环保信用等级与企业"环保脸谱"指标体系。参与省环境应急指挥系统建设,完善市区两级环境应急物资储备库。积极举办、参与多层级、多类别突发环境事件应急演练,加强跨部门、跨区域环境应急协调联动和信息共享,提高处置突发事件能力。

5.3 优化生态空间格局,守牢自然安全边界

构建国土空间开发保护新格局,守住自然生态安全边界,统筹山水林田湖草系统治理,扩大生态空间和生态容量,为实现绿色发展保驾护航。

5.3.1 严格生态空间管控

1. 合理开发国土空间

强化底线约束。构建"一轴一环三带、一体两翼两区"的市域城镇空间格局,在新一轮国土空间总体规划编制中,坚持节约优先、保护优先、自然恢复为主的方针,在资源环境承载能力和国土空间开发适宜性评价的基础上,科学有序统筹布局生态、农业、城镇等功能空间,划定生态保护红线、永久基本农田、城镇开发边界等空间管控边界,为可持续发展预留空间。

严格环境准入。以国土空间规划为基础,立足资源环境承载能力,完善"三线一单"生态环境分区管控体系,建立动态更新调整机制,加强"三线一单"在政策制定、环境准入、园区管理、执法监管等方面的应用。落实规划环境影响评价机制,推进土地利用相关规划和区域、流域的建设、开发利用规划,以及工业、农业、畜牧业、林业、能源、水利、交通、城市建设、旅游、自然资源开发等有关专项规划开展环境影响评价,从源头控制污染产生;对实施五年以上的产业园区规划,进行规划环境影响跟踪评价。实施工业园区污染物排放限值限量管理,暂停审批"超限园区"新增排放超标污染物项目及园区规划环评,"限下园区"减排形成的排污指标可自主用于区内重大项目建设,引导园区和企业主动治污减排。

2. 严守生态保护红线

实行严格管控。严守生态空间保护区域,确保面积不减少、性质不改变、管控类别不降低。生态空间保护区域实行分级管理,国家级生态保护红线原则上按禁止开发区域的要求进行管理,严禁不符合主体功能定位的各类开发活动,严禁任意改变用途;生态空间管控区域以生态保护为重点,原则上不得开展有损主导生态功能的开发建设活动,不得随意占用和调整。

加强监督管理。按照生态环境部《生态保护红线生态破坏问题监管试点工作方案》,建立"监控发现—移交查处—督促整改—移送上报"工作流程。严格执行《江苏省生态空间管控区域监督管理办法》,依托省生态空间管控区域监管平台,对生态空间管控区域内违法违规开发建设活动等行为进行全面监控,对发现的问题线索,及时组织核查,依法依规处理。

3. 强化自然保护地监管

构建自然保护地体系。科学划分自然保护地类型,稳妥推进自然保护地整合优化,加快构建以自然保护区为主体、自然公园为基础的自然保护地体系。健全全市自然保护地基本信息库,制订自然保护地内建设项目负面清单。到2025年,完成全市自然保护地整合优化、勘界立标,自然保护地面积占陆域国土面积比例达14.17%。

健全管理体制机制。结合自然资源资产管理体制改革,推进自然保护地分级管理,明确各级自然保护地管理职责。在不损害生态环境的前提下,探索一般控制区内特许经营制度。加强自然保护地监测、评估、考核、执法、监督制度建设,深入推进"绿盾"专项行动,强化对各类国家级自然保护地和重点区域自然保护地的监督检查,保障自然保护地保护目标实现。

4. 推进河湖岸线保护

构建河湖岸线保护体系。开展重点河湖岸线调查,完成无锡市内省骨干河道和省湖泊名录湖泊调查岸线登记工作,形成矢量数据库。推进河湖岸线保护与利用规划编制工作,合理划分岸线保护区、岸线保留区、岸线控制利用区及岸线开发利用区,以及临水边界线和外缘边界线,明确各功能区和岸线边界线管控要求。

推动河湖岸线规范管理。强化准入管理和底线约束,严格执行国家长江办《长江经济带发展负面清单指南(试行)》及江苏省实施细则等规定,规范涉河建设项目审批、全过程监管和防洪影响补偿制度,严禁高

消耗、低产出、损生态的岸线资源利用项目，逐步退出不符合岸线管控、水生态保护、水环境治理要求的项目和设施。分级开展河湖水域岸线遥感监测，建立地理信息动态数据库，实现涉河建设项目动态跟踪管理。

5. 打造特色生态空间

深化“一圈两区”建设。以太湖、长江为中心，统筹推进太湖生态保护圈、江阴长江生态安全示范区和宜兴生态保护引领区“一圈两区”建设。太湖生态保护圈重点抓好湖滨生态缓冲带建设，江阴长江生态安全示范区重点加强沿江防护林和湿地建设，宜兴生态保护引领区重点构建太湖三级生态屏障——上游宜南山区生态涵养屏障、中游湖荡生态湿地保护屏障、下游环太湖缓冲带生态屏障。

推动大运河生态文化带建设。按照“先导段、示范段、样板段”的建设标准，构建“两园三带十五点”的空间布局，将大运河文化带无锡段打造成为最具江南运河名城魅力、文商旅深度融合发展的文化休闲轴。落实运河沿线国土空间规划管控要求，加强大运河岸线资源保护。到2025年，大运河无锡段保护传承利用格局全面形成，核心点段全面建成投运。

推进生态廊道网络建设。围绕无锡市区“三源、一环、多廊”，江阴市“三源、四横、八纵”，以及宜兴市“一横、三纵、两源”等生态保护与建设空间，积极打造“生态廊道”。完善“水、路、绿”三网并行的城郊绿网生态体系。通过串联湖泊水面、特色古镇、田园村落等优质郊野资源，突出互联互通，打造无锡生态走廊网络。

5.3.2 强化生态系统保护修复

1. 加强山体林地保护

开展林地专项调查工作，及时跟踪掌握林地资源实际情况和动态变化情况。深入开展国土绿化行动，完成长江干流10千米范围内废弃露天矿山生态修复和宜兴“矿地融合”示范区建设，大力开展环惠山、翠屏山、军嶂山地区山体林地生态修复，充分挖掘国省干道及河道两侧、村庄地区的绿化潜力，增加林地建设。结合美丽乡村试点村建设，加强村庄林木和绿地建设。到2025年，林地保有量保持在828平方千米。

2. 开展湿地生态修复

加强湿地生态保护修复，推动环湖地区和沿江地区生态修复，续建国家湿地公园2处(无锡梁鸿国家湿地公园、江苏无锡长广溪国家湿地公园)，深化建设省级湿地公园3处(无锡太湖大溪港省级湿地公园、无锡宛山荡省级湿地公园、宜兴太湖省级湿地公园)，建设长江石庄、嘉菱荡、梁塘河、马镇、锡北运河等一批生态绿肺。开展“水下森林”建设，着力推进太湖西部区、东氿、入湖河道及其重点支浜等河湖水生植被恢复工程。加快推进梅梁湾生态修复示范工程，探索开展太湖水生态系统修复。到2025年，自然湿地保护率达到62%。

3. 加强生物多样性保护

全面开展生物多样性本底调查。在总结宜兴市生物多样性本底调查工作经验的基础上，全面开展其他市(县)、区生物多样性本底调查，基本摸清家底。到2025年，实现生物多样性调查全覆盖。

加强珍稀濒危物种和重要栖息地保护。强化以中华鲟、长江鲟、长江江豚为代表的珍稀濒危或重点保护物种及其栖息地、原生境的保护力度。建立野生动植物救护繁(培)育中心及野放(化)基地，实施珍稀濒危物种抢救性保护。落实长江“十年禁渔”重大决策，坚决打好打赢长江“十年禁渔”攻坚战、持久战。

严控外来物种入侵。建立外来物种风险评估体系，编制外来入侵物种名录，根据风险级别进行分类管理，形成外来入侵物种预警系统机制，并制订应急预案，同步开发外来物种防控技术，提高对外来入侵物种的早期预警、应急与监管能力。

4. 推进生态安全缓冲区建设

坚持系统化思维，以自然生态保护和修复为核心，以小流域和小区域为单元，在太湖、长江、京杭大运河沿岸、城市近郊等区域，因地制宜考虑城乡发展本底和自然生态环境现状，先行打造生态安全缓冲区示范工程，构建生态安全屏障，实现人类生产空间与自然空间的有机结合。实施污水处理厂尾水净化建设项目等生态净化型缓冲区试点工程，并逐步向生态涵养型、生态修复型、生态保护型拓展，使生态安全缓冲区项目数量越来越多，覆盖面越来越广，治理效果越来越好，生态功能越来越突出。

5. 探索自然生态修举试验区建设

在全市范围选取生态敏感脆弱区域，开展自然生态修举试验区建设试点。探索对已经受污染、受损害和受破坏的自然生态系统，调查生态环境状况，诊断突出生态环境保护问题；围绕自然生态修举试验区建设标准，因地制宜地设计和实施一批自然生态修举工程，推动生态系统自我修复能力提升，实现生态系统的正向演替，促进试点地区生态系统稳定性、生物多样性水平和生态系统服务功能不断提升。

5.4 推动生态经济升级，提升绿色发展水平

优化调整产业结构，不断提升能源资源高效利用水平，建立循环发展经济体系，推进产业生态化、生态产业化，推动经济社会发展全面绿色转型。

5.4.1 注入产业发展新动能

1. 纵深推进产业强市战略

提升现代农业发展水平。打造现代农业产业园，推进无锡锡山、江阴华西、宜兴杨巷、江阴临港、无锡锡西等5个现代农业产业园建设；提升农业园区能级，增强锡山国家现代农业产业园以及江阴现代农业产业示范园、宜兴现代农业产业示范园综合竞争力，支持惠山、宜兴等地区创建国家现代农业产业园，推进农业科技园、农产品集中加工区、农业创业园建设；持续推进“百企建百园”工程。加快发展乡村产业，推动农业绿色化发展，积极发展生态循环农业，加强绿色优质农产品基地建设，推进畜禽生态健康养殖，培育绿色食品、有机农产品和地理标志农产品；推动农村第一、二、三产业融合发展，支持宜兴创建国家农村产业融合示范园；实施农产品加工提升工程，实现农产品多元化开发、多层次利用、多环节增值；实施智慧农业引领工程，支持农产品电商平台和乡村电商服务站点建设。

大力发展战略新兴产业。围绕打造具有国际影响力、国内领先以及高成长性的16个先进制造业集群和4个未来产业集群，聚力培育物联网、集成电路、生物医药等地标性产业集群，重点推进鸿山物联网小镇、慧海湾小镇、雪浪小镇、南山车联网小镇建设，优化无锡国家“芯火”双创基地等载体平台，加快建设无锡(马山)国家生命科学园、中欧(无锡)生命科技创新产业园等重点园区。打造重点产业集群，加快推动人工智能、新能源汽车、高端装备、新材料、高技术船舶和海工装备等具有无锡特色的优势产业发展，培育发展石墨烯、增材制造等未来产业，布局发展量子技术、区块链、北斗等前沿技术产业，构建一批各具特色、优势互补、结构合理的战略性新兴产业增长引擎。到2025年，战略性新兴产业产值占规模以上工业总产值比重达到38%以上。

推动现代服务业提档升级。优化发展生产性服务业，重点推动金融服务、科技服务、物流服务、信息服务、人力资源和咨询服务、会展服务等领域发展，增强研发设计、技术转移、流程优化、物流配送、决策咨询、市场开拓等领域对产业提升发展的支撑能力。发展生活性服务业，以满足人民需求为导向，运用现代服务理念、经营模式和科学技术，提升发展文化体育、旅游休闲、健康养老、商贸餐饮、家政物业等生活性服务业。推动现代服务业集聚发展，重点发展空港物流园、西站物流园、江阴长江港口综合物流园等现代物流集聚区，无锡(国家)软件园、惠山软件园等信息服务集聚区，山水城科教产业园、锡东新城商务区等科技服务集聚区，宜兴陶瓷文化创意产业园、无锡国家数字电影产业园、无锡国家广告产业园等文化创意园区，古运河文商旅集聚区等旅游休闲园区。推广江阴市、滨湖区省级服务业综合改革经验，开展新一轮综合改革试点，探索服务业创新发展的新模式、新举措。

2. 深度融入长三角一体化发展

充分发挥空间地理C位优势。充分发挥无锡“一点居中、两带联动、十字交叉”的独特区位优势，持续推动东向接轨融入上海大都市圈、北向引领辐射锡常泰跨江发展、南向协同联动宁杭生态经济带建设、西向推动湖湾一体发展，打造长三角先进制造核心区、技术创新先导区、绿色生态标杆区。

积极参与上海大都市圈建设。主动承接上海辐射效应，融入上海全球卓越制造基地和国家科学中心建设，加强产业链配套共建，共同构建物联网、集成电路、生物医药、高端装备等具有国际竞争力的优势产业链，探索建立关键核心技术联合攻关、高能级创新载体平台互通、成果异地转移转化和产业创新全流程协同的新机制。

加快“苏锡常”都市圈建设。推动共建太湖湾科技创新带，促进科技创新深度融合、生态旅游共同开发，协同打造世界级生态湖区和创新湖区。联合制订跨区域产业发展目录，加强新一代信息技术、生物医药、高端装备等优势产业链创新链配套协作，促进产学研联盟合作。推动与苏州、常州开展毗邻地区合作共建，推动新吴区和苏州市相城区共创国家级临空经济示范区，支持宜兴市、滨湖区和常州市武进区，协同发展竺山湖生态旅游区。

推动宁杭生态经济带建设。链接南京、杭州创新资源，重点开展高校院所、科技人才、数字经济等领域的交流合作。推动宜兴市融入“一地六县”长三角产业合作示范区建设，共同打造长三角重要的生态屏障、绿色发展前沿阵地、产业发展高地。

引领锡常泰跨江联动发展。充分利用长江经济带建设契机，联合常州加大与泰州的跨江协同发展力度，主动构建锡泰湖纵向联动机制。增强过江通道能力，提升江阴、靖江两地同城化水平。推动江阴、靖江跨江融合发展，促进重点产业、重点园区和重大项目对接配套，提高江阴—靖江工业园区发展质量，打造船舶海工、医药健康、特色冶金、港口物流等特色优势产业集群。

5.4.2 推动产业结构深度调整

1. 引导传统产业绿色转型升级

加快传统产业智能化改造，推进制造过程、装备、产品智能化升级，鼓励企业开展智能工厂、数字车间升级改造，探索建立智能制造示范区。鼓励企业开展绿色设计、绿色改造，强化全生命周期绿色管理，培育一批绿色技术创新龙头企业和绿色工厂，建设一批绿色产业示范基地和绿色循环发展示范区，开发一批绿色产品。深化工业清洁生产，持续推进石化、化工、钢铁、建材、印染、电力等重点行业清洁生产，确保应当实施清洁生产审核的企业100%完成审核。

2. 加快落后过剩产能淘汰压减

推进重点行业产业结构调整，坚决关闭淘汰落后产能和污染严重企业，严格控制高耗能行业新增产能规模。化工行业，重点压减沿江地区、环境敏感区域、化工园区外、规模以下化工企业数量。印染行业，以江阴市和宜兴市为重点，通过设立印染集聚区、兼并重组、股份合作等方式进行资源整合，力争2025年较2018年削减约30%企业总数。电力行业，以江阴市为重点推进热电整合。水泥行业，以宜兴市为重点通过置换整合进一步压减产能，将5家熟料生产企业全部整合。钢铁行业、铸造行业，严禁新增产能。常态开展“散乱污”整治，建立“散乱污”企业整治长效管理机制。

5.4.3 提高能源资源利用效率

1. 推进能源高效利用

严控煤炭和能源消费总量。持续开展能源消耗总量和强度“双控”。大幅度削减散煤，持续压减非电行业用煤，进一步降低煤炭消费比例。扎实推进煤炭消费“等量”“减量”替代，持续降低能耗强度。到2025年，单位地区生产总值能耗降幅累计达到15%。

推进能源利用效率提升。推进35万千瓦及以上燃煤机组供热改造，加快实施煤炭清洁利用和成品油质量升级行动，提高化石能源清洁高效利用水平。强化固定资产投资项目节能审查，推动省级及以上园区推行区域能评制度。加强重点行业能源智慧化管理，实施节能改造和用能监测预警。实施重点用能单位“百千万”行动，开展中小企业节能诊断及节能监察，推动工业、商业、建筑、交通等领域重点企业开展节能技术改造。

增加清洁低碳能源供给。实施清洁能源产业化工程，着力发展非化石能源，有序扩大风能、太阳能、生物质能等绿色能源供给。加强能源基础设施建设，实施划片集中供热，统筹规划建设无锡西区燃气二期改造提升工程、江阴嘉盛液化天然气调峰储配站工程等重点能源项目；优化城乡燃气管网空间布局，提高管网覆盖密度；加快特高压和智能电网建设，实施白鹤滩—江苏（无锡段）特高压直流、凤城—梅里长江大跨越等重要输电工程，扩大外电入锡规模。到2025年，非化石能源占能源消费总量比重提高到18%左右。

2. 实行最严格水资源管理

实施用水总量和强度"双控"。强化用水指标刚性约束，健全用水总量、用水强度控制指标体系。科学制订区域年度用水计划、严格执行行业用水定额，推动取水用水精细化、标准化管理，逐步建立节水评价机制。深入实施水效领跑者引领行动，强化节水社会监督，建设国家级县域节水型社会。

推进各领域节水管理。推动企业转型升级，加快淘汰高耗水工艺、技术和装备，支持企业开展节水技术改造和废水"近零排放"改造，强化用水大户生产用水全过程监管。加强城镇节水损耗，积极推进城市供水管网分区计量管理。强化公共供水系统运行监督管理，建立精细化管理平台和漏损管控体系。助推农业节水增效，全面推动农田水利设施提档升级，逐步完善农田灌排工程体系。推广高效节水灌溉技术，大力发展低压管道输水灌溉、喷灌、微灌等高效节水灌溉。

推动非常规水资源利用。大力发展再生水利用，推进再生水利用设施建设，鼓励市政杂用水优先使用再生水，鼓励企业间串联用水、分质用水、一水多用和循环利用。加大雨水集蓄利用设施新建、扩建和升级改造，持续推进集蓄雨水纳入水资源统一配置体系。在做好水土保持工作的前提下，兴建"五小水利"工程，大力发展集雨工程和集雨补灌技术，提高集蓄雨水利用率。

3. 提升土地集约利用水平

保障优质产业用地发展需求。划定全市产业用地控制线，留足产业高质量发展空间。深化工业用地出让机制，提高以"亩均税收"为核心的用地准入门槛，严格执行工业用地出让综合评审机制，实施差别化供地模式，实行"合同＋协议"监管制度，引导资源要素向优质产业项目集聚。创新产业用地利用方式，探索符合无锡实际的新型研发用地（Mx）、工业楼宇等复合利用模式，规范管理体系，提供新产业新业态的"个性化、一站式"服务，通过规划引导和机制创新，打造多样化、多层次的产业空间。

推动低效用地整治提升。建立差别化规划传导机制，对园区内的低效工业用地，通过结构调整和能级提升，重点发展先进制造业、战略性新兴产业、高新技术产业和生产性服务业；对开发边界内、园区外的低效工业用地，通过加快转型，用于完善城市公共基础设施和发展现代服务业；对生态廊道内的工业用地，则以拆迁限制建设为主。研究完善建设用地使用权转让、出租、抵押二级市场，实施差别化用地政策，激励引导多元化市场主体参与存量建设用地盘活利用。聚焦发展潜力地区，加强对扬名高科技产业园等14个重点产业片区的更新改造。

增减挂钩城乡建设用地。通过推进城乡建设用地增减挂钩、零散农村居民点归并整合等方式优化农村用地布局，有计划开展农村宅基地、工矿废弃地以及其他存量建设用地复垦，归还建设用地流量指标，统筹安排农村住房用地，合理安排建新区块，腾挪镇村发展空间。城乡增减挂钩产生的建设用地指标优先满足农民安置房、农村基础设施和农村公共事业建设，保障美丽乡村和乡村旅游基础设施建设用地，有节余的按规定有偿调剂城镇使用。

5.4.4 优化交通运输结构

1. 构建现代货物运输新格局

大力推进货物运输"公转铁、公转水"。完善货运铁路网络布局，重点提升年货运量150万吨以上的钢铁、建材、化工、汽车制造等大型工矿企业和大型物流园区铁路专用线接入比例，打造轨道上的无锡。加强港口航道建设，重点加快京杭大运河及相关骨干航道、江阴港口通江高等级航道建设，积极推动京杭大运河绿色航运示范区建设。推动大宗货物集疏港运输向铁路和水路转移。

2. 加大新能源车船推广力度

加快推进"太湖湾"、建成区公共领域车辆电动化，新增和更新公交、环卫、邮政、出租、通勤、轻型物流配送车辆使用新能源或清洁能源汽车。推广使用新能源非道路移动机械,港口、机场新增和更换作业机械采用清洁能源或新能源。景区、娱乐场所新增船采用新能源船。完善优化充电基础设施,在物流园、产业园、工业园、大型商业购物中心、农贸批发市场等物流集散地建设集中式充电桩和快速充电桩。

3. 加快机动车船升级改造

加快淘汰国三及以下排放标准的柴油货车以及采用稀薄燃烧技术或"油改气"老旧燃气车辆。限制高排放船舶使用,推进内河船型标准化,鼓励淘汰20年以上的内河船舶,依法强制报废超过使用年限和达不到环保标准要求的长江内河航运船舶,并逐步将现有船舶替换为新能源船舶。推动载运LNG船舶进江航行,加快LNG码头、加注站建设和运行。

5.4.5 推动循环经济建设

1. 推进废弃物资源化示范建设

围绕大宗工业固体废物零增长、农业废弃物零浪费、生活垃圾零填埋、建筑垃圾零存量、危险废物零风险,非法转移倾倒事件零发生等目标,开展"无废城市"试点建设。围绕有机废弃物无害化处理、资源化利用、市场化运作,着力打破多头管理的行政体制,加快健全收储运体系,优化提升处理设施,探索资源能源化利用主要产品应用方向,推进无锡市环太湖城乡有机废弃物处理利用示范区建设。

2. 提升工业资源利用水平

实施园区循环化改造提升工程,建设一批绿色循环发展示范区。加强对电力、建材等行业的生产废弃物管理,推进建设固体废物集中收集中心。实施大宗固体废弃物循环综合利用工程,加快江阴秦望山、惠山国家资源循环利用基地建设。推动形成"资源—产品—再生资源"闭环经济模式,统筹区域固体废物,积极创建静脉产业园。

3. 加强城市固废综合利用

围绕垃圾分类与城市环卫系统、再生资源系统"两网融合",建设一批循环经济工程。构建线上+线下融合的废旧资源回收和循环利用体系,提高塑料袋、电子废弃物、废旧轮胎、废旧金属、废沥青路面材料的再生利用水平。提高建筑垃圾处置与资源化利用水平,拓展利用新途径。到2025年,建筑垃圾资源化利用率保持稳定,持续改善。

4. 实施农业废弃物资源化利用行动

推进畜禽粪污资源化利用,积极探索尾菜、农产品加工副产物资源化利用。加快建设覆盖全市的病死动物无害化收集处理体系,推进处理产物资源利用。加强白色污染治理,建立符合无锡实际的农药集中配供和农药包装废弃物统一回收处置模式。到2025年,农药废弃包装物无害化处置率达到100%、废旧农膜回收率达95%以上。

5.5 倡导生态生活方式,打造环境友好城市

推广简约适度、绿色低碳、文明健康的生活理念,健全环境基础设施,营造优美人居环境,培育绿色低碳生活方式,形成崇尚绿色生活的社会氛围。

5.5.1 完善城乡环境基础设施

1. 完善垃圾处理设施

新增和提标改造生活垃圾转运设施,新建经开区生活垃圾转运站,改建梁溪北塘生活垃圾转运站、滨湖生活垃圾转运站、锡山云林生活垃圾转运站、新吴经一路生活垃圾转运站、惠山花明桥易腐垃圾转运站,生活垃圾转运规模达到9 190吨/日,其中易腐垃圾规模1 800吨/日。实施锡东生活垃圾焚烧发电提标扩容项目和惠联垃圾热电提标扩容项目,新增炉排炉焚烧处理能力3 950吨/日。推进惠山飞灰填埋场二期建设,总库容40万方。实施无锡装修垃圾残渣消纳场项目,总库容72万方。

2. 完善城镇污水处理设施

适时开展城镇污水处理设施能力调查和评估,优化城镇污水处理厂布局。适度超前推进城镇污水处

理厂和配套管网建设，系统分析现有污水泵站提升调度能力，实行泵站标准化建设。推进永久性污泥处理处置设施建设。到 2022 年底，新建、扩建污水处理厂 9 座，新增污水处理能力 24 万吨/日；完成市区范围内剩余 2 108 千米污水主管网的排查检测，新建、改造污水管网 101 千米；新建、改建污水泵站 56 座，初步实现主城区范围内厂与厂之间互联互通。

5.5.2 建设绿色城镇和生态城区

1. 推动绿色建筑高质发展

稳步推进新建绿色建筑，强化绿色建筑全过程监督管理，加大绿色建筑设计文件专项审查力度，确保城镇绿色建筑占新建建筑比例保持 100%。加快推进既有建筑节能改造，针对教育、文化、卫生、体育等公益事业使用的公共建筑为对象的改造项目，开展以空调、电梯、照明、非节能门窗改造为主，增加屋顶绿化、墙面绿化、外遮阳设施等综合措施的节能改造；针对既有居住建筑为对象的改造项目，因地制宜突出夏热冬冷地区居住建筑特点，着重改善建筑外窗、屋顶热工性能、东西外墙遮阳构造、屋内自然通风等关键部位和薄弱环节。大力推广可再生能源技术应用，因地制宜选择太阳能光热、太阳能光伏、土壤源热泵、污水源热泵等可再生能源及组合能源技术在建筑中的应用。

2. 构建便捷绿色出行系统

加强轨道网、公交网、慢行交通网"三网融合"，稳步提高公共交通出行分担率。加快轨道交通建设运营，充分发挥轨道交通在城市发展中的支撑引领作用。到 2022 年，完成地铁 4 号线一期工程建设并开通运营，开工建设地铁 4 号线二期、5 号线和 6 号线工程。到 2025 年，完成地铁锡澄城际轨道 S1 号线和 5 号线建设并开通运营，开工建设地铁 3 号线二期工程。大力实施"公交优先"发展战略，进一步优化公交场站布局，新辟、优化调整公交网线；持续完善公交专用道网络，合理设置并优化公交优先通行信号系统。完善城市步行和自行车交通系统，实现慢行交通出行与公交、地铁"零距离"接驳。

3. 打造花园城市新名片

以争创"国家生态园林城市"为目标，构建"郊野公园—综合公园—社区公园（口袋公园）"公园体系。加快推进 5 公顷以上公园绿地建设。各市（县）、区平均每年建设 1 个综合公园、2 个 15 分钟生活圈居住区社区公园、5 个 10 分钟生活圈居住区社区公园及若干个游园。重点推进城北中央公园、梁塘河公园、北兴塘河公园、伯渎河公园、洛社公园等综合公园建设。有序推进多类型的城乡骨干绿道建设，各市（县）、区平均每年建设 1 条城乡骨干示范绿道。重点推进环惠山休闲、梁塘河滨水休闲、伯渎河滨水休闲、锡西田园水乡、北兴塘河—九里河滨水休闲等绿地建设。到 2025 年，人均公园绿地面积达 15 平方米，公园绿地、广场步行 5 分钟覆盖率达 90%，人均绿道长度 20 米。

4. 推进海绵城市示范建设

全域推进国家海绵城市建设示范工作，新建区域严格落实海绵城市建设要求，建成区结合城中村、老旧小区改造同步进行海绵化改造，积极开展海绵型城区、海绵型社区、海绵型单位等创建。推广低影响开发建设模式，优化绿地和水体布局，减少不透水地面面积，逐步恢复自然水文循环。控制地表径流污染，引导雨水资源化利用。到 2025 年，城市建成区 50%以上的面积达到海绵城市建设要求。

5.5.3 全面推进美丽乡村建设

1. 提升农村人居环境质量

全域推进镇村生活垃圾分类，积极引导农村生活垃圾就地分类和资源化利用，全面建立"户分类投放、村分拣收集、镇回收清运、有机垃圾生态处理"的农村分类收集处理体系。开展农村生活污水治理提质增效行动，并与农村厕所粪污治理无缝衔接，全面构建"源头管控到位、设施养护精细、污水处理优质、建管机制健全"的农村污水治理新格局。开展农村生态河道综合整治，全面消除农村黑臭水体。到 2022 年，全市农村生活垃圾分类处置体系覆盖率达 100%。到 2025 年，全市自然村农村生活污水治理率达 95%。

2. 深化特色田园乡村建设

推动特色田园乡村建设“试点深化”和“面上创建”并举,高水平建设具有乡土风情、富有江南特色、承载乡愁记忆、展现现代文明的未来农村现实模样。科学谋划美丽乡村整体性推进和特色化布局,全域提升村庄品质。到2025年,建成120个市级特色田园乡村,创建100个省级特色田园乡村,建设6条美丽乡村示范带。

5.5.4 培育绿色低碳生活方式

1. 开展绿色创建活动

推进节约型机关、绿色家庭、绿色学校、绿色社区、绿色商场等创建活动,广泛宣传推广简约适度、绿色低碳、文明健康的生活理念和生活方式,建立完善绿色生活的相关政策和管理制度。鼓励开设绿色批发市场、绿色商场、节能节水超市等,完善销售网络,畅通绿色产品流通渠道。

2. 促进绿色产品消费

完善政府绿色采购制度,对获得节能产品、环境标志认证证书的产品予以优先采购和强制采购。到2025年,政府绿色采购比例达到98%。国有企业率先执行企业绿色采购指南,鼓励其他企业自主开展绿色采购。积极发挥绿色消费引领作用,大力推广节能环保低碳产品。推动快递行业绿色包装,推广使用绿色包装材料、循环中转袋,在快递营业网点设置专门的快递包装回收区。严格限制一次性用品的生产、销售和使用,推广可降解塑料袋或重复利用的布袋或纸袋。

3. 倡导绿色低碳生活

制定出台无锡市生态文明公约,深入开展反过度包装、反粮食浪费、反过度消费行动,倡导简约适度、绿色低碳的生活方式和消费方式。加大垃圾分类推进力度,推动党政机关、企事业单位率先实现生活垃圾强制分类全覆盖;推广“定时定点”投放模式,逐步提高居民小区垃圾分类覆盖面,鼓励运用“红黑榜”“时尚户”“示范户”等机制,将居民分类意识转化为自觉行动。到2025年,全市生活垃圾分类实现全覆盖。

5.6 构建生态文化体系,营造全民参与氛围

推动生态文明建设与文化建设有机融合,建设生态文化载体,广泛开展生态文明宣传与教育,弘扬传统文化,强化公众参与,提升生态文化软实力。

5.6.1 培育无锡特色生态文化

1. 加强生态文化创新

加强理论研究,分析形势,总结经验,提升层次,推出一系列生态文化体系建设相关研究成果。鼓励举办生态文明讲坛和各种形式的学术研讨会,推动具有无锡特色的生态文化理论创新。发挥文艺作品在生态文化中的传播作用,通过政策倾斜和资金扶持,鼓励文学、影视、戏剧、绘画、雕塑等多种艺术形式创作,将生态哲学、生态美学、生态伦理等现代生态文化理念渗透到文艺作品中,推出一批能体现无锡特色和生态文明理念的优秀文艺作品。

2. 培育生态文化新载体

保护发掘无锡吴文化、运河文化、工商文化等生态文化资源,以江南水乡、古运河、古街区、古村落及森林公园、斗山生态碑、湿地文化历史遗存等生态旅游资源为依托,积极培育地域特色的生态文化产业,打造生态文化宣传教育示范区,完善生态文化基础设施。持续推动历史文化名城群、五大历史文化街区、十大古村镇和古运河文化遗产等生态文化建设,结合无锡市生态文明建设的最新成果,探索建设生态博物馆,展示地方特色生态文化,传播生态文明内涵和价值。

5.6.2 加强生态文明宣传教育

1. 提高生态文明传播能力

充分发挥传统媒体和新媒体的互补优势，加强对全市生态文明建设工作、专项行动、典型经验的宣传报道。依托传统媒体覆盖面广、权威性高、主旋律正的特点，运用专版、专栏、专题的形式，宣传生态文明建设工作，播放生态文明主题公益广告。着力加强对网络新媒体的应用，做深做细新闻媒体宣传，挖掘生态文明建设鲜活素材，制作生动活泼、易于传播的新媒体产品，强化政务官方网站、政务微博、“无锡生态环境”微信公众号、移动客户端“四位一体”的环境信息服务体系搭建，充分发挥各类媒体引导作用，提高生态文明理念和知识的传播能力和效率。

2. 强化党政干部生态文明教育

通过线上、线下相结合的授课方式，确保党政领导干部参加生态文明培训的人数持续保持100％。定期开展生态文明相关交流会，促进绿色思想的传播。开展多层级生态文明学习、调研、研讨活动，赴生态文明建设先进区学习经验，提升无锡市生态文明建设工作水平。

3. 提升学校生态文明教育水平

继续将生态文明教育纳入中小学课程计划中，开展生态文明和环境保护知识渗透教育。在学校组织开展生态环保讲座，充分利用校报、广播室、宣传橱窗等，开展宣传教育活动。加强学校与社会各类环境教育基地之间的联系，积极推动生态文明教育校外实践活动。制订无锡市教师生态文明培训方案，提升教师队伍对生态文明的认知。

4. 引导企业树立生态文明理念

定期组织企业进行生态环境教育培训，提高企业社会责任感和生态责任感。开展企业绿色技术培训，提高企业环保从业人员绿色生产的意识和技能。定期组织开展“环境友好企业”“生态文明模范企业”等评选活动，调动企业对生态文明建设的主观能动性。

5. 推进社区生态文明宣传

整合线上、线下资源，搭建全方位宣传平台，构建社区宣传“微阵地”。编写社区环境教育读本和远程网络教育课程，通过通俗易懂的小故事、漫画等形式，宣传生态文明建设的相关知识。建立生态文明社区宣传广告牌，定期发布环境保护公益广告。结合“4・22”世界地球日、“5・22”国际生物多样性日、“6・5”世界环境日等重要纪念节日，开展各类主题活动。

5.6.3 强化生态文明共建共享

1. 深入推进公众参与

畅通公众参与渠道。充分发挥“12345”市民投诉热线和“12369”环保举报热线作用，畅通环保监督渠道。在锡山区和江阴市等地区实施的环境违法行为有奖举报工作基础上，积极开展其他市(县)、区的环境违法行为有奖举报制度，配套制订相应的环境违法行为举报奖励办法。推进环保设施向公众开放，保障公众知情权、参与权和监督权。加大对各类破坏生态环境行为的曝光力度，持续办好“污染防治在攻坚・263在行动”电视曝光专栏，始终保持浓厚的治污攻坚舆论氛围。

发挥各类社会群团组织积极作用。充分发挥工会、共青团、妇联等群团组织积极作用，动员广大青年、妇女参与生态环境保护建设。发挥行业协会、商会桥梁纽带作用，畅通不同利益群体与相关责任主体的沟通渠道，促进行业自律。发挥公共机构带头引导作用，带头节约能源资源，带头采购绿色产品，带头推行绿色办公。支持并发展环保公益慈善事业，联合慈善部门、社会组织推动设立环保公益基金。加强对环保NGO组织的管理和指导，支持鼓励环保志愿者开展各类活动。设立生态文明建设公众论坛，鼓励、引导环保志愿者扎实有效推进环境保护和生态公益活动。

2. 深化生态文明示范创建

巩固宜兴市、锡山区、惠山区和滨湖区国家生态文明示范区创建成果，推进江阴市、梁溪区、新吴区争创国家生态文明建设示范区，在全市范围内持续开展生态文明建设示范镇(街道)、村(社区)创建，到2022年底，90%以上镇(街道)建成省级生态文明建设示范镇(街道)。积极组织创建“绿水青山就是金山银山”实践创新基地，探索“绿水青山”转化为“金山银山”的有效路径。

◆专家讲评◆

本规划章节内容特色突出，针对性强，对前文提到的问题及挑战均提出了规划任务，并明确了指标达标的实施路径。如针对无锡南濒太湖、北临长江特殊的地理位置，规划了“打造世界级生态湖区和全力推进长江大保护”的任务；针对“煤炭型能源结构难以发生根本改变”的现状，规划“增加清洁低碳能源供给”；针对“应对气候变化压力较大”的挑战，规划从工业、交通、建筑、农业等领域严控二氧化碳排放。该生态文明规划逻辑性、特色性较强，对太湖流域地市开展生态文明建设具有参考价值。

第六章　重点工程

紧紧围绕着“成为美丽中国、美丽江苏的样板城市”目标，巩固提升生态文明建设，在生态文明建设主要规划措施的基础上，提出5大类63项重点工程。其中：生态安全类重点工程有30项、生态空间类重点工程有6项、生态经济类重点工程有9项、生态生活类重点工程有16项、生态文化类重点工程有2项，具体重点工程略。

南通市生态文明建设规划(2021—2025)

前　言

南通，滨江临海，拥有206千米海岸线和166千米长江干流岸线，是万里长江奔流入海的最后一道生态屏障。全市现辖3市(海安、如皋、启东)、1县(如东)和3区(崇川、通州、海门)，陆域面积8 001平方千米，海域面积8 701平方千米，拥有南通市经济技术开发区、南通高新技术产业开发区等5个国家级开发区和南通苏锡通科技产业园区、通州湾江海联动开发示范区、江苏南通国际家纺产业园区等12个省级开发园区，南通兴东国际机场、南通港等5个国家一类开放口岸。2020年南通地区生产总值达10 036.31亿元，跻身长三角“万亿俱乐部”。

南通，承南启北，江淮文化与吴越文化交融并蓄，狼山古刹名扬四海，千年濠河环抱古城。南通物华天宝，人杰地灵，张謇、曹顶、沙元炳、蒋煜等名人辈出，是全球首个“世界长寿之都”，是中国著名的“纺织之乡”“建筑之乡”“教育之乡”“体育之乡”“中国曲艺之乡”，拥有世界第三大的南通家纺城，荣获全国建筑业最高奖——“鲁班奖”52项。近年来，南通市被评为“国家生态园林城市”“国家森林城市”“全国绿化模范城市”“国家节水型城市”“全国水生态文明城市”，连续5次被评为全国文明城市，通州区、崇川区分别被评为国家生态文明建设示范区、“绿水青山就是金山银山”实践创新基地。此外，南通市海门区、海安市成功创成省级生态文明建设示范区，全市累计有59个镇(街道)、65个村入选省级生态文明建设示范镇(村)。2020年11月，习近平总书记考察南通，在滨江盛赞南通“一桥飞架南北，天堑变通途”，特别是对五山地区生态修复成果给予充分肯定，给予了“沧桑巨变”的高度评价，同时也给南通生态文明建设指明了前进方向、增添了澎湃动力。

2018年南通市委、市政府对《南通市生态文明建设规划(2015—2020)》进行修编，有序推进南通市生态文明建设，引领南通市生态文明向更高水平迈进。为进一步加强生态文明建设，以全面建成“强富美高”新南通为统领，打响“江海联动”生态文明建设特色名片，高水平打造美丽江苏南通样板，再来一次高质量发展的“沧桑巨变”，南通市组织编制《南通市生态文明建设规划(2021—2025)》，以更好地指导新时代下南通市生态文明建设，完善生态文明体系建设，加强生态文明建设的战略定力，坚持“在保护中发展、在发展中保护”，为争当全省高质量发展先锋、建设“强富美高”新南通提供有力支撑。

2021年11月15日，江苏省生态环境厅受生态环境部委托，在南京组织召开了《南通市生态文明建设规划(2021—2025)》的评审会。

第一章　规划基础

1.1　区域概况

1.1.1　自然条件

1. 区位优势日益突出

南通位于中国东部海岸线与长江交汇处、长江入海口北翼，三面环水，形似半岛，南临长江、东濒黄海、西北与盐城市接壤、西与泰州市为邻，为江苏唯一同时拥有沿江沿海深水岸线的城市。南通地处沿海经济带与长江经济带"T"型结构交汇点,集"黄金水道""黄金海岸"于一身,既是新丝绸之路经济带和海上丝绸之路的交汇处,又是长江经济带的重要出海口和港口带动型城市,也是南北海上交通要道和长江出海门户,是上海大都市圈北翼门户城市、中国首批对外开放的14个沿海城市之一、长三角北翼经济中心、现代化港口城市和国家历史文化名城。

2. 自然生态资源禀赋较好

南通市依江傍海,三面临水,境内河网纵横,水系发达,岸线资源丰富,拥有陆域面积8 001平方千米,海域面积8 701平方千米,拥有长江岸线166千米、海岸线206千米,拥有湿地面积46万公顷,拥有洋口港、通州湾、海门港和吕四港组建的"大通州湾"。南通位于南北气候交错区和海陆生态交错区,具有典型的南北植物过渡带特征,生物资源丰富。境内有南通狼山国家森林公园、江苏海门蛎岈山国家级海洋公园、江苏小洋口国家级海洋公园等,全市森林覆盖率为14.8%,林木覆盖率为24.0%。

1.1.2 经济发展

1. 经济增长速度快

2010—2020年,全市GDP和人均GDP保持增长;按当年价格计算,2020年全市GDP比2010年、2015年分别增长了185.89%、54.45%,人均GDP比2010年、2015年分别增长了166.74%、45.96%。

2. 经济结构明显改善

2010年以来,南通市产业结构持续优化,2020年第一、二、三产业增加值之比为4.57∶47.49∶47.94,二产占比较2010年和2015年分别降低了7.83和3.40个百分点;三产占比持续增大,较2010年和2015年分别增加了10.84和4.29个百分点。第二、三产业之间的差距逐渐变小。

在农林牧渔业方面,2020年,实现农林牧渔业总产值845.0亿元,比2015年增长27.2%,年均增长4.9%。实现农林牧渔业增加值511.7亿元,比2015年增长32.7%,年均增长5.8%。

在工业方面,"十三五"期间,规模以上工业增加值累计增长46.4%,年均增长7.9%。2020年,规上工业企业5 262家,比2015年增加200家;规上工业企业资产总计9 975亿元,比2015年增加1 813亿元,"十三五"期间年均增长8.8%。

在服务业方面,服务业增加值由2015年的2 836.3亿元增加至2020年的4 811.8亿元;按可比价计算,年均增长8.2%,年均增速比全部产业快1.2个百分点,占GDP的比重由2015年的43.6%提升至2020年的47.9%。

1.2 生态文明示范建设巩固提升工作基础

1.2.1 坚持改革创新,生态制度体系逐步健全

南通市坚持改革创新思维,自觉践行新发展理念,建立健全生态文明建设相关制度,提升生态文明建设水平,探索构建责任传导"链接性"考核新机制,不断完善生态文明绩效评价考核制度,建立体现生态文明要求的目标体系、考核办法、奖惩机制,在考核指标中突出生态文明和生态环境,以生态标准原则引导经济社会发展。率先创新推进环境保护综合行政执法体制改革,实现一支队伍管执法。率先成立污染防治攻坚指挥部,实施"季考核、年述职"工作推进机制,构建了督察、考核、问责"大机制",层层压实环保责任。率先探索实施污染防治百分量化考核,通过攻坚考核机制,有效压实压紧基层环保责任,较好打通污染防治攻坚"最后一千米"。率先推行生态环境损害赔偿案制度,有效推动历史积存问题解决,引导企业树立对环境终身负责的鲜明导向,破解"企业污染、政府买单"困局。率先探索实施环保总监制度,督促各重点排污单位环保总监依法尽职履责,推动重点排污单位环保理念显著加强、环境行为明显改善、环境监管更加顺畅。率先构建市、县、镇、村四级河长体系,建成河长制工作监督管理平台(河长APP)以及河长制信息化平台,切实保障工作落到实处、落到细处。

1.2.2 坚持问题导向,生态环境质量改善显著

南通市坚决打好打赢大气、水、土壤三大战役,推动城乡环境质量持续提升。坚持"控煤、降尘、治企、

管车、禁烧、联防"12 字方针，深入推进大气污染防治，多层次、全方位开展大气 VOCs、扬尘、机动车尾气、餐饮油烟污染治理，大气环境质量连续三年位于全省第一。立足城镇与农村两大战场，突出农业、工业、服务业和生活四大领域发力攻坚，全面提升水污染防治水平，持续开展污水厂提标改造、黑臭水体治理、畜禽养殖污染治理等专项整治行动，坚持截污控源、生态活水、清淤疏浚同步发力，着力消除劣Ⅴ类断面，扭转水环境质量下滑趋势。深入开展农用地和重点行业企业用地调查，完成县域重点行业企业地块的空间信息制作，建立污染地块名录和开发利用负面清单，强化土壤污染源头防控和污染耕地安全利用。全市大气自动监测网络基本形成，水质监测覆盖国控、省控、入江、入海主要断面，全市重点排污单位、化工园区、省级以上工业园区基本建成自动监控平台，全市生态环境监测监控能力实现量与质的同步飞越，为精准治理、溯源分析提供有力技术支撑。

1.2.3 坚持空间管控，生态空间格局持续优化

南通市坚定不移实施主体功能区战略，认真落实《江苏省主体功能区规划》，保障城市基本生态安全，维护生态系统的科学性、完整性和连续性，防止城市建设无序蔓延。按照提升生活空间、减少生产空间、放大生态效益、淘汰落后产能的原则，合理布局沿江生态、生产、生活空间，构筑"一主两副一枢纽"的市域空间结构，构建"两廊四区"沿江空间格局，统筹生态、岸线、城市、交通、产业发展，打造特色鲜明、生态良好、功能互补的发展格局。制订实施南通市"三线一单"生态环境分区管控方案，守牢生态保护红线、环境质量底线和资源消耗上线，制订产业准入负面清单，强化生态环境硬约束。严禁在长江干支流 1 千米范围内新建、扩建化工园区和化工项目，推动现有绿色项目从沿江向沿海有序转移。在全省率先出台《南通沿江生态带发展规划》《南通市长江经济带生态环境保护实施规划》，深化和谐长江、健康长江、清洁长江、安全长江、优美长江"五江共建"，绘制沿江共抓大保护"一张图"。

1.2.4 坚持节能增效，构建绿色生态经济体系

南通市坚持以产业转型升级为主攻方向、以城市为有效支撑，不断增强经济发展的质量优势，大力推进节能降耗工作，坚持贯彻绿色发展理念，工业生态效益日益彰显。全市先后开展"263"减化、化工企业"四个一批"、安全环保整治提升三年行动，化工企业入园率从 2015 年的 45.0%提升至 2020 年底的 67.3%。高耗能行业产值下降明显，"十三五"以来，单位工业增加值能耗已累计下降 31.3%。全面落实最严格的水资源管理制度、水资源消耗总量和强度双控管理制度，严守用水总量控制、用水效率控制、水功能区限制纳污"三条红线"，单位地区生产总值用水量超额完成上级规定的目标任务。严格落实耕地保护共同责任机制，提升节地水平和产出效益，加大存量建设用地盘活、闲置空闲批而未供土地清理处置力度，单位国内生产总值建设用地使用面积下降率达 7.05%。

1.2.5 坚持绿色引领，打造宜居宜乐美丽南通

南通市坚持以提升城市生态功能为出发点，大力推进污水处理、生活垃圾处理、危险废物集中处置等环境基础设施建设，持续提升人居环境质量，努力提供更多优质生态产品，以满足人民日益增长的美好生活需要和优美生态环境需要。开展城市"微治理"三年行动，推进"八整治八提升"（老旧小区、城郊接合部、城市水环境、违法建设、公共秩序、建设工地、五小行业、城市"蜘蛛网"等八大整治，主干道景观、户外广告品质、绿化品质、环境卫生、基础设施、亮化建设、城市家具、长效管理等八大提升）工程，持续改善人居环境。认真落实"300 米见绿、500 米见园"要求，加快推进各类公园绿地建设，不断完善城市绿色空间开放体系，着力打造综合公园、专类公园、小游园等多类型、多层次的城市公园体系，为市民提供了更多功能多样化的游憩场所，持续提升绿化水平。推动公共自行车与共享单车融合发展，坚持"公交优先"，引导市民低碳环保绿色出行，加大节能节水宣传力度，鼓励绿色消费，倡导绿色采购，促进生活方式更加绿色化。

1.2.6 坚持共建共享，生态文化宣传不断深入

南通市大力倡导崇尚生态、保护环境的良好风尚，构建全民参与的生态环保大格局。积极开展生态文明培训，举办全市生态文明建设与绿色低碳发展、河长制等专题培训班，借助干部教育网络在线学习平台，

设置生态文明建设相关课程,供全市干部自主学习。培育南通特色生态文化,推进南通大剧院、美术馆等设施建设,夯实公共文化服务平台与载体,为生态文化发展提供物质基础。打造"公共文化服务展示月""濠滨夏夜""文化江海行"等品牌项目,积极开展非物质文化遗产(以下简称"非遗")进社区、进校园、进乡村活动,普及传承生态文化知识,为生态文化建设注入活力。强化舆论监督,率先开通"南通263""江海绿舟"微信公众平台,为公众参与环保提供新的渠道。

第二章 现状分析

2.1 生态环境质量

2.1.1 海洋环境

1. 入海河口水质

南通市6条主要入海河流,分别为通吕运河、通启运河、如泰运河、栟茶运河、北凌河、掘苴河。"十三五"期间,南通市6条主要入海河流入海控制断面水质呈先下降再逐步提升的趋势,至2019年底,南通市6条主要入海河流入海控制断面水质稳定消除劣Ⅴ类,2020年入海河流水质保持稳定。2020年,通吕运河和通启运河为Ⅲ类水,水质为良;如泰运河、掘苴河、栟茶运河、北凌河为Ⅳ类水,水质轻度污染。虽然整体水质尚未达到"十三五"时期水平,但与2017年、2018年相比,水质有较明显改善。

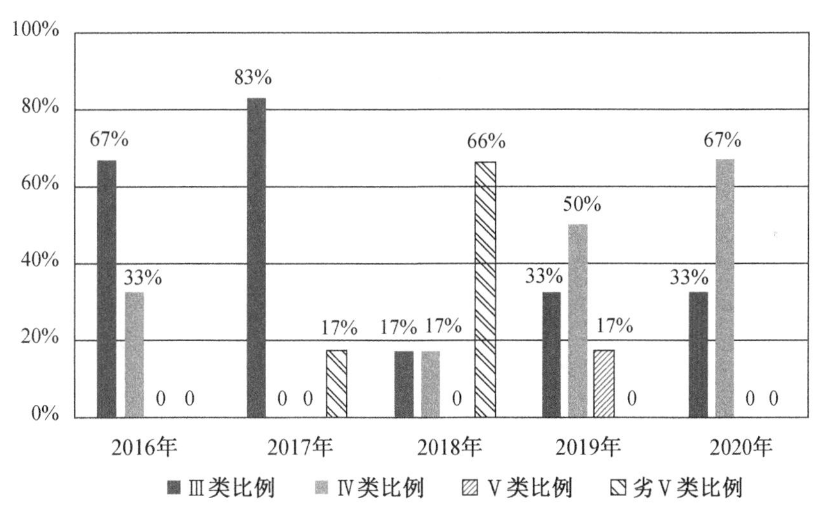

图2.1 南通市主要入海河流水质类别比例分布示意图

2. 近岸海域水质

"十三五"期间,南通近海共设立了5个国控海洋监测站点。近年来,海域环境近岸海域海水水质基本保持稳定。2019年全市5个近岸海域水质目标考核点位中,3个点位水质保持稳定或改善,海水优良率为80%,较2018年增加20个百分点。海水中主要污染物指标为无机氮和活性磷酸盐。

2.1.2 水环境

1. 饮用水水源地

"十三五"期间,南通市4个集中式饮用水水源地均以长江水作为饮用水源,饮用水源地水质达标率均为100%。2019年市区狼山水厂、海门长江水厂水源地符合地表水Ⅱ类标准,水质为优;市区洪港水厂、如皋鹏鹞水务有限公司水源地符合地表水Ⅲ类标准,水质良好。相比2016年,有2处水源地水质由Ⅲ类提升为Ⅱ类,饮用水源质量稳中有升。

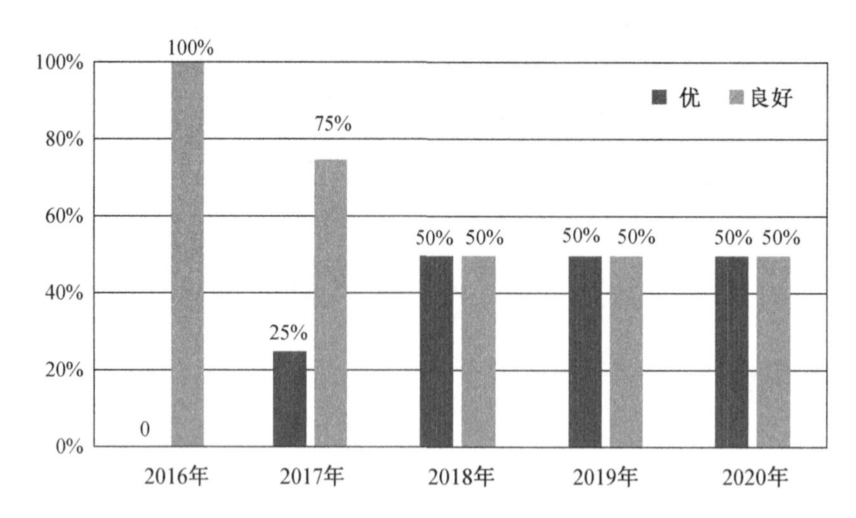

图 2.2　南通市集中式饮用水水源地水质变化情况示意图

2. 考核断面水质

2020 年南通市水环境质量状况为 5 个国考断面优Ⅲ类比例为 80%，主要是东安闸桥西断面水质为Ⅳ类；31 个省考以上断面优Ⅲ比例为 93.5%，高于 74.2%的省定目标；主要入江、入海河流平均水质消除劣Ⅴ类。“十三五”期间，5 个国考断面水质达标率除 2016 年达到 100%以外，其他年份水质达标率均为 80%，主要受国控断面东安闸桥西断面水质反复影响；省考以上断面水质整体好转，31 个省控断面的达标率由 67.7%提高到 93.5%，提高了 25.76 个百分点。其中，Ⅱ类断面由 2 个增加到 9 个，Ⅲ类断面没有变化，Ⅴ类断面由 2 个降为 1 个，劣Ⅴ类断面数由 3 个降为 0 个。

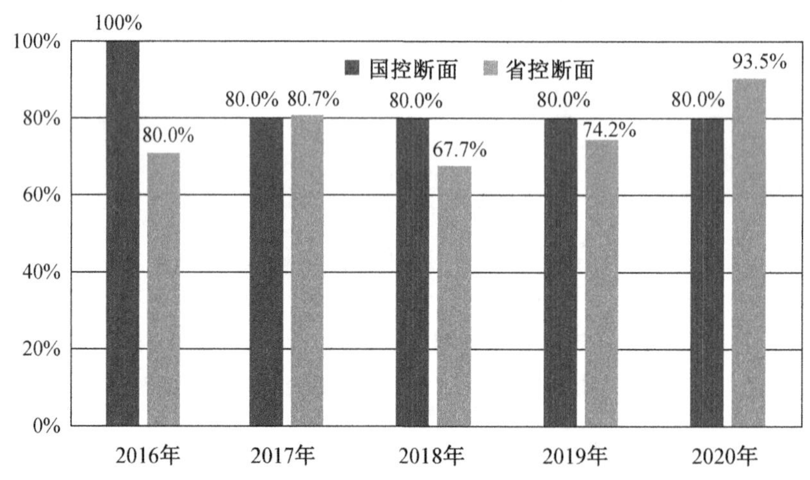

图 2.3　南通市国控、省控断面达标率变化情况示意图

3. 地下水环境质量

南通市地下水主要用于工业用水，全市设 6 个国控地下水监测点位，6 个省控地下水监测点位。6 个国控点位水质达标率除 2016、2018 年未全部达标外，其他年份均达到 100%。

2.1.3　大气环境

“十三五”期间，南通市环境空气质量稳步提升，2020 年南通市区空气质量达到优良天数比例达到 87.7%，连续三年位居全省第一位，较“十二五”末期 2015 年(67.7%)提高了 20 个百分点，较“十三五”开局之年 2016 年(71.8%)提高了 15.9 个百分点。

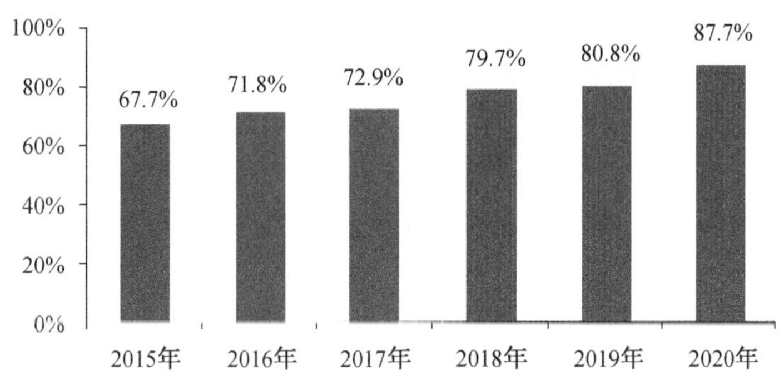

图 2.4　南通市优良天数比例变化趋势示意图

2.1.4　声环境

2020 年,南通市区(含通州区)区域声环境质量昼间平均等效声级值为 56.1 dB(A),质量等级为三级,处于一般水平;2015—2019 年,市区(含通州区)的昼间平均等效声级值基本处于 56~58 dB(A),变化不大。

2.1.5　土壤环境

2016—2019 年,全市各省控土壤点位监测总体达标率为 100%,污染等级为"无污染"。2019 年,南通市对 20 个土壤省控点开展监测,其中 14 个点位属于建设用地,6 个点位属于农用地。20 个监测点位中,无机污染物和有机污染物含量均符合相应标准筛选值,达标率为 100%。

2.2　主要污染物排放

2.2.1　水污染物

1. 水污染物排放结构

根据第二次全国污染源普查结果(2017 年),从污染物的排放量构成来看,南通市废水污染物化学需氧量、总氮、总磷排放量以农业源为主,占比分别为 54.34%、51.84%、72.73%;氨氮排放量中生活源占比最高,占比为 62.28%。由此可见,南通市现状水污染物主要来源为农业源污染,其次是生活源污染。

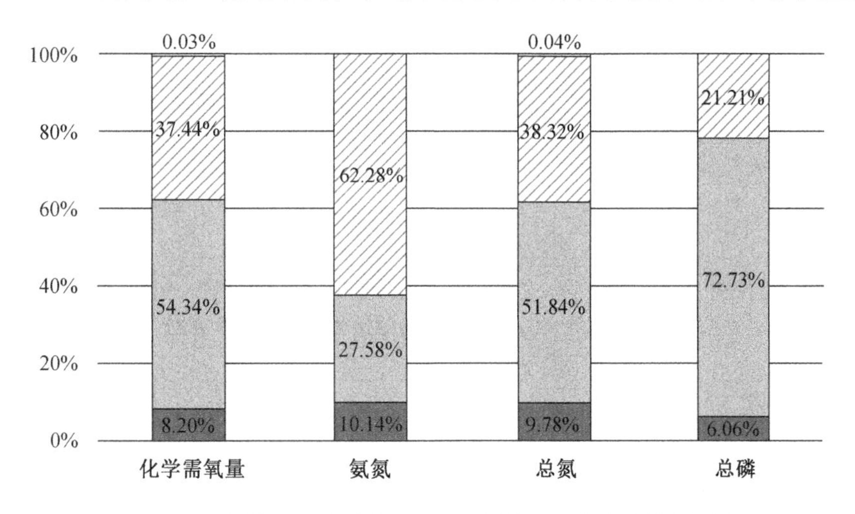

图 2.5　南通市废水污染物排放量构成比例示意图[*]

[*] 由于四舍五入的原因,分项各数值百分比之和可能存在尾差,后文同。

2. 水污染物排放总量

根据环境统计数据，2019 年南通全市废水排放总量为 47 639 万吨，化学需氧量(COD)排放量为 54 162.5 吨，氨氮排放量为 9 067.95 吨，总氮排放量为 15 156.08 吨，总磷排放量为 935.29 吨。近五年全市水污染物排放量整体呈下降趋势，2019 年相对 2015 年的废水主要污染物化学需氧量、氨氮、总氮、总磷排放总量下降均较为显著，排放量下降比例分别为 44.95%、41.05%、60.89%和 73.38%。其中总磷污染减排成效最为显著。

3. 行业污染物排放特征

根据第二次污染源普查数据，南通市工业废水化学需氧量排放总量排名前三位的行业分别为纺织业、农副食品加工业、化学原料和化学制品制造业，占比达 70.75%；氨氮排放总量排名前三位的行业分别为纺织业、化学原料和化学制品制造业、农副食品加工业，占比达 78.94%；总氮排放总量排名前三位的行业分别为纺织业、化学原料和化学制品制造业、农副食品加工业，占比达 74.24%；总磷排放总量排名前三位的行业分别为纺织业、农副食品加工业、金属制品业，占比达 57.61%。

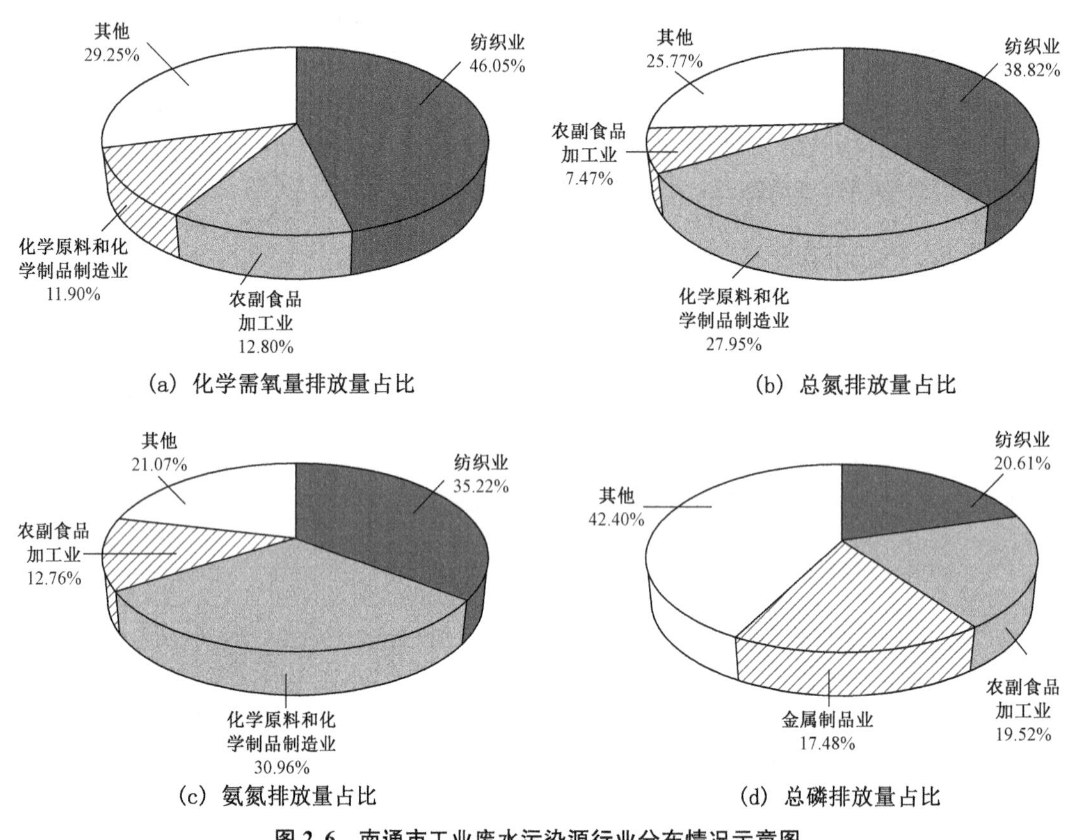

图 2.6　南通市工业废水污染源行业分布情况示意图

2.2.2　大气污染物

1. 大气污染物排放结构

根据第二次全国污染源普查结果(2017 年)，南通市大气污染来源主要是工业源、生活源和移动源。其中，工业源排放在二氧化硫、颗粒物和挥发性有机污染物的污染中占据主导地位，排放占比分别达到 93.88%、78.88%和 73.35%，在氮氧化物中占比相对较小，为 22.79%；移动源在氮氧化物和挥发性有机污染物中占比相对较大，占污染排放总量的 74.72%和 15.04%；生活源污染排放在颗粒物和挥发性有机物污染中占比相对较大，分别达到 16.66%和 11.02%，在其他主要污染物排放中的占比均低于 10%。从大气污染排放强度来看，2017 年南通市二氧化硫、氮氧化物、颗粒物单位国土面积排放强度分别为

2.33 吨/平方千米、8.83 吨/平方千米、5.02 吨/平方千米，总体远高于全国平均排放水平，略高于长三角地区平均排放水平，但低于江苏省平均水平。

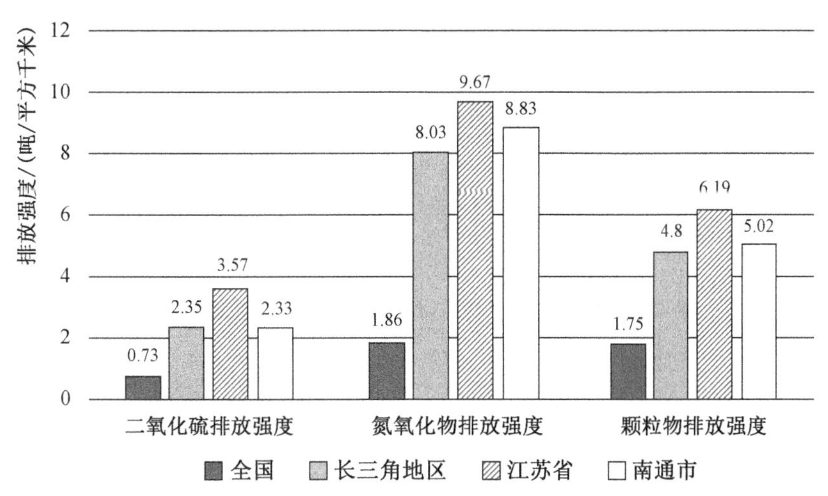

图 2.7　2017 年南通市单位国土面积大气污染物排放强度对比示意图

2. 大气污染物排放总量

根据环境统计数据，2019 年南通全市二氧化硫、氮氧化物以及烟(粉)尘排放量分别为 1.25 万吨、1.31 万吨以及 0.79 万吨，近五年全市工业废气污染物排放整体呈下降趋势，较“十二五”末期 2015 年的数据分别下降了 78.71%、78.56%和 77.81%，较“十三五”开局之年 2016 年分别下降了 72.65%、73.75%和 55.62%，污染减排成效显著。

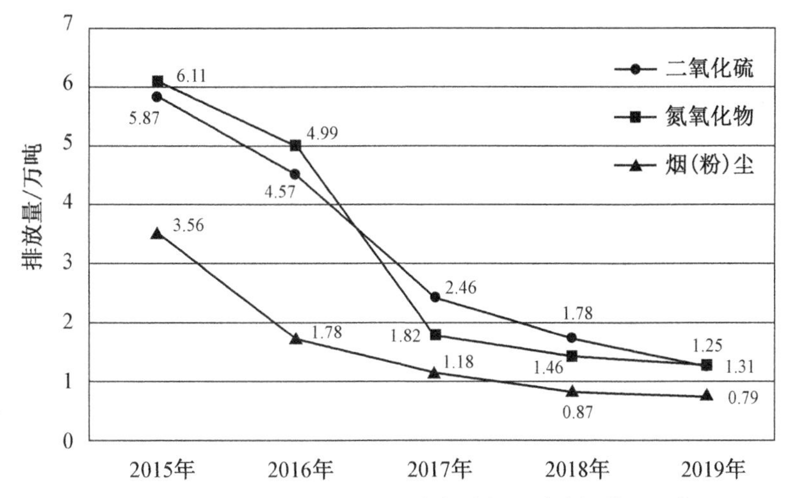

图 2.8　南通市 2015—2019 年大气污染物排放变化情况示意图

3. 行业污染物排放特征

从行业分布来看，2019 年南通市二氧化硫、氮氧化物、烟(粉)尘等污染排放主要集中在电力、热力生产和供应业，非金属矿物制品业以及化学原料和化学制品制造业等三大行业。挥发性有机污染排放主要集中在橡胶和塑料制品业、烟草制品业以及化学原料和化学制品制造业等三大行业，其占比超过工业挥发性有机污染物排放总量的 60%。

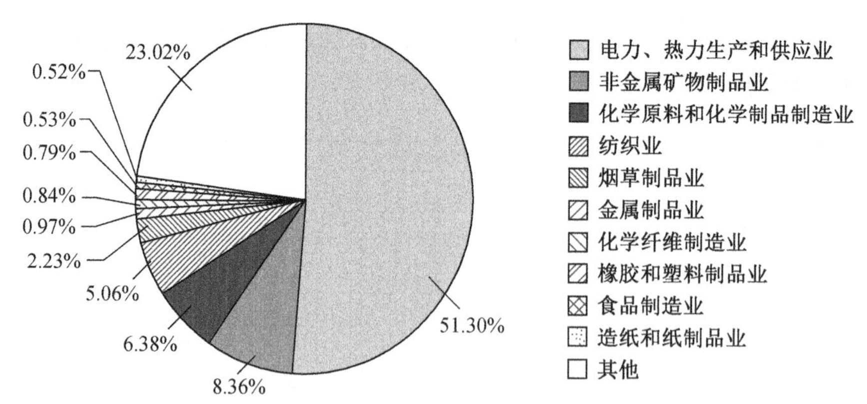

图 2.9　南通市 2019 年各行业二氧化硫排放情况示意图

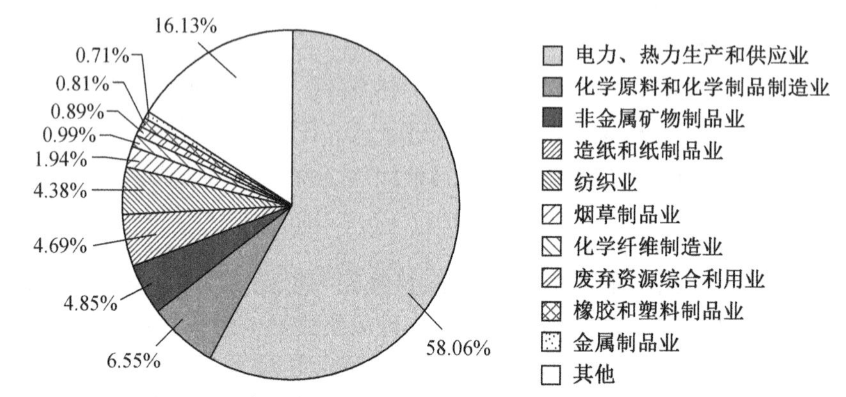

图 2.10　南通市 2019 年各行业氮氧化物排放情况示意图

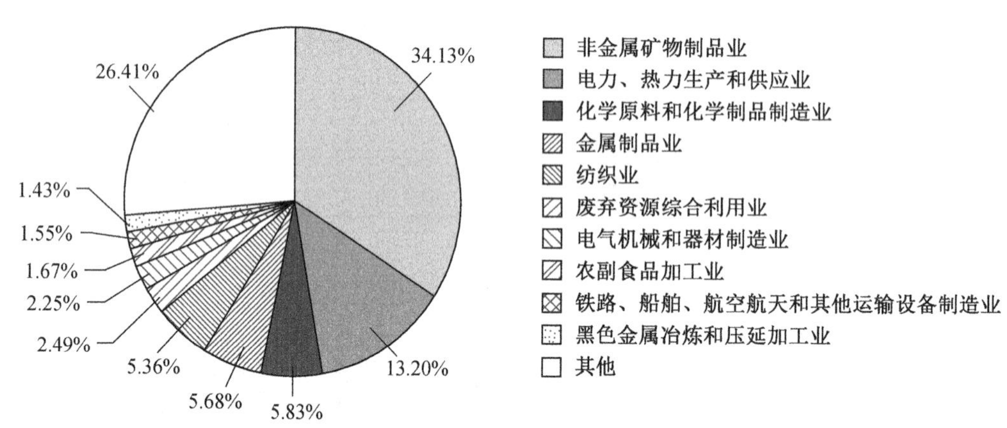

图 2.11　南通市 2019 年各行业烟(粉)尘排放情况示意图

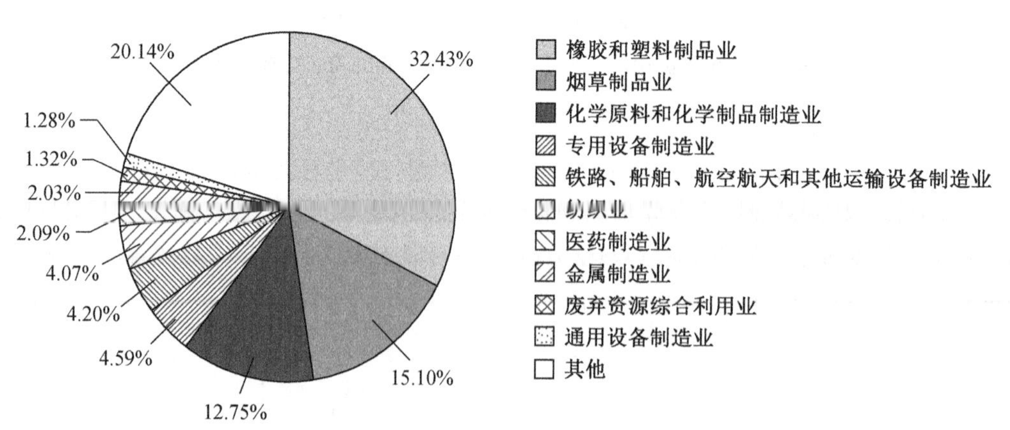

图 2.12　南通市 2019 年各行业挥发性有机物排放情况示意图

2.2.3 固体废物

1. 一般固体废物

根据环境统计数据,2019 年南通市一般固体废物产生量为 587.08 万吨,综合利用量 578.96 万吨(其中,综合利用往年贮存量 14.03 万吨),一般工业固体废物综合利用率为 96.31%。“十三五”期间,南通市一般工业固体废物综合利用率呈波动上升的趋势,比 2016 年提高了 0.8 个百分点。

2019 年,全市一般工业固体废物产生量排名依次是粉煤灰、炉渣、脱硫石膏、污泥,占一般工业固体废物总量的比例分别为 37.56%、17.22%、10.06%、6.53%。

2. 危险废物

“十三五”期间,南通市危险废物产生量呈快速上升趋势,2019 年相对 2016 年的危险废物产生量增加了 1.42 倍。“十三五”期间,南通市加强危险废物处置设施建设,提升危险废物处置能力。截至 2020 年底,全市共建成 8 家危险废物集中焚烧处置单位,处置能力为 15.3 万吨/年,3 家危险废物集中填埋处置单位,处置能力为 6.8 万吨/年。2016—2019 年南通市危险废物利用处置率均为 100%。

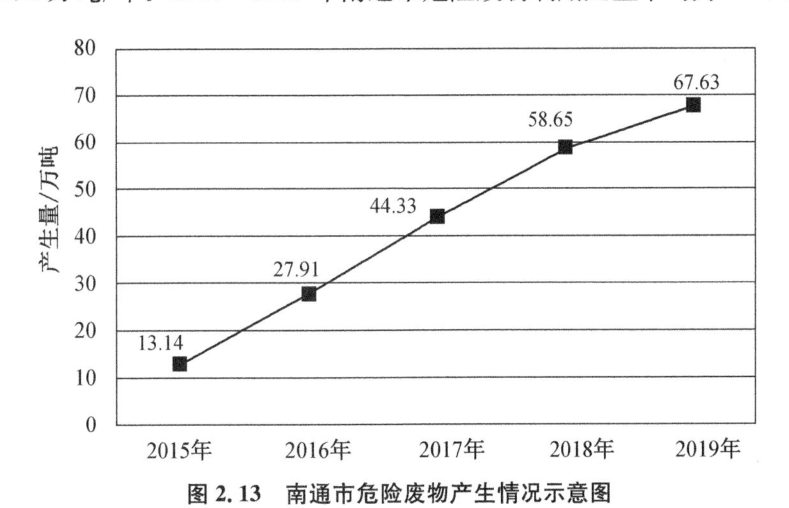

图 2.13 南通市危险废物产生情况示意图

2.3 资源能源消耗

2.3.1 能源消耗

1. 全市单位 GDP 能耗逐年降低

2020 年,全市能源消费总量 2 364.2 万吨标准煤,同比增加 8 万吨标准煤,“十三五”期间共增量 210.6 万吨标准煤,完成“十三五”省定增量控制目标(215 万吨标准煤);单位 GDP 能耗为 0.259 3 吨标准煤/万元,同比下降 4.2%,超额完成省定下降 2.5%的年度目标,“十三五”期间单位 GDP 能耗下降率为 23.34%,超额完成“十三五”省定 17%的目标任务。

2. 能源结构进一步优化

根据南通市 2016—2019 年规模以上企业能源消耗结构来看,原煤、焦炭、汽油、煤油、柴油、液化石油气的使用量逐年降低,天然气、液化天然气以及生物质燃料的使用量逐年增加,热力以及电力的使用量基本持平。可以看出,南通市能源结构持续优化,但原煤消耗量仍占据较大比重,未来应进一步优化调整能源结构,提升清洁能源、可再生能源利用比例。

2.3.2 水资源利用

“十三五”以来,南通市总用水量和人均用水量均整体处于逐年下降态势。2019 年全市总用水量为 35.83 亿立方米,比“十一五”末降低 34.55%,比“十二五”末降低 10.02%。从用水结构来看,2019 年南通市的用水情况为农田灌溉用水 18.48 亿立方米，林木渔畜用水 1.41 亿立方米，工业用水 10.95 亿立方米，城镇公共用水量 0.91 亿立方米，居民生活用水 2.90 亿立方米，生态环境补水量 1.18 亿立方米。其中农田灌溉用水、工业用水占比最大，分别占总用水量的 51.58%、30.56%。

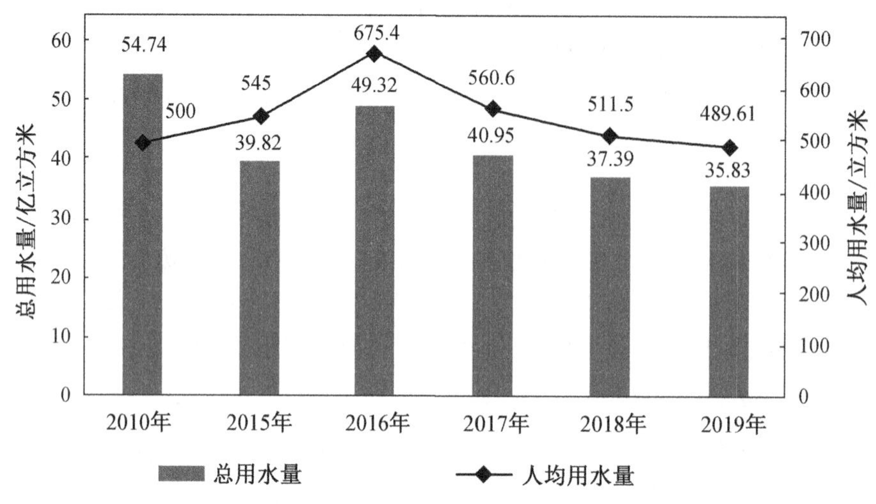

图 2.14　南通市总用水量及人均用水量变化趋势示意图

2019 年，南通市单位 GDP 用水量约 38.18 立方米/万元，较 2016 年年均下降幅度达 36.26%，较 2015 年下降了 41.08%。2019 年南通市单位工业增加值用水量(含火电)为 28.44 立方米/万元，比 2016 年下降了 30.87%。整体而言，全市用水效率提升明显，用水指标较全国及全省平均水平更优，人均用水量低于全国平均水平，万元 GDP 用水量、万元工业增加值用水量和农田亩均灌溉水量均低于全国及全省平均水平。

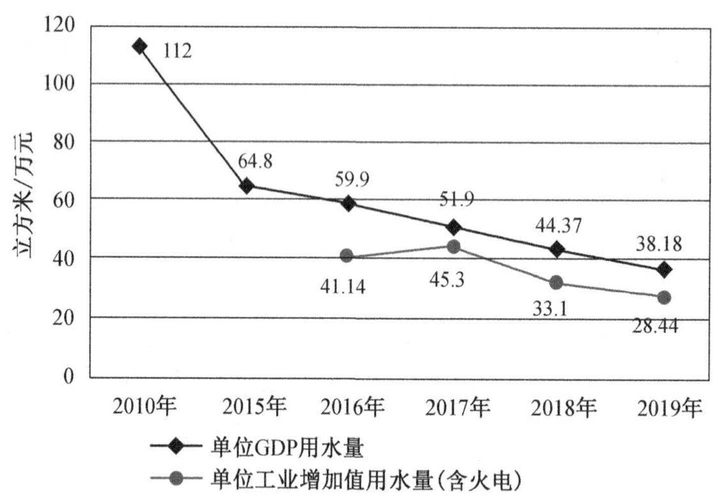

图 2.15　南通市单位 GDP 及工业增加值用水量变化趋势示意图

2.3.3　土地资源利用

根据南通市土地利用统计数据，截至 2018 年，南通市土地总面积 1 054 924.7 公顷，土地利用现状中以农用地为主，占比达 56.17%，农用地中以耕地为主，占农用地总面积的 75.0%。

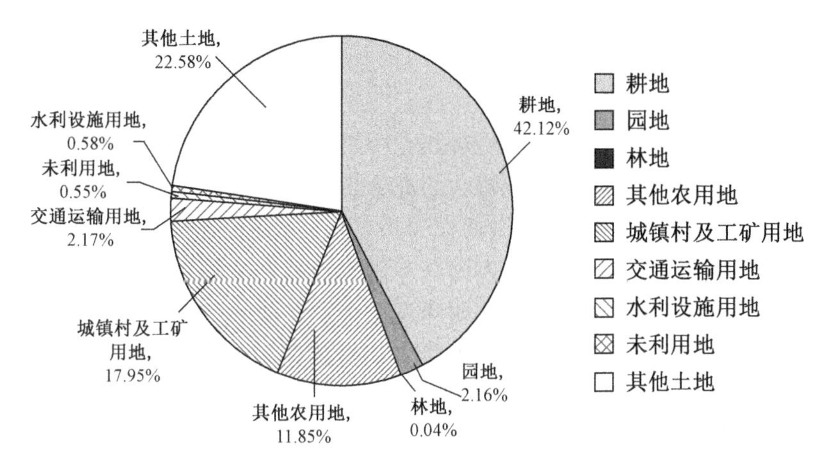

图 2.16　南通市土地利用现状结构示意图

根据 2015—2018 年南通市土地利用统计数据,南通市建设用地面积逐年增加,年均增长率约为 1.0%,单位 GDP 建设用地使用面积逐年下降,2018 年南通市单位 GDP 建设用地使用面积下降率达到 7.04%,土地利用效率逐年提高。

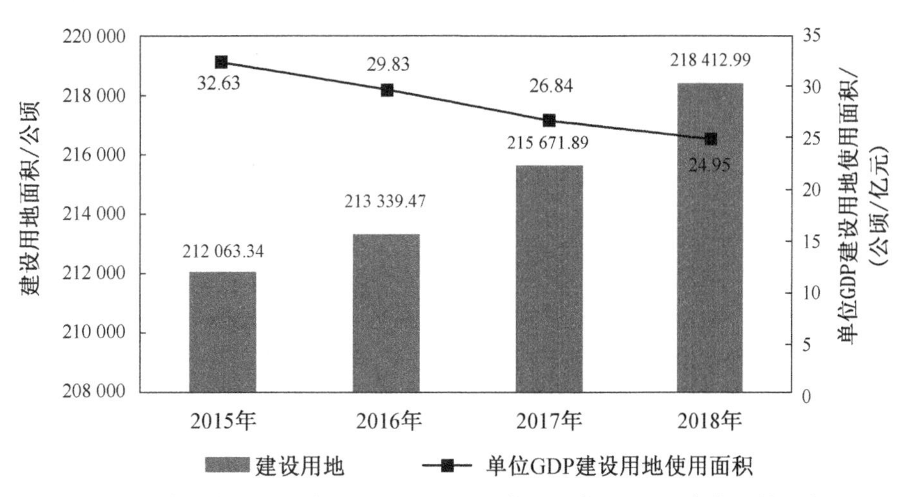

图 2.17　南通市建设用地面积及单位 GDP 建设用地使用面积变化趋势示意图

第三章　形势分析

3.1　存在问题

虽然南通市生态文明示范建设工作取得一些成绩,但对照生态文明新要求、高质量发展新定位、人民群众新期盼,还存在一些问题和短板:生态环境质量持续改善压力加大,复合型的环境污染和生态破坏长期积累效应依然存在,臭氧污染问题日益凸显。资源环境负荷加重,传统产业低端过剩、中高端不足问题仍然存在,生态工业、生态农业、生态旅游业等绿色发展效益仍然不高,绿色发展质量和发展效益亟须提升。基础设施建设仍存在短板,城乡生活污水收集处置设施不尽完善,垃圾分拣中心、餐厨废弃物、建筑垃圾等终端处理设施建设相对滞后。城市功能布局不够合理,生态保护红线、永久基本农田、城镇开发边界三条控制线存在重叠、冲突,空间发展布局有待优化。生态文明制度体系有待完善,缺乏制度作用发挥的长效机制保障,绿色政绩考评体系、生态文明建设目标考核体系尚不完善,考核评判准确性和可操作性需要进一步解决，生态文化培育有待加强。

3.2 机遇与挑战

从机遇看，首先，生态文明继续保持高战略定位，党中央对于生态文明建设的认识高度、实践深度、推进力度前所未有，保持加强生态文明建设的战略定力亦为南通市生态文明建设指明了思想内涵和战略方向。其次，多重利好政策助推生态文明建设，南通作为长三角一体化沪苏通核心三角强支点城市，在国家长三角一体化、"一带一路"和长江经济带绿色发展三大国家战略在南通叠加实施的背景下，凭借区位、港口、环境质量、多元文化等诸多资源优势，生态文明建设迎来了空前的历史机遇和广阔的进步前景。再次，殷切期望指明南通发展方向，"强富美高"是习近平总书记为江苏勾画的宏伟蓝图，"争当表率、争做示范、走在前列"是进入新发展阶段习近平总书记对江苏寄予的殷切希望，南通将全面、深入、系统贯彻落实习近平总书记的重要讲话指示精神，更高水平推进南通市生态文明建设，不断把"强富美高"新南通建设推向前进。

从挑战看，首先，城镇化快速发展对生态环境保护提出更高要求，"十四五"时期，南通市将构建"一主三副、一城三片"空间格局，在大规模的城市开发建设中，对未来提高城区绿化覆盖、控制颗粒物污染、城市人居环境和人居品质要求带来更多更大的挑战。其次，绿色发展高标准要求对资源环境提出更多挑战，南通市工业用能呈高碳结构，单位 GDP 资源能源消耗仍有下降空间，固体废物源头减量和资源化利用引导力度仍须进一步加强，如何加快产业转型升级，走上创新驱动、绿色低碳引领的产业发展道路，是南通市生态文明建设面临的又一挑战。再次，人民群众优美宜居诉求对生态文明建设提出更高标准，南通市市域生态系统对外依赖性较强，近海水质及水环境改善有赖于长江、黄海海水环境的整体改善，大气环境质量也受限于周边无锡、苏州、上海等区域空气质量整体改善，如何满足公众越来越高的宜居诉求将是未来南通生态文明建设的又一挑战。

◆专家讲评◆

"十四五"时期，我国生态文明建设进入了以降碳为重点战略方向、推动减污降碳协同增效、促进经济社会发展全面绿色转型、实现生态环境质量改善由量变到质变的关键时期，南通市在识别问题的基础上，结合自身实际，深刻把握"减污降碳"的总体要求，充分研判了接下来所面临的机遇与挑战，为后续建设路径指明了方向。

第四章 总体要求

4.1 指导思想

深入贯彻党的十九大和十九届二中、三中、四中、五中全会精神，深入践行习近平生态文明思想，全面贯彻习近平总书记对江苏工作重要讲话指示精神，统筹推进"五位一体"总体布局，协调推进"四个全面"战略布局，牢固树立"绿水青山就是金山银山"的绿色发展理念，坚定不移贯彻创新、协调、绿色、开放、共享的新发展理念，坚持稳中求进工作总基调，以推动高质量发展为主题，坚持"三生"(生产、生态、生活)融合，注重"三沿"(沿江、沿海、沿河)联动，全面提升美丽南通形象和绿色竞争力，力争通过五年时间，打响"江海联动"生态文明建设特色名片，高水平打造美丽江苏南通样板，走出一条更具南通特色的生态文明建设之路，使"天蓝、地绿、水清、海净、城美"的"生态南通"形象深入人心。

4.2 基本原则

生态优先，绿色发展：坚定践行"两山"理念，尊重自然、顺应自然、保护自然，统筹推进经济生态化与生态经济化,加快形成绿色发展方式和生活方式,增加经济社会发展的“含绿量”。

系统谋划,彰显特色:依托南通市优越的江海特色自然资源和深厚的历史人文底蕴,强化规划引领作用,保护传承历史文化,切实彰显南通市自然山水、人居风貌和特色文化。

以人为本,可观可感:坚持人与自然和谐共生理念,积极回应群众关切,着力补短板、强弱项,提升城市品质,既塑造可观的“外在美”,又提升可感的“内在美”,落实好各项生态文明建设工作的推进。

全民参与,共建共享:坚持生态惠民、生态为民、生态利民,探索共建“共谋、共建、共享、共治”新路径、新载体,建立健全政府、社会和公众协同推进机制,增强价值认同,凝聚整体合力,确保南通市生态文明建设的稳步、高质发展。

4.3 规划目标

以习近平新时代中国特色社会主义思想为指导,牢固树立“绿水青山就是金山银山”的理念、围绕争当“一个龙头三个先锋”战略定位,遵循长江经济带高质量发展主流方向,坚定不移贯彻创新、协调、绿色、开放、共享的新发展理念,紧扣江海联动发展思路,加快推进绿色低碳发展,攻坚创建薄弱环节,坚持深化改革和创新驱动,更高水平推进美丽南通建设和生态文明示范创建,将南通建设成为生态文明建设制度创新示范基地、“长三角一体化沪苏通核心三角”生态文化传播门户、江海联动绿色发展先锋、长江流域生态环境保护标兵、美丽江苏南通样板,形成长江流域生态文明建设可推广复制的典型模式,在推动长江经济带高质量发展上展现南通新作为,为全国地级市级生态文明建设提供示范和经验。

4.4 规划指标

指标体系以《国家生态文明建设示范区建设指标(2021 年修订版)》为基础,确定南通市生态文明建设指标共 6 大领域、10 大类共 39 项指标,包括生态制度指标 6 项、生态安全指标 10 项、生态空间指标 3 项、生态经济指标 6 项、生态生活指标 11 项、生态文化指标 3 项。按指标属性分类,约束性指标 21 项,参考指标 18 项。

表 2.1 南通市生态文明建设规划建设指标

领域	任务	序号	指标名称	单位	指标值	指标属性	现状值(2020 年)	现状达标情况	规划目标值	
									2022 年	2025 年
生态制度	(一)目标责任体系与制度建设	1	生态文明建设规划	—	制定实施	约束性	2018 年印发实施《南通市生态文明建设规划(修编)(2018—2020)》。目前正按照国家生态文明建设示范区规划编制指南开展《南通市生态文明建设规划(2021—2025 年)》编制工作	达标	制定实施	制定实施
		2	党委政府对生态文明建设重大目标任务部署情况	—	有效开展	约束性	有效开展	达标	有效开展	有效开展
		3	生态文明建设工作占党政实绩考核的比例	%	≥20	约束性	26	达标	≥20	≥20
		4	河长制	—	全面实施	约束性	全面实施	达标	全面实施	全面实施

续表

领域	任务	序号	指标名称	单位	指标值	指标属性	现状值（2020年）	现状达标情况	规划目标值	
									2022年	2025年
		5	生态环境信息公开率	%	100	约束性	100	达标	100	100
		6	依法开展规划环境影响评价	%	100	约束性	100	达标	100	100
生态安全	（二）生态环境质量改善	7	环境空气质量	%	完成上级规定的考核任务；保持稳定或持续改善	约束性	—	达标	完成上级规定的考核任务；保持稳定或持续改善	完成上级规定的考核任务；保持稳定或持续改善
			① 优良天数比例；				考核目标≥80.8%，南通市2020年优良天数比例为87.7%，完成上级下达年度目标，空气质量持续改善			
			② $PM_{2.5}$浓度下降幅度				考核目标≥2.7%，南通市2020年$PM_{2.5}$浓度下降幅度8.1%，完成省年度考核目标，空气质量持续改善			
		8	水环境质量	—	完成上级规定的考核任务；保持稳定或持续改善	约束性	—	达标	完成上级规定的考核任务；保持稳定或持续改善	完成上级规定的考核任务；保持稳定或持续改善
			① 水质达到或优于Ⅲ类比例提高幅度	%			地表水水质优良比例考核目标：省考以上断面优Ⅲ比例≥74.2%，南通市2020年地表水省考以上断面优Ⅲ比例达到93.5%，完成上级考核目标			
			② 劣Ⅴ类水体比例下降幅度				地表水劣Ⅴ类水体考核目标：全市省考以上断面、主要入江入海河流无劣Ⅴ类断面，南通市2020年无Ⅴ类和劣Ⅴ类断面，完成上级考核目标			
			③ 黑臭水体消除比例				考核目标：建成区黑臭水体消除比例稳定在100%，无返黑现象。2020年南通市建成区无黑臭水体，完成上级考核目标			
		9	近海域水质优良（一、二类）比例	%	完成上级规定的考核任务；已达标地区保持稳定，未达标地区持续改善	约束性	考核目标：8个省控以上近岸海域点位水质优良比例不低于62.5%。2020年南通市近岸海域达到或优于二类标准的比例为62.7%，完成上级考核目标	达标	完成上级规定的考核任务；保持稳定或持续改善	完成上级规定的考核任务；保持稳定或持续改善

续表

领域	任务	序号	指标名称	单位	指标值	指标属性	现状值（2020 年）	现状达标情况	规划目标值	
									2022 年	2025 年
	（三）生态系统保护	10	生态环境状况指数（湿润地区）	—	≥60	约束性	65.10	达标	≥65	≥65
		11	林草覆盖率（平原地区）	%	≥18	参考性	24	达标	≥24	≥24
		12	生物多样性保护	—	—	参考性	—	—	—	—
			① 国家重点保护野生动植物保护率	%	≥95		100	达标	100	100
			② 外来物种入侵	—	不明显		不明显	达标	不明显	不明显
			③ 特有性或指示性水生物种保持率	%	不降低		未降低	达标	不降低	不降低
		13	海岸生态修复	—	参考性	—	—	—		
			① 自然岸线修复长度	千米	完成上级管控目标		根据《南通市海岸线整治修复三年行动方案（2018—2020）》，南通市累计修复海岸线 51.462 千米，超额完成计划要求的 50.66 千米	达标	完成上级管控目标	完成上级管控目标
			② 滨海湿地修复面积	公顷			2020 年南通市滨海湿地修复面积 115.8 公顷，全市 2020 年湿地修复面积 308.73 公顷（目标值 166.67 公顷），完成上级管控目标	达标		
	（四）生态环境风险	14	危险废物利用处置率	%	100	约束性	100	达标	100	100
		15	建设用地土壤污染风险管控和修复名录制度	—	建立	参考性	建立	达标	持续推性	
		16	突发生态环境事件应急管理机制	—	建立	约束性	建立	达标	建立	持续推进
生态空间	（五）空间格局优化	17	自然生态空间	—	面积不减少，性质不改变，功能不降低	约束性	—	达标	面积不减少，性质不改变，功能不降低	面积不减少，性质不改变，功能不降低
			① 生态保护红线				根据苏政发〔2013〕113 号，南通生态空间保护区域总面积 1 514.25 平方千米，根据苏政发〔2020〕1 号，调整后南通生态空间保护区域总面积 1 624.50 平方千米，面积不减少，性质不改变，功能不降低			

续表

领域	任务	序号	指标名称	单位	指标值	指标属性	现状值（2020年）	现状达标情况	规划目标值	
									2022年	2025年
			② 自然保护地				2020年南通市现有自然保护地共9处、面积33 878.88公顷，根据自然保护地整合优化初步成果，南通市自然保护地拟整合优化为4处，面积35 068.63公顷，面积不减少，性质不改变，功能不降低			
		18	自然岸线保有率	%	完成上级管控目标	约束性	2020年南通市自然岸线保有率36.21%，完成《南通市海岸线整治修复三年行动方案（2018—2020）》不低于36%的目标	达标	完成上级管控目标	完成上级管控目标
		19	河湖岸线保护率	%	完成上级管控目标	参考性	38%，完成《长江岸线保护和开发利用规划》管控目标	达标	完成上级管控目标	完成上级管控目标
生态经济	（六）资源节约与利用	20	单位地区生产总值能耗	吨标准煤/万元	完成上级规定的目标任务；保持稳定或持续改善	约束性	考核目标：单位地区生产总值能耗下降2.5% 2020年南通市单位GDP能耗下降率4.2%，完成上级管控目标	达标	完成上级规定的目标任务；保持稳定或持续改善	完成上级规定的目标任务；保持稳定或持续改善
		21	单位地区生产总值用水量	立方米/万元	完成上级规定的目标任务；保持稳定或持续改善	约束性	考核目标：单位地区生产总值用水量较2015年下降25% 2020年南通市单位GDP用水量39.59立方米/万元，较2015年下降38.9%	达标	达到考核目标且用水总量不超过控制目标值	达到考核目标且用水总量不超过控制目标值
		22	单位国内生产总值建设用地使用面积下降率	%	≥4.5	参考性	7.05[1]	达标	≥4.5	≥6
		23	单位地区生产总值二氧化碳排放	吨/万元	完成上级管控目标；保持稳定或持续改善	约束性	0.4671吨/万元，“十三五”期间南通市碳排放强度累计下降23%，完成省下达的“十三五”碳排放强度下降20.5%的目标	达标	完成上级管控目标；保持稳定或持续改善	完成上级管控目标；保持稳定或持续改善
		24	应当实施强制性清洁生产企业通过审核的比例	%	完成年度审核计划	参考性	年度审核计划完成率100%	达标	完成年度审核计划	完成年度审核计划
	（七）产业循环发展	25	一般工业固体废物综合利用率提高幅度	%	保持稳定或持续改善	参考性	2020年南通市一般工业固废综合利用率为94.7%，保持稳定	达标	保持稳定或持续改善	保持稳定或持续改善

续表

领域	任务	序号	指标名称	单位	指标值	指标属性	现状值(2020年)	现状达标情况	规划目标值	
									2022年	2025年
生态生活	(八)人居环境改善	26	集中式饮用水水源地水质优良比例	%	100	约束性	100	达标	100	100
		27	城镇污水处理率	%	≥95	约束性	94.05	达标	≥95	≥95
		28	农村生活污水治理率	%	≥50	参考性	91.97	达标	≥92	≥95
		29	城镇生活垃圾无害化处理率	%	≥95	约束性	100	达标	100	100
		30	农村生活垃圾无害化处理村占比	%	≥80	参考性	100	达标	100	100
		31	城镇人均公园绿地面积	平方米/人	≥15	参考性	17.16	达标	≥17	≥18
	(九)生活方式绿色化	32	城镇新建绿色建筑比例	%	≥50	参考性	100	达标	100	100
		33	公共交通出行分担率(大城市)	%	≥60	参考性	60.83	达标	≥60	≥60
		34	城镇生活垃圾分类减量化行动	—	实施	参考性	实施	达标	实施	实施
		35	绿色产品市场占有率	—	—	参考性	—	—	—	—
			① 节能家电市场占有率	%	≥50		73.24[2]	达标	≥74	≥75
			② 在售用水器具中节水型器具占比	%	100		100	达标	100	100
			③ 一次性消费品人均使用量	千克	逐步下降		0.025 9	达标	逐步下降	逐步下降
		36	政府绿色采购比例	%	≥80	约束性	97	达标	≥97	≥98
生态文化	(十)观念意识普及	37	党政领导干部参加生态文明培训的人数比例	%	100	参考性	100	达标	100	100
		38	公众对生态文明建设的满意度	%	≥80	参考性	90.6	达标	≥90	≥90
		39	公众对生态文明建设的参与度	%	≥80	参考性	90.5	达标	≥95	≥95

注:[1] 因2019年—2020年度国土变更调查工作成果尚未公布,暂无2019年、2020年土地利用现状数据,指标数据为2018年南通市单位国内生产总值建设用地使用面积下降率;[2] 因2020年节能家电统计数据尚未发布,指标数据为2019年南通市节能家电市场占有率。

第五章　规划任务与措施

5.1　健全生态制度体系,夯实生态建设水平

5.1.1　实行最严格的生态环境保护制度

1. 严格落实“三线一单”管控

坚守环境质量底线,以空间、总量和准入环境管控为切入点推动“三线一单”硬约束落地,设定南通市能源、水资源、土地资源等资源消耗“天花板”,强化资源消耗总量管控与消耗强度协同管理,协调好发展与底线关系,确保发展不超载、底线不突破。建立手段完备、数据共享、实时高效、管控有力、多方协同的资源环境承载能力监测预警长效机制,有效规范空间开发秩序,合理控制空间开发强度,切实将各类开发活动限制在资源环境承载能力之内,为构建高效协调可持续的国土空间开发格局奠定坚实基础。

2. 深入执行规划环境影响评价制度

严格落实国家有关规划环境影响评价、规划环评区域评估的法律规定和要求,充分发挥规划环评制度在优化空间开发布局、推进区域(流域)环境质量改善以及推动产业转型升级的作用,将生态环境影响纳入产业布局、经济结构调整等重大决策。对编制的土地利用有关规划和区域、流域、海域的建设、开发利用规划,以及工业、农业、畜牧业、林业、能源、水利、交通、城市建设、旅游、自然资源开发等有关专项规划,进行环境影响评价,确保规划环评执行率达到100%。

3. 全面落实污染物排放许可证制度

建立健全以排污许可制为核心的固定污染源监管制度体系,严格落实持证排污各项要求,完善企业台账管理、自行监测、执行报告制度,固定排污许可证覆盖率保持100%。规范核发、年审、监管等管理流程和要求,有效整合现有污染源管理制度,实现排污单位在建、生产运营、停产关闭等不同生命周期阶段的全过程管理。推动排污许可与环境执法、环境监测、总量控制、排污权交易等环境管理制度有机衔接,强化排污许可大数据在污染防治攻坚战中的应用,加强排污许可数据与环境监测、监察执法等数据信息的比对分析,及时发现管理漏洞、执法短板、监测盲区。强化海上排污监管,研究建立海上污染排放许可证制度。

4. 健全落实环境信息公开制度

加大环境信息公开力度,完善政府部门环境信息公开制度。依法扩大政府环境信息主动公开的范围,规范和畅通信息公开的渠道。强化行政权力网上公开透明运行机制,确保环境相关项目审批过程公开透明,健全面向企业和公众的信息服务及咨询投诉的受理和反馈机制,打造服务型政府。完善环境保护信息网站建设,设置专门的污染源环境监管信息公开栏。强化企业环境信息和数据公开的责任,建立企业环境信息公开化制度,监督企业按规定公开污染物排放自行监测信息。加大对环境友好型企业的宣传力度,强化企业安全生产事故、环境违法信息的公示。加强涉及民生且社会关注度高的大气、饮用水、地表水、土壤等环境质量监测、建设项目环评审批、企业污染物排放等信息的公开,保障公众的环境知情权。

5.1.2　全面建立资源高效利用制度

1. 健全自然资源资产产权和监管制度

建立健全权责清晰的自然资源资产产权制度,所有权、使用权性质明了的有偿使用制度及主体明确的生态补偿、赔偿制度。明确全部国土空间各类自然资源资产的产权主体,逐步开展自然资产确权登记工作,建立全区自然资源登记信息管理平台。完善自然资源资产有偿使用制度,建立健全各类国有土地资源有偿出让制度,从严控制矿产资源协议出让,明确水、森林等资源的有偿使用范围,区分经营性用水和公益性用水,重点探索建立国有森林资源景观资产有偿使用制度。

推进自然资源资产负债表编制。按照江苏省统一部署,进一步完善自然资源资产管理和源头保护制

度，在总结如皋市自然资源资产负债表编制经验基础上，全面编制其他市(县)、区自然资源资产负债表，定期评估自然资源资产变化状况，逐步建立健全科学规范的土地、矿产、森林、湿地、水等自然资源统计调查制度和资产负债表编制制度。

2. 落实能源总量和强度双控管理制度

加强工业、建筑、交通、公共机构等领域的节能管理，完善能源“双控”激励约束机制，树立节约集约循环利用资源观，构建覆盖全面、科学规范、管理严格的资源总量管理和全面节约制度。加强对重点用能单位的节能管理，推广重点用能企业的节能行动。加快节能技术研发和推广应用，加大节能减排市场化机制推广力度，积极推进能源合同化管理。完善能源统计制度，加强能源监察执法。建立健全碳排放总量控制制度，实施低碳产品标准、标识和认证制度。积极推进各领域节材工作，加强原材料消耗管理，加大替代性材料、可再生材料推广力度。

3. 实行最严格水资源管理制度

严格水资源开发利用总量控制和用水效率控制管理，完善全市用水总量控制指标体系，严格实施取水许可和建设项目水资源论证制度，加快实施规划水资源论证制度，建立健全水资源监控和计量统计制度。强化节水管理，从农业、工业、城镇以及产业园区几个部分，制订相应的节能、节水实施办法。对纳入取水许可证管理的单位和其他用水大户实行计划用水管理。推进重点用水户水平衡测试，开展用水定额动态修订，落实建设项目节水“三同时”制度，全面实行计划用水管理，建立节约用水激励政策。

4. 落实最严格土地节约集约制度

加强土地节约集约利用，加大存量建设用地挖潜力度。做好永久基本农田保护工作，落实耕地保护共同责任机制，严格执行耕地占补平衡制度。将耕地和基本农田保护工作纳入各级政府考核目标任务、领导干部自然资源资产离任审计制度。除法律规定的国家重点建设项目选址确实无法避让外，其他任何建设不得占用永久基本农田。强化各类规划在编制过程中做到与永久基本农田布局充分衔接，不得随意突破边界。推进城乡建设用地增减挂钩，盘活农村存量建设用地。完善城镇低效用地再开发激励机制，建立新增建设用地计划分配与盘活存量建设用地相挂钩制度，有效整合城镇闲散用地。

5. 健全海洋资源开发保护制度

建立和不断健全海洋资源开发保护制度，认真落实海洋主体功能区制度，提高保护区制度化、规范化和现代化管理水平。严格落实南通市生态红线保护规划和江苏省海洋生态红线保护规划的要求，做好海洋生态保护区、海洋生态控制区的管控。依据近海海域主体功能，引导、控制和规范各类用海行为，严格执行用海项目控制标准。在保证生态岸线比例不降低的前提下，围绕保护南北重要生态节点区域，支持“大通州湾”建设。围海造地等海洋开发活动必须遵守国家和省市有关海洋环境保护规定，不得违法占用和破坏沿海滩涂、浅海海域中生态敏感度高的滨海湿地和岸线资源，防止无度、无序开发。加强海岸工程和滨海地区产业园区环境监管，严格环境影响评估，最大限度集约、节约使用岸线，保护自然岸线，开展海陆过渡区生态建设，营造陆海生态缓冲区，保护海洋生态环境。

5.1.3 完善生态保护与修复制度

1. 健全生态补偿制度

在完善水环境区域补偿制度、生态红线区域生态补偿制度、生活垃圾及飞灰异地处置补偿制度的基础上，研究制定南通市各领域生态补偿政策。在水资源开发、矿产开发、林地利用、生态红线区域保护等项目上，按照“谁开发、谁保护，谁破坏、谁治理，谁受益、谁缴纳”的原则，探索建立可操作的生态补偿模式，实行利益方污染赔偿与生态补偿，并加大环境与资源费征收力度。

2. 构建长江大保护制度

着力构建“一体一网一带”的长江大保护普法依法治理体系，落实“谁执法、谁普法”责任和以案释法制度，制定长江大保护普法责任清单。强化长江生态环境保护法治宣传教育，广泛宣传与长江大保护密切相关的法律法规。强化长江生态环境保护执法司法工作，严厉打击非法捕捞、非法采砂、非法排污等违法行为。围绕长江水质保护，落实《濠河风景名胜区条例》《水利工程管理条例》，发挥地方法规对内河管理的调整、规范作用，并持续对条例实施情况开展执法检查，推动入江排口全面完成现场溯源，助力提升水环境质量。完善《江苏南通狼山国家森林公园管理条例》《长江岸线资源保护条例》《畜禽养殖污染防治条例》等实体法，多角度、全方位筑牢长江大保护法治防线。

3. 落实"河长制""湾(滩)长制"

严格落实"河长制""湾(滩)长制"，全面建设河道、海湾管理责任网络。进一步发挥河长作用，压实市、县、镇、村各级河长制体系，完善河道管理保护机制和运行机制，将黑臭水体、小微黑臭水体等长效化整治情况纳入河长巡河重点内容，进一步加强河道管理保护，让全市河道变得水更清、岸更绿、景更美；深化湾(滩)长制工作，严格落实《南通市"湾(滩)长制"实施方案》，建立起责任明确、协调有序、监管严格、保护有力的"湾(滩)长制"运行机制，海洋管理与保护体系全面建立，推进陆、海、江、河系统治理，主要入海河流全部消除劣Ⅴ类，近岸海域水质保持稳定。推动"湾(滩)长制"与"河长制"的有效衔接、深度融合，将河流与海湾的管理保护有机结合，同步部署、同步实施、同步考核，全面恢复全市水环境功能，控制水环境风险，恢复和改善生态系统。

4. 实行最严格海洋保护制度

稳步推进各类海洋保护区选划，强化各类海洋保护区管护能力建设。加强海门蛎岈山、小洋口国家级海洋公园等海洋类保护区建设，探索视频监控、遥感监测等先进监管手段在保护区管理中的应用。落实保护措施，严禁在沿海地区自然保护区核心区、缓冲区从事任何形式的开发建设活动；在保护区实验区内，除不影响主导生态功能的旅游、交通等基础设施外，禁止工业类建设项目。对已有违法、违规项目限期关闭、清理、恢复原状。加大保护区生态补偿和修复力度。健全海洋生态环境监测体系，建立和完善海洋污染事故应急处置体系，强化海洋环境执法监督管理，提升海洋生态管护能力。

5.1.4 严明生态环境保护责任制度

1. 建立生态文明建设目标责任制度

围绕生态文明建设指标体系，编制生态文明建设目标清单、责任清单、任务清单，制订生态文明建设年度工作计划，明确生态文明建设的坐标系、时间表、路线图，确保生态文明建设各项工程和任务组织落实到位、措施落实到位、管理落实到位。推动生态文明指标落地落实，建立完善的生态环境建设指标统计调查、核算和数据发布体系，制订和完善《南通市经济社会发展主要评价指标部门监测目录》，将所有生态文明建设指标纳入统计范围，明确各指标的数据来源及监测责任部门。

2. 深化领导干部自然资源资产离任审计制度

严格执行《关于开展领导干部自然资源资产审计工作的实施意见》，对领导干部的任职前后区域内自然资源资产实物量变动情况、重要环境保护领域进行重点审计。优化审计评价指标体系，深入围绕水、土、气、海洋四大要素，形成可操作性更强、更加规范的具有鲜明南通地域特色的评价指标体系。探索大数据审计模式，推进资源环境审计信息化建设，提升大数据审计工作水平，提高审计工作质量和效率。加大审计结果运用，形成监督合力，在推动生态文明建设和绿色发展中发挥积极作用。领导干部自然资源资产离任审计的审计评价结果作为领导干部考核、任免、奖惩的重要依据。

3. 严格执行生态环境损害赔偿和责任追究制度

严格执行和完善生态环境损害赔偿和责任追究制度，加大造成生态环境损害的企业和个人的违法违规成本。积极开展生态环境损害赔偿制度实践引领区建设，在案例实践、制度建设、组织推进、管理模式等方面发挥示范引领作用，明确生态环境损害赔偿范围、责任主体、索赔主体和损害赔偿解决途径，探索培育具备司法鉴定资质的污染损害鉴定机构，完善鉴定评估管理与技术体系、资金保障及运行机制等。将生态环境损害赔偿磋商与司法紧密衔接，推进环境资源民事、刑事、行政案件"三审合一"。严格执行《党政领导干部生态环境损害责任追究办法实施细则(试行)》有关规定，对履职不到位、问题整改不力的严肃追责，对不顾生态环境盲目决策、造成生态环境损害严重后果的决策者实行终身追究责任。

5.1.5 建立健全现代环境治理体系

1. 健全环境信用评价与绿色金融体系

深入推进环保信用体系建设,进一步完善生态环境“守信激励、失信惩戒”机制,制定适合南通实际的企业环境信用评价制度。强化环境监管,动态调整环境信用评价的结果,做好与信用管理部门、市场监督管理部门、开展联合奖惩相关部门的结果共享。根据环保信用评价结果实行差别化价格政策。建立“绿色金融监测预警平台”,将环境信用评价结果、银行机构信息、企业借贷信息等内容集成到平台之中,并自动识别企业的环境行为,根据企业的环境行为形成预警表,动态地变更各企业的环境评价信息,借助该平台,加快绿色金融的发展。

健全绿色信贷体系。对节能减排显著的企业和项目优先给予授信支持,对列入黑名单的企业从严控制授信。加大对绿色环保企业的利率优惠,加大信贷资金向节能环保领域和绿色新兴产业的倾斜。探索开展银行业金融机构绿色信贷实施情况评价,将绿色信贷实施成效纳入银行机构的监管评级。构建绿色保险体系。推进涉及重金属污染物生产、排放和危险化学品生产、贮存、运输等企业开展环境污染强制责任保险试点,鼓励其他排污企业参加环境污染责任保险,开展政府投保环境巨灾保险试点,建立健全污染事故理赔机制。制定绿色补贴政策。研究制定政策标准,加大对新能源和节能产品的补贴力度,激励、引导企业改善产品生产工艺、减少污染物排放,引导公众选择新能源和节能产品。健全农业节水、节水型产品、节水型器具财政补贴政策。

2. 构建现代环境保护与治理市场主体

创新环境保护与污染治理模式,全面深化“环保管家”第三方服务模式,积极探索环境综合治理托管服务模式改革。提升“环保管家”服务水平,不断完善“环保管家”管理办法,拓展“环保管家”服务体量,实施探索全域推广模式。推进环保设施建设和运营专业化、产业化发展,充分发挥专业化环保服务公司的管理经验和治污技能,提高治污效率,提升环境治理水平。同时,环保监管部门应公开向社会公布第三方治理项目的治理信息,包括污染治理设施的运行情况、污染物排放达标情况,建立环境服务公司诚信档案。试点开展环境合同服务管理。逐步将环境服务采购纳入政府采购范围,建立政府采购清单,探索研究财政资金优先支持政府采购环境服务的可行性,重点加强环境综合服务采购。

3. 探索生态产品价值实现机制

结合南通市经济发展模式、生态环境基础以及生态资源类别,探索构建南通“城市 GEP”核算体系,以城市 GEP 核算体系为基础,探索将 GEP 纳入国民经济和社会发展规划,充实完善经济社会发展评价体系,实行 GDP 和 GEP 双核算、双运行、双提升工作机制,突出生态文明建设在国民经济发展的重要地位。并探索将 GEP 核算成果应用于生态资源交易市场、领导干部自然资产资源离任审计等方面,力争在经济发展和保护生态环境之间取得最佳平衡。

5.2 维护生态环境安全,强化环境污染防治

5.2.1 应对气候变化,打造“碳达峰”先行区

1. 制订碳排放达峰行动方案

对标国家碳达峰、碳中和目标愿景以及江苏省提出的达峰时限要求,根据南通市实际,制定南通市碳排放达峰行动方案,科学确定符合南通市经济高质量发展和生态环境高水平保护要求的碳排放达峰目标、重点领域和实施路径,细化落实达峰和减排措施,扎实做好碳达峰、碳中和各项工作,推动各领域实施绿色化低碳化改造,力争与江苏省同步达峰。

2. 深入开展低碳试点示范

深入推进低碳城市、低碳城(镇)、低碳园区、低碳社区建设,在全市推广复制典型经验和模式。积极创建国家低碳城市试点、国家气候适应型城市建设试点、碳排放达峰先行区、零碳城市、国家低碳工业园区试

点和国家低碳示范社区试点。广泛开展低碳商业、低碳旅游、低碳企业和碳普惠试点，加快建设一批“零碳”园区和工厂，总结可推广、可复制的示范试点经验，加快形成符合南通市自身特点的“零碳”发展模式。推进碳捕获、利用与封存示范，在电力、钢铁、化工、建材等行业实施一批碳捕集试验示范项目。

3. 加强生态系统碳汇建设

加强森林、农田、湿地、沿江、海洋等生态系统保护与修复，积极推进国土绿化行动，统筹城乡绿化美化，深化国家森林城市建设，推进木材资源高效循环利用，提升区内森林覆盖率、林草覆盖率，增加林业系统碳汇能力。大力开展退化湿地生态修复，优化湿地生态系统结构，增加湿地面积、恢复湿地功能，增强湿地储碳能力。加强高捕碳固碳作物种类筛选，实施作物品种替代，研发生物质炭土壤固碳技术，提高土壤有机质含量，增强农田土壤生态系统的长期固碳能力。

5.2.2 统筹治“水”，守住一方“蓝绿本底”

1. 持续推进黑臭水体综合治理

全面落实《南通市城市黑臭水体治理攻坚战实施方案》，在巩固市区建成区黑臭水体整治的基础上，开展县(市)建成区黑臭水体整治工作。全面完成县(市)建成区黑臭水体排查工作，完成县(市)建成区黑臭水体整治工作。做好已完成整治的城市黑臭水体长效管理，开展整治效果评估工作，继续实施水质监督检测，强化河道巡查和管养，做好控源截污、水面岸坡的清理保洁，排口的动态管控治理和活水保质，确保污水不入河、黑臭不反弹。到 2021 年底，市区建成区水体主要水质指标达到或优于Ⅴ类标准，县(市、区)城市建成区基本消除黑臭水体。到 2022 年底，全市 53 条骨干河排污口全面完成整治。

2. 强化长江沿线水污染防治

全面贯彻“共抓大保护、不搞大开发”方针，落实《南通市长江保护修复攻坚战行动计划实施方案》，强化长江保护修复，促进长江水环境质量持续改善。严禁在长江干、支流 1 千米范围内新建、扩建化工园区和化工项目。以长江干流为重点，积极推进“散乱污”涉水企业清理和综合整治。全面完成长江入河排污口建档、监测、溯源，加快入江排污口整治，规范排污口设置和管理。加强入江支流水质监测，摸清水质状况与引排规律，对王子竖河、农场中心河、灵甸河等水质为劣Ⅴ类的入江支流实施综合整治，确保长江干流水质稳定为Ⅱ类，主要入江支流水质稳定达到或好于Ⅲ类。研究制订加强长江船舶污染治理实施意见，落实船舶污染物接收、转运、处置联合监管和联单制度，实施防治船舶及其有关作业活动污染水域环境应急能力建设规划。加强长江上下游协同治理力度，协同防治危化品运输船舶污染。

3. 深化工业企业废水污染防治

推动落后产能退出。严格执行国家、省关于落后产能淘汰要求，落实“三线一单”管理要求，依法依规推动能耗、环保、安全、技术达不到标准和生产不合格产品或淘汰类产能关停退出。

推进工业企业提升改造。加强化工、印染、电镀等行业废水治理，提高工业园区(集聚区)污水处理水平，加快推进工业废水和生活污水分类收集、分质处理，组织对废水接入市政污水管网工业企业的全面排查评估，经评估认定不能接入城市污水处理厂的，限期退出。建设集中式的污水处理设施，打造工业污水处理“绿岛工程”。依法整治园区内不符合产业政策、严重污染环境的生产项目。推进城市建成区内印染、钢铁、有色金属、造纸、原料药等污染企业改造退出，全面完成城市建成区污染较重企业改造退出任务，完成全市所有高风险企业及仓储设施的转移、搬迁任务。要求辖区内重点排污单位严格按照国家有关规定做好监测工作，严禁通过暗管、渗井、渗坑、灌注等违法偷排以及篡改、伪造监测数据或者不正常运行污染处理设备等逃避监管的行为。在线监测数据与监测部门联网，定期抽样分析排污监测数据，凡发现篡改监测数据的行为将严加惩罚。

4. 推进农业面源污染防治

着力解决畜禽养殖污染。严格落实《南通市畜禽养殖污染防治条例》，依法科学划定禁养区，优化养殖布局，大力发展清洁养殖。严格畜禽禁养区管理，防止已关闭搬迁养殖场、养殖小区复养回潮。按照“谁污染、谁治理”的原则，落实畜禽养殖场(户)污染治理的主体责任。加快规模畜禽养殖场治理，配套建设畜禽粪便综合利用和无害化处理设施并正常运转。支持在田间地头配套建设管网和储粪(液)池等基础设施,解决粪肥还田"最后一千米"问题。严厉查处向河道、水体直接排放畜禽粪污的违法行为。

推进水产养殖绿色发展。全面实施养殖水域滩涂规划,划定禁养区和禁捕区,禁止超规划养殖,实施水生生物保护区全面禁捕,积极引导渔民退捕转产,禁养区内的养殖行为全部退出。严厉打击"电毒炸"和违反禁渔期禁渔区规定等非法捕捞行为,全面清理取缔"绝户网"等严重破坏水生生态系统的禁用渔具和涉渔"三无"船舶,长江流域重点水域实现常年禁捕。加大增殖放流力度,强化海洋牧场建设,禁止重点水域投饵、投肥围网养殖。鼓励发展工厂化循环水养殖、池塘工业化养殖等生态健康养殖方式,水产健康养殖比例达65%。优化养殖模式,持续巩固南美白对虾养殖污染专项整治成果,养殖场尾水处理设施(设备)逐步实现全覆盖,强化养殖尾水达标排放管理。选择水系配套的集中养殖小区,利用排水沟渠,分片分区进行尾水净化达到海水池塘养殖水的排放标准,或在沿海地区建设集中的水产养殖尾水净化设施,在如东县、启东市开展"绿岛工程"建设试点。

有效防控种植业污染。推进化肥、农药施用量减量化和替代利用,加大测土配方施肥推广力度。推进有机肥替代化肥和废弃农膜回收,完善废旧地膜和包装废弃物等回收处理机制。敏感区域和大中型灌区,利用现有沟、渠、塘等,配置水生植物群落、格栅和透水坝,建设生态沟渠、净化塘、地表径流集蓄池等设施,净化农田排水及地表径流。把握秸秆还田、稻田退水、农药化肥施用等关键节点,提高农业种植污染防控精细化水平,减轻农业生产的环境影响。加快推进秸秆综合利用,防止秸秆抛河,防范泡田高浓度废水污染及外排,主要农作物秸秆综合利用率达到95%。

5. 加强地下水环境保护

认真贯彻落实生态环境部《地下水污染防治实施方案》《江苏省地下水污染防治实施方案》等要求,按照省政府批复的地下水压采方案,有序开展地下水压采工作,全面推进未经批准或公共供水管网覆盖范围内自备机井整治工作。根据《江苏省地下水超采区域划分方案》,超采区用水总量和水位力争全面达到控制要求。开展集中式地下水型饮用水源补给区环境状况和地下水环境状况的调查评估,识别可能存在的污染源,建立地下水型饮用水源补给区内优先管控污染源清单。开展地下水型饮用水水源地综合整治,持续推进地下水型饮用水源保护区划定和优化调整工作,构建地下水污染防治分区管控体系,综合考虑地下水水文地质结构、地下水功能价值、脆弱性、污染状况、水资源禀赋和行政区划等因素,开展地下水污染防治分区划分,明确相应保护区、防控区及治理区范围,提出地下水污染分区防治措施,稳步实施地下水污染源分类监督。加强重点区域风险防控,对于风险评估不能接受的,采用污染阻隔、可渗透反应墙等技术,实施地下水污染风险管控,阻止地下水污染羽扩散。到2025年,完成一批重点区域工业集聚区(以化工产业为主导)地下水污染风险管控工作。

5.2.3 协同治"气",收获更多"蓝天白云"

1. 持续深化工业源污染治理

调整优化产业结构。根据国家最新发布的《部分工业行业淘汰落后生产工艺装备和产品指导目录》及《产业结构调整指导目录》,进一步调整优化产业结构,加快完善淘汰落后产能的退出机制。提高环境准入,强化源头管理,严格控制高耗能、高污染项目建设,新建项目按规定入驻工业集中区,采用清洁能源。严控燃煤发电项目,禁止新建35蒸吨/小时及以下的燃煤锅炉,禁止新建工业生产项目配套建设自备燃煤电站。

推进工业污染源提标改造及达标排放。全市范围内二氧化硫、氮氧化物、颗粒物、VOCs全面执行大气污染物特别排放限值。持续推进火电、建材、工业炉窑、燃气轮机等重点行业深度治理,按照省定排放限值要求,做好进一步提标改造的政策和技术储备。加大超标处罚和联合惩戒力度,未达标排放的企业一律依法停产整治。2023年底前,全面完成燃气机组深度脱氮。从严管控重点企业达标排放,从源头控制污染物初始排放量,做到源头控制、过程减排、循环利用与末端治理相结合。

深入推进工业锅炉整治。建立并动态更新生物质锅炉清单,积极推进生物质锅炉超低排放改造,对工业聚集区内存在多台分散生物质锅炉的，实施拆小并大。全市新增生物质锅炉需达到超低排放限值要求。2021 年底前，全市建成区内生物质锅炉全部达到超低排放限值要求，全市域范围内 20 蒸吨/小时及以上生物质锅炉全部完成超低排放改造，全市建成区 4 蒸吨/小时及以上的生物质锅炉安装烟气排放自动监控设施，并与生态环境部门联网。2025 年底前，全市 4 蒸吨/小时以下生物质锅炉全部淘汰或实施清洁能源替代，其余生物质锅炉全部达到燃气锅炉排放标准。分类施策开展工业炉窑治理专项行动。对以煤、石油焦、渣油、重油等为燃料的工业炉窑，加快使用清洁低碳能源以及利用工厂余热、电厂热力等替代。禁止掺烧高硫石油焦(硫含量大于 3%)。

加强挥发性有机物污染治理。深入排查明确淘汰和禁止类工业装备和产品，禁止建设生产和使用高 VOCs 含量的涂料、油墨、胶粘剂、清洗剂等项目，从源头减少 VOCs 产生。统筹规划各地集中喷涂中心、汽修行业钣喷中心、活性炭集中处理中心、溶剂回收中心等涉 VOCs“绿岛”项目建设。开展船舶、钢结构、石化、化工、工业涂装、家具、机械制造、印染等工业涂装行业 VOCs 专项整治，全面提升污染防治能力。2021 年底前，全面完成重点监管企业“一企一策”方案实施与核查评估。督促石化、化工企业安装火炬系统温度监控、视频监控及热值检测仪、废气流量计、助燃气体流量计等。2022 年年底前排放量 3 吨以上企业全面完成一轮 VOCs 深度治理。每年对已完成的 VOCs 深度治理开展“回头看”和抽查评估。企业中载有气态、液态 VOCs 物料的设备与管线组件，密封点数量大于等于 2 000 个的，应全面梳理建立台账，定期开展 LDAR 工作并对实施效果进行评估，不合格企业严格落实整改处罚。

2. 提升移动源污染防治水平

加强在用车超标排放执法，加大路查路检和停放地抽查检查力度。建立完善环保部门检测、公安交管部门处罚、交通运输部门监督维修的联合监管机制。严厉打击机动车排放检验机构尾气检测弄虚作假、屏蔽和修改车辆环保监控参数等违法行为。

严格执行《市政府关于划定市区禁止使用高排放非道路移动机械区域的通告》，加强非道路移动机械污染控制，加大执法检查力度，督促相关单位落实要求。结合本地实际，适时增加禁用机械种类，扩大禁用区域范围，提高管控要求。鼓励混合动力、纯电动、燃料电池等新能源技术在非道路移动机械上的应用，优先发展中小非道路移动机械动力装置的新能源化，逐步达到超低排放、零排放。

3. 加强港口、码头大气污染防治

以长江南通段为重点，全面落实长三角水域船舶排放控制区管理要求，内河和江海直达船舶必须使用硫含量不大于 10 毫克/千克的柴油。强化船用燃料油使用监管，严厉打击船舶使用不合规燃油行为。加大沿江水面短驳区抽测频次，强化船舶使用国家标准普通柴油的监督检查。按照国家和省的统一部署，对照《码头油气回收设施建设技术规范》要求，有序推进港口储存和装卸、油品装船油气回收治理任务，加大船舶更新升级改造和污染防治力度，全面实施新生产船舶发动机第一阶段排放标准。

推进码头、堆场扬尘污染防治及“四标六清”工作，建立扬尘防控长效机制。严格实施《江苏省港口粉尘综合治理专项行动实施方案》，主要港口的大型煤炭、矿石码头堆场建设防风抑尘设施或实现封闭储存。推进沿江沿海港口码头实现扬尘在线监测全覆盖，在从事易起尘货种装卸的港口实施在线监测并与环保部门联网，逐步建立健全港口粉尘防治与经营许可准入挂钩制度。

开展“绿色港口”创建活动，建设绿色船队示范港。

4. 综合治理城市扬尘污染

严格区域降尘考核。开展降尘量监测考核，适时提升降尘考核目标，市区及各县(市)平均降尘量 2025 年底前不得高于 3.5 吨/(月・平方千米)。市生态环境部门每月公布县(市)、区降尘量监测结果，并纳入污染防治攻坚战成效考核。对不达标的地区，从严控制夜间施工审批许可数量。

提升施工扬尘防治水平。各类施工工地严格落实“六个百分百”要求，建立健全扬尘污染治理长效机制，动态更新施工工地管理清单，全面推行“绿色施工”。重点施工工地实现洒水、喷淋设施全覆盖，施工现场作业区应按施工体量配备移动雾炮机、洒水车等进行常态化、不间断喷雾洒水降尘。严格落实渣土运输车辆密闭运输,2021年底前实现车辆运输全过程监控。扩大扬尘在线监测系统覆盖面,2021年底,占地面积5 000平方米以上的各类建筑施工工地、混凝土搅拌站、砂石料厂、建筑垃圾渣土消纳场等,必须安装视频监控设备、扬尘在线监测系统,并与相关主管部门联网。加强现场执法检查,对视频监控、在线监测发现的违法行为,严格落实停工整改、约谈告诫、经济处罚、信用扣分、媒体曝光、一票否决等措施。

强化道路扬尘污染控制。强化道路保洁、冲洗力度,确保路面洁净;大力推进道路清扫保洁机械化作业,提高道路机械化清扫率。加大对城市主次干道、主要支路等冲洗、洒水、喷淋、雾炮等作业力度,提高道路机扫率和冲洗比例,常态化保持道路湿润无扬尘,确保路面无积尘、车过不起尘、道路见本色。

加强"三场一站"扬尘防治。强化"三场一站"(煤堆场、物料堆场、散货堆场、混凝土搅拌站)扬尘治理。"三场一站"作业区应采取防尘工程措施,场界无组织排放污染物应符合国家标准,并与周边环境敏感区域留有一定的卫生防护距离,防止扬尘污染扰民。

5. 综合整治城市烟尘污染

全面禁止秸秆露天焚烧。将全市管辖范围划为秸秆禁烧区,各地广泛开展宣传教育,加强部门分工协作,严格执法监管,建立健全禁止露天焚烧秸秆的长效管理机制。强化秸秆焚烧执法检查,落实巡查管理措施,提高禁烧工作监管水平。

加强餐饮业油烟污染治理。依法严格审批新建餐饮业项目,加强对已建成项目的监管。市区及县(市)排放油烟的餐饮企业和单位食堂应当安装具有油雾回收功能的抽油烟机或高效油烟净化设施并保持有效运行。市区内的居民住宅或以居民居住为主的商住楼内不得新建产生油烟污染的餐饮服务经营场所。严肃查处闲置处理设施的环境违法行为。加强经营性路边烧烤的管理力度,在城市主次干道两侧、居民居住区禁止露天烧烤,且必须加装油烟净化系统,严禁未经处理的烧烤油烟直接排放。

6. 完善环境空气质量自动监测网络

合理调整优化扩展国控、省控空气质量监测站点。落实江苏省生态环境厅《关于印发江苏省乡镇(街道)空气质量监测网络建设指导意见的通知》要求,加强区县、乡镇空气质量自动监测网络建设,实现各镇(区、街道)监测站点全覆盖,并与省环境监测中心实现数据直联。各区县、乡镇布设降尘量监测点位,按月公布排名情况。加强VOCs及组分自动监测和$PM_{2.5}$组分监测能力建设。2020年重点化工园区以及通海港区码头建成VOCs自动监测站点,2021年开展网格化环境空气站建设,2022年基本建成覆盖市区的网格化监测网。

5.2.4 扎实治"土",打赢"净土"攻坚战

1. 严格预防新增土壤污染

以土壤污染状况详查结果为依据,按污染程度将耕地划为优先保护类、安全利用类和严格管控类三个类别。各区市政府要严格落实耕地保护责任,将符合条件的优先保护类耕地划为永久基本农田,实行最严格的耕地保护制度;定期更新耕地面积和分布情况,加大优先保护类耕地保护力度,确保其面积不减少、土壤环境质量不下降。安全利用类耕地集中的区市要依据国家《受污染耕地安全利用技术指南》等有关规定,制订实施受污染耕地安全利用方案,降低农产品超标风险。加强对严格管控类耕地的用途管理,在依法划定的特定农产品禁止生产区域内,严禁种植食用农产品;对威胁地下水、饮用水水源安全的,有关区市要制定环境风险管控方案。防范建设用地新增污染。各区市政府要与重点行业企业签订土壤污染防治责任书,明确相关措施和责任,责任书向社会公开。科学有序开发利用未利用地,防止造成土壤污染。

2. 强化土地利用环境风险管控

对拟收回土地使用权的重点行业企业用地,以及用途拟变更为居住和商业、学校、医疗、养老机构等公共设施的企业用地,由土地使用权人负责开展土壤环境质量调查评估和治理修复;已经收回的,由所在地区、市政府负责开展调查评估和治理修复。重度污染农用地转为城镇建设用地的,由所在地区、市政府负责组织开展调查评估和治理修复。结合重点行业企业用地土壤污染状况调查评估工作,动态更新完善全市土壤污染重点监管单位名录,列入名单的企业每年要自行对其用地进行土壤环境监测,结果向社会公

开。建立污染场地环境监管体系。到2025年底,受污染耕地安全利用率达到95%以上,污染地块安全利用率达到95%以上,重点行业企业遗留地块风险管控率达到95%以上。

3. 建立和完善土壤环境监测体系

加快建立土壤环境例行监测制度,在主要农产品产区、工业区、工矿企业周边等敏感区域设立土壤环境质量监测点位,建立土壤环境例行监测制度,发布土壤环境例行监测工作方案。基于土壤污染状况详查、土壤环境质量例行监测等数据,整合自然资源、农业农村、林业、建设等部门的相关资源构建土壤环境信息化管理平台。市级生态环境部门需具备土壤环境常规监测能力,各县区要充分发挥第三方检验检测机构作用,加大政府购买环境监测服务力度。2025年底前,力争实现土壤环境质量监测点位所有县(市、区)全覆盖。

5.2.5 全力静音,打造舒适宁静和谐环境

1. 强化建筑施工噪声防治

严格执行《建筑施工场界噪声限值》,对城区建筑施工、建材加工等重点高噪声行业进行整治,查处施工噪声超过排放标准的行为,强化施工噪声污染防治;推进"绿色施工"创建工作,加强施工噪声排放申报管理,停止特殊时期(如中高考时期)和特殊区域(如医院及其周边区域)夜间施工建筑项目的审批。

2. 完善道路交通运输噪声防治

全面落实《地面交通噪声污染防治技术政策》,加强交通噪声污染防治。对重点防治道路名单内涉及的道路增设噪音监控点位,对仍超标的路段实施低噪路面改造、设置绿化屏障,规范道路行驶车辆鸣笛行为;扩大区内主干道、支路绿化声屏障建设范围,降低道路交通噪声的横向传播;排查居民区、学校、医院、养老院等敏感点,结合道路车流量的增长量预估,布置隔音屏障,提前做好噪声防治,构建静谧宜居空间;对破损路面,采用降噪材料进行翻新铺设。

3. 加强工业噪声防治

继续推进工业企业"集中入园",加强工业噪声源头控制,对噪声污染高的企业采取限批手段严格准入,对新建企业要求厂房远离噪声敏感点。摸查敏感点既有企业,审核其噪声污染排放许可,抽查实际噪声排放强度,对不符合排放标准的要求立即整改。加大对工企业实施隔音改造、降噪工艺及设备革新的资金支持,推进工业噪声污染防治。

4. 强化社会生活噪声防治

加强社会生活噪声治理,对服务业、商业、文化娱乐等噪声超标企业进行治理。严格限制在公园、广场、人行道等公共开放区域开展广场舞、器乐街头表演、舞台表演等活动的开展时间;严格噪声敏感点附近KTV、电影院等娱乐场所的管控,避免敏感点附近出现增量;联合城管部门、交警大队等部门,增加噪音扰民投诉通道,加快处理投诉反应速度,及时解决投诉噪音问题。

5.2.6 深入治"海",提升近岸海域水环境质量

1. 严格控制污染物排海总量

推行入海污染物总量控制制度,重点加大对农业面源、直排海企业、城镇生活污水厂的治理力度,构建"流域—河口(海湾)—近岸海域"系统保护的治理格局,以河口海湾为重要控制节点,建立流域入海断面排放陆源种类、数量和浓度等交接机制。鼓励各县(市)、区根据相关规划、海水动力条件和海底工程设施情况,实行达标污水离岸排放,利用深远海扩散条件减轻近岸海域环境压力。加强直排海企业污水排放监管,研究制定直排海企业管理办法,禁止一切排污单位向海域直接排放未经处理或处理后不达标的废水。2021年底前,完成直排海企业污水排放排查,形成直排企业名录库,并实施动态更新。

2. 综合整治入海河流和排污口

强化河口排污区和临海企业入海排污区的环境监管,制定入海排污口管理办法。进一步合理调整排放口布局,实施集中处理、集中排放。加快推进截污纳管、清障清淤工程,大力提升污水处理能力。深入实

施“河长制”“湾长制”工作，努力提高通吕运河等入海河流水质，推进入海污染物削减和质量提升工程。重点对“十三五”期间断面水质尚未稳定达标的北凌河、栟茶运河、掘苴河等河流制定达标方案，开展达标整治。对入海河流水质达标情况、直排海污染源排放口达标排放情况及环境综合整治规划完成情况进行考核。推进入海排污口整治，按照“取缔一批、整治一批、规范一批”的原则，对全市入海排污口进行分类整治。依法拆除、关闭或迁建违反法律法规规定的排污口；完善污水收集管网建设，实施截污纳管、雨污分流改造；开展水产养殖排污口综合治理，取缔禁养区、保护区内的规模化水产养殖排污口。建立“一口一册”管理档案，完善长效化排污口监管机制。到2025年，全面完成全市入海排污口监测、溯源、整治工作。

5.2.7 推进生态修复，加强生态系统保护力度

1. 加强沿江生态保护与修复

制定长江水域及陆域生物多样性恢复和保护方案，加强长江生态修复和旗舰物种保护，推进长江岸线整治与沿岸潮间带生态化改造，恢复长江自然岸线与水生生物群落。在沿江重要入江通道口建设河湖生态缓冲带，严格控制与长江生态保护无关的开发活动。以“调高调绿调优”为导向，恢复长江岸线生态功能，进一步腾退土地、实施生态复绿，大力推动滨江片区生态廊道建设，加强长江沿岸防护林体系建设，打造长江绿色生态廊道。加快推进以“五山、五水、五洲”为重点的沿江生态涵养区建设。协同推进五山、滨江、五龙汇和任港湾、南通创新区岸线整治与生态修复示范段建设，继续打造面向长江、鸟语花香的“城市客厅”。一体化推进启隆、海永生态保护修复，共建崇明世界级生态岛，加大长江口北支湿地保护力度，高质量建设长江口绿色生态门户。

2. 强化海岸带生态保护与修复

推进“蓝色海湾”整治，开展退围还海还滩、岸线岸滩修复、河口海湾生态修复等典型海洋生态系统保护修复。加强沿海公益林建设，构建沿海防护林体系。重点加强滨海重要湿地保护修复。整合沿海滩涂湿地资源，加大海滨湿地、海湾等生态系统保护力度，构建滨海湿地生态廊道网络体系，提升海岸带生态系统服务功能和防灾减灾能力。依法保护自然岸线，强化重点段海堤设计，规划建设纵贯南北的海滨景观大道，打造“面朝大海，春暖花开”的最美海岸线。

3. 加大生物多样性保护力度

建立生态系统和物种资源监测标准体系，推进生物多样性监测工作的标准化和规范化。初步形成南通市生态多样性观测网络，系统开展南通市生态多样性调查，动态掌握生物多样性保护成果。推进南通市生物多样性实验室建设，开展生物多样性的形成、演变、保护和生物资源可持续利用的重大理论和关键技术研究。重点针对海洋生态红线区域和长江如皋刀鲚国家级水产种质资源保护区，加大海洋、河口特有水生生物物种资源的养护力度。编制鱼类产卵场和栖息地生态整治修复和重建区域规划，重点实施启动长江口北支湿地和通州区水生态系统生物多样性修复，促进鱼类产卵场和栖息地恢复与重建。围绕东亚—澳大利亚鸟类迁徙路线，加快鸟类栖息地保护与建设，建立野生动物救护站，加强鸟类栖息地管理。

加强外来物种入侵机理、扩散途径、应对措施和开发利用途径研究，构建完善的外来物种监测、检测、评估和风险预警体系以及野生动物疫源疫病监测体系。加强对现有空心莲子草、水葫芦、加拿大一枝黄花、钻形紫菀、福寿螺等外来有害物种的防控工作。开展重点区域外来入侵物种监测预警和阻截带建设，建立外来入侵物种综合管理机制，加强评估和预警体系建设，从源头上防范外来有害物种入侵。

5.2.8 强化应急能力，完善环境风险防控体系

1. 加强环境风险综合防控

强化环境风险源头管控。严控环境风险项目，严格涉水、涉气环境风险源准入，调整不符合生态环境功能定位的产业布局、规模和结构，推进沿江地带、清水通道等重点区域的高污染高风险企业关停或搬迁。鼓励发展低环境风险的产业，引导逐步淘汰低产值、重污染、重大环境风险行业企业。鼓励企业减少环境风险物质的使用。

健全环境风险防控体系。强化风险管控，深入开展全市企业环境安全隐患排查，及时开展治理整改工作，落实重点环境风险企业登记入库，动态管理。继续推进突发环境事件应急预案体系建设，健全市级专项环境应急预案。定期组织环境应急实战演练，鼓励相邻县（市、区）联合开展跨区域演练，提升演练实效。探索建立全市应急物资管理平台，建立市级环境应急物资储备库紧急调拨机制，筹备县级储备库，实现应急物资信息的共享联动和动态更新。建立健全环境应急管理制度和组织体系，加强环境应急队伍建设，完善乡镇、街道、部门间的信息共享和协调联动制度，妥善应对跨领域、跨区域污染事件。

2. 强化化工园区环境风险防控

进一步推动化工产业整治提升。整合提升现有工业园区（聚集区），提升化工企业环境管理水平，加快城市建成区内化工等重污染企业和城镇人口密集区危险化学品生产企业搬迁改造。推动化工园区以外的化工企业向化工园区搬迁，从严管理园外化工企业。禁止园区外（除重点监测点化工企业外）一切新建、扩建化工项目，禁止限制类项目产能入园进区。

健全化工园区环境风险防控工程。强化化工园区环境保护体系规范化建设，完善现有园区环保基础设施，落实环境防护距离。加快园区内污染物集中治理设施建设及升级改造，建立企业、园区和周边水系环境风险防控体系。推进应急物资和装备的储备，提高应急处置能力。园区内各类化工固体废物必须严格按照危险废物相关规定进行存储、转移、处置。完善园区信息管理平台，确保重大危险源在线监测率100%，实现风险隐患“一表清、一网控、一体防”，逐步建立集安全、环保、应急救援和公共服务一体化的信息管理平台，实现化工园区智慧化运营和管理，及时发现、处置重大环境风险隐患。

5.3　优化生态空间格局，构建江海特色空间

5.3.1　严守生态空间用途管制，守住自然生态安全边界

1. 严格实施生态空间管控

按照生态功能不降低、面积不减少、性质不改变的要求，严格落实国家生态红线、省级生态空间管控区域要求，完成国家生态红线和省级生态空间管控区域划定和勘界立标。严格对照《江苏省生态空间管控区域规划》《江苏省生态空间管控区域监管办法》《南通市生态红线区域保护监督管理暂行办法》等政策要求，实施分级分类差别化管控。国家级生态保护红线原则上按禁止开发区域的要求进行管理，严禁不符合主体功能定位的各类开发活动，严禁任意改变用途。生态空间管控区域以生态保护为重点，原则上不得开展有损主导生态功能的开发建设活动，不得随意占用和调整；对不同类型和保护对象，实行共同与差别化的管控措施。完善生态空间保护区域现状调查评估成果，清理整顿违法违规项目，加快建立生态保护红线监管平台。

2. 严守耕地保护红线

加强耕地保护，通过严控耕地减少，落实耕地占补平衡，实施地力提升与土壤增肥，确保耕地数量不减少，质量有提升。深入贯彻《关于强化管控落实最严格耕地保护制度的通知》要求，坚持耕地保护红线，加大土地利用规划计划控制力度，进一步严格建设占用耕地的审批，强化耕地数量和质量占补平衡，严格划定永久保护基本农田，严防集体土地流转“非农化”，引导和促进各类建设节约集约用地。强化永久基本农田特殊保护，各类规划在编制过程中做到与永久基本农田布局充分衔接，不得随意突破边界。围绕优质耕地资源“做加法”、建设用地总量“做减法”的工作思路，优化城乡建设用地布局，科学合理推进各类土地整治项目，助力乡村振兴。

3. 严守城市开发边界

根据上级统一部署，适时开展国土空间规划编制工作，强化规划引领，统筹生产、生活、生态、安全需要，建立完善“多规合一”的国土空间规划体系。根据城市总体规划确定的空间布局，按照“保底线、统规划”的基本思路，结合生态红线、基本农田、自然山水、灾害避让等要求，合理划定城镇建设用地开发边界，合理确定城市规模、开发强度和保护性空间，确保耕地和永久农田不减少、质量有提高，建设用地总规模不

突破。加强城市空间开发利用管制，严禁突破城市开发边界红线，倒逼城镇发展模式转型升级，集约、紧凑用地。开展城区控规动态调整，进一步提高可操作性和合理性，满足规划管理要求。

5.3.2 推进城市公园建设，科学构建自然保护地体系

1. 整合优化现有自然保护地

南通市现有江苏小洋口国家级海洋公园、南通五山国家森林公园、江苏海门蛎蚜山国家级海洋公园、启东长江口(北支)湿地省级自然保护区、江苏海安沿海防护林和滩涂县级自然保护区等9个自然保护地，其中国家级公园3个，省级自然保护区、森林公园、湿地公园5个，县级自然保护区1个，总面积33 878.88公顷。根据国家、省工作部署，尽快完成辖区内自然保护地整合优化工作，保持自然保护地面积不减少，性质不改变，功能不降低。

2. 创新自然保护地建设发展机制

加强自然保护地生态环境监督考核，持续开展“绿盾”自然保护地强化监督专项行动，加强自然保护地内人类活动监控监测，禁止破坏主导生态功能的开发建设活动，坚决查处破坏生态空间的违法违规行为。按照标准科学评估自然资源资产价值和资源利用的生态风险，明确自然保护地内自然资源利用方式，规范利用行为，全面实行自然资源有偿使用制度。创新自然资源使用制度，依法界定各类自然资源资产产权主体的权利和义务，保护原住居民权益，实现各产权主体共建保护地、共享资源收益。探索全民共享机制，在保护的前提下，在自然保护地控制区内划定适当区域开展生态教育、自然体验、生态旅游等活动，构建高品质、多样化的生态产品体系。

5.3.3 优化国土空间布局，筑牢生态安全屏障

1. 构筑“一主三副两带四组团”新城镇格局

全面落实长三角区域一体化发展规划纲要和上海“1+8”大都市圈空间协同规划，围绕“建设长三角一体化沪苏通核心三角强支点城市”，进一步优化完善市域发展空间结构，顺应沿江沿海区域发展战略和发展重点，构筑“一主三副两带四组团”的全域空间格局。“一主”即南通主城，由崇川区、开发区、苏锡通园区、临空经济示范区等构成；“三副”即通州湾副城、通州副城、海门副城；“两带”即沿江绿色发展带、沿海高质量发展带；“四组团”即海安市、如皋市、如东县、启东市。推动南通主城、通州副城、海门副城、通州湾副城高质量协同发展。打造以轨道交通串联主城—副城、快速通道连接城镇组团、绿色生态片区隔离城镇组团，展现城市与田园交错的市域空间总体布局。

2. 打造“四片四廊一区”生态保护格局

结合“双评价”结论、生态保护红线评估调整成果和区域生态保护要求，综合考虑南通自然资源本底条件，统筹山水林田湖草海等各类要素，打造“四片四廊一区”的市域生态结构，强化生态保护和底线约束，凸显生态特色和区域生态价值。同时加强对生态空间管控区域的保护，按照《江苏省生态空间管控区域调整管理办法》的管控要求落实管控。“四片”即里下河湿地生态片、水网林地生态片、长江生态片和海洋生态片四大生态片，保护和彰显湿地、水绿、长江、海洋等生态资源和生态特色；“四廊”即九圩港、通吕运河、通启运河、西部焦港河水绿景观廊道，其中，九圩港、通吕运河和通启运河水绿景观廊道主要发挥通江达海的景观功能，焦港河水绿景观廊道主要发挥通江连河的景观功能；“一区”为长江口生态协同区，包括生态岛(崇明岛上的海门海永镇和启东启隆镇)、启东长江口(北支)湿地省级自然保护区、启东沿海重要湿地，是与上海构建长江口战略协同区、落实长江口生态共保要求的核心区域。

3. 优化“大江大海”生态格局

沿江打造高品质生态风光带。贯彻落实习近平总书记全面推动长江经济带发展座谈会精神，按照“谱写生态优先绿色发展新篇章，打造区域协调发展新样板、构筑高水平开放新高地、塑造创新驱动发展新优势、绘就山水人城和谐相融新画卷，使长江经济带成为我国生态优先绿色发展主战场、畅通国内国际双循环主动脉、引领经济高质量发展主力军”总要求，统筹推进“三水共治”，高起点保护修复长江南通段生态环

境，统筹做好十年禁渔和渔民生活保障，协同管好长江口禁捕管理区。更大力度“砸笼换绿”“腾笼换鸟”“开笼引凤”，深化重点片区生态修复，打造市区滨江地区岸线整治与生态修复示范段，解决近水不亲水的问题。推动市区岸线集约利用、制造业向沿海转移升级。支持沿江各地大力建设沿江风光带、沿江绿色文旅科创长廊。一体化推进启隆、海永生态保护修复，共建崇明世界级生态岛，高质量建设长江口绿色生态门户。

沿海打造滨海特色城镇带和美丽生态风光带。统筹港口、产业、城镇、生态建设，提升龙湾、吕四、小洋口、老坝港等一批特色镇建设水平。开展岸线修复整治与生态建设，促进海岸线自然化、绿植化、生态化，逐渐恢复形成具有生态功能的自然岸线。开展滨海湿地植被种植与恢复，恢复当地滩涂植被及生态系统。在达标海堤内侧推进滨海森林防护带工程，拓展公众亲水岸线、改善海岸景观，提升海岸生态功能和资源价值。积极推动南黄海休闲旅游度假区、海港生态公园、小洋口旅游度假区、刘家埠子旅游度假区、通州湾海洋旅游度假区、江海产业园、圆陀角旅游度假区建设。加强沿海生态公益林建设，加大滨海湿地、海湾等生态系统保护力度，规划建设纵贯南北的海滨景观大道，共同串成“面朝大海、春暖花开”的最美海岸线。

沿河打造亲水宜居的高品质城镇生态廊道。重点突出“五横(北凌河、栟茶运河、如泰运河、通吕运河、通启运河)五纵(焦港河、如海运河、通扬运河、九圩港、新江海河)”骨干河道，坚持规划引领、典型引路，围绕建设大运河保护及运河公园，加强江海河沿线绿化及河口生态修复治理，城镇发展区打造高品质滨水环境，注重水岸景观与城镇历史人文风貌相协调，水岸绿化休闲与城镇生活相融合，建设通启运河、通吕运河、通扬运河等重要水岸绿化生态圈。

◆专家讲评◆

筑牢长江生态屏障既是历史使命，更是责任担当，南通拥有 206 千米海岸线和 166 千米长江干流岸线，是万里长江奔流入海的最后一道生态屏障。本规划提出了优化“大江大海”生态格局等构建江海特色空间的任务举措，既体现了江海大保护的任务要求，又充分体现了南通“滨江临海”的特点，令人印象深刻。

5.4 发展绿色生态经济，建设低碳发展强区

5.4.1 加快产业结构转型升级，推动生态产业发展

1. 发展生态农业，推进现代化农业高质量发展

优化农业产业发展布局。因地制宜构建“四区多点”的农业发展格局，引导农业可持续发展。引导中部休闲观光农业示范区大力推进现代农业发展，发展生态文明农业、现代科技农业和高效规模农业，打造休闲观光农业示范区。引导南北优质粮油、畜禽水产养殖、特色园艺高效发展区加快优质粮油产业、高效特色园艺和特种水产产业的发展，聚焦蚕桑养殖、花木种植、水产养殖、苗猪、设施蔬菜和优质粮油等特色农副产业，加快高标准农田等基础设施建设。沿海现代高效设施农业和现代渔业发展区，以现代高效设施农业和现代渔业为依托，重点发展农产品加工和出口，根据生态系统结构以及经济社会生态效益相统一的原则，有序开发利用资源，发展现代渔业。沿江休闲观光农业和特色花木桑果发展区，以休闲观光农业和特色花木桑果生产为依托，发展农业特色产业。重点推进 8 个现代农业示范园和 6 个农产品加工集中区建设，促进农业转型升级，加快现代农业发展，进一步加强南通在现代高效农业、沿海农产品加工和出口、休闲观光农业等方面在全国的示范引领作用。

全面推进现代化农业高质量发展。按照农业绿色化、优质化、特色化、品牌化的要求，实现由农业大市向农业强市的转变。大幅提升农业土地生产率、科技化水平和绿色发展水平，支持南通国家农业科技园区创建江苏省农业高新技术产业示范区。在稳定农业综合生产能力的基础上，加快培育优质稻麦、绿色蔬菜等优势特色产业，着力打造优质粮油、蔬菜园艺、生态林业、现代渔业、规模畜禽、休闲农业等六大主导产业集群。大力发展农业农村电子商务，打响一批“通”字号农产品品牌。加快建设如皋国家绿色农业发展先

行区、如东国家农村产业融合发展示范园,支持海安国家级农产品冷链物流基地建设,支持海门创建国家农村产业融合发展示范园,支持海安苏台农业合作示范区创建国家级现代农业产业园。

2. 发展生态工业,激发传统产业新动能

优化产业发展布局。按照"集约布局、集群发展、陆海统筹、生态优先"总体要求,科学统筹陆域和海洋经济协同发展,依托国家级、省级重点开发园区,提升制造业载体层次,实现先进制造业沿江沿海整合、沿港壮大、内陆提升。做强沿海增长极,聚中心、优南北,突出"大通州湾"核心地位,以通州湾临港产业集聚区为核心,整合洋口港、吕四港临港产业集聚区,其余载体转型优化发展,有序推进船舶海工产业、智能装备产业、新材料产业等重点产业向沿海集聚。优化沿江开发格局,重点打造南通开发区先进制造业高地和南通高新区高技术产业高地。增强内陆产业集聚水平,重点建设海安、如皋经济技术开发区。依托苏锡通产业园等共建产业园区,加强产业链配套,提升区域合作层次。优化特色制造业空间布局,依托南通家纺城培育区域性家纺产业集聚区,形成全国性家纺生产基地和专业市场,依托空港枢纽大力发展临空指向的先进制造业。

激发传统产业新动能。以高端化、智能化、绿色化、服务化为导向,推动传统产业优化升级和布局调整,支持化工、纺织、造船、机械装备等传统产业开展转型升级试点,推动传统产业高质量发展。实施传统产业技术改造、设备更新和制造模式转变,突出柔性生产和精益管理,全面提高生产效率和产品质量,促进传统产业与新兴产业融合发展。综合应用环保、能耗、质量、安全等标准,推动不符合区域发展定位、环境承载要求和安全保障标准的存量过剩产能转移搬迁、兼并重组和转型升级。

大力发展优势战略性新兴产业。围绕数字经济、高端制造、生物经济、绿色低碳和数字创意等五大领域,重点建设新材料、新一代信息技术、高端装备、生物医药、新能源、新能源及智能网联汽车、节能环保、数字创意等一批战略性新兴产业集群,不断提升集群整体规模和综合竞争力。实施"互联网+""智能+""区块链+"行动,构建一批各具特色、优势互补、结构合理的"四新"战略性新兴产业增长引擎。促进平台经济、共享经济健康发展。协同上海、苏南的周边城市在新一代信息技术、人工智能等领域联合共建一批产业链条完善、辐射带动力强、具有国际竞争力的世界级制造业集群。

3. 发展生态服务业,构建绿色服务业体系

推动现代服务业高质量发展。促进现代服务业规模总量提升、产业结构提优,以改革创新为根本动力,以满足人民日益增长的美好生活需要为根本目的,大力发展科技服务、现代物流、现代金融、大数据应用服务、全产业链工业设计、节能环保服务等服务业,推动生产性服务向专业化和价值链高端延伸,加快发展商贸、文旅、康养、家庭等服务业,加强公益性、基础性服务业供给,推动生活性服务业向高品质和多样化升级,促进现代服务业规模总量提升、产业结构提优、载体能级提档,打造具有国际竞争力的长三角现代服务业发展高地。

加速现代服务业和先进制造业深度融合。通过鼓励创新、加强合作、以点带面,深化业务关联、链条延伸、技术渗透,探索新业态、新模式、新路径,推动先进制造业和现代服务业相融相长、耦合共生。大力发展服务型制造,推动高端装备、电子信息等先进制造业集群内的重点企业,全面开发高端科技、个性化定制、工业设计、工业互联网、大数据、融资租赁、整体解决方案、产品全生命周期管理等服务领域,引导龙头制造企业向微小企业两端延伸。深化服务业制造化程度,鼓励大型服务企业(平台)利用信息技术、营销渠道、创意设计等优势,加强科技创新和关键技术攻关,向制造环节延伸拓展业务范围,通过工业互联网、工业设计、供应链管理等服务全面嵌入先进制造领域,实现服务产品化发展。支持互联网企业建设制造网络共享平台,推动创意资源、生产能力和市场需求的智能匹配和高效协同。

5.4.2 推进能源结构调整,促进绿色低碳发展

1. 提高能源节约利用水平

持续推进节能降耗,强化能源消耗总量控制,从源头上遏制高耗能行业的过快增长。严格控制煤炭消费新增量,重点削减非电行业煤炭消费总量。严格控制新建燃煤发电项目,实现等量或减量替代。探索能

评验收和工程验收联动机制，推进减煤和节能控制。执行重点行业煤炭消费量替代政策，推动华能H级燃机创新发展示范等项目建设。引导重点用能企业节能降耗。力争到2025年，非化石能源占一次能源消费比重超过15%，电力行业煤炭消费占煤炭消费总量的比重提高到65%以上。大力推广使用清洁能源，提高可再生能源利用比重。到2025年，单位GDP能源消耗量下降率年均达到2.7%。

2. 提高节水型社会建设水平

践行“节水优先”治水思路，促进经济社会发展与水资源承载能力相协调。以工业节水减排、城乡节水降损、农业节水增效为目标，强化用水指标刚性约束，建立节水评价机制，加大用水总量和强度双控力度。宣传节水洁水观念，普及节水知识技能，推广成熟节水技术，培养公众自觉节水行为。推动国家级县域节水型社会达标建设全覆盖，全面推进省、市、县三级节水载体创建，树立节水标杆。严格定额用水管理，强化用水全过程监管，完善各行业用水计量和统计分析。加强雨水收集利用和再生水资源综合利用。加强非常规水源和再生水综合利用。

3. 提高土地集约利用水平

推动节地水平、产出效益“双提升”，盘活存量土地，推动土地二次开发。深挖市区用地潜力，大力盘活存量建设用地，加快城中村改造与旧城更新。执行建设用地集约利用标准，提高工业用地投资强度。实行最严格的耕地保护制度，实施土地综合整治示范工程，强化耕地数量和质量占补平衡，优化耕地和永久基本农田空间布局，确保全市永久基本农田总量不减少、用途不改变、质量有提高。

5.4.3 优化交通运输结构，推动交通清洁化

1. 打好柴油货车污染治理攻坚战

严格执行《南通市柴油货车污染治理攻坚战实施方案》。落实国家柴油货车淘汰补贴政策，采取经济补偿、限制使用、严格超标排放监管等方式，加快淘汰稀薄燃烧技术、“油改气”老旧燃气车辆和高排放、高污染的国三营运柴油货车。2021年底前，淘汰国Ⅲ及以下排放标准的混凝土车辆、渣土运输车、环卫车辆。到2025年，全面淘汰国Ⅲ及以下排放标准柴油车，引导中型和重型国Ⅳ柴油车逐步淘汰。完成省下达的国三营运柴油货车淘汰任务，对纳入淘汰范围的车辆，依法依规予以处理。强化对已吊销道路运输证柴油货车的监管，严厉打击非法营运行为。

2. 积极推广投放新能源汽车

加大天然气等清洁能源在交通运输工具中的运用，大力推广使用天然气和新能源营运汽车，逐步加大燃气汽车、混合动力汽车和电动汽车等新能源汽车的使用力度，完善新能源汽车配套设施。到2022年底，新能源和清洁能源公交车占所有公交车比例不低于70%；新增和更新的公交、环卫、邮政、出租、通勤车辆基本使用新能源或清洁能源汽车，2022年底前使用比例达到80%；港口、铁路货场及城市建成区内的其他企业新增或更换作业车辆应基本使用新能源或清洁能源。

5.4.4 加大清洁生产推行力度，促进园区循环化改造

加大清洁生产推行力度，深化清洁生产审核，推进纺织、建材、农副食品加工、工业涂装、包装印刷、医药制造等行业开展强制性清洁生产审核，支持高精尖产业、生活服务业开展自愿清洁生产审核，推动二氧化碳和VOCs行业减排；已完成清洁生产审核的企业依法实施新一轮审核，重点行业企业对标清洁生产Ⅰ级水平实施技改，持续推进减排挖潜。到2025年，实施强制性清洁生产企业通过验收的比例达到100%。

全面开展国家级、省级园区循环化改造工作，推动企业循环式生产、产业循环式组合，搭建资源共享、服务高效的公共服务平台，促进废物交换利用、能量梯级利用、水资源分类利用和循环使用。探索产业废物第三方外包式服务机制，发展整体解决模式，引入或在园区内培育专业化产业废弃物循环利用与安全处理服务企业，作为第三方为园区企业提供废弃物回收、再生加工和循环利用的整体解决方案。对各个环节及终端产生的废物进行资源化回收，资源化产品再返回生产企业作为生产原料，构建形成循环经济产业

链,对难以回收利用的废物安全处置。推行垃圾分类和减量化、资源化。推动餐厨废弃物、建筑垃圾、包装废弃物等资源化利用和无害化处置,加强生活垃圾分类回收与再生资源回收体系的有机衔接,推进生产和生活系统循环链接,提升资源综合利用水平。

5.5 打造生态生活特色,建设美丽宜居名城

5.5.1 加强城乡一体化建设,提升城市公共服务能级

1. 加快补齐城乡污水设施短板

推进城镇生活污水处理提质增效。完善水务一体化管理体制,根据《南通市城镇污水处理提质增效精准攻坚"333"行动方案》,有序推进全市建成区基本消除生活污水直排口。到2021年年底,县(市、区)城市建成区30%以上面积建成"污水处理提质增效达标区",基本消除污水直排口,基本消除污水收集管网覆盖空白区,全面完成"三消除"任务。逐步推广"两高一低"(雨污水管网高质量养护、沿河排口高质量截污、污水管网低水位运行)创新举措。探索实施生态缓冲带建设、老集镇污水收集处理"绿岛工程"等措施,鼓励乡镇结合实际创建污水"零直排区"。系统化推进海绵城市建设,加大初期雨水处理处置系统建设力度。强化污水处理设施运行监管,构建覆盖全市的基础信息体系、考核评估体系和监督管理体系,完成全市城镇污水处理监管信息平台建设。在国、省考断面上游污水处理厂末端试点增加人工湿地等生态净化设施。

有序推进农村污水处理设施建设。以饮用水水源保护区、沿河区、居住密集区等生态敏感地区及水质需改善控制单元范围内村庄为重点,全面排查污水治理情况,因地制宜选取污水处理与资源化利用模式。合理布置污水管网,推动雨污分流,提高污水有效收集率。到2025年,全市行政村生活污水治理率达100%,自然村生活污水治理率大幅提高。全面开展已建污水设施排查评估,提高农村生活污水处理设施运维水平。鼓励专业化、市场化建设和运行管理,开展农村生活污水治理托管服务试点。建立农村生活污水治理日常环境监督机制,加强污水设施出水水质监测,督促运营单位建立自行监测制度并实施信息公开,对超标排放行为进行严格查处并纳入信用体系之中。鼓励有条件的地区,对集中式污水处理设施安装在线监测设备,采用运行状态远程实时监控系统,综合运用互联网、物联网等技术,建立农村生活污水治理设施数字化服务网络系统和平台。

2. 健全生活垃圾收运处置体系

按照"规范化、标准化、智能化、长效化"要求,聚焦垃圾分类处理高质量发展中心工作,进一步健全完善垃圾分类治理机制,完善垃圾分类收运处理体系,加强生活垃圾收集—转运—处理全过程运行监管。督促指导各地因地制宜配齐、配足生活垃圾分类收集容器与暂存空间。继续完善与分类品种相配套的收运体系、与再生资源利用相协调的回收体系、与垃圾分类相衔接的终端处理设施,确保分类收运、回收、利用和处理设施有效衔接,加快形成"分类投放、分类运输、分类处理"的闭环链条。加快餐厨废弃物处理设施建设,探索厨余垃圾废弃物与居民生活垃圾、有机易腐垃圾、城镇污水厂污泥等废物协同处置、联建共享,有效降低运行成本。继续优化实施"组保洁、村收集、镇转运、县处置"机制,积极推进农村生活垃圾就地分类和资源化利用。全面推进乡镇全域生活垃圾分类。在持续开展"三定一督"生活垃圾分类管理试点的基础上,探索形成具有南通特色的生活垃圾分类模式。

5.5.2 推进全域增绿织绿,打造绿色城镇及生态城区

1. 推动园林绿化增量提质

实施新一轮《南通市城市小游园建设规划》,建设各类城市公园绿地,加快狼山国家森林公园、紫琅公园建设与提升,基本实现2 000平方米以上公园绿地以300～500米为半径对居住用地基本全覆盖,满足市民出行"300米见绿、500米见园"要求;构建城市公园绿地十分钟服务圈,形成类型丰富、布局合理、功能完善、特色鲜明、惠民便民的小游园体系。到2025年,在中心城区建设用地范围内共规划布局小游园240个,总绿地面积约374.68公顷。大力实施"空转绿"工程,结合拆违、拆破、拆旧、拆临,腾出城市绿化空间,

建成区范围内零星地块优先用于公园绿地建设，已收储的待建用地尽可能实施临时绿化。规划建设一批高品质城市公园、街边游园、街心绿地，增加城市总体绿量。到 2025 年，完成造林绿化面积 10 万亩，城市建成区绿化覆盖率达到 40%以上。

2. 高标准打造生态绿道

加快构建“一心、两带、三廊”的绿道空间格局和“区域、城市、社区”三级绿道网络体系，以主要滨河绿地、沿路带状绿地等为纽带，绿带内设可供行人和自行车进入的景观游憩线路，连接主要公园、自然保护区、风景名胜区、历史古迹和城乡居住区等，结合各类公园、“503020”道路绿化及沿河沿江绿道建设，扎实推进绿道网建设，实现城市绿道全面连接和贯通，打造具有南通特色的绿道系统。为城乡居民提供舒适、美观的生态廊道和休闲交流的生态空间，以彰显城市文化、体现城市特色、增进居民之间的融合与交流。绿道系统按照生态区位、主导功能等划分为一级、二级、三级绿道。

3. 完善城市绿色生态内核

完善城市绿色交通网络。实施公共交通网络提升工程，建立以轨道交通为骨干、常规公交为主体、个性化公交为补充的城市公共交通体系，构建“快线、主线、普通线、社区线”等多层次公交线网，打造“文化风情线”“沿河观光线”等品牌特色线路，推广定制公交等个性化服务。保障公交路权优先、信号优先，在城市中心城区及交通密集区域建设公交专用道，进一步提高公众绿色出行比例。

推进绿色建筑建设与认证。新建民用建筑 100%落实绿色建筑要求，实施绿色建筑运行标识管理，推动公共建筑节能改造相关工作，针对绿色建筑施工开展专项监管。完善推进绿色建筑发展的实施方案，建立财政支持政策，营造有利于绿色建筑发展的市场环境，推动绿色建筑规模化发展。

加快推进海绵城市建设。统筹发挥自然生态功能和人工干预功能，切实提高城市排水、防涝、防洪和防灾减灾能力，推进海绵型道路与广场建设，推行道路与广场雨水的收集、净化和利用，减轻对市政排水系统的压力。实现城区排水防涝能力综合提升、径流污染有效削减、雨水资源高效利用，构建健康的城市水生态系统。

5.5.3 推进美丽乡村建设，实现乡村生态振兴

1. 全面实施农村综合环境整治

深化农村工业污染治理，清理整治“散乱污”企业，依法取缔关闭分散在农村地区的经治理无法达到环保要求的重污染企业(作坊)，提升农村环境质量。有序推进农村河道疏浚整治计划，健全农村河道轮浚机制，消减河道内源污染负荷。针对农田护坡、河道岸坡乱种植、乱搭建等现象，实施拆违补植、补绿提档、生态拦截等工程，涵养水源、固土护坡，形成生态缓冲带，减少水土流失和农业面源污染。进一步组织开展全市农村黑臭水体排查识别，推进农村黑臭水体治理工作，研究探索可复制可推广的农村黑臭水体治理模式。农村集镇区河道基本消除脏乱、黑臭现象，村庄河塘基本恢复自然面貌。

2. 深入推进特色田园乡村建设

坚持典型引路，以培育乡村振兴示范村、先进村为抓手，促进乡村全面振兴，加快农业农村现代化步伐。围绕高标准农田、新型合作农场、特色产业、人居环境整治、乡村旅游、农村住房、新型农村社区、乡村治理、乡风文明、农民增收致富等重点工作，实行片区化打造，推动全市乡村振兴示范“串点连线成片”。加快基础设施和公共服务向乡村延伸覆盖，建立农村公共基础设施管护长效机制。突出乡村自然风貌和文化特色，推动形成农业绿色生产方式，建设生活环境整洁优美、生态系统稳定健康、人与自然和谐共生的美丽田园乡村。到 2025 年全市建成 100 个乡村振兴示范村，250 个乡村振兴先进村，其中达到省特色田园乡村标准的 100 个。

5.5.4 倡导低碳节约，推行生活方式绿色化

1. 倡导绿色低碳的生活方式

围绕“衣食住行用育游养”等八个方面实施绿色低碳生活，引导公众践行绿色低碳生活理念。推广绿

色服装,全面开展反对食品浪费行动,鼓励公众和餐饮行业减少提供一次性餐具,积极推进绿色饭店创建。倡导公众少用私家车,多用公共交通工具,加大公共交通工具宣传力度,倡导更多的人将公共交通工具作为短途出行工具。加强引导绿色生活的科技创新和生态文化宣传。开展绿色生活研究宣传,深挖日常生活细节,建立绿色生活标准,推介绿色生活规范,培养绿色生活意识,宣传绿色生活典范,使人们的绿色理念常态化,绿色生活方式习惯化。

2. 倡导绿色低碳的消费习惯

以绿色消费为引导,扩大社会舆论导向和公众参与范围,开展多种形式的宣传推广活动,向消费者普及绿色环保标志的知识,增加消费者的购买意愿。引导公众优先采购再生产品、绿色产品、能效标示产品、节能节水认证产品和环境标志产品。引导消费者购买节能或新能源汽车、高能效家电、节水型器具等节能环保低碳产品,减少一次性用品的使用,限制商品过度包装。深入实施政府绿色采购制度,建立绿色供应链,发挥政府绿色采购的带动与示范作用。各级政府要优先采购经过生态设计或通过环境标志认证的产品,使用经过清洁生产审计或通过 ISO14000 环境管理体系认证企业的产品,鼓励节约使用和重复利用办公用品,制定鼓励绿色消费的经济政策。稳定实现政府绿色采购比例达到 98%及以上。

3. 推广使用节能节水器具

全面开展节水行动,推广应用节水新技术、新工艺和新产品,全面使用节水器具。大力推广绿色建筑,新建公共建筑设计时选用节能型、节水型卫生器具和配水器具等节能高效的产品,禁用淘汰的产品。推动城镇居民家庭节水,普及推广节水型生活用水器具。发展节水装备产业。支持节水产品和装备制造,引导节水装备制造企业围绕各行业节水需求,提高研发和制造水平推广节水技术和装备。加大先进技术引进和推广应用力度,重点支持用水精准计量、水资源高效循环利用、精准节水灌溉控制、管网漏损监测智能化、非常规水利用等先进技术及装备的推广应用。

4. 推动绿色出行城市创建

按照《南通市绿色出行城市创建实施方案》(通政办发〔2021〕11 号),以绿色出行城市创建为契机,通过政府主导、规划先导、政策引导,扩大绿色出行路权,优化绿色出行设施设备,提升公共交通服务品质,加强绿色出行方式无缝衔接,进一步推动南通市城市交通结构转型,建立起品质、高效、智能的城市绿色出行系统,到 2022 年,实现绿色出行比例 70%以上,新能源和清洁能源公交车占所有公交车比例不低于 70%。依托“南通百通”APP,尝试建立绿色出行碳积分与公共服务产品的政策挂钩的机制,提高公众绿色出行获得感。

5.6 弘扬生态文明理念,培育特色生态文化

5.6.1 强化生态文明载体建设,推进生态文化发展

1. 积极搭建宣传教育网络平台

利用“互联网+”传播手段,以南通市人民政府网站、南通市生态环境局网站、“南通生态环境”微信公众号等基础平台,定期发布“南通生态文明”相关咨询推送,以图片、视频等形式广泛宣传生态文明理念,鼓励公众参与讨论并提出意见和建议。推动各县(市)区因地制宜,建设特色文化产业载体平台。

2. 推进生态文明教育基地建设

依托风景名胜区、森林公园、有机绿色农业基地、污水处理厂、绿色企业等场所,以及狼山森林公园等极具南通特色的地方增建生态文明教育基地,制作统一标志标牌,规范创建标准,凸显不同行业、不同设施的主题特色,融合生态、科技、文化元素,大力推进生态文明教育基地建设。加快推进城市污水处理厂、垃圾处理等生态环保设施向公众开放,提高公众参与度和获得感。定期开展生态文明建设成果展览和生态文明建设专题讲座,加大公众生态文明知识培训力度。积极推广绿色生活方式规范试点创建,全区范围形成践行绿色生活方式的良好社会风尚。

3. 持续推进生态示范创建活动

以生态示范创建为抓手,积极开展全方位、多层次示范创建,加快推进省级生态文明建设示范市(县区)建设,争创国家级生态文明建设示范市(县区),开展文明城市、卫生城市、食品安全城市、园林城市、节水型城市、"两山"实践创新基地等建设活动。借助"世界环境日""世界水日""国际湿地日"等环保主题日,开展生态文明建设示范创建宣传活动,向群众传递绿色、低碳、节能、环保的生活理念,提高公众环保意识,补齐生态知晓度、满意度的短板。

4. 广泛开展绿色细胞创建活动

积极开展"绿色学校""绿色社区""绿色宾馆""绿色机关"等绿色细胞工程创建工作,完善生态文明建设的细胞组织。通过开展绿色创建行动,积极推广绿色生活,推动绿色消费,促进绿色发展,引导居民树立绿色增长、共建共享的理念,使绿色消费、绿色出行、绿色居住成为人们日常生活中的自觉行动,从而提升人们的绿色生活能力。结合绿色学校创建,推动生态环境保护和生态文明知识进课堂、进教材,培育绿色校园文化,打造绿色低碳校园。

5.6.2 加强生态文明宣教,提升全民生态素养

1. 加大生态文明教育宣传覆盖面

充分发挥网络新媒体时效性强、覆盖面广和传播速度快的优势,广泛宣传绿色产业、绿色消费、生态城市、生态人居环境等有关生态文明建设的科普知识,强化生态文明理念,构建互联网、电视、广播、户外广告等多重覆盖的立体宣传网络;发挥传统媒体和新媒体的互补优势,整合"线上+线下"资源,搭建立体、全方位的宣传平台,结合"世界水日""地球日""生物多样性日"等重要纪念活动,利用公园、广场、图书馆、博物馆、非遗陈列馆等文化设施,开展形式多样主题多样的宣传活动、主题文化表演、专题讲座等宣教活动,力求图文并茂地反映近年来南通市生态文明建设所取得的丰硕成果,让广大民众通过参观,近距离地接触了解生态文明,增强生态文明意识水平及提高生态文明的知识知晓度。

2. 深入开展党政领导干部培训

依托全市干部教育网络培训多种载体,把生态文明知识纳入党政干部教育培训、考试的内容,推进党政领导干部生态环境教育常态化,通过加大对各级党政领导的生态文明宣传力度,推动习近平生态文明思想向基层一线延伸,增强党政干部绿色发展的思想自觉和行动自觉,扛起生态文明建设和生态环境保护的政治责任。

3. 创新校园生态文明教育

鼓励开设生态教育特色校本课程,开展学生社团教育活动,将生态文明教育融入日常教学中,打造生态课堂,实现生态文明和环境保护理念在各学科教学活动中的有机渗透。广泛开展社会实践,成立有关环保、自然以及生态文明的社团和兴趣小组,诸如观鸟、爱护小动物、循环利用、登山、环保技术交流等社团小组,深入厂矿、企业、社区,开展有事实、有分析、有实践和有建议的环保调研活动,参观节能减排高效实施的地方和单位,在实践中提升生态文明意识。

5.6.3 传承南通文化精华,推进生态文明共建共享

1. 加强特色文化遗产保护

加强对历史街区、名人旧居、文保建筑、古宅名园的修缮和维护,推动南通博物苑、濠河风景区历史文化和环濠河博物馆群功能提升,强化寺街西南营、唐闸工业遗产等片区历史文化保护和活化利用工作,打造一批地域特色文化标识,传承创新传统文化。做好非遗保护传承工作,提升蓝印花布、板鹞风筝、仿真绣、木版年画、丝绸剪贴、造型风筝、葫芦雕刻等非遗保护传承水平,鼓励老字号企业发展非遗开发、工艺美术等相关产业,大力促进优秀传统文化传承发展,创新文物保护利用和"非遗"保护传承机制,加大国家级、省级"非遗"申报力度,推动"海上丝绸之路"遗产、唐闸历史工业城镇申报世界文化遗产,加强地方志研究,继续全面挖掘、整理和记载历史文化村落非物质文化遗存,探索"非遗"融入"特色小镇"建设举措,探索将

环境保护和生态文明的内容编入乐舞、僮子戏等传统文化中,促进民间艺术与生态文化的融合,使传统文化在生态文明建设进程中焕发新的活力。

2. 挖掘生态文化地域特色资源

充分挖掘、整合南通本地生态文化内涵特征及其历史演变情况,重点分析江海文化、移民文化、张謇文化等地域文化中的生态因素,挖掘以山水风光、生态湿地、老街古镇、工业遗存、文保单位、博物馆、观光农业等具有典型地域生态文化特征的实物载体;推动"生态南通"品牌建设,以"生态南通"品牌建设促生态文明建设为目标,统筹考虑全市山、水、林、田、湖、草、海、滩涂湿地等自然资源,以五山及沿江地区生态修复成果为亮点,突出"一座南通城、半卷江海诗"特有江海资源优势,开发张謇名人文化旅游精品路线,以文塑旅、以旅彰文,展现江海文化魅力,建成五山地质地貌、珍稀植物、生态保护科普教育基地,"张謇与五山"文化展陈,南通长江大保护工作成果展示平台,推动生态修复与文旅融合齐头并进,打造以生态环境要素为主题、具有江海特色、公众普遍接受的"生态南通"形象,进一步强化品牌示范效应。

3. 深化江海文化软实力建设

优化文旅空间布局,初步形成"一核两带三片区"的旅游空间格局,重点推动沿海沿江和都市重点旅游板块建设,发展滨江临海休闲养生度假,打造全天候旅游载体,叫响"江海游・新首选"旅游品牌,推动文化旅游成为南通新支柱产业;加强生态文化作品创作,充分发挥文艺作品在生态文化中的传播作用,繁荣文艺创作,深入持续提升"话剧之乡"和"中国美术南通现象"知名度和影响力,打造对外文化交流品牌。实施重大文化产业项目带动战略,推动"数字文旅"建设,打造一批"互联网+"文化产业园区(基地)、数字文化产业集群,培育一批具有较强竞争力的文旅企业、文旅品牌。

第六章　重点工程

以规划近期为重点,统筹安排生态制度创新、生态安全保障、生态空间优化、生态经济发展、生态生活建设、和生态文化传承 6 大体系、10 个子类、128 项重点工程,目的是发挥重大工程项目的示范作用,以点带面,系统有效地推进生态文明建设。其中,生态制度类重点工程 3 项、生态安全类重点工程 67 项、生态空间类重点工程 3 项、生态经济类重点工程 5 项、生态生活类重点工程 49 项、生态文化类重点工程 1 项,具体重点工程略。

淮安市生态文明建设规划(2021—2025)

前　言

党的十九大报告提出生态文明建设是中华民族永续发展的千年大计，并明确提出要建立健全绿色低碳循环发展的经济体系。党的十九届五中全会将“生态文明建设实现新进步”作为“十四五”时期经济社会发展主要目标之一，为新时期生态文明建设指明了方向。推进生态文明建设是党中央作出的重大决策，是关系国家发展全局的重大战略，对于实现“两个一百年”奋斗目标、实现中华民族伟大复兴的中国梦，具有重大现实意义和深远历史意义。

淮安市委、市政府高度重视生态文明建设，按照习近平总书记描绘的生态建设蓝图，始终坚持“绿水青山就是金山银山”理念，把生态文明建设摆在突出位置。2017 年市政府印发《淮安市生态文明建设规划(2016—2020)》，有力推进生态文明建设，引领淮安市生态文明向更高水平迈进。

为进一步加强生态文明建设，深入贯彻落实习近平生态文明思想以及中央、省有关生态文明建设的新要求、新目标、新任务，落实淮安市第八次党代会精神，协同推进生态环境高水平保护和经济高质量发展，全面建成“绿色高地、枢纽新城”，高质量打造长三角北部现代化中心城市，淮安市政府决定编制《淮安市生态文明建设规划(2021—2025)》。

本次规划范围为淮安市行政管辖范围，总面积为 10 030 平方千米。规划基准年为 2020 年，规划期限为 2021—2025 年。其中，2021—2022 年为国家生态文明建设示范区达标攻坚阶段，2023—2025 年为生态文明建设巩固提升时期。

◆专家讲评◆

淮安与扬州、苏州、杭州并称运河沿线的“四大都市”，规划紧紧围绕江淮生态经济区、淮河生态经济带、大运河文化带等重大战略布局，对“十四五”时期淮安市生态文明建设开展了深入研究和探索，提出的任务措施前瞻性强、可操作性好，对新时期淮安市以高品质生态环境支撑高质量发展具有重要科学指导意义。

第一章　规划基础

1.1　区域概况

1.1.1　自然条件

1. 地理位置

淮安市位于江苏省中北部，江淮平原东部，东经 118°12′～119°36′、北纬 32°43′～34°06′之间。总面积 10 030 平方千米，北接连云港市，东毗盐城市，南连扬州市和安徽省滁州市，西邻宿迁市，处在中国南北分界线“秦岭—淮河”线上。淮安明清时期是“南船北马”交汇之地，有“九省通衢、七省咽喉”之称。淮安处于省“四沿战略”中的沿江、沿海、沿东陇海三个产业带的中心位置，是江淮生态经济区、淮河生态经济带、大运河文化带“一区两带”建设的战略交汇点，是苏北大平原重要的现代交通枢纽，是连接长江三角洲经济区和环渤海经济区重要环节。

2. 资源禀赋

淮安市平原辽阔、水网稠密，平坦的地形与密布的水网为土地资源开发利用提供了有利自然条件，全市土地开发程度较高。国土总面积 10 030 平方千米，人均土地面积 0.22 公顷。2020 年，全市农林用地 5 992.48 平方千米，占国土总面积的 59.7%，人均农林用地面积为 0.13 公顷；建设用地 1 222.65 平方千米，占国土总面积的 12.2%，人均建设用地面积为 0.03 公顷；未利用地 2 814.45 平方千米，占国土总面积的 28.1%。

淮安市水资源总量较大，过境水资源丰沛，形成以淮水和洪泽湖蓄水供给为主，江水、中小水库和地下水补给为辅的水资源供给体系。2020 年，全市年降水量 1 171.9 毫米，全年入境水量 426.5 亿立方米，出境水量 463.6 亿立方米。全市水资源总量为 48.758 亿立方米，其中地表水资源量 43.692 亿立方米，地下水资源量 14.396 亿立方米；总供水量 30.47 亿立方米，其中地表水供水量 29.721 亿立方米，地下水供水量 0.272 亿立方米，其他水源(非常规水源)供水量 0.48 亿立方米。

1.1.2 经济发展

1. 总体情况

2020 年，淮安市地区生产总值 4 025.37 亿元，顺利迈上 4 000 亿元新台阶，"十三五"期间年平均增速达 6.5%。按当年价计算，2020 年淮安市 GDP 相比 2010 年、2015 年分别增长了 190%、54%，增速分别位于全省第二、第三位，在全国百强市中排名逐年攀升。但经济总量依然在全省处于较低水平。

2. 产业结构

"十三五"期间，全市三次产业结构进一步优化，2020 年三次产业比例从 2015 年的 11.2∶42.9∶45.9 调整到 10.2∶40.5∶49.3；淮安市第一产业占比高于全省和全国平均水平，第二产业占比介于全国与全省平均水平之间，第三产业低于全省、全国平均水平。

2020 年，淮安市第一产业增加值 409.70 亿元，按可比价计算，比上年增长 6.1%；第二产业增加值 1 630.98 亿元，增长 0.9%；第三产业增加值 1 984.69 亿元，增长 6.3%。

1.2 生态文明示范建设工作基础

淮安市委、市政府历来重视生态文明建设工作。2017 年，市政府印发《淮安市生态文明建设规划(2016—2020)》。规划实施以来，市委、市政府认真贯彻落实习近平新时代中国特色社会主义思想，牢固树立和切实践行"绿水青山就是金山银山"理念，坚决打好污染防治攻坚战，全力推动生态文明建设各项工作落地见效，生态文明建设取得显著成效。淮安市获批全国第一批生态文明先行示范区试点，成为苏北地级市唯一；金湖县建成首批国家生态文明建设示范县，盱眙县、洪泽区入选首批省级生态文明建设示范县(区)；截至 2020 年，全市累计建成省级生态文明建设示范乡镇(街道)68 个、示范村(社区)40 个。

1.2.1 生态文明制度不断完善

淮安出台《淮安市生态文明建设体制改革实施方案》《淮安市生态文明及污染防治专项资金管理办法》《淮安市领导干部自然资源资产离任审计实施方案》《淮安市环保机构监测监察执法垂直管理制度改革工作方案》等制度文件，颁布实施《淮安市永久性绿地保护条例》《淮安市古淮河保护条例》等地方性法规，生态责任制度不断健全。在全省率先制定市级危险废物规范化管理建设标准；初步建立生态文明损害责任追究制度，启动市级自然资源统一确权登记工作；全面推行河(湖)长制，相关工作经验被水利部录用为全国典型案例，为全省市级唯一；落实污染源日常监管随机抽查制度建设，建立生态环境监管执法正面清单制度，积极探索和建立"政府主导、第三方参与、共同治理"的环保管家模式。

1.2.2 污染防治攻坚纵深推进

持续打好蓝天碧水净土三大保卫战，2020 年 $PM_{2.5}$ 年均浓度 42 微克/立方米，达到了 2013 年空气质量新国标实施以来的最好水平,优良天数比率达 80.3%。县级以上集中式饮用水水源地水质稳定达到Ⅲ类标准,国、省考断面全面消除劣Ⅴ类,优Ⅲ比例达 90%,城市建成区 51 条黑臭河流整治任务基本完成,入选国家黑臭水体治理示范城市,创成国家水生态文明试点市,大运河绿色现代航运示范项目取得阶段性显著成效。完成全市 582 家重点行业企业地块信息采集工作,形成"全市一张图";建立并动态更新疑似污染地块名录,推进土壤污染防治先行区建设工作,完成淮阴区城中花园东等污染地块修复。危险废物焚烧处置能力达 7.5 万吨/年,江苏淮安工业园区建成危险废物指挥监管平台,全市危险废物利用处置率达 100%。

1.2.3 生态空间布局更加优化

初步构建国土空间规划体系,逐步形成"一带三轴二十八片区"的市域空间结构;建成"多规合一"空间信息平台,启动市县级国土空间总体规划编制工作。划定生态空间管控区域 11 类 56 个,总面积占国土面积的 21.34%。扎实开展"绿盾"自然保护地监督检查专项行动,发布"三线一单"生态环境分区管控方案,全市生态红线环境监管平台投入运行。开展自然保护地整合优化前期工作,相关工作成果通过国家林草局质检。积极推进生态保护网络建设,全面实施重点生态功能区产业负面清单制度,整合优化自然保护地 11 个,白马湖成功打造湖泊生态修复的"江苏样板";推进矿山复垦复绿,10 个矿山入选国家绿色矿山名录,10 个矿山入选省级绿色矿山;坚持绿化造林,扎实推进国际湿地城市创建;"钵池山公园生物多样性培育工程"入选联合国《生物多样性公约》第十五次缔约方大会实践案例。

1.2.4 绿色经济体系加快构建

2020 年,全市经济总量连跨两个千亿台阶,突破 4 000 亿元,人均 GDP 迈上 1 万美元台阶、达到 12 683 美元,全国城市 GDP 百强榜排名上升 15 个位次,位于第 58 位。产业结构持续优化,"333"主导产业体系加速构建,国家高新技术企业数较五年前增加 133%,共创草坪在主板上市,汉邦科技等 12 家企业被评为国家"专精特新"小巨人企业;服务业增加值占 GDP 比重五年提高 3.4 个百分点;以全省 9%的地域面积贡献了 13%的粮食产量,地理标志商标数居全国设区市第三。风电、光伏等绿色能源高速发展,全市可再生能源发电量占总发电量 20.6%,单位 GDP 能耗五年累计降低 21.96%,万元工业增加值能耗降低 32.21%。资源节约集约利用水平不断提高,淮安市获得"国家节水型城市""江苏省国土资源节约集约利用模范市"等称号。

1.2.5 城乡人居环境持续改善

内环高架一期建成投用,徐宿淮盐、连淮扬镇铁路建成投运,宁淮城际铁路加快建设,淮安涟水机场升格为国际机场,京杭大运河绿色现代航运示范区建设通过省级验收,区域综合交通枢纽地位更加凸显。全域旅游纵深推进,4A 级以上景区达 19 家,金湖县创成国家全域旅游示范区,龟山村入选全国乡村旅游重点村名录,蒋坝镇入选省特色小城镇优秀案例,省级特色田园乡村实现县(区)全覆盖。住房保障体系不断完善,五年累计改造老旧小区 1 847 万平方米,完成棚改项目 169 个、改善农房 5 万余户,建设省级宜居示范居住区 23 个,成为全省美丽宜居城市建设试点。生态环境基础设施不断完善,城镇污水处理率 93.44%,生活垃圾无害化处理率 100%,畜禽粪污综合利用率 98.32%,秸秆综合利用率 96.6%。城市建成区绿地率、城市建成区绿化覆盖率和城市人均公园绿地面积分别达到 39.27%、42.6%和 14.34 平方米。高分高位创成全国文明城市。

1.2.6 生态文化氛围更加浓厚

广泛利用网络、报纸、电视等媒体宣传全市环保工作动态,组织多次线上线下活动。《淮安环保三字经》被江苏省委宣传部表彰为全省优秀基层理论宣讲文艺作品一等奖。公众参与力度不断加大,开展为"生态淮安"点赞、"六五"世界环境日专题宣传等活动,成立绿动淮安高校环保志愿者组织联盟,定期组织社会公众参观环境公共设施,推动共治共享理念深入人心。2020 年,淮安市公众生态环境满意率达 95.4%,省内排名第二。

第二章　现状分析

2.1　生态环境质量

2.1.1　水环境

1. 国省考断面

2020年,淮安市8个国考断面水质达到Ⅲ类及以上标准有7个,占比87.5%,8个断面均达到年度考核目标,达标率100%;30个省考以上断面达到或优于Ⅲ类的有27个,Ⅳ类断面有3个,无劣Ⅴ类断面,优良率为90.0%。

从变化趋势来看,2015—2020年,国考断面水质优良率基本呈逐年升高趋势,2020年相比2015年提高12.73%;国省考断面水质优良率总体呈上升趋势,2020年相比2015年提高37.5%。

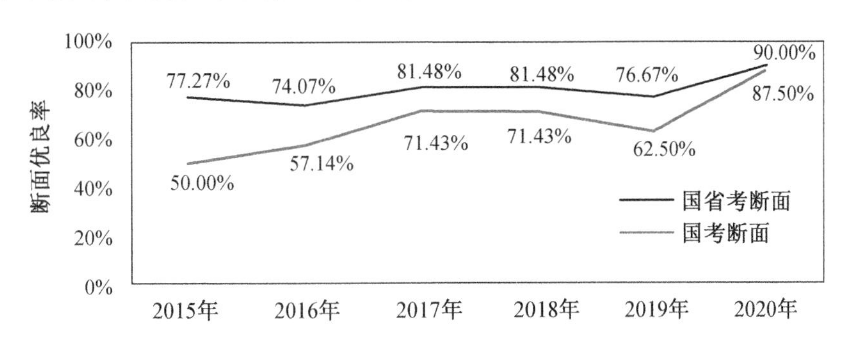

图3.1　2015—2020年淮安市国省考断面水质优良率示意图

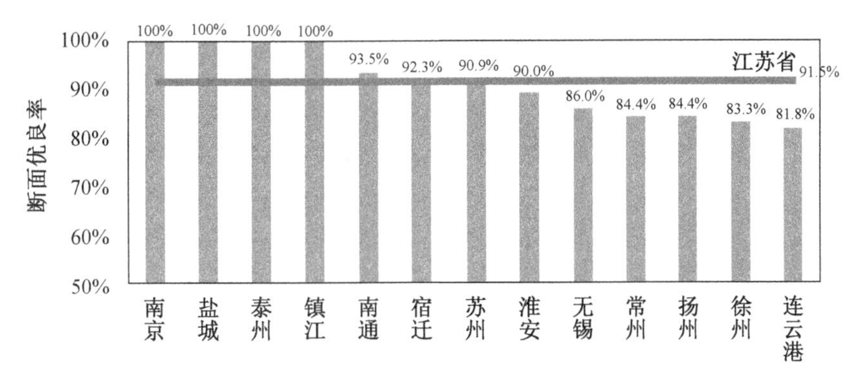

图3.2　2020年江苏省13个地级市国省考断面水质优良率示意图

2. 饮用水水源地

2020年,淮安市对8个县级以上集中式饮用水水源地进行监测,水质达标率为99.2%。从变化趋势来看,饮用水水源水质达标率较稳定。

2.1.2　大气环境

2020年,淮安市$PM_{2.5}$年均浓度达42微克/立方米。2016—2020年,$PM_{2.5}$年均浓度逐年下降,由2016年46微克/立方米下降至2020年42微克/立方米。

2020年,淮安市区空气优良天数为294天,优良率为80.3%,为2013年以来最优。2016—2020年,淮安市区优良天数比率呈升高趋势,由2016年的67.8%升高至2020年的80.3%。

2016—2020年,淮安市二氧化硫、二氧化氮、一氧化碳年均浓度均能稳定达标,其中二氧化硫年均浓度呈逐年下降趋势，二氧化氮、一氧化碳年均浓度总体保持稳定；PM_{10}及$PM_{2.5}$年均浓度普遍超标，但均呈现总体下降趋势；臭氧年均浓度呈上升趋势。

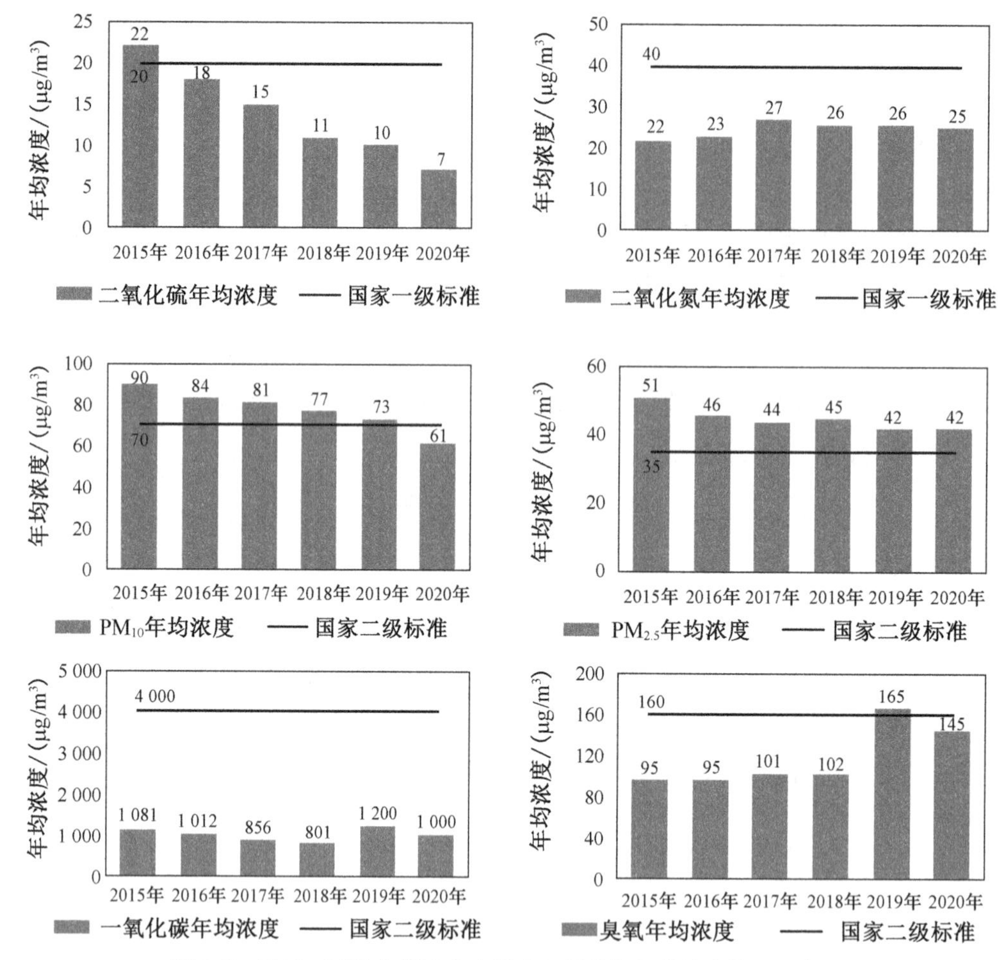

图 3.3　2015—2020 年淮安市主要大气污染物年均浓度情况示意图

2.1.3　声环境

2020 年，淮安市区域环境噪声昼间均值为 53.9 分贝(A)，质量等级为二级水平(较好)。2016—2020 年，淮安市区域环境噪声昼间平均等效声级在 53.3～55.2 分贝(A)之间，总体水平均为二级水平(较好)。2020 年，淮安市各类功能区环境噪声昼间等效声级平均达标率为 98%，夜间等效声级平均达标率为 85.45%。2016—2020 年，淮安市道路交通昼间平均等效声级在 63.6～66.1 分贝(A)之间，道路交通噪声总体呈波动变化，淮安市“十三五”期间道路交通噪声总体水平为一级水平(好)。

2.1.4　土壤和地下水环境

2020 年，淮安市土壤环境质量总体较好，66 个基础监测点位和 74 个风险监测点位中，有机污染物均未超过筛选值，无机污染物均未超过管控值。农用地土壤质量指数值为 99.5，土壤污染风险低。

2020 年，淮安市监测的 14 眼地下水监测水井中，潜水型井 6 眼，承压水水井 8 眼，水质全部达到良好标准。

2.2 主要污染物排放

2.2.1 水污染物

2020年,淮安市废水污染物主要来源于生活源和农业源,其中氨氮的排放主要来自生活源,占比达58%,农业源和工业源占比分别为29%和13%;化学需氧量、总氮、总磷的排放主要来自农业源,占比分别为53%、56%以及77%。

2020年,工业废水污染物中,化学需氧量、氨氮、总氮排放量最高的行业均为化学原料和化学制品制造业,占比分别为31%、60%和58%,总磷排放量最高的行业为农副食品加工业,占比37%。总体来看,淮安市的工业废水污染物主要来源于化学原料和化学制品制造业。

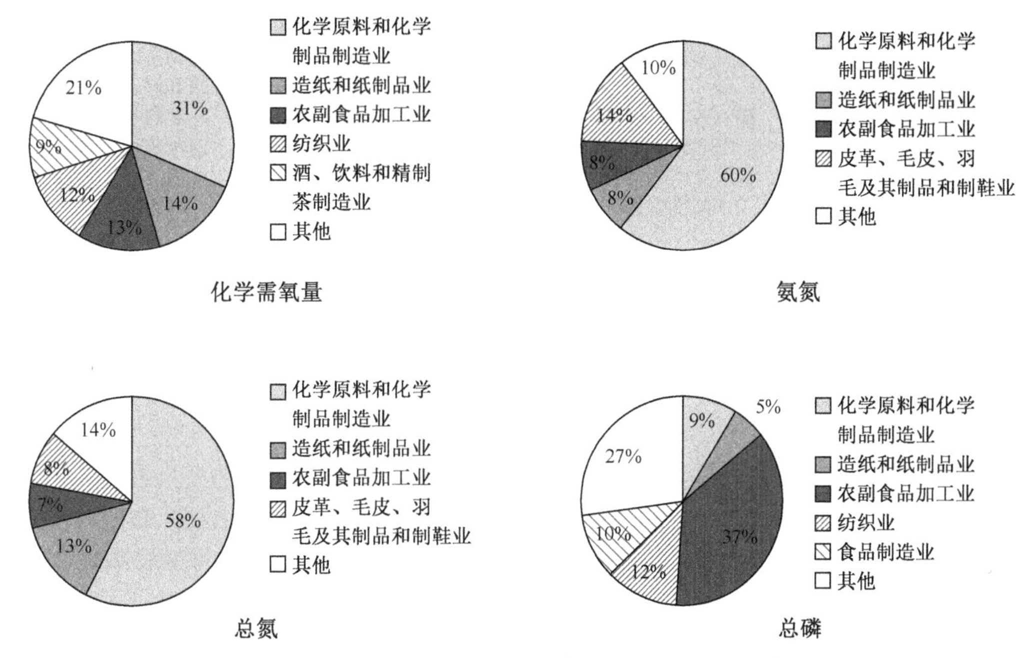

图3.4 淮安市工业行业废水污染物排放总量占比示意图

2.2.2 大气污染物

2020年,淮安市工业废气中的二氧化硫主要来源于化学原料和化学制品制造业,占比43%;其次为电力、热力生产和供应行业,占比24%;氮氧化物主要来源于黑色金属冶炼和压延加工业,占比48%;其次为电力、热力生产和供应行业,占比37%。颗粒物主要来源于黑色金属冶炼和压延加工业,占比49%。挥发性有机物主要来源于化学原料和化学制品制造业,占比29%;其次为通用设备制造业、印刷和记录媒介复制业,占比分别为23%、20%。

2.2.3 固体废物

2020年,淮安市一般工业固体废物主要为粉煤灰、冶炼废渣、炉渣、脱硫石膏。2020年,全市共产生一般工业固体废物412.284万吨,处置利用率99.7%。从行业产生情况来看,一般工业固体废物产生量排名前五的企业主要集中在制造业,电力、热力、燃气及水生产和供应业,采矿业,占比分别为63.8%、29.9%、4.1%。

2020年,淮安市目前共有危险废物产生企业496家,2020年度共产生危险废物18.9万吨,危险废物产生量前五大类依次为:含铅废物、表面处理废物、废酸、其他废物和含铜废物。危险废物主要产生行业为制造业,电力、热力燃气及水生产和供应业,占比分别为86.4%和7.5%。

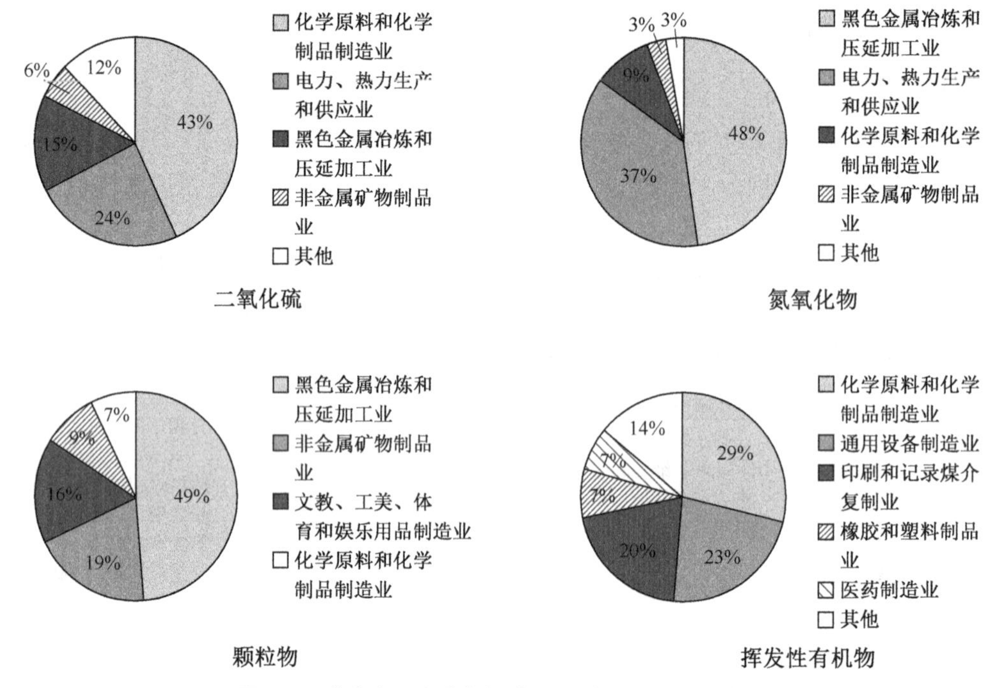

图 3.5　淮安市工业废气污染物排放总量占比示意图

2.3　资源能源消耗

2.3.1　能源消耗

2020 年，淮安市能源消费总量为 1 273.86 万吨标准煤，较 2015 年累计增长 7.0%，年均增长 1.4%；单位 GDP 能耗强度逐步降低，2020 年为 0.34 吨标准煤/万元(2015 年不变价)，较 2015 年累计下降 21.0%。

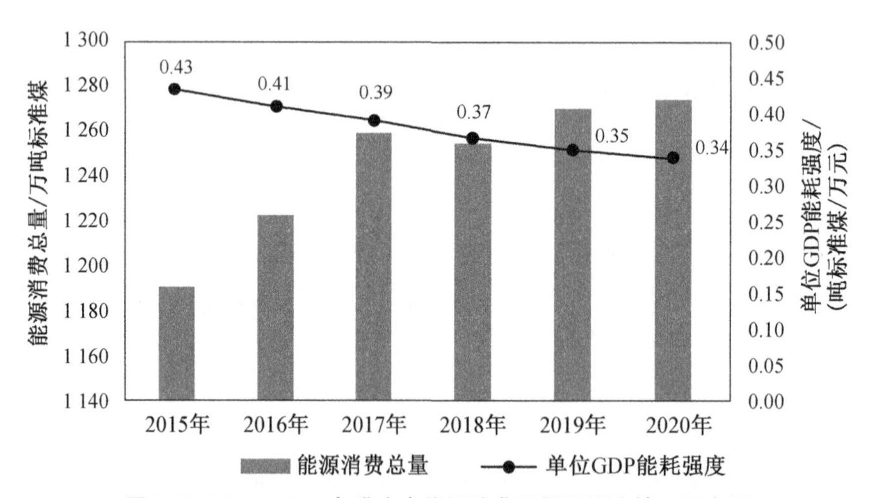

图 3.6　2015—2020 年淮安市能源消费总量及强度情况示意图

2020 年，淮安市规模以上工业企业能源消耗量为 786.4 万吨标准煤。从 2016—2020 年变化趋势来看，规上工业企业能源消耗量在 2017 年后大幅减少。2020 年较 2017 年峰值削减 48.1%，较 2015 年削减约 41.0%。单位工业增加值能耗呈逐渐降低趋势，2020 年相比 2016 年下降 22.2%。从各行业能源消耗占比来看，电力、热力生产和供应业，黑色金属冶炼和压延加工业，化学原料和化学制品制造业，食品制造业，非金属矿采选业等行业能源消耗占比较大，以上 5 个行业能源消耗量合计占比高达 85.84%。

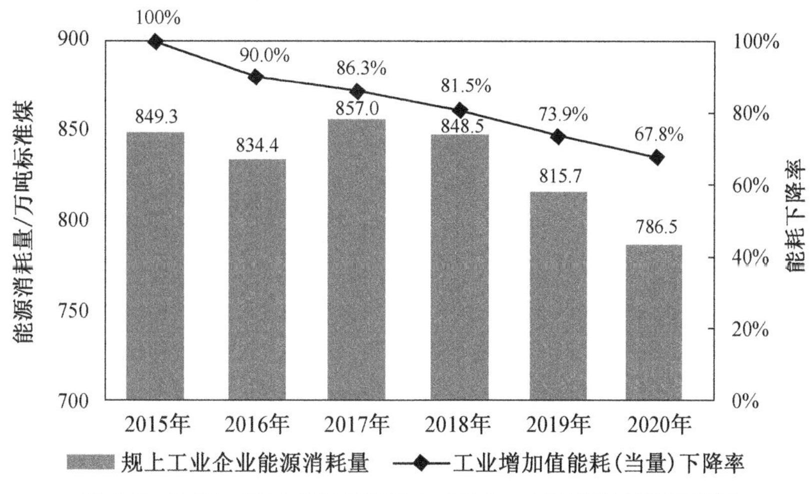

图 3.7　2015—2020 年淮安市规上工业企业能源消耗情况示意图

2.3.2　水资源利用

2020 年，淮安市用水量为 30.47 亿立方米。其中，生产用水 28.36 亿立方米，占总用水量的 93.1%；生活用水 1.94 亿立方米，占总用水量的 6.4%；城镇环境用水 0.18 亿立方米，占总用水量的 0.6%。人均用水量总体呈下降趋势。2020 年，人均用水量达 668.38 立方米/人，相比于 2016 年减少 21.46 立方米/人，下降率达 3.1%。

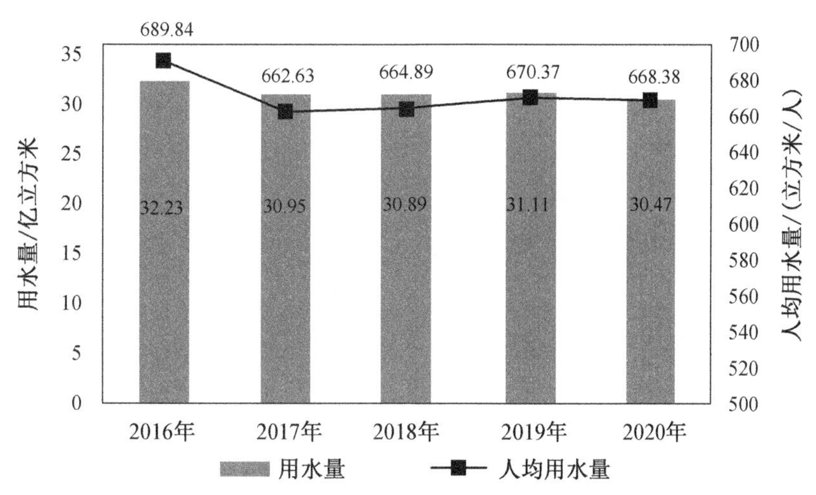

图 3.8　淮安市总用水量及人均用水量变化趋势示意图

2016—2020 年，淮安市用水结构差别较大。其中，第一产业用水量占总用水量的 79.0%；第二产业用水量占总用水量的 10.4%；第三产业用水量占总用水量的 3.6%；生活用水量占总用水量的 6.4%；城镇环境用水量占总用水量的 0.6%。

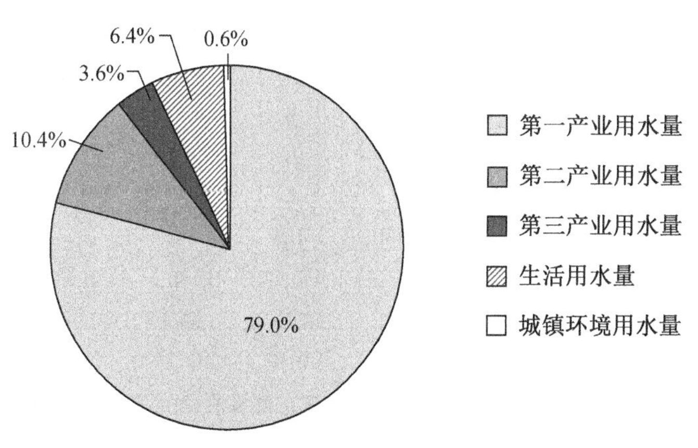

图 3.9　淮安市用水结构示意图

2016—2020 年，淮安市单位 GDP 用水量呈大幅下降趋势，用水效率显著提升，2020 年约为 75.70 立方米/万元，较 2015 年下降 29.11%。2020 年淮安市单位工业增加值用水量为 19.50 立方米/万元，比 2016 年下降了 25.82%。

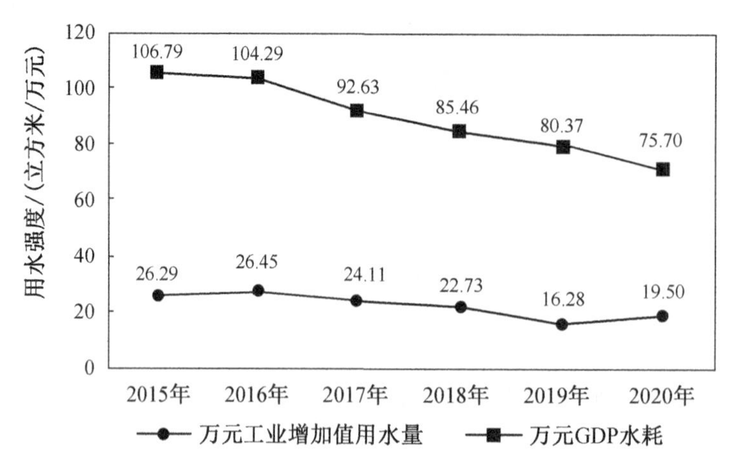

图 3.10　淮安市单位 GDP 及工业增加值用水量变化趋势示意图

2.3.3　土地资源利用

淮安市土地总面积为 10 030 平方千米，"十三五"期间，土地利用现状中以耕地为主，占比达 49%，其次为水域湿地，占比达 23%，建设用地占比达 22%。单位 GDP 建设用地使用面积逐年下降，2020 年单位 GDP 建设用地使用面积达到 53.7 公顷/亿元，相比 2016 年下降率达到 22.5%，土地利用效率逐年提高。

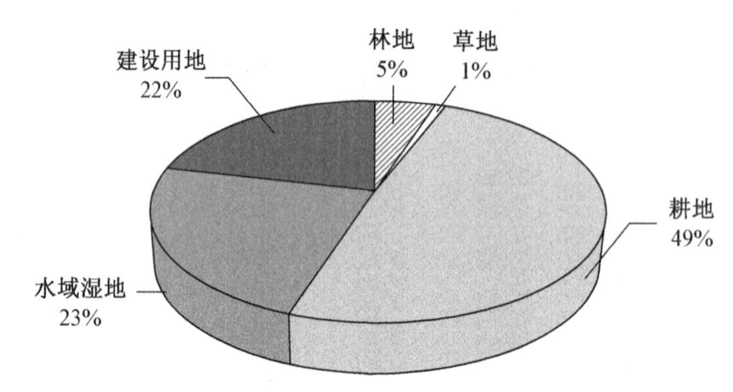

图 3.11　淮安市土地利用现状结构示意图

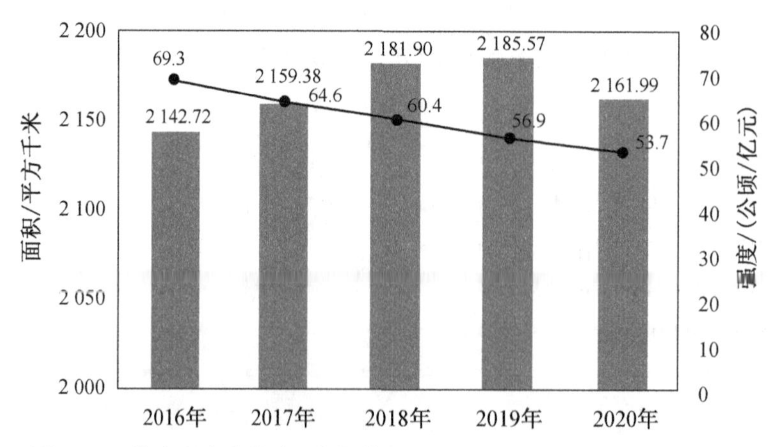

图 3.12　淮安市建设用地面积及单位 GDP 建设用地使用面积变化趋势

第三章　形势分析

3.1　存在问题

虽然淮安市生态文明示范建设工作取得了一些成绩,但对照生态文明新要求、高质量发展新定位、人民群众新期盼,仍存在一些问题和短板:

一是生态文明制度体系尚不健全。生态文明建设制度体系有待加强。在生态文明建设绩效评价考核、生态环境管理制度深化、激发市场主体作用,促进生态环境保护治理现代化等方面仍存在差距。生态环境损害赔偿制度仍需进一步加强完善,环保问题问责交办、调查、上报、审核、反馈的工作机制还需要进一步完善。自然资源制约性逐步增强,亟待探索完善自然资源管理机制。

二是生态环境质量面临较大压力。在大气方面,$PM_{2.5}$和臭氧污染叠加压力较大。空气质量改善成果依然脆弱,阶段性、区域性重污染天气依然存在,臭氧污染日趋多发;扬尘污染严重且易反弹。在水方面,部分断面水质达标成果有待巩固,汛期水质易受冲击;生活污水、养殖废水排放治理水平有待提高;黑臭水体治理反弹回潮现象依然存在。在土壤方面,重点行业企业关闭退出后遗留地块土壤污染状况调查进度相对滞后,工业遗留场地的土壤污染问题尚未得到彻底解决;耕地土壤污染成因分析工作滞后,技术支撑能力不足,精准断源水平不高。

三是生产生态空间布局亟须优化。“三生空间”布局不尽合理。局部区域工业企业与居住区混合布局现象仍然存在,部分工业园区内产业布局不合理、主导产业不突出、差异化发展不明显、产业集聚性不强,治污的规模效应难以发挥。生态安全仍面临威胁。水源地布局有待进一步完善,重要水体岸线城市建设、产业发展、耕作养殖功能布局比例较高,生态保护红线、永久基本农田、城镇开发边界三条控制线尚需进一步统筹划定。运河沿岸生态资源环境状况欠佳。河湖岸线资源开发利用需求量大,缺乏统一布局,节约集约化利用程度不高。

四是生态经济发展质效有待提升。产业层次有待进一步提升。工业产业层级偏低、产业结构偏重问题依然突出。新兴产业基础尚不稳固,重大项目支撑相对不足。传统服务业占主导,新兴服务业起点低、占比小,品牌化、品质化发展投入不足。生态产业优势不明显。生态产业发展特色亮点不突出,淮安市拥有水、城、文、区位等丰富多元优势资源,但生态转化路径仍未打通。乡村基础设施条件差,农业“大而不强”,农业服务业发展滞后。资源环境约束趋紧。产业结构仍偏重于传统行业,钢铁、印刷电路板、火电、盐化工等行业产排污和能耗强度与国际先进水平仍有较大差距。城区碳排放总量较大,环境空气质量相对较差;光伏、风电等新能源产业受土地资源制约显著,进一步发展潜力小,能源结构改善困难。

五是环境基础设施建设存在短板。生态环境基础设施能力尚有不足。全市城镇污水处理设施建设不平衡、地区分布不均衡的现象较为突出。工业园区配套建设专业工业废水处理设施数量少。污泥、飞灰、废盐等特殊种类固废利用处置能力仍不充分,建筑垃圾年资源化利用率低于全省平均水平,小量危废集中收集、处置体系尚不健全。水产养殖尾水处理设施建设不足,农田退水生态治理设施建设配套滞后。生态环境基础设施运维水平偏低。城镇污水管网雨污分流不完善、错接漏接、破损等问题突出,部分污水处理厂进水浓度偏低,污水处理效能不能得到充分发挥。农村生活污水处理设施运维管护水平低。生活垃圾分类收集运输体系尚不健全。生态环境基础设施绿色低碳循环化水平不高,智慧管理能力不足。

六是生态文明认识水平有待提高。生态环境宣教能力仍需加强。大型活动的新闻传播效果有待提升,新型宣教手段运用有待加强,生态文化产品供给能力有待强化。公共文化服务设施供给有待完善。部分文化服务设施尤其是农村地区的文化服务设施公众实际利用率不高,镇、村文化基础设施规划建设相对滞后。同时各级公共文化设施在满足群众不同文化需求方面缺乏灵活性。

3.2 机遇与挑战

“十四五”时期，是“两个一百年”奋斗目标的历史交汇期，是开启全面建设社会主义现代化国家新征程的第一个五年。生态文明建设进入了推动减污降碳协同增效、促进经济社会发展全面绿色转型、生态环境由局部改善到全面好转的关键时期，生态文明建设面临着新的机遇和挑战。

从机遇来看，一是党中央、国务院高度重视，相关法律法规为淮安市生态文明建设提供根本依据。党的十九大报告提出，建设生态文明是中华民族永续发展的千年大计。十三届全国人大一次会议第三次全体会议表决通过了《中华人民共和国宪法修正案》，生态文明历史性地写入宪法，推动我国生态文明建设发生历史性、转折性、全局性变化。党中央对于生态文明建设的认识高度、实践深度、推进力度前所未有，为淮安市摆脱传统发展路径制约，实现新旧动能转换，持续推动绿色发展，高质量推进生态文明建设提供根本遵循。二是多重战略叠加效应凸显，为淮安市生态文明建设提供重大契机。淮安市紧贴长三角中心区，是中心区与苏北衔接连通的关键节点和主要通道，也是向西联动淮河生态经济带相关城市的龙头和纽带。近年来，长三角一体化、长江经济带、淮河生态经济带、大运河文化带、江淮生态经济区、南京都市圈等重大战略叠加实施，淮安市委、市政府紧抓机遇、科学统筹谋划，提出打造“绿色高地、枢纽新城”和长三角北部现代化中心城市的目标定位，将带动全市生态文明建设，为淮安市进一步拓宽视野、放大格局，推动生态环境联保共治，赢得区域高质量跨越发展提供主动权。三是生态经济发展协同向好，为淮安市生态文明建设开创良好局面。淮安市四水穿城、五湖镶嵌，是通济江淮的生态水城，依托“大湖、大河、大湿地”资源，淮安市生态旅游、生态农业等发展加快，为全面推进转型跨越发展构筑绿色本底。同时，淮安市经济总量已迈上 4 000 亿元台阶，在全国百强市排名逐年攀升，人均 GDP 已迈上 1 万美元台阶，经济的迅速发展为生态文明建设提供了资金保障。站在新的起点上，生态经济协同发展的理念将推动全市生态文明建设再上台阶，建设“美丽江苏”的淮安样板大有可为。

从挑战来看，一是国际国内复杂形势给淮安市高质量跨越发展带来更多挑战。进入新的征程，淮安市将面临百年未有之大变局加速演进、全球疫情仍在持续演变带来的外部环境不确定性风险，遇到国际国内经济循环过程中出现堵点难点、资源环境要素刚性约束加大、减排空间挖掘难度加大、结构性污染问题日益凸显等现实问题，如何实现经济社会高质量发展与生态环境高水平保护仍未完全破题解码。二是区域一体化快速发展对淮安市生态环境保护提出更高要求。目前淮安市对接沪宁杭等龙头城市比较优势并不突出，生态经济竞争力不强，基础设施配套不够完善，自然生态优势等特色资源保护开发缺乏系统性、整体性、主题性，生态文明建设水平有待提高，随着“碳达峰、碳中和”目标的提出，应对气候变化压力较大，如何在区域一体化发展中展现淮安担当，顺利实现生态文明新进步面临多重挑战。三是人民群众对美好生活的诉求对淮安市生态文明建设提出更高标准。随着生态环境、生态文明的理念逐渐深入人心，人民群众对区域环境质量、生态体验的要求越来越高，对政府环境治理能力、改善环境质量的要求也越来越高。淮安市城乡基础设施不完善、绿色空间提升难等问题依然存在。如何满足公众越来越高的宜居诉求将是未来淮安市生态文明建设的又一挑战。

今后五年，是迈向“美丽中国”过程中承上启下的重要阶段，也是淮安市打造长三角北部现代化中心城市，开启“绿色高地、枢纽新城”建设新篇章的关键时期。处于这样的重要历史关口，淮安市需要把握进入新发展阶段、贯彻新发展理念、构建新发展格局的大逻辑、大背景，全面审视淮安所处方位，深入谋划未来发展蓝图，奋力实现现代化建设新征程良好开局。

第四章　总体要求

4.1　指导思想

以习近平新时代中国特色社会主义思想为指导，全面贯彻落实党的十九大和十九届历次全会精神，全面贯彻习近平生态文明思想，准确把握新发展阶段，深入践行新发展理念，主动融入新发展格局，把实现减污降碳协同增效作为促进经济社会发展全面绿色转型的总抓手，充分放大淮安运河文化、生态、水韵特色优势，高质量推进生态文明建设，使绿色生态成为淮安市转型跨越发展和人民幸福生活的增长点，打造独具江淮水韵魅力、人与自然和谐共生的现代化生态样板，建成生态优良、宜居宜业的“绿色高地、枢纽新城”，推动长三角北部现代化中心城市建设取得重要进展。

4.2　基本原则

生态优先，绿色发展。践行“绿水青山就是金山银山”的理念，尊重自然、顺应自然、保护自然，统筹推进经济生态化与生态经济化，加快形成绿色发展方式和生活方式。

系统谋划，彰显特色。依托淮安市“四水”“五湖”等生态本底优势，以及生态市创建的良好基础，统筹山水林田湖系统治理，系统谋划生态文明建设巩固提升路径，打造独具江淮水韵魅力的现代化生态样板。

统筹协调，分步实施。妥善处理好经济社会发展与环境保护、城镇与农村、全面推进与解决重点问题的关系，着力补短板、强弱项，提升城市品质，力争2022年达到国家生态文明建设示范区考核指标要求。2025年，建成生态优良、宜居宜业的“绿色高地、枢纽新城”。

政府主导，全民参与。发挥政府组织、引导、协调作用，强化以政府为主导、各部门分工协作、全社会共同参与的工作机制，凝聚整体合力，扎实推进生态文明建设。

4.3　规划范围

规划范围为淮安市行政管辖范围，包括清江浦、淮安、淮阴、洪泽4个区和涟水、金湖、盱眙3个县，总面积10 030平方千米。

4.4　规划期限

规划基准年为2020年，规划期限为2021—2025年，包括两个阶段：第一阶段为达标攻坚阶段，时期为2021—2022年；第二阶段为巩固提升阶段，时期为2023—2025年。

4.5　规划目标

4.5.1　总体目标

以习近平新时代中国特色社会主义思想为指导，坚持“绿水青山就是金山银山”理念，以高质量发展为主题，以持续改善生态环境为重点，以优化生态空间格局为基础，以经济绿色可持续发展为支撑，着力打造“绿色高地”，建设有形有韵、内在美与外在美和谐统一、静态美与动态美相互兼容，更具魅力、更加迷人的美丽淮安，充分彰显自然生态、空间形态、绿色发展、田园风光、宜居城市、特色人文之美，使南通成为江苏美丽中轴和绿心地带的明星城市和美丽中国版图上“和合南北、贯通东西”的大运河文化带、淮河生态经济带标志性城市，为美丽江苏、美丽中国建设作出贡献。

4.5.2　分阶段目标

到2022年，生态空间格局进一步优化，绿色发展水平不断提升，生态环境质量持续改善，生态文明建设水平显著提升，基本满足国家生态文明建设示范区条件。到 2025 年，城市生态承载力稳步增强，人民群众生态环境获得感持续提升，资源节约型、环境友好型社会建设取得显著进展，人与自然和谐共生的美好画面生动展现，建成生态优良、宜居宜业的“绿色高地、枢纽新城”。

——绿色高地建设取得新进展。更高标准打好蓝天、碧水、净土保卫战，实现环境质量明显改善，优良天数比例达 81.0%左右，$PM_{2.5}$浓度达 32 微克/立方米左右，水质优Ⅲ类比例达 89.5%以上。城乡宜居品质显著提升，农村生活污水治理率达 50%，人均公园绿地面积达 15 平方米/人。

——生态系统功能不断增强。国土空间开发保护格局得到优化，山水林田湖系统修复稳步推进，生态空间保护区域实现面积不减少、性质不改变、功能不降低，河湖岸线得到有效保护，林木覆盖率达 24.17%以上，生物多样性调查覆盖率 100%，生态环境状况指数稳中向好。

——产业绿色发展取得实质进展。绿色低碳循环发展产业体系初步建立，能源资源利用效率大幅提高，单位地区生产总值能耗、单位地区生产总值用水量、单位国内生产总值建设用地使用面积下降率完成省定目标，一般工业固体废物综合利用率逐步提高，培育绿色领军企业 30 家左右。

——环境治理现代化取得重要突破。生态文明制度改革深入推进，导向清晰、决策科学、执行有力、激励有效、多元参与的现代环境治理体系基本建立，数字化、智能化的环境治理监测监管能力显著提升，公众对生态文明建设的满意度、参与度逐步提高。

4.6 规划指标

规划指标体系由生态制度、生态安全、生态空间、生态经济、生态生活和生态文化等六大类 37 项指标构成，其中约束性指标 20 项，参考性指标 17 项。指标设定主要以 2021 年生态环境部印发的《国家生态文明建设示范区建设指标(修订版)》为依据，并结合淮安市生态文明建设工作实际，增设“生物多样性调查覆盖率”和“水域状况评估”2 个特色指标。

表 3.1　淮安市生态文明建设规划指标体系

领域	任务	序号	指标名称		单位	国家指标体系目标值	指标属性	2020 年现状值	规划目标值		备注
									2022 年	2025 年	
生态制度	(一)目标责任体系与制度建设	1	生态文明建设规划		—	制定实施	约束性	制定实施	本规划颁布实施并达到阶段目标	全面实施并达到规划目标	
		2	党委政府对生态文明建设重大目标任务部署情况		—	有效开展	约束性	开展部署且有效落实	持续推进且有效落实	持续推进且深化升级	
		3	生态文明建设工作占党政实绩考核的比例		%	≥20	约束性	20.15	≥20	≥20	
		4	河长制		—	全面实施	约束性	全面实施	全面实施	全面实施	
		5	生态环境信息公开率		%	100	约束性	100	100	100	
		6	依法开展规划环境影响评价		%	100	约束性	100	100	100	
生态安全	(二)生态环境质量改善	7	环境空气质量	优良天数比例[1]	%	完成上级规定的考核任务；保持稳定或持续改善	约束性	80.3	81.4	81左右(以省定目标为准)	
				$PM_{2.5}$浓度下降幅度				42 微克/立方米	35 微克/立方米	32 微克/立方米左右(以省定目标为准)	规划目标为$PM_{2.5}$年均浓度

续表

领域	任务	序号	指标名称		单位	国家指标体系目标值	指标属性	2020年现状值	规划目标值		备注
									2022年	2025年	
		8	水环境质量	水质达到或优于Ⅲ类比例提高幅度[2]	%	完成上级规定的考核任务；保持稳定或持续改善	约束性	80.7	89.5	89.5（以省定目标为准）	规划目标为达到或优于Ⅲ类比例
				劣Ⅴ类水体比例下降幅度				无劣Ⅴ类断面	无劣Ⅴ类断面	无劣Ⅴ类断面	
				黑臭水体消除比例				82.28	100	100	
	（三）生态系统保护	9	生态环境状况指数		%	≥60	约束性	70.53	稳中向好	稳中向好	
		10	林草覆盖率		%	≥18	参考性	24.17	≥24.17	≥24.17	以林木覆盖率为统计口径
		11	生物多样性保护	生物多样性调查覆盖率[3]	%	—	参考性	14.29	100	100	县（区）完成调查的比例
				国家重点保护野生动植物保护率	%	≥95		100	100	100	
				外来物种入侵	—	不明显		不明显	不明显	不明显	
				特有性或指示性水生物种保持率	%	不降低		不降低	不降低	不降低	
	（四）生态环境风险防范	12	危险废物利用处置率		%	100	约束性	100	100	100	
		13	建设用地土壤污染风险管控和修复名录制度		—	建立	参考性	执行	执行	执行	
		14	突发生态环境事件应急管理机制		—	建立	约束性	严格落实	严格落实	严格落实	
生态空间	（五）空间格局优化	15	自然生态空间	生态保护红线	—	面积不减少，性质不改变，功能不降低	约束性	面积未减少，性质未改变，功能未降低	面积不减少，性质不改变，功能不降低	面积不减少，性质不改变，功能不降低	
				自然保护地							
		16	河湖岸线保护率		%	完成上级管控目标	参考性	部署开展相关工作	完成上级管控目标	完成上级管控目标	
		17	水域状况评估[4]		—	—	约束性	—	Ⅲ级	Ⅲ级	
生态经济	（六）资源节约与利用	18	单位地区生产总值能耗		吨标准煤/万元	完成上级规定的目标任务；保持稳定或持续改善	约束性	0.34	完成省定目标	完成省定目标	
		19	单位地区生产总值用水量		立方米/万元	完成上级规定的目标任务；保持稳定或持续改善	约束性	75.4	完成省定目标	完成省定目标	

续表

领域	任务	序号	指标名称	单位	国家指标体系目标值	指标属性	2020年现状值	规划目标值		备注
								2022年	2025年	
		20	单位国内生产总值建设用地使用面积下降率	%	≥4.5	参考性	2.5	≥4.5	≥4.5	
		21	单位地区生产总值二氧化碳排放	吨/万元	完成上级管控目标;保持稳定或持续改善	约束性	0.66	完成省定目标	完成省定目标	
		22	应当实施强制性清洁生产企业通过审核的比例	%	完成年度审核计划	参考性	100	100	100	
生态生活	(七)产业循环发展	23	一般工业固体废物综合利用率提高幅度	%	综合利用率>60%的地区保持稳定或持续改善	参考性	99.7	保持稳定	保持稳定	现状值为综合利用率
	(八)人居环境改善	24	集中式饮用水水源地水质优良比例	%	100	约束性	100	100	100	
		25	城镇污水处理率	%	≥95	约束性	93.44	≥95	≥95	
		26	农村生活污水治理率	%	≥50	参考性	31.7	33	50	现状值为2021年统计值
		27	城镇生活垃圾无害化处理率	%	≥95	约束性	100	100	100	
		28	农村生活垃圾无害化处理村占比	%	≥80	参考性	100	100	100	
		29	城镇人均公园绿地面积	平方米/人	≥15	参考性	14.34	15	≥15	以市区为统计口径
	(九)生活方式绿色化	30	城镇新建绿色建筑比例	%	≥50	参考性	86.5	90	100	
		31	公共交通出行分担率	%	≥60	参考性	—	60	≥60	
		32	城镇生活垃圾分类减量化行动	—	实施	参考性	有效实施	有效实施	全面实施	
		33	绿色产品市场占有率：节能家电市场占有率	%	≥50	参考性	—	≥50	≥50	
			绿色产品市场占有率：在售用水器具中节水型器具占比	%	100		100	100	100	
			绿色产品市场占有率：一次性消费品人均使用量	千克	逐步下降		—	逐步下降	逐步下降	
		34	政府绿色采购比例	%	≥80	约束性	86.66	≥88	≥90	
生态文化	(十)观念意识普及	35	党政领导干部参加生态文明培训的人数比例	%	100	参考性	100	100	100	
		36	公众对生态文明建设的满意度	%	≥80	参考性	95.4	逐步提高	逐步提高	
		37	公众对生态文明建设的参与度	%	≥80	参考性	85.2	逐步提高	逐步提高	

注:[1]“十四五”期间,大气国控站点由 5 个增加至 6 个。

[2]“十四五”期间,地表水省考断面由 22 个增加至 46 个,国考断面由 8 个增加至 11 个。

[3] 生物多样性调查覆盖率为特色指标。

[4] 水域状况评估为特色指标。

第五章　规划任务与措施

5.1　完善生态文明制度,健全现代环境治理体系

解决现实的生态环境问题、绿色发展问题和生态环境政策完善问题,服务于经济社会发展目标,健全和完善淮安市生态文明政策体系,形成层次清晰、内容齐全、相互配套、重点突出的制度体系。

5.1.1　严明生态环境保护责任制度

1. 完善生态文明建设目标评价考核制度

适当优化和调整当前绩效评估指标体系,将碳排放强度、土壤环境质量、环境基础设施建设等一系列反映生态文明建设情况的指标纳入考核评价体系当中,逐步提高生态文明建设工作占党政实绩考核的比例。

2. 开展领导干部自然资源资产离任审计

因地制宜建立健全淮安市领导干部自然资源资产离任审计技术体系,规范审计内容,逐步扩大审计对象,完善审计工作构架,建立整改督查机制和协作配合机制,督促问题的整改。加强审计结果的分析和应用,为党委政府决策提供依据。

3. 落实生态环境损害赔偿制度

落实《淮安市生态环境损害赔偿制度改革实施方案》,规范开展生态环境损害鉴定评估、赔偿磋商、赔偿诉讼、赔偿资金管理及生态环境损害修复工作。强化生产者环境保护法律责任,大幅度提高违法成本。力争初步构建责任明确、途径畅通、技术规范、保障有力、赔偿到位、修复有效的生态环境损害赔偿制度。

5.1.2　全面建立自然资源管理制度

1. 完善自然资源资产产权制度

推进自然资源统一调查监测评价,试点开展自然资源资产负债表编制。以不动产登记为基础,充分利用国土调查成果和自然资源专项调查成果,到 2023 年前,完成古淮河国家湿地公园、陡湖湿地市级自然保护区等 6 个自然保护地,孙大泓—杰勋河、洪金干渠等 12 条河湖资源统一确权登记,并配合做好自然资源部、省自然资源厅直接开展的统一确权登记工作,逐步实现对水流、森林、荒地、滩涂以及探明储量的矿产资源等市级自然资源统一确权登记全覆盖。

2. 完善生态补偿制度

加强水生生物资源养护,确保洪泽湖省管十年禁渔期落实到位。针对重要水源地、大运河等受损河湖和重点区域开展水流生态保护补偿。加强水域岸线资源管护,严格执行水域占用等效补偿机制。健全公益林补偿标准动态调整机制,结合淮安实际探索对公益林实施差异化补偿。完善天然林保护制度,加强天然林资源保护管理。完善湿地生态保护补偿机制,逐步实现古淮河、白马湖等国家重要湿地生态保护补偿全覆盖。完善以绿色生态为导向的农业生态治理补贴制度。完善耕地保护补偿机制,因地制宜推广保护性耕作,健全耕地轮作休耕制度。健全考评机制,依规依法加大奖惩力度,严肃责任追究。

3. 探索建立生态产品价值实现机制

探索制定符合淮安生态产品价值的评价机制,建立生态产品清单,在生态保护重点区域探索开展生态系统生产总值(GEP)核算。逐步将生态产品总值指标纳入高质量发展综合绩效评价,推动 GDP、GEP 双

核算，实现双增长。创新生态产品价值多元实现路径，鼓励金湖县、盱眙县等地区率先开展"绿水青山就是金山银山"实践创新基地建设，赋能运河文化带、古淮河文化风光带、洪泽湖、白马湖、铁山寺天泉湖生态旅游等品牌资源，培育特色鲜明的生态产品区域公用品牌，支持金湖县加快开展省建立健全生态产品价值实现机制试点。促进生态产业化，鼓励推广生态环境导向的开发（EOD）模式，持续推进并优化洪泽区尾水湿地水、能、碳、产协同融合发展试点建设，加强产业收益对生态环境治理的反哺力度。

5.1.3 健全生态环境保护制度

1. 完善生态环境保护法律体系

积极推进生态环境保护领域立法工作，制定出台《淮安市节约用水管理办法》《淮安市海绵城市规划建设管理办法》《淮安市市区建筑垃圾资源化利用管理办法》等制度文件。积极配合做好省生态环境保护领域地方立法工作。健全改革与立法衔接机制，进一步保障环境治理领域相关改革成果的全面推行。

2. 加强排污许可管理

严格落实《排污许可管理条例》，建立健全以排污许可证为核心的固定污染源环境管理制度，持续做好新增污染源发证登记，监督指导已到期排污许可证换证，加强数据动态更新。按照固定污染源排污许可"一证式"管理要求，推动排污许可与环境执法、环境监测、总量控制、固废管理、排污权交易等环境管理制度有机衔接。促进企业固定源稳定达标排放，合理引导释放富余排污量。

3. 扎实推进河长制

充分发挥各级河湖长组织领导作用，加强河长制督查考核，推动县（区）级河湖长和断面达标负责人履职。持续完善部门间信息互通、联动协作机制，引导公众参与，建成纵横联通、高效便捷、安全可靠的管理应用综合平台。

5.1.4 建立健全现代环境治理体系

1. 优化生态环境执法效能

落实生态环境保护综合行政执法改革要求，强化现场检查计划制度。优化执法方式，通过"双随机、一公开"和正面清单制度，配合非现场监管方式的强化和规范，切实落实差异化监管措施，精准投放执法资源。加强执法机构与其他机构配合，强化行政执法与刑事司法衔接机制。严格约束行政执法行为，细化完善行政执法公示制度、执法全过程记录制度、规范行政处罚自由裁量权、典型执法案例指导制度，全面规范现场执法和处理处罚全过程的程序及工作要求。按照《生态环境保护综合行政执法装备标准化建设指导标准》，加快执法装备标准化配备。

2. 健全生态环境监测体系

加快构建上下协同、市县（区）两级联网共享的生态环境监测监控网络，在大运河、南水北调东线沿程开展水质专项跟踪监测，构建"水平衡"监测评估体系，整合断面水质、流量流速、黑臭水体、雨污管网、污水处理、湿地监测等现有和拟新建的智慧系统，通过数据整合、改造提升和新建监测设施，形成全市实时监测分析、科学决策管控、统一指挥调度的智能化系统，接入智慧淮安大数据平台。推进全市大气颗粒物监测网全覆盖，加快城市上、下风向及工业园区 VOCs 监测站、温室气体监测站建设升级。加快建设火电、钢铁、石化等行业以及工业园区、化工园区二氧化碳排放量在线监测系统，初步构建基于监测的碳减排核算评估体系。探索建立基于环境 DNA（eDNA）条形码技术的生物多样性监测技术体系，紧密配合省生态环境厅开展典型生态系统重点生物物种基因库建设，完成盱眙铁山寺森林生物多样性观测样区建设，有序开展生物多样性常态化监测，为大运河文化带提供全面、实时、可靠的生物和生境数据。

3. 健全生态环境信用评价体系

贯彻落实国家和省政务诚信建设要求，依法依规开展信息公开工作。落实《江苏省企事业环保信用评价办法》，对企事业单位实行"绿蓝黄红黑"环保信用五色管理，扩大参评企事业单位范围，参与省企事业单位环保信用评价体系建设。开展生态环境第三方服务领域信用监管，落实信用信息互联共享机制。开展环保示范性企事业单位评定,推行环保信用承诺,对守信企事业单位加大联合激励力度。依据国家和省要求,推进上市公司和发债企业强制性环境治理信息披露。

4. 健全生态环境市场经济体系

建立完善环境权益交易市场,积极参与区域水权、排污权、用能权、碳排放权等初始分配与跨区域交易制度建设,开展水权交易试点,推动有限资源能源和环境容量指标向重点行业企业流动。加快形成有利于绿色发展的价格政策体系,严格落实"谁污染、谁付费"的政策导向,落实差别化电价、水价政策。完善发展绿色金融制度,鼓励金融机构创新绿色金融产品和服务,扩大生态环保发展基金规模,充分用好"环保贷"和"环保担",引导更多社会资本进入生态环境和生态文明建设领域。巩固环境污染责任险统保成效,鼓励电子信息、生物医药、食品加工、装备制造等行业企业投保参保。实施绿色发展领军企业培育计划,精准投放政府补贴、税收优惠、绿色金融、应急管控限停限产豁免等激励政策,引导企业主动落实污染防治主体责任。

5.2 改善生态环境质量,展现蓝绿交织生态画卷

推动减污降碳协同增效,强化源头治理、系统治理、综合治理,切实发挥好降碳行动对生态环境质量改善的源头牵引作用。按照"提气、增水、固土、降噪"思路,深入污染防治攻坚,以生态系统良性循环和生态环境风险有效防范为重点,加强生态环境保护,展现淮安蓝绿交织生态画卷。

5.2.1 推进碳排放达峰行动

1. 实施碳排放达峰行动

积极落实淮安市碳达峰实施方案,推动能源、工业、交通运输物流、城乡建设、农业农村等重点领域分别编制碳达峰专项实施方案,聚焦科技支撑、节约用能、能源保供、减污降碳等关键环节分别编制专项保障方案。积极参与全国碳排放权交易市场交易与建设,适时开展二氧化碳捕捉收集、利用和封存的探索和研究工作。将应对气候变化要求与环境统计、环境影响评价与排污许可、环境监测、监管执法、督查考核等环境管理制度统筹融合。推动污染物和碳排放评价管理统筹融合,促进应对气候变化与环境治理协同增效,实现环境影响评价在减污降碳源头上的管控作用。

2. 实施重点领域深度减排

构建减污降碳协同体系,推动重点领域实现深度减排。能源领域大力推进能源生产深度脱碳,合理控制煤电发展规模。工业领域围绕钢铁、水泥、炼油、合成氨、无机碱制造等重点高耗能高排放行业,探索建立能效水平对标机制。交通领域着力优化交通运输体系组织形式,提高铁路、水路在综合运输中的承运比重,推广清洁低碳的交通设施设备和出行方式。建筑领域推动绿色建筑高质量发展,提升建筑能效水平,重点加强能效技术创新,强化绿色建筑全过程管理。

3. 提升温室气体管控能力

充分利用现有环境空气质量监测网络,将碳监测体系纳入生态环境监测网络,统筹规划"减污降碳"协同监测体系,选取江苏油田采油二厂(金湖)开展甲烷浓度试点监测。加强甲烷等非二氧化碳温室气体排放管控,将温室气体管控纳入环境影响评价管理。

5.2.2 大力推进生态碧水行动

1. 全力推进污水治理行动

有序实施城市生活污水处理厂建设和扩能,推进城市生活污水收集管网互联互通建设,加快"污水处理提质增效达标区"建设,系统提升城市污水收集、处理应急能力。到2025年,城市建成区排水管网修复改造全面完成,城市生活污水集中收集率和城市生活污水集中收集处理率均达到70%,市区和各县(区)城市建成区60%以上的面积建成"污水处理提质增效达标区"。

加快建制镇污水治理基础设施建设,重点完成淮安区、洪泽区、涟水县、金湖县等42座污水处理厂一

级A提标改造，同步优化调整污水处理设施布局，将分散的乡镇生活污水处理设施进行整合，提高污染削减的规模效应。推动建制镇污水管网修复改造，解决乡镇污水处理厂进水浓度偏低问题，全面落实建制镇重点排水户“十必接”要求，补齐建制镇管网“毛细血管”。

巩固城市黑臭水体治理成效，确保每年度城市建成区主要水质指标持续达到或优于Ⅴ类标准。系统治理农村黑臭水体，统筹农村黑臭水体治理与农村生活污水、畜禽粪污、水产养殖污染、种植业面源污染、改厕等治理工作的衔接整合。到2025年，基本消除全市较大面积的农村黑臭水体。

推广推行“厂—网”一体化运行维护机制，逐步建立同一城镇污水处理厂服务片区内的管网由一个单位实施专业化养护的机制。建立城市排水管网定期排查检测制度，建设排水管网信息(GIS)系统和污水处理厂进出水在线监控平台。规范开展污泥处置工作，严格落实污泥处置联单制度。开展淮河流域入河(湖)排污口排查整治工作。到2025年，形成权责清晰、监控到位、管理规范的入河(湖)排污口监管体系。

2. 持续推进生态活水行动

落实生态用水管理机制，在保证工业、农业、生活用水的情况下，充分兼顾生态用水，着力维持主要河湖生态水位(流量)。健全用水考核监督机制，促进水环境质量提升长效管理。加强水系连通，重点推进“1+4”全域活水畅流工程，实现主城区和涟水、盱眙、金湖、洪泽4个区域水系连通、流量管控和水系调整。加快农村生态河道建设，对城区范围内79条区域骨干河道，建立3～5年一周期的轮浚制度，进一步提高河湖水体自净能力。加强水域空间管控，维持河湖蓄水排水能力，维护河湖生态空间，保持城市及周边河湖水系的自然连通和流动性。

3. 扎实推进生态湿地行动

全面推进湿地生态修复，通过清除围网、生态清淤、水系疏通等措施，逐步恢复扩大洪泽湖、陡湖、高宝邵伯湖重要湖泊水面面积，完成白马湖湿地公园、洪泽湖官滩马庄小河入湖口湿地生态修复工程，建成市区污水处理厂尾水湿地公园。对全市尚未建立任何保护形式的湿地，特别是重要湖泊区域、河流自然湿地及其他生态区位特别重要或生态脆弱地带的自然湿地，建立湿地公园、湿地保护小区等。推进金湖柳树湾湿地公园建设，2022年至2024年全市新建不少于10个湿地保护小区。构建“市—县区—湿地节点”三级智慧监测网络体系，建立湿地研发中心、技术中心和实验室等，打造湿地科技创新平台。结合全市湿地资源保护现状，通过扩充重要湿地名录，加强重要湿地的保护、恢复和管理，进一步完善全市湿地分级体系。

4. 加快推进绿色产业行动

深化工业污染防治。持续推进工业园区污水收集处理能力建设，科学确定污水收集处理设施总体规模，逐步推进江苏淮安工业园区同方污水处理厂扩建、清涧污水处理厂提标改造、高沟食品产业园污水处理厂建设等项目；原则上到2025年，省级以上工业园区等有条件的园区实现工业废水与生活污水分类收集、分质处理。推进江苏淮安工业园区、淮安经济技术开发区等全市500吨以上工业园区污水集中处理设施安装进、出水口自动监测设备及配套设施，并与省、市联网。加强对工业园区特征水污染物的管控，建立重点园区有毒有害水污染物名录库，加强对重金属等有毒有害水污染物的监控。配套建设工业尾水排放生态安全缓冲区，强化废水生物毒性削减。到2025年，实现工业园区污水管网全覆盖、污水集中处理设施稳定达标运行。加强医疗污水处理监管，切实做好医疗污水收集、污染治理设施运行、污染物排放等监督管理，防止二次污染。

提升农业绿色发展水平。深入开展重点河道农业面源污染排查，推进洪泽区、淮安区等种植业污染排放量较大区域以及主要河流流经区域实施“源头减量、循环利用、过程拦截、末端治理”工程。鼓励有条件地区探索实施高标准生态农田建设试点，对农田灌排系统进行生态化改造，推进农田退水循环利用。养殖水面100亩以上连片池塘、单个养殖主体水面50亩以上池塘及工厂化等封闭式养殖水体水产养殖尾水执行《池塘养殖尾水排放标准》(DB32/4043—2021)，有序实施水产养殖池塘生态化改造或高标准鱼池改造。提高畜禽粪污综合利用能力。

加强船舶港口污染治理。从严危化品码头新建项目的审批，提升港口危化品作业安全防控能力。加强淮安新港、黄码港等港口和船舶污染物接收转运处置设施建设，积极推进污染物接收转运处置全过程联单管理电子化；强化船舶污染物接收船的运行管理，提高船舶污染物接收上岸集中处置比例。持续推进京杭大运河淮安段绿色现代航运建设工作，重点开展沿线环境综合整治、沿线码头整治、绿化景观提升等工作。

5.2.3 深入打好蓝天保卫战

1. 突出做好 $PM_{2.5}$ 与臭氧污染协同治理

结合淮安市 $PM_{2.5}$ 和臭氧污染现状，研究制订加强 $PM_{2.5}$ 和臭氧协同控制、持续改善空气质量行动计划，关注 $PM_{2.5}$ 和臭氧污染的耦合关系，评估 $PM_{2.5}$ 和臭氧协同控制成效，明确路线图和时间表，进行整体部署。研究制定大气环境质量限期达标规划，加强达标进程管理。到 2025 年，淮安市城市 $PM_{2.5}$ 浓度力争达 32 微克/立方米左右，臭氧浓度增长趋势得到有效遏制，城市空气质量优良天数比率达 81%左右。

2. 持续推进 VOCs 治理攻坚

严格落实国家和地方产品 VOCs 含量限值标准，推进低 VOCs 含量、低反应活性原辅材料和产品的替代。禁止建设生产和使用高 VOCs 含量的溶剂型涂料、油墨、胶粘剂等项目。针对石化、化工、医药、包装印刷、涂装等重点行业建立完善源头、过程和末端的 VOCs 全过程控制体系，扩充更新重点监管企业名录、企业编制，并实施“一企一策”综合治理方案。加大涉 VOCs 排放工业园区和产业集群排查及分类治理，鼓励建立园区 LDAR 信息管理平台。推进工业园区、企业集群、汽修行业、餐饮行业建设涉 VOCs“绿岛”项目，实现 VOCs 集中高效处理。全面落实《挥发性有机物无组织排放控制标准》要求，严格化工、机械、涂装等行业企业 VOCs 的无组织排放管理。

3. 强化车船油路港联合防控

加快淘汰国Ⅲ及以下排放标准的运营柴油货车，并严格落实限制通行区。持续推进非道路移动机械摸底调查和编码登记工作，建立信息管理系统，推动扩大禁用范围，增加禁用种类。加强国省干线路面保洁，路域、铁路沿线环境整治，加强站场扬尘整治和监管。进一步规范成品油市场，提高燃料指标清洁化水平。严格实施船舶发动机第一阶段国家排放标准，推进港作机械“油改电”和“油改气”，鼓励具备深度治理条件的船舶进行发动机升级或加装尾气处理装置等措施，逐步降低氮氧化物排放。推进岸电设施建设，逐步提升岸电使用比例，到 2025 年基本实现盐河、苏北灌溉总渠和京杭大运河两岸泊位岸电全覆盖。

4. 加强面源污染治理

持续按照“六个百分之百”要求，强化建筑工地、道路、堆场等扬尘管控，对违法施工企业实施联合查处并依法追究责任。强化渣土运输车辆全封闭运输管理，城市建成区全面使用新型环保智能渣土车。推进港口码头仓库料场全封闭管理，完成抑尘设施建设和物料输送系统封闭改造。提高城市保洁机械化作业比率。推进餐饮油烟净化处理“绿岛”建设。加强餐饮油烟污染治理和执法监管，严格居民楼附近餐饮服务单位布局管理，推动重点管控区域内面积 100 平方米以上餐饮店以及城市综合体、美食街等区域的餐饮经营单位安装在线监控。禁止在城市建成区露天烧烤、焚烧落叶，严格落实烟花爆竹禁燃限放规定。

5.2.4 加强土壤管控与修复

1. 保障农用地安全利用

加强农用地源头防控，开展重点区域农用地加密采样调查及溯源分析，制订污染源头防控措施。继续做好农用地周边涉镉等重金属重点行业企业排查整治工作，督促土地使用权人开展风险评估、采取风险管控或治理修复措施，有效切断镉等重金属进入农田的路径。严格控制在优先保护类耕地集中区域新建有色金属冶炼、石油加工、化工、焦化、电镀、制革等行业企业。加强盱眙县凹凸棒土、金湖县石油、洪泽区芒硝、清江浦区和淮阴区石盐等矿产资源开采活动影响区域周边农用地的环境监管，发现可能存在耕地土壤污染的，要及时排查并督促有关企业采取防治措施。强化农用地分类管理，建立优先保护类耕地保护措施清单，实行耕地土壤环境质量动态管理，严格控制将曾用于生产、使用、贮存、回收、处置有毒有害物质的工矿用地复垦为食用农产品耕地。实施受污染耕地利用分类管理，制订受污染耕地安全利用方案及年度工作计划。建立受污染耕地逐步安全利用技术模式，不断提升受污染耕地安全利用水平。鼓励县（区）申报受污染耕地安全利用推进区建设。到2025年，受污染耕地安全利用率维持在93%以上。

2. 强建设用地风险管控

严格建设项目环境影响评价制度，对涉及有毒有害物质可能造成土壤污染的新（改、扩）建项目，依法进行土壤环境质量检测、土壤环境风险评价等，提出并落实防腐蚀、防渗漏、防遗撒等土壤污染防治措施。全面梳理重点监管单位名录，并实现定期动态更新，落实重点监管单位土壤污染防治主体责任，建立例行监测、隐患排查制度。强化污染地块风险管控，动态建立污染地块名录、建设用地土壤污染风险管控和修复名录，合理确定土地开发和使用时序，定期组织开展土壤、地下水等环境监测。有序实施污染地块治理修复，有效避免污染地块风险管控和修复过程中产生的异味等二次污染。加强淮安市化工腾退地块调查与修复，重点关注季桥化工园、西南化工片区搬迁后，以及原薛行化工园区、原洪泽开发区化工片区化工定位取消后的土壤调查和修复治理工作，并选取一批典型案例，开展污染地块安全利用规范化考核。到2025年，重点建设地块安全利用率达到省下达指标。

3. 推进地下水污染防治

重视地表水、土壤与地下水污染协同防治，加强区域与场地地下水污染协同防治，降低农业面源污染对地下水水质的影响，统筹考虑重点管控地块地下水污染影响、防治和修复内容。开展化学品生产企业以及工业集聚区、矿山开采区、危险废物处置场、垃圾填埋场等地下水状况调查评估，完成江苏淮安工业园区等重要污染源地下水环境状况调查评估工作。以地下水环境质量国考点位水质为Ⅳ类和Ⅴ类水的点位为重点，按照“一井一策”原则制订点位达标或保持（改善）方案，定期组织开展排查，根据排查结果采取污染管控或治理措施。对于水质下降为Ⅴ类或存在区域下降趋势的，及时开展溯源调查，采取有针对性的管控措施。

5.2.5 强化噪声源头防控

1. 推进规划源头管理

严格落实《中华人民共和国噪声污染防治法》，制订实施淮安市噪声污染防治行动计划，完善声环境功能区划分方案，强化声环境功能区管理，声环境功能区安装噪声自动监测系统。在制订国土空间规划及交通运输等相关规划时，充分考虑建设项目和区域开发改造所产生的噪声对周围生活环境影响，明确规划设计要求。到2025年，全市实现功能区声环境质量自动监测，夜间达标率达到85%以上。

2. 强化噪声污染防治

加强城市噪声敏感建筑物等重点领域噪声管控，完善高架路、快速路、城市轨道等交通干线隔声屏障等降噪设施。推进工业企业噪声纳入排污许可管理，严厉查处工业企业噪声排放超标扰民行为。严格夜间施工审批并向社会公开，鼓励采用低噪声施工设备和工艺，强化夜间施工管理。倡导制定公共场所文明公约、社区噪声控制规约，增强公众声环境保护意识，打造宁静社区及办公、休闲场所。

5.2.6 强化固体废物处置利用

1. 加强一般工业固废处置利用

重点围绕煤矸石、工业副产石膏、粉煤灰、钢渣等大宗工业固体废物，加大园区综合处置利用设施建设力度，加快推广规模化、高质化综合利用技术、装备。到2025年，大宗工业固体废物综合利用率达到100%。以龙头骨干企业为依托，推进建设工业资源综合利用基地，探索建立基于区域特点的工业固废综合利用产业发展模式。加快一般工业固废回收分拣设施建设，至2025年底，各县（区）配备建设1个一般工业固废回收分拣中心（点）。

2. 提升危险废物监管能力

持续推进危险废物处置专项整治行动，严格危险废物贮存管理，强化转运监管，规范处置利用。严格危险废物经营许可证审批，建立危险废物经营许可证审批与环境影响评价文件审批的有效衔接机制；加大涉危险废物重点行业建设项目环境影响评价文件的技术校核抽查比例，将危险废物日常环境监管纳入生态环境执法“双随机、一公开”内容。探索危险废物产生企业和经营企业分级分类管理，科学划分管理层级，实施差别化监管。建立危险废物规范化环境管理评估机制，有条件地区可采用第三方评估方式。全面推进危险废物全生命周期管理，鼓励有条件的地区推行视频监控、电子标签等集成智能监控手段，实现对危险废物全过程跟踪管理，并与相关行政机关、司法机关实现互通共享。到2025年，建立健全“源头严防、过程严管、后果严惩”的危险废物环境监管体系，危险废物非法转移倾倒案件高发态势得到有效遏制。

5.2.7 有效防控生态环境风险

1. 防范水环境风险

构建突发水污染事件应急防范体系，按照“以空间换时间”思路，围绕苏北灌溉总渠、盐河等重要敏感目标，全面调查摸底周边重点园区、重点企业等风险分布情况，编制全市突发水污染事件应急防范实施方案，重点河流形成“一河一策一图”。开展重点河流及湖库的累积性环境风险评估，识别重点风险源，划定高风险区域，从严实施环境风险防控措施；加强跨部门、跨区域、跨流域监管与应急协调联动机制建设，重点与宿迁等地区建立上下游联防联控机制，加大对洪泽湖上游污染源的治理力度，建立具有约束力的协作制度，增强上下游突发水污染事件联防联控合力。

2. 强化污染天气管控和联防联控

健全重污染天气应急指挥调度机制，聚焦重点地区、重点行业和重点问题，综合运用在线监控、监测、遥测等先进手段，结合现场督查，进行强化调度、快速响应、实时指挥、综合决策。完善重污染天气应急减排清单，做到涉气企业和工序减排措施全覆盖，基于绩效分级采取差异化管控，对钢铁、石油化工、制药、农药、涂料、油墨等重点行业，确定分级应急管控措施。加强政企协商、沟通对接，落实有效管控措施，实现污染缩时削峰。加强环境协同监管和重污染天气联合应对，共同做好国家重大活动空气质量保障。

3. 健全生态环境风险应急管理体系

继续推进突发环境事件应急预案体系建设，健全市级专项环境应急预案。加强企业、园区应急预案编制和备案的监管，构建反应灵敏、联动顺畅、处置高效的突发环境事件应急响应机制。强化应急管理科技支撑，形成完善的突发环境事件监测预警机制，加强基层应急装备配置，加快构建与区域环境风险水平相匹配的应急管理、救援、专家队伍，分类分级开展多形式环境应急培训。

5.3 优化生态空间格局，构筑沿淮永续发展“绿心”

优化区域国土空间开发格局，守住自然生态安全边界，推动山水林田湖系统保护与修复，努力扩大生态空间和生态容量，绘就生态空间山清水秀、生活空间宜居舒适、生产空间集约高效的美丽淮安蓝图，构筑沿淮永续发展“绿心”。

5.3.1 优化国土空间布局

1. 优化市域空间总体格局

根据淮安市自然地理环境特征和经济社会发展基础，构建形成“两带三片区、一核一走廊”的总体格局，以大运河文化带、淮河生态经济带和宁淮城镇发展走廊联系要素、集聚人口、推进新型城镇化，以北部田园区、中部都市区和南部水乡区的片区模式促进市域小城镇和农村地区融合发展，以淮洪涟一体化都市区核心促进中心城市集聚发展。

2. 强化国土空间规划约束

建立全市分级分类的国土空间规划体系，完成市国土空间总体规划及各县(区)规划的编制，推进全市镇级国土空间规划编制，启动村庄规划试点编制。重点优化产业空间布局，加快推进城镇人口密集区危险化学品生产企业搬迁改造，加快推进京杭大运河沿岸1千米范围内化工企业的关停并转，到2025年，完成西南化工片区清江石化、安道麦安邦企业搬迁入园工作。积极探索规划“留白”制度，为未来发展预留空间。

3. 严格生态环境准入机制

衔接国土空间规划分区和用途管制要求，将碳达峰碳中和要求纳入“三线一单”(生态保护红线、环境质量底线、资源利用上线和生态环境准入清单)分区管控体系。研究建立以区域环境质量改善和碳达峰目标为导向的产业准入及退出清单制度。优化生态环境影响相关评价方法和准入要求,重点加强产业园区规划环评工作,到2022年,实现省级以上产业园区(集中区)规划环评、跟踪评价、区域评估全覆盖。坚决遏制高耗能、高排放、低水平项目盲目发展。

5.3.2 强化生态空间建设与管控

1. 构建完整稳定的生态空间格局

坚持本土生态空间恢复与保护,构建形成"四湖拥林田、一山多廊道"的"苏北大水乡"生态空间格局。以南部丘陵生态片、北部农田生态片、洪泽湖生态片、高邮湖生态片、白马湖—宝应湖生态片构成生态本底,以淮沭河—二河—洪泽湖—淮河、京杭大运河、京杭大运河—古黄河、洪泽湖—淮河入江水道等构建生态廊道,并在各生态廊道的交汇处形成重要生态节点。

专栏1 "苏北大水乡"格局发展引导

"四湖拥林田"。"四湖"指洪泽湖、白马湖、高邮湖、宝应湖,淮安市域范围重要湖泊水系生态资源,是整合市域各类生态资源最重要的生态核心。

"一山"。"一山"指盱眙县南部山体林地生态屏障,空间形态上呈楔状与淮安市的腹地区域紧密结合,是水源涵养、水土保持和气候调节重要保障,具有极其重要的生态价值。

"多廊道"。结合淮安市的水网特征,提取出"淮沭河—二河—洪泽湖—淮河生态廊道""大运河生态廊道""大运河—古黄河生态廊道""洪泽湖—淮河入江水道生态廊道"4条区域级生态廊道,以及"淮河入海通道/苏北灌溉总渠生态带"等8条片区级生态廊道。

2. 落实生态空间管控要求

实施淮安市生态空间保护区域分级管理。严格执行《江苏省生态空间管控区域调整管理办法》《江苏省生态空间管控区域监督管理办法》,强化生态空间优化调整、管控、修复与补偿、监督管理等过程管理工作,确保淮安市生态空间管控区域面积不减少、性质不改变、管控类别不降低。

3. 加快自然保护地体系建设

完成自然保护地边界现状调查,稳妥推进自然保护地整合优化,新建3个省级自然公园,力争申创1个国家级自然公园,积极探索国家公园试点建设。实行分区差别化管控,制订自然保护地内建设项目负面清单,妥善解决历史遗留问题,到2025年,完成全市自然保护地整合优化、勘界立标。加强自然保护地监测、评估、考核、执法、监督工作,完善江苏淮安白马湖国家湿地公园、江苏淮安古淮河国家湿地公园湿地监测体系,提升江苏淮安洪泽湖东部湿地省级自然保护区国家定位观测研究站监测能力,探索引入第三方开展自然保护地管理成效评估,协调建立多部门参与的执法工作机制,从严查处危害自然保护地生态安全的行为。

4. 构建河湖岸线保护体系

推进新一轮河湖、水库与水利工程划界确权工作,到2025年,实现全市河湖管理范围划定全覆盖。编制完成河湖保护规划、水库管理保护规划、岸线开发利用规划。开展河湖岸线开发利用现状调查,划定河湖岸线功能区,科学划定城镇开发临河界限,扎实推进河湖治理保护、水域空间保护与岸线开发利用工作。整治河湖岸线乱占滥用、多占少用、占而不用,推进大运河里运河城区段岸线整治和京杭大运河全线生态护岸工程。

5.3.3 塑造特色生态空间

1. 建设大运河百里画廊

突出京杭大运河特色景观带文化为魂和生态优先,打造南北共通、城河共荣、景河共生的"美丽中轴"。严格生态空间管控要求,将京杭大运河淮安段具备条件的有水河道两岸各2千米的范围划为核心监控区。

严格自然生态环境和传统历史风貌保护。对京杭大运河河道两岸和森林、湖泊、湿地等生态功能重要区域,细化分类分区管控措施,实施严格的生态保护,统筹制定保护管理目标,着力改善生态系统服务功能,提高生态产品供给能力。积极推动大运河文化带和大运河国家文化公园建设,依托“城—河—湖”共生关系,塑造特色水域景观空间,让大运河百里画廊成为运河之都的一张亮丽名片。

2. 构造环洪泽湖生态经济样板

积极推动环洪泽湖“两区一县”全域旅游,引导洪泽方特东片区、蒋坝镇、老子山镇、东双沟镇、三河镇、西顺河镇及沿湖乡村构建多层次的生态空间网络体系。有机嵌入区域级、标志性的休闲旅游,健康养老,文化创意,会务会展等功能,提升生态文旅服务品质。利用生态资源文化资源和特色产业优势,吸引南京都市圈创新资源集聚,加快创新链与产业链融合,构建“游—研—学—产”协同共进的产业布局,建设生态经济走廊。

3. 打造“一见清心”白马湖

持续推进“四湖工程”,落实河长制、湖长制要求,与扬州市宝应县协调推进宝应湖片区退渔(退圩)等工作,探索湖泊保护全域机制。聚力发展白马湖生态农业、文化创意、休闲度假、康体养生“四大产业”,围绕白马湖生态旅游景区和向日葵的故事景区,继续开发旅游资源,以康体养生和生态农业为特色,融文化体验、时尚运动、生态研学、节事娱乐等于一体,打造独具江淮特色的国家湿地公园、国家水利风景区、国家生态旅游示范区和国家级旅游度假区四大品牌,推动“一见清心白马湖”成为生态文旅发展的亮丽品牌和绿色高地的鲜明标识。

5.3.4 推进生态系统保护与修复

1. 加强森林生态系统保护

严格保护盱眙县铁山寺、盱眙第一山国家级森林自然公园和洪泽湖古堰省级森林自然公园,着力建设盱眙南部丘陵地区和黄河故道沿线地区以及石质山地、荒山荒滩、重要水源地区域的生态公益林,淮河入海水道、入江水道、京杭大运河等沿线以及洪泽湖、宝应湖等沿岸防护林体系,推进铁路公路绿色廊道、农田林网建设,营造绿色生态屏障。

2. 加强生物多样性保护

全面开展生物多样性本底调查,2022 年前完成 7 个县(区)的生物多样性本底调查与编目工作。结合淮安市的具体地理状况,确定重点保护地域和保护对象,制订系统科学的生物多样性保护规划及切实可行的生物多样性保护实施方案。倡导有利于生物多样性保护的消费方式和餐饮文化,全面禁止非法交易野生动物。到 2025 年,重点生物物种种数保护率不低于 90%,国家重点保护野生动植物保护率不低于 95%。加强生物安全管理,编制外来物种入侵名录,提高对外来入侵物种的早期预警、应急与监管能力,对松材线虫、美国白蛾、加拿大一枝黄花、凤眼蓝等已有的入侵物种加以消灭。

专栏 2 生物多样性分区保护措施

盱眙县境内低山丘陵地带。注重恢复和完善山地森林生态系统,加强古树名木的管护,使该功能区成为市域陆生生物的富集区,加速荒山、裸露山体的绿化,遏制山地自然环境的退化,改善现有森林结构,提高山地植被的生物多样性。

白马湖、洪泽湖等湿地保护区。推进洪泽湖银鱼、青虾河蚬、虾类等国家级水产种质资源保护区建设。注重生态平衡和基本功能的维护,使该功能区成为市域生物的密集区和生物廊道的交织区。

城镇绿地保护区。注重结构和功能的优化,提高鸟类等生物在城镇绿地中的栖息率,增加建成区物种的多样性,努力打造人与其他生物同存共生的可持续发展和谐区。

农业用地保护区。注重遏制野生物种的流失,畅通生物交流通道,使该功能区成为生物资源利用的示范区。

5.4 加快生态经济提质，重塑“运河之都”繁华盛景

着眼于产业生态化、生态产业化，优化调整产业结构、运输结构，强化资源能源节约和高效利用，推进园区提质增效，建立循环发展经济体系，推动经济社会发展全面绿色转型，重塑“运河之都”繁华盛景。

5.4.1 推进产业结构深度调整

1. 提升工业产业层次

优化产业空间布局。严格执行《〈长江经济带发展负面清单指南(试行，2022 年版)〉江苏省实施细则》，促进石化、建材、印染等重点行业清洁生产和园区化发展。推动化工行业向集中化、大型化、特色化、基地化转变。协同推动长三角更高质量一体化发展，共建长三角生态绿色一体化发展示范区。以淮安经济技术开发区、淮安高新技术产业开发区、江苏淮安工业园区为核心带动，发挥各省级开发区多点联动优势，有序开展产业链、供应链相关配套。

促进产业绿色转型升级。强化能耗、水耗、环保、安全和技术等标准约束，持续推动落后产能的淘汰。支持石化行业加快推动减油增化，铝行业提高再生铝比例，推广高效低碳技术，加快再生有色金属产业发展。围绕“3＋N”主导产业着力打造绿色制造体系和智能制造体系，全力打造绿色发展领军企业示范集群，构建若干条有影响力的绿色供应链，初步形成绿色发展示范带动效应，在高效利用资源、严格保护生态环境等方面展现绿色领导力。到 2025 年，创建绿色发展领军企业 20 家以上。

2. 增强绿色农业发展新优势

发展壮大“三特”现代农业。以建设国家粮食保供基地为引领，全力守好农业稳产保供底线，确保粮食、蔬菜、生猪和水产品等重要农产品供给，保持粮食年产量 480 万吨、生猪年出栏 200 万头左右。全面落实“菜篮子”市长负责制。加强高标准农田建设，加强粮食生产功能区、重要农产品生产保护区和特色农产品优势区建设，提高农业机械化和农业良种化水平。大力发展“特优高效种植、特种健康养殖、特色生态休闲”三大特色农业产业，到 2025 年基本建成稻米、蔬菜、生猪、家禽、龙虾、种业等 6 个百亿元级主导产业及食用菌、中药材、休闲农业等 3 个成长型产业。围绕“6＋3”农业产业体系，确立县域高效优质产业培育清单，加大建链、补链、强链、延链力度，构建各具特色的农业产业集群，实现全产业链发展、第一、二、三产业融合发展、农业外向型发展，促进全市由“农业大市”向“农业强市”的跃升。

强化农业绿色优质发展。推行绿色生产方式，加强绿色优质农产品基地建设，发展绿色食品、有机农产品和地理标志农产品，实施地理标志农产品保护工程。鼓励有条件的企业积极参与地方标准、团体标准的编制修订，开展农业标准化试点示范创建。健全动物防疫和农作物病虫害防治体系，严格农产品质量安全监管，持续推进农产品质量安全监管检测执法追溯体系建设。到 2025 年，绿色优质农产品比重达 75％以上，农产品质量抽检合格率保持在 97％以上，6 个农业县(区)创成省级以上农产品质量安全县(区)。加快农产品品牌建设，构建市级聚力打造“淮味千年”公用品牌、每个县(区)重点打造 2～3 个单品品牌的体系。建立市级农产品品牌目录，积极推进淮安优质农产品入选国家、省农业品牌目录。推进“淮味千年”品牌“5＋”建设行动，开展“淮味千年”品牌实体化运营。到 2025 年，创成国家和省级农产品区域公用品牌 10 个，国家和省级农业企业品牌 20 个，“淮味千年”牌授权单位 100 家。

3. 提升服务业发展水平

因地制宜发展生态文旅产业。从红色文化、运河文化、西游文化、淮扬美食文化出发，围绕淮安市拥有的洪泽湖、白马湖、里运河等自然生态资源，构建“一核两圈多线路”的空间布局。清江浦区与淮安区围绕红色文化、漕运文化、生态景观、主题公园等发展多元文化与生态旅游；淮阴区重点打造红色文化与运河文化旅游；洪泽区围绕主题公园、康养温泉、特色小镇、大闸蟹等发展美食与主题特色旅游；涟水县重点发展工业旅游；盱眙县挖掘历史古迹、生态景区、小龙虾等资源发展特色生态美食旅游；金湖县依托白马湖等滨湖、滨河资源发展生态观光与美食旅游。

推动现代物流绿色和现代商贸产业发展。基于公、铁、水、空综合交通运输网络基础，全面打通淮安市

连接内外的物流通道,加快推动淮安市航空货运枢纽建设,加快规划建设“一龙头、十园区、九结点”的物流园区空间格局。推广使用共享快递盒等绿色物流包装,完善城市配送车辆标准和通行管控措施,鼓励新能源汽车在城市配送中的推广应用。推进现代商贸产业发展。重点发展商业服务和电子商务等细分领域,优化“双核四轴九心多点”的现代商贸空间布局,打造一批特色商业街区,推动商贸、餐饮、住宿等行业规模化、品质化发展,推动商贸业向“互联网+”全面转型升级,打造苏北区域性现代商贸中心,加快中国(淮安)跨境电子商务综合试验区建设。

5.4.2 优化能源消费结构

1. 合理控制能源消费总量及强度

合理控制能源消费总量,新增可再生能源和原料用能不纳入能耗总量控制,增强能源消费总量管理弹性。推动重大项目用能权交易,确保能耗要素优化配置。加大高耗能高排放行业用能管理,新上高耗能项目须实行能耗等量减量替代。严控能耗强度,确保能耗强度降低实现基本目标,力争达到激励目标。优化节能监察和执法,推动节能审查和能耗双控目标衔接。

2. 促进非化石能源高效利用

科学发展风电、光伏、生物质等可再生能源电力,大力发展淮阴区、盱眙县、淮安经济技术开发区光伏发电,推进洪泽湖光伏基地建设。在农业领域大力推广生物质能、太阳能等绿色用能模式,加快农村取暖炊事、农业及农产品加工设施等可再生能源替代。探索可再生能源富余电力转化为热能、冷能、氢能,实现可再生能源多途径就近高效利用。

5.4.3 提高资源使用效率

1. 推进节水型社会建设

坚持节水优先,细化实化以水定城、以水定地、以水定人、以水定产举措。强化用水总量控制、用水效率控制、水功能区限制纳污“三条红线”刚性约束,强化计划用水与定额管理制度实施,建立水资源承载能力监测预警机制,健全以水资源消耗总量和强度双控为核心的水资源利用管理机制。科学统筹规划城镇污水处理及再生水利用设施,以现有污水处理厂为基础,合理布局再生水利用基础设施,推进淮安区、洪泽区、淮安经济技术开发区等污水处理厂再生水回用设施建设。到2025年,城市再生水利用率达到25%以上。合理规划工业聚集区再生水利用系统,与淮安食品科技产业园污水处理厂建设和江苏淮安工业园区同方污水处理厂技改工程同步布局再生水利用系统建设,确保各工业聚集区内再生水利用率达30%以上。加强火电、石化、钢铁、有色、造纸、印染等高耗水行业项目再生水利用。积极推进污水资源化利用,鼓励开展“概念”污水处理厂、资源能源标杆水厂等示范试点建设。全面推进非居民用水超定额累进加价制度实施。积极推进盱眙县国家节水型城市建设。

2. 提升土地集约利用水平

强化建设用地开发强度、土地投资强度、亩均产出效益等指标评价,盘活低效闲置建设用地,鼓励低效闲置建设用地二次开发。鼓励建设项目功能适度混合、用地优化设计与分层布局,促进空置楼宇、厂房等存量资源再利用。加快农村散乱、闲置、低效建设用地整理,推进废弃、损毁土地复垦,大力开展土地开发复垦整理工作。充分挖潜利用地下空间,推进建设用地的多功能立体开发和复合利用。

5.4.4 优化调整运输结构

1. 优化货物运输结构

加大运输结构调整力度,结合“十四五”时期淮安市打造枢纽经济区的契机,充分发挥淮安市地理优势,大力发展内河航运,打通东西双向出海通道,畅通船闸关键节点,建设形成淮安市“两横两纵”骨干航道网络。推动货运铁路提质增效,加快新长铁路扩能改造,争取启动实施季桥站铁水联运专用线工程;推动一批铁路专用线建设,实现进港、进厂、进园区,助力形成“干线畅通、集疏完善”的高质量铁路货运网络。强化公路货运市场管理,建立健全全市货运车辆违法超限超载“黑名单”管理制度和严重违法失信联合惩戒制度，稳步开展危险货物运输罐车、超长平板半挂车、超长集装箱半挂车的治理工作，支持大型道路货运企业加快向现代物流企业转型升级。大幅提升货物运输“公转水”“公转铁”比例以及清洁化、高效化水平。

2. 加大新能源车船推广力度

发展城市绿色配送体系，加强城市慢行交通系统建设。加快新能源车发展，逐步推动公共领域用车电动化，有序推动老旧车辆替换为新能源车辆和非道路移动机械使用新能源清洁能源动力。到2025年，市区新能源及清洁能源公交车占比达到100%。探索开展中重型电动、燃料电池货车示范应用和商业化运营。加快淘汰老旧船舶，推动新能源、清洁能源动力船舶应用，加快港口供电设施建设，推动船舶靠港使用岸电。

5.5 倡导生态生活方式，构建最美生态宜居名城

推广简约适度、绿色低碳、文明健康的生活理念，完善环境基础设施，营造优美人居环境，培育绿色低碳生活方式，扎实推进生态城市与美丽乡村建设，形成崇尚绿色生活的社会氛围。

5.5.1 推进城乡环境一体化建设

1. 扎实推进城乡住房改造

落实城市社区建设补短板行动，健全完善商业、教育、卫生健康、养老、文化、体育、公共活动等居住功能配套，打造城市“15分钟健康服务圈”“15分钟社区养老服务圈”“10分钟体育健身圈”“5分钟便民生活圈”。按照“基础类、完善类、提升类”标准，“一点、一格、一片”的思路，分类推进老旧小区整治提升，全面推进老旧小区电梯加装工程实施。推进棚户区和农村危房改造，到2025年，城镇棚户区(危旧房)改造覆盖率达到95%。实现全市农村四类重点人群危房改造零存量。

2. 完善绿色交通服务体系

完善城市公共交通网络，推动市域(郊)S2号线一期工程建设，启动有轨电车2号线建设。加快公交专用道建设，完善公交优先体系，进一步提升公共交通出行分担率。到2025年，完成省公交优先示范城市和绿色出行城市创建工作，力争市区公交分担率达30%。优化城乡公交线路，推动实现县域内县到乡(镇)公交通达全覆盖。提高城乡公交县城直达率，基本实现行政村和集中居住点到县城(区域中心)的公交直达率70%以上。积极推进毗邻公交发展，实现毗邻县(市、区)公交通达率100%。推进全域公交发展，完成金湖县城乡公交一体化试点示范县和淮安区、洪泽区等城乡公交一体化达标县建设。

3. 强化环境基础设施支撑

强化供水能力建设。优化调整水源地布局，加强应急备用水源地建设与管理，推进饮用水水源地达标建设，加快实施洪泽区备用水源地建设、淮阴区及金湖县水源地建设工程等。到2025年，全市所有饮用水水源地完成达标建设，并得到有效保护。推进万吨以下乡镇水源地和千吨以上农村水源地排查与环境问题整治。加快水厂建设，重点实施北京路水厂及取水口搬迁、市区开发区水厂扩建、白马湖水厂与备用水源对接等工程。深化住宅小区二次供水设施改造，解决城市供水“最后一千米”水质安全问题。到2025年，新增城市供水能力50万立方米/日。

提高污水处理质效。推进城市生活污水收集管网互联互通建设，补齐城市生活污水收集处理短板，加快“污水处理提质增效达标区”建设，重点推进市区污水处理厂、临港新城启动区(一期)污水处理厂、洪港污水处理厂建设等项目，建成淮安市主城区控源截污PPP项目——污水管网地理信息系统数据库和管理平台。加快乡镇污水治理基础设施建设，对42座目前仍执行一级B排放标准的污水处理厂实施一级A提标改造；全面摸清管网、排水户现状底数和存在问题，完成“一图一表”绘制，全面落实建制镇重点排水户“十必接”要求，解决乡镇污水处理厂进水浓度不足问题。加快推进农村污水处理设施建设，到2025年，全市超50%的涉农行政村生活污水得到有效治理。

加强生活垃圾分类与资源化处置。制定生活垃圾分类技术标准体系，加快建立生活垃圾分类投放、收

集、运输和处理体系,加大加快省级垃圾分类达标小区创建力度和进度。持续加强转运站建设。加大城市餐厨废弃物规范收运整治,推进环卫收运处理全过程信息化监管平台建设。2023年底前逐步实现城市居民小区垃圾分类设施全覆盖。积极推行农村生活垃圾就地分类和资源化利用,巩固提升现有省市两级农村生活垃圾分类试点成果,鼓励有条件的地方扩大试点范围。推广"积分制""红黑榜"等做法,引导农民群众分类投放垃圾,自觉爱护干净、整洁、有序的环境。到2025年,实现城乡生活垃圾回收利用达到35%以上。

5.5.2 增强城镇化绿色发展底色

1. 拓展城市绿色空间

完善城市生态绿地网络,积极申创国家生态园林城市。推动京杭大运河、古淮河、洪泽湖等沿路、滨河、环湖绿廊绿道延线扩面、闭合成环。优化公园绿地布局,因地制宜建设城市综合公园、社区公园、专类公园、游园以及郊野公园、湿地公园,打造一批体现地域性、文化性和时代性的精品公园绿地,进一步健全"10分钟公园绿地服务圈"。美化城市景观环境,推动街道、社区等绿化美化,鼓励市民家庭阳台、露台、窗台种养花卉绿植,打造一批月季等花卉应用特色街区。因地制宜开展公共建筑屋顶绿化、主次干道沿线院墙、围栏及立体交通设施垂直绿化,推进城市公园、居住区、市政道路林荫化改造。到2025年,城市建成区绿化覆盖率达到43.5%,城市人均公园绿地面积保持在15平方米以上,构筑"绿廊"环城、"绿道"满城、"绿点"遍城的生态绿化格局。

2. 推动绿色建筑高质量发展

积极落实碳达峰和碳中和发展要求,推动超低能耗建筑、近零碳建筑规模化发展。支持利用太阳能、地热、生物质能等可再生能源满足建筑供热、制冷及生活热水等用能需求。鼓励在城镇老旧小区改造、农村危房改造、农房抗震改造等过程中同步实施建筑绿色化改造。提高政府投资公益性建筑和大型公共建筑的绿色建筑星级标准要求。鼓励小规模、渐进式更新和微改造,推进建筑废弃物再生利用。合理控制城市照明能耗。大力发展光伏建筑一体化应用,开展光储直柔一体化试点。到2025年,城镇绿色建筑占新建建筑的比例达到100%。

3. 全面推进海绵城市建设

把海绵城市建设理念贯穿于城市规划建设管理的全过程,全面推进海绵型公园绿地、道路、广场、居住区和公共项目海绵体建设。已建区域的海绵城市建设,应当结合城市有机更新、地下管网整治、污水处理提质增效、水环境综合治理、内涝防治、园林绿化等,主要解决城市内涝、面源污染等问题。新建区域的海绵城市建设,应当按照海绵城市建设指标要求进行连片建设和全过程管控。

5.5.3 绘就美丽乡村新画卷

1. 推进美丽宜居乡村建设

分类推进美丽宜居乡村、特色田园乡村建设,加快美丽乡村提档升级,推进乡村公共服务标准化,不断提升美丽宜居乡村建成率。全面开展省、市级特色田园乡村创建工作,将特色田园乡村建设与农民群众住房条件改善工作有机结合,高标准有序推进新型农村社区建设,积极推荐达到省级评价命名标准要求的规划新建和依托老村扩建的新型农村社区创建省级特色田园乡村。到2025年,美丽宜居乡村建成率达到100%,特色田园乡村建成数量达到60个以上。

2. 深化乡村公共空间治理

统筹考虑生产、生活、生态因素,加快明确镇村发展定位,科学编制村庄内外空间治理规划,全域优化农村生态、农业、建设空间布局,开展田、水、路、林、庄等全要素综合整治。加强农地空间治理,推进特色田园乡村区域空间连片发展,实现农田集中连片、空间形态高效节约的土地利用格局;对农村水、路、庄、宅等"四旁"治理出来的空间,因地制宜植绿增绿;加快推进淮安市环主城区高速公路景观种植专项规划的编制实施,形成有规模、有品牌、有亮点的特色农业大地景观;加强镇街工业园区、农业园区等平台载体空间治理，全面清理土地资源浪费、资产闲置、低值低效等问题，统筹谋划整合提升措施，有效盘活各类园区资源资产，打造一批有特色、有产业、有文化的示范；充分利用镇区空间资源，完善道路绿化、滨水绿地、街角游园、公共停车场、公交站点等功能配套。在石塘镇等城市边界区域实施生产、生活、生态“一地三用”，统筹实施有机农业、农旅融合、滨水空间改造等项目，提升水清岸绿的大地景观。

3. 强化农村面源污染综合治理

支持各地因地制宜开展秸秆机械化还田和离田收储利用，培育壮大生物质发电、生产食用菌等高附加值秸秆综合利用产业发展。以肥料化和能源化为畜禽粪污利用的主要方向，探索种养一体、农牧结合的生态循环新路径，建立健全粪污全量还田、就近还田利用体系，大力支持有机肥、制沼生产，改造提升规模养殖场粪污处理设施装备，多途径促进畜禽粪污资源化利用。2024 年底，秸秆、畜禽粪污综合利用率分别达到 96%、95%以上。着力做好秸秆离田，在水环境敏感区域加大秸秆离田收储利用力度，进一步完善秸秆收储运体系。加大水稻绿色高质高效、绿色防控生产技术示范推广力度。示范推广“两减＋生态循环”绿色技术，深入实施化肥农药减量增效行动，优化稻田水分灌溉管理，推广优良品种和绿色高效栽培技术，提高氮肥利用效率。到 2025 年，主要农作物测土配方施肥技术覆盖率达 90%以上。积极推进洪泽区农村面源污染综合治理试点。加强废旧农膜和农药包装废弃物收储利用体系建设。到 2025 年，废旧农膜回收率达 90%以上，农药包装废弃物回收覆盖率达 100%。

5.5.4 推动形成绿色生活方式

1. 积极开展绿色生活创建行动

通过开展节约型机关、绿色家庭、绿色学校、绿色社区、绿色出行、绿色商场、绿色建筑等创建行动，引导和推动创建对象广泛参与，在理念、政策、教育、行为等多方面共同发力，形成多方联动、相互促进、相辅相成的推进机制，通过宣传一批成效突出、特点鲜明的绿色生活优秀典型，形成崇尚绿色生活的社会氛围。

2. 促进绿色产品消费

加大政府绿色采购力度，扩大绿色产品采购范围，并逐步将绿色采购制度扩展至国有企业。加强对企业和居民采购绿色产品的引导，鼓励地方采取补贴、积分奖励等方式促进绿色消费。深入推进节能、节水、低碳、绿色产品等认证，增加绿色产品有效供给。构建快递包装产品绿色标准体系，推进在快递营业网点设置包装回收区。完善绿色产品市场准入和追溯制度，推广生产者责任延伸制度，加快形成安全、便利、诚信的绿色消费环境。

3. 倡导生活方式绿色低碳变革

倡导餐饮企业提供小份餐饮、自主餐饮和分餐制等节俭用餐服务，提倡绿色餐饮自律，推行“光盘行动”，遏制食品浪费。培养良好的低碳穿衣习惯，鼓励使用符合环保纺织标准或绿色服装标准的纺织品和服装，大力推广高科技环保材料服装产品。倡导低碳居住，鼓励使用节电型电器和照明产品。积极开展绿色出行创建行动，组织实施绿色出行碳积分激励工程，倡导“1 千米内步行、3 千米内骑行、5 千米内公共交通”的绿色低碳出行方式。深入践行《江苏生态文明 20 条》，从日常生活点滴履行和承担生态文明建设责任，主动、自觉参与生态文明建设，让绿色低碳环保理念更好地融入社会主流价值，在社会发展的血液中注入“绿色基因”。

5.6 培育生态文化体系，深挖生态文化品牌价值

推动生态文明建设与文化建设有机融合，加快建设生态文化载体，广泛开展生态文明宣传与教育，弘扬传统文化，强化公众参与，提升全面生态文明意识与全社会生态文化软实力。

5.6.1 建设生态文化载体

1. 加强生态文化创新融合发展

紧密联系淮安市生态文明建设实际，传承周恩来总理生态环保理念，推出一系列生态文化体系建设相

关研究成果,做好周恩来总理家乡建设。整合本地传统工艺、创意美术、影视基础等特色资源,发挥文艺作品在生态文化中的传播作用,通过政策倾斜和资金扶持,鼓励文学、影视、戏剧、绘画、雕塑等多种艺术形式创作,重点发挥淮海戏、红色文化、西游文化、运河文化等传统文化魅力,推出一批能体现淮安市特色和生态文明理念的优秀文艺作品。

2. 积极保护和开发生态文化资源

加强自然保护区、风景管理区等的建设和管理,使其成为滋养、传播生态文化的重要平台。以淮安市京杭大运河、淮河、里运河、古淮河和盐河等丰富的河流资源为关键抓手,实现运河与河流生态在文化底蕴上的叠加,全面实现水清岸绿,构建生态宜居宜游的河流景观区。落实大运河文化带战略,大力推进百里画廊、京杭大运河绿色现代航运示范区建设,加快实施中国水工科技馆、板闸遗址公园等重点工程。围绕"五园三带十点"大运河淮安段国家文化公园展示体系,推动清口枢纽、洪泽湖大堤、清江大闸等五个核心展示园及里运河、高家堰、通济渠淮河口三个集中展示带建设,聚焦钵池山公园、明祖陵等十个特色展示点提档升级,实施里运河、大口子湖、小南河人文景观提升项目,建设入江水道、古黄河、京杭大运河和浔河河长制文化公园。

5.6.2 加强生态文明宣传教育

1. 充分发挥媒体生态文明宣教作用

充分发挥传统媒体和新媒体的互补优势,加强对全市生态文明建设工作、专项行动、典型经验的宣传报道。既要利用好传统报纸、电视、电台等媒体,也要顺应当前舆论发展形势,加强网站、短信、微博、微信等新媒体的建设和运用,进一步提升"淮安生态环境"微信公众号和"淮安生态环境"微博在全国、全省的影响力。主动围绕环保热点问题,精心策划宣传主题,提升稿件质量,增强网民互动性。建设淮安生态环境融合宣传平台,充分调动发挥媒体创新和高校智库创意等各自优势,每年设定不同重点选题,分类包干,提前策划,联动地方,跟踪记录淮安市污染防治攻坚战和生态文明建设等成果,实现破圈、跨界、融合。

2. 强化党政干部生态文明教育

定期组织专题学习党政领导干部生态文明建设专题学习。通过线上、线下相结合的授课方式,确保党政领导干部参加生态文明培训的人数达到并持续保持100%。同级和上下级党政干部定期开展生态文明相关交流会,促进绿色思想的传播。开展多层级生态文明学习、调研、研讨活动,赴生态文明建设先进区学习经验,提升生态文明建设工作水平。

3. 普及学校生态文明教育

继续将生态文明教育融入中小学课程计划当中,开展生态文明和环境保护知识渗透教育。在学校组织开展生态环保讲座,充分利用校报、广播室、宣传橱窗等阵地,开展宣传教育活动。加强学校与社会各类环境教育基地之间的联系,积极推动生态文明教育校外实践活动。制订教师生态文明培训方案,定期对教职员工进行生态文明的专题培训,加强教师队伍对生态文明的认知。

4. 引导企业树立生态文明理念

定期组织企业进行生态环境教育培训,提高企业社会责任感和生态责任感。加强对企业负责人和管理人员开展环境法律知识和操作技能培训,提高企业环保从业人员绿色生产的意识和技能。定期组织开展"环保示范性企业"评选活动,引导企业争创国家绿色制造体系,调动企业对生态文明建设的主观能动性。

80 推进社区生态文明宣传

整合线上、线下资源,搭建立体、全方位的宣传平台,构建社区宣传。组织编写社区环境教育读本和远程网络教育课程,通过通俗易懂的小故事、漫画等形式,宣传生态文明建设的相关知识。建立生态文明社区宣传广告牌,定期发布环境保护公益广告。结合"4·22"世界地球日、"5·22"国际生物多样性日、"6·5"世界环境日等重要纪念节日,开展各类主题活动。

5.6.3 促进生态文明共建共享

1. 深入推进公众参与

完善社会公众参与机制。充分利用互联网、报纸杂志、广播电视等媒体平台，加强生态文明宣传教育，形成绿色消费的社会风尚，营造爱护生态环境的良好风气。主动及时公开环境信息，扩大公开范围，提高透明度，更好落实广大人民群众的知情权、监督权。健全举报、听证、舆论和公众监督制度，提高公众参与程度。发挥社会组织和志愿者作用，引导公众自愿有序参与环境保护活动。把环境保护、生态文明作为素质教育的重要内容。

发挥各类社会群团组织积极作用。充分发挥工会、共青团、妇联等群团组织积极作用，动员广大职工、青年、妇女参与生态环境保护建设。发挥行业协会、商会桥梁纽带作用，畅通不同利益群体与相关责任主体的沟通渠道，促进行业自律。发挥公共机构带头引导作用，带头节约能源资源，带头采购绿色产品，带头推行绿色办公。支持并发展环保公益慈善事业，联合慈善部门、社会组织推动设立环保公益基金。加强对环保 NGO 组织的管理和引导，支持鼓励环保志愿者开展各类活动。设立生态文明建设公众论坛，鼓励、引导环保志愿者扎实有效推进环境保护和生态公益活动。

2. 深化生态文明示范创建

巩固完善金湖县国家生态文明示范创建成果，鼓励和支持盱眙县、洪泽区、淮安区创建国家级生态文明建设示范区，淮阴区、涟水县逐步推进省级以及国家级生态文明建设示范区创建。在全市范围内持续开展生态文明建设示范镇(街道)、村(社区)创建，到 2025 年，90%以上镇(街道)建成省级生态文明建设示范镇(街道)。积极组织创建“绿水青山就是金山银山”实践创新基地，探索“绿水青山”转化为“金山银山”的有效路径。

第六章 重点工程

紧紧围绕着成为人与自然和谐共生的现代化美丽宜居城市，建设“绿色高地、枢纽新城”的目标，巩固提升生态文明建设，在生态文明建设主要规划措施的基础上，提出 6 大类 212 项重点工程。其中，生态制度类重点工程 8 项，生态安全类重点工程 65 项，生态空间类重点工程 32 项，生态经济类重点工程 26 项，生态生活类重点工程 80 项，生态文化类重点工程 1 项。

“十四五”生态环境保护规划

“十四五”时期是开启全面建设社会主义现代化国家新征程、向第二个百年奋斗目标进军的第一个五年，也是促进经济社会发展全面绿色转型、实现生态环境质量改善由量变到质变的关键时期。制定科学合理的生态环境保护规划，对于解决资源环境瓶颈约束，改善区域生态环境质量，加快建设美丽中国具有重要意义。“十四五”生态环境保护规划篇，选取了位于长三角地区的镇江市、芜湖市、铜陵市、淮南市的生态环境保护规划，介绍了各地区域生态环境现状与面临形势，明确了生态环境保护的指导思想、基本原则、目标任务和重点工程，为其他地区新发展阶段全面加强生态环境保护、深入打好污染防治攻坚战提供了思想指引和行动指南。

镇江市"十四五"生态环境保护规划

前　言

镇江市位于长江与京杭大运河"十"字交汇处，致力建设"创新创业福地，山水花园名城"。市域内有235座山体，河流63条，林木覆盖率达25.6%，山水城林浑然一体，自然生态得天独厚，素有"城市山林"之称，是国家生态文明先行示范区、国家低碳建设试点城市，荣获"国家生态市"称号。

"十四五"时期，是镇江深入贯彻党的十九大和十九届二中、三中、四中、五中、六中全会精神，全面落实习近平生态文明思想，深入贯彻习近平总书记对江苏、镇江工作重要讲话指示精神，深入践行"争当表率、争做示范、走在前列"新使命和"全力推进高质量发展、创造高品质生活、实施高效能治理，争得更大城市荣光"的新要求，奋力谱写"强富美高"新篇章的重要时期，是推进美丽镇江建设、深入打好污染防治攻坚战、持续改善生态环境、推动全市在"绿水青山间跑起来"的关键时期。为切实巩固加强生态环境保护工作，根据《镇江市国民经济和社会发展第十四个五年规划和二〇三五年远景目标纲要》及国家、江苏省相关规划计划，编制《镇江市"十四五"生态环境保护规划》(以下简称《规划》)。

◆专家讲评◆

该《规划》以习近平新时代中国特色社会主义思想为指导，以实现生态环境质量根本好转为核心，以碳达峰、碳中和为引领，以解决突出环境问题为重点，科学谋划了全市"十四五"期间生态环境保护工作的新目标、新任务。《规划》体现了坚持战略谋划、突出绿色发展、注重系统治理、强调协同发力的编制特色和亮点，为今后五年镇江市的生态环境保护工作提供指导。

《规划》深入贯彻新发展理念，加强顶层设计和战略谋划，对标国际先进水平，衔接国家、省级规划，将建成碳达峰先行区、源头治理示范区和环境基础设施建设样板区，打造人与自然和谐共生的"创新创业福地、山水花园名城"等城市发展战略的相关部署要求体现在《规划》的方方面面，规避了规划缺乏针对性、可操作性不强等普遍问题，对后续开展此类规划具有重要参考价值。

第一章　区域概况

1.1　自然条件

1.1.1　地理位置

镇江市地处江苏省西南部，位于长江下游南岸、长江三角洲顶端，北纬31°37′～32°19′，东经118°58′～119°58′。总面积3 840平方千米。东南接常州市，西邻南京市，北与扬州市、泰州市隔江相望。

1.1.2　水文水系

镇江市是水资源较为丰富的城市，长江和大运河在这里交汇，秦淮河、太湖湖西、沿江三个水系在这里集聚。其中，沿江水系占全市面积的29.3%，太湖湖西水系占全市面积的44.2%，秦淮河水系面积占全市面积的26.5%。全市市级河道有51条，长江流经境内长103.7千米。京杭大运河境内全长42.74千米，在京口区谏壁街道与长江交汇。全市有流域面积 50 平方千米及以上河流 32 条(其中跨省 2 条),流域面积 50 平方千米以下至乡镇级主要河流 328 条。常年水面面积 1 平方千米及以上湖泊有 2 个,0.5～1 平方千米湖泊有 2 个,均为淡水湖泊。主要水体有长江(镇江段)、便民河、运粮河、古运河、太平河、丹金溧漕河、京杭大运河等。

1.1.3 地形地貌

镇江市地貌走势为西高东低、南高北低,大部分地区属宁镇—茅山低山丘陵,沿江洲滩属长江新三角洲平原区,丹阳东南部属太湖平原区。宁镇山脉境内大体为东西走向,有山峰 114 座,其中,市区 62 座、句容市 45 座、丹阳市 7 座。主要山峰高度:大华山 437 米、九华山(句容)433.4 米、高骊山 425.5 米、宝华山 396.4 米、十里长山 349 米、五州山 306 米。茅山山脉境内略呈南北走向,是秦淮河水系和太湖水系的分水岭。主要山峰高度:丫髻山 410.6 米、大茅峰 372.5 米、马山 362.8 米、瓦屋山 357 米、方山 307.6 米、凉帽山 307 米。江中洲地自西向东有世业洲、征润洲、新民洲、和畅洲(今江心洲)、顺江洲(今高桥镇)和太平洲(今扬中市全境)。

镇江市区地貌南高北低,北部沿江分布着心滩、洲滩、边滩以及冲积平原,海拔高度 5～10 米。市区南部为低山残丘,自西向东分布着五州山、十里长山、东山、九华山、黄山、观音山、鸡笼山、磨笄山等,东郊零星分布着汝山、横山、京岘山、雩山等残丘,除五州山、十里长山高度超过 300 米外,其余山丘高度均在 100～200 米之间。城区内分布着金山、焦山、北固山、云台山、象山等高度低于 100 米的孤丘,总体上形成"一水横陈、连岗三面"的独特地貌。

1.1.4 气候特征

镇江市气候属北亚热带季风气候。2019 年全市平均气温为 16.9 ℃,较常年偏高 1.3 ℃,属显著偏高年份。其中镇江市区年平均气温为 17.1 ℃、丹阳年平均气温为 17.1 ℃,均排在当地有气象记录以来的并列第二位。全市年平均降水量 755.2 毫米,比常年平均少 30.4%,属偏少年份,其中 3～7 月均呈不同程度的偏少。全市年累计日照时数为 1 792.2 小时,比常年同期偏少 9.1%,属正常范畴。镇江市常年平均风速 3.3 米/秒,常年主导风向为东风、东北东风,常年静风频率 7.6%。

1.2 经济社会

1.2.1 行政区划

镇江为江苏省设区市,下辖京口区、润州区、丹徒区、镇江新区、镇江高新区、丹阳市、扬中市、句容市。全市辖 56 个镇(街道),其中镇 31 个,街道 25 个。丹阳市辖 10 个镇、2 个街道;句容市辖 8 个镇、3 个街道;扬中市辖 4 个镇、2 个街道;丹徒区辖 6 个镇、2 个街道;京口区辖 3 个镇、8 个街道,镇江新区代管 3 个镇、2 个街道;润州区辖 8 个街道,镇江高新区代管 1 个街道。

1.2.2 经济发展

地区生产总值。"十三五"期间,镇江市经济生产总量稳步上升,经济生产总值从 2015 年 3 502.48 亿元增加至 2019 年 4 127.32 亿元,总体增长率为 117.84%。整体而言,镇江市经济增长速率放缓,年均增长率为 4.2%,处于全省末位。2019 年,镇江市 GDP 达 4 127.3 亿元,人均 GDP 达 12.91 万元,处于江苏省中等水平,但处于苏南五市末位。

产业结构。"十三五"期间,全市三次产业结构持续优化,三次产业比例从 2015 年 3.8：49.3：46.9 调整到 2019 年 3.4：48.6：48.0;镇江市的第一、第三产业占比均低于全省和全国平均水平,第二产业占比高于全省和全国平均水平。2019 年,镇江市第一产业增加值 140.20 亿元,按可比价计算,比上年增长 1.3%;第二产业增加值 2 004.79 亿元,增长 1.42%;第三产业增加值 1 982.33 亿元,增长 2.45%。

主导产业。"十三五"期间,镇江市以产业链培育为切入点,建设以战略性新兴产业为先导、先进制造业为主体、生产性服务业相配套的现代产业体系。重点发展高端装备制造(含航空航天)、新材料、新能源、新一代信息技术、生物技术与新医药等战略性新兴产业。2019 年全市有新兴产业企业 691 家，占全市规模以上工业企业总数 34.6%；新兴产业实现主营业务收入 1 781 亿元，占全市规模以上工业比重 44.2%。其中，高端装备制造、新材料两大主导产业主营业务收入增幅超过全市平均增幅 5.2 个百分点，主营业务收入占全市规模以上工业比重 37.1%。镇江成为全国最大的碳纤维及复合材料、工程塑料、特种船舶、铜版纸、醋酸、高速工具钢、五金工具、工程电气等产品制造基地。

产业布局。以主城区、生态新城为重点，推进主城区向南发展，加快镇丹一体化进程，努力建设成为以历史文化为底蕴，以生态文明为先导，以现代产业为支撑，城市、生态、产业有机融合的现代化国际化生态都市区。依托镇江新区、扬中及丹阳滨江乡镇，加强区域间融合发展，打造镇江产业发展新高地，推进产业发展、综合交通、服务配套、港产城和生态建设等一体化进程，建设新兴产业发展先导区、长江经济带港口物流核心区、港产城融合发展示范区。以国家级高新区建设为契机，整合宝华、下蜀、高资及丹徒开发区、润州工业园等节点，发挥宁镇交集、紧靠仙林大学城等优势，推进向西部沿江区域拓展，实现点、线、面纵深战略发展，以高新技术产业为重点，强化辐射带动作用，打造成为全市科技创新和产业化发展的重要基地、引领全市经济增长和转型升级的新引擎。以丹阳城区及南部乡镇为重点，强化与苏锡常融合发展，加快发展新材料、装备制造、健康医疗、电子信息、现代物流和商务商贸等产业，将其建设成为长三角重要的高新技术产业基地和沿沪宁线先进制造业基地，打造齐梁文化、江南水乡特色鲜明的现代化工贸区。以句容城区及南部乡镇为重点，推进与南京的对接合作，加快发展现代旅游、机电信息、装备制造和特色农业，着力打造以生态休闲、健康养生为特征的现代化宜居区和宁镇扬同城化先行区。

营商环境。2019 年，全国营商环境通报显示：镇江经济技术开发区列 219 家国家级开发区第 23 名，全省排名第 5 名。全省营商环境通报显示：2019 年镇江市营商环境 11 项指标评价得分位列全省第 2，全市 5 家开发区榜上有名，镇江经开区称得上是"大满贯"，句容经济开发区获 4 项荣誉。

1.2.3 人民生活

2016—2019 年，镇江市人口总量持续增长，年均增长率为 6.98‰，常住人口约 320.35 万人，城镇人口 313.22 万人，常住人口城镇化率 63.5%。2019 年，镇江市城镇常住居民人均可支配收入 48 903 元，优于全国水平，但与全省水平相比，还有一定差距；农村常住居民人均可支配收入 24 687 元，高于全国平均水平但低于全省平均水平。

第二章　发展基础和面临形势

2.1 "十三五"成效回顾

2.1.1 加大治污减排力度，生态环境质量稳中趋好

减排任务全面完成。积极落实能耗总量和强度"双控"目标责任要求，加强项目用能源头把控和事中事后监管，能耗总量控制目标、非电行业规上工业企业煤炭消费等多项指标均超序时完成省进度目标。全市二氧化硫、氮氧化物、VOCs、化学需氧量、氨氮、总氮、总磷排放量较 2015 年分别削减 25.9%、25.6%、43%、19.13%、19.92%、18.48%、18.18%，超额完成省定减排任务。

污染防治成效显著。全面打响蓝天、碧水、净土三大保卫战，扎实推进污染防治攻坚。持续开展东部和西南片区环境综合整治：钢铁行业实现超低排放改造，碳素、水泥等行业完成特别排放限值改造，累计实施大气污染防治工程 2 501 项。全市优良天数比率达 81.4%，较 2015 年提升 11.4 个百分点；市区 $PM_{2.5}$ 平均浓度为 38 微克/立方米，较 2015 年下降 35.6%。推进河(湖)长制和河湖"两违三乱"整治，累计实施水污染防治工程 370 项。全市地表水国省考、主要入江支流断面和集中式饮用水源地水质达标率、优Ⅲ比例均达 100%，省考以上断面水质优Ⅲ比例并列全省第一，建成区黑臭水体基本消除。完成重点行业企业

用地调查、农用地土壤污染状况详查任务，句容市完成土壤污染综合防治先行区建设工作方案，有序实施原江南化工厂等退役地块土壤污染治理与修复试点项目。全市污染地块利用率达100%，受污染耕地安全利用率达98.8%。大力推进固体废弃物减量化、无害化和资源化处置，镇江市在全省率先实现生活垃圾全量焚烧、日产日清，推进实施餐厨废弃物与城镇污水处理厂污泥协同处置工程。“镇江经验”成功推广到湖北荆门、江西九江等地。

突出环境问题整改有力。积极推进中央环保督察“回头看”、省环保督察、长江经济带等突出环境问题整改，长江经济带“4＋7＋X”问题全部整改销号，“茂源化工”问题整改工作成为省长江办分享案例；镇江长江豚类省级自然保护区问题整改彻底，成为国家2019年《长江经济带生态环境警示片》中江苏省唯一被国家表扬的项目。

农村人居环境明显改善。持续推进农村生活污水治理，全市行政村生活污水治理设施覆盖率达100%。推进户用卫生厕所改建和公厕建设，农村无害化卫生户厕普及率达95%以上。健全农村生活垃圾收运处理体系，农村生活垃圾集中处理率达100%。实施农药化肥减量增效工程，全市化肥、农药使用量分别较2015年下降20.7%、13.3%。推进畜禽养殖废弃物资源化利用，全市畜禽粪污综合利用率达98.72%。建成省级绿美村庄120个，国家卫生镇3个，省级卫生镇2个，省级卫生村14个。

2.1.2 推进四大结构调整，污染源头管控初见成效

用地结构更加优化。落实“三线一单”生态环境分区管控，强化各类环境管控单元刚性约束作用，推进长江沿岸、太湖流域等区域企业搬迁入园，全市化工生产企业入园率达60%，超过全省平均水平。推进化工企业“关停并转”，3家化工园区压减至1家，累计关闭转移120家化工企业。运用生态环境空间管控手段引导国土空间合理开发布局的成效逐步彰显。

产业结构逐步调整。积极推动钢铁、化工、电力等传统行业绿色转型，促进高新技术产业、现代服务业等产业发展，高端装备制造、新材料两大主导产业销售收入占规模工业销售比重提高到38.6%，高新技术产业产值占比达46%，服务业增加值占比超过49%。实施园区循环化改造，全市省级以上开发区基本完成循环化改造，镇江经济技术开发区园区循环化改造经验被国家发改委推广。围绕水泥、焦炭、造纸等传统行业，共计实施155个去产能项目，累计压减水泥产能508万吨，退出焦炭产能75万吨、造纸产能2.4万吨。开展多轮拉网式排查，累计取缔“散乱污”企业909家。逐步形成“以生态环保倒逼产业转型升级，以产业转型升级促进生态环境保护”的互促共进局面。

能源结构持续优化。推进煤炭消费总量削减，全市非电行业规上工业企业煤炭消费削减262万吨，单位GDP能耗下降19.5%，超额完成省定任务。积极推进光伏、风电等可再生能源利用，实施“金屋顶”“渔光互补”计划，扬中成为全国第二批、江苏首家获批的全国高比例可再生能源示范市。梯队化推进绿色制造示范单位创建，累计培育国家级绿色工厂18家，总数列全省第三。城镇绿色建筑比例、既有居住和公共建筑节能改造面积、可再生能源及装配式建筑应用比例等多项指标超额完成年度目标。节能降耗取得积极进展，推动全市能源利用向清洁低碳发展。

运输结构调整升级。推行集约高效运输和多式联运模式，全市钢铁、电力等重点企业铁路、水路运输比例达到86%以上。推动车辆结构升级，全市新能源与清洁能源公交车总数占全部营运车辆的95%，累计推广应用新能源汽车5 662辆，建设充电设施2 579个，累计淘汰国Ⅲ及以下排放标准营运重、中型柴油货车3 000余辆。全市更加注重提高运输体系绿色、低碳、集约发展水平。

2.1.3 厚植绿色生态本底，生态文明建设成效明显

生态保护与修复稳步推进。长江保护修复取得初步成效，完成142个长江干线违法违规岸线利用项目清理整治，整治完成数量居沿江八市前列。全力推进长江经济带10千米范围内废弃露天矿山生态修复，完成荣炳盐矿、船山矿、矽锅顶水泥灰岩矿等3座国家级绿色矿山建设。实施长江两岸绿化造林，新增造林面积4 810余亩，初步建成“一带多点”绿美长廊。加大生态湿地修复力度，全市累计修复湿地11 656

亩。推进中国生物多样性保护与绿色发展示范基地(新民洲港口产业园)建设,加强刀鲚、江豚等长江珍稀特有水产种质资源保护,累计增殖放流水生生物苗种超过700万尾。

生态文明建设硕果累累。扎实推进生态文明建设综合改革,持续实施生态文明暨低碳城市建设九大任务。施行全国首部长江岸线资源保护地方性法规《镇江市长江岸线资源保护条例》。连续四届举办国际低碳(镇江)大会,索普化工、华容电厂等建成碳捕集项目。生态文明创建取得积极进展,创成省级生态文明建设示范区2个、示范镇(街道)38个、示范村(社区)49个,国家级绿色社区1个、省级绿色社区62个,国家级绿色学校4家、省级绿色学校178家,省级生态工业园区1个。

2.1.4 加快基础设施建设,环境监管能力稳步提升

环境基础设施建设不断完善。开展城镇污水处理提质增效精准攻坚“333”行动,加快市区缺陷污水管网改造,新增污水处理能力6万立方米/日、城镇污水管网103千米,全面完成太湖流域15个城镇污水处理厂提标改造。扎实推进垃圾分类工作,累计新增垃圾分类投放设施覆盖小区1 076个,基本实现全覆盖。丹阳生活垃圾焚烧发电厂建成投产,句容市应急(飞灰)填埋场建设有序推进,全市生活垃圾处理能力提升至3 150吨/日。

环境监测能力稳步提升。环境质量监测监控网络不断完善,实现省级重点断面水质自动监测全覆盖,完成5个小型空气自动站和236个微型空气自动站建设,建成辖区内大气$PM_{2.5}$网格化监测系统。完成11套机动车尾气遥感监测系统建设,推进国家、省、市三级联网的遥感监测系统平台搭建。积极推进全市港口干散货码头粉尘在线监测系统建设,形成覆盖沿江、内河的粉尘在线监测系统网。建成镇江新区新材料产业园智慧园区平台,形成具备5套超级站、1辆移动监测车、63个厂界在线监控、61套固定源在线监控,覆盖企业排污口、企业厂界、园区周界的全方位监控体系。

环境风险防控能力持续加强。加强环境安全隐患治理,完成隐患整治2 557项,整改率达90.3%。提升全市危险废物规范化管理水平,规范化管理达标率稳定在90%以上。全面消除危险废物贮存超1 000吨以上企业,危废处置能力由2015年的4.64万吨/年增加至2020年的15.54万吨/年。强化危险废物转运监管,查获“10.19”危废非法跨境转移处置等一批大案要案。加强核与辐射环境安全保障,对全市43家放射源单位、236枚各类放射源分行业、分风险等级实施精细化监管,实现废旧放射源(物)100%安全收贮处置。

2.1.5 推动体制机制创新,环境管理体系不断完善

环保制度改革稳步推进,完成环保“垂管”改革,新机制高效运行。创新环境治理模式,与南京签订《跨界水体水质提升合作协议》,7条跨界主要水体及重要支流水质大幅改善;试行重点河湖生态补偿机制,2019年首次实现从被动补偿到主动受偿的转变。积极探索“绿色金融”发展模式,建立环保贷、环境信用等政策互通机制;深化“金环对话”合作,引导金融机构加大对企业绿色发展、环保基础设施建设等支持力度,金环合作“镇江经验”成功入选2020年度全省“十佳环境保护改革创新案例”。

表4.1 “十三五”环境保护主要指标完成情况

类别	序号	指标	单位	指标属性	2020年完成情况	“十三五”目标值	完成情况
环境质量	1	空气质量达到二级标准的天数比例	%	约束性	81.4	80左右	完成
	2	$PM_{2.5}$年均浓度下降率	%	约束性	7	3	完成
	3	地表水国控断面优于Ⅲ类水质比例	%	约束性	100	75左右	完成
	4	地表水劣Ⅴ类水质比例	%	约束性	0	基本消除	完成
	5	县级以上集中式饮用水源水质达到或优于Ⅲ类比例	%	约束性	100	100	完成

续表

类别	序号	指标	单位	指标属性	2020年完成情况	“十三五”目标值	完成情况
污染减排	6	单位GDP化学需氧量排放强度	千克/万元	约束性	0.82	0.90	完成
	7	单位GDP二氧化硫排放强度	千克/万元	约束性	0.90	1.27	完成
	8	单位GDP氨氮排放强度	千克/万元	约束性	0.10	0.11	完成
	9	单位GDP氮氧化物排放强度	千克/万元	约束性	1.03	1.43	完成
	10	重点重金属污染物排放强度下降比例	%	预期性	9.8	9	完成
环境管理	11	生活垃圾无害化处理率	%	预期性	100	100	完成
	12	生态红线区域占国土面积	%	约束性	22.8	22.3	完成
	13	危险废物安全处置率	%	约束性	100	100	完成

2.2 存在的问题与挑战

2.2.1 源头问题未彻底解决，污染防治任重道远

产业布局有待进一步优化。部分省级以下工业园区布局分散，资源环境集约管理效能未能充分发挥，有待进一步整合优化；建设用地节约集约利用水平不高，江苏丹徒经济开发区、句容经济开发区位列2020年度省级开发区土地集约利用评价中下水平。产业结构仍偏重偏化。全市产业结构调优调轻进程较缓，重工业占比约为80%，建材、化工、造纸、电力等7大传统产业占规上工业销售比重近60%。煤炭消费总量居高不下，单位国土面积耗煤量约为全省水平1.7倍；清洁能源占比较低，非化石能源占一次能源消费的比重低于全省平均水平。交通运输结构调整仍需加快。公路货运量占比达82.5%，高于全省平均水平，高排放机动车尾气污染对大气污染贡献日益凸显。面对经济社会发展与生态环境承载力不足的突出矛盾和严守“生态环境质量只能变好，不能变坏”的刚性底线，生态环境治理的边际成本将逐步上升，深入打好污染防治攻坚战任重道远。

2.2.2 新问题新要求叠加，环境质量提升难度加大

$PM_{2.5}$污染形势依然严峻，臭氧污染成治理新难题，扬尘、移动源管控压力较大，多种污染物协同控制的有效路径尚未明确，对标空气质量二级标准差距较大。水质考核断面数量大幅提升，“十四五”期间全市国省考断面由20个增加至45个，在部分“十三五”断面存在水质波动、新增断面水环境问题尚未完全厘清的情况下，水污染防治压力成倍增加。地下水治理工作处于起步阶段，现有监测点位覆盖率不高，地下水水质状况底数不清。环境安全和健康风险防控、碳达峰碳中和等方面技术支撑力量较为薄弱。生态环境治理领域不断拓宽，多类型、多层面生态环境问题累积叠加，要促进生态环境质量向更高水平提升，环境治理难度逐步加大。

2.2.3 治理能力与体系仍存弱项，补齐短板任务艰巨

环境基础设施仍存短板。污水收集处理体系尚不健全，城市老旧破损管网等问题造成城镇污水处理厂进水浓度偏低，污水处理效能有待进一步提升，全市自然村生活污水处理设施覆盖率在苏南地区垫底，仅为18.2%，建设任务艰巨。小微企业环保治污水平不高，危险废物集中收运体系仍需进一步健全。生活垃圾混收混运现象依旧存在，分类收集运输体系亟待进一步完善。部分环境风险企业风险防范设施不到位，监控监管与应急响应能力较薄弱，保障环境安全压力较大。

生态环境监测管理体系尚未健全。城区生态环境监测站（市辐射环境监测站）尚未建成，市区监测联动机制尚未构建；基层监测软硬件能力仍存弱项，光化学监测设施未建设，遥感监测技术运用装备、大气污

染物源解析技术分析装备等缺口较大。环境监测信息化水平不高，尚未建成基于信息化的环境监测全过程质量管理和质量控制体系。对标美丽镇江的建设要求，生态环境治理体系与能力短板亟待补齐，任务依然艰巨。

2.3　面临的形势与机遇

2.3.1　多项重大战略实施，美丽镇江建设迎来重大机遇

习近平生态文明思想，为新时代协同推动高水平保护和高质量发展，深入打好污染防治攻坚战，提供了思想指引和行动指南。"美丽中国""长江经济带发展"等多重战略的提出，体现国家绿色发展的坚强意志，将成为以环保倒逼、引导经济结构调整和转型升级的重要推手，为更大力度、更深层次系统破解资源环境约束，提供了坚实支撑。"长三角""宁镇扬"等城市群高质量发展竞赛，进一步树立镇江加快绿色转型的参照和目标，推动全市生态环境高水平保护和经济高质量发展。省委"争当表率、争做示范、走在前列"和市委"三高一争"的奋进目标，进一步引导全市绘制生态环境攻坚路线图。

2.3.2　实现"碳达峰、碳中和"，绿色低碳镇江建设进入快车道

党中央关于"我国力争2030年前实现碳达峰，2060年前实现碳中和"的重大战略决策，江苏省关于"努力在全国达峰前率先碳达峰"的目标愿景，为积极应对气候变化、加快推动绿色低碳发展提供了方向指引、擘画了宏伟蓝图。"十四五"时期将是镇江深化低碳城市试点建设，倒逼经济增长与碳排放逐步脱钩，不断完善绿色发展机制，逐步推进经济结构绿色转型和可持续发展，实现减污降碳、协同治理至关重要的五年，"碳风尚"成为新时期镇江发展的独特机遇，有利于扩大试点效应，引入外部资源，推进低碳发展深度变革，获得实现碳达峰、碳中和目标愿景的先机。

2.3.3　推进"厅市共建"，现代化美丽镇江建设注入新动能

江苏省生态环境厅、镇江市人民政府达成共同开展生态环境治理体系和治理能力现代化试点市建设的战略协定，镇江成为全省首个"厅市共建"城市。省级部门提供支持和指导，充分发挥"厅市共建"平台作用，共同聚焦污染防治，推动镇江生态环境质量持续好转，促进体制机制调整和基础能力提升，为镇江市实现生态环境治理体系和治理能力现代化目标创造先机，为美丽镇江、美丽江苏建设提供生态环境保护合力。

第三章　总体要求

3.1　指导思想

以习近平新时代中国特色社会主义思想为指导，全面贯彻党的十九大和十九届二中、三中、四中、五中、六中全会精神，践行习近平生态文明思想，深入落实习近平总书记对江苏生态文明建设的重要指示，牢固树立"绿水青山就是金山银山"理念，顺应人民群众对美好生活的向往，围绕"三高一争"，以实现生态环境质量根本好转为核心，以碳达峰、碳中和为引领，以解决突出环境问题为重点，把源头治理作为根本策略，把减污降碳作为关键手段，更加突出"精准治污、科学治污、依法治污"。深入打好污染防治攻坚战，统筹山水林田湖草系统治理，共抓长江大保护，统筹推进生态环境保护和经济发展，着力塑造可观的"外在美"，努力提升可感的"内在美"，让美丽镇江成为美丽江苏的现实样板。

3.2　基本原则

坚持源头治理、绿色发展。以改善生态环境质量为核心，倒逼总量减排、源头减排、结构减排，推动产业结构、能源结构、运输结构加快调整，实现改善环境质量从注重末端治理向更加注重源头预防和源头治

理有效传导，促进经济社会发展绿色转型和生态环境持续改善。

坚持整体推进、重点突破。从生态系统整体性着眼，统筹山水林田湖草等生态要素，增强各项措施的关联性和耦合性，防止畸重畸轻、单兵突进、顾此失彼。聚焦重点领域、重点行业、重点地区，坚持全局和局部相配套、治本和治标相结合、渐进和突破相衔接，实现整体推进和重点突破相统一。

坚持以人为本、和谐共生。以损害群众健康的突出环境问题为重点，着力解决人民群众身边的生态环境问题，增加青山绿水、蓝天白云、宜人气候等优质生态产品供给，更好满足人民对美好生活的向往，不断提升人民群众对生态环境改善的幸福感、获得感和安全感，实现人与自然和谐共生。

坚持深化改革、制度创新。持续深化生态文明建设改革，完善生态文明领域统筹协调机制，建立系统完备、科学规范、运行有效的制度体系，推进生态环境治理体系和治理能力现代化，探索新机制、尝试新举措、谋划新发展，加快形成与治理任务、治理需求相适应的治理能力和治理水平，用改革创新思维破解生态环境保护难题。

坚持协同发力、共建共享。聚焦生态共建、污染共治、风险共防、政策共商、资源共享，落实政府责任，强化部门协同，引导多元主体共同参与生态环境保护。强化企业责任，提升企业生态环境保护建设能力；引导公众参与，保障公众参与权、决策权、监督权；建立健全政府、社会和公众协同推进机制，形成推动生态环境保护的良好舆论氛围和全社会共治合力。

3.3 规划目标

展望2035年，广泛形成绿色生产生活方式，碳排放达峰后稳中有降，生态环境根本好转，全面落实建设“美丽中国”“美丽江苏”总体要求，全市基本达到美丽宜居城市标准，形成具有镇江特色和特质的美丽宜居城市。节约资源和保护环境的空间格局、产业结构、生产和生活方式总体形成，绿色低碳发展和应对气候变化能力显著增强；生态环境保护管理制度健全高效，生态环境治理体系和治理能力现代化基本实现；空气和水环境质量全面提升，水生态恢复取得明显成效，土壤环境安全得到有效保障，环境风险得到全面管控，山水林田湖草生态系统服务功能总体恢复，蓝天白云、绿水青山成为常态，人民群众更有幸福感、获得感、安全感，人与自然和谐共生。

到2025年，污染防治攻坚战成果得到有效巩固，生态环境质量持续改善，水资源利用合理高效，环境健康得到基本保障，环境风险实现有效管控，山水林田湖草生态系统服务功能稳定恢复，应对气候变化能力稳步提升，生态环境治理体系和治理能力现代化建设迈上新台阶，走出长江经济带高质量发展的新路径，力争建成碳达峰先行区、源头治理示范区和环境基础设施建设样板区，打造人与自然和谐共生的“创新创业福地、山水花园名城”，为美丽江苏建设提供一系列“镇江经验”。

——源头治理水平显著提升。国土空间开发保护格局实现优化配置，产业结构、能源结构、运输结构明显优化，清洁生产水平持续提高，能源资源配置更加合理、利用效率大幅提高，碳排放强度明显降低，源头治理成效显著。

——生态环境质量持续改善。大气环境质量实现稳定达标，城市$PM_{2.5}$年均浓度小于等于35微克/立方米，空气质量优良天数比率稳定在82%左右；全市水环境质量均衡提升，长江干流水质保持优良；地下水环境质量总体保持稳定。

——环境风险得到有效管控。土壤安全利用水平巩固提升，受污染耕地、污染地块得到安全利用；固体废物与化学物质环境风险防控能力明显增强，核与辐射安全监管能力持续加强，生态环境健康得到有效保障。

——生态系统稳定性提升。坚持山水林田湖草系统治理，生态空间管控区域只增不减，突出抓好沿江滨河两岸造林绿化，生态系统保护与修复加快推进，确保自然湿地保护率稳定在60%，林木覆盖率保持稳定。

——环境治理现代化水平稳步提升。生态文明制度改革深入推进，生态环境治理体系巩固完善，治理效能显著提升，推动形成机制更加健全、监管更加有力、保护更加严格、环境信息更加公开透明的生态保护监管新格局，构建政府、社会和公众共建共治共享环境治理体系。

表 4.2　镇江市"十四五"生态环境保护主要目标指标

类别	序号	指标名称	单位	指标属性	2020 年现状值	2025 年目标值
环境质量	1	城市 $PM_{2.5}$ 浓度*	微克/立方米	约束性	38	≤35
	2	城市环境空气质量优良天数比率*	%	约束性	81.4	82 左右
	3	地表水省考以上断面达到或优于Ⅲ类比例*	%	约束性	100(以 20 个省考断面计)	完成省下达指标
		其中:国考断面达到或优于Ⅲ类比例*	%	约束性	100(以 8 个国考断面计)	完成省下达指标
	4	地下水质量Ⅴ类水比例*	%	预期性	80(5 个区域点位计)	完成省下达指标
					66.7(3 个监控点位计)	完成省下达指标
源头治理	5	单位地区生产总值能源消耗降低*	%	约束性	3.5	[完成省下达指标]
	6	单位地区生产总值二氧化碳排放下降*	%	约束性	4.42	
	7	非化石能源占一次能源消费比重*	%	约束性	4.4	完成省下达指标
环境治理	8	挥发性有机物排放总量削减比例*	%	约束性	[43]	[完成省下达指标]
	9	氮氧化物排放总量削减比例*	%	约束性	[25.6]	
	10	化学需氧量排放总量削减比例*	%	约束性	[19.13]	
	11	氨氮排放总量削减比例*	%	约束性	[19.92]	
	12	总氮排放总量削减比例*	%	约束性	[18.48]	
	13	总磷排放总量削减比例*	%	约束性	[18.18]	
	14	城市污水集中收集率*	%	预期性	70.4	88
	15	农村生活污水治理率*	%	约束性	自然村覆盖率 18.2	完成省下达指标
	16	受污染耕地安全利用率*	%	约束性	98.8	完成省下达指标
	17	重点建设用地安全利用率*	%	约束性	100	完成省下达指标
	18	危险废物安全处置率	%	约束性	100	100
	19	放射源辐射事故年发生率*	起/万枚	预期性	0	0
生态系统	20	林木覆盖率*	%	约束性	25.4	保持稳定
	21	生态质量指数*	—	预期性	—	保持稳定
	22	自然湿地保护率*	%	预期性	59.7	60
	23	国家级生态保护红线占国土面积比例*	%	约束性	3.19	保持稳定
	24	生态空间管控区域占国土面积比例*	%	约束性	17.85	保持稳定
	25	重点生物物种种数保护率*	%	预期性	—	90
满意度	26	公众对环境质量改善满意度*	%	预期性	88	90 左右

注:1."十四五"期间,地表水国考断面 10 个,省考断面 45 个;大气国控站点 5 个;地下水环境质量考核点位 8 个。

2. * 来源于江苏省"十四五"生态环境保护规划指标体系。

3. [　]为五年累计值。

第四章 重点任务

4.1 加强源头治理，加快推进绿色低碳发展

将碳达峰目标、碳中和愿景全面融入经济社会发展全局，大力推动产业绿色转型，优化能源结构和产业空间布局，严把“两高”项目准入关口，实现污染源头减量，提升绿色低碳发展水平，促进生态环境高水平保护和经济高质量发展。

4.1.1 加快推进产业绿色转型

推动传统产业提升改造。“一行一策”统筹推动电力、钢铁、化工、建材、电镀、包装印刷和工业涂装等传统产业提档升级，鼓励开展智能工厂、智能车间升级改造，推进实现智能化、绿色化改造，促进污染源头减量。电力行业执行煤电行业大气污染物排放新标准，重点发展大容量、高参数和超低排放发电机组，支持通过容量和煤量等(减)量替代，建设大型清洁高效煤电机组；钢铁行业严控新增钢铁冶炼产能，着力推动产品结构优化，发挥大型特钢企业带动作用，引导钢铁行业聚焦国防军工、空天海洋、轨道交通、新能源汽车、高端建筑等热点领域需求；化工行业加大安全环保整治力度，瞄准功能性新材料、高端精细化工、生物医药等终端市场，提升产品竞争力和创新水平；建材行业推动超低排放和技术升级，提升技术装备水平，推进绿色建材产品认证实施和推广应用，重点发展绿色建筑建材；电镀行业持续推进企业进入专业化园区集中发展，提升工业园区重金属污染防治水平，严格企业规范管理；包装印刷和工业涂装等行业加强工艺设备改造和原料替代，降低挥发性有机物污染排放量。积极推进清洁生产，以“双超双有高耗能”行业为重点制订年度强制性清洁生产清单。

加快淘汰落后低效过剩产能。严控“两高”产业发展，加大落后产能淘汰和过剩产能减压力度。实施电力、钢铁、水泥、平板玻璃、修造船等产能过剩行业产能减量置换。强化能耗、水耗、环保、安全等标准约束，加快推进重污染企业搬迁改造或依法关闭，推动存在重大环境安全隐患的危险化学品生产企业就地改造达标、异地搬迁、关闭退出。完善动态管理机制，实现“散乱污”企业动态清零。

4.1.2 推进能源结构优化调整

推进节能降耗和能源高效利用。严格控制煤炭等化石能源消耗总量，有序控制非电工业行业用煤量，推进低碳清洁燃料替代；加大民用散煤削减力度，积极打造“无散煤”城市，2023 年年底前，全市实现散煤清零。实施气化工程，提高电煤使用比重，到 2025 年，天然气消费量占能源消费比重、电煤占煤炭消费比重均达到省下达目标任务。

加快新能源分布式发展。推进太阳能光伏综合利用，合理开发地热能、风能，积极构建清洁低碳、安全高效的能源体系。实施“绿色车轮”计划，推广使用新能源、清洁能源车船和非道路移动机械，推进公共服务领域和政府机关优先使用新能源汽车，到 2025 年，城市新能源及清洁能源公交车占比达 100%。推动靠港船舶使用岸电，加大船舶受电设施建设和改造力度，全市港口、内河水上服务区、长江水上绿色综合服务区和待闸锚地基本具备向船舶供应岸电能力。强化能源储运和利用设施建设，重点推进高压(次高压)天然气管道、沿江沿河 LNG 接收站、全市热源点优化和热电联产项目建设。

4.1.3 促进园区绿色循环发展

推动园区绿色发展转型。积极推广“一区多园”模式，有序推进省级以下“小而散”园区优化整合，支持高水平省级以上开发区适度扩容和规划调整，提升园区资源环境承载力。加强规划环评与项目环评联动，严格空间管制、总量管控和环境准入。以国家级、省级开发区为重点，围绕“4＋8”产业发展方向，积极探索园区绿色发展路径，促进“两高一低”产业比重持续下降。镇江新区推动新型硅材料、精细化工、生物质能源、化工新材料等产业链绿色低碳发展，实现主导产业高新化、新兴产业规模化；镇江高新区充分发挥创新

驱动作用，积极推动海工装备制造产业低碳发展，推进高端集成电路测试技术研发；丹阳经开区、丹阳高新区重点向新材料、精密装备制造、高端汽车部件等战略性新兴产业转型发展，提高丹北区域空间资源利用效率；扬中高新区、扬中经开区重点向新材料、新能源和现代生产性服务业转型发展，推动智能电气产业绿色化发展；丹徒经开区重点优化绿色建筑产业体系，发展以装配式建筑为核心链条的绿色建材、智慧建筑和绿色建筑业；句容经开区推进新能源汽车、新一代信息技术全产业链发展，构建智能设计、智能产品、智能装备、系统集成等综合性园区。鼓励各级园区提升创新基础能力，促进关键核心技术突破，提高绿色制造智能化水平。

4.1.4 推进碳达峰碳中和

深化低碳城市试点建设。加快推动产业、交通、建筑等重点领域绿色低碳发展。实施低碳产业行动，开展碳排放强度对标活动，鼓励钢铁、化工、建材、水泥等重点高耗能高排放行业采取原料替代、工艺改善、设备改进等措施，减少工业过程温室气体排放。到 2025 年，单位工业增加值二氧化碳排放量下降 20%，主要高耗能行业单位产品二氧化碳排放达到世界先进水平。实施低碳交通行动，优化交通运输方式，以镇江沿江、内河港区为重点，完善畅通高效的集装箱铁公水、江河联运体系，到 2025 年，多式联运方式广泛应用，水运货运周转量占比达到省定目标；落实公交优先发展战略，优化公交线网，提高公交换乘便捷性，实现城市公交站点 500 米覆盖率达 90%以上，到 2025 年市区公共交通出行分担率达到 26%。实施低碳建筑行动，积极开展零碳排放建筑试点，推广节能绿色建材、装配式建筑，支持下蜀发展绿色装配式建筑技术研发基地。到 2025 年，城镇新建绿色建筑比例达到 100%，装配式建筑占新建建筑比例达到 50%。

积极应对碳排放权市场化交易。加强机关单位、重点排放单位、第三方核查机构统计与核算能力建设，常态化、规范化核算碳强度目标完成进度。完善重点单位碳排放报送制度，引导企业加强重点单位碳排放报告的管理和督查。推进全市碳交易能力建设，健全全市重点单位碳排放配额管理机制。引导企业建立碳排放监测体系，推进企业碳资产管理能力建设，鼓励企业探索符合实际的减排路径。

4.1.5 提升城市适应气候变化能力

完善气候风险管理体系。推进极端天气气候事件风险评估，将气候风险评估作为制订城市发展规划的科学依据。强化精细化预报预测能力，加强城市极端天气气候事件监测，完善强降水、台风、雷电、冰冻、高温、雾霾等灾害应急管理预案。实施自然灾害防治重点工程，健全自然灾害防治处置体系，全面提升气象、水文、地质等多灾种和灾害链综合检测、风险识别、预警预报、精准治理水平，增强重点防洪工程以及园林安全、山林防火等重点领域的安全保障能力建设。

提升城乡基础设施韧性。优化公路、铁路、港口、航道、管道、城市轨道等设计和选址方案，对气候风险高的路段采用强化设计。推进长江堤防能力提升，实施通济河、胜利河、墓东水库溢洪河丹徒段整治工程以及古运河中下段(含丹徒闸扩建工程)整治工程。整治低洼易涝地区和山洪灾害易发区，推进丹阳太平港闸站拆除重建工程和仑山水库除险加固工程。提升重点城镇和重要堤围防洪标准，完善灾害监测预警、联防联控和应急调度系统。

4.2 推进协同控制，持续改善大气环境质量

坚持源头防治、综合施策，深入推进大气污染防治攻坚，以 $PM_{2.5}$ 和 O_3 协同控制为主线，统筹工业源、移动源、餐饮源、扬尘源“四源”共治，基本消除重污染天气，努力实现“蓝天白云、繁星闪烁”。

4.2.1 加强 VOCs 精细化治理

细化重点管控对象。将工业涂装、化工、电子、塑料橡胶制品等重点行业企业纳入全市 VOCs 重点监管企业名录，督促重点监管企业实施“一企一策”精细化治理。加强走航监测、源解析研究和成果应用，建立全市 VOCs 重点管控组分名录，明确重点管控区域。开展化工、工业涂装、包装印刷等重点产业集群深度治理，持续推进 VOCs 液体储罐排查整治，实施 VOCs 达标区和重点化工企业 VOCs 达标示范工程。

完善重点行业 VOCs 总量核算体系，实施新增项目总量平衡“减二增一”。

加强重点环节管理。完善化工、工业涂装、包装印刷等重点行业“源头—过程—末端”治理模式，实施 VOCs 排放总量控制。持续推进源头替代，推进低 VOCs 含量、低反应活性原辅材料和产品的绿色替代，按规定将生产符合技术要求的涂料制造企业纳入正面清单。到 2025 年，在汽车制造、包装印刷、家具制造行业打造一批源头替代示范型企业。深化 VOCs 无组织排放控制，逐步取消化工、工业涂装、包装印刷等行业内企业非必要废气排放系统旁路。鼓励家具、汽修等行业污染工艺过程使用“共性工厂”模式，到 2025 年，全市建成 1～2 个集中喷涂中心。

4.2.2 深化重点领域污染治理

推进重点行业深度治理。全面完成钢铁冶炼企业超低排放评估监测，探索推进水泥等重点行业和垃圾焚烧发电重点设施、大型锅炉超低排放改造(深度治理)，推动水泥行业企业率先完成超低排放改造。严格控制电力、建材等行业企业物料(含废渣)运输、装卸、储存、转移和工艺过程无组织排放，鼓励企业加强技术改造和运维管理，进一步降低污染物排放。推进锅炉、炉窑深度整治，确保工业燃气锅炉低氮改造全覆盖，全面完成工业炉窑排查、整治、验收、建档工作。

加强恶臭、有毒有害气体污染防治。推行“嗅辨＋监测”制度，以镇江新区新材料产业园和索普等化工重点监测点为重点，推进“无异味”化工园区、监测点建设，逐步解决异味扰民。重点关注废弃物焚烧设施、垃圾填埋场运行管理，加快淘汰污染严重、工艺落后的废弃物焚烧设施，减少恶臭、二噁英等污染物排放。

4.2.3 强化移动源与面源管控

强化车船油路港联合防控。推动车辆结构升级，加快淘汰国Ⅲ以下排放标准营运柴油货车。强化油品储运销监管，加强全过程 VOCs 排放控制，严厉打击和取缔黑加油站点、流动加油车(船)和不符合要求的企业自备油罐及装置，严禁内河和江海直达船舶使用硫含量超过 10 毫克/千克的柴油，鼓励加油站出台夜间加油、卸油优惠政策。有序推进长江和京杭大运河沿线港口储存和装卸、油品装船油气回收治理改造。对非道路移动机械生产、进口、销售企业实施常态化环保达标监督检查，推动排放不达标机械清洁化改造和淘汰，消除区内非道路移动机械冒黑烟现象。2023 年起，在禁止使用高排放非道路移动机械区域内施工的移动机械必须达到国Ⅲ及以上标准。

强化城市扬尘油烟综合管控。贯彻落实《镇江市扬尘防治条例》，实施扬尘精细化管控。加强堆场、码头扬尘污染控制，推进主要港口大型煤炭和矿石码头堆场、干散货码头物料堆场抑尘设施建设和物料输送系统封闭改造。加强渣土车运输监管，确保实现全封闭运输，建成区全面使用新型环保智能渣土车，淘汰高排放老旧渣土车。强化道路交通扬尘管控，建立市(区)、乡镇(街道)、村(社区)三级道路清扫保洁体系，加大道路洒水、雾炮等抑尘力度，增加机械化作业频次，到 2025 年底，城市建成区道路机械化清扫率达到 90%以上。强化餐饮油烟污染防治，完成重点管控区域内 100 平方米以上餐饮店在线监控设施安装，鼓励有条件的美食街区开展餐饮“绿岛”建设，提高油烟和 VOCs 协同净化效率。

4.2.4 加强污染协同控制和联防联控

加强 $PM_{2.5}$ 和臭氧协同控制。加强达标进程管理，深化“点位长”责任制，明确空气质量达标路径及污染防治重点任务，推动全市空气质量稳步达标。推动城市 $PM_{2.5}$、O_3 浓度“双控双减”，统筹考虑 $PM_{2.5}$ 和 O_3 污染区域传输规律和季节性特征，加强重点区域、重点时段、重点领域、重点行业治理，强化分区、分时、分类差异化精细化协同管控。支持扬中、丹徒、丹阳等区域实施更为严格的 VOCs、NOx 减排比例要求，持续推进镇江新区新材料产业园等重点园区综合治理。积极开展 O_3 形成机理研究与源解析，加快构建光化学监测网，开展协同治理科技攻关。

强化污染天气联合应对。健全全市重污染天气应急指挥调度机制，完善“市—区—企业”污染天气应对三级预案体系。逐步扩大重污染天气重点行业绩效分级和应急减排措施实施范围，落实“一企一策”“一行一策”应急减排方案，明确不同应急等级条件下停产的生产线、工艺环节和各类减排措施的关键性指标，实现可操作、可监测、可核查,确保缩时削峰。提升人工降雨等应急响应措施能效,完善人工影响天气应急保障机制。

4.3 坚持三水统筹,全面提升水环境质量

坚持污染物减排和生态扩容共同发力,深入推进水污染防治攻坚,统筹水资源利用、水生态保护和水环境治理,提升水安全保障能力,塑造"水清岸美、江河交汇"的水韵镇江。

4.3.1 健全水环境质量改善长效机制

强化地表水环境质量目标管理。基于水域功能定位及水环境保护目标,实施水环境差异化精细化管理。全面完成新增国省考断面问题排查和干支流监测溯源,编制实施水质不达标考核断面限期整治方案。加强汛期水质不稳定断面管控,"一断面一策"编制汛期防范应对方案,防范汛期水环境恶化。全面开展骨干河道"消劣奔Ⅲ"行动,建立定期监测机制。落实河(湖)长、断面长责任制,加强断面达标治理和水质改善情况考核监督,实行水质逐月达标率考核。

健全跨区域水环境协同治理机制。编制实施重点流域水生态环境保护规划,加强长江、太湖等重点流域污染协同管控,促进流域水系系统治理。完善重点跨界河流协同治理和水资源联动调度,实行联合监测、联合执法、应急联动、信息共享、联席会商。推进跨区域生态补偿机制,实施上下游、左右岸污染无过错责任举证制度,有效预防和处置跨界环境污染。

持续提升水安全保障水平。全面加强"双水源"管理,推进水源地规范化建设及应急水源地达标建设,强化县级及以上集中式饮用水水源地长效管理与环境状况调查评估。推进农村饮水安全保障工程,完成"千吨万人"水源地保护区环境风险排查整治。实施从水源水到龙头水全过程监管,构建水源达标、应急备用、深度处理、预警应急的城市供水安全保障体系。强化重要河湖底泥累积性风险防控,开展重要河湖底泥重金属等污染物监测分析,及时防范化解水环境风险。

4.3.2 推动重点流域生态保护和治理

推进长江流域生态保护治理。实施"水源保障、风险防控、支流整治"策略,强化饮用水安全保障,提升监管预警水平;实施重金属和有机毒物污染管控,开展长江流域生态隐患和环境风险调查评估。到2025年,长江干流镇江段水质保持优良,主要入江支流全部稳定达Ⅲ类及以上水质标准。严格落实《〈长江经济带负面清单指南(试行,2022年版)〉江苏省实施细则》和《镇江市长江岸线资源保护条例》,优化岸线开发利用功能和布局,严禁非法占用岸线资源。

深化太湖流域综合治理。坚持"外源减量、内源减负、生态扩容、科学调配、精准防控",编制实施太湖流域综合治理规划,深入推进新一轮太湖治理。重点加强工业污染和城镇生活污水处理提质增效,积极推进涉磷企业调查与监管,突出农业面源污染控源减排,实施氮、磷总量控制。推进水生态环境保护修复,积极开展生态清淤、聚泥成岛及淤泥处置试点建设,实施太湖流域湿地保护与生态扩容。

4.3.3 持续深化水污染治理

加强入河(湖)排污口监管。推进重要支流、重点湖泊等入河(湖)排口排查、监测、溯源,2023年底前完成全市骨干河道和重点湖泊的排污口排查,统一建立排污口档案。"一口一策"推进入河(湖)排污口分类整治,2023年底前全面完成长江、太湖流域入河排污口整治,2025年底前完成其他骨干河道和重点湖泊排污口整治。

深化工业水污染防治。定期开展工业企业水污染治理设施隐患排查和整治,推进造纸、纺织印染、医药、食品、电镀等行业整治提升及提标改造。开展工业园区重点排污企业、集中式污水处理设施"水平衡"核查分析,评估识别异常用排水行为。加快建设"一园一档""一企一管""多厂专管",推进长江、太湖等重点流域工业园区工业废水与生活污水分类收集、分质处理。

加强城镇生活污染治理。开展区域"水平衡"核算管理,有序推进建成区管网排查与修复,基本消除城

镇生活污水收集处理设施空白区。鼓励进水浓度低的污水处理厂采用“厂网河一体化”模式，开展“一厂一策”系统化整治。全面落实城镇生活污水处理提质增效达标区建设，到 2025 年，城市建成区总面积 80% 以上区域建成污水处理提质增效达标区，力争建成污水处理提质增效达标城市。

加强船舶港口污染治理。全面推广应用长江干线船舶水污染物联合监管与服务信息系统，落实船舶污染物接收、转运、处置联合监管和联单制度。全面完成 400 总吨以下货运船舶防污改造，持续推进“一零两全四免费”长效管理，提升船舶污染物接收、转运和处置能力，推动水上综合服务区建设，实现船舶生活污水、生活垃圾与城市环卫公共处理设施有效衔接，建立船舶污染物“船—港—城”一体化处理模式。强化长江、运河等水上危险化学品运输环境风险防范，严厉打击化学品非法水上运输及油污水、化学品洗舱水等非法排放行为。

4.3.4 合理开发利用水资源

强化取用水管理。落实最严格水资源管理制度，实施水资源消耗总量和强度“双控”行动。严格执行建设项目水资源论证和取水许可制度，强化事中事后监管。推动电力、化工、钢铁、有色、造纸、印染等高耗水行业达到先进定额标准。到 2025 年，万元地区生产总值用水量、万元工业增加值用水量较 2020 年下降率满足省定目标要求。

推进水资源节约集约利用。开展企业用水审计、水效对标和节水改造，大力推广节水工艺和技术，促进高耗水行业节水增效，到 2025 年，在高耗水行业建成一批节水型企业。推进农业高效节约用水，积极探索水果蔬菜喷灌滴灌、粮食管道灌溉为主的高效节水灌溉模式。推进节水型城市建设，更新改造老旧落后材质供水管网，规划用地面积 2 万平方米以上的新建公共建筑配套建设建筑中水设施。

推进污水资源化利用。推进园区内企业间“一水多用”和“梯级利用”，加大钢铁、电力、化工、造纸、印染等行业再生水使用量。推广城市生活污水处理厂再生水用于市政杂用，鼓励将再生水用于河道生态补水。逐步完善农业污水收集处理再利用设施，稳妥推进污水处理达标后就近灌溉回用。探索水产养殖尾水资源化综合利用。统筹利用江河湖库水资源，推动中水、雨水等非常规水资源利用。

4.3.5 积极推动水生态恢复

加强水生态保护修复。开展实施重点河湖生态安全调查和评估，推进河湖生态缓冲带划分和生态修复试点建设，促进河湖面源污染拦截和水体污染净化，逐步恢复流域生态系统完整性。推行河流湖泊休养生息，退还河湖生态空间，保护和合理利用河湖水生生物资源，建立健全河湖休养生息长效机制。积极建设美丽河湖，加强区域水利治理，开展江河湖泊水系连通工程建设，保护优化河湖水系。加快推动大运河生态环境保护修复，落实大运河核心监控区国土空间管控，实现生态环境保护与文化传承有机融合，积极打造和谐、清洁、健康、优美、安全的大运河绿色生态带。

保障河湖生态流量。统筹生活、生产和生态用水需求及闸坝、水库调度管理要求，制订落实重点河湖生态流量（水位）保障方案，明确生态流量（水位）目标，合理配置水资源，科学制订江河流域水量调度计划，逐步恢复河湖生态功能。建设生态流量控制断面的监测设施，对河湖生态流量保障情况进行动态监测。

4.4 实施系统防治，提升土壤和农村环境质量

坚持预防为主、保护优先和风险管控，依法依规做好土壤修复和管控工作，强化土壤和地下水污染风险管控和修复，提升土壤安全利用水平，确保群众“吃得放心、住得安心”。全面实施乡村振兴战略，强化农村环境综合整治，深入推进农业农村污染防治，建设生态宜居美丽乡村。

4.4.1 加强土壤和地下水污染防控

持续开展土壤和地下水状况调查评估。充分衔接国家重点行业企业用地调查成果，严格建设用地准入管理，督促土地使用权人或土壤污染责任人在用途变更前或者土地储备、出让、收回、划拨前完成土壤污染状况调查、风险评估、风险管控和修复、效果评估。以化学品生产企业、工业集聚区、矿山开采区、尾

矿库、危险废物处置场、垃圾填埋场等污染源为重点，推动地下水环境状况调查评估，摸清地下水环境风险。2021年底前，完成镇江新区新材料产业园地下水环境状况调查评估。

加强农用地环境污染防控。将符合条件的优先保护类耕地划为永久基本农田，实行严格保护，确保其面积不减少、土壤环境质量不下降。严禁在优先保护类耕地集中区域新建有色金属冶炼、石油加工、化工、电镀、制革等行业企业。优先发展绿色优质农产品，因地制宜提升耕地质量，提高粮食生产能力。运用农用地重点地块监测、农产品检测等工作成果，实行耕地土壤环境质量动态管理。

强化建设用地污染防控。结合重点行业用地详查成果及企业有毒有害物质排放情况，动态更新土壤污染重点监管企业名录，实施重点单位全生命周期监管。到2025年底，土壤污染重点监管单位排污许可证全部载明土壤污染防治义务。鼓励重点监管单位在建设、运营期间，因地制宜实施管道化、密闭化改造，重点区域防腐防渗改造及物料、污水、废气管线架空建设和改造。定期对土壤污染重点监管单位和地下水重点污染源周边土壤、地下水开展监督性监测，督促企业定期开展土壤及地下水环境自行监测、污染隐患排查，到2025年，至少完成一轮土壤和地下水污染隐患排查整改。加强规划布局论证，新建项目或园区开展环评及回顾性评估时，必须同步开展土壤和地下水污染状况评价，提出完善土壤和地下水污染防治措施。

实施地下水环境风险管控。科学划定地下水污染防治分区，推动地下水环境分区管理。探索实施化工类集聚区、危险废物填埋场和生活垃圾填埋场等区域地下水污染风险管控。加快镇江新区新材料产业园土壤和地下水环境监控预警体系建设，提高信息化管理水平。推进地表水、地下水污染协同防治，统筹规划农业灌溉取水水源，加强灌溉水质监测与管理，严禁用未经处理达标的工业和城镇污水灌溉。

4.4.2 提高土壤安全利用水平

推进受污染耕地安全利用。科学制订受污染耕地安全利用方案，建立资金投入保障机制，全面推进落实。提高受污染耕地安全利用技术针对性，分区、分类、分级建立完善安全利用技术库和农作物种植推荐清单，优先采取农艺调控、低积累品种替代、土壤调理等技术，鼓励对安全利用类耕地种植的植物收获物采取离田措施，巩固提高安全利用成效，确保农产品质量安全。加强严格管控类耕地监管，依法划定特定农产品严格管控区，严禁种植食用农产品，有序采取种植结构调整、生态休耕、退耕还林还草等措施，确保严格管控类耕地安全利用。将列入严格管控类且无法恢复治理的永久基本农田，进行整改补划，相应调整粮食生产功能区和重要农产品生产保护区。利用卫星遥感等技术，探索开展严格管控类耕地种植结构调整、退耕还林还草等措施实施情况的监测评估。

推进污染地块安全管理。开展建设用地土壤污染状况调查、风险评估、风险管控和修复效果评估报告评审，动态更新疑似污染地块名录、污染地块名录、建设用地土壤污染风险管控和修复名录。合理规划污染地块用途，列入建设用地土壤污染风险管控和修复名录的地块，不得作为住宅、公共管理与公共服务用地；未达到土壤污染风险评估报告确定的风险管控、修复目标的建设用地地块，禁止开工建设任何与风险管控、修复无关的项目。对暂不开发利用的污染地块，按风险管控方案要求划定管控区域，进行规范化管理。强化建设用地再开发利用联动监管，建立推行污染地块环境管理联席会议制度，严格建设用地再开发利用准入管理。

有序推进土壤污染治理修复。列入建设用地土壤污染风险管控和修复名录的地块，督促土地使用权人或土壤污染责任人组织编制风险管控或治理修复方案。扎实推进受污染耕地综合治理，重点关注镉、汞污染耕地，实施以降低土壤污染物含量为目的的土壤修复。加强土壤污染风险管控和治理修复项目环境执法检查，规范土壤污染风险管控和治理修复活动，严厉打击污染地块违法违规再开发利用的行为。

4.4.3 加强重金属污染综合防治

实施重金属污染物总量控制。健全汞、铬、镉、铅等重金属污染物排放总量管控机制，严格涉重金属企业环境准入管理，新(改、扩)建涉重金属重点行业建设项目必须实施"等量替代"或"减量替代"。深化重点区域重金属排放总量减排，重点关注扬中、丹阳、新区等涉重企业数量多、重点重金属排放量大的区域，农用地、地表水重金属超标区域，以及重点河流湖库、饮用水水源地、农田、城市建成区等敏感防控目标周边存在涉重企业的区域，实施一批重金属污染减排工程。

防范尾矿库环境污染风险。健全尾矿库污染防治长效工作机制，坚持“一矿一策”，加强全市6座尾矿库环境风险隐患排查治理，基本形成尾矿库安全风险监测预警机制。全市6座尾矿库全部完成污染防治验收销号。严格新(改、扩)建尾矿库环境准入，确保全市尾矿库数量只减不增。

4.4.4 加快推进农村人居环境整治

强化种植业污染防治。深入开展化肥农药减量增效行动，持续推进测土配方施肥、有机肥资源综合利用；加强农作物病虫监测，加大绿色防控技术推广力度。到2025年，主要农作物测土配方施肥技术推广覆盖率稳定在95%以上，农药化肥施用量比2020年减少3%，病虫害绿色防控覆盖率60%以上。科学推进农田退水污染治理，推动农田退水闭路循环回用与生态拦截，努力实现农田退水原位循环“零排放”。完善废旧农膜、农肥包装废弃物回收处置体系，加快和完善提升回收网点建设，探索回收处置“338”工作法。到2025年，废旧农膜基本实现全回收，农药包装废弃物无害化处理率达到100%，农药包装废弃物回收监测评价良好以上等级率满足省定目标。推进农业面源污染调查监测评估。持续推进秸秆还田离田和综合利用，推广秸秆离田能源化、肥料化、基料化利用途径，到2025年，全市秸秆综合利用率稳定在95.5%以上。

开展养殖业污染治理。严格畜禽禁养区管理。全面推进畜牧标准化生态健康养殖，到2022年，全市建成县级生态健康养殖示范场238家、省级畜禽养殖标准化示范场70家；到2025年，全市生态健康养殖比重达到84%。到2025年，畜禽粪污综合利用率达到95%以上，规模化畜禽养殖场治理率达到100%。落实镇江市养殖水域滩涂规划，合理控制水产养殖规模和密度。严格水产养殖投入品管理，提高水产健康养殖水平。强化水产养殖尾水整治，推进养殖池塘生态化改造，开展百亩以上连片养殖池塘尾水达标排放或循环利用试点示范。

深入推进农村环境整治。加快推进农村生活污水治理，因地制宜推动城镇污水管网向周边村庄延伸覆盖，分类有序推进农村厕所革命。建立健全农村污水治理设施运维长效机制，推进对日处理20吨及以上农村生活污水处理设施出水开展常规水质监测，推动污水处理设施在线监测联网建设。到2025年，全市农村生活污水治理自然村覆盖率达到90%。推进农村生活垃圾就地分类和资源化利用，推行“户分类投放、村分拣收集、镇回收清运、有机垃圾生态处理”的分类收集处理体系，建设一批有机废弃物综合处置利用设施，提升源头分类减量、资源化利用水平。制订农村黑臭水体综合治理方案，实施农村黑臭水体分类整治。

4.5 加强生态保护修复，维护生态系统安全

坚持尊重自然、顺应自然、保护自然，节约优先、保护优先、自然恢复为主，统筹山水林田湖草系统治理，大力实施生物多样性保护重大工程，强化生态保护监管，守住自然生态安全边界，促进人与自然和谐共生，实现“满眼风光镇江城”的愿景。

4.5.1 优化生态安全屏障

实施山水林田湖草系统保护修复。严格控制山体周边的开发建设，加大废弃露天矿山的修复力度，推进绿色矿山创建。加快构建宁镇山地和茅山山地两条生态涵养带，加强宝华山、长山、南山、横山、水晶山、茅山等天然林保护，全面推行林长制，提高林地质量，增强生态涵养和生物多样性保护能力。深入开展大规模国土绿化行动，完善江河廊道生态防护林，推进长江和运河“两廊”造林绿化，到2025年全面建成长江生态景观防护林带，完成森林质量提升面积14 000亩，实现应绿尽绿；城市建成区绿化覆盖率提高到43.5%以上，新增绿美村庄80个。加强赤山湖、横塘湖、中后湖、前湖、洋湖等区域水生态系统保护修复，推动重点湖泊区域退田(圩)还湖(湿)，扩大湖泊水域面积。健全自然保护区、湿地公园、湿地保护小区多

层次湿地保护体系，推进城乡小微湿地保护修复，到2025年，自然湿地保护率提高到60%，实现长江湿地应保尽保。

加快推进自然保护地体系建设。全面整合优化各类自然保护地，加快建立分类科学、布局合理、保护有力、管理有效的自然保护地体系。加强全市13处省级以上自然保护地管理和整合优化，定期开展各级各类自然保护地类型、数量、规模、分布状况、保护对象、管理机构编制和人员队伍等情况调查。加大日常巡查力度，严格管控自然保护地范围内非生态活动。以自然恢复为主，辅以必要的人工措施，分区分类开展受损自然生态系统修复。

4.5.2 加强生物多样性保护

开展生物多样性保护行动。实施长江、京杭大运河等重点流域水生生物多样性保护恢复行动，确保土著鱼类、土著水生植物恢复初见成效。开展长江“十年禁渔”，采用增殖放流、生态调度、灌江纳苗、江湖连通等修复措施，积极打通“南京—镇江”长江江豚迁移廊道，加强江苏镇江长江豚类省级自然保护区和长江扬中段暗纹东方鲀刀鲚国家级水产种质保护区管理。加大珍稀濒危物种、极小种群物种抢救性保护力度，深化多部门联合、跨区域协作，织密织牢生物多样性保护“立体网”。加强外来物种管控，持续开展自然生态系统外来入侵物种的调查、监测和预警，健全外来物种入侵预警和防控体系。

4.5.3 强化生态系统保护监管

加强生态空间区域监管。严格落实《江苏省生态空间管控区域监督管理办法》，优化生态补偿、评估考核、转移支付等制度，完善生态监管制度体系，探索实施“监控发现—移交查处—督促整改—移送上报”生态破坏问题监管工作机制。逐步完善遥感监测和地面监测相结合的生态空间管控区域监测网络体系，科学开展生态空间管控区域生态环境状况和人类活动监测，强化生态状况遥感调查评估、监测数据的集成分析和综合应用，实施差别化管控措施。

推进生态保护监督问责和成效评估。持续开展“绿盾”专项行动，全力推进反馈问题整改落实。定期组织开展对生态空间管控区域保护修复和管理情况监督检查，实施生态保护修复工程成效自评估，对实施过程生态质量、环境质量变化情况开展监测。坚决杜绝生态修复工程实施过程中的形式主义。落实生态环境损害赔偿和责任追究制度，加大对挤占生态空间和损害重要生态系统等行为惩处力度。

4.6 强化环境风险防控，筑牢宜居福地防线

始终把人民生命安全和身体健康放在第一位，牢固树立环境风险防控底线思维，完善环境风险常态化管理体系，强化危险废物、有毒有害化学物质、核辐射等重点领域风险防控与应急管理，推进新污染物、环境健康等新环境问题的基础研究，保障公众健康与环境安全，推进宜居城市建设。

4.6.1 提升固体废物处置水平

提升危险废物处置能力。加快危险废物集中收集贮存、社会源危险废物收集贮存等“绿岛”建设，推进中小微企业危险废物收集贮存试点，推动将机动车维修行业、实验室危险废物产生源及家庭危险废物产生源等非工业源产生的危险废物逐步纳入收集体系。建立健全废铅蓄电池回收利用机制，探索实施生产者责任延伸制度，到2025年，废铅蓄电池规范回收率达70%以上。加强医疗废物收集、转运和处置，各市(区)完善医疗废物收集转运处置体系并覆盖农村地区，全市建成区医疗废物全部实现无害化处置。

推进“无废城市”建设。建立健全“无废城市”建设综合管理制度和技术体系，推进固废污染源头减量化和资源化利用。严格控制新(扩)建固体废物产生量大、区域难以实现有效综合利用和无害化处置的项目，支持镇江新区开展“无废园区”试点建设。推进居民生活垃圾分类处置，完善与垃圾分类相衔接的处置体系，到2025年基本建成生活垃圾分类处理系统。推进餐厨废弃物及生活污泥协同处理，实现城市餐厨废弃物处理全覆盖。到2025年，实现城市生活垃圾回收利用率达35%以上。督促生活垃圾焚烧发电厂规范化管理，加强飞灰处置设施的协同建设。加强建筑垃圾分类处理和回收利用，规范建筑垃圾堆存、中

转和资源化利用场所建设和运营，到 2025 年，全市建筑垃圾资源化利用率达 90%。

健全固体废物监管体系。建立健全“源头严防、过程严管、后果严惩”的医疗废物、危险废物环境监管体系。依托省危险废物动态管理系统平台，推动危险废物全生命周期监控系统建设，建立重点监控企业名单，实现危险废物的智能化、实时化、集成化监控。

4.6.2 强化新污染物治理基础

加强有毒有害污染物风险防控。建立健全有毒有害化学物质环境管理制度，开展重点行业重点化学物质生产使用信息调查和环境危害评估，识别有毒有害化学物质，研究确定重点管控对象和管控措施。强化持久性有毒有机物风险防控，加强对涉持久性有毒有机物生产使用企业的事中事后监管，督促企业制订环境风险防控管理计划。加快推动抗生素、内分泌干扰素等新型污染物监测管理体系建设，积极预防新污染物污染。强化新污染物调查评估技术集成与应用，开展抗生素、持久性有机物、微塑料等新污染物环境风险筛查与评估。

4.6.3 加强核与辐射安全监管

强化核技术利用等领域辐射安全管理。深入开展核技术利用、电磁辐射、伴生矿开发利用、废旧金属熔炼等行业领域隐患排查，督促各单位完善核与辐射安全防护设施建设。强化工业加速器、工业仪表、工业 X 射线探伤、工业Ⅲ类射线装置等领域辐射安全标准化管理，规范建立射线装置及放射源管理工作台账。推进实施废旧放射源季度排查工作制，动态掌握废源底数及分布情况。强化企业送贮运输前的安全管理，逐步完善废旧放射源收贮程序，确保废旧放射源安全处置率 100%。严格辐射安全许可审批、辐射类建设项目环保管理，到 2025 年，确保全市辐射工作单位的辐射安全许可、环评文件审批、放射性同位素转让审批、放射性同位素转移备案及回收备案率 100%。

4.6.4 加强环境噪声污染控制

加大重点领域噪声污染防治力度。落实声环境功能区管理要求，确保噪声防护距离。加强交通噪声污染防治，在噪声敏感建筑物集中区域的高速路、高架桥、铁路等道路两侧配套建设隔声设施。加强施工噪声排放申报管理，实施城市建筑施工环保公告制度，鼓励使用低噪声施工设备和工艺。推进社会生活噪声污染防治，严格管理敏感区内文体活动和室内娱乐活动。深化工业企业噪声污染防治，查处工业企业噪声排放超标扰民行为。

4.6.5 强化环境风险防范能力

强化环境风险源头管理。加强区域开发和项目建设的环境风险评价，严格把控涉及有毒有害物质、重金属和新污染物的项目。开展环境风险企业、园区、区域、流域环境风险调查评估，建立风险源数据库和动态管理系统，推进形成环境风险“一张图”。推动园区建立全过程、多层级生态环境风险防范体系，确保重点园区突发环境事件三级防控体系全覆盖。提高水陆运输风险管控水平，督促营运车船安全技术性能优化提升，加大违法超限运输治理力度。以长江、京杭运河、集中式饮用水源地及镇江新区新材料产业园周边重点水域等敏感目标保护为重点，推进水环境安全工程建设，到 2025 年，建成重点敏感保护目标突发水污染事件应急防范体系，确保重点流域水环境安全。推进环境责任保险制度，形成“保险＋服务＋防范”环境风险管理一体化模式，促进企业加强全过程环境风险管理。

完善环境风险应急管理体系。严格落实企业主体责任，健全突发环境事件应急响应责任体系。逐步将企业环境风险防控及应急治理能力纳入环保信用等级与企业“环保脸谱”指标体系。健全市和各市（区）两级环境应急响应及信息报告工作机制，做好与省级应急响应的衔接，完善上下游、区域间突发环境事件联防联控机制。加快环境应急指挥管理平台建设，推进资源调度、事件跟踪、信息上报、部门联动和远程指挥联动，防范重特大突发环境事件。加强各级专职环境应急队伍和装备专业化配置，加快环境应急物资储备库建设，积极开展区域环境应急演练，充分发挥环境应急专家在突发环境事件应急处置和环境应急管理咨询等工作中的作用。严格落实环境应急管理办法，规范化编制修订应急预案，实现环境风险企业电子化备案全覆盖，到2022年，完成县级以上政府突发环境事件应急预案修编。

4.7 健全环境治理体系，提升现代化治理水平

以江苏省生态环境厅、镇江市人民政府“共建生态环境治理体系和治理能力现代化试点市”为契机，完善生态环境保护管理制度，健全绿色经济发展机制，加强生态环境执法和监测监管能力建设，加快补齐环境基础设施短板，推进生态环境治理智慧化、信息化转型，打造生态环境治理现代化的特色样本。

4.7.1 完善生态环境管理制度

依法实行排污许可管理。严格落实固定污染源排污许可“一证式”管理要求，加快推进环评与排污许可融合，推动排污许可与环境执法、环境监测、总量控制、排污权交易、清洁生产审核等生态环境管理制度有机衔接，构建以排污许可制为核心的固定源监管制度体系。开展排污许可专项执法检查，依法严厉查处无证、超标、超总量排放等违法行为，加强排污许可证后管理。持续做好排污许可证换证或登记延续动态更新。

完善污染物排放总量管理机制。以排污许可制为核心，实施企事业单位污染物排放总量指标分配、监管和考核，确保化工、钢铁、水泥、造纸、印染等重点行业污染物排放总量只降不升。实施工业园区污染物排放限值限量管理，率先在镇江新区新材料产业园建立工业园区污染物排放限值限量管理制度，建立健全“超限园区”“限下园区”分类管理机制，引导园区和企业主动削减污染物排放量。

健全环境治理信用体系。建立健全环境治理政务失信记录，依法纳入政务失信记录并归集至相关信用信息共享平台。完善企业环保信用评价制度，依据评价结果实施分级分类监管。实行环保信用联合激励和惩戒，加大对绿色企业正向激励，加强对生态环境领域第三方服务机构的信用监管，探索环境信用“容错纠偏”机制。落实信用信息互联共享机制，推行上市公司和发债企业强制性环境治理信息披露制度。

4.7.2 加强生态环境基础支撑

强化环境基础设施支撑。加快补齐环境基础设施短板，以城乡污水、垃圾、固体废弃物、农业面源污染处理设施建设为重点，精准谋划一批污水处理提质增效、生活垃圾分类收集处置、危险废物处理与资源化利用等环境基础设施建设项目。到2025年，工业园区实现污水管网全覆盖、污水集中处理设施稳定达标运行，确保全市危险废物处置能力与需求完全匹配，基本建成布局合理、支撑有力、运行高效的现代化环境基础设施体系。持续推进“绿岛”试点建设，鼓励大企业采取股权合作等形式参与环境基础设施建设。应用“政府补贴＋第三方治理＋税收优惠”联动机制，推动重点行业企业治污设施更新换代。

建立现代化生态环境监测网络。积极构建现代化生态环境监测网络，优化整合监测资源，建成高水平的城区生态环境监测站，统筹3个辖市监测站，强化地方站与江苏省镇江环境监测中心功能互补，形成“1＋1＋3”生态环境监测体系。拓展环境质量自动监测网络，完善重要传输通道、重要交通枢纽周边大气自动监测站及大气超级站建设，加强市、县行政交界断面，主要入江入湖入海河流控制断面，农村“千吨万人”集中式饮用水水源地，重点工业园区、重要港口码头、主要内河航道周边等重点区域水质自动监测站的建设。到2025年，实现大气、地表水国控与省控监测点位的自动监测全覆盖。健全重点污染源“非现场”监测监控体系，推进规模以上入河排污口自动在线监测、省级以上工业园区监测监控系统建设。整合各类环境信息数据、问题线索，建立全市生态环境大数据平台，推动环境信息统一发布，形成生态环境数据一本台账、一张网络、一个窗口。到2025年，基本建成全覆盖、多要素、精准化的现代化生态环境监测监控体系。强化企业自行监测及信息公开监管，提高企业自行监测完成率。

4.7.3 创新完善绿色发展机制

健全生态环境分区管控机制。完善“三线一单”生态环境分区管控体系，建立健全动态更新调整机制，加强“三线一单”在政策制定、环境准入、园区管理、环境监管等领域的应用。依法依规开展规划环境影响评价，推进园区规划环评全覆盖，充分发挥园区规划环评宏观引领和刚性约束作用。严格管控“两高”项目

集中、环境承载力超负荷地区的排污总量,加大新、改、扩建项目重点污染物排放减量置换力度。

健全生态经济市场。实施排污权交易制度,健全用水权、排污许可权、用能权、碳排放权等交易市场机制。健全生态保护补偿体制机制,促进与完善财政补贴、转移支付等公共财政政策有效衔接,推动生态保护补偿市场化、多元化。持续创建"金环"对话品牌,实施"金山绿金"计划,鼓励金融服务创新,大力发展绿色信贷、绿色担保、绿色债券、绿色保险,支持激励企业实施碳减排工程,力争建成省内生态经济和绿色金融中心。

规范环境治理市场。平等对待各类市场主体,加强环境治理市场监管,形成公开透明、规范有序的环境治理市场秩序。探索市场化治理模式,引进、运用国内外先进的环保技术和第三方服务,支持环境治理整体解决方案、区域一体化服务模式、园区污染防治第三方治理示范、小城镇环境综合治理托管服务试点、生态环境导向的开发(EOD)模式试点等创新发展。

4.7.4 构建社会环保行动体系

强化环境宣传教育。强化生态环境宣教责任,逐步形成生态环境"大宣教"格局。利用生态文明教育实践基地、绿色学校、绿色社区等载体,加强对学校、城乡社区等基层群众的生态环境教育。充分发挥新闻媒体作用,围绕生态文明、低碳城市、污染防治攻坚战等内容,加强环保亮点宣传。开展各类先进典型选树活动,加大对生态环保先进干部、环保社会组织和环保志愿者的表彰奖励。

实施绿色低碳生活行动。培育简约适度、绿色低碳的生活理念,通过组建低碳生活联盟、低碳生活网络达人评选等多元创新方式,调动大众践行绿色生活的积极性。开展绿色家庭、绿色社区、绿色机关、绿色学校等绿色系列创建活动,营造全民参与的绿色行动氛围。完善绿色消费政策和长效机制,加大对关键绿色技术、节能环保标志产品的采购力度。鼓励绿色共享出行,推进共享单车、网络预约出租汽车、新能源小客车分时租赁规范有序发展,鼓励市民合乘(拼车)出行。积极推行《公民生态环境行为规范(试行)》,形成绿色低碳生活方式。

第五章 保障措施

围绕《规划》确定的主要目标和工作任务,建立健全规划实施与保障机制,落实各项保障措施,有效发挥规划对生态环境保护工作的引领和指导作用。

5.1 强化组织保障

落实党政同责、一岗双责,完善市负总责、各市(区)抓落实的工作机制。各级政府对本行政区域内生态环境保护负总责,根据本规划确定的目标任务进行工作部署,推进规划实施。各地各部门编制相关规划时,要做好与本规划衔接。市和各市(区)两级生态环境保护委员会要加强牵头协调作用,制订年度任务分解计划,统筹推进规划任务落实;有关部门要按照职责分工,制订实施方案计划,推动目标任务落实。

5.2 加大资金投入

各级政府严格把关生态环境公共财政支出重要领域,加大财政投入力度,逐步建立常态化、稳定化机制,强化资金支持与重点建设任务需求相适应。积极争取国家级、省级资金支持,提前做好项目储备。拓宽投融资渠道,综合运用土地、规划、金融、价格多种政策引导社会资本投入环境保护。积极推动政府与社会资本合作,建立以政府主导、市场运作的环境保护投融资机制,探索以资源综合利用收益补偿、污染防治项目投入和社会资本回报,吸引社会资本参与,引导各类创业投资企业、股权投资企业、社会捐赠资金和国际援助资金增加投入。推行PPP模式和环保第三方服务。

5.3 加强技术支撑

深化与江苏大学等高校院所共建校地合作平台，引导高校人才、科研创新优势聚焦研究解决生态环境难题，重点开展大数据、应对气候变化、多污染协同控制、生物多样性保护与恢复、新型污染物、重金属污染治理、工业园区污染治理等技术方法研究与应用。强化企业技术创新主体地位，引导企业开展技术创新，加强生态产品设计，研发低碳绿色、循环高效的生产技术和工艺。加强生态环保技术成果转化，加快成熟适用技术的示范和推广。支持环境保护领域工程技术类研究中心、实验室和实验基地建设。加强生态环保专业人才队伍建设，形成一批环保领军人才和环保科技带头人。加强区域生态环保科技交流平台建设，实现生态环保科技资源共享和优势互补，合力开展流域水污染防治、区域大气污染防治等重点项目科研合作。

5.4 实施重点工程

对标新阶段、新目标、新任务，本规划围绕“源头治理、大气环境质量改善、水环境质量提升、土壤和地下水污染防治、固体废弃物安全处置、生态保护与修复、现代化治理体系和治理能力建设”7 大类 98 项重点工程项目，建立项目实施、追踪推进及滚动发展机制。各市(区)要制订年度项目实施计划，并加强重点工程项目的组织推进实施和监督管理，及时协调解决项目实施过程中的各种困难和实际问题，确保重点工程项目的顺利实施，持续改善全市生态环境质量。

5.5 细化评估考核

健全规划实施情况考核评估办法，对生态环境年度目标任务完成情况、碳减排任务完成情况、生态环境质量状况、资金投入使用情况、公众满意程度等方面开展全方位考核，考核结果作为领导班子和领导干部实绩考核评价和奖惩任免的重要依据。坚持政府自我评估和社会第三方评估相结合，健全规划动态评估、跟踪、预警、调整机制，及时解决规划实施过程中出现的矛盾和问题。在 2023 年和 2025 年底，分别对规划执行情况进行中期评估和总结评估，依据中期评估结果对规划目标任务实施科学调整。完善规划实施监督机制，充分发挥人大、政协以及行政监察、组织人事、统计审计等部门的监督作用。

芜湖市“十四五”生态环境保护规划

前　言

芜湖市位于安徽省东南部，地处长江下游，是“长三角地区”的重要组成部分，同时也是通往黄山、九华山、太平湖风景区的北大门，素有“皖南门户”之称，经济总量居安徽省第二位；南倚皖南山系，北接江淮平原，拥有得天独厚的地理优势和丰富的自然资源；现辖无为市、镜湖区、弋江区、鸠江区、湾沚区、繁昌区、南陵县，总面积6 026平方千米。

“十三五”时期，在习近平生态文明思想的科学指引下，芜湖市对生态环境保护与发展关系的认识更加深刻，全市持续树立生态优先、绿色发展理念，以打赢打好污染防治攻坚战为主线，以改善生态环境质量为目标，着力打造生态文明芜湖样板。生态环境保护各项工作取得显著进展，人民群众生态环境获得感、幸福感和安全感不断增强，全市生态环境质量不断提升。

“十四五”时期是开启全面建设社会主义现代化国家新征程、向第二个百年奋斗目标进军的新起点，也是芜湖市建设人民群众获得感、幸福感、安全感明显增强的省域副中心城市和建设人民城市的关键时期。为切实做好芜湖市“十四五”生态环境保护工作，持续改善生态环境质量，以高水平保护推动高质量发展，根据《芜湖市国民经济和社会发展第十四个五年规划和2035年远景目标纲要》《长江三角洲区域生态环境共同保护规划》，制订本规划。

◆专家讲评◆

该规划以习近平新时代中国特色社会主义思想为指导，围绕加快建设人民群众获得感、幸福感、安全感明显增强的省域副中心城市和建设人民城市这一目标，结合芜湖实际和未来发展需求，全面分析了全市生态环境保护所面临的机遇和挑战，科学谋划了重点任务、主要举措和保障措施。突出长江保护，聚焦“减污降碳协同增效”，以高水平保护推动高质量发展，加快建设人与自然和谐共生的美好芜湖。提出加快融入长三角一体化发展，推进绿色循环经济、生态产品价值实现、乡村振兴，推动环境治理向更加精准、科学、依法转变，向更加系统、集成、综合转变，向更加注重源头、绿色、低碳转变，对深入推进生态环境保护、努力建设人与自然和谐共生的美好芜湖，具有十分重要的意义。

第一章　规划基础

1.1　区域概况

1.1.1　地理位置

芜湖市位于安徽省东南部，地处长江下游，中心地理坐标为东经118°2′、北纬31°20′，总面积约6 026平方千米。南倚皖南山系，北望江淮平原，浩浩长江自城西南向东北缓缓流过，青弋江自东南向西北，穿城而过，汇入长江。芜湖市东与宣城市相邻，跨江的无为市西与合肥市接壤，西南与铜陵市相连，北与马鞍山市相接。芜湖市靠江近海，距长江出海口仅468千米，是“长三角地区”的重要组成部分，同时也是通往黄山、九华山、太平湖风景区的北大门，素有“皖南门户”之称。

1.1.2 气候特征

芜湖市地处长江中下游平原，属亚热带湿润季风气候区，季风明显，四季分明，气候温和，光照充足，雨量适中，无霜期长，严寒期短。全市多年平均气温为15.9℃，多年平均日照数为2 100～2 300小时。全市多年平均降水量1 227毫米，降雨量年内分配不均匀，全年降雨主要集中在汛期5～9月，占全年的60%以上。受季风影响，夏季多为西南风，冬季多为西北风，春秋雨季多偏东风，多年平均风速3.3米/秒，最大风速可达22米/秒。

1.1.3 水文水系

芜湖市属长江流域水系，境内河道纵横，湖泊众多，沟塘密布，有各级河道50余条，大小湖泊20余个，河道总长度869千米，总水面面积797平方千米。主要河道有长江、青弋江、漳河、水阳江、裕溪河、西河等，另外还有部分独立入江支流如横山河、黄浒河等，较大的湖泊有竹丝湖、龙窝湖、奎湖、黑沙湖、南塘湖、凤鸣湖等。

1.1.4 地形地貌

芜湖市属长江中下游冲积平原，主要由河漫滩、阶地、台地和丘陵构成。地势西高东低、南高北低，地形呈不规则长条状，地貌类型多样，平原丘陵皆备，河湖水网密布。江南地区东部为平缓岗地，北部和中部为平原圩区，南部是丘陵和低山区。平原海拔一般为6.0～12.0米，低洼地最低点在2.0～3.0米；岗地一般为20～60米；丘陵一般为100～250米，最高点为南陵县三公山，海拔674米。江北地区北部为山丘、岗地区，中部、南部为平原圩区。山丘海拔一般为50～300米，岗地一般为12～50米，圩区一般4.0～10.0米，最高点无为市鸡毛燕主峰527.8米。

1.1.5 自然资源

水资源。芜湖市地表水资源丰富，多年平均水资源量为31.65亿立方米，多年平均浅层地下水资源量为7.03亿立方米。2019年全市水资源总量24.18亿立方米，其中地表水资源量19.96亿立方米，地下水资源量6.27亿立方米，地下水与地表水不重复计算量4.22亿立方米，全市人均水资源量640立方米。

土地资源。芜湖市土地总面积为6 026平方千米，耕地面积为2 683平方千米，占全市土地总面积的44.52%；园地面积为36平方千米，占全市土地总面积的0.6%；林地面积为943平方千米，占全市土地总面积的15.65%；草地面积为71平方千米，占全市土地总面积的1.18%；其他土地面积为69平方千米，占全市土地总面积的1.15%；居民点及工矿用地面积为935平方千米，占全市土地总面积的15.52%；交通用地面积为160平方千米，占全市土地总面积的2.66%；水利设施用地面积为1 130平方千米，占全市土地总面积的18.75%。

矿产资源。芜湖市境内已发现各类矿产48种，其中，能源矿产4种，金属矿产13种，非金属矿产30种，水气矿产1种。其中，水泥用灰岩为芜湖市优势矿种，主要分布在繁昌区荻港—马坝地区，建筑石料用砂石主要分布在无为市石涧镇—严桥镇、繁昌区荻港镇、南陵县三里镇等地，电石用灰岩主要分布在无为市石涧镇，铁矿主要分布在鸠江区、繁昌区，铜矿主要分布在无为市、南陵县。

林业资源。芜湖市属北亚热带、中亚热带的落叶阔叶林与常绿阔叶林混杂林地带，多为次生和人工林。全市活立木总储蓄量705.49万立方米，森林面积1 533.17平方千米，森林覆盖率25.84%。现有维管束植物1 163种，其中蕨类植物21科32属39种，裸子植物9科19属41种，被子植物142科604属1 083种。

动物资源。芜湖市境内野生动物组成丰富而复杂。兽类共43种，隶属于8目17科。爬行类共24种，隶属于4目8科。两栖类共9种，隶属于2目5科。

湿地资源。芜湖市共有988个湿地斑块，包括4个湿地类7个湿地型，湿地类有河流湿地、湖泊湿地、沼泽湿地、人工湿地四类。湿地总面积78 947.96公顷，其中河流湿地35 336.58公顷、湖泊湿地13 269.2公顷、沼泽湿地5 803.11公顷、人工湿地24 539.07公顷。

自然保护地。芜湖市域主要自然保护地包括6个自然保护区、1个风景名胜区、4个省级以上森林公园、

2个湿地公园、2个地质公园和1个水产种质资源保护区，总面积达到30 280公顷，占市国土面积的5.03%。

1.2 社会经济

1.2.1 行政区划

芜湖市成立于1949年5月10日，直属安徽省，原包含镜湖区、弋江区、鸠江区、三山区4个市辖区，芜湖县、繁昌县、南陵县、无为县4个县。2020年芜湖行政区划调整，撤销三山区、弋江区，设立新的弋江区，以原三山区和原弋江区的行政区域为新的弋江区的行政区域，撤销芜湖县，设立芜湖市湾沚区，撤销繁昌县，设立芜湖市繁昌区。芜湖市现辖无为市、镜湖区、弋江区、鸠江区、湾沚区、繁昌区、南陵县，总面积6 026平方千米。

1.2.2 综合实力

2016—2020年芜湖市地区生产总值呈逐年递增趋势，2020年全年实现地区生产总值3 753.02亿元，GDP年均增长7.8%。2016—2020年芜湖市地区生产总值变化如图5.1所示。从全省来看，芜湖市地区生产总值位居全省第二位，增速排第十位，经济发展水平位居前列。

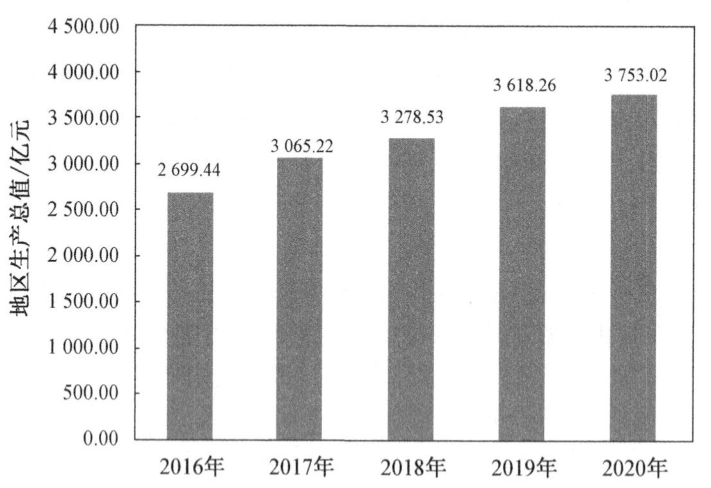

图5.1 2016—2020年芜湖市地区生产总值变化示意图

1.2.3 产业结构

2016—2020年芜湖市第三产业比重逐年增加，第一、第二产业稳定发展，产业结构不断优化。三次产业比例由2016年的4.6∶56.1∶39.3调整为2020年的4.3∶47.6∶48.1。第一产业比重进一步缩减，

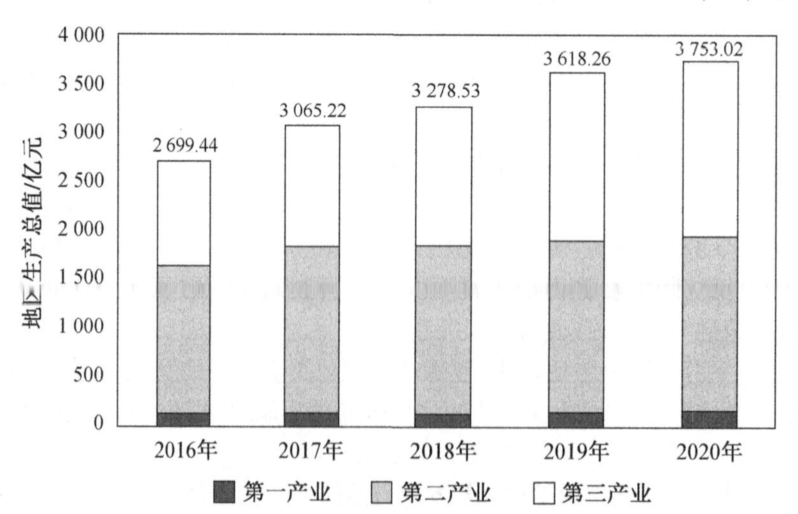

图5.2 2016—2020年芜湖市三次产业占比变化示意图

由2016年的4.6%下降至4.3%；第二产业为2016年的主导产业，近5年比例持续缩减，由56.1%下降至47.6%，位居全省第三；第三产业比例呈逐年递增趋势，由2016年的39.3%增长到2020年的48.1%，比例逐步超过第二产业。2016—2020年芜湖市三次产业占比变化如图5.2所示。

1.2.4 能源利用

2015—2019年，芜湖市能源消费总量从1 158.92万吨标准煤上升至1 263.05万吨标准煤，其中2019年第一、二、三产业能源消费占比分别为1.03%、71.37%、17.92%，规上企业能源消耗以非金属矿物制品为主，其次为电力、热力供应。单位GDP能耗呈下降趋势，从2015年的0.48吨标准煤/万元降至2019年的0.38吨标准煤/万元，提前并超额完成下降17%的“十三五”目标任务。2015—2019年芜湖市能源消费情况见图5.3所示。

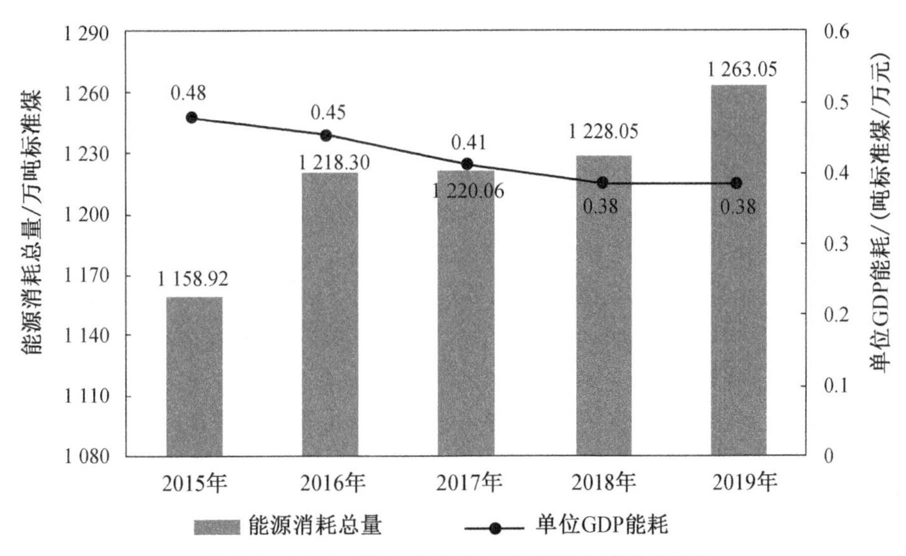

图5.3 2015—2019年芜湖市能源消费情况示意图

1.2.5 水资源利用

2015—2019年，芜湖市用水量总体变化幅度较小，单位GDP水资源消耗从2015年的115.0立方米/万元下降到2019年的83.3立方米/万元，呈稳定下降趋势。2015—2019年芜湖市水资源消耗情况见图2.4所示。

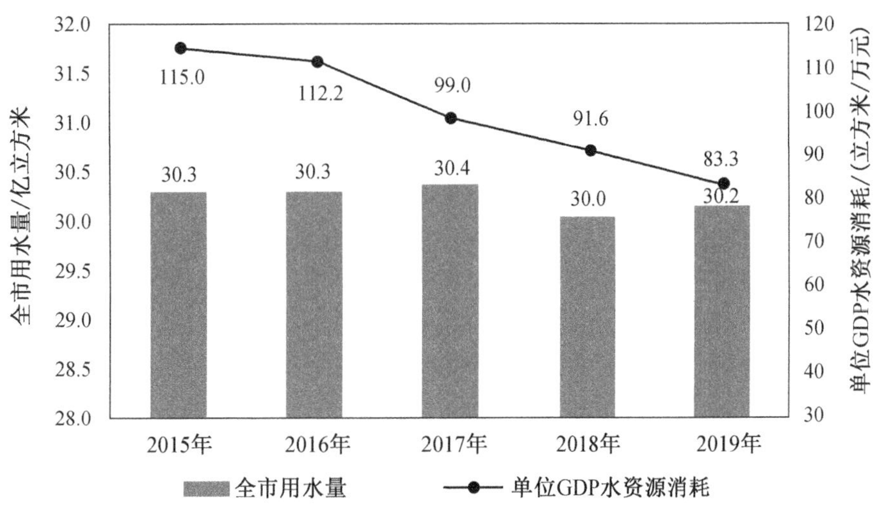

图5.4 2015—2019年芜湖市水资源消耗情况示意图

第二章 “十三五”环境保护成效

2.1 主要成效

“十三五”生态环境保护目标顺利完成。2020 年，全市细颗粒物($PM_{2.5}$)年均浓度 35 微克/立方米，比 2015 年下降 36.4%；空气质量优良天数比例 88.3%，比 2015 年提高 8.3%；地表水国家考核断面优良比例 100%，城市集中式饮用水水源达标率 100%；受污染耕地安全利用率达 93%，污染地块安全利用率 100%；主要污染物排放总量持续减少，化学需氧量、氨氮、二氧化硫、氮氧化物污染物排放量比 2015 年分别下降 13.49%、16.9%、22.4%、23.68%；辐射环境质量稳定处于正常水平，未发生各类辐射事故和放射性污染事故；森林覆盖率 26.82%，森林蓄积量 719 万立方米，全市生态系统结构和格局基本稳定，生态安全屏障更加牢固。

长江大保护取得重大进展。全面开展长江芜湖段生态环境大保护大治理大修复，强化生态优先绿色发展理念落实专项攻坚行动；积极落实“1515”岸线分级管控措施；持续深化“禁新建、减存量、关污源、进园区、建新绿、纳统管、强机制”7 项举措，深入推进生态环境污染治理“4+1”工程；拆除码头、修造船点和黄砂经营点 216 个，释放长江岸线 32.3 千米，腾出滩涂陆域面积 6 000 亩；落实长江流域重点水域十年禁渔，全市 1 000 多户合法持证捕捞渔民全部退出天然渔业捕捞，千余艘捕捞渔船全部回收拆解；强化复绿补绿建设，建设全长 10.4 千米、总面积 8.12 平方千米“十里江湾”生态景观带。

污染防治攻坚战取得阶段性胜利。蓝天保卫战全面推进。强化控煤、控气、控车、控尘、控烧“五控”措施，淘汰每小时 35 蒸吨以下燃煤锅炉 303 台，全面完成火电机组超低排放改造；淘汰全市范围黄标车，提前实施机动车“国六”标准。碧水保卫战坚决有力。完成 96 个乡镇级及以下饮用水水源保护区划定工作，8 个县级及以上集中式饮用水水源水质优良比例达 100%；推进镇政府驻地及省级美丽乡村生活污水处理设施建设全覆盖，完成 218 个建制村环境综合整治任务；全市 74 条城市黑臭水体全部通过“初见成效”验收。净土保卫战扎实开展。完成农用地土壤污染状况详查；开展 21 个疑似污染地块的土壤污染状况调查，完成 1 个污染地块治理修复试点项目；持续开展“清废行动”、危险废物专项整治，推进涉镉等重金属重点行业企业排查整治。

推进高质量发展取得更大成效。“十三五”期间，生态环境保护对经济转型引导、优化、倒逼和促进作用明显增强。全市第三产业增加值占 GDP 比重达 48.1%，占比超过第二产业；战略性新兴产业产值占规模工业比重达 42.2%，同比增长 18.1 个百分点；高新技术产业增加值占规模工业比重达 50.8%，同比增长 10.5 个百分点。

生态环境保护体制机制持续健全。成立由市委书记、市长担任双主任的市生态环境保护委员会，出台现代环境治理体系实施方案；实施“三线一单”分区管控措施，实现固定污染源排污许可全覆盖；推深做实河(湖)长制，推进林长制改革示范区建设；全面完成生态环境保护机构监测监察执法垂直管理制度改革和综合行政执法改革，生态环境保护行政执法实现垂直监管；建立以县区级横向补偿为主、市级纵向补偿为辅的地表水断面生态补偿机制，将全市主要水体的 13 个水质断面纳入市级生态补偿范围；全面试行生态环境损害赔偿与责任追究制度，完成生态环境损害磋商案件 3 起，追缴环境损害数额 108.38 万元；2018 年成功创建国家森林城市，湾沚区成功创建省级、国家级生态文明建设示范县，2020 年被生态环境部成功命名为第四批“绿水青山就是金山银山”实践创新基地，芜湖经济技术开发区成功创建国家生态工业示范园区。

2.2 存在的问题

生态环境质量改善成效仍需巩固。一是空气环境质量形势依然严峻。$PM_{2.5}$已成为全市空气质量的首要污染物，细颗粒物与臭氧协同控制仍待加强；市辖区内存在工业涂装、包装印刷等高 VOCs 排放行业，VOCs 污染源种类繁多，需进一步实施精细化管控。二是水环境质量有待进一步提升。市建成区黑臭水体已基本消除，全市黑臭水体治理长效保障机制仍需完善；乡镇级（农村）饮用水水源地分布点多面广，水源地监管难度大，难以规避周边农业种植、畜禽养殖等污染。三是土壤环境风险管控任重道远。遗留废弃矿山、选矿厂和尾矿库等污染源，对周边耕地土壤和地下水带来一定环境污染风险；现有土壤污染风险管控和修复、农用地安全利用和种植结构调整缺乏行之有效的技术体系和推广示范模式，已有技术集成不足、成本偏高。

生态环境风险隐患仍然存在。长期形成的布局性环境隐患和结构性环境风险，成为威胁区域生态环境安全的主要隐患；长江过境危险货物船舱来往频繁，危化品水上运输安全不容忽视；辖区内非法倾倒危废案件时有发生，环境风险隐患较大；新污染物防范体系亟待完善；生物多样性保护存在空缺区域，保护力度不够；外来生物入侵危害依然存在，对全市生物多样性构成一定威胁。

生态环境保护治理体系与能力亟待加强。生态环境治理手段较为单一，市场手段和社会参与程度仍然偏弱，资源环境的市场配置效率有待进一步提高；环境执法队伍建设仍存在环保专业人才缺失、区域人员配置不平衡等问题；颗粒物组分、挥发性有机物、有毒有害污染物等空气质量自动监测点位不足，部分监测仪器使用年限较长，难以支撑专业化、精细化监管工作。

绿色低碳发展水平有待进一步提升。全市经济发展与资源能源消耗尚未实现实质性脱钩，生态环境保护和经济发展协调性仍有较大提升空间；能源结构偏煤，煤炭在能源消费中占据主体地位的特征短期内难以发生根本性变化，实现碳达峰目标压力较大；十大战略性新兴产业经济体量占全市规上工业增加值比重仍不够高，对全市工业经济发展的支撑作用仍需进一步强化。

2.3　发展机遇

2.3.1　生态文明体系“四梁八柱”不断筑牢

“十四五”是衔接“两个一百年”奋斗目标的开局五年，在第一个百年奋斗目标如期实现的基础上，把我国建设成为富强、民主、文明、和谐、美丽的社会主义现代化强国的第二个百年奋斗目标将迎来更有利的战略态势，美好芜湖建设图景日渐清晰。坚持以习近平生态文明思想为根本遵循，是国家级生态文明示范市建设的核心，也是引领现代化生态名城建设的必由之路，更是芜湖市“十四五”生态环境持续改善的重要制度保障。

2.3.2　长三角一体化“新发展格局”加速形成

芜湖市作为长三角规划Ⅱ型大城市、长三角区域一体化发展中心区、长三角 G60 科创走廊及自贸区成员城市，具备产业特色鲜明、创新活跃强劲、区位交通便利、市场腹地广阔、生态资源良好等优势。市委市政府高度重视长三角一体化发展机遇，组织制订了《芜湖市实施长江三角洲区域一体化发展规划纲要》，长三角一体化发展不断推深做实。长三角一体化“新发展格局”的加速形成将为芜湖市“十四五”生态环境共治水平进一步提升、绿色发展生态本底进一步夯实提供前所未有的机遇。

2.3.3　高水平保护和高质量发展协同推进步入新常态

芜湖市作为一座滨江城市，襟江带水，它的兴衰与长江紧密相连，“十三五”期间全市 GDP 年均增长 7.8%，“十四五”期间芜湖市经济将持续高质量发展；随着“共抓大保护，不搞大开发”成为共识，粗犷式发展弊端凸显，生态环境末端治理空间减小，推进生态环境高水平保护势在必行。高水平保护和高质量发展协同推进步入新常态，助力芜湖市建成长三角中心区有特色有魅力的生态名城。

2.3.4　“两山”转化“久久为功”谋新发展

芜湖市作为长江中下游的重要节点城市，滨江资源丰富，芜湖市践行“两山”理论于长江大保护极具意义。芜湖市湾沚区率先走出了一条生态效益与经济效益互促互赢的高质量发展新路径，顺利入围全国第四批"绿水青山就是金山银山"实践创新基地。目前，湾沚区"两山"基地"点绿成金"示范带动作用凸显，全面保障湾沚"两山"实践模式向市域辐射，"两山"转化路径将进一步拓宽，创新生态价值实现的体制机制将加速形成，全市生态产品供给水平和保障能力进一步提升。

2.4 面临挑战

2.4.1 "新发展阶段"赋予新的历史使命

在"十三五"圆满收官、"十四五"启程之际，芜湖市将进入新发展阶段，这是全面实现社会主义现代化、向第二个百年奋斗目标进军的新征程。"十三五"期间芜湖市虽然取得了很大的成绩，但距离中央要求、距离老百姓对美好生活的期盼、距离建设美丽中国的目标、距离"生态名城"建设目标还有很大差距。根据新形势，还增加了应对气候变化、生物多样性保护等新的工作任务，对全市生态环境质量提出了更高要求。

2.4.2 四大结构调整步入深水区

"十三五"期间，芜湖市实施了一系列产业、能源、运输、用地结构调整的工作措施，为芜湖市"十三五"生态环境质量总体改善提供了重要源头保障。"十四五"期间芜湖市钢铁、水泥、平板玻璃等产品产量持续保持高位稳定的态势，产业结构仍然偏重；钢铁、水泥、电力行业能源消费严重依赖煤炭，能源结构偏煤；运输结构偏公路、用地结构偏粗放等问题尚未根本改变，资源环境承载能力已经达到或者接近上限的状况没有根本改变；新冠疫情对经济社会造成冲击，经济下行压力加大，重污染行业率先复苏，经济发展和资源能源消耗还没有实现实质性脱钩；进一步优化调整产业结构、能源结构、运输结构、用地结构难度依然较大。

2.4.3 长江保护升为国家战略，岸线需从开发转为保护

坚持"共抓大保护、不搞大开发"的长江经济带发展战略已上升为国家战略。长江贯穿整个芜湖市，长江芜湖段岸线长 193.9 千米，占长江安徽段干流岸线长度的 24.9%；由于历史原因，长江芜湖段过度开发，存在未经许可的岸线开发利用现象，生态环境保护压力极大；近年来芜湖市积极推进长江大保护工作，取得可喜成绩，但与中央、省的期待和要求还有一定差距。随着长江大保护走深走实，往后多是难啃的"硬骨头"，需要持之以恒、万众一心、不动摇不停步不松劲，坚决打好长江大保护的持久战。

2.4.4 生态环境治理体系和治理能力现代化有待落地生效

国家、省生态环境治理体系和治理能力现代化顶层设计基本完成，但改革落地仍然不够，系统整体性、协同性尚未充分发挥。"十三五"期间芜湖市环境保护多元共治的局面加速形成、公众的环境意识总体提升、生态文明体系不断健全，生态环境治理体系和治理能力现代化跟过去相比有很大提升，但距当前面临的生态环境问题、解决问题的手段要求相比还有较大差距。"十四五"期间进一步推进生态环境治理体系和治理能力现代化仍存在一定挑战。

第三章 总体要求

3.1 指导思想

以习近平新时代中国特色社会主义思想为指导，全面贯彻党的十九大和十九届历次全会精神，深入贯彻习近平生态文明思想和习近平总书记考察安徽时的重要讲话指示精神，认真落实省、市第十一次党代会和省委、省政府、市委、市政府决策部署，全面贯彻新发展理念，紧扣推动高质量发展、构建新发展格局，坚持减污降碳总要求，注重系统治理、源头治理和综合治理，突出精准、科学、依法治污，深入打好污染防治攻坚战，统筹推进"提气降碳强生态，增水固土防风险"，积极推进生态环境治理体系和治理能力现代化，不断满足人民日益增长的优美生态环境需要，为加快建设人民群众获得感幸福感安全感明显增强的省域副中心城市和建设人民城市提供坚实的生态环境支撑。

3.2 基本原则

生态优先，绿色发展。深入践行“绿水青山就是金山银山”的理念，发挥好生态环境保护对经济发展的优化促进作用，加快生产方式和生活方式绿色转型，促进生产、生态、生活“三生融合”，实现高水平保护和高质量发展协同并进。

方向不变，力度不减。“十四五”期间，芜湖市仍处于生态环境质量持续改善“爬坡期”，必须全方位考虑各县市区、开发区发展定位、产业结构、城镇化建设等方面的差异，推进生态环境质量持续改善。

质量核心，远近兼顾。针对“十四五”时期面临的突出环境问题，深入打好污染防治攻坚战；围绕2035年生态环境根本好转的战略目标，落实减污降碳总要求，推进应对气候变化与环境治理、生态修复等协同增效。

深化改革，制度创新。完善生态环境领域统筹协调机制，加快构建党委领导、政府主导、企业主体和公众共同参与的现代化环境治理体系，把制度优势更好地转化为治理效能，实现政府治理和社会调节、企业自治的良性互动。

3.3 规划目标

3.3.1 总体目标

到2025年，在全面建成小康社会、深入打好污染防治攻坚战的基础上，实现生态环境质量持续改善，生态环境治理体系与治理能力明显提升，人与自然和谐共生取得显著成效，逐步形成“绿色、共享、高效、低耗”的生产生活方式。

展望2035年，碳排放达峰后稳中有降，生态环境质量根本好转，生态系统服务功能显著提升，生态安全得到有效保障，生态环境治理体系和治理能力现代化全面实现，人与自然和谐共生的“美好芜湖”建设目标基本实现。

3.3.2 指标体系

为实现生态环境质量继续改善，芜湖市“十四五”指标体系包括环境治理、应对气候变化、环境风险防控、生态保护4大类17项指标。具体见表5.1。

表5.1 芜湖市“十四五”生态环境保护主要指标

指标		2020年	2025年目标	指标属性
(一) 环境治理				
(1) 细颗粒物($PM_{2.5}$)浓度(微克/立方米)		35	34	约束性
(2) 城市空气质量优良天数比率(%)		88.3	87	约束性
(3) 地表水达到或好于Ⅲ类水体比例(%)		100	100	约束性
(4) 地表水劣Ⅴ类水体比例(%)		0	0	约束性
(5) 城市黑臭水体比例(%)		0	0	预期性
(6) 地下水质量Ⅴ类水比例(%)		66.67	省下达	预期性
(7) 农村生活污水治理率(%)		—	40	预期性
(8) 主要污染物重点工程减排量(吨)	化学需氧量	—	【5 058】	约束性
	氨氮	—	【238】	
	氮氧化物	—	【7 874】	
	挥发性有机物	—	【2 752】	

续表

指标	2020年	2025年目标	指标属性
(二)应对气候变化			
(9)单位国内生产总值二氧化碳排放降低(%)	—	省下达	约束性
(10)单位国内生产总值能耗消耗降低(%)	19.48	省下达	约束性
(11)非化石能源占能源消费总量比重(%)	—	省下达	预期性
(三)环境风险防控			
(12)受污染耕地安全利用率(%)	93	省下达	约束性
(13)重点建设用地安全利用率(%)	100	有效保障	约束性
(14)放射源辐射事故年发生率(起/万枚)	0	省下达	预期性
(四)生态保护			
(15)生态质量指数(EQI)	—	稳中向好	预期性
(16)森林覆盖率(%)	25.84	27.3	约束性
(17)生态保护红线面积(平方千米)	—	不减少	约束性

注:【 】为5年累计数。

第四章　重点任务

4.1　全面擘画人民城市建设新篇章

4.1.1　筑牢生态安全格局

加强生态空间管控。坚持山水林田湖草系统治理,加强自然保护区、湿地公园、风景名胜区、饮用水水源保护区、河湖岸线等保护力度;深化水土保持和小流域综合治理,开展青弋江、裕溪河、龙窝湖、奎湖等综合治理和生态修复,加快外龙窝湖湿地自然公园、惠生联圩生态公园等项目建设;系统实施堤防加固、岸线治理、水系整治、生态护岸和环境工程,维护重要水体生态系统健康。

构建多层次生态廊道。构建"一带两片多廊道"保护格局,"一带"为沿长江湿地生态保护带,加强长江洲岛和江滩的生态保护,持续开展沿岸绿化造林,保护长江及其岸线的自然生态;"两片"为江北和江南丘陵山水生态涵养片区,重点维护水土保持、生物多样性保护等自然生态功能,加快森林抚育和矿山修复,增强生态涵养能力;依托青弋江、青安江、峨溪河、黄浒河等河流及其串联的湖泊水库,建设沟通长江和江南、江北生态涵养片区的生态廊道,提高生态系统完整性和连通性。

提升重要生态屏障功能。以生态保育为目标,提升南陵西部、繁昌区以及无为市西北和西南山体水源涵养、水土保持等生态功能,构筑芜湖市"西北山水生态屏障"和"西南山水生态屏障";强化林业资源保护和提升,加强生态屏障区天然林保护,完善水源涵养林、水土保持林建设,保护和恢复河湖湿地和河流水系,进一步提高森林、湿地等生态系统服务功能,推动形成具有更高生态价值和更强影响力的生态源地,为城镇化建设和区域生态平衡构建安全屏障。

加大生物多样性保护力度。实施生物多样性保护重大工程,完善生物监测网络,有效保护自然生态系统、物种、基因和景观多样性,稳步提高物种丰富度;加强外来物种入侵防控,协助省厅开展外来入侵物种普查,加强农田、渔业水域、自然保护地等区域外来入侵物种综合治理,研究制订芜湖市外来物种入侵防控应急预案和防控措施,完善外来入侵物种的监测、风险评估及快速反应体系;加强林木种质资源和古树名木保护利用，加大南陵凤丹、繁昌长枣等保护力度，鼓励建立林木种质资源库、农作物种质资源库、现代林业示范区；加大扬子鳄、淡水豚类、细鳞斜颌鲴等保护力度，强化和规范增殖放流管理，严控无序放流，严禁放流外来物种。

强化自然保护地生态保护。贯彻落实自然保护地法规规章，不断完善监督管理长效机制，加快推进自然保护地整合优化、勘界立标工作并与生态保护红线有效衔接；稳步提升自然生态空间承载力，分区分类开展受损自然生态系统修复，显著提高自然保护地管理效能和生态产品供给能力；持续开展"绿盾"专项行动，探索建立统一执法机制，逐步在自然保护地范围内实施生态环境保护综合执法。

4.1.2 打造最美生态江湾

深入开展"三大一强"专项攻坚"严重促"行动。坚持"共抓大保护，不搞大开发"，扎实开展全市美丽长江（芜湖）经济带生态环境新一轮"三大一强"专项攻坚行动，协同建设新阶段现代化美丽长江（安徽）经济带；抓紧抓实"1＋1＋N"突出生态环境问题整改，深入开展突出环境问题"大起底""回头看"，常态化开展生态环境突出问题排查；坚持污染减排和生态扩容并重，协同铜陵、马鞍山推进长江干支流、左右岸、江河湖库治理，突出抓好治污、治岸、治渔，改善长江生态环境和水域生态功能，保持长江生态原真性和完整性；深入推进长江全流域入河排污口排查整治，巩固打击非法码头、非法采砂成果，确保长江水质稳优向好，早日重现"一江碧水向东流"的胜景。

强化沿江生态环境保护与管理。始终把修复长江生态环境摆在压倒性位置，全面落实《中华人民共和国长江保护法》；拓宽智慧长江综合管理平台应用场景，严厉打击非法采砂、筑坝围堰等生态违法行为，切实提高长江违法事件智能感知能力，实现"一张图"式全要素综合管理模式；坚持绿色底线理念，以长江及龙窝湖湿地、黑沙洲、天然洲、曹姑洲等滩涂湿地、江心洲、滨水带为重要载体，构建沿江水生态保护带。

持续推进长江岸线绿色廊道建设。持续开展长江两岸绿化造林行动，强化以水土保持、农田林网和堤岸林为主的防护林体系建设；加强岸线治理和景观提升改造，建设江堤景观风貌区、生态湿地风貌区、滨江滩涂风貌区，打造沿江景观带；开展受损湿地和江滩的保护修复，完成沿江两岸废弃露天矿山生态修复，持续推进退耕还林还草，打造长江十里江湾，百里绿廊。

全面实施长江"十年禁渔"。开展禁捕后渔民生计保障跟踪调研，切实做好禁捕退捕渔民安置保障工作；开展打击非法捕捞和销售非法捕捞渔获物专项整治行动，依法严惩破坏禁捕的违法犯罪行为，坚决查处非法捕捞渔具制售和渔获物交易行为；完善水生生物保护管理机制，推动资源养护和合理利用互促共赢，构建长江禁捕退捕长效管控机制，全面打赢长江禁捕退捕攻坚战。

4.1.3 推进长三角共保联治

强化区域大气污染联防联控。深入落实区域重点污染物控制目标，推动挥发性有机物、氮氧化物等大气主要污染物排放总量持续下降，切实改善区域空气质量；深化落实《长三角区域重污染天气预警应急联动方案》，积极参与区域重污染天气联合应对工作，合作探索臭氧有效应对措施，提升空气质量预测预报能力，深化大气环境信息共享机制。

推进长江水环境协同治理。坚持污染减排和生态扩容两手并重，统筹推进水污染防治、水资源保护、水生态修复，持续深化港口合作、超限联合治理、船舶污染联合防治的联动协调；加强长江、青山河、青通河等跨界水体污染防控，推动实施区域跨界水体上下游及左右岸联动治理，全面加强水污染治理协作；完善重点流域水生态补偿机制，进一步明确属地排污和治理责任，实现环境有价。

完善固废污染防治体系。加强危化品道路运输风险管控及运输过程安全监管；建立健全生活垃圾、工业固废、危险废物一体化监管体系和跨区域非法倾倒监管联动机制，研究建立源头追溯机制，完善固体废物跨区域非法倾倒的快速响应处置机制，联合制订专项环境保障方案，严厉打击非法跨界转移、倾倒等违法犯罪行为，对突出问题实施挂牌督办。

健全区域环境治理联动机制。推进生态环境保护标准一体化建设，建立区域标准研究和制定协调推进机制，在重点行业和领域逐步实施区域协同的标准体系和技术政策防治体系；强化生态环境联合执法联动，共同组建生态环境联合执法队伍，打破行政壁垒，开展联合执法巡查；探索推进跨界地区、毗邻地区生态环境联合监测，提升跨界环境污染纠纷处置能力和应急联动水平，推动区域环境应急物资储备统筹共享；建立健全生态环境大数据系统，进一步加强生态环境质量、污染源等信息数据共享机制。

4.1.4 绘就生态文明新画卷

打造全域生态文明建设示范带。成立生态文明建设示范市工作领导小组，办公室设在市生态环境局，开展芜湖市省级、国家级生态文明建设示范市创建工作，推动无为市、南陵县等省级生态文明示范市(县)创建进程，推进芜湖高新技术产业开发区创建国家级生态工业示范园区；以生态文明创建为突破口，探索生态文明建设新模式，培育绿色发展新动能，开辟生态惠民新路径，不断提高生态环境管理系统化、科学化、智能化、精细化水平；以创促改、以改助创，完善生态文明领域统筹协调机制，建设人与自然和谐共生的现代化，努力把芜湖市打造为沿江生态文明建设示范引领区。

持续拓宽“两山”转化路径。坚持以生态产品价值保值增值为目标，以美丽乡村、特色小镇建设为重点，通过搭建政府引导、市场化运作、社会各界参与的生态资源运营服务体系，探索一批配套改革制度，转化一批生态资源，积极创建生态产品价值实现机制试点，大力拓宽“两山”转化路径，持续增强生态产品供给能力；充分发挥湾沚区“两山”基地转化示范带动作用，引导生态本底值较好的地区有序开展“两山”基地创建工作，打开“两山”多元转化通道，形成以点带面的良好发展局面。

4.2 加快促进经济社会发展绿色转型

4.2.1 减污降碳协同增效

开展碳排放清单核算。开展芜湖市温室气体排放清单编制，完善二氧化碳排放基础数据清单制度；加强消耗臭氧层物质与含氟气体生产、使用及进出口专项统计调查；推动建立常态化的应对气候变化基础数据获取渠道和部门会商机制，加强与能源消费统计工作的协调，提高数据时效性，加强高耗能、高排放项目信息共享。

系统推进碳排放达峰行动。科学确定碳达峰目标，编制芜湖市碳排放达峰规划，强化政策措施实施和体制机制创新；有效衔接碳排放“双控”目标与碳排放峰值目标，加强重点企业碳排放双控目标管理，制定重点产品碳排放限额，开展推进协同减排和融合管控，探索排放单位监管、排污许可制度、减排措施的有机融合；在中国(安徽)自由贸易试验区(芜湖片区)探索建立碳中和示范区，确保2030年前碳达峰目标实现。

强化工业企业碳排放管控。落实重点行业单位产品温室气体排放标准，鼓励水泥、钢铁、电力等重点行业结合自身发展实际制订达峰方案，开展碳排放强度对标活动，降低单位产品碳排放强度，推进产业链和供应链低碳化；以先进适用技术和关键共性技术为重点，制订重点行业低碳技术推广实施方案，加强企业碳排放管理体系建设，鼓励开展智能工厂、数字车间升级改造，实现产品全周期的绿色环保。

积极参与碳排放权交易市场建设。配合省级部门开展碳排放配额分配和清缴、温室气体排放报告核查等工作，督促全市发电行业重点排放单位完成配额分配和清缴履约；将碳交易有关工作责任落实至各县市区、开发区，明确碳排放交易责任目标，推进全市碳交易能力建设；建立覆盖重点排放单位、第三方核查机构的专业技术人才队伍，形成与碳交易相关的人才管理制度；培育碳交易咨询、碳资产管理、碳金融服务等碳交易服务机构，推动碳市场服务业发展。

实施温室气体和常规污染物协同控制。探索温室气体排放与大气污染防治监管体系的有效衔接路径，制订工业、农业温室气体和污染减排协同控制方案，减少温室气体和常规污染物排放；加强污水、垃圾等集中处置设施温室气体排放协同控制；开展空气质量达标和碳达峰“双达”行动，编制实施全市二氧化碳达峰和空气质量达标规划，努力打造“双达”典范城市。

4.2.2 推动产业低碳发展

严控落后过剩产能。严格环境准入，持续推进落后产能淘汰和过剩产能压减，综合运用差别电价、惩罚性电价、信贷投放等经济手段推动落后和过剩产能主动退出市场；严格执行环保、安全、质量、能耗等标准，坚决退出达不到安全环保要求的企业，有序释放优质先进产能，不断扩大优质增量供给；落实“散乱污”企业动态管理机制，进一步夯实网格化管理，定期开展排查整治工作，坚决遏制已关停取缔的“散乱污”企业死灰复燃、异地转移。

推动绿色低碳产业发展。强化应对气候变化、污染防治和生态环境保护工作的全面融合，加快低碳技术推广应用和低碳产业发展；实施传统产业绿色化升级改造，促进汽车及零部件、电子电器、材料和电线电缆产业转型升级；围绕机器人及智能装备产业、新能源及智能网联汽车、新材料、节能环保装备等低碳新兴产业，实施绿色循环新兴产业培育工程，持续壮大绿色低碳产业规模，打造国际先进的绿色低碳产业集群。

壮大新能源和节能环保产业。大力开展新能源和节能环保产业“双招双引”工作，编制全市新能源和节能环保产业“双招双引”实施方案，以龙头骨干企业、产业集聚园区和研发创新平台为支撑，加快突破一批引领性、原创性核心技术；支持重大科技基础设施和创新平台载体建设，构建从技术研发、成果转移转化、产业化应用的完整链条，加快推进新能源和节能环保产业的延链、补链、强链；布局光伏、氢能等特色及重点领域，以技术创新推动新能源管理创新和体系创新；加快污水收集处理、大气污染治理、远程污染源监控等传统环保设施智能化改造，加快生态环保产业与新一代信息技术融合发展。

4.2.3 构建清洁能源体系

推动能源消费结构优化。科学规划布局电力、燃气等能源基础设施，重点推进芜湖 LNG 内河接收(转运)站、配套输气管网及 LNG 加注站等项目建设；严控化石能源消费总量，新、改、扩建耗煤项目严格实行煤炭等量或减量替代；优化配电网线路、变电站布局，加快构建以超特高压为枢纽、220 千伏电网为骨干的枢纽型电网，全面提升配电网智能化水平；深入推进电能替代，升级改造老旧小区配电设施，加强电网薄弱环节改造，着力提高电能占终端能源消费比重。强化煤炭利用管理。全面建立煤炭清洁利用体系，加强煤炭运输、存储、加工、燃烧、排放等环节的清洁管理；积极推广使用洗选后燃煤，燃煤锅炉和窑炉应使用低硫煤、洗后动力煤或固硫型煤；全面落实煤质管理和燃煤技术标准，巩固散煤治理成果。

提高园区企业能源利用效率。加强工业园区能源替代利用与资源共享，进一步推进芜湖经济技术开发区、三山开发区等工业园区集中供热管网建设，加快推进 30 万千瓦及以上热电联产机组供热半径 15 千米范围内燃煤锅炉关停整合；充分利用园区内工厂余热、焦炉煤气等清洁低碳能源，加强分质与梯级利用，提高能源利用效率，促进形成清洁低碳高效产业链。

构建清洁能源体系。系统提升清洁低碳能源比例，持续壮大清洁能源产业，推进可再生能源规模化发展；积极推进陶瓷、玻璃、铸造等行业天然气替代煤气化工程，鼓励发展天然气分布式能源；加快天然气长输管线和城镇燃气管网建设，构建互联互通一体化天然气基础设施体系；统筹推进大型地面电站和分布式光伏发电项目建设，提升光伏发电装机规模；加快新能源汽车充/换电站、加氢站建设，推进氢能设施智能化升级；加强风电项目建设与环境保护相协调，有序推进分散式风电开发；鼓励生物质能多元化利用，支持发展生物质成型燃料等。

深入推进节能降耗。强化能源消费总量和强度双控制度，严格控制能耗强度，有效控制能源消费增量，坚决遏制“两高”项目盲目发展；开发推广节能高效技术和产品，实现重点用能行业、设备节能标准全覆盖；深入推进工业、建筑、交通运输、商业和民用、农村、公共机构六大重点领域节能，加强重点用能企业能源管理，提高企业能源管理信息化水平；推动绿色产品、绿色工厂、绿色园区、绿色供应链“四绿”打造，加强重点用能单位节能监管，通过设备改造、整体优化等技术措施促进企业节能降耗。

4.2.4 增加生态系统碳汇

增加林业系统碳汇。充分发挥芜湖“国家森林城市”的突出优势，强调林业碳增汇的优先地位，实施森林质量精准提升工程，着力增加森林碳汇；巩固增绿增效工程建设成果，切实开展“四旁四边四创”造林绿化，积极创建省级森林城镇、森林村庄，改善居民居住环境；实施中幼林抚育和低效林改造，加强公益林建设和后备森林资源培育，合理配置造林树种和造林密度，全面提高单位面积林地蓄积量和综合效益；延长林业产业链，推进木材资源高效循环利用，降低林业产业碳排放强度；推深做实林长制改革，全面推进芜湖市林长制改革示范区建设。

增加湿地系统碳汇。以长江流域为重点，开展湿地自然恢复。全面完成安徽南陵奎湖省级湿地公园湿地修复保护项目，高水平建设竹丝湖湿地自然公园、外龙窝湖湿地自然公园，逐步扩大受保护湿地面积，进一步提升湿地保护率；积极开展湿地生态修复，坚持自然恢复为主，人工修复相结合的方式，逐步恢复湿地生态功能，增强湿地储碳能力，维护湿地生态系统碳平衡。

增加园林绿地碳汇。持续推进国土绿化行动，编制落实城市绿地规划，完成芜湖经济技术开发区北区中心公园建设；以交通干线两侧宜林地段绿色建设为依托，建设干道绿色生态体系，促进沿线及周边地区生态保护与建设，序时推进芜湖轨道交通一、二号线景观绿化提升工作；大力发展城市立体绿化，利用屋顶、墙体、立交桥、大型车库立面等，建立立体园林绿地。

4.2.5 践行绿色低碳生活

全面推进绿色建设。推行绿色施工方式，推广节能绿色建材、装配式建筑，城镇新建民用建筑全面执行绿色建筑标准，加强新建建筑生命周期全过程管理，到2025年，培育5个省级装配式建筑产业基地，全市装配式建筑占新建建筑面积达30%以上；以政府机关办公建筑和大型公共建筑节能改造为重点，结合老城改造、小区出新等同步推动既有建筑节能改造、绿色化改造；积极引导智慧、健康、超低能耗技术在绿色建筑中的综合应用，打造一批高品质绿色建筑项目。

倡导绿色低碳出行。全面推进和深化“国家公交都市”和“省优先发展公共交通示范城市”建设，强化城市轨道交通和公交线路的融合衔接，构建以轨道交通为骨架，以常规公交、出租车多种方式相互补充的一体化公共交通体系；加快推进城市公交枢纽、综合公交停保场、首末站等基础设施建设，优化城市公交线网和站点布局，降低乘客乘坐公交车的出行时间，提升绿色公交服务满意度；进一步扩大慢行交通覆盖范围，探索电子围栏、扫码租车、融入“一卡通”等新功能。

推行绿色消费方式。大力推广绿色消费理念，倡导简约适度、绿色低碳的生活方式和消费方式，鼓励县市区、开发区采取补贴、积分奖励等方式促进绿色消费；推广节能、可再生能源等新技术和节能节水产品的应用，逐步将绿色采购制度扩展至国有企业，到2025年，全市列入政府采购目录绿色产品达30%以上；鼓励宾馆、饭店、景区推出绿色旅游、绿色消费措施，减少一次性用品、餐具使用；提倡低碳餐饮，坚决抵制餐饮浪费行为，积极践行“光盘行动”；开展绿色生活绿色消费统计，定期发布城市和行业绿色消费报告，严厉打击虚标绿色产品行为。

4.3 持续打好污染防治攻坚战

4.3.1 协同治理大气污染

持续推进VOCs治理攻坚。重点加强挥发性有机物治理，完善“源头—过程—末端”的治理模式，动态更新VOCs污染源清单数据库；分类实施原材料绿色化替代，大力推进低(无)VOCs含量原辅材料替代；推动企业实施生产过程密闭化、连续化、自动化技术改造，强化生产工艺环节的有机废气收集；组织企业对现有VOCs废气收集率、治理设施同步运行率和去除率开展自查，进一步深化末端治理设施提档升级；鼓励芜湖经济技术开发区、芜湖高新技术产业开发区因地制宜建设涉VOCs“绿岛”项目，实现VOCs集中高效处理；加快推进VOCs组分自动监测站建设，开展臭氧前体物监测和臭氧来源解析，深入研究细颗粒物和臭氧污染协同作用机理，形成污染动态溯源基础能力；持续提升VOCs监测管控能力水平，有序推进涉VOCs重点排污单位完成自动监控设备“安装、联网、运维监管”三个全覆盖。

实施重点行业NO_x等污染物深度治理。推广重点行业多污染物协同控制技术，推进重点行业污染治理设施升级改造，逐步开展高效脱硝设施安装，全面执行大气污染物特别排放限值要求；加快推进钢铁、水泥、玻璃等重点行业大气污染深度治理，实现污染排放全面达标、全过程精细化监管；完成建成区生物质锅炉超低排放改造，淘汰不能稳定达标(特排标准)的生物质锅炉和非生物质专用锅炉；加大各工业园区综合整治力度，制订综合整治方案，对标先进企业，从生产工艺、产能规模、燃料类型、污染治理等方面提出明确要求，同步推进园区环境综合整治和企业升级改造。

深化实施空气质量生态补偿。强化环境空气质量目标管理，进一步完善全市县市区、开发区和镇(街道)环境空气质量生态补偿机制。重点对 $PM_{2.5}$ 等指标完成情况进行定期排名，加强对空气质量的预警和考核，通过经济奖惩、预警、约谈等方式，不断督促各级政府履行大气污染防治主体责任，深入打好蓝天保卫战。

完善客货运输枢纽体系。加快铁路交通网建设，以城际铁路、市域(郊)铁路、城市轨道交通为骨干，构建网络化布局、智能化管理、一体化服务的多层次轨道网；持续推进区域港航协同发展，加大沿江港口集疏运设施向主要港口和重点港区倾斜力度，推进重点港区进港铁路规划和建设；大力提高铁路、管道、水运等清洁运能，优化调整货物运输方式，发展内河集装箱运输，促进"公转铁""公转水"；加快朱家桥、裕溪口、高沟、荻港等港区物流基础设施建设，鼓励传统货运场站向物流园区转型升级；加强物流运输组织管理，加快相关公共信息平台建设和信息共享，发展甩挂运输、共同配送，推动建立标准化托盘循环共用制度。

加快车船结构升级。加快淘汰国三及以下排放标准的柴油货车，淘汰采用稀薄燃烧技术和"油改气"的老旧燃气车辆；鼓励淘汰使用 20 年以上的内河航运船舶，依法强制报废超过使用年限的航运船舶，推广液化天然气(LNG)动力船舶；加快开展高速公路服务区、工业园区、大型商业购物中心、农贸批发市场等地充换站、充电桩的建设和示范运营，推动出租车、公交车纯电动化；推广使用新能源非道路移动机械，港口码头、铁路货场等新增或更换作业车辆主要使用新能源或清洁能源车。

强化移动源污染防治。严厉查处机动车超标排放，基本消除冒黑烟车，持续做好路检路查和 I/M 建设，完善"天地车人"一体化的机动车排放监控系统建设与应用，持续实施汽车排放检验与维护制度；鼓励国四营运柴油货车加装或更换符合要求的污染控制装置，安装远程排放监控设备，并与生态环境部门联网；鼓励以政府购买服务方式，推进国五重型柴油货车 OBD 安装联网；常态化开展非道路移动机械摸底调查和编码登记及排放监测工作，推进废气排放不达标工程机械、港作机械清洁化改造和淘汰；加强对新生产机动车和发动机的检验机构、生产企业、销售企业的监督管理，严厉打击出具虚假报告、违规生产环保不达标车辆、销售不达标车辆等违法行为。

强化车用油品质量监管。加大油品和尿素监督抽测，联合开展清除无证无照经营的黑加油站点、流动加油罐车专项整治行动，严厉打击生产销售不合格油品行为；组织开展加油站、储油库、油罐车油气回收监督抽测，督促年销售汽油量大于 5 000 吨的加油站安装油气回收自动监控设备，加快与生态环境部门联网。

加强扬尘管理与控制。加强城市建成区扬尘网格化管理，加强堆场、码头扬尘污染控制，动态更新建筑施工工地管理清单，因地制宜发展装配式建筑；开展各类搅拌站污染专项整治，全面推进搅拌站标准化建设和在线监测、视频监控设备安装，推动"5G＋智慧工地"建设，实现工地数字化、精细化、智慧化管理；强化道路扬尘管控，提高建成区道路水洗机扫作业比例，加大各类工地、物料堆场、渣土消纳场等出入口道路清扫保洁力度，推进道路清扫保洁机械化作业向镇村延伸；加强渣土运输车辆监督管理，渣土运输实行全密闭化，严禁车辆带泥上路、抛洒滴漏现象。

推进餐饮油烟精细化治理。合理优化餐饮服务业布局，督促建成区餐饮服务经营场所安装高效油烟净化设施并定期进行清洁维护保养；全面推广餐饮油烟在线监控系统，推广集中式餐饮企业集约化管理试点；积极培育当地餐饮油烟治理服务公司，建立第三方油烟治理、规范运行、清洗维护体系；巩固餐饮油烟污染专项整治和露天烧烤治理成果，建立健全餐饮油烟污染防治长效监管机制。

强化烟花爆竹禁放工作。加强禁燃区内烟花爆竹生产、运输、销售等源头管控，规范烟花爆竹销售网点管理，严格烟花爆竹经营许可核发；加大烟花爆竹禁燃禁放管理和违规燃放查处力度，以街道日常化巡查为主,公安、生态环境、安全等部门联惩为辅,落实网格化管理和有奖举报制度。

4.3.2 系统治理稳步提升水生态环境

持续推进工业污染防治。鼓励企业依法淘汰落后生产工艺技术,降低吨产品的用水量和排水量,减少污染物产生及排放;配合开展工业园区涉水污染设施排查整治行动,建立工业园区污水集中处理设施突出问题清单,查明原因并开展整治;全面完成南陵县经济开发区污水处理厂建设和新芜经济开发区道路内涝点雨污水管道整治工程。

强化城镇生活污水治理。深入落实城镇污水治理"三峡模式",实施"厂网河湖岸"一体治水模式,全面实施《芜湖市城市排水管理办法》,基本实现建成区管网全覆盖、污水全收集、处理全达标;推进天门山污水处理厂二期、繁昌县第二污水处理厂二期、无为市城东污水处理厂及配套管网设施新改扩建,深入推进镇政府驻地生活污水处理设施提质增效;开展进水生化需氧量浓度低于100毫克/升污水处理厂收水范围内管网排查,加快推进城市老旧小区和管网空白区雨污管网建设;常态化开展城东片区入河排口、污水处理厂进出水的水质监测工作,彻底解决城东污水厂进水浓度低问题;鼓励有条件的地区开展初期雨水收集处理体系建设,加强农贸市场、洗车业、洗涤业、小旅馆业、流动摊点等"小散乱"排水预处理管理,全面完成阳台和单位庭院排水整治工作。

加强入河排污口排查整治。全面完成入河排污口整治提升专项行动,全面掌握长江流域(芜湖段)入河排污口排放现状,逐一明确入河排污口责任主体;对全市入河排污口实施总量控制、增减挂钩,严格入河排污口设置审批管理,建立完善的污染源管理体系,开展入河污染源排放、排污口排放和水体水质联动管理;加快入河排污口规范化建设,对建成区主要河道排口建立"一口一档"、设立"一口一牌";全面消除建成区生活污水直排口,依托排污许可证制度,建立"水体—入河排污口—排污管线—污染源"全链条水污染物排放管理体系。

加强港口船舶污染防治。持续推进港口码头船舶污染物接收、转运及处置设施建设,落实船舶污染物接收、转运、处置联合监管机制,400总吨以下小型船舶生活污水采取船上储存、交岸接收的方式处置;强化水上危险化学品运输环境风险防范,严厉打击化学品非法水上运输及油污水、化学品洗舱水等非法排放行为;积极争创一批"绿色港口"。到2025年,完成港口、船舶修造厂船舶含油污水、化学品洗舱水、生活污水和垃圾等污染物的接收设施建设,做好船、港、城转运及处置设施建设与衔接。

推进长江干流与主要支流生态修复。长江流域加强外源减量与内源减负,全面落实"十年禁捕",逐步恢复水生态系统服务功能;西河—裕溪河流域加强城镇污水处理设施和配套管网建设,保障"引江济巢"重要清水廊道;漳河流域坚持控源截污,因地制宜建设一批生活污水处理厂尾水生态湿地工程,确保水体稳定达标;青通河—七星河流域采取岸坡整治、水系联通等治理措施,进一步改善水体水质、保证水量;青弋江流域开展河道连通改造工程,建设生态河道,有效拦截面源污染。

加强重要湖泊与入湖河流生态保护修复。巩固城市黑臭水体整治成果,严格落实河、湖长制,加强巡河管理,努力实现长治久清;实施重要河湖水生植被恢复及生态清淤工程,进一步推进退耕(渔)还湿,对重要湖泊主要入湖口建设滞留净化人工湿地系统,全面推进弋江区三湖一坝工程建设;统筹协调长江—龙窝湖生态调水,增加龙窝湖水环境容量,促进龙窝湖水质提升;全面完成池湖、浦西湖、黄塘、奎湖"四湖"水系连通工程和许镇联圩水系连通工程;全面推进湾沚区水系连通及农村水系综合整治试点工作。

推进美丽河湖建设。以美丽河湖建设为引领,强化河湖水域岸线管控和水生态治理,推进河湖生态缓冲带建设,实现河湖"清四乱"常态化、规范化,建设一批"河畅、水清、岸绿、景美"的幸福河湖,推进生态清洁小流域建设,开展水域岸线系统整治,提升农村河道自我净化能力,实现降磷控氮。

提高水资源利用效率。落实最严格水资源管理制度和"十四五"水资源"双控"方案,优化流域水资源配置格局,强化水资源日常监管,提高水资源调控水平和供水保障能力;加强农业、工业、城镇节水,加快推进各领域、行业节水技术改造,提高水资源循环利用水平;加快推进城东污水处理厂再生水利用工程、南陵县后港河水环境综合治理项目及再生水利用工程建设,加强中水、雨水等非常规水资源利用;积极开展节水行动，到 2025 年，完成 20 家节水型企业、4 所省级节水型高校、2 个节水型园区和 4 个节水型灌区等节水载体创建工作。

保障河湖生态流量。制定青弋江、西河等流域主要控制断面生态流量保障实施方案，明确管控措施、责任分工和预警方案；组织开展重点河湖生态流量调度工作，保障河湖基本生态流量；加强生态流量水量监测及预警能力建设，完善生态流量水量监管机制。

持续提升饮用水安全保障水平。加快推进城乡供水一体化建设，取消、归并小水厂；梯次推进农村集中式饮用水水源保护区划定，持续开展"千吨万人"农村饮用水水源保护区环境风险排查整治；推进水源地规范化建设，强化县级及以上集中式地表饮用水水源地水质自动监测能力建设，实现饮用水水源地水环境质量的实时监测和及时预警；坚持饮用水水源环境风险管控，定期更新集中式饮用水源污染应急预案，组织开展突发环境事件应急演练；加大饮用水水源、供水单位供水和用户水龙头出水等饮用水安全状况信息公开力度，建立健全水源环境管理档案。

着力打造滨江水文化景观。坚持"把长江引入城市，把城市推向长江"理念，以水环境综合治理与水生态保护修复为基础，以饮用水水源保护区、重要湖泊水库、主要水体等为重点，保护和改善河湖水生态环境，推动长江、青弋江等周围建筑与山水景观相协调，实现有水处皆成景观；注重芜湖特色文化设计，丰富水工程文化元素和内涵，科学规划、合理打造不同类型水景观，将水文化内涵与元素同水工程建设有机结合，着力建设一批风貌特色、个性鲜明的公共生态水文化空间。

推进长江渔文化博物馆建设。加快推进长江渔文化博物馆建设，深入挖掘长江渔文化的精神内核，传承渔历史、传播渔文化、讲好渔故事，进一步传承弘扬渔业文化，充分展示芜湖市的深厚历史文化底蕴、渔业发展历程及长江大保护的显著成就，展示人与长江"人水合一"、共生共荣、生生不息的生态文明画卷。

4.3.3 持续管控土壤风险

强化土壤详查成果应用。应用农用地土壤污染状况详查成果，开展农用地土壤污染深度调查和溯源工作，以严格管控类和安全利用类耕地所在详查单元及周边地区为调查区域，开展加密采样调查及溯源分析，进一步确定农用地土壤污染边界，阐明土壤污染程度及农产品质量情况，确定污染来源，制订污染源头防控措施。

防控矿产资源开发污染土壤。切实加强尾矿库安全管理，对全市现有"头顶库"进行土壤污染状况监测和定期评估；以南陵县、繁昌区和无为市等矿产资源开发活动集中区域为重点，开展废弃矿山风险排查和管控工作，逐步实现废弃矿山综合整治和生态修复；督促矿山企业依法编制矿山地质环境保护与土地复垦方案及环境影响评价报告，完善落实水土环境污染修复工程方案，全力推动繁昌国家级绿色矿业发展示范区建设；进一步推广白马山矿坑生态修复成效经验，推广露天开采矿山剥离物有偿处置试点，2023 年底前完成长江 15 千米范围内废弃矿山生态修复。

严格涉重金属行业污染物排放。以有色金属采选、冶炼等涉重金属行业为重点，加强涉重金属行业检查频次，重点核查废水、废气中重金属污染物达标排放情况；持续推进耕地周边涉镉等重金属重点行业企业排查整治，坚持"边查边治"，在现有排查工作基础上，充分利用农用地土壤污染状况详查数据，动态更新污染源排查整治清单。

加强土壤污染防治监管。推动土壤环境监管与国土空间管控衔接，根据土壤污染和风险状况，合理规划土地用途；督促土壤污染重点监管单位落实有毒有害物质排放报告、隐患排查、土壤和地下水自行监测、设施设备拆除污染防治等法定义务，定期开展土壤污染重点监管单位、工业园区、污水集中处理设施周边土壤和地下水环境监测。

动态调整耕地土壤环境质量类别。开展永久基本农田核实整改工作，结合第三次全国国土调查成果，更新永久基本农田划定成果；根据农用地土壤污染状况调查成果数据、土壤环境质量例行监测、已采取安全利用措施的耕地和农作物协同监测、治理修复效果评估等，结合芜湖市土地利用现状变更及耕地土壤环境质量变化等情况，动态调整耕地土壤环境质量类别；在规划期内探索建立土地开发整理土壤污染评价体系，将土壤污染调查纳入土地开发整理工程实施规划中，根据调查结果实施分类管理，保障新增耕地土壤环境质量。

持续加强优先保护类耕地保护力度。采取高标准农田建设、周边污染企业搬迁整治、农药化肥减施增效等措施，对优先保护类耕地实行严格保护，确保其面积不减少、土壤环境质量不下降；开展永久基本农田集中区划定工作，在永久基本农田集中区域，不得新建可能造成土壤污染的建设项目。

巩固提升安全利用类耕地安全利用水平。根据芜湖市安全利用任务目标，结合全市农用地土壤污染状况详查及农产品产地土壤重金属普查结果，综合考虑各污染农田地块土地利用类型、土壤理化性状、污染特性和耕作方式等，分类制订实施受污染耕地安全利用方案，持续推进受污染耕地的安全利用。

全面落实严格管控类耕地严格管控措施。制订实施种植结构调整或退耕休耕计划，设定过渡期作物，加大在田作物防控力度，加强农产品质量检测；利用卫星遥感等技术，探索开展严格管控类耕地种植结构调整或退耕还林还草等措施实施情况监测评估。

深入开展土壤污染状况调查评估。以用途变更为住宅、公共管理与公共服务用地的地块以及腾退工矿企业用地为管理重点，依法开展土壤污染状况调查和风险评估，优先对重点行业企业用地调查查明的潜在高风险地块开展进一步调查和风险评估；对列入年度建设用地供应计划的地块，因地制宜适当提前开展土壤污染状况调查，化解土壤污染风险管控和修复与土地开发进度之间的矛盾。

严格污染地块准入管理。合理确定土地开发和使用时序，探索“环境修复＋开发建设”等模式，严格污染地块用途管制；列入建设用地土壤污染风险管控和修复名录的地块，不得作为住宅、公共管理与公共服务用地；未达到土壤污染风险评估报告确定的风险管控、修复目标的建设用地地块，禁止开工建设任何与风险管控、修复无关的项目。

有序推进土壤污染风险管控和修复。按照“谁污染，谁治理”原则，造成土壤污染的单位或个人应当承担治理与修复的主体责任；强化风险管控和修复工程监管，重点防止转运污染土壤非法处置，以及农药类等污染地块风险管控和修复过程中产生的异味等二次污染，督促落实设立公告牌、污染土壤转运报告、异地处置跟踪监控、二次污染防治等措施；针对采取风险管控措施的地块，通过跟踪监测和现场检查等方式，强化后期管理；探索在产企业边生产边管控土壤污染风险模式，鼓励绿色低碳修复，探索对污染地块绿色低碳修复开展评估。

配合开展地下水“双源”环境状况调查评估。以“双源”为重点，配合开展地下水污染源及周边区域地下水环境状况专项调查，摸清全市地下水环境底数；结合全市重点行业企业用地详查和第二次污染源普查工作结果，掌握重点污染源（区域）地下水监测井建设维护和自行监测工作开展情况，探索建立地下水重点污染源清单。

推进地下水污染源头预防。督促土壤污染重点监管单位实施防渗漏改造；化学品生产企业、危险废物处置场、垃圾填埋场等相关企业要履行地下水污染防渗和地下水水质监测等义务，科学设计监测井位置和深度并进行监测；加强报废矿井、钻井或取水井管理，建立报废矿井、钻井等清单，开展地下水环境风险评估。

推进污染风险管控和修复。建立地下水环境分区管控制度，明确保护区、防护区和治理区分布范围和分区防治措施，实施地下水污染源分类监管；围绕地下水国考点位超标情况，开展污染溯源调查，制订地下水质量达标方案，有针对性地开展保护、防控或治理措施；加强化学品生产企业、工业园区等地下水污染源环境风险管控，明确地下水污染风险管控清单，探索地下水治理修复模式。

4.3.4 加强固废污染防治

健全生活垃圾分类转运体系。加快生活垃圾分类投放、分类收集系统建设，合理布局居民小区、公共机构生活垃圾分类收集设施，不断扩大垃圾分类覆盖范围，推进生活垃圾分类向农村地区延伸，到 2025 年，实现全市生活垃圾分类全覆盖；建立健全与生活垃圾收集相衔接的运输网络，推行定点定时与预约相结合的收集模式，推动生活垃圾分类收运精准作业；优化垃圾转运站布点，加强生活垃圾转运站、收集点规范管理，强化垃圾转运过程及中转站垃圾渗滤液收集工作，提高分类转运作业水平。

补齐末端治理短板。加快生活垃圾终端处理设施建设，进一步推广可回收物利用、焚烧发电、生物处理等资源化利用方式，提高生活垃圾焚烧、餐厨垃圾处理等终端处置能力；补齐餐厨垃圾处理设施短板，落实芜湖市餐厨垃圾处置项目，建立餐厨垃圾回收及再生利用体系。

加强再生资源回收利用。加快推进再生资源回收体系与生活垃圾分类收运体系的"两网融合"，探索定期集中收集、设置专用回收箱等形式，减少可回收物混投情况；完善再生资源回收网点和再生资源分拣中心布局，定期统计点回收网点、分拣中心收运的可回收物数据；加快构建废旧物资循环利用体系，加强废纸、废塑料、废旧轮胎、废金属、废玻璃等再生资源回收利用，提升资源产出率和回收利用率。

推进建筑垃圾资源化利用。鼓励利用建筑垃圾生产再生骨料、路基路面材料、市政工程构配件等新型建材，拓展建筑垃圾再生产品应用领域；积极推进工程建设中再生产品的推广使用，城市道路、公路、铁路的路基施工和海绵城市建设项目优先使用建筑垃圾作为路基和填垫材料；全面梳理排查存量建筑垃圾堆放情况，建立建筑垃圾堆放场所常态化监管机制；对现有消纳场所的存量建筑垃圾，有计划地转移至建筑垃圾资源化利用设施进行处理或用于其他资源化利用。

推动产业循环化发展。实施工业绿色生产，加快固体废物回收利用体系建设，推动大宗工业固体废物资源化利用；深入推进工业园区循环化改造和工业"三废"资源化利用，建设工业资源综合利用基地和示范工程；大力推进水泥窑协同处置设施建设，充分利用工业窑炉、水泥窑等设施消纳粉煤灰、炉渣、脱硫石膏、污泥、飞灰等工业固体废物，构建以水泥行业为核心的工业固体废物综合利用系统；探索实施"以用定产"政策，实现固体废物产消平衡。

加强一般工业固废处置管理水平。落实产废单位源头管理精细化，开展废物减量化工艺改造、场内综合利用处置，实现源头减排；推进一般工业固体废物产生、转移、处置情况在线申报系统建设，逐步建立一般工业固体废物全过程监控体系；合理布局一般工业固体废物堆存、中转、处置设施，完善现有一般工业固体废物收运体系；建立芜湖市固体废物交易信息平台，针对收运体系不健全、分布分散、回收困难、回收量较小等固体废物，开辟产废单位、处置利用单位的互动信息渠道，充分实现固体废物资源化对接。

提高危险废物安全处置管理水平。加强危险废物分类收集和规范贮存，推进工业园区危险废物集中收集贮存工作，探索小微企业危险废物收集模式，全面提升对小微企业危险废物的环境监管和服务水平；创新危险废物监管手段，加快建立危险废物综合性信息化监管和服务平台，对企业危废产生、贮存、运输、处置等各个环节进行实时动态监管；完善废电池、废荧光灯管、废杀虫剂等生活源危险废物收集处置网络，提高废铅酸蓄电池、废矿物油、实验室废液等社会源危险废物的规范化收集处置率。

提升危险废物安全处置能力建设。全面梳理辖区内现有危险废物处置利用企业现状，提升辖区内现有危险废物经营单位处置利用能力和技术装备水平；规范工业园区内工业危废的收集储存设施，通过规范危险废物集中收集贮存和向产废单位延伸危险废物规范化管理服务，强化对收集的危险废物委外利用处置；加快建成满足实际处置需求的危险废物焚烧处置设施和突出类别危险废物安全处置设施，培育危险废物利用处置骨干企业。

规范医疗废物收集管理。加快医疗废物分类管理，完善医疗废物收集运输体系，建立城乡一体化的医疗废物收集转运体系；对于村卫生室等位于偏远区域的医疗卫生机构，健全完善区域式专人负责、分级暂存、统一收集转运的处置体系；加强收集、转运设施设备配套，提高医疗废物收集运输安全性和信息化管理水平；加快建立医疗废物"互联网＋"管理系统，实现医疗废物收集、运输、处置全过程监管。

4.3.5 深化农村环境整治

强化农村生活污水治理。梯次推进农村生活污水治理，加大农村生活污水处理设施建设力度，强化农村生活污水处理设施运行监管；以污水减量化、分类就地处理、循环利用为导向，创新农村生活污水处理方式，利用坑塘沟渠、湿地、农田等自然处理系统，加强与农田灌溉回用、生态修复、景观绿化的有机衔接；加快城镇污水管网向村庄延伸，加强农村改厕与生活污水治理的衔接，持续推进户用卫生厕所建设和改造，进一步引导农村新建住房配套建设无害化卫生厕所。到 2025 年，新增 255 个行政村达到污水治理要求，农村生活污水治理率达到 40%。

推进农村黑臭水体综合治理。推进农村黑臭水体治理与农村污水、农村改厕、农业面源污染等工作相衔接，推动河长制向镇村延伸，建立农村黑臭水体治理台账；以房前屋后、河塘沟渠为重点实施清淤疏浚，通过采取控源截污、沟通水系、清淤疏浚、生态修复等工程性措施，加快对农村黑臭水体的综合整治，到 2025 年全市农村黑臭水体消除率达 40%。

推进农村生活垃圾分类和治理。优化农村生活垃圾分类方法，可回收物利用或出售、有机垃圾就地沤肥、有毒有害垃圾规范处置、其他垃圾进入收运处置体系；加快建立以镇村回收站点为基础，县域或镇村分拣中心为支撑的农村生活垃圾和资源回收利用体系；健全完善农村生活垃圾收集、转运、处置体系和常态化管理机制，推进市场化运作、专业化治理、信息化管理、群众化参与的农村生活垃圾治理工作进程；巩固非正规垃圾堆放点整治成效，积极开展农村生活垃圾集中整治，补齐农村生活垃圾收集、压缩式转运站和转运车辆等设施短板。到 2025 年底，全市开展生活垃圾分类收集处理的行政村比例达到 30%以上。

健全农业废弃物等回收利用体系建设。推广农膜减量增效技术，合理布设农药包装废弃物回收站（点），完善废弃农膜及农药包装废弃物回收利用制度；提高对农户捡拾、回收网点回收、回收站点集中储运等环节的资金补助，推动生产者、销售者和使用者落实回收责任，到 2025 年，全市农田残膜回收利用率达到 85%以上。深入推进秸秆综合利用，积极培育万吨级以上秸秆原料化利用重点项目或龙头企业；构建秸秆利用补偿制度，完善秸秆资源台账制度，推进秸秆利用长效化运行。到 2025 年，全市农作物秸秆综合利用率达到 93%以上。

推进畜禽粪污综合利用。优化畜禽养殖区域布局，鼓励适度规模养殖，引导散户、小户逐步退出养殖；开展非规模养殖场摸底排查，建立非规模养殖场户清单，因场施策开展整治提升，鼓励规模以下畜禽养殖户采用"种养结合""截污建池、收运还田"等模式；以规模养殖场为重点，开展规模化生物天然气工程和大中型沼气工程建设，全面推进畜禽养殖废弃物资源化利用；提高规模养殖场畜禽粪污处理设施配套率，对规模养殖场粪污处理和资源化利用设施进行标准化改造和设备更新，促进养殖场户提档升级，加快建设一批部省级标准化规模养殖场。

推广水产绿色健康养殖。合理布局水产养殖生产，严格控制河湖库投饵网箱养殖，开展水产养殖尾水整治专项行动；持续开展生态健康养殖模式推广行动，推广大水面生态增养殖、池塘内循环养殖、工厂化循环水养殖、稻田种养结合等生态健康养殖模式，建立一批水产养殖尾水治理技术模式、生态健康养殖技术模式推广基地。

实施化肥农药减量增效。深入实施化肥农药减量行动，加强农业投入品规范化管理，促进农业绿色发展；以精确定量施肥为导向，深化测土配方施肥，推进精准高效施肥；优化调整肥料结构，推进新肥料新技术，鼓励繁昌区率先开展有机肥替代化肥试点工作；制订落实芜湖市农药减量增效实施方案，大面积推广应用绿色防控技术，争创一批农作物病虫害绿色防控示范区，支持开展绿色防控示范县创建工作。到 2025 年，实现全市化肥农药使用量负增长，化肥、农药利用率均达到 43%以上。

4.3.6 着力改善人居环境

强化区域噪声管理。强化声环境功能区管理，在声环境功能区安装噪声自动监测系统；深化社会生活噪声控制，加强商业和文化娱乐场所隔声与减震管控，严格要求娱乐场所按规定时限营业；控制建筑施工噪声，开展"绿色施工"创建工作，加强夜间与特殊时段噪声管理，切实降低噪声扰民事件发生率。

严格控制交通噪声。加强机动车辆管理，在噪声敏感区域内继续实行分时段分路段车辆"禁鸣"，限制大型货车行驶；推广使用低噪声车辆，严格控制机动车增长数量；合理设置噪声屏障，完善芜湖轻轨道、高架路、快速路等交通干线隔声屏障等降噪设施，削减交通噪声对敏感区的影响。

优化辐射设施规划建设。合理规划布局变电站、广电、移动通信基站等设施设备，电磁辐射设施建设要充分考虑对周边居民住宅区、学校、养老院等电磁环境敏感目标的影响，保障全市电磁辐射安全。

加强辐射环境监管。进一步加强核技术应用和电磁辐射建设项目环境管理，建立更加完善的核与辐射安全协调机制，形成覆盖面更广、监管效能更高的现代化辐射安全监管网络；严格《辐射安全许可证》的审核换发工作，重点加强对辐照装置、工业探伤放射源和Ⅲ类以上放射源的安全监管；进一步完善放射性废物管理，确保全市放射性废物完全受控、安全处置。

4.4 推进治理体系和治理能力现代化

4.4.1 推进治理体系现代化

落实“三线一单”硬约束。强化“三线一单”生态环境分区管控体系与国土空间规划的衔接，将“三线一单”生态环境分区管控要求作为重要依据，加强协调性分析，不断强化“三线一单”生态环境分区管控的硬约束和政策引领作用；充分发挥“三线一单”成果在产业准入清单编制及落地实施等方面的作用，作为推动产业准入清单在具体区域、园区和单元落地的支撑。

进一步明确环境治理责任。落实好属地政府的主体责任，统筹做好生态环境保护相关的监管执法、减污降碳、资金投入、宣传教育等工作；各市直部门各司其职，密切配合，协同推进各项任务落实；严格落实“管发展、管生产、管行业必须管环保”责任，健全财政保障和考核引导体系，落实党政领导干部自然资源资产离任审计、生态环境损害责任终身追究、生态环境状况报告制度。

完善生态环境保护督察整改考核机制。针对中央及省督察整改任务、生态环境指标等重点考核目标任务，落实生态环境突出问题领导包保、部门包保、“点对点、长对长”整改责任制，举一反三全面排查整治；制定整改任务、时限、标准、责任“四项清单”，落实整改责任，强力推进整改，确保问题见底清零；健全完善环保督察反馈问题及信访件验收销号机制，动态完善整改台账，通过照片、视频等翔实记录整改过程和整改成效，确保问题整改全程留痕，切实推动问题改到位、改彻底。

加强排污许可管理。加快排污许可证核发，加快建立健全覆盖所有固定污染源的排污许可制度，实现排污单位持证排污；强化证后监管，探索推动排污许可与环境执法、环境监测、总量控制、排污权交易等环境管理制度有机衔接，实现“一证式”管理和部门信息共享；探索开展基于排污许可证的监管、监测、监察“三监”联动试点，推动重点行业环境影响评价、排污许可、监管执法全闭环管理。

强化环境治理信息公开。排污企业应通过企业网站等途径，依法公开主要污染物名称、排放方式、执行标准及污染防治设施建设和运行等情况，并对信息真实性负责；实行环境监测、城市污水处理、城市生活垃圾处理、危险废物和废弃电器电子产品处理4类设施向公众开放年度计划，鼓励排污企业在确保安全生产前提下，通过设立企业开放日、建设教育体验场所等形式，向社会公众开放。

加强司法保障。推进生态环境保护综合行政执法机关、公安机关、检察机关、审判机关信息共享、案情通报、案件移送制度建设，推动解决法律适用争议和执法实践中的难点问题；加大对破坏生态环境违法犯罪行为的查处侦办及起诉力度，强化生态环境损害赔偿制度，落实生态环境公益诉讼制度，严惩环境违法行为，不断树立执法权威，保持环境执法高压态势。

提高公民环保素养。将生态环境保护纳入国民教育和各级党校（行政学院）、干部学院教育培训内容，广泛普及生态环境知识，建立生态环境新媒体宣传联动机制；开展“六五”世界环境日等主题宣传；加大生态环境宣传产品的制作和传播力度，结合各县市区、开发区特色打造生态文化品牌，研发推广生态环境文化产品；提升生态文化传播力，打造一批环保公益宣传活动品牌，积极创建“国家生态环境科普基地”。

完善财政金融扶持。建立健全与污染防治攻坚战相匹配的财政投入机制，落实现行促进环境保护与污染防治的税收优惠政策，分级、分层、分类做好环境保护财政保障；加大生态环境保护投入，拓宽市场化资金筹措渠道，落实各类绿色信贷优惠政策；充分应用“政府补贴＋第三方治理＋税收优惠”联动机制，推动重点行业企业治污设施更新换代；支持符合条件的绿色产业企业上市融资，支持金融机构和相关企业在国际市场开展绿色融资。

4.4.2 推进治理能力现代化

优化完善生态环境质量监测网络。统筹全市生态环境质量监测网络建设，进一步优化和扩大监测站点，增强生态环境监测数据可比性；加强对船舶溢油、危险化学品泄漏、重金属污染、饮用水源地污染等重大环境污染的动态监控；开展交通污染来源监控，形成交通污染排放主要物质的实时监测能力，建设港口交通污染监测点；扎实推进重点污染源自动监控设备"安装、联网和运维监管"三个全覆盖工作，建立完善集污染源监控、环境质量监控、重点生产区域图像监控于一体的工业园区中控系统，促进企业污染防治设施正常运转、污染物排放稳定达标。

加强生态环境监测基础能力建设。加强区域生态环境监测能力建设，全面提高监测自动化、标准化、信息化水平，加强生态环境质量监测和污染源自动监控设备量值溯源，确保监测数据"真、准、全"；大力发展智能感知和智慧监测，积极推进5G、物联网、区块链、传感器、人工智能等新技术在生态环境监测监控业务中的应用；加强生态环境监测机构执法监测能力和环境质量监测能力建设，按照污染源和环境敏感区分布情况，配足监测人员、监测仪器和执法监测车辆。

持续优化行政执法方式。动态调整权责清单，落实完善"双随机、一公开"环境监管制度，推动将执法监测纳入生态环境综合行政执法体系；落实监督执法正面清单制度，采取差异化监管措施；加大正向激励力度，鼓励实施多部门联合激励；大力拓展非现场监管手段及应用，推行视频监控和环保设施用水、用电监控等物联网监管手段，强化自动监控、卫星遥感、无人机、便携快速检测等技术监控手段运用，提高执法科技化水平。

加强环境应急处置能力建设。加快推进全市突发环境事件风险评估报告及突发环境事件应急预案编制工作，2022年底前完成县级及以上政府突发环境事件应急预案修编；实施企业环境应急预案电子化备案，实现涉危涉重企业电子化备案全覆盖；全面提升应急监测装备水平，加强天地空一体化应急监测能力建设，完善环境风险企业应急处置救援队伍，高标准配备物资装备，定期组织开展应急演练，严防生态环境领域的"黑天鹅""灰犀牛"事件。

构建生态环境风险预警体系。积极开展生态环境与健康调查评估，推动开展生态环境健康风险识别与排查，建立生态环境健康风险源企业基础数据库，探索构建生态环境健康风险监测网络，研究绘制生态环境风险分布地图，建立集监测、调查、评估及科普等功能于一体的生态环境健康风险综合管理平台；加强对重大环境风险源的动态监测和灾害风险预警，定期开展环境风险评估工作；建立环境风险联防联控机制，健全重大环境事件和污染事故责任追究制度。

强化新污染物环境风险防控工作。积极落实优先控制化学品管控措施，加强新化学物质环境风险管理，重点防范持久性有机污染物、汞等化学物质的环境风险，积极开展特定类别化学物质环境调查，推进化学物质环境风险评估；加强印染、医药等行业新污染物环境风险管控，对使用有毒有害化学物质或在生产过程中排放有毒有害物质的企业，全面实施强制性清洁生产审核，严格执行产品质量标准中有毒有害化学物质的含量限值。

进一步完善芜湖智慧生态环境平台建设。集中化管理芜湖市生态环境数据，构建生态环境大数据平台，形成全市生态环境"一张图"；完善并升级现有生态环境业务应用，通过内外数据整合，形成全覆盖、多结构、大规模、低延时的环境大数据资源中心，精准定位环境问题根源，预测后续发展趋势，创新生态环境管理决策；用好芜湖市空间信息与卫星应用中心和数字芜湖空间信息平台，发挥大数据引领支撑作用，以空间信息作为基础信息资源，为全市在生态文明建设方面提供技术服务和决策支持，推动全市绿色高质量发展。

第五章　保障措施

5.1　落实主体责任

强化主体意识，完善政府统领、生态环境部门统一监管、有关部门协调配合的综合管理体制，形成职责明确、分工协作、统筹协调的工作机制；按照“工作项目化、项目目标化、目标责任化”的要求，逐年制订环境保护年度实施方案，确定年度目标、治理项目、责任分工及资金保障措施，并依据年度实施方案推进各项工作的开展。

5.2　加大投入力度

完善“政府引导、市场运作、社会参与”的多元化投入机制，合理配置公共资源，引导调控社会资源，拓宽投融资渠道；充分发挥市场力量，吸引银行等金融机构特别是政策性银行积极支持环境保护项目，引导各类创业投资企业、股权投资企业、社会捐赠资金和国际援助资金增加对环境保护领域的投入。

5.3　实施重大工程

围绕规划目标和重点问题，推进实施蓝天、碧水、净土、生态保护与修复、基础能力建设提升等重大工程；与各县市区、开发区联动，完善重大项目储备机制，建立重点工程项目库，分期、分类实施，动态调整，加强各类资金保障力度，强化项目监管，完善后评价制度。

5.4　加强人才建设

积极推进新形势下生态环境保护铁军建设，培养一批专业化、高层次、复合型、实用型的新型环保人才队伍；努力创新基层环保人才培训模式，改进教育培训方式方法，探索与高等院校或第三方培训机构建立环保联合培训机制，定期开展专题培训；加强镇、街道等基层生态环境队伍能力建设，通过业务培训、比赛竞赛、挂职锻炼、经验交流等多种方式，提高业务本领。

5.5　强化跟踪评估

加强对规划实施情况的评估分析和结果应用，重大问题及时向市政府报告。市生态环境局会同相关部门在2023年、2025年分别对本规划执行情况进行中期评估和总结评估。

铜陵市“十四五”生态环境保护规划

前　言

“十四五”时期是全面建成小康社会、实现第一个百年奋斗目标之后，乘势而上开启全面建设社会主义现代化国家新征程、向第二个百年奋斗目标进军的第一个五年，也是污染防治攻坚战取得阶段性胜利、继续推进美丽中国建设的关键五年。

为贯彻落实国家、安徽省有关政策和要求，聚焦“智造新铜都、生态幸福城”的城市定位，聚力“创新驱动、创业强基、创优提质、创富惠民，加快建设高质量发展、高品质生活的新阶段现代化幸福铜陵”的路径目标，统筹推进“十四五”时期铜陵市生态环境保护各项工作，根据《中华人民共和国环境保护法》、国家和安徽省有关规划计划、《中共铜陵市委关于制定国民经济和社会发展第十四个五年规划和二〇三五年远景目标的建议》《铜陵市国民经济和社会发展第十四个五年规划和 2035 远景目标纲要(草案修订)》，编制《铜陵市“十四五”生态环境保护规划》(以下简称《规划》)。

第一章　规划基础

1.1　环境保护“十三五”规划实施进展良好

2020 年，全市六项大气主要污染物全部达到二级标准，其中细颗粒物($PM_{2.5}$)平均浓度为 35 微克/立方米，较 2015 年下降 36.4%，首次达到《环境空气质量标准》(GB3095－2012)二级标准。全市空气质量优良天数比率为 91.8%，达到有监测记录以来历史最好水平，远超“十三五”规划目标要求。全市地表水国省考核断面水质优良(达到或优于Ⅲ类)比例、集中式饮用水源水质达到或优于Ⅲ类比例历年来均为 100%，城市建成区黑臭水体基本消除，无劣Ⅴ类水体。受污染耕地安全利用率达 94%，污染地块安全利用率达 100%。主要污染物排放总量持续减少。声环境质量持续向好，辐射环境质量总体保持稳定，全市未发生重特大突发环境事件。“十三五”期间成功获批国家森林城市，全市森林覆盖率 23.38%，森林蓄积量为 393.43 万立方米，全市生态系统结构和格局基本保持稳定。

1.2　三大保卫战取得阶段性胜利

系统推进蓝天保卫战。深入实施“气十条”和《打赢蓝天保卫战三年行动计划》，围绕产业转型升级、能源结构优化、交通运输结构调整，强化控煤、控气、控车、控尘、控烧“五控”措施，开展柴油货车污染治理、工业炉窑整治、挥发性有机物综合治理、秋冬季大气污染综合治理攻坚“四个专项行动”。截至 2020 年底，3 家发电厂在用火电机组全部完成超低排放改造，4 家钢铁(焦化)企业完成有组织环节超低排放改造，0 家企业共 14 条水泥熟料生产线全部完成脱硝改造。全面淘汰 35 蒸吨/小时及以下燃煤锅炉，基本完成市建成区燃煤锅炉淘汰。积极推进挥发性有机物(VOCs)治理，对全市 5 个省级及以上经济开发区、13 家省级 VOCs 重点管控企业及 34 家市级 VOCs 重点监管企业开展 VOCs 深度整治。印发《铜陵市工业企业堆场污染专项整治工作方案》，推行封闭、半封闭作业和“车间化”管理。完成非道路移动机械摸底调查和编码登记工作，推进工程机械安装精准定位系统和实时排放监控装置。加大推动柴油货车污染深度治理和提前淘汰整治力度，累计完成国三柴油货车深度治理466辆，累计淘汰柴油货车860辆，柴油货车深度治理工作进展在全省排名前列。开展"散乱污"企业集群综合整治，共排查"散乱污"企业282家，其中淘汰关闭161家，规范整治121家。全市大气环境质量显著改善，空气质量优良天数比例位居全省第三位。

全力打好碧水保卫战。以"水十条"为抓手，以改善水环境质量为核心，统筹推进工业污染防治、城镇生活污染治理、农业农村污染控制、港口船舶污染防治和水生态保护修复。坚持厂网同建，建成狮子山生活污水处理厂、横埠污水处理厂，累计建成市区雨水主管道795千米、污水主管道775千米，城市和县城建成区生活污水收集率达到95%。先后启动一批污水处理厂提标改造等工作，进一步削减水污染物排放量。完成31个乡镇驻地污水处理设施建设、136个建制村环境综合整治、53条农村黑臭水体治理，农村水环境整治成效持续显现。组织实施饮用水水源地环保专项执法行动，对全市3个县级以上集中式饮用水水源保护区划定和立标定界情况进行梳理更新，全面清理整治保护区内的环境违法行为；开展"千吨万人"水源地调查及整治，保护区划定率、排查发现问题整治完成率100%。实施入河排污口排查整治专项行动，完成全市821个长江干流入河排污口采样、监测、溯源分析工作。长江干流岸线利用项目清理整治全面完成，完成一江两岸港口岸线整治项目182个，释放岸线17千米。长江铜陵段水生态环境明显改善，全市水环境质量稳居全省前三位。

扎实开展净土保卫战。贯彻落实"土十条"，制定出台《铜陵市土壤污染防治工作方案》《铜陵市净土工程实施方案》《铜陵市污染地块风险管控方案》《铜陵市耕地土壤环境质量类别划分试点工作实施方案》等系列文件，土壤污染防治工作稳步推进。实施工业污染用地详查，完成全市206家企业筛选及38家企业地块采样调查，组织实施对57家重点监管单位和8家污水集中处理设施等周边土壤和地下水监督性监测，提升土壤污染防治动态管理水平。开展农业用地污染排查行动，完成全市9 728个农用地详查单元土壤污染状况详查，耕地土壤环境质量类别划分成果按时上报。组织实施固体废物环境问题专项整治，累计完成工业固废堆存场所环境整治31个，非正规垃圾堆放点全部销号。全力推进重金属污染防治，重点重金属排放量较2013年削减14.24%，完成"十三五"重金属减排目标，2018年以来涉镉排查发现的26个问题全部完成整治。大力开展绿色矿山创建和矿山治理，10家矿山入选国家级绿色矿山名录库，创建市级绿色矿山14家，累计关闭退出小矿山29个，完成矿山生态修复项目42个。有序推动沿江1千米范围内5家化工企业清退，积极谋划关闭拆除场地治理修复。全市土壤环境总体安全可控。

1.3 "无废城市"建设稳步推进

铜陵是全国"11＋5"、全省唯一"无废城市"建设试点城市。自启动建设以来，先后成立以市委、市政府主要领导挂帅的试点工作领导小组，印发《"无废城市"建设试点实施方案》，建立制度、市场、技术、监管四大体系。围绕"长江经济带、资源型城市、铜工业基地"试点城市定位，依托"铜冶炼、硫磷化工、水泥建材"三大资源循环产业链，联动推进"无废城市"、工业资源综合利用基地、生活垃圾强制分类、餐厨垃圾资源利用和无害化处理、农作物秸秆综合利用等试点示范工作，着力打造长江经济带资源转型发展"无废城市"建设样板。多途径推进工业固体废物源头减量和资源化利用，覆盖全市的绿色工业体系基本形成。开展危废管理提升行动，启动"互联网＋危废"、小微企业环保管家式服务试点，推进危险废物全过程、可追溯管理。建立农业废弃物综合利用收储一体化运行模式，全市畜禽粪污资源化利用率达94.3%，秸秆综合利用率达90.8%，农业投入品废弃物回收利用率达80%以上，无害化处理率达100%。构建全链条闭合管理的垃圾分类和回收处理体系，积极开展无废景区、无废商场、无废校园、无废农场、无废矿山等"无废城市"细胞工程建设，将"无废城市"打造成铜陵的一张崭新名片。

1.4 积极落实环保督察和绿盾行动问题整改

认真抓好环保督察问题整改。严格落实习近平总书记"共抓大保护，不搞大开发"的重要指示，以"三大一强"专项攻坚行动为抓手，以长江经济带警示片披露问题、中央及省环保督察反馈意见以及省"23＋

80＋N”突出生态环境问题为重点，建立了“问题、任务、责任、标准”四项清单，突出生态环境问题整改取得阶段性成效。截至2020年底，省“23＋80＋N”清单涉及我市108个问题，已完成整改102个，整改完成率94.4%；省“N”清单涉及我市87个问题，已完成整改85个，整改完成率为96.6%。此外，交办信访件涉及我市600件，已全部完成整改。

切实推进绿盾行动问题整改。“十三五”以来，组织开展各年度“绿盾”专项行动，对自然保护地内的卫星遥感点位进行现场核实查处。五年来，先后对铜陵淡水豚国家级自然保护区内26处码头等设施进行关闭、拆除或搬迁；督促相关县区对铜陵淡水豚国家级自然保护区内大面积农业开发问题进行整改工作。持续开展“绿盾”自然保护地强化监督，督促成立凤凰山风景名胜区管委会、浮山和白荡湖风景区管委会，自然保护地管理体系不断完善。

1.5　环境治理体系和治理能力现代化水平不断提升

环境治理体系不断完善。认真落实市人大、市政府立法工作规划，出台《铜陵市扬尘污染防治管理办法（地方法规草案）》《铜陵市餐厨垃圾管理办法》《铜陵市生活垃圾分类管理条例》《铜陵市燃放经营烟花爆竹管理规定》等地方性法规和政府规章，制定《铜陵市市直有关部门生态环境保护责任清单》等市级层面的规范性文件。强化生态环境保护“党政同责”和“一岗双责”，出台《铜陵市生态环境机构监测监察执法垂直管理制度改革工作方案》《铜陵市深化生态环境保护综合行政执法改革实施方案》。建立生态补偿制度，出台铜陵市地表水断面生态补偿办法，在全市建立以县区级横向补偿为主、市级纵向补偿为辅的地表水断面生态补偿机制；和芜湖、池州签订《关于长江流域地表水断面生态补偿的协议》，共同维护长江流域生态环境安全。推深做实河（湖）长制、林（山）长制改革，市县乡村四级工作体系全面建立。环境应急管理不断加强，编制完成《铜陵市突发环境事件应急预案》《铜陵市重污染天气应急预案》，持续推进企业环境应急预案编制。完成全市“三线一单”编制，并通过市政府发布实施。落实固定源排污许可证核发登记，完成全市排污许可发放工作。积极开展“放管服”改革、“互联网＋政务服务”等各项工作，精心组织形式多样、内容丰富的生态环保宣教活动，在“铜陵环境APP”、门户网站、微信公众号、微博及时发布环保新闻和工作动态，营造了全市人民关注生态、保护生态的良好氛围。

环境治理能力不断加强。加强环境监测能力建设，完成全市15个长江经济带水质自动监测站、3个省控空气自动监测站、国控辐射环境自动监测站以及生态环境综合监测系统建设。进一步做好污染源在线监控建设及管理工作，实现5个省级及以上开发区污水集中处理设施和65家重点排污单位自动监控设备全覆盖。加快环境监察执法能力建设，提高环境监察执法装备水平，以执法大练兵为抓手，保持环境执法高压态势。不断夯实“双随机、一公开”监管，持续开展污染源的随机检查工作，有效督促企业整改。主动运用新环保法及配套办法，常态化开展环保执法“零点行动”。加强生态环保队伍建设，建立乡镇生态环保机构，形成“线上千里眼监控，线下网格员联动”的生态环境监管模式。加快推进信息化建设，相继建成铜陵市生态环境综合监测系统（一期）、机动车尾气环保检测监控系统、机动车排气污染遥感监测平台、环保实验室信息管理系统（LIMS）、铜陵市第二次全国污染源普查地理信息系统等信息化项目，启动美丽长江生态铜陵协同共治平台建设，为全市环境管理、污染防治、执法监管、环境监测等工作提供有力技术支持。

第二章　形势分析

2.1　存在问题

虽然铜陵市生态环境保护取得了积极显著的成绩，但对标人民群众对优美生态环境的热切期盼，生态环境保护仍存在一些突出问题和短板：制约绿色低碳发展的结构性问题依然突出，工业结构不尽合理，有色、化工、建材等资源型产业产值比重过大，经济发展新动能不足；单位GDP能耗高于安徽省平均水平，能源结构偏煤，碳达峰碳中和面临巨大压力。环境质量稳步改善压力巨大，“化工围江”现象较为突出，历史遗留工矿用地较多，土壤污染综合治理工作进展较为缓慢，矿山开采、工业开发遗留的生态问题尚未完全解决。环境治理能力存在短板，老旧小区、城乡接合部等薄弱环节环保基础设施不健全，应对气候变化基础薄弱，底数不清，工作合力尚未形成，环境监测监管能力还显薄弱，环境监管执法能力与新时期日常监管实际需求差距较大。

2.2 机遇与挑战

在新发展阶段、新发展格局下，铜陵市生态环境保护工作面临难得的机遇与较大挑战。

从机遇看，**一是生态环境保护保持高战略定位**。在习近平总书记考察安徽重要讲话精神的激励下，各级党委、政府更加重视生态环境保护，聚焦“两个坚持”“两个更大”使命任务和“三地一区”战略定位，围绕打造国家产业转型升级示范区、深入打好污染防治攻坚战、深化“三大一强”专项攻坚行动、开展碳达峰行动等重大决策部署，推进重大生态环保工程建设，持续改善区域生态环境质量。**二是重大战略实施创造宏观有利条件**。长三角一体化发展上升为国家战略，铜陵作为长三角的27个中心区城市之一，并地处皖江城市带承接产业转移示范区、皖南国际文化旅游示范区和皖西大别山革命老区，重大战略叠加将促进铜陵提升发展能级，协同推进经济高质量发展和生态环境高水平保护，将“后发优势”转变为“现实优势”，实现跨越式发展。**三是体制机制改革红利惠及生态环境保护**。近年来，国家和安徽省全面深化改革，加快推进体制机制改革创新，给生态环境保护带来巨大促进作用，随着生态环境机构、生态环境保护综合行政执法、省以下环保机构垂改等改革全面到位和生态文明建设多项改革措施落地见效，“大环保”“大监管”“大治理”格局加速形成，将为“十四五”生态环境保护提供坚强的体制机制保障。**四是全社会生态环境保护意识普遍提高**。随着习近平生态文明思想逐步深化贯彻落实，环境保护督察深入推进，各级党委政府领导干部和人民群众的生态环境保护、生态文明建设的意识得到了普遍提高，“绿水青山就是金山银山”的理念逐步深入人心，全民参与生态环境保护的社会氛围日益浓厚。

从挑战来看，生态环境保护建设仍处于压力叠加、负重前行的攻坚期，保护与发展长期矛盾和短期问题交织，生态环境保护结构性、根源性、趋势性压力总体上尚未根本缓解。**一是协调经济发展与环境保护面临挑战**。虽然2020年全市地区生产总值踏上千亿新台阶，但是对标长三角、全省，铜陵市经济总量偏小，在百年未有之大变局背景下，经济运行不确定不稳定因素增多，产业和能源结构调整可能放缓，协同推进经济高质量发展和生态环境高水平保护需要下更大力气。**二是资源环境约束和节能减排压力不减**。铜陵市处于800里*皖江中心地段，长江大保护责任重大，同时土地、能源等资源约束趋紧，布局性、结构性问题突出，经济增长还存在资源能源高消耗、污染排放高强度等特征，大力推进绿色、低碳、高质量发展任务艰巨。**三是复合型生态环境污染问题逐步凸显**。大气环境质量管理进入$PM_{2.5}$和臭氧协同防治的“深水区”，固体废物非法处置、污染场地再利用、新化学物质使用等环境风险防范的压力不断增大，生态健康问题逐步得到重视，生态环境治理边际成本不断上升，实现生态环境质量持续改善的目标，需要在更广泛的领域和更深入的层面，推进污染治理和生态修复。**四是新阶段赋予的新使命责任重大**。“十三五”期间生态环境质量取得明显改善，但与人民群众的期待、美丽铜陵的目标还有不小差距。根据新形势和党中央要求，“十四五”时期增加了温室气体减排、碳达峰碳中和、生物多样性保护等新的工作任务，对生态环境保护提出了更高要求。

“十四五”时期铜陵市必须准确把握战略机遇期内涵的深刻变化及发展阶段性特征和新的任务要求，在危机中育新机，于变局中开新局，坚持不懈、奋发有为，克服各种挑战，加快实现生态环境质量改善由量变转向质变，推动全市生态环境保护再上新台阶，为2035年建成天蓝、地绿、水清的“美丽铜陵”开好局、起好步。

---

* 1里=500米

第三章　总体要求

3.1　指导思想

以习近平新时代中国特色社会主义思想为指导，全面贯彻党的十九大和十九届二中、三中、四中、五中、六中全会精神，深入贯彻习近平生态文明思想，认真落实习近平主席考察安徽重要讲话精神和全面推动长江经济带发展座谈会重要讲话精神，聚焦“智造新铜都、生态幸福城”的城市定位，聚力“四创两高”的路径目标，准确把握立足新发展阶段、贯彻新发展理念、构建新发展格局的重大意义和丰富内涵，坚持稳中求进总基调，践行“绿水青山就是金山银山”理念，强抓长三角一体化发展重大战略机遇，协同推进经济高质量发展和生态环境高水平保护，坚持方向不变、力度不减，延伸深度、拓展广度，深入打好污染防治攻坚战，统筹推进“提气降碳强生态，增水固土防风险”，实现减污降碳协同增效，持续改善生态环境质量，促进经济社会全面绿色转型，持续推进生态环境治理体系和治理能力现代化，实现生态文明建设新进步，为全市开启建设新阶段现代化幸福铜陵新征程奠定坚实的生态环境基础。

3.2　基本原则

生态优先，绿色发展。牢固树立尊重自然、顺应自然、保护自然的生态文明理念，以碳达峰目标和碳中和愿景为引领，推动发展方式转变，促进经济社会发展和生态环境保护相协调，在高水平保护中实现高质量发展，加快形成节约资源和保护环境的空间格局、产业结构、生产方式和生活方式。

统筹协调，系统保护。全面践行“山水林田湖草沙”生命共同体理念，按照生态系统的整体性、系统性及其内在规律，坚持区域协同和城乡统筹，打好升级版污染防治攻坚战，深入实施生态保护修复，加强各项举措的关联性和耦合性，实现协同管控与同向发力，积极推进生态环境源头治理、系统治理和整体治理。

问题导向，精准治理。围绕突出的生态环境问题，聚焦重点区域和重点领域，强化空间、总量、准入对开发布局、建设规模和产业转型升级的约束。运用科学思维、科学方法，突出精准治污、科学治污、依法治污，用好现代科技、信息化手段，精准管理、分类施策，提高环境治理的针对性和有效性，带动全市环境治理水平整体提升。

全民参与，共建共享。紧紧依靠人民、服务人民，引导群众有序参与环境决策、环境治理和环境监督，加强政府和企事业单位环境信息公开，以公开推动监督，以监督推动落实。坚持群策群力、群防群治，着力解决人民群众身边的生态环境问题，积极培育生态文明价值观念和行为准则，不断提升人民群众美好生态环境的获得感和幸福感。

3.3　规划目标

到2025年，国土空间开发保护格局得到优化，生产生活方式绿色转型成效显著，能源资源配置更加合理、利用效率大幅提高，主要污染物排放总量持续减少，碳排放强度明显降低，突出环境问题得到有效整治，“无废城市”建设深入推进，生态环境质量持续改善，生态文明制度体系更加完善，力争创成省级生态文明建设示范市。

——**全面绿色转型成效显著**。建立健全绿色低碳循环发展经济体系，经济发展质量效益得到显著提高，能源资源配置更加合理、利用效率大幅提高，生态产品价值实现路径进一步拓宽，节约资源和保护环境的空间格局、产业结构、生产方式、生活方式逐步形成。单位国内生产总值二氧化碳排放降低比例完成省下达任务，应对气候变化能力显著增强。

——**生态环境质量持续改善**。空气质量稳步提升，细颗粒物($PM_{2.5}$)年均浓度不高于34微克/立方米，城市空气质量优良天数比例不低于89%，全面消除重污染天气；水环境质量持续改善，水生态功能初步得到恢复，地表水国家考核断面水质优良（达到或优于Ⅲ类）比例稳定达到100%。土壤和地下水环境质量保持稳定。主要污染排放量持续减少，工业固体废弃物综合利用率达到90%。重要生态环境问题得到有效整治，污水、垃圾、危废处理等环保基础设施不断完善，城乡人居环境明显改善。

——**生态系统稳定性持续提升**。重要生态空间得到有效保护，生态保护红线优化调整后确保面积不减少、功能不降低、性质不改变，森林覆盖率稳定在24%以上，生物多样性保护取得实质性成效，生态安全格局得到切实维护。

——**现代化环境治理体系建立健全**。生态文明体制改革深入推进，生态环境监管能力短板加快补齐，生态文明领域治理体系和治理能力现代化走在全省前列，生态环境治理效能得到显著提升。

展望2035年，生态环境治理体系和治理能力现代化全面实现，广泛形成绿色生产生活方式，碳排放达峰后稳中有降，生态环境根本好转，树立全面绿色转型新样板，天蓝、地绿、水清的“美丽铜陵”建设目标基本实现。

3.4 规划目标

按照美丽中国和生态文明建设的要求，结合国家、安徽省“十四五”生态环境保护总体目标，围绕高质量建设“智造新铜都、生态幸福城”，拟定规划指标包括环境质量、环境治理、环境风险防范、应对气候变化、生态保护共五大类二十项主要考核指标。具体指标如下。

表6.1 铜陵市“十四五”生态环境保护指标体系

类别	序号	指标名称		单位	2020年现状值	2025年目标值	指标属性
环境质量	1	细颗粒物（$PM_{2.5}$）年均浓度		$\mu g/m^3$	35	34	约束性
	2	城市空气质量优良天数比例		%	91.8	89	约束性
	3	地表水国家考核断面水质优良（达到或优于Ⅲ类）比例		%	100	100	约束性
	4	地表水劣Ⅴ类水体比例		%	0	0	约束性
	5	地下水质量Ⅴ类水比例		%	/	保持稳定	预期性
环境治理	6	主要污染物重点工程减排量	化学需氧量	万吨	/	[0.204 8]	约束性
			氨氮	万吨		[0.019 3]	
			氮氧化物	万吨		[0.438 0]	
			挥发性有机物	万吨		[0.166 1]	
	7	受污染耕地安全利用率		%	94	≥94	约束性
	8	重点建设用地安全利用率		%	/	有效保障	约束性
	9	城市黑臭水体比例		%	0	0	预期性
	10	农村生活污水治理率		%	/	36.7	预期性
	11	工业固体废弃物综合利用率		%	87	90	预期性
环境风险防范	12	危险废物安全处置率		%	100	100	预期性
	13	重特大突发环境事件		—	未发生	0	预期性
	14	放射源辐射事故年发生率		起/万枚	0	0	预期性
应对气候变化	15	单位国内生产总值二氧化碳排放降低比例		%	[7.6]	省下达	约束性
	16	单位国内生产总值能耗降低比例		%	[12.2]	[16]	约束性
	17	非化石能源占能源消费总量比例		%	1.3	5	预期性

续表

类别	序号	指标名称	单位	2020 年现状值	2025 年目标值	指标属性
生态保护	18	生态质量指数(EQI)	—	/	保持稳定	预期性
	19	森林覆盖率	%	23.38	24	约束性
	20	生态保护红线面积	平方千米	正在优化调整	不减少	约束性

注:① 序号 2,2018 年、2019 年、2020 年空气质量优良天数比例分别为 81.7%、80.8%、91.8%,近三年平均值为 84.8%,2020 年受疫情影响,空气质量优良天数比例明显好于往年平均值;② 序号 6、序号 15、序号 16,[ ]中数据为 5 年累计值,其中序号 15,单位国内生产总值二氧化碳排放降低比例[7.6]为 2019 年相比于 2015 年的降低比例,2020 年尚未公布;③ 序号 20,生态保护红线面积 2025 年目标值以优化调整后公布的数据为基准。

第四章　规划任务与措施

4.1　强化源头防控,推进全面绿色转型

4.1.1　推进四大结构优化调整

推进产业结构优化调整。强化空间、总量、准入三条红线对产业布局的约束,引导产业向工业集聚区集中布局,推动构建聚焦主业、错位竞争、分布集中的产业发展格局。全力打造世界铜产业集聚发展高地,深入推进循环化、清洁化、低碳化改造,促进铜加工产业高质量发展。以化工、建材、有色金属、纺织服装、食品加工等传统产业为重点,开展新一轮技术改造专项行动和节能环保提升行动。大力扶持新材料、新能源、信息技术、高端装备、生物医药、节能环保等新兴产业,深入推进绿色产品、绿色工厂、绿色园区和绿色供应链四位一体的绿色制造体系建设。更大力度地"砸笼换绿""腾笼换鸟""开笼引凤",加大落后低端产业减量化。继续控制重污染产业新增产能,禁止新上落后产能。严格环境准入标准,坚决遏制"两高"项目盲目发展,大力推进存量"两高"项目技术改造提升。持续推进生态工业园区建设,支持铜陵经济开发区创建国家级绿色园区和国家生态工业示范园区。

推进能源结构优化调整。强化能源消费总量和强度双控,落实"碳达峰""碳中和"要求。严格控制煤炭消费总量,实施煤炭消费减量或等量替代,推动煤炭消费指标向优质高效项目倾斜。深入推进国能铜陵发电、皖能铜陵发电、铜陵有色动力厂清洁低碳改造,开展产业能效提升行动。继续扩大高污染燃料禁燃区范围,高污染燃料禁燃区内生产、销售、使用散煤全部"清零"。强化天然气供应保障,依托"三纵四横一环"省级主干天然气管网,推进江北区域和南沿江支线管网建设,稳步推进天然气替代煤炭消费。大力发展清洁能源和可再生能源,采用尾矿库治理+光伏、荒山治理+光伏、光农牧渔协同等模式推进光伏开发,有序开发风电,支持枞阳打造绿色能源基地。工业园区与产业聚集区加快实施集中供热和清洁能源替代。

推进交通运输结构优化调整。立足皖江、面向长三角,积极推进打造铁路融通网络和长三角现代化工贸港口城市,形成铁路连南贯北、水路通江达海、公铁水一体化综合交通运输体系。着力优化货物运输结构,推动大宗货物运输"公转水""公转铁",有效降低公路货运比例。大力提升水运通达能力,实施土桥水道航道整治二期工程,积极推进"引江济淮"工程菜子湖Ⅲ级航道、南夹江、罗昌河等航道建设,形成"干支直达、区域成网"的航道体系。推进枞阳港区建设,打造江北港区、永丰港区现代物流中心,构建以横港、长山、永丰、江北、枞阳等为主体的"一港五区、港园联动、港城协调、以港兴市"的总体发展格局。做好铁路运输升级,加快江北港区铁路专用线建设,提高沿江港口集疏运能力,构建铁水联运体系。大力发展多式联运,推进铜陵港建成皖江城市带多式联运枢纽港。积极推进多式联运型和干支衔接型综合货运枢纽建设,鼓励传统货运场站向物流园区转型升级,推动南环线、北环线及钟鸣铁路物流园建设,鼓励货运企业进驻

园区,建设绿色物流体系。加快建设封闭式运输皮带廊道,推进金隆铜业、富鑫钢铁等重点企业配置码头至厂区皮带廊运输散料。倡导绿色出行。推进公共服务领域和政府机关优先使用新能源汽车,推广使用新能源非道路移动机械和新能源船舶,建设专用充电站和快速充电桩,促进车船结构升级。

推进用地结构调整和布局优化。继续实施建设用地总量和强度"双控"管理,加强建设用地供后开发利用全程监管,合理划定功能留白地块。加大力度盘活闲置、低效用地,推进工矿废弃地复垦。加快推进沿江一千米范围内化工企业、城市建成区重污染企业搬迁改造或关闭退出,推进城镇人口密集区危险化学品生产企业搬迁改造。将腾退空间优先用于留白增绿,持续提高城市建成区绿化覆盖率。实施最严格的耕地保护制度,执行耕地占补平衡制度。调整种养业空间布局。严格保护基础性生态用地,结合自然保护地优化调整,加强自然保护区、森林公园、重要湿地、湿地公园保护和建设,保障合理的生态用地规模。

4.1.2 推进资源节约高效利用

推进能源节约高效利用。严格高耗能项目节能审查,加强重点用能单位节能监管。实施工业园区热能梯级利用工程,推动生产系统余热余能在社会生活系统中的循环利用。实施全民节能行动计划。建立健全节能政策体系,推广合同能源管理机制,开展用能权有偿使用和交易试点,完善重点产品能耗限额标准体系建设。

推进矿产资源节约利用。落实矿产资源权益金制度,健全矿产资源保护利用、监测评价和统计制度。科学编制矿产资源总体规划,推动矿产合理开发和有效保护。严格矿山开采准入条件,严格矿业权审批。

全面提升资源综合利用水平。以尾矿(共伴生矿)、磷石膏、钛石膏、脱硫石膏、粉煤灰、冶炼烟灰、冶炼废渣等工业副产废弃物为重点,高水平建设国家工业资源综合利用产业基地。推动大宗固体废弃物由"低效、低值、分散利用"向"高效、高值、规模利用"转变。结合"工业大脑"建设,全面提升资源循环利用效率。

4.1.3 拓宽"两山"转化途径

建立生态产品价值实现机制。推进自然资源确权登记,开展生态产品信息普查,探索构建湿地、河流、森林等公共生态产品价值的科学评估核算体系,积极争取长江流域生态产品价值实现机制试点。探索建立符合铜陵实际的生态系统生产总值(GEP)的核算框架、规范、指标和标准体系。探索多元化生态产品价值实现路径,积极构建排污权、用能权、水权、碳排放权等环境配额交易体系。落实生态保护补偿、水环境资源双向补偿、生态红线保护及转移支付制度,打通绿水青山转化为金山银山的制度通道。健全绿色金融体系,实行绿色信贷、绿色债券、绿色电力、绿色采购等激励性政策,深化环境污染强制责任保险制度。

提升生态产品供给保障能力。牢固树立"两山"理念,谋划"工业+旅游"项目。实施长三角绿色农产品生产加工供应基地"158"行动计划,大力发展生态循环农业、智慧农业。充分挖掘自然生态、文化遗产、农副特产等资源,盘活资源要素,推动农旅、文旅深度融合。

4.1.4 推进生态文明示范建设

开展生态文明建设示范市创建。积极开展生态文明建设示范市创建工作。编制实施《铜陵市创建生态文明建设示范市规划》,科学制订生态空间、生态经济、生态安全、生态生活、生态制度、生态文化六大领域重点任务和工程项目。

强化生态环境保护宣传教育。大力宣传生态文明理念,把生态文明理念深深根植于全市干部群众的生产生活中。强生态环保意识教育,普及生态科学知识。鼓励依托专业宣传机构和团队主导生态环保宣传,借助社会组织、第三方专家等多渠道,将生态环保宣传教育社会化、渗透化和立体化。

推动全民生活方式绿色转型。研究制订《绿色生活行动指南》,建立绿色生活服务体系。深入开展绿色生活创建,广泛宣传推广简约适度、绿色低碳、文明健康的生活理念和生活方式。充分发挥政府绿色行为转型的带动与示范作用,引导消费者购买具有绿色标识的产品。探索建立基于绿色行为的市民绿色生活积分体系。

4.2 开展达峰行动,主动应对气候变化

4.2.1 有序开展碳排放达峰行动

组织开展碳排放达峰研究。落实全省2030年前碳排放达峰行动方案,加强达峰目标过程管理。开展铜陵碳排放达峰测算及实现路径研究,差别化分区域分步推进各县区达峰。制订符合铜陵实际的碳排放达峰行动方案,明确二氧化碳排放达峰路线图和时间表。持续推动碳排放达峰行动落实。针对工业、能源、交通、建筑等重点领域制订达峰专项方案,推动火电、水泥、钢铁、有色、化工等重点行业提出明确的达峰目标并制定行动方案。

大力推动二氧化碳减排工作。实施二氧化碳排放强度和总量"双控",确保完成省下达的单位国内生产总值二氧化碳排放降低比例目标。着力控制火电、水泥、钢铁、有色、化工等重点行业二氧化碳排放,开展行业二氧化碳总量控制试点。推进企业碳排放管理体系建设。建立健全项目碳排放与环境影响评价、排污许可协同管理机制,促进企业低碳转型。加大对企业低碳技术创新支持力度,推广减排措施和适用技术。推行国际先进的能效标准,提升电能占终端能源消费比重。积极推行绿色低碳建筑,强化公共建筑低碳运营管理。

4.2.2 强化温室气体排放控制

加强温室气体排放管理。探索开展温室气体排放总量控制试点,加强工业、能源、城乡建设、交通运输、农业等重点领域温室气体排放控制。鼓励电力、钢铁等重点行业内有条件的企业,开展能源和工业过程温室气体集中排放监测先行先试。建立完善温室气体排放统计核算制度,构建各县区和企业温室气体排放统计核算常态化机制。健全重点排放企业碳排放信息报告与核查制度,动态更新温室气体排放清单。完善温室气体排放计量和监测体系,推动重点排放单位建立健全能源消费和温室气体排放台账登记制度。加强排放因子测算和数据质量控制。积极配合碳排放交易市场建设,推进碳排放权交易基础设施和制度建设。

加强温室气体和大气污染物协同控制。清洁能源替代,促进钢铁、火电、建材等高耗能、高排放行业结构调整与产业升级。在推进排污许可制度与碳排放交易制度协同。加强温室气体监测监控监督,推动与气象部门联合建设温室气体监测网络。强化氧化亚氮、氢氟碳化物、甲烷等非二氧化碳温室气体管控,开展规模化养殖场、污水处理厂、垃圾填埋场甲烷排放控制。

4.2.3 提升气候变化适应能力

引导开展低碳试点示范。积极开展低碳商业、低碳旅游、低碳企业和碳普惠制试点,探索低碳产品认证、碳足迹评价,加快形成符合铜陵特色的低碳发展模式。开展二氧化碳捕集、利用和封存试验示范,鼓励火电、水泥、钢铁、有色、化工等行业实施二氧化碳捕集、纯化项目,探索利用废弃矿井封存二氧化碳示范工程研究。

加强生态系统碳汇建设。提升生态系统碳汇。推进国土绿化行动,逐步提升森林蓄积量和森林碳汇储量。加强农田保育,增加农业土壤碳汇。加强湿地生态系统保育,增强湿地碳汇能力。全面开展"绿色矿山"建设,打造矿山碳汇样本。

增强应对气候变化基础支撑。聚焦农业、交通、能源、水利基础设施等重点领域,提升气候变化适应能力。强化供电、供热、供水、排水、燃气、通信等城市保障系统建设质量和管理水平,提高在极端自然灾害情况下的安全运行能力。加快推进海绵城市建设,增强城市防洪排涝功能。建立健全气候防灾减灾体系,完善气候灾害应急预案和响应工作机制。

4.3 聚焦长江保护,打造沿江生态廊道

4.3.1 落实长江经济带大保护

狠抓长江经济带生态环境整治。严格落实《中华人民共和国长江保护法》和沿江"1515"岸线分级管控

措施。纵深推进“三大一强”专项攻坚行动，持续推进沿江“三磷”综合整治。持续开展生态环境污染治理“4+1”工程，推进上中下游、江河湖库、左右岸、干支流协同治理。全面落实“禁新建、减存量、关污源、进园区、建新绿、纳统管、强机制、生物多样性保护行动”等生态环境保护措施，实施长江经济带水清岸绿产业优新一轮提升工程。

推进沿江生态岸线建设。统筹规划长江干流(铜陵段)及其主要支流岸线资源，持续提升岸线生态功能。全面实施沿江生态廊道建设，开展沿江崩岸治理和堤防升级达标，打造沿江生态绿色长廊。

全面落实长江“十年禁渔”。持续巩固长江干流铜陵段及其主要支流和水生生物保护区禁捕退捕成果。严格落实保护区全面禁捕，保障长江江豚栖息生境。科学开展水生生物增殖放流，推动水生生物多样性恢复。建立“水陆并重”执法监管体系，保持打击涉渔违法行为常态高压态势。确保“六无四清”，构建齐抓共管禁渔工作大格局。

深化长江入河排污口排查整治。持续开展入河排污口采样监测工作。在前期摸排的基础上，逐一明确入河排污口责任主体。制订实施入河排污口整治方案，持续开展入河排污口规范化建设。进一步提升排污口在线监测能力，建设入河排污口监管平台。探索建立长江入河排污口排长制，形成权责清晰、监控到位、管理规范的入河排污口监管体系。

创新大保护的生态环保体系。加强区域联防联控，建立健全大气、水、土壤等污染区域联防联治新机制。强化生态保护成效与资金分配挂钩的激励约束机制，逐步建立财政补助、异地开发、协议保护等多渠道保护与补偿方式。建立跨界监控执法应急联动机制，强化跨界船舶污染防治协作。

4.3.2 构建科学合理生态空间

强化国土空间用途管制。科学编制《铜陵市国土空间总体规划(2020—2035年)》，统筹划定落实生态保护红线、永久基本农田、城镇开发边界三条控制线。严格落实以“三区三线”为核心的国土空间用途管制。将生态环境保护工作融入国土空间规划，建立以国土空间规划为统领的生态环境空间治理模式。

实施“三线一单”分区管控。强化“三线一单”硬约束，确保生态空间只增不减。制订环境保护规划和环境质量达标方案，逐步实现区域生态环境质量改善目标。强化“三线一单”成果在水、大气、土壤等要素环境管理中的应用，做与生态保护红线评估调整、自然保护地优化调整等工作的统筹衔接。

持续优化市域生态空间。综合生态资源要素分布，明确生态修复与保育等重要生态区域，整合碎片化生态资源。以长江生态大保护为核心，着力构筑“一江五廊七区八核多点”生态网络结构。

4.3.3 统筹“山水林田湖草沙”系统保护

加强自然保护地监管。完成自然保护地勘界立标并与生态保护红线衔接，建立以自然保护区为核心、各类自然公园为骨干的自然保护地体系。持续开展“绿盾”自然保护地监督检查专项行动。开展自然保护地建设、保护、管理成效评估和考核，并纳入生态文明建设目标评价考核体系。建设自然保护地数据库和智慧自然保护地管理系统。

切实保障生态保护红线安全。扎实做好全市生态保护红线评估调整，禁止擅自调整生态保护红线区域边界。开展生态保护红线生态环境和人类活动本底调查，核定生态保护红线生态功能基线水平。持续提升生态保护红线管控水平，有序清理不符合保护要求的建设项目。按照生态保护红线勘界定标技术规范要求，适时开展辖区生态保护红线勘界定标工作。建立生态保护红线地理信息系统，做好与国家、省级生态保护红线监管平台技术衔接。积极开展生态保护红线监测预警，加强生态保护红线面积、功能、性质和管理实施情况的监控。

强化湿地生态系统保护。实行湿地资源总量管理，划定落实湿地保护“红线”。加强对安徽铜陵淡水豚国家级自然保护区和沿江湿地省级自然保护区的日常管护。加强长江沿江及支流湿地保护和修复，优先修复生态功能退化的重要湿地。强化面积小、破碎化的湿地保护。

深入开展国土绿化行动。持续推进国土绿化提升行动，谋划实施长江防护林、森林廊道等重大生态工程。在长江干支流沿岸重要生态区位种植防浪林、护堤林，形成以水系为核心的生态廊道。利用道路红线内外不同类型绿地形成绿脉，打造城市林荫道体系。沿铁路、公路建设生态防护林，实现“绿廊相连”的网络格局。大力提高建成区绿化覆盖率。健全“护绿、增绿、管绿、用绿、活绿”协同推进机制。

实施生物多样性保护。摸清本底，建立以本土物种为主的生物多样性保护基础数据库。强化自然保护区内基础设施建设，改善和修复水生生物生境以及越冬候鸟栖息地。严厉打击非法捕杀、交易、食用野生动物行为。提升区域及周边生物多样性质量和生物种群数量。深入实施“拯救江豚”计划，推动建立野生动植物种质资源收集保存和救护繁育基地。加强外来入侵生物监测和预报，全方位提升生物多样性保护能力和水平。

4.3.4 深入开展矿山治理修复

提升矿山环境保护水平。落实矿山“山长制”。禁止在生态环境保护功能区内、城市建成区周边以及重要交通干线、河流湖泊直观可视范围内进行固体矿产勘查开发活动，对具有历史意义、科学价值的矿业遗迹要做好保护工作。加强矿山地质环境监测，完善矿山地质灾害防治和监督管理体系。

实施矿山修复与治理。按照“因地制宜、以点带面、统一规划”的策略，实施一批历史遗留矿山生态修复与综合治理。巩固深化矿山整治效果，推进关闭、废弃矿山地质环境综合治理。新建和已建生产矿山严格按照审批通过的开发利用方案和矿山地质环境保护与土地复垦方案，实行边开采、边治理、边恢复。积极争取中央和省级环保资金，支持铜陵矿山生态环境修复与治理。

探索开展“矿地融合”。结合国土空间总体规划等相关规划，制订推进“矿地融合”实施方案。选择有条件的区域先行开展矿地融合试点，总结积累经验并加以推广。逐步构建高效利用土地资源、改善矿区生态环境的“矿地融合”的新模式，并建立适应新常态下矿地融合运行新机制。

深入开展绿色矿山创建。争创国家级绿色矿业发展示范区，引导激励矿山企业积极申报国家级、省级绿色矿山试点单位。开展绿色矿山创建工作。逐步形成大中型生产矿山全部绿色达标、小型生产矿山步入绿色发展正轨的良好格局。

加强尾矿库综合治理。禁止在长江干流岸线三千米范围内和重要支流岸线一千米范围内新建、改建、扩建尾矿库，推动符合条件的尾矿库实施闭库销号。开展尾矿库污染治理“回头看”。进一步加强尾矿库安全监管。

4.4 突出三个治污，持续改善环境质量

4.4.1 深入打好蓝天保卫战

推进 $PM_{2.5}$ 和 O_3 污染协同控制。形成污染动态溯源基础能力，为大气污染有效防控提供决策依据。制订实施《铜陵市空气质量限期达标规划》，聚焦生产、生活、交通、建筑等重点领域，彻底消除本地因素引起的重污染天气。制订加强 $PM_{2.5}$ 和 O_3 协同控制持续改善空气质量行动计划。统筹考虑 $PM_{2.5}$ 和 O_3 污染区域传输规律和季节性特征，强化分区分时分类的差异化和精细化协同管控。

实施季节性污染排放调控。持续开展秋冬季和夏秋季大气污染综合治理攻坚行动，有效减少重污染天气。制订实施秋冬季大气污染综合治理攻坚行动方案，深入开展专项行动。针对夏秋季 O_3 污染，制订实施涉臭氧污染行业管控方案，以化工、包装印刷、工业涂装等行业为重点管控对象，加大 VOCs 减排力度。

加强区域协作和重污染天气应对。加强与合肥都市圈及周边城市之间的沟通协调，推进大气污染联防联控工作纵向和横向联动。加强区域应急联动合作，建立重污染天气预警和应急响应信息通报机制。按照国家、安徽省相关要求及时修订重污染天气应急预案，完善预警分级标准体系。进一步完善部门联动、信息共享机制，确保区域管理无死角、无漏洞。

深入推进工业污染治理。推进工业污染源全面达标排放，加大超标处罚和联合惩戒力度。构建以排污许可制度为核心的固定污染源监管体系，依证强化事中事后监管。推广重点行业多污染物协同控制技

术。推进非电行业氮氧化物深度减排，钢铁、焦化等行业全面完成超低排放改造。开展工业炉窑综合整治，对不达标的工业炉窑实施停产整治。鼓励燃气锅炉实施低氮燃烧，火电、钢铁等行业实施“烟羽脱白”。重点园区及重点行业企业，进行深度治理。

突出重点行业VOCs治理。落实省大气办《关于深入开展挥发性有机物污染治理工作的通知》，实施VOCs排放总量控制。禁止新建生产和使用高VOCs含量的溶剂型涂料、油墨、胶粘剂等项目，逐步实施源头低VOCs替代。强化设备密闭化改造，全面加强含工艺过程等五类排放源VOCs管控。进一步深化末端治理设施提档升级，强化末端治理设施的运行维护。积极推广建设涉VOCs“绿岛”项目。

加强城市臭气异味整治。各县区全面开展臭气异味源排查工作，组织实施工业臭气异味治理。推进涉臭气异味企业生产工艺“全密闭”、污水处理设施“全加盖”，实现臭气异味“全收集”。推广使用高效治理技术实现臭气异味“全处理”，显著减少工业臭气异味排放。加强垃圾处理等各环节以及城市污水处理厂、泵站臭气异味控制，避免产生恶臭扰民问题。

深化移动车船污染防控。开展常态化机动车排放检测机构监督检查工作。强化机动车路检和场检。综合运用限行和经济鼓励政策。推进老旧柴油车深度治理。开展燃料油品专项整治行动。开展油气监控和回收治理。

强化非道路移动机械污染管控。严格管控高排放非道路移动机械，划定并实施高排放非道路移动机械禁用区。加强非道路移动机械大气污染物排放状况的监督检查，未完成限期治理或治理不达标的予以淘汰。建立非道路移动机械台账和大气污染物排放清单，开展非道路移动机械远程在线监管。规范建筑工地施工机械油品使用，推行施工工地油品直供。

加强船舶废气污染治理。限制高排放船舶使用，依法强制报废超过使用年限的船舶。开展船舶污染物监督性监测，制订年度计划开展船舶抽检。加大船舶“油改气”“油改电”力度，全面推进船舶泊岸使用低硫燃料及岸电。新建港区建设码头岸基供电设施，到2025年，力争实现全市内河港口岸电基本全覆盖。

推进扬尘精细化管控。落实《铜陵市扬尘污染防治管理办法》。开展降尘量监测，实施降尘考核。全面推行绿色施工，落实施工“六个百分之百”要求。大力推进低尘机械化湿式清扫作业。加强渣土运输车辆规范化管理，渣土车实施硬覆盖与全封闭运输。重点企业粉粒类物料堆场以及煤炭、矿石、干散货码头物料堆场，全面完成抑尘设施建设和物料输送系统封闭改造，鼓励有条件的码头堆场实施全封闭改造。

推进农业面源污染防控。加强农业秸秆、清扫废物、园林废物等露天焚烧的环境监管，重点抓好农作物秸秆全面禁烧，督促各县、区严格落实责任。加强遥感、无人机等科技手段在秸秆禁烧管理中的应用，在高铁、高速沿线及重点区域杜绝露天焚烧秸秆现象。

加大油烟污染防治力度。执行餐饮油烟污染物排放相关标准，推进餐饮经营单位达标排放。严禁露天烧烤。深入推进餐饮油烟和住宅油烟治理，探索建设油烟净化处理“绿岛”项目。

4.4.2 全面推进“三水统筹”

优化实施地表水生态环境质量目标管理。推深做实河长、湖长制，加大水资源、水生态、水环境等方面的违法犯罪打击力度。统筹做好上下游、左右岸协同治理。依托排污许可证信息，建立“水体—入河排污口—排污管线—污染源”全链条的水污染物排放治理体系。

严格保护饮用水源地。开展集中式饮用水水源地规范化建设，实现水源保护区和准保护区内违法建筑和排污口动态清零。制订水源地保护方案，对县级以上水源地每年开展环境保护专项行动，确保“十四五”期间饮用水源地生态服务功能不降低、水质保持或优于Ⅲ类。加强应急备用水源建设和保护。以“千吨万人”饮用水水源地为重点，推进乡镇及以下饮用水水源地设立地理界标、警示标志或宣传标牌。加快推进“千吨万人”水源地应急预案编制工作。

深化工业污染源治理。加大清洁生产推行力度，减少源头水污染物产生。全面实行排污许可管理制度，加强全市排污许可证核发和证后监管工作。强化对涉水排放工业企业排污行为的监督检查。推进重点工业企业废水深度治理。加大现有工业园区整治力度，全面排查整治工业园区污水管网和污水处理设施，推进工业园区污水全收集和污水处理设施提标改造。严格乡镇工业企业环境准入条件，完善乡镇工业集聚区污水处理设施建设。

突出生活污水收集处理。持续推进城镇生活污水收集处理系统“提质增效”。全面推进建成区排水管网检测修复工作，逐步开展管网整治修复工作，杜绝城镇生活污水混入雨水管道直排河道。科学制订城镇管网改造方案，加快实施建成区现有合流制管网雨污分流改造。

强化船舶水污染防治。进一步完善船舶污染物接收转运处置体系，400 总吨以下小型船舶生活污水采取船上储存、交岸接收的方式处置。强化水上危险化学品运输环境风险防范。持续加强现场监督管理，实现船舶含油污水、生活污水和生活垃圾“零排放”。

加强河湖水生态保护修复。以国考断面汇水范围为控制单元，加快推进过载和污染河湖治理与修复。推进污水处理厂排水口下游、河流入湖口、支流入干流处等关键节点建设人工湿地。划定重要河湖生态缓冲带。深入开展生态河湖示范创建行动，引领争创一批“河畅、水清、岸绿、景美、人和”的示范河湖。

切实保障河湖生态流量。明确河湖生态流量(底线)要求，科学确定河湖最小生态流量。统筹闸坝建设和水库调度管理，重点保障枯水期顺安河、黄浒河等重要河流生态流量。持续开展城市内河综合治理，彻底消除城市建成区黑臭水体。开展农村生态清洁小流域建设。

严格水资源管理。全面落实最严格的水资源管理制度，持续开展水资源消耗总量和强度双控行动。紧扣水资源管理“三条红线”，强化用水需求和用水过程管理，推广合同节水管理模式，促进经济社会发展与水资源承载能力相适应。

推动全社会节水。抓好工业节水。持续开展火电、钢铁、化工、有色金属、食品发酵等高耗水行业节水专项行动，严格用水定额管理。加强城镇节水。禁止生产、销售不符合节水标准的产品、设备，公共建筑必须采用节水器具，鼓励居民家庭选用节水器具。发展农业节水。积极推行规模化节水增效示范项目，推进规模化高效节水灌溉，推广农作物节水抗旱技术。加强中水回用。积极推动开展中水回用规划，规划实施中水管网建设；推进再生水、雨水用于生态补水，逐步实现再生水和雨水资源化利用。

4.4.3 持续打好净土保卫战

推进土壤污染详查成果落地。开展土壤环境质量定期监测，更新土壤环境质量档案。全面掌握污染地块环境风险情况。深化土壤污染详查成果应用，督促其开展土壤污染隐患排查和自行监测。针对调查发现的关闭搬迁疑似污染地块或污染地块，纳入全国污染地块土壤环境管理系统监管。

加强空间布局管控。根据土壤污染状况和风险，合理规划土地用途，并纳入铜陵市国土空间总体规划“一张图”管理。坚持最严格的耕地保护制度，落实基本农田等空间管控边界。严格执行相关行业企业布局选址要求。新(改、扩)建项目涉及有毒有害物质可能造成土壤污染的，提出并落实土壤污染防治要求。

强化土壤环境监管。落实土壤污染重点监管单位名录动态更新的管理要求，制订并实施重点监管企业和工业园区周边土壤环境监测计划。加强园区土壤污染风险防范，加强对危险废物产生单位的监管，危险废物利用处置必须符合有关国家标准。生产、使用、进口化学品的相关企业要严格执行新化学物质登记、有毒化学品进出口环境管理登记制度。持续推进重金属减排，防范重金属污染风险，严格审批涉重金属新增项目。督促矿山企业依法编制矿山地质环境保护与土地复垦方案，切实防控矿产资源开发污染土壤。加强土壤环境日常监管执法，开展专项环境执法行动。统一规划、整合优化土壤环境质量监测点位，健全土壤环境质量监测体系。

推进农用地分类管理和安全利用。严守农产品质量安全底线，系统摸清耕地土壤污染面积、分布及其对农产品质量的影响。将土壤污染调查纳入耕地垦造验收，保障新增耕地的土壤环境质量。结合土地利用现状变更及耕地土壤环境质量变化等情况，建立耕地土壤环境质量类别动态更新机制，落实耕地土壤环境质量类别划分成果。严格保护优先保护类耕地，确保其面积不减少、土壤环境质量不下降。安全利用类农用地集中的区域，制订实施超标农用地安全利用方案。加强严格管控类耕地监管。开展受污染耕地污染成因排查，建立动态排查整治清单。实施农田“断源行动”，有效切断重金属进入农田途径。开展农业生产过程中投入品、灌溉用水等质量控制，积极提升农田土壤环境质量。

强化建设用地风险管控。对纳入建设用地土壤污染风险管控和修复名录的地块，在完成风险管控或治理修复前不得开工建设与风险管控、治理修复无关的项目。结合污染地块名录更新，对暂不开发利用的污染地块实施严格管控。严格建设用地土壤环境准入，探索建立拟再开发利用工矿企业用地土壤污染状况提前调查制度。加强建设用地在规划许可、土地流转、治理修复、施工许可等环节的管理，加强对污染地块修复后再开发利用的监管。强化建设用地开发利用联动监管，加强暂不开发利用污染地块风险管控。到2025年，重点建设用地安全利用得到有效保障。

开展土壤风险管控和修复试点示范。推进土壤污染风险管控与修复示范区建设，有序推进建设用地土壤污染风险管控和修复治理。推广绿色修复理念，按时序进度完成安徽星辰化工等关闭遗留场地修复。开展化工、冶炼等行业典型高风险地块土壤风险管控和修复示范，防范修复过程二次污染。存在地下水污染的，有效管控土壤和地下水污染风险。开展耕地土壤污染修复试点，推进以降低土壤中污染物含量为目的的修复试点工作。推行“环境修复+开发建设”模式，探索实施污染土壤规模化、集约化修复。

加强“治土”科技和资金支撑。强化土壤污染防治队伍建设，科学推动土壤污染修复。不断完善土壤污染防治资金保障机制，积极争取中央和省污染防治资金，进一步拓宽土壤修复融资渠道，建立高风险企业土壤修复准备金制度，鼓励PPP等模式参与污染场地环境治理工作。

开展地下水环境调查评估。加强现有地下水环境监测井的运行维护和管理。推进工业集聚区、化工企业、加油站、垃圾填埋场、危险废物处置场和矿山开采区等区域周边地下水基础环境状况调查评估，摸清地下水环境质量现状，建立地下水污染风险管控清单。完善部门联动机制，推进地下水环境“一张图”管理。

加强地下水污染源头预防。化学品生产企业、危废处置场、垃圾填埋场等单位申领排污许可证时，载明地下水污染防渗和水质监测相关义务。加强高风险化学品生产企业以及工业集聚区、矿山开采区、尾矿库、危险废物处置场、垃圾填埋场等区域的防渗情况排查和检测，落实地下水污染防控措施。强化地下水环境质量目标管理，确保“十四五”期间地下水环境质量基本保持稳定。

4.4.4 加强噪声污染防治

优化城市功能布局。制定《铜陵市声环境功能区划分方案》，强化声环境功能区管理。合理规划各类功能区域和交通干线走向。继续推进工业企业逐步搬离居民集中区，合理布局工业区与居住区，避免城市发展过程中出现新的厂居混住矛盾。

强化区域噪声管理。深化社会生活噪声控制，加强商业和文化娱乐场所隔声与减震管控，严格要求娱乐场所按规定时限营业。加强环境噪声执法检查，造成严重噪声污染的企业、事业单位，开展限期治理。控制建筑施工噪声，开展“绿色施工”创建，切实降低噪声扰民事件的发生率。

严格控制交通噪声。加强机动车管理，合理规划运行路线和时间，推广使用低噪声车辆。在现有城市快速化交通干道、高铁两侧等群众投诉频率较高的地段，合理设置噪声屏障，削减交通噪声对敏感区的影响。

4.5 坚持闭环管理，树立无废铜陵样板

4.5.1 深入推进“无废城市”建设

完善固体废物监管体制机制。构建集污水、垃圾、固废、危废、医废处理处置设施和监测监管能力于一体的环境基础设施体系，形成由城市向建制镇和乡村延伸覆盖的环境基础设施网络。推动绿色回收体系建设，因地制宜开展废旧金属、废旧电子、报废汽车、废旧玻璃、废旧动力电池等循环再利用。鼓励“互联网+”新模式的应用，探索建立城市固体废物产排强度信息公开制度。

强化固体废物规范化管理。建立一般工业固体废物综合利用单位信息名录，纳入日常监督管理。加强一般工业固体废物转移监管，健全一般工业固体废物存量、增量、运输、利用、处理处置全流程管控体系。完善磷石膏、钛石膏等一般工业固体废物监管和治理“权责清单”，加快推进六国化工磷石膏堆场整治。落

实企业危险废物管理的主体责任。建立危险废物重点监管单位清单，加强危险废物收集、利用、处置单位的监督闭环管理。开展非正规固体废物堆存场所排查整治，落实长效管护责任。禁止以任何方式进口固体废物，保持打击洋垃圾走私高压态势。

4.5.2 加强工业固体废物污染防治

推进工业固体废物源头减量。从严审批新建、扩建固体废物产生量大、难以实现有效综合利用和无害化处置的项目。大力推进清洁生产。在减量化的基础上，依托“铜冶炼、硫磷化工、水泥建材”三大资源循环产业链，全面推进工业固体废物企业内、行业间、区域性、社会性废物循环利用进程。实施工业绿色生产，开展绿色设计，推行绿色供应链管理。

加强工业固体废物综合利用。强化大宗工业固体废物的综合利用，推动大宗工业固体废物贮存处置总量趋零增长。深化工业固废综合利用产学研合作，大力扶持磷石膏、钛石膏等固废综合利用企业。完善全市工业固体废物收运处理体系，全面提高工业固体废物综合利用水平。

持续整治矿区历史遗留固体废物。全面排查矿区无序堆存的历史遗留废物。制订整治方案，分阶段治理，逐步消除存量，降低矿区遗留固体废物污染灌溉用水或随雨水进入农田的风险。加强尾矿资源回收利用，制订尾矿资源化利用方案并有序实施，支持矿区回收利用尾矿稀有金属、非金属矿物等有用组分。

4.5.3 深化生活垃圾分类收集处置

持续推进生活垃圾分类收集。促进生活垃圾源头减量。落实《铜陵市生活垃圾分类管理条例》，持续开展垃圾分类专项执法行动。建立配套的垃圾分类奖励机制、垃圾减量化激励政策、垃圾分类质量的梯度价格制度，引导全民参与垃圾分类投放。完善“四分类”收集、转运、处理体系，推进建成区形成各具特色的生活垃圾分类模式。

强化生活垃圾无害化处置。支持发展生活垃圾焚烧发电技术，形成以水泥窑协同处置和焚烧发电为主，其他处理方式为辅的垃圾处理模式，逐步实现城乡生活垃圾全量焚烧和原生垃圾“零填埋”。推进生活垃圾收运系统与再生资源回收系统“两网融合”。规范全市餐厨垃圾收运流程，持续推进餐厨废弃物资源化利用和无害化处理。

加强白色污染治理。大力推进源头减量、回收利用和清理整治，完善塑料污染全链条治理体系。依法有序禁止、限制部分塑料制品生产、销售和使用，建立健全塑料制品生产、流通、使用、回收、处置等环节的管理制度。持续减少一次性塑料制品消费量，推动快递、外卖行业包装“减塑”。推广塑料替代产品，实施饮料纸基复合包装物为重点的生产者责任延伸制度。加强河湖水域、岸线、滩地等重点区域塑料垃圾清理，持续开展塑料污染治理部门联合专项行动。

4.5.4 严格危险废物全过程监管

筑牢危险废物源头防线。所有新建的产生危险废物的重点行业企业应进入工业园区。围绕危险废物专项整治三年行动，常态化开展危险废物规范化管理检查。有序推进重点涉危企业环保智能监控体系建设，实时监控危险废物产生、处置、流向，数据上传省固体废物动态信息管理平台。

提升危险废物管理水平。组织危险废物环境隐患专项排查整治。精准掌控涉危单位危险废物的产生、贮存、运输、接收、利用、处置等情况，健全危险废物监督管理台账，鼓励物联网在危废监管中示范应用。强化应急管理、生态环境、卫生健康、公安、交通运输等部门联合执法，创新采用大数据分析和产废数量核查等措施，持续保持高压严打态势。

推进危险废物处置能力建设。着重推动现有危险废物经营单位淘汰落后和升级改造等工作，有序发展新增危险废物处置利用企业。加快优化区域布局、调整处理类别，着力提高危险废物利用处置能力，推进危险废物处置中心建成运行，开展中小微企业危险废物集中收集、贮存、转移试点，确保“十四五”期间危险废物安全处置率达100%。

加强医疗废物全过程监管。全面摸查医疗废物产生、收集、转运、处置情况，推动各县区尽快建成医疗废物收集转运处置体系。开展医疗废物分类收集,加强医疗可回收物去向管理。推进基层卫生室、卫生院、卫生服务中心规范设置医疗废物集中收集暂存点,因地制宜推进医疗废弃物处置能力建设。建立区域医疗废物协同与应急处置机制,提升重大疫情医疗废物收集处置应急保障能力。

4.5.5 推进市政废弃物资源化利用

推进城镇污泥资源化利用。加强污泥系统性综合利用,提升城镇生活污水处理污泥和一般工业污泥综合处置能力。配套制订大宗城市污泥资源化利用方案并有序实施,实现城市污泥资源化、减量化、无害化。

提高建筑垃圾资源化利用水平。大力发展绿色建筑,推进建筑垃圾源头减量。合理布局建筑垃圾转运调配、消纳处置和资源化再利用设施,推动形成与城市发展需求相匹配的建筑垃圾处理体系。建立统一的建筑垃圾处理管理信息系统,监管建筑垃圾产生、收集、中转、运输、分拣、处置等全过程,实现建筑垃圾的减量化、资源化、绿色化。

4.6 改善农村环境,助力乡村生态振兴

4.6.1 强化农业污染治理

推进农业结构优化调整。开展循环农业示范创建,助力打造铜陵国家现代农业示范区升级版。大力推广新型生态化种养模式和生态循环农业技术集成应用,推广病虫害绿色防控、节水灌溉、林下复合种植等现代农业技术。完善种植业布局,推进农产品的产、加、储、运、销全产业链绿色化标准化发展。合理控制养殖业规模,开展生态健康养殖模式。

深入开展化肥农药减施增效。提高生态农业发展水平,推广农业清洁生产技术。开展化肥、农药减量和替代使用,加大测土配方施肥、病虫害绿色防控、统防统治等技术推广力度。推广高效低毒低残留农药和现代植保机械。加强对土壤中农药残留的监控,提高农产品中农药残留预警能力。

强化秸秆资源化利用。持续推进农作物秸秆综合利用,强化秸秆收储体系建设,提高农作物秸秆综合利用率,实施好枞阳县中央财政农作物秸秆综合利用试点县工作。依托枞阳农作物秸秆综合利用现代环保产业示范园,推动秸秆综合利用产业化发展。重要河道和水源保护地周边全部采取秸秆离田收储,减少秸秆还田造成污染水体。

加强农膜、农药包装等废弃物回收利用。深化"无废农业"建设。推进农膜覆盖技术合理应用,降低农膜覆盖依赖度,严厉打击违法生产和销售不符合国家标准农膜的行为。积极推进废弃农膜回收,落实农膜回收优惠政策。因地制宜设置废弃农膜回收网点。科学配置农药包装废弃物处置能力和资源化利用单位。

强化畜禽水产养殖污染防治。编制实施县域畜禽养殖污染防治专项规划,合理分配耕地畜禽承载。严格落实禁养区和限养区制度,规范畜禽养殖禁养区划定与管理。在畜禽养殖区全面建设粪污集中处理和资源化综合利用设施,大幅降低畜禽养殖污染排放强度。加快畜禽规模养殖场(小区)标准化改造和建设,配套建设粪污贮存、处理、利用、监测设施。严格规模养殖环境监管,对设有固定排污口的畜禽规模养殖场实施排污许可制度。积极创建省级或部级畜禽养殖标准化示范场。

4.6.2 全面整治农村环境

深入开展农村环境综合整治。结合乡村振兴、美丽乡村建设,推进新一轮农村环境综合整治。按照"六整治六提升"的要求整治规划布点村庄。按照"三整治一保障"的要求整治非规划布点村,保障人民群众基本生活需求。

完善农村环保基础设施建设。推进农村生活垃圾分类减量,鼓励城乡垃圾一体化处理。全面建立分类收运处理体系,实现行政村生活垃圾分类收运全覆盖。推动"两网协同"深度融合发展,推广借鉴黄山市"生态美"超市,逐步形成以"焚烧为主、生物处理和回收利用为辅、卫生填埋为补充"的农村生活垃圾处理格局。实施集中和分散相结合的农村生活污水处理模式,有效提高农村生活污水治理率。推进城镇污水处理厂(站)向临近的乡镇和行政村延伸覆盖,力争实现乡镇污水处理设施、行政村污水处理设施全覆盖。

组织开展日处理20吨以上农村生活污水处理设施出水水质监测。

持续开展农村黑臭水体整治。完善黑臭水体治理体系，将农村水环境治理纳入河长制管理。全面推进农村黑臭水体治理，部署农村黑臭水体试点工作计划。建立城乡黑臭水体治理长效机制，逐步形成可复制的农村黑臭水体治理模式。

4.6.3 开展美丽乡村建设

加强农村环境管理。建立健全、三级统筹协调机制，制定农村污染治理设施运行管护制度、监督制度。加强农村基层环保队伍建设，适应环境网格化监管需求。加大各级财政对农村环保资金的投入力度，不断提升乡村硬化、绿化、净化、美化、亮化水平。

打造美丽农村人居环境。深入推进农村改厕、生活垃圾治理和污水治理“三大革命”，继续实施村庄清洁、畜禽粪污资源化利用、村庄规划建设提升“三大行动”。加强农村公共基础设施管护，建立政府引导、市场运作与农户参与相结合的管护机制，促进农村人居环境持续改善。深入开展“五清一改”和美丽庭院创建活动，建立健全村庄保洁机制。加大生态文明示范村镇创建力度，建设一批形神兼备的美丽乡村“铜陵样板”。

4.7 加强风险防控，守牢环境安全底线

4.7.1 完善生态环境风险常态化管理体系

以“台账”管理督促企业主体责任落实。严格落实“台账”管理制度，推动企事业单位建立环境风险隐患排查整治长效机制。编制顺安河流域尾矿库环境风险防控方案，持续加强尾矿库环境风险防控和应急处置能力。督促各企事业单位严格落实污染防治主体责任，加强源头控制，强化应急演练，确保环境安全事故“零发生”。

提升工业园区环境风险管控水平。强化工业园区风险防范体系建设，加快构建上下贯通、科学高效的环境风险防范体系。提升环境安全隐患排查预警、评估研判和协调处置能力，有效管控工业园区环境安全隐患。督促园区及企业更新和完善突发环境事件应急预案和应急物资，定期组织开展应急演练。推进工业园区有毒有害气体预警系统建设，鼓励有条件的工业园区建立风险防控平台。深化沿江化工等重点企业环境风险评估，长江干支流岸线一千米范围内禁止新建、扩建化工园区和化工项目。

加强新化学物质环境风险管控。持续开展化学物质环境风险评估，提升化学物质风险控制与管理水平。落实《新化学物质环境管理登记办法》等文件。严格履行化学品环境国际公约要求，积极开展特定类别化学物质环境调查。严格执行产品质量标准中有毒有害化学物质的含量限值。

加强生态环境与健康管理。推动开展生态环境健康风险识别与排查，建立生态环境风险源企业清单。开展区域生态环境与健康调查评估。开展公民环境与健康科普宣传，逐步将环境健康风险融入生态环境管理制度，形成可复制、可推广的生态环境与健康管理工作经验。

4.7.2 提升环境应急管理水平

健全环境应急指挥体系。进一步健全环境应急响应机制。加强预案之间的衔接，健全突发环境事件应急预案体系。推进应急预案数字化管理，构建市、县、园区三级环境应急预案动态管理机制。加强与周边市及市内各区域间的应急管理工作交流与合作，共同提升应对和处置跨区域突发环境事件的整体水平。

完善环境应急队伍和物资储备。结合综合执法改革，配足配强环境应急管理人员，推进环境应急全过程、网格化管理。以化工、冶炼等行业为重点，推进环境应急能力标准化建设。建设环境应急物资储备库，推动区域环境应急物资装备统筹共享。

推进社会化应急救援队伍建设。积极拓展环境风险评估、环境应急监测等社会化应急救援队伍，依托水处理、危废利用处置、环境检测等环保技术企业，发展培养一批第三方应急处置专业队伍。支持社会化应急救援队伍能力建设，建立环境应急专家库。

4.7.3 防范重金属污染风险

加强涉重金属行业源头防控。实施重金属污染总量控制。对涉重金属重点行业新建、改(扩)建项目实行新增重金属污染物排放等量或倍量替代,对区域重金属排放量继续上升的园区,原则上停止审批新增重金属污染物排放的建设项目。落实重金属相关行业规范条件,加快淘汰涉重金属重点行业落后产能。

开展涉重金属重点行业排查整治。组织建立全口径涉重金属重点行业企业清单。推进重金属减排目标任务分解落实到有关企业。针对耕地重金属污染突出区域和涉重金属工矿企业,组织开展重金属重点行业污染源排查整治专项行动,推进有色金属采选、冶炼、电镀行业实施清洁化改造,督促相关企业完善污染防治设施。加强涉重金属矿产资源开发污染防治,在矿产开发集中区域实施污染整治提升行动。聚焦铅、汞、镉等重金属污染物,加大对涉重企业环保监督检查力度,实施全指标监督性监测。

4.7.4 确保辐射环境安全

提升核与辐射安全监管水平。加强对变电站、广电、雷达设施设备、移动通信基站的电磁辐射监测,确保电磁辐射平均水平不超过国家限值。加强涉辐射建设项目事前审批和事中事后监管,确保放射性物质使用、运输、贮存等环节安全。

完善核与辐射应急响应机制。加强对本市辐射事故应急预案的修订及落实,按照分级负责、属地为主的原则,建立辐射事故应急响应机制。完善核与辐射事故应急组织机构体系,强化辐射工作单位防控意识,加强辐射事故应急演练、培训和应急物资储备,继续保持放射源辐射事故发生率处于低位,确保不发生放射性污染事故。

4.8 深化改革创新,完善现代环境治理体系

4.8.1 推进环境治理体系现代化

进一步明确环境治理责任。市委、市政府对生态环境治理承担总体责任,全面谋划和实施重大举措,推进各项目标任务落实。健全市、县(区)两级生态环境保护委员会领导机制。推行领导干部自然资源资产离任审计,实施领导干部生态环境损害责任终身追究制度。

完善突出生态环境问题整改落实机制。深化中央、省级生态环境保护督察、各类专项督察的反馈整改,完善督察对接工作体系,健全督察响应机制。聚焦中央及省级生态环境保护督察反馈问题、长江经济带生态环境警示片披露问题,举一反三排查整治,健全长效工作机制。

全面依法加强排污许可管理。加快建立健全覆盖所有固定污染源的排污许可制度,实现排污单位持证排污。强化证后监管,依法妥善衔接排污许可、总量、监测、执法、环统、环境保护税等环境管理制度的关系,推进“一证式”管理和部门信息共享,确保依法监管、严格执法。

加快生产服务绿色化。以激发绿色技术市场需求为突破口,加快构建企业为主体、市场为导向、“政产学研用金介”深度融合的绿色技术创新制度。推进绿色制造,促进传统产业绿色化升级。开展工业节能监察,深化实施工业领域节能环保提升行动。建立健全生态产品价值实现机制,实现生态产业化和产业生态化。

提高治污能力和水平。坚持执法、守法并重,推进企业环境治理责任制度落实。督促排污企业加大工艺技术和环境治理设施升级改造投入,重点排污企业要安装使用监测设备。推行环保“领跑者”制度,有效激励企业自主提升环境绩效。

强化环境治理信息公开。排污企业应通过企业网站等途径,依法公开主要污染物名称、排放方式、执行标准以及污染防治设施建设和运行等情况,并对信息真实性负责。鼓励排污企业在确保安全生产前提下,通过设立企业开放日、建设教育体验场所等形式,向社会公众开放。

强化社会监督。发挥“12369”环保举报热线作用,健全公众监督和举报反馈机制,修改完善有奖举报办法。鼓励新闻媒体曝光生态环境突出问题、突发环境事件、环境违法行为等,引导符合规定的环保组织依法开展生态环境公益诉讼等活动。

提高公民环保素养。将生态环境保护纳入国民教育和党校（行政学院）、干部学院教育培训内容，广泛普及生态环境知识，建立生态环境新媒体宣传联动机制。开展“六·五”世界环境日等主体宣传，选树“最美生态环保铁军人物”。

完善监管体制。加快生态环境保护综合行政执法改革，按照国家《生态环境保护综合行政执法事项指导目录》，整合相关部门责任，充实加强执法队伍，统一实行生态环境保护执法。强化基层生态环境监管，加强乡镇（街道）环保监管力量。

加强司法保障。推进生态环境保护综合行政执法机关、公安机关、检察机关、审判机关信息共享、案情通报、案件移送制度建设。加大对破坏生态环境违法犯罪行为的查处侦办、起诉力度，完善生态环境公益诉讼制度，持续推进生态环境损害赔偿制度改革工作。

构建规范开放的市场。深入推进“放管服”改革，严格执行公平竞争审查制度，依法清理取消各类限制民营企业、中小企业参与环境治理市场竞争的规定。深化“四送一服”活动，引导各类资本参与环境治理投资、建设、运行，引入环评中介机构竞争机制，坚决减少恶性竞争，防止恶意低价中标，确保环境治理市场公开透明、规范有序。

健全价格收费机制。坚持“谁污染、谁付费”，建立健全“污染者付费＋第三方治理”等机制。严格落实重点耗能行业差别电价政策。完善差别化水价政策动态调整机制。严格执行国家出台的污水垃圾处理收费政策，推动全面建立生活垃圾处理收费制度。

支持环保产业加快发展。强化“三重一创”建设、科技创新等政策导向，对符合条件的环保产业新建项目、“专精特新”环保企业和首台（套）重大环保技术装备研制和使用单位给予支持。聚焦环境治理重点领域，实施生态环境科技专项，支持市内企业、高等学校和科研院所承担科技项目，开展关键技术攻坚和成果示范应用。

建立健全企业信用建设。推进企业环境信用评价制度建设，对环境违法企业依法依规实施联合惩戒。逐步推行排污企业黑名单制度，依法向社会公开。落实上市公司和发债企业强制性环境治理信息披露制度，探索建立环境信息互通机制。加强对第三方环境检测机构、污染源在线监控运维单位、环评编制单位等生态环境类的咨询服务机构的监管，将其日常行为纳入生态环境信用体系。

完善地方生态环境法规制度。推动完善生态环境领域地方性法规、规章，将生态环境领域地方性法规、规章分别纳入市人大常委会、市政府立法规划、计划。以固体废物污染防治和生态损害赔偿为重点，探索开展生态环境保护地方立法，逐步完善市级生态环境领域法规。

4.8.2 推进环境治理能力现代化

加强环保铁军队伍建设。全市各乡镇逐步设置独立的环保机构。进一步优化人才队伍，大力推进生态环境监测监控、监察执法、应急、核与辐射等专业人才培育。创新人才培养模式。加强党风建设，打造思想过硬、作风过硬、本领过硬、纪律过硬的生态环境保护铁军队伍。

着力提升生态环境监测监控能力。建立以省市统筹规划、区（县）政府抓落实的三级联网共享的生态环境监测监控网络，形成与环境质量预测预报、执法监测和应急监测相匹配的支撑能力。建立健全环境质量、污染源、核与辐射安全生态环境监测网络，弥补环境监测垂直管理改革后地方环境监测能力短板。协助完成和优化全省生态环境监测“一张网”，增设颗粒物组分、挥发性有机物、土壤和地下水等监测点，完善涵盖大气、地表水（含水功能区和农田灌溉水）、地下水、饮用水源、土壤、温室气体、噪声、辐射等环境要素以及城市和乡村的环境质量监测网络。统筹构建污染源监测网络，构建覆盖固定源、入河排污口、移动源、农业面源的全方位污染源监测格局，加快推进污染源监测监控一体化，为许可证管理和环境监管提供支撑。

持续提升生态环境执法监管能力。持续推进“互联网＋执法”“双随机、一公开”“线上＋线下”等制度，进一步规范各级生态环境部门的行政执法行为。大力推进非现场执法，创新执法方式和手段，配齐“非现场”执法装备。加强生态环境监督执法正面清单管理，鼓励环境守法，提高执法效能。强化生态环境综合行政执法业务知识培训，严格按照生态环境综合行政执法岗位培训计划。力争每年至少组织一次全市生态环境执法干部系统或专项培训，全面提升全市生态环境执法人员执法能力。

推深做实生态环境保护专项监督长制。全面推行县区、乡镇（社区、办事处）、行政村（居委会）三级生态环境保护专项监督长制，建立"一张网、双监督、三层级、全要素"的环长制组织架构。全域开展生态环境问题排查与监督工作，破解生态环境"谁监督、监督谁、监督什么、怎么监督"难题，打通生态环境监管"最后一千米"。

推行环境综合治理新模式。以环境公用设施、工业园区等领域为重点，以市场化、专业化、产业化为导向，推动建立排污者付费、第三方治理的治污新机制。全面推行"环保管家"服务模式。探索开展生态环境导向的开发（EOD）模式，不断提高污染治理效率和专业化水平。

构建生态环境智慧监管平台。依托"美丽长江生态铜陵协同共治"平台建设，整合全市生态环境保护各类业务、服务、信息资源，建成生态环境大数据资源中心，形成全市生态环境"一张图"，实现时空可视化，宏观展示分析全市生态环境态势。强化数据分析服务与共享能力，加强与发改、自然资源等部门数据联动，形成快速响应业务需求、高效支撑管理决策的数据服务能力。探索新一代信息技术在生态环境领域的创新应用，进一步完善生态环境综合监管平台，构建精准防控、科学监管、合力攻坚的生态环境保护工作体系。

4.8.3 积极融入长三角共保联治

推进区域生态环境保护一体化发展。牢固树立"一体化"意识和"一盘棋"思想，加强协同治理、一体保护、同保共享，推动落实长江经济带、长三角一体化等国家战略。全力打造美丽长江（铜陵）经济带，协同推进沿江产业布局优化、长江干、支流航道整治和现代港口群建设，构建沿江绿色发展轴，推动建立跨江联动和港产城一体化发展机制。主动对接长三角一体化发展，聚焦生态环境高水平保护，积极探索统一规划、统一规则、统一建设、统一协调的"四位一体"新机制，强化规划、标准、监测评价、执法监督等方面协同统一。推进生态环境数据共享和联合监测，共同防范生态环境风险。研究区域排污权交易机制，探索地区间水资源交易，积极参与长三角碳排放交易市场建设。

健全区域生态环境联防联控机制。主动参与长三角环境执法协作，加强对毗邻跨界区域船舶、固废、危化品、沿江化工企业等环境风险隐患开展联合检查，严格按照统一标准联合执法。推进长三角区域大气污染联防联控，联合制定区域大气污染物控制目标，协调统一区域重污染天气应急启动标准，探索建立区域大气污染生态补偿机制。全面加强长江水污染治理协作，推动实施区域重点跨界河流上下游及水岸联动改善水质专项治理。建立健全毗邻区域入河排污口联合监管机制，进一步完善重点跨界水体联保工作机制和水环境生态补偿机制。落实《推进长江三角洲区域固体废物和危险废物污染联防联治实施方案》，推动实现区域间固体废物和危险废物管理信息互联互通，强化跨省、跨市转移监管，探索建立跨区域固废危废处置补偿机制。加强省际、市际联动，开展互督互学研讨，建立问题导向、定期沟通、常态高效的协调对话机制。

点评：

铜陵是"中国古铜都，当代铜基地"，铜产业是铜陵最有特色和最具竞争力、发展力的产业，也是铜陵的首位产业。作为典型的资源型城市，铜陵面临着资源型产业产值比重较大、能源结构偏煤、开发用地有限等制约绿色低碳发展的诸多挑战；面临着"化工围江"、土壤重金属污染、矿山修复任务多且难度大的生态环境治理问题。规划立足铜陵市发展基础，明确将推进全面绿色转型、主动应对气候变化、实施长江大保护、深入开展矿山治理修复、持续改善环境质量、树立无废铜陵样板、助力乡村生态振兴、守牢环境安全底线、构建现代环境治理体系作为"十四五"时期铜陵市生态环境保护重点工作任务，为资源型城市如何实现生态环境保护和经济高质量发展双赢，提供"铜陵智慧"。

淮南市“十四五”生态环境保护规划

前　言

淮南市地处安徽省中北部，东与滁州市毗邻，东南与合肥市接壤，西南与六安市相连，西与阜阳市相接，北与亳州市、蚌埠市交界。全市总面积 5 533 平方千米，下辖寿县、凤台县 2 个县，大通区、田家庵区、谢家集区、八公山区、潘集区 5 个市辖区以及毛集社会发展综合实验区。

“十三五”期间，淮南市坚持以持续改善生态环境为目标，积极践行“绿水青山就是金山银山”理念，深入实施污染防治攻坚战和环境问题整治工作，强力开展生态修复治理，全面推动绿色转型发展，通过有力的制度保障措施和各项重点工程，污染防治攻坚战成效持续凸显，生态环境质量持续改善，基本完成了“十三五”生态环境保护目标任务。

“十四五”时期是开启全面建设社会主义现代化国家新征程、向第二个百年奋斗目标进军的新起点，也是淮南市厚植优势加快高质量转型发展的关键时期。为切实做好淮南市“十四五”时期生态环境保护工作，持续改善生态环境质量，健全生态文明制度，实现与高质量发展相匹配的高水平生态环境保护，依据《安徽省“十四五”生态环境保护规划》《淮南市国民经济和社会发展第十四个五年规划和二〇三五年远景目标纲要》，淮南市生态环境局组织编制《淮南市“十四五”生态环境保护规划》。

2021 年 12 月 10 日，淮南市生态环境局在淮南市组织召开了《淮南市“十四五”生态环境保护规划》的评审会。2022 年 5 月 16 日，《淮南市“十四五”生态环境保护规划》(以下简称《规划》)正式印发实施(淮环通〔2022〕46 号)。

《规划》主要阐明了淮南市“十四五”生态环境保护工作的总体目标、重点任务，是政府履行生态环境保护职责的重要依据，对加大绿色发展转型力度、持续改善生态环境质量、谱写“美好安徽”淮南篇章具有重要意义。

◆专家讲评◆

《规划》在淮南市“十三五”生态环境保护工作总结分析基础上，进行了“十四五”生态环境形势的分析，结合淮南市相关规划，构建了淮南市“十四五”生态环境保护规划目标和指标体系，明确了规划主要任务、重点工程项目和保障措施，基本符合沂南县实际情况，具有较好的前瞻性、指导性和可操作性。

第一章　规划基础

1.1　区域概况

1.1.1　自然条件

1. 地理位置优越

淮南市介于东经 116°21′5″～117°12′30″，北纬 31°54′8″～33°00′26″之间，位于长江三角洲腹地，地处安徽省中北部，东与滁州市毗邻，东南与合肥市接壤，西南与六安市相连，西与阜阳市相接，北与亳州市、蚌埠市交界。

淮南市辖8个县级行政区(田家庵区、大通区、谢家集区、八公山区、潘集区、毛集社会发展综合实验区、寿县、凤台县),总面积5 533平方千米。淮南市国土面积约占安徽全省总面积的3.99%,约占安徽省淮河流域总面积的8.38%。

2. 资源禀赋得天独厚

(1) 矿产资源

淮南是国家14个亿吨级重点煤炭能源工业基地之一,拥有淮河能源和中煤新集2家大型煤炭生产企业和6家大型、特大型火力发电企业,煤炭探明储量153亿吨,远景储量444亿吨;煤层气储量5 928亿立方米,现有12对大型矿井,2019年煤炭产量7 388万吨。淮南已建成两条100万伏特高压电网,火电装机容量1 441.6万千瓦,65%的发电量销往长三角地区。

淮南石灰石资源东西延展73千米,石灰石矿床16处,地质储量1.26亿吨,已探明储量3 300万吨,氧化钙(CaO)含量48%~52%,白云岩矿发现3个矿床地质储量6 000万吨,氧化镁(MgO)含量19%~21%。紫砂资源为肝紫色页岩,有4处矿床,地质储量1 500万吨。大理石资源可采矿点4个,地质储量400万立方米以上。

(2) 水资源

淮南市年际降雨分配不均,水资源调蓄能力较弱,“水多、水少、水脏”问题较为突出,1992年被国家列为重点缺水城市,属于水资源型缺水、工程型缺水和水质型缺水兼有的城市之一。从时间上看,受季风的影响,年内降水量主要集中在汛期,大水和干旱年份交替出现,而年内来水又多集中在汛期以洪水形式出现,非汛期河道经常出现断流。

淮南市多年平均水资源总量16.53亿立方米,其中地表水资源量14.06亿立方米,占区域水资源总量的85.1%;地下水资源量5.75亿立方米,地下水资源量中与地表水不重复量2.47亿立方米,不重复量占总量的14.9%。

1.1.2 经济发展

1. 经济总量不断扩大

2016年全市经济总量迈上千亿台阶。2016—2020年,GDP年均增长5.2%。五年来,全社会固定资产投资规模接近4 400亿元,是“十二五”时期的1.3倍;社会消费品零售总额由2016年的512.5亿元增长到2020年的774.3亿元,年均增长10.8%;外贸进出口总额由2016年的2.75亿美元增长到2020年的7.62亿美元,年均增长29%。特别是2020年,面对突如其来的新冠疫情和历史罕见的洪涝灾害的冲击,淮南市委市政府统筹推进疫情防控、灾后恢复重建和经济社会发展,全市经济持续回升、全面回暖、回归常态,实现了“较好正增长”。全市生产总值1 337.2亿元,按可比价格计算,同比增长3.3%。

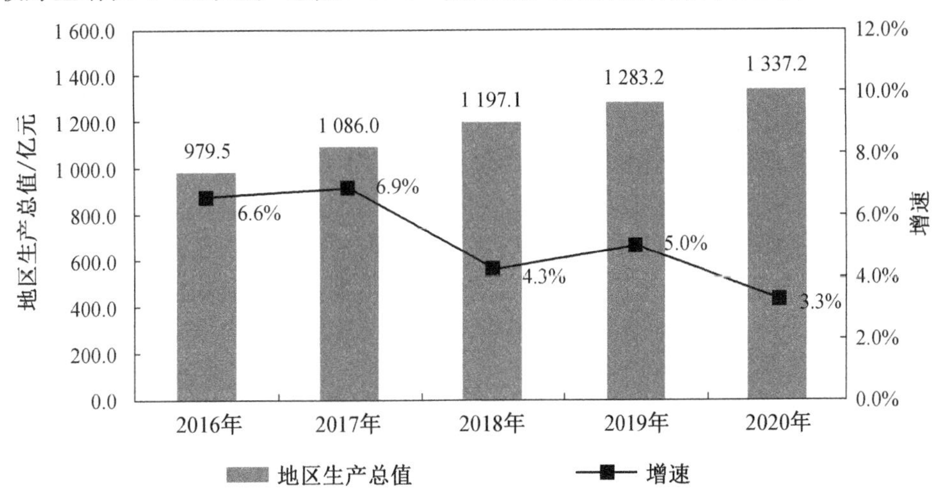

图7.1 淮南市“十三五”地区生产总值增长情况示意图

2. 结构调整不断加快

“十三五”以来，淮南市委市政府坚持做精做优煤电化气产业链、做大做强非煤产业群，持续推动“开发区＋招商＋规上工业企业培育”三位一体突破，三次产业结构比由 2015 年的 11.8：44.8：43.4 优化调整至 2020 年的 10.6：39.4：50.0，实现了“二三一”向“三二一”的重大转变。现代农业快速发展，粮食生产实现“十七连丰”，产量稳定在 300 万吨以上。非煤电产业增加值较 2016 年增长 27.2%，占规上工业比重由 2016 年的 28.3%提升至 2020 年的 30.8%，战略性新兴产业产值连续 44 个月保持两位数增长，高新技术工业增加值增速连续 4 年居全省前四位。服务业占比由 43.4%提高到 50%，增长速度年均增长 5.5%；以批发零售、住宿餐饮为代表的传统生活性服务业比重由 2015 年的 27.2%降至 2020 年的 24.4%。

1.2 生态环境保护形势分析

1.2.1 合力推进综合防治，生态环境质量持续改善

“十三五”期间，淮南市积极践行“绿水青山就是金山银山”理念，全面推动绿色转型发展。蓝天、碧水、净土保卫战扎实推进，单位 GDP 主要污染排放量下降完成省下达目标任务，全市 $PM_{2.5}$ 平均浓度较“十三五”初下降 20%，优良天数比例提高 10.3 个百分点。节能低碳发展深入推进，严格控制能源消费强度，合理控制能源消费总量，能源消费结构进一步优化。成功创建全国水生态文明城市试点市，在全省率先推行“河长制”，全市建成区黑臭水体基本消除。采煤沉陷区综合治理步伐加快，编制完成《安徽省淮南市重点采煤沉陷区综合治理工程实施方案(2021—2023 年)》，总投资 40.28 亿元的 15 个采煤沉陷区综合治理项目纳入国家资源型地区转型发展中央预算内投资支持范围。国家大宗固体废弃物综合利用基地获国家发改委、工信部批准建设，建筑垃圾处置及再生资源化利用试点经验在全省推广。“林长制”改革全面推进，2020 年全市森林覆盖率达到 15.8%，其中建成区绿化覆盖率达 41.43%。城乡生产和生活环境进一步改善，全市县级以上饮用水源地水质达标率为 100%，城市污水处理率达到 97.32%，城市生活垃圾无害化处理率达 100%。

1.2.2 强力开展专项攻坚，蓝天绿水改善成效明显

“十三五”期间，淮南市以重点工程项目为抓手，全力打好蓝天、碧水、净土三大污染防治攻坚战，持续推进青山常在、绿水长流、空气清新的美丽淮南建设进程。

精准推进蓝天保卫战。实施《淮南市大气污染防治行动计划实施方案》《淮南市机动车排放污染防治条例》《淮南市燃放烟花爆竹管理规定》等，以细颗粒物治理为重点，聚焦扬尘、挥发性有机物治理，坚持工程减排和管理减排并重，强化区域联防联控，实施燃煤锅炉淘汰改造、工业炉窑深度治理、“散乱污”企业综合整治等重点工作。“十三五”期间，淮南市完成 22 台燃煤发电机组超低排放改造，完成“三线三边”燃煤锅炉淘汰和改造项目 673 个，农村燃煤小锅炉淘汰项目 535 个，拆除 40 台 10 蒸吨以下燃煤锅炉，取缔经营性小煤炉 9 060 个。城市建成区内燃煤锅炉全部淘汰。市辖区全面实行烟花爆竹禁燃禁放。

持续推进碧水保卫战。实施《淮南市水污染防治工作方案》《淮南市入河排污口整治及规范化建设实施方案》《淮南市畜禽规模养殖污染防治实施方案》等，完成黑臭水体整治、入河排污口整治等重要任务。实现县级以上水源地水质预警监测自动站全覆盖，关闭拆除县级以上水源地保护区内的码头 50 余家，清理物料堆场 60 多座。一级保护区内已无船舶违规停靠。清理东部城区水源地保护区内围网养殖 2 000 多亩，完成一水厂取水口上移工程。推进城镇污水管网和污水集中处理设施建设，新建污水管网 316.88 千米，完成老旧管网改造 26.8 千米，实施雨污分流管网改造 81.17 千米，毛集实验区、潘集二期、第一污水厂二期等污水处理厂陆续投运；全市 6 个省级以上工业园区和 5 个市级工业园区全部配套建成污水集中处理设施，并安装在线监控装置与生态环境部门联网；强力推进联防联控，同蚌埠市、阜阳市分别签订跨界水污染联防联控合作协议，定期开展断面水质联合监测。

扎实推进净土保卫战。实施《淮南市土壤污染防治工作方案》，动态更新重点行业企业用地。对重金

属排放企业进行控制，确定重点监管企业名单并向社会公布。深入开展存量、源头、运输、处置全过程排查，建立固体废物排查整改问题清单并全部完成整改。实施《淮南市工业固体废物堆存场所专项整治工作方案》，全面整治煤矸石、工业副产石膏、粉煤灰、除尘产生固体废物等堆存场所。开展一般工业固体废物申报登记工作。

1.2.3 全力推进整改整治，人居环境得到明显改善

持续推进人居环境整治。“十三五”期间，制定实施《淮南市农村人居环境整治三年行动实施方案》，累计完成290个建制村的农村环境综合整治任务；完善污水处理设施建设，实施主城区污水收集管网建设和雨污分流管道改造；规范运营东、西部两个生活垃圾无害化处理项目，城镇生活垃圾无害化处理率为100%，淮南市人居环境得到明显改善。

1.2.4 致力顶层推动机制，健全生态环保长效机制

健全组织责任保障体系。出台《关于扎实推进绿色发展着力打造生态文明建设淮南样板实施方案》，全面落实“党政同责、一岗双责”，制定《淮南市生态环境保护工作职责（试行）》《淮南市党政领导干部生态环境损害责任追究实施办法（试行）》《淮南市生态文明建设目标评价考核办法》，切实将生态环保责任压实到岗、传导到人、延伸到“最后一千米”。

健全生态环保制度体系。先后出台《关于全面加强生态环境保护坚决打好污染防治攻坚战的实施意见》《淮南市严守生态保护红线实施方案》等一系列文件，完善生态环保制度体系。实施《关于全面推广新安江流域生态补偿机制试点经验的意见》《淮南市地表水断面生态补偿暂行办法》《淮南市环境空气质量生态补偿暂行办法》，健全生态补偿机制。在全省率先出台河（湖）长制工作方案，建立了较为完善的河长制湖长制组织体系、制度体系、责任体系。开展环保专项执法整治活动，构建打击环保违法行为的常态化机制。

健全生态环境监测网络。健全环境监管网格化管理，建立市级、县区、乡镇、村（社区）4级网格。强力推进“三个全覆盖”工作，重点企业均完成污染源监控设备的安装、联网，102家联网重点监控企业污染源数据传输有效率为98.32%。对全市地表水断面、饮用水源地、黑臭水体、农村环境、村镇式生态污水处理站、涉重企业、VOCs重点排污单位和入河排污口等各类污染源进行监测。

第二章 生态环境质量现状

2.1 大气环境

2016—2020年淮南市SO_2、NO_2浓度逐年下降，且均符合《环境空气质量标准》(GB 3095－2012)二级标准。$PM_{2.5}$、PM_{10}、O_3浓度出现反复，2020年O_3浓度符合二级标准，但PM_{10}、$PM_{2.5}$浓度分别超过二级标准0.11倍、0.23倍，淮南市大气污染主要为颗粒物污染。

优良天数比例：2016—2020年淮南市环境空气优良天数分别为274、211、239、226和266天，优良率分别为74.9%、57.7%、65.5%、61.9%、72.7%，2016—2020年淮南市优良天数出现起伏。

污染物分担率：2020年，淮南市环境空气中细颗粒物污染分担率达32.9%，为首要污染物，其他污染物按分担率大小排序依次为可吸入颗粒物、NO_2、O_3、CO和SO_2。

2.2 水环境

1. 总体情况

“十三五”期间淮南市共7个国控断面，“十四五”期间淮南市增加国控断面1个，为高塘湖断面，目前淮南市考核断面为8个。根据国家国控断面汇水范围划分结果，淮南市域范围内还有2个汇水范围：一个是大店岗断面汇水范围，断面考核在六安市；另一个为鲁台孜断面，断面考核在阜阳市。

淮南市境内考核断面 2016 年、2017 年各类断面水质均为Ⅲ类水质，2018 年起，各类断面水质偶有不达标现象出现。2019 年，全市总体水质轻度污染，2020 年，全市总体水质良好。阜阳市考核断面鲁台孜断面水质目标为Ⅲ类，2016—2019 年可稳定达标；六安市考核断面鲁台孜断面 2016 年为Ⅳ类水，随后明显改善，2017—2019 年水质可稳定达到Ⅲ类目标。

2. 淮河主要干支流水质

2020 年，淮南市辖淮河干流及其支流 16 个监测断面中Ⅰ～Ⅲ类水质比例 81.2%，无劣Ⅴ类水质，总体水质良好。主要超标断面为枣林涵、中心沟和木台沟断面，水质均劣于Ⅲ类标准，为Ⅴ类水质，主要超标因子为高锰酸盐指数、总磷、化学需氧量和氨氮。

3. 主要湖泊水质

2020 年，淮南全市湖泊 5 个监测点位Ⅰ～Ⅲ类水质比例 60%，无劣Ⅴ类水质。其中，瓦埠湖点位、船墩和陶店渡口点位水质评价指标年平均浓度值均符合Ⅲ类标准，综合营养状态均为轻度富营养；高塘湖水质评价指标年平均浓度值劣于Ⅲ类标准，符合Ⅳ类标准，综合营养状态为轻度富营养，主要超标因子为化学需氧量、总磷和高锰酸盐指数；焦岗湖水质评价指标年平均浓度值劣于Ⅲ类标准，符合Ⅳ类标准，综合营养状态为轻度富营养，主要超标因子为化学需氧量、总磷和高锰酸盐指数。

2.3 声环境

区域环境噪声：淮南市区域环境噪声现有监测点位 101 个，2016—2019 年淮南市区域环境噪声昼间平均等效声级在 51.5～52.9 dB(A)之间，根据《环境噪声监测技术规范 城市声环境常规监测》(HJ 640－2012)评价，淮南市区域环境噪声总体水平为二级、较好水平。

道路交通噪声：淮南市道路交通噪声监测共覆盖 27 条道路，2016—2019 年道路交通噪声昼间平均等效声级在 67.5～72.4 dB(A)之间。根据《环境噪声监测技术规范 城市声环境常规监测》(HJ 640－2012)评价，除 2016 年道路交通噪声质量级别为四级、较差水平外，其余年份均为一级水平。

功能区噪声：淮南市共在 5 种不同功能区内布设 10 个监测点，其中 0 类区一个测点，1 类区、3 类区、4 类区各两个测点，2 类区三个测点，除 4 类区昼间平均等效声级波动变化之外，其余各功能区昼间平均等效声级总体呈下降趋势。

2.4 土壤环境

土壤环境质量总体稳定。到 2020 年，淮南市受污染耕地安全利用率、污染地块安全利用率均为 100%，圆满完成安徽省下达的“十三五”规划目标任务。

第三章 形势分析

3.1 存在问题

1. 结构上的短板

淮南市是国家十四个亿吨级重点煤炭能源工业基地之一，产业结构偏重，煤电产业占全市规上工业增加值近 70%。能源结构偏煤，规上企业煤炭消费量占全省 1/5，火电占全市煤炭消耗总量的 75%以上。运输结构偏公路，未充分发挥铁路和水运在煤炭等大宗货物、长距离运输上的优势，铁路、水路运输承担的运输量远低于公路。淮南市缺少绕城环线，4 万多台重型柴油车穿城而过，近 3 000 万吨煤、煤矸石、粉煤灰和炉渣全部采用汽车运输，尾气和超限超载带来的抛洒扬尘污染问题比较突出。以煤电化为主的产业结构、以煤为主的能源结构、以公路货运为主的运输结构导致的结构性污染问题短期内难以改变。

2. 基础上的短板

环保基础设施欠账较多，老旧城区市政雨污管网存在错接混接现象，城镇污水厂存在进水水质浓度低、处理规模超负荷、不良运行等问题。垃圾中转站站房设备老化，压缩效率低，维修费用高，建设标准不符合规范要求，布局不合理，缺少大中型中转站。部分工业集聚区污水集中收集和处理设施建设滞后，污水存在外溢、混流现象；部分工业集聚区集中供热项目建设滞后；部分企业使用自备锅炉供热。

3. 监管上的短板

从监管方式上看，重行政手段轻经济手段、重监管轻服务的问题依然存在，管理的科学化、精细化、信息化水平亟待提高。从监管能力上看，生态环境队伍相对薄弱，尤其是基层专业人员严重缺乏。环境监管人员力量与污染防治攻坚战任务不匹配，基层人员少、任务重、压力大的问题较为普遍。

4. 治理上的短板

大气环境质量改善任务艰巨，精细化管理亟待加强，运输车辆管理需要加强，道路扬尘污染较为严重。水污染防治工作任重道远，入河排污口整治不够彻底，时有超标排放现象发生，部分建成区黑臭水体整治不够彻底。农村生态环境问题较为突出，农村配套污水收集管网建设不到位，大部分农村污水处理设施因收不到水而不能正常运行。农业面源污染严重，化肥、农药随地表径流汇入周边河湖，造成水体污染。固体废物环境问题依然存在，煤矿企业管理粗放，煤系固废处置不够规范。

3.2 机遇与优势

2035“美丽中国”目标提上日程。党的十九大报告中提出“从二〇二〇年到二〇三五年，在全面建成小康社会的基础上，再奋斗十五年，基本实现社会主义现代化。生态环境根本好转，美丽中国目标基本实现”。“十四五”是污染防治攻坚战取得阶段性胜利、继续推进美丽中国建设的关键期，因此“十四五”时期生态文明建设工作需要以实现2035年美丽中国建设目标为指导，提前谋划质量根本改善攻坚，为“十五五”“十六五”奠定基础。“三个新”要求推动高质量发展。习近平总书记在省部级主要领导干部学习贯彻五中全会精神专题研讨班开班式上指出，要准确把握新发展阶段，深入贯彻新发展理念，加快构建新发展格局，推动“十四五”时期高质量发展。生态环境保护是党和国家事业的重要组成部分，必须在大局下思考，在大局下谋划，“三个新”是目标引领、用力方向和着力重点。长三角一体化“新发展格局”加速形成，《安徽省实施长江三角洲区域一体化发展规划纲要行动计划》明确要求开展淮河、江淮运河等4条生态廊道全线两岸植绿复绿，共同谋划实施一批生态保护修复重大工程项目。在生态环保领域，长三角一体化示范区率先探路，形成了许多新机制和新制度，高质量发展动能显著增强，长三角一体化“新发展格局”基本构建。合肥都市圈、合淮同城对接格局基本形成。2018年11月，国家发改委发布《淮河经济带发展规划》，建设包括淮南、蚌埠等多个城市的中西部内陆崛起区，建设济宁—枣庄—徐州—淮北—宿州—蚌埠—淮南—滁州发展轴，建立协调统一、运行高效的流域、区域管理体制，建设内外联动、陆海协同的开放格局。2019年5月，合肥市人民政府联合淮南市人民政府发布《合淮产业走廊发展规划(2018—2025年)》，提出到2025年，合淮走廊一体化产业格局基本形成，同城化格局基本形成，基本建成具有较强活力和竞争力的国际性大都市新区，实现基础设施同城通达。

3.3 挑战与压力

1. 碳达峰碳中和任务艰巨

2020年9月22日，第七十五届联合国大会一般性辩论上，国家主席习近平郑重宣布“2030碳达峰和2060碳中和”的“双碳目标”。

“资源型城市”“综合能源基地”的淮南市产业结构和能源结构高碳特征明显，淮南市产业结构偏煤电化，火电占全市煤炭消耗总量的75%以上，煤电化产业排放大量的二氧化碳，淮南市单位GDP能耗明显高于周边城市以及安徽省平均水平。随着“皖电东送”发电量的增长、煤化工基地的建设以及潘集电厂的建成投产，将进一步提高淮南市煤炭消费量，淮南市碳达峰碳中和目标压力不言而喻。

2. 环境质量改善面临压力

大气结构性污染短期内难以根本改变。“十三五”期间全市 $PM_{2.5}$、PM_{10}、O_3浓度超标情况出现反复，优良天数比例出现起伏。2020 年，淮南市环境空气质量在全省 16 个地市中排名第 15 名。随着煤化工基地建设，淮南市减煤幅度偏小，结构性污染问题短期内难以改变。

水环境质量改善存有难点。“十三五”期间，瓦埠湖、焦岗湖等 2 个湖泊国控断面不能稳定达到Ⅲ类标准，主要污染物为总磷和化学需氧量(COD)，受内源释放和入湖支流影响，断面稳定达标难度仍然较大。

3. 农村生态改善形势严峻

全市农村日产生污水量约 16 万吨，处理能力仅有 5 万吨/日。东淝河白洋淀渡口和焦岗湖断面汇水区域污水处理设施建设相对滞后，已建成污水处理设施的运行管理存在问题。农业面源污染严重，淮南市耕地化肥亩均施用量约 45 千克，高于全国平均水平(约 22 千克/亩)，未能利用的化肥、农药随地表径流汇入周边河湖，造成水体污染。

4. 生态环境修复压力较大

废弃矿山、采煤塌陷区综合治理任务艰巨，煤系固体废物环境问题依然存在，综合利用率不高，整治无法标本兼治。淮南市有张集矿、顾桥矿等共 10 座大中型煤矿目前处于正常生产状态，采煤沉陷区范围还将持续扩大。近年来，自然资源部发布《关于开展省级国土空间生态修复规划编制的工作的通知》《全国重要生态系统保护和修复重大工程总体规划(2021—2035 年)》，对生态环境修复工作提出严格管控计划和规划要求。

5. “三生空间”管控待提升

淮南依矿建市、市矿交错，生产生活设施交错，厂居混合问题较为严重。随着城市化快速发展，淮南市生产、生活、生态“三生空间”问题，尤其是工业企业布局不尽合理的问题也逐步浮现，当前工业入园进区率总体不高，部分区域工居混杂。淮南市生态保护红线占比 6.76%，横向比较位居皖北六市首位，如何协同发展与保护的关系需要在实践中不断探索完善。

◆专家讲评◆

《规划》在编制过程中与淮南市相关部门、各区县进行了充分沟通互动，总结完善了淮南市“十三五”期间的工作成效，分析了生态环境保护形势和存在的问题，研究提出了“十四五”时期淮南市生态环境保护工作面临的机遇、挑战及发展方向，总体较为全面合理。

第四章　总体要求

4.1　指导思想

以习近平新时代中国特色社会主义思想为指导，全面贯彻党的十九大和十九届历次全会精神，深入贯彻落实习近平生态文明思想和习近平总书记对安徽作出的系列重要讲话指示批示，认真落实省委、省政府决策部署，准确把握新发展阶段，深入贯彻新发展理念，加快构建新发展格局，协同推进经济高质量发展和生态环境高水平保护，坚持生态优先、绿色发展，坚持方向不变、力度不减，坚持源头治理、系统治理、整体治理，更加突出精准治污、科学治污、依法治污，把握减污降碳总要求，深入打好污染防治攻坚战，统筹推进“提气降碳强生态，增水固土防风险”，促进经济社会发展全面绿色转型；持续推进生态环境治理体系和治理能力现代化，不断满足人民日益增长的优美生态环境需要，实现生态文明建设新进步，形成人与自然和谐发展的现代化建设新格局，开启资源型城市创建国家“绿水青山就是金山银山”实践创新基地新阶段；着力打造人与自然和谐共生的绿色淮南美好家园，奋力谱写“经济强、百姓富、生态美的新阶段现代化美好安徽”淮南篇章，为淮南市社会主义现代化建设新征程奠定良好的生态环境基础。

4.2 基本原则

聚焦重点、标本兼治。立足淮南市突出问题，重点聚焦大气结构性污染、双碳目标、沉陷区综合治理及生态经济发展、大宗固废综合利用，谋划实施重点项目，有效推进环境质量持续改善，标本兼治解决突出的环境问题。

绿色发展、低碳结构。加快推动产业结构转型升级、构建绿色产业体系、推动绿色低碳的经济增长和社会发展，环境增量管理与环境存量治理并重，推动产业结构和能源结构低碳发展。

深化改革，创新驱动。充分发挥市场配置资源作用和更好发挥各级政府主导作用，不断深化科技创新和制度改革，源头严防、过程监管、后果严惩，建立系统完整的生态环境保护制度体系。

区域协同，精细管理。充分考虑各县区的发展定位、产业结构、城镇化建设等方面差异，实施分类管理，坚持“三个治污”，以解决突出生态环境问题为抓手，带动全市环境治理水平整体提升。

全民参与，共建共享。加强政府和企事业单位环境信息公开，以公开推动监督，以监督推动落实。坚持群策群力，积极培育生态文化，倡导绿色生活方式，形成人人参与、共建共享的良好社会氛围。

4.3 重点聚焦

1. 重点聚焦大气结构性污染

深入实施可持续发展战略，打造资源型城市绿色转型发展示范城市，持续推动产业结构、能源结构以及运输结构调整优化，加快传统产业转型升级，推动战略新兴产业发展，实施最严格的能源双控制度，改善货物运输结构，持续推进“公转铁、公转水”。持续提升环境空气优良天数，控制 $PM_{2.5}$、PM_{10}、O_3浓度超标现象，大幅提升淮南市环境空气质量在全省的排名，持续推进蓝天白云、空气清新的美丽淮南的建设进程。

2. 重点聚焦碳达峰碳中和艰巨任务

编制全市碳达峰行动方案，推动全市全行业达峰；提升循环经济发展水平，探索推动低碳技术研发应用，实施碳捕集和封存，积极推进碳交易，落实碳中和，实现淮南市绿色低碳发展，单位 GDP 二氧化碳排放量持续下降。

3. 重点聚焦沉陷区综合治理及生态经济发展

聚焦沉陷区综合治理与生态经济发展，持续改善人居环境，发展循环经济。建立沉陷区动态管理机制，探索创新沉陷区治理“淮南模式”，因地制宜发展多种绿色产业，完成沉陷区治理与经济发展相结合，解决沉陷区环境污染和环境破坏问题，实现沉陷区经济可持续发展。

4. 重点聚焦煤电化工业固废综合利用

聚焦煤电化工业固废综合利用，做大做强国家级大宗煤电固废综合利用基地和省绿色发展试点示范基地，守护好环境安全底线。培育支持煤电化大宗工业固废高值化新技术研发，持续推进大宗煤电化固废综合利用基地建设，有效改善淮南市大宗固废存量现状。

5. 重点聚焦生态环境保护区域联防联控

聚焦生态环境保护区域联防联控，统筹解决区域突出的大气环境问题和水环境问题。推进完善区域协作机制，协调解决区域生态环境联防联控中的重大事项、重点问题。加强生态环境地方立法协作，着力解决地方环境污染和环境法规规章相互冲突的问题，增强解决区域性生态环境问题的共性和关联性。

4.4 规划目标

到 2025 年，生态环境质量在巩固现状成效基础上进一步改善，环境风险管控和能力建设得到全面提升，生态文明制度和环境治理体系更加健全，绿色发展全方位融入生产和生活，生态环境高水平保护显著提升。

——生态环境持续改善：$PM_{2.5}$年均浓度和城市空气质量优良天数比率达到考核要求；地表水达到或

好于Ⅲ类水体比例、地表水劣Ⅴ类断面比例、城市黑臭水体比例、地下水质量Ⅴ类比例、农村生活污水治理率达到考核要求。

——主要污染物排放总量持续减排：化学需氧量、氨氮、氮氧化物、挥发性有机物完成上级下达的减排任务。

——生态保护修复持续稳固：生态质量指数、生态保护红线面积完成省下达目标。

——环境安全有效保障：受污染耕地安全利用率、污染地块安全利用率、放射源辐射事故年发生率完成省下达目标。

展望2035年，广泛形成绿色生产生活方式，碳排放达峰后稳中有降，生态环境根本好转。节约资源和保护环境的空间格局、产业结构、生产方式、生活方式总体形成，绿色低碳发展水平和应对气候变化能力显著提高；空气质量根本改善，水环境质量全面提升，水生态恢复取得明显成效，土壤环境安全得到有效保障，环境风险得到全面管控，山水林田湖草生态系统服务功能总体恢复，蓝天白云、绿水青山成为常态，基本满足人民对优美生态环境的需要；生态环境治理体系和治理能力现代化基本实现。

4.5 规划指标

按照绿色发展和美丽中国建设的要求，结合安徽省“十四五”生态环境保护目标和主要任务，以全市生态环境保护重点工作为主，设定环境治理、应对气候变化、环境风险防控、生态保护等共四大类17项主要考核指标。其中，约束性指标11项，预期性指标6项。

表7.1 淮南市“十四五”生态环境保护指标体系表

类别	序号	指标名称		2020年现状	2025年目标	指标属性
环境治理	1	地级及以上城市细颗粒物($PM_{2.5}$)浓度(微克/立方米)		48	39	约束性
	2	地级及以上城市空气质量优良天数比率(%)		72.7	75	约束性
	3	地表水达到或好于Ⅲ类水体比例(%)		78	87.5	约束性
	4	地表水劣Ⅴ类水体比例(%)		0	0	约束性
	5	城市黑臭水体比例(%)		0	完成省下达	预期性
	6	地下水质量Ⅴ类水比例(%)		—	完成省下达	预期性
	7	农村生活污水治理率(%)		—	完成省下达	预期性
	8	主要污染物重点工程减排量(吨)	化学需氧量	—	10 809[1]	约束性
			氨氮	—	494[1]	
			氮氧化物	—	6 485[1]	
			挥发性有机物	—	1 321[1]	
应对气候变化	9	单位国内生产总值二氧化碳排放降低(%)		—	完成省下达	约束性
	10	单位国内生产总值能源消耗降低(%)		—	完成省下达	约束性
	11	非化石能源占能源消费总量比重(%)		—	完成省下达	预期性
环境风险防控	12	受污染耕地安全利用率(%)		100	完成省下达	约束性
	13	重点建设用地安全利用(%)		100	有效保障	约束性
	14	放射源辐射事故年发生率(起/万枚)		—	完成省下达	预期性
生态保护	15	生态质量指数(EQI)		—	完成省下达	预期性
	16	森林覆盖率(%)		15.7	完成省下达	约束性
	17	生态保护红线面积(平方千米)		—	不减少	约束性

注：[1]为5年累计数。

第五章 规划任务与措施

5.1 推进转型升级,助力高质量绿色发展

5.1.1 优化调整空间结构

1. 建立以国土空间规划为统领的生态环境空间治理模式

明确城镇空间、生态空间、农业空间,树立“三生”协调发展理念。实施“五级三类”的国土空间规划体系,严格“三区三线”为核心的国土空间用途管制。将生态环境保护工作融入国土空间规划,将国土空间规划与生态环境分区管控实施联动。

2. 落实“三线一单”生态环境分区管控体系

突出分区管控,强化生态保护。落实淮南市“三线一单”成果,以“三线一单”确定的分区域、分阶段环境质量底线目标作为基本要求,制订环境保护规划和环境质量达标方案。在功能受损的优先保护单元优先开展生态保护修复活动,恢复生态系统服务功能,在重点管控单元有针对性地加强污染物排放控制和环境风险防控,强化“三线一单”在生态、水、大气、土壤等要素在环境管理中的应用。

5.1.2 深度调整产业结构

打造国家煤炭绿色开发利用基地。推动煤炭产业结构优化升级和绿色转型发展,建设安全、高效、智能、绿色“四型”矿井,发展现代化矿井集群。优化煤炭产品结构,推进煤炭产、洗、用各环节协同发展,持续提高原煤入洗比例,大力发展高精度煤炭洗选加工、低阶煤提质等深加工技术,提升煤炭附加值。打造煤炭清洁开发利用价值链,加大科研投入,以煤基多联产、系列化为目标,打通煤、电、化、气全产业链路径,促进产业提档升级。

加快传统产业转型升级。推进传统产业布局优化,突出龙头引领、专业配套、区域联动、产供销一体,鼓励龙头企业开展兼并重组与跨界重构,引导关联产业集中布局,提升产业链现代化水平。全面推进绿色转型,开展重点行业、企业节能减排绿色低碳行动,建设绿色工厂,推广源头减量、循环利用、再制造和产业链接等技术。

推动战略新兴产业发展。打造数字经济、新材料、现代装备制造、汽车及零部件等百亿产业集群,积极培育壮大生物和大健康产业,构建富有淮南特色的现代产业体系。大力推广节能技术和产品、环保产品与装备、资源循环再利用等重点领域应用示范。

5.1.3 持续优化能源结构

控制煤炭消费总量,加快实施重点用能单位节能低碳行动和重点产业能效提升计划,严格执行高耗能行业产品能耗限额标准体系。推进煤电企业通过资产整合、股权投资等方式深度融合,提高煤炭就地转化率,提高煤电联营规模。推进传统电力能源和电力新能源协调发展,建设智慧电厂,全面推行热电联产、冷热电联供模式,利用国际领先水平的清洁高效煤电成套设备,升级改造现役电厂发电设备和配套设施,全面提升电网智能化水平,提升电网接入和消纳能力。优化电力新能源项目布局,支持光伏发电、风电项目建设。严格控制煤炭消费总量,落实煤炭消费减量替代与污染减排“双挂钩”制度,提高非化石能源消费比重,降低煤炭在能源总消费中的比例。

5.1.4 全力调优运输结构

推动打造区域性综合交通运输枢纽,持续推进“公转铁、公转水”。积极参与江淮城际铁路网建设,完成合肥—新桥—淮南城际铁路前期研究工作,启动沿淮高铁、淮南—定远城际铁路、淮南—宿州城际铁路前期研究工作。形成“干支联动、通江达海”水运网,完成淮河干流航道整治,打通江淮运河,淮河支流航道,全面实现等级化;港口物流和集散运输体系进一步完善,港口吞吐量和服务水平大幅度提高,将淮南港

建设成为千里淮河能源运输第一港、江淮水运枢纽港。完善铁路、公路集疏运设施,建立多种运输方式综合服务信息平台,实现互联互通。

5.1.5 推进用地结构优化

继续实施建设用地总量和强度双控管理,加强建设用地供后开发利用全程监管,强化临时用地管理,合理划定功能留白地块,加大力度盘活闲置、低效用地。严格落实城市规划及园区规划,优化工业企业布局,推进工业用地园区化集中安排,推进工业企业搬迁入园区。加快城市建成区重污染企业搬迁改造或关闭退出,逾期不退城的企业予以停产。保障合理的生态用地规模,不断扩大蓝绿生态空间。

5.2 应对气候变化,落实碳达峰碳中和目标

5.2.1 积极推进碳排放达峰

开展碳排放清单核算。编制全市温室气体排放清单和碳排放达峰行动规划,明确各县(市、区)、行业的碳排放总量控制目标,细化总量控制措施和碳排放控制措施。强化温室气体排放数据管理,进一步完善碳排放基础数据统计制度。组织开展面向碳排放达峰目标与碳中和愿景的年度碳源、碳汇调查,针对各类生态系统开展碳汇核算研究,监测全市土地利用类型、分布与变化情况,支撑全市碳汇量的核定。

制订实施碳排放达峰行动方案。紧扣绿色低碳发展,科学研判碳达峰目标,编制全市碳排放达峰行动方案。到2025年,单位GDP二氧化碳排放降低完成省下达指标,二氧化碳排放量力争于2030年前达到峰值,到2035年碳排放达峰后稳中有降。

5.2.2 探索推动碳中和

探索控制温室气体排放。严格环境准入,持续推进落后产能淘汰和过剩产能压减,综合运用差别电价、惩罚性电价、阶梯电价、信贷投放等经济手段推动落后和过剩产能主动退出市场;鼓励发展低碳节能环保技术咨询、系统设计、设备制造、工程施工、运营管理、计量检测认证等专业化服务,培育一批高水平、专业化节能降碳环保服务公司。进一步减少化肥、农药、农膜、除草剂、植物生长调节剂、土壤改良剂、饲料添加剂等各种农用化学品的投入,发展低碳农业。

探索推动碳捕集。以二氧化碳捕获、利用与封存的规模化、高值化和产业化为方向,鼓励开展二氧化碳的矿物、化学、生物转化利用技术试点示范。引导以气化炉为基础的发电厂实施燃烧前脱碳,从源头捕获二氧化碳作为资源再次利用,建立电厂燃烧前脱碳示范工程;燃料直接发电电厂开展烟气脱碳项目,从末端捕获二氧化碳。窑炉和锅炉燃料燃烧有序推行纯氧燃烧技术,提高烟气中二氧化碳浓度,提高下游二氧化碳捕集能效。

探索推动碳封存。坚持封山育林、人工造林、植树增林相结合,实施森林质量精准提升工程,着力增加森林碳汇;充分挖掘森林经营和森林城市碳中和潜力,编制实施森林碳增汇经营规划,制定林业碳中和的工作考核体系,实现森林蓄积量、森林碳密度、总碳储量的全面增长。加强湿地的总量管控和用途管制,落实自然湿地保护目标责任,建立湿地分级管理体系;积极开展湿地生态修复,通过退耕还湿、退渔还湿、清淤疏浚、湿地植被恢复、生态移民等手段逐步恢复湿地生态功能,增强湿地储碳能力。

5.2.3 积极推进碳排放交易

准确梳理全市电力、煤炭、化工等重点行业及年排放量超过2.6万吨二氧化碳当量的大型企业,纳入全国温室气体重点排放单位名单,实施初始碳排放配额分配和登记。敦促重点排放单位高质量完成年度温室气体排放报告,申报年度碳排放总量。鼓励各重点行业企业积极利用先进节能减排技术,压减碳排放总量,投入碳排放交易市场。积极配合省有关部门做好地方碳排放交易市场稳步推进。

5.3 强化生态修复，切实维护好生态安全屏障

5.3.1 深化采煤沉陷区综合治理

坚持协调推进，健全组织、实施、共享、共建机制。强化机构协调管控能力，完善沉陷区动态监测监管系统，建立沉陷区“一张图、一张表、一个数据库”动态管理机制，实现沉陷区长期、系统、动态监测。健全综合治理功能，统筹政策规范制定、综合规划编制、基础信息统计分析和工作形势预测等指导、协调综合治理工作。结合产业类型、人口规模、区域位置等，编制采煤沉陷区综合治理规划。

坚持统筹推进，整合乡村振兴、农业环境整治等资源。因地制宜推进采煤沉陷区耕地保护和复垦，在稳沉后及时治理恢复到可利用状态。优化煤炭开采方案，高标准推进生态修复，积极推进恢复建设高标准基本农田。把塌陷区新村规划与新农村建设规划、城市建设规划、小城镇建设规划结合起来，加强基础设施和公共服务设施建设，改善塌陷区失地农民就业和居民生活条件。

坚持分类推进，探索富含淮南特色的综合治理案例。创新沉陷区综合治理的“淮南模式”。按“谁治理，谁受益”原则，引入市场化机制，提升治理成效。在复制推广“创大模式”“后湖模式”等基础上，高效益整合政策资源，高标准配置基础设施建设，高质量推进产业转型，注重城市山水自然景观特色风貌研究，重塑城市生态景观，构建山水环抱的城市景观空间格局。推进采煤沉陷区蓄滞综合利用，加快建设淮西湖沉陷区综合治理等项目，谋划实施凤台、潘集等沉陷区水系连通工程。

5.3.2 引导沉陷区生态经济发展

推进沉陷区产业空间配置。构建九龙岗—大通矿区、凤台县、潘集区、毛集实验区、谢家集—八公山“五区”沉陷区产业发展板块，其中九龙岗—大通矿区、谢家集—八公山重点发展旅游和文化，其他发展低碳经济。在凤凰湖、潘集平圩、谢家集沙里岗等居民搬迁安置集中地规划建设湿地农民就业园或者创业园，推进接续替代产业组团式空间布局，重点打造生态经济、旅游、文化创意、现代物流、现代农业等多个产业示范区、产业基地，形成“以线串点、以点带面”的空间发展模式，构建“五区多点、两横双翼”的空间格局。以沿淮河生态经济带和合(肥)淮(南)同城产业走廊为“两轴”，分别构建“互联网＋智慧”能源体系和发展新材料、电子信息、新型建材、轻纺工业新能源、生物制药、装备制造等战略新兴产业。打造“双翼”发展带，淮河以北的北翼沉陷区重点发展现代农业示范与煤炭循环经济产业发展带，淮河以南的南翼沉陷区重点发展旅游与文化综合发展带。

探索沉陷区绿色产业发展路径。加快采煤沉陷区治理工作，探索多样化治理模式，按照“宜农则农、宜林则林、宜水则水、宜建则建”的原则，对沉陷区进行分类改造，延伸产业链，并大力发展生态农业、文化旅游业，推动沉陷区产业结构升级，走资源型转型发展之路。对稳沉区进行环境综合治理，将沉陷区建设成休闲娱乐、生态旅游、煤矿文化主题旅游和历史文化旅游目的地；以潘集“创大模式”东辰生态园为切入点，将采煤沉陷区生态环境修复建设与农林业生产和旅游观光相结合，发展特色养殖，在沉陷区建成集苗木、花卉为一体的现代农业示范园区，推广形成淮南采煤沉陷区综合治理与产业发展的“淮南模式”。

5.3.3 深入实施矿山修复

实施矿山修复与治理。明确矿山地质环境问题现状，实施舜耕山南坡采石迹地等矿山恢复治理工程，强化矿山宕口整治和修复，推进历史遗留废弃矿山宕口生态复绿工作。加大矿山地质环境保护与治理恢复力度，新建和生产矿山严格按照审批通过的开发利用方案和矿山地质环境保护与土地复垦方案，边开采、边治理、边恢复，加快推进责任主体灭失矿山迹地综合治理。

积极开展绿色矿山创建。总结推广省内“国家级绿色矿山试点单位”建设经验，进一步探索绿色矿山建设的有效途径。引导激励矿山企业积极申报国家级、省级绿色矿山试点单位，开展绿色矿山创建工作，逐步形成淮南市大中型生产矿山全部绿色达标、小型生产矿山步入绿色发展正轨的良好格局，到2025年，全市所有矿山实现应创尽创。

5.3.4 加强生态系统保护

提升自然保护地规范化建设水平。完善自然保护地管理和监督制度，提升自然生态空间承载力，努力形成以国家公园为主体的自然保护地体系，建立自然保护地分区管控和分级管理体制。完成各类自然保护地整合优化、勘界立标工作，确保生态保护红线占国土面积比例不减少。持续开展“绿盾”自然保护地监督检查专项行动，重点排查自然保护地内采矿（石）、采砂、采伐、码头、工矿企业、挤占河（湖）岸、侵占湿地以及核心区缓冲区内旅游开发、水电开发等违法违规生产经营活动，对排查出的问题，制定“一区一策”整改方案。

加强湿地生态系统保护。推动划定落实湿地保护“红线”，实施严格的开发管控制度，加强全市湿地保护与恢复，强化面积小破碎化的湿地保护，加快推进省级湿地自然公园建设，设置界桩、标牌，扩大湿地保护面积，提高湿地保护率。

实施生物多样性保护。实施濒危野生动植物抢救性保护工程，建立野生动物救护繁育中心、珍稀植物繁育基地、鸟类监测定位站点。强化保护区内基础设施和能力建设，改善和修复水生生物生境以及越冬候鸟的越冬地和栖息地，落实水生生物保护区全面禁捕。以营造防护林、用材林、经济林等具体活动，增加区域内森林数量和质量，提高森林覆盖率。开展生物多样性监测与调查评估，摸清本底，进一步强化生物多样性保护。强化生物安全风险管控，加强对重点区域外来入侵物种的防控。

构建现代生态林业治理体系。打造“林长制”改革建设样板区，围绕林长制责任、经营、保障三大体系，创新完善森林资源保护与发展体制机制，形成党政同责、政府主导、部门协作、公众参与的林业高质量发展格局，探索总结出一整套完善的林业保护和发展制度体系，形成可复制可推广的制度成果。市县乡村四级林长制目标体系更加完善，护绿、增绿、管绿、用绿、活绿“五绿”协同推进；“林长＋检察长”改革深入推进，初步实现林业治理体系和治理能力现代化。

5.4 实施高水平保护，守护好环境安全底线

5.4.1 深入打好污染防治攻坚战

1. 深入打好蓝天保卫战

综合治理工业大气污染。推进煤炭、电力、化工、水泥等重点行业污染治理升级改造，全面执行大气污染物特别排放限值和特别控制要求。全市能源环境战略立足煤炭，鼓励燃煤机组超净排放改造。新建工业园区以热电联产企业为供热热源，优先发展天然气热电联产；现有经济开发区等工业集中区应实施热电联产或集中供热改造，将工业企业纳入集中供热范围，逐步淘汰分散燃煤锅炉，核准审批新建热电联产项目要求关停的燃煤锅炉必须按期淘汰。

深入治理移动车船尾气。加快车船结构升级，推广使用新能源汽车，在工业园、大型商业购物中心、农贸批发市场等物流集散地建设集中式充电桩和快速充电桩；加快淘汰国三及以下排放标准的柴油货车、老旧燃气车辆；开展燃料油品专项整治行动，实施国Ⅵ排放标准和相应油品标准；扎实推进油品储运销和移动源排放达标工作，清理取缔黑加油站点、流动加油车。强化移动源污染防治，推进老旧柴油车深度治理，安装污染控制装置、配备实时排放监控终端，并与生态环境等有关部门联网，协同控制颗粒物和氮氧化物排放，稳定达标的可免于上线排放检验。加强非道路移动机械和船舶污染防治，开展非道路移动机械摸底调查，推进排放不达标的工程机械、港作机械清洁化改造和淘汰。

全面控制城乡扬尘污染。加强城市建成区扬尘网格化管理，开展降尘量监测，实施降尘考核；严格施工和道路扬尘监管，继续提升施工扬尘“六个百分百”，推广安装在线监测和视频监控，强化施工扬尘监管，推广运用车载光散射、走航监测车等技术，检测评定道路扬尘污染状况；大力推进道路清扫保洁机械化作业，提高道路机械化清扫率。扩大高污染燃料禁燃区范围，逐步由城市建成区扩展到近郊，深入开展禁燃区散煤禁烧及煤场清理专项行动。

坚持$PM_{2.5}$和O_3协同治理。完善“源头—过程—末端”治理模式，推行基于反应活性的VOCs减排策略，实施“一行一策”“一企一策”精细化治理，逐步推进全市化工、包装印刷、工业涂装、汽修等涉VOCs重点企业实施源头低VOCs替代。强化设备密闭化改造，全面加强含VOCs物料储存、转移和输送、设备与管线组件泄漏、敞开液面逸散以及工艺过程等五类排放源VOCs管控。进一步深化末端治理设施提档升级，强化末端治理设施的运行维护；有条件的工业集聚区建设集中喷涂工程中心，配备高效治污设施，替代企业独立喷涂工序。到2025年，臭氧上升趋势等到遏制，$PM_{2.5}$浓度持续下降，完成省下达的任务。

2. 持续推进“三水统筹”

推深做实河(湖)长制。以加强水环境治理为中心，进一步完善市、县、乡、村四级河长责任体系，建立河长办与污染防治办公室联动工作机制，压实河长水环境监管和水环境质量改善的责任，实行一河一策、一湖一策、一库一策。深入开展河湖“五清”(清理非法排污口、水面漂浮物、底泥污染物、河湖障碍物、涉河违法建设)专项行动，优化巡河和绩效考核评价机制。充分发挥社会力量，选优配强民间河长和河湖“生态管家”，建立健全“污染者付费＋第三方治理”模式。

持续巩固入河排污口整治。制订实施入河排污口全面排查整治方案，优化入河湖排污口布局；综合运用无人机航测和人员现场勘查，应查尽查，全面排查入河排污口，建立完善入河排污口名录；按照“一口一策”推进整治，强化执法监管，对造成入河排污口超标且经整治仍不能稳定达标的工业企业依法依规实施关停搬迁；实施入河污染源、排污口和水体水质联动管理，强化排污许可的事中事后监管，进一步推进排污口在线监测能力，加快入河排污口规范化建设。

统筹推进城乡污水收集处理。推进各县区城镇污水处理厂建设以及生活污水管网建设，基本消除城中村、老旧城区和城乡接合部生活污水收集处理设施空白区，制订管网改造方案并逐步实施，推进老旧小区、企事业单位雨污分流改造，建立健全管理机制。强化控源截污，加快推进箱涵截污改造。加快农村环保基础设施建设，实现乡镇污水处理设施、省级美丽乡村中心村污水处理设施全覆盖，全面改善农村环境质量。

加强工业污染源治理。加大清洁生产推行力度，鼓励企业依法淘汰落后生产工艺技术，减少源头水污染物产生。实行排污许可管理制度，深入推进重点污染源自动监控设备“安装、联网、运维监管”三个全覆盖工作，强化对涉水排放工业企业排污行为的监督检查。集中治理工业集聚区水污染，推进工业园区污水全收集和处理设施提标改造，对工业集聚区的环保基础设施进行排查，做到“三明确”，即明确各企业废水预处理、集聚区污水与垃圾集中处理、在线监测系统等设施是否达到要求。工业企业废水排放需满足“两必须”要求，即企业废水排放及园区污水集中处理排放必须按照排污许可证规定，不得超标、超许可量排放；工业废水必须经过预处理达到集中处理要求后方可进入集中污水处理设施。

严格饮用水水源地保护。开展乡镇饮用水水源规范化建设，划定乡镇饮用水水源保护区，清理水源保护区内违法建筑和排污口，加强备用水源地建设和保护。制订水源地保护方案，实施水源涵养、湿地建设、区域污染源治理等项目，严禁生态环境破坏行为。加快区域供水一体化设施建设，进一步完善水源地水质预警系统，构建水源地应急体系和供水突发事件处置体系，加强应急预案演练，提高整体应急能力。围绕“划、立、治”，深入推进“千吨万人”及以下的乡镇农村水源地排查整治工作，保障人民群众饮水安全。

推进河湖生态保护与修复。注重“人水和谐”，按照“有河有水、有鱼有草、人水和谐”的要求，以断面汇水范围为控制单元，通过治、保、还、减、护等综合措施，加快推进过载和污染河湖治理与修复。实施一批入河(湖)湿地恢复与建设、水生生物完整性恢复项目，增加水生生物多样性，落实水生生物保护区全面禁捕，提升河湖生态系统服务功能。因地制宜建设亲水生态岸线，实施护坡生态化改造，建设氮磷拦截、曝气充氧等生态工程，增强河流自净能力。按照美丽长江经济带的标准，继续做好淮河干流岸线1千米、5千米、15千米范围内“十清”“四控”“四优”工作。全面推进生态河湖行动，建设一批“五好河道”“生态河道”，积极争创“河畅、水清、岸绿、景美、人和”的示范河湖。

系统推进城乡水系综合治理。实施城市内河综合整治，推进常态化补水活水工程，杜绝水体返黑返臭现象,彻底消除城市黑臭水体。加大农村生态塘库、生态沟渠建设,促进农村河湖塘渠天然生态恢复。

提高用水效率。抓好工业节水,严格执行国家鼓励和淘汰的用水技术、工艺、设备、产品目录及高耗水行业取用水定额标准,开展水平衡测试,严格用水定额管理。鼓励电力、钢铁、纺织印染、造纸、石化、化工、食品发酵等高耗水企业深度处理回用。加强城镇节水,实施差别化水价、超计划加价收费,加大重点户监督力度。禁止生产、销售不符合节水标准的产品、设备。公共建筑必须采用节水器具,限期淘汰公共建筑中不符合节水标准的水嘴、便器水箱等生活用水器具。发展农业节水,推广渠道防渗、管道输水、喷灌、微灌等节水灌溉技术,示范推广通滴灌机械设备,完善灌溉用水计量设施。推进规模化高效节水灌溉,推广农作物节水抗旱技术。

科学保护水资源。完善水资源保护考核评价体系,加强水功能区监督管理,从严核定水域纳污能力;加强全市二级以上支流地表水水量调度管理,完善水量调度方案。科学调蓄江河湖泊水位,开展闸坝生态调度、完善区域再生水循环利用体系。统筹生态流量(水位)底线及闸坝、水库调度管理等相关要求,制订生态流量底线保障方案,初步建立生态流量监测、评价与保障机制。

3. 深入打好净土保卫战

坚持源头防控防治。加强源头控制,涉及土壤污染的建设项目,按照“五个一律”从严准入。加强涉重金属行业污染防控,进一步完善涉重金属重点行业企业全口径排查清单。加强土壤环境重点企业监管,督促重点企业落实隐患排查、自行监测、地下储罐备案等制度,制订并实施重点监管企业和工业园区周边土壤环境监测计划。加强土壤环境日常监管执法,开展专项环境执法行动,严厉打击向未利用地、荒地、废弃矿井、滩涂等非法排污的环境违法行为。统一规划、整合优化土壤环境质量监测点位,实现省、市统筹土壤环境质量监测点位布点,健全土壤环境质量监测体系。

加强土壤环境监管。结合重点行业企业用地调查成果,全面掌握土壤污染状况及污染地块分布以及污染地块环境风险情况。按照国家有关环境标准和技术规范,确定污染地块的风险等级,污染地块名录实行动态更新。根据土壤污染风险等级,合理确定土地用途。强化建设用地开发利用联动监管,完善生态环境、经济和信息化、自然资源、住房城乡建设等部门之间的信息共享和监管联动机制,加强暂不开发利用污染地块风险管控。加强城镇人口密集区危化品改造企业搬迁腾退土地土壤污染防治,有序推进土壤污染治理修复。严格农用地监管。推进农用地土壤污染状况详查成果应用,积极开展受污染耕地污染成因排查。实施耕地土壤环境质量类别划定,推进受污染耕地安全利用和严格管控。根据耕地土壤污染程度、环境风险及其影响范围,确定治理与修复的重点区域,实施轻中度污染耕地安全利用、重度污染耕地严格管控。

加强污染土壤修复。加强同高水平科研院所合作,强化“治土”科技支撑,持续推进异地污染土壤异地修复中心建设,推行“环境修复+开发建设”模式,探索建立拟再开发利用工矿企业用地土壤污染状况提前调查制度。进一步拓宽土壤修复融资渠道,试行建立高风险企业土壤修复准备金制度,鼓励 PPP 等模式参与污染场地环境治理工作。

深化地下水污染防治。建立完善地下水环境监测网。加强现有地下水环境监测井的运行维护和管理,完善地下水监测数据报送制度。按照国家、省要求,构建全市地下水环境监测信息平台。开展地下水污染协同防治。强化土壤、地下水污染协同防治,继续推进化工企业、加油站、垃圾填埋场和危险废物处置场等区域周边地下水环境状况调查,加强高风险的化学品生产企业以及工业集聚区、矿山开采区、尾矿库、危险废物处置场、垃圾填埋场等区域的防渗情况排查和检测。

5.4.2 强化固体废物污染治理

1. 促进源头减量和综合利用

推进工业固废综合利用。根据“减量化、资源化、无害化”的原则,对工业固体废物进行综合利用和无害化处置。采取开展清洁生产、发展循环经济、加强环境准入等措施从源头减少工业固废产生量。培育和扶持煤矸石、粉煤灰、脱硫石膏等大宗固体废物综合利用专业化现代企业,建立技术先进、模式先进、清洁安全的现代煤电工业固体废弃物综合利用产业发展新模式，建设煤电工业固体废物综合利用产业化基地。加强对矿山废弃物处理处置的监管，重点对煤矸石—粉煤灰—物料堆场、重点企业、工业园区和部分矿山迹地、工业企业遗留或遗弃场地进行专项整治工作。提升城镇生活污水污泥和一般工业污泥综合处置能力，推进一批污泥资源化处置项目落地。

推进生活垃圾源头减量和分类。积极引导公众在衣食住行等方面践行简约适度、绿色低碳的生活方式。加强生活垃圾分类，加快实施淮南市垃圾分类收集处置项目，形成各具特色的生活垃圾全程分类模式。推广可回收物利用、焚烧发电、生物处理等资源化利用方式，重点发展生活垃圾焚烧发电技术，鼓励区域共建共享焚烧处理设施，积极发展生物处理技术，合理统筹填埋处理技术。力争到2025年，基本建立配套完善的生活垃圾分类法规制度体系，居民普遍形成生活垃圾分类习惯，城市生活垃圾回收利用率达到35%以上。

提高建筑垃圾资源化利用水平。推进建筑垃圾源头减量，鼓励就地就近资源化利用，合理布局建筑垃圾转运调配、消纳处置和资源化再利用设施。建立统一的建筑垃圾处理管理信息系统，全程监管建筑垃圾产生、收集、中转、运输、分拣、处置等全过程。推广装备式建造技术，大力发展绿色建筑。

2. 强化危险废物管控

筑牢源头防线。围绕危废专项整治三年行动，加快推进重点涉危企业环保智能监控体系建设，在涉危重点企业安装视频监控、智能地磅、电子液位计等设备，集成视频、称重、贮存、工况和排放等数据，实时监控危险废物产生、处置、流向，数据实时同步上传至安徽省固体废物动态信息管理平台。

提升监管水平。组织危险废物环境隐患专项排查整治，全面查清涉危单位生产经营重点环节、重点场所环境风险隐患，精准掌控涉危单位产生、贮存、运输、接收、利用、处置等情况，建立危险废物监督管理台账。强化应急管理、生态环境、卫生健康、公安、交通运输等部门联合执法，以煤化工、精细化工、医药等为重点行业，以废酸、废碱、医疗废物、医药废物、废铅蓄电池、精(蒸)馏残渣和废弃危险化学品等为重点类别，以贮存处置量大、非法转移、倾倒、处置案件频发和管理力量薄弱的县区、园区为重点区域，创新采用大数据分析和产废数量核查等措施，持续保持高压严打态势，严厉打击危险废物非法转移、倾倒和处理处置等违法犯罪行为。

3. 强化医疗废物监管

完善医疗废物收集网络，强化医疗废物分类收集，规划布设县区医疗废物集中收集转运体系。积极推行医疗废物在线申报登记和电子转移联单，提升现有医疗废物集中处置工艺，提升重大疫情医疗废物收集处置应急保障能力。加强对未被污染的输液瓶、输液袋等一般医疗垃圾的回收利用的管理。

5.4.3 强化风险管控和应急管理

1. 加强危化品及工业园区环境风险管控

严防危化品环境风险。强化重大环境风险源排查，加强化学品风险源、风险区域和污染场地环境管控，以港口、码头、物流仓库、化工园区等为重点，强化危化品安全风险管控和隐患排查治理，严格落实安全风险管控"六项机制"要求。编制淮南市行政区域环境风险评估报告，绘制环境风险地图；加强涉危化品企业突发环境事件应急预案备案工作，做到应急预案备案全覆盖。

提升园区环境风险管控水平。强化工业园区风险防范体系建设，提升环境安全隐患排查预警、评估研判和协调处置能力，加快构建上下贯通、科学高效的环境风险化解体系。重点围绕化工园区风险管控，定期开展化工园区风险排查，对发现的问题，立行立改、长期坚持；加强对化工园区风险防范工作的指导，督促园区及相关企业更新和完善突发环境事件应急预案和应急物资；鼓励有条件的化工园区建立风险防范平台；畅通相关突发环境事件应急联络机制。

2. 加强重金属污染风险防范

严控行业新增产能。在规划和建设项目环境影响评价中，强化土壤环境调查，增加对土壤环境影响的评价内容，明确防范土壤污染具体措施，纳入排污许可管理。对排放重点重金属的重点行业，要严控增量、减少存量，新增产能和淘汰产能实行"等量置换"或"减量置换"。对涉重金属重点行业新建、改(扩)建项目实行新增重金属污染物排放等量或倍量替代，对区域重金属排放量继续上升的地区，停止审批新增重金属污染物排放的建设项目。落实重金属相关行业规范条件，禁止新建落后产能项目，严禁产能严重过剩行业新增产能建设项目。禁止向涉重金属相关行业落后产能和产能过剩行业供应土地。

持续开展行业排查整治。组织建立全口径涉重金属重点行业企业清单，将重金属减排目标任务分解落实到有关企业，明确相应的减排措施和工程。针对耕地重金属污染突出区域和涉重金属工矿企业，组织开展重金属重点行业污染源排查整治专项行动，督促相关企业完善污染防治设施，在煤化工、有色金属、电镀行业实施清洁化改造。对整改后仍不能稳定达标的企业，依法责令停产、关闭。坚决关闭不符合国家产业政策的落后生产工艺装备，依法全面取缔不符合国家产业政策的有色金属、电镀等行业生产项目。

3. 加强水源地风险防控

全面深化饮用水水源地环境安全保护工作，保障水源地环境安全。加大水源地环境监管力度，对县级以上水源地每年开展环境保护专项行动，对乡镇及以下饮用水水源地按比例开展排查，对检查发现的问题，制订方案，限期完成整改；对"千吨万人"水源地完成应急预案制订工作，完善水源地保护应急措施，落实应急物资保障，提升风险防控和应急能力。

4. 加强辐射环境安全管理

健全核与辐射安全协调机制。探索建立淮南市境内变电站、输变电、广电、雷达设施设备、移动通信基站、医疗机构放射设备等核与辐射利用行业企业清单、设备清单，参考省级核与辐射安全协调机制建设情况，建立淮南市核与辐射安全协调机制。

提升辐射安全管理队伍能力。积极参与安徽省生态环境厅牵头组织的辐射安全法律法规、基础知识、专业实务、案例分析等科目培训，分门别类编制行政审批、监督执法、辐射环境监测人员的应知应会"一张图"工作；更新现有辐射安全网络教育资源，建立短视频教学库；更新现有辐射安全监督执法、环境监测实操培训的形式与内容，将集中培训、网络学习与实际操作相结合，全方位推进管理队伍能力提升。

加强辐射环境监督管理。进一步加强核技术应用和电磁辐射建设项目环境管理，强化放射性物质使用、运输、贮存等环节安全监管，保持全市辐射环境质量优良。加强对变电站、输变电、广电、雷达设施设备、移动通信基站的电磁辐射监测，确保电磁辐射平均水平不超过国家限值。严格《辐射安全许可证》的审核换发工作，重点加强对辐照装置、移动工业探伤设备和Ⅲ类以上放射源的安全监管。进一步完善放射性废物管理，确保全市放射性废物完全受控、安全处置。

5. 强化环境应急能力建设

健全指挥体系。按照"分类管理、分级负责、属地为主"的总体要求，进一步健全市、县区(市职能部门)、乡镇(县区职能部门)三级环境应急响应机制。修编全市突发环境事件总体应急预案，定期开展环境应急演练，建立健全信息共享、组织指挥、应对保障等方面协调联动工作机制，形成快速处置突发事件的合力，不断完善网状环境应急指挥体系。

提升应对能力。配足配强环境应急管理人员，在乡镇、街道配备专人负责环境应急管理工作，推进环境应急全过程网格化管理。建设环境应急物资储备库，推动区域环境应急物资装备统筹共享。

完善应急队伍。积极拓展社会化应急救援队伍，依托水处理、危废利用处置、环境检测等环保技术企业，发展培养一批第三方应急处置专业队伍。支持社会化应急救援队伍能力建设，建设淮南市环境应急专家库，健全环境应急救援体系。

优化预警平台。加快推进现代煤化工产业园有毒有害气体预警系统建设，建设涵盖自然保护地、地表水断面、重点环境风险企业的预警平台，提升环境应急管理能力及响应、处置能力。

5.4.4 持续加强城乡噪声监管

优化城市功能布局。推动商业区、科教文卫区、居住区、工业区分离，优化调整现有营业性娱乐场所布局，引导房地产开发远离主干道。加强道路规划，强化道路建设噪声污染防治。继续实施"退二进三"战略，持续推进工业企业逐步搬离居民集中区，合理布局工业区与居住区，保证工厂企业等噪声源与居民区之间有效隔离，避免出现新的厂居混住矛盾。

强化区域噪声管理。深化社会生活噪声控制，加强商业和文化娱乐场所隔声与减震管控，严格要求娱乐场所按规定时限营业；加强环境噪声执法检查，对于排放噪声超过环境噪声厂界排放标准，造成严重噪声污染的企业、事业单位，开展限期治理。控制建筑施工噪声，开展“绿色施工”创建工作，提倡使用工艺先进、噪声强度低的建筑施工机具，加强夜间与特殊时段噪声管理，切实降低噪声扰民事件的发生率。

严格控制交通噪声。加强道路和机动车管理，逐步淘汰和更新高噪声公交车辆，合理规划运行路线和时间。加强机动车量管理，在噪声敏感区域内继续实行分时段分路段车辆“禁鸣”，限制大型货车行驶。推广使用低噪声车辆，严格控制机动车数量过快增长。合理设置噪声屏障，在现有城市快速化交通干道、高铁两侧等群众投诉频率较高的地段，合理设置噪声屏障，削减交通噪声对敏感区的影响。

5.5 促进乡村振兴，打造生态美新时代新农村

5.5.1 强化农业污染治理

编制实施农村环境保护和农业面源污染防治规划，从基底保护、监测预警、投入品控制、回收利用等方面实施链条式污染防治，突出制度约束、政策引导和试点推广。

加强种植业面源污染防治。持续推进化肥农药零增长。推广农业清洁生产技术，开展化肥、农药减量和替代使用，加强农药、化肥等包装废弃物回收处置，加大测土配方施肥、病虫害绿色防控、统防统治等技术推广力度，实行生态平衡施肥技术和防治技术。推广高效、低毒、低残留农药和现代植保机械，鼓励使用有机肥、生物有机肥和绿肥种植，禁用高毒、高残留农药和重金属等有毒有害物质超标的肥料。力争到2025年，主要农作物化肥农药使用量实现零增长。

加强废弃农膜回收利用。建立政府引导、企业主体、农户参与的废旧农膜回收利用体系，禁止生产和使用厚度低于0.01毫米的地膜，推广高标准加厚农膜，指导农业生产者合理使用农膜，严厉打击违法生产和销售不符合国家标准农膜的行为。积极推进废弃农膜回收，探索废弃农膜回收利用机制，因地制宜设置废弃农膜回收点，支持建设废弃农膜回收加工企业，逐步形成“农户收集、网点回收、企业加工”的废弃农膜回收利用体系。力争到2025年，农田残膜“白色污染”得到有效控制，力争实现废弃农膜全面回收利用。

强化秸秆资源化利用。持续推进农作物秸秆综合利用，大力发展和扶持农机服务合作社，实施秸秆粉碎还田，鼓励引导秸秆收储体系建设，发展生物质能源，促进农作物秸秆肥料化、饲料化、基料化、燃料化、原料化利用，提高农作物秸秆综合利用率。持续抓好农作物秸秆全面禁烧，充分运用“蓝天卫士”视频监控系统，开展巡查暗访，对发现火点的地区进行通报、约谈，督促各地严格落实责任。

强化养殖业污染治理。严格落实养殖业禁养区和限养区制度。在畜禽养殖区全面建设粪污集中处理和资源化综合利用设施，大幅降低畜禽养殖污染排放强度。开展饲料添加剂和兽药使用专项整治，规范兽药、饲料添加剂生产、销售和使用，防止有害物质通过畜禽废弃物进入农田。全面推进水生态健康养殖，积极推进池塘和工厂化循环水养殖、大水面生态增养殖、鱼菜共生、农林牧渔融合循环等生态健康养殖模式。现有规模化畜禽养殖场要根据污染防治需要，配套建设粪污贮存、处理、利用设施。2025年底，全市规模化畜禽养殖场粪污处理设施装备配套率达到95%。

5.5.2 全面整治农村环境

深入开展农村环境整治。结合城乡一体化环境建设，扎实开展农村环境综合治理工作，加快推进村镇体系建设和基本公共服务设施建设，按照“六整治”“六提升”的要求整治规划布点村，整治生活垃圾、生活污水、乱堆乱放、工业污染源、农业废弃物、疏浚河道沟塘，提升公共设施配套水平、绿化美化水平、饮用水安全保障水平、道路通达水平、建筑风貌特色化水平、村庄环境管理水平。按照“三整治一保障”的要求整治非规划布点村，整治生活垃圾、乱堆乱放、河道沟塘等环境卫生。

加强农村环保基础设施建设。根据“生态宜居村庄美、兴业富民生活美、文明和谐乡风美”要求，以农村集中式饮用水水源地周边村庄治理和改善农村人居环境为重点，大力推进农村环境保护基础设施建设，统筹城乡环保设施一体化。推进农村生活垃圾分类减量，完善生活垃圾无害化处理设施建设规划和“户分类、村收集、乡镇转运、县统筹处理”的农村生活垃圾收运、处理体系；推行适合农村特点的垃圾就地分类和资源化利用方式，积极鼓励城乡垃圾一体化处理，建立健全农村生活垃圾治理队伍建设、设施建设、制度建设和监管机制。实施集中和分散相结合的农村生活污水处理模式，因地制宜建设农村污水处理设施和配套收集管网，多方式推进村庄生活污水治理；城镇污水处理厂（站）做好向临近的乡镇和行政村延伸覆盖；加快推进截污纳管，实现城乡生活污水一体化处理。

持续开展农村黑臭水体整治。完善黑臭水体治理体系，协同推进城乡黑臭水体治理和水生态修复，全面推进农村黑臭水体治理，综合运用截污治污、水系沟通、堤坝护理、清淤疏浚、岸坡整治、河道保洁等措施，部署农村黑臭水体试点工作计划，逐步消除区域农村黑臭水体，实现城乡黑臭水体治理长效机制全面建立。

5.5.3 开展全域美丽乡村建设

加强农村环境管理。建立健全“乡镇人民政府—村委会—村民小组”多级统筹协调机制，制定农村污染治理实施运行管护制度、监督制度，促进农村环境管理规范化、制度化、长效化。加强农村基层环保队伍建设，适应环境网格化监管需求。加大各级财政对农村环保资金的投入力度，鼓励社会力量以捐资捐建方式支持农村环境整治。

打造美丽农村人居环境。全面推进农村人居环境整治，深化农村环境“三大革命”“三大行动”，集中治理农业环境突出问题，着力提升村容村貌。持续推进“厕所革命”、垃圾污水治理，深入实施村庄清洁、畜禽粪污资源化利用行动。全面推进农村生活垃圾治理，完善农村垃圾统一收运体系建设，实现生活垃圾资源化、无害化、清洁化、集约化处理。梯次推进农村生活污水治理，完成农村生活污水处理设施建设，加强村庄污水处理设施运营维护管理。重建重管，建立政府引导、市场运作与农户参与相结合的后续管护机制。进一步提升美丽乡村建设标准，进一步推深以点连线、以线带面，在中心村建设的基础上，发挥中心村带动自然村的辐射带动作用，实施美丽乡村片区打造、融合发展。

5.6 强化能力建设，推进生态环境治理现代化

5.6.1 推进环境治理体系现代化

压实生态环境治理责任。明确各级政府和部门的生态环境责任分担机制，形成“1+1+N”生态环境保护体制。健全考核激励机制，统筹整合现有的与生态文明建设和生态环境保护相关的各项评价指标体系，建立系统、科学的生态文明建设考核评价制度和奖惩激励办法。优化考核办法，持续将资源消耗、环境损害、生态效益纳入各级和各部门干部考评体系，形成源头严防、过程严管、后果严惩的生态环境保护制度体系。

继续深化“放管服”改革。推进“互联网+政务服务”，提高政务服务效率。提高政府决策的科学性，形成从政策环评、规划环评到项目环评的由上至下、层次分明的环评体系，简化环评程序，强化环保服务，推进环评改革，提高各领域政策制定与环境保护的协同水平；健全环境保护检查、督查机制，禁止环保“一刀切”。完善监管体制，巩固垂管体制改革的成果，完善生态环境综合执法机制，整合相关部门污染防治和生态环境保护执法职责、队伍，统一实行生态环境保护执法。加强司法保障，建立生态环境保护综合行政执法机关、公安机关、检察机关、审判机关信息共享、案情通报、案件移送制度。强化对破坏生态环境违法犯罪行为的查处侦办，加大对破坏生态环境案件起诉力度，加强检察机关提起生态环境公益诉讼的工作。

深化环境信用评价制度。构建以排污许可证为核心的固定污染源监管制度体系，引导企业实施高水平的节能减排和资源环境效率管理，督促企业自觉遵守生态环境相关法律法规和监督管理制度，主动落实

生态环境保护主体责任。加强企业环境信用体系建设，完善生态环境领域“守信激励、失信惩戒”的机制。重点排污企业要安装使用监测设备并确保正常运行，坚决杜绝治理效果和监测数据造假。严格执行重点排污企业环境信息强制公开制度和生态环境损害责任赔偿制度。发挥市场机制和经济杠杆作用，启用资源、税收差别化政策，对企业环境行为从倒逼向倒逼＋激励并重转变。

健全联防联控机制。学习京津冀、长三角、珠三角等重点区域大气和水污染防治联防联控协作机制先进工作经验，建立淮南市与周边地区的外部污染防治联防联控协作机制和淮南市各县区之间的内部污染防治联防联控协作机制。完善突发环境事件应急机制，提高与环境风险程度、污染物种类等相匹配的突发环境事件应急处置能力。推进水环境协同治理。积极探索水资源保护省际协作机制，实现联勤联动，共同监测，共享信息。推进建立“联合河长制”，推动跨区域河湖的联防联治工作，重点围绕跨界水体污染展开联合执法。推进大气污染协同防治。推进大气环境监测数据共享，落实国控城市站及省控站等自动监测站点实时监测数据，通过国家大气环境监测数据共享平台与长三角区域内省(市)实时共享。全面深化固废危废协同管理。健全危险废物信息化监管体系，开展联合执法专项行动，严厉打击危险废物非法跨界转移、倾倒等违法犯罪活动，有效防控固废危废非法跨界转移。强化跨省、跨市转移监管，建立危险废物跨区域协同监管。加强相邻区域生态环境治理管理资源的共享共用。共享污水处理、固废暂存处置、环境自动监测等环境基础设施；共享高水平环境监测、执法和应急装备；共享专业化环境应急队伍。探索打破政策制度的行政分割束缚。与周边地区加强污染源管理制度对接，实现生态环境保护政策的一体化、一致化，实现行政执法与环境司法的统一，建立社会共治的区域生态环境治理体系，避免产业转移中的简单污染搬迁，逐步推动区域减排从行政主导向市场化、社会化多元共治转型。

加大生态补偿力度。完善森林、湿地和耕地保护补偿制度，实现空气、森林、湿地、水流、耕地等重点领域和重点生态功能区、禁止开发区域等重点区域生态保护补偿全覆盖。全面提高资源利用效率，健全自然资源资产产权制度，加强自然资源调查评价和统一确权登记，推进资源总量管理、科学配置、全面节约、循环利用，构建跨区域生态补偿标准体系。

全面落实排污许可。结合企业自主验收、环境保护税、大气强化督查企业库、生态环境投诉、生态环境执法等生态环境部门日常工作中掌握的最新排污单位信息，梳理全市固定污染源，对应发证登记而未发证登记的企业进行查遗补漏，深化排污许可全覆盖“回头看”工作，确保排污许可制度全面推行。

推进环境信息依法披露。高质量推进环境信息依法披露制度改革工作，推动企业落实强制性披露环境信息的法定义务。建立完善重点排污单位、强制性清洁生产审核企业、因重大环境违法行为被处罚的上市公司和发债企业等强制性环境治理信息披露制度。排污企业依托政府网站或其他信息平台等环境信息依法披露系统，依法依规披露企业基本信息、环境管理要求、污染物产生、治理与排放信息、二氧化碳排放信息、生态环境应急信息、生态环境违法信息和法律法规规定的其他环境信息，并对真实性负责。实行环境监测、城市污水处理、城市生活垃圾处理、危险废物和废弃电器电子产品处理四类设施向公众开放年度计划。

5.6.2 推进环境治理能力现代化

1. 着力推进基层环保队伍建设

全力推行生态环境保护专项监督长制度。建立健全生态环境保护专项监督长制，切实打通生态环境环保和监管“最后一千米”，全力构建基层生态环境保护监督体系，加快形成以生态环境保护专项监督长为“点”，以河(湖)长、林长等为“线”，以各级党委和政府为“面”，全域排查、全面治理、全过程监管、全方位提升的环境监督格局。按照“一张网、双监督、四层级、全要素”的基础架构，建立四个层级环境监督机制，市、县区(开发区)、乡镇(街道)、行政村(社区)分级设立环长，行政村(社区)、自然村(小区)内设环境监督员，协同共管，四级联动，对大气、水、土壤、固废等生态环境全要素实行全覆盖监督。到2025年，全市生态环境保护专项监督长制规范高效运行。

加强基层队伍建设，优化人才队伍。综合考虑各县区、乡镇所辖面积、人口、监管企业数量等因素，加强各县区、乡镇环保人员力量,强化教育培训,着力提升干部素质,通过业务培训和职业操守教育,大力提高环保人员思想政治素质、业务工作能力、职业道德水平。加大基层环保人才交流培养力度,提高综合素质和能力。创新科研合作形式培养人才,积极与相关科研院所、高等院校合作,联合开展科研项目培养基层环保人才,聘请相关领域专家解决业务难题,承担专项工作,培养工作团队。

2. 着力提升生态环境监测监控能力

优化与完善生态环境质量监测网络。统筹全市生态环境质量监测网络建设,进一步优化和扩大监测站点,合理设置大气、地表水、土壤、生态、污染源、噪声、农村环境质量等监测布点,增强生态环境监测数据的可比性,补齐生态环境监测技术短板。

加强生态环境监测基础能力建设。进一步加强环境监测中心软硬件设施建设,大幅提升生态环境监测、管理和科研水平,开展新型污染物前瞻性研究,系统建立监测分析体系。重点加强县级生态环境监测机构执法监测能力和市县环境质量监测能力建设。各地要按照污染源和环境敏感区分布情况,配备足额的监测人员、相应监测仪器设备、执法监测车辆等设备,全面提升环境质量监测与执法监测能力。

加强环境质量监测网络专项能力建设。有序实施空气站监测设备更新和站房改造,根据空气站设备使用年限,有序推进国控和省控空气站设备更新工作,确保监测数据"真、准、全"。构建 VOCs 组分监测网。

提升环境应急监测网络专项能力建设。根据各县区行政区域内环境风险特征,结合装备现状和实际工作要求,合理配置应急监测装备,加强天地空一体化应急监测能力建设,全面提升应急监测装备水平。

3. 着力提升生态环境执法监管能力

实施精准监管和智慧监管,做到精准治污、科学治污、依法治污。持续推进"互联网+执法""双随机、一公开""线上+线下"等制度,加强执法全过程记录相关制度、系统的建设和完善,做到执法全过程留痕和可回溯管理。大力推进非现场执法,创新执法方式方法和手段,配齐配全无人机、无人船、走航车以及卫星遥感等"非现场"执法装备设备,推进污染源在线监测监控设施,实现生产全过程、排污全时段、时间全天候监控,提高精准执法、精准打击、精准惩戒能力。强化环境监察业务知识培训,严格制订环境监察岗位培训计划,做好环境监察岗位初任培训和轮训工作安排。力争每年至少组织一次全市生态环境执法干部的系统或专项培训,并结合生态环境执法"大练兵"等开展活动,全面提升全市生态环境执法人员执法能力。

4. 着力推进机制、模式创新

推行"互联网+"监管机制。探索建立"生态环境议事厅"制度,逐步提升"环保议事厅"议事层次,议事内容要从解决市场主体具体困难,向帮扶+政策建议、制度创新、资源及资金支持、专家环境问诊等方面拓展。推动"智慧环保"建设,积极参与"省生态环境大数据平台",全面落实属地监管责任,排污单位落实污染防治主体责任;推进数据资源全面整合共享,推进建设"智慧环保"信息化平台,形成全市生态环境一张图,基于时空可视化,宏观展示分析全市生态环境态势;推进"互联网+"生态环境决策和监管。

推行环境污染第三方治理。以环境公用设施、工业园区等领域为重点,以市场化、专业化、产业化为导向,推动建立排污者付费、第三方治理的治污新机制;支持第三方治理企业加强科技创新、服务创新,加强政策扶持和激励,不断提高污染治理效率和专业化水平。

推行"环保管家"模式。推广淮南市"环保管家"试点工作经验,在全市工业园区、环保管理部门等重点区域领域推行"环保管家"模式,提高监管部门管理能力,提升企业环境管理水平,促进环境管理的公开公正。

◆专家讲评◆

《规划》根据生态环境管理最新要求,较好地与《淮南市国民经济和社会发展第十四个五年规划和二〇三五年远景目标纲要》以及《安徽省采煤沉陷区综合治理规划(2020—2025 年)》《安徽省淮南市重点采煤沉陷区综合治理工程实施方案(2021—2023 年)》等专项规划进行了衔接,突出了淮南市生态环境保护规划的重点和特点,研究提出了"十四五"期间具有淮南市特色的生态环境保护创新举措。

生态环境保护专项规划

当前多领域、多类型生态环境问题交织，生态环境保护工作需遵循生态系统的整体性、系统性及其内在发展规律，坚持以减污降碳为总抓手，推动生态环境综合治理、系统治理、源头治理。生态环境保护规划主要包含环境治理、应对气候变化、环境风险防控、生态保护等领域，本次生态环境保护专项规划篇，选取了水生态环境保护、气候变化、畜禽养殖污染防治、生物多样性保护、生态环境基础设施建设等代表性要素，展示了地方在各个生态环境保护领域重要的经验和做法。

镇江市“十四五”水生态环境保护规划

前　言

“十四五”时期是镇江市深入贯彻党的十九大和十九届二中、三中、四中、五中全会精神，全面落实习近平新时代中国特色社会主义思想和习近平生态文明思想，特别是习近平总书记对江苏、镇江工作重要讲话指示精神，谱写“强富美高”新篇章、深入打好污染防治攻坚战、持续改善水生态环境的关键时期。为切实加强镇江水生态环境保护工作，根据《中华人民共和国环境保护法》《中华人民共和国水污染防治法》及国家、江苏省相关规划计划，编制本规划。

本规划以习近平生态文明思想为引领，坚持“人与自然和谐共生”“山水林田湖草是一个生命共同体”理念，坚持“生态优先、保护优先”，把修复长江生态环境摆在压倒性位置，共抓大保护、不搞大开发；以水环境污染、水生态破坏、生态流量匮乏等突出环境问题为抓手，以水环境质量持续改善为核心目标，坚持绿色发展理念，坚持问题导向、目标导向，实现“三水统筹”“水陆统筹”，从源头上系统开展流域生态环境修复和保护，加快解决生态环境突出问题。规划主要阐明“十四五”时期水生态环境保护思路、基本原则、主要目标、重点任务、重大工程和保障措施，内容涵盖饮用水源地保护、水环境治理(水污染防治)、水资源保障、水生态保护与修复、水环境风险管控、水生态环境监测、水生态环境管理等水生态环境保护各方面，是今后五年全市水生态环境保护工作的行动纲领。

◆专家讲评◆

经过多年的努力，镇江市水生态环境保护工作取得了明显成效，水生态环境状况总体稳中向好。但与美丽中国建设目标以及人民对优质生态环境品质的需求相比，仍有不小差距。《镇江市“十四五”水生态环境保护规划》充分考虑群众对生态环境的迫切需求，制定水资源、水环境、水生态“三水统筹”的指标体系，从生态系统整体性和流域系统性出发，强化流域要素系统治理。在规划的指引下，镇江将推动实现“有河有水、有鱼有草、人水和谐”的美丽河湖，使人民群众直观地感受到“清水绿岸、鱼翔浅底”的治理成效、河湖之美。

《镇江市“十四五”水生态环境保护规划》坚持系统观念和问题导向，有力有效推进流域水环境保护治理，为切实提高水环境质量提出了可操作性强的措施，为全市开展相关水环境保护工作提供切实可行的支撑依据。

第一章　发展基础及面临形势

1.1　自然环境概况

1.1.1　地理位置

镇江市位于江苏省西南部，长江下游南岸，地处长江三角洲的顶端，北纬 31°37′～32°19′，东经118°58′～119°58′。北滨浩荡奔流的万里长江，南倚冈峦逶迤的宁镇山脉，西邻南京，与南京市栖霞、江宁、溧水区接壤；东南连接常州，与常州市溧阳、金坛、武进等市(区)接壤；北与扬州、泰州隔江相望。镇江是长江三角洲北翼中心、南京都市圈核心层城市和国家级苏南现代化建设示范区重要组成部分，是一座集工业、港口、旅游为一体的江南新城。

1.1.2 气候气象

镇江市属北亚热带季风气候，年平均气温15.6 ℃。2019年，全市平均气温16.9 ℃，平均降水量755.2毫米，日照时数1 792.2小时，全市梅雨总体特征是入梅正常、出梅偏晚、梅期偏长，全市梅雨期降水量118.5～174.6毫米，平均梅雨量为147.8毫米。

1.1.3 地形地貌

镇江市地貌走势为西高东低、南高北低，大部分地区属宁镇—茅山低山丘陵，沿江洲滩属长江新三角洲平原区，丹阳东南部则属太湖平原区。北部沿江分布着心滩、洲滩、边滩以及冲积平原，海拔高度5～10米。市区南部为低山残丘，自西向东分布着五州山、十里长山、东山、九华山、黄山、观音山、鸡笼山、磨笄山等；东郊零星分布着汝山、横山、京岘山、雩山等残丘，除五州山、十里长山高度超过300米，其余山丘高度均在100～200米之间。城区内分布着金山、焦山、北固山、云台山、象山等高度低于100米的孤丘，总体上形成一水横陈、连冈三面的独特地貌。

1.1.4 水文水系

镇江市水域面积526.1平方千米，占全市面积的13.7%，根据地形特点，全市可分为沿江、秦淮河和湖西三大水系。

沿江水系位于宁镇山脉北麓与长江以南沿江一线，包括句容市部分地区、丹阳市部分地区、镇江市区、扬中市、丹徒区沿江及长江中的三个洲岛，区域面积1 234平方千米(含长江水面)。镇江市沿江水资源丰富，支流众多，主要入江支流共有7条，包括运粮河、古运河、京杭运河、捆山河、团结河、九曲河、扬中河渠。

秦淮河水系位于句容市大部分境域，总面积951平方千米，其中山丘区面积821平方千米，占区域总面积的86.3%。依据河道分类分级标准和功能定位，该水系列入市级重要河道(段)共17条，分别为：区域性河道，包括赤山闸以下句容河至西北村河段；重要县域河道，包括汤水河、句容河上中段(赤山闸以上河段)、北山水库溢洪河、句容水库溢洪河、高阳河、二干河、南河、中河、北河、虬山水库溢洪河、李塔河、潘冲河、黄梅河、斗门河、茅山河。依据《江苏省湖泊保护条例》，该水系列入省湖泊保护名录的分别为赤山湖、葛仙湖。

湖西水系位于太湖流域湖西区的西北部，含丹阳市、丹徒区大部分境域，句容市部分地域，区域面积1 662平方千米。依据河道分类分级标准与功能定位，本水系列为市级重要河道共18条，分别为：流域性河道2条，包括江南运河、新孟河；区域骨干河道2条，包括九曲河、丹金溧漕河；重要县域河道14条，包括中心河、洛阳河、胜利河、通济河、墓东水库溢洪河、香草河、简渎河、鹤溪河、越渎河、司徒新河(大吴塘水库溢洪河)、泰山水库溢洪河、永丰河、上新河，省规划新辟茅山运河为区域骨干河道。依据《江苏省湖泊保护条例》，该水系列入省湖泊保护名录的有洋湖、横塘湖、中后湖、澄湘湖、前湖、上下湖、蛟塘湖等7座湖泊。

1.1.5 自然资源

1. 土地资源

全市低山丘陵以黄棕壤为主，岗地以黄土为主，平原以潜育型水稻土为主。镇江市有耕地、园地、林地、牧草地、居民点及工矿用地、交通用地及水域等各种土地资源类型，更有一批风景名山。

2. 水资源

2019年镇江市水资源总量为63 120万立方米，其中地表水资源量为46 143万立方米，地下水资源量为16 977万立方米。

3. 矿产资源

镇江市矿产资源主要集中在宁镇山脉，矿种有铁、铜、锌、钼、铅、银、金等金属矿藏和石灰石、膨润土、白云石、大理石、磷、耐火黏土、石膏、石墨等非金属矿藏。其中：石灰石矿石质优良，储量30多亿吨；膨润土矿1.5亿吨，储量居全国第三。宝华山发现省内第一处大型红柱石矿，开发前景广阔。此外，还有煤、泥炭和地热资源等。

4. 生物资源

植物方面，落叶阔叶树有麻栎、枹树、黄连木、山槐、枫杨等；常绿阔叶树有青风栎、苦槠、石楠等。药用植物有700多种。引进的树种有黑松、杉木、泡桐等。宝华山自然保护区有木兰科中最珍稀的宝华玉兰。在动物方面，鱼类资源丰富，青、草、鲢、鲤等淡水养殖鱼类和鲍、鲶、鳝等非人工养殖鱼类均有大量出产。境内长江鱼类有90多种，其中刀、鲥、鳗、鮰、河豚是名贵品种；白鳍豚、中华鲟等是我国珍稀动物。全市有鸟类200多种，其他野生动物40多种。

1.1.6 岸线开发利用

镇江长江岸线总长293.8千米，已利用岸线为121.5千米，岸线利用率约41.4%。岸线利用主要集中在城市江段，岸线条件好的岸段开发利用程度最高。据各街道、镇统计，谏壁街道、大港街道、下蜀镇岸线利用率最高，高资街道、高新区次之，其余相对较低。从岸线功能区来看，保护区和保留区开发利用率低于总体利用率，但保护区高于保留区；控制利用区和开发利用区利用率均高于总体利用率，且开发利用区高于控制利用区。

根据工程项目的不同，岸线利用可划分为无码头企业、有码头企业、取排水口、穿(跨)江设施、景观、其他城市工程共六种开发利用类型。在已利用岸线中，主要的岸线利用方式为有码头企业，占已利用岸线的38.7%；其次为无码头企业，占33.7%；其他的开发利用方式从高到低依次为穿(跨)江设施、景观、其他和取排水口，分别占14.6%、6.4%、4.2%、2.4%。

表8.1 镇江市长江岸线开发利用现状统计表

类型	无码头企业	有码头企业	取排水口	穿(跨)江设施	景观	其他	已利用岸线	未利用岸线	岸线总长
长度/千米	41	47	3	17.7	7.7	5.1	121.5	172.3	293.8
占全部岸线比例/%	13.9	16.0	1.0	6.0	2.6	1.9	41.4	58.6	100.0
占已利用岸线比例/%	33.7	38.7	2.4	14.6	6.4	4.2	100.0	—	—

1.2 社会经济概况

1.2.1 行政区划

镇江为江苏省设区市，下辖丹阳市、句容市、扬中市、丹徒区、京口区、润州区，以及镇江新区、镇江高新区2个国家级开发区。

1.2.2 人口

2019年，镇江市常住人口有320.35万人，比上年增加0.71万人，其中城镇人口231.23万人，城镇化率72.2%。全年常住人口出生率8.2‰，死亡率7.0‰，自然增长率为1.2‰。在常住人口中65岁及以上人口占比达到15.0%，比上年提高0.8个百分点。年末户籍人口270.16万人，比上年减少0.62万人，其中男性133.34万人，减少0.34万人；女性136.82万人，

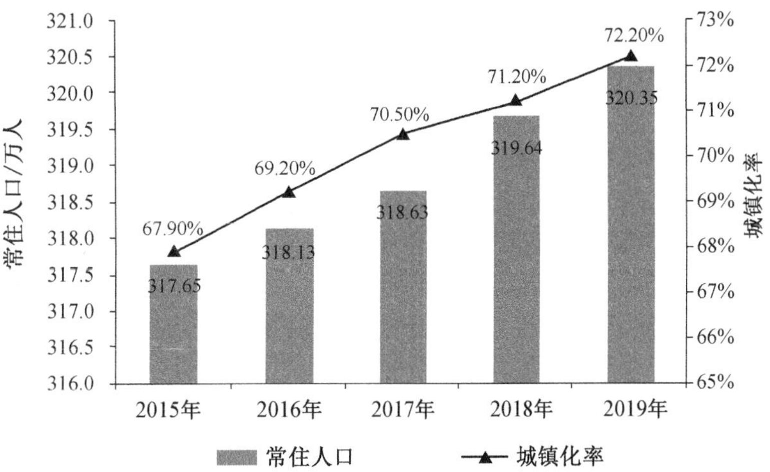

图8.1 2015—2019年镇江市常住人口及城镇化率变化情况示意图

减少0.28万人。

1.2.3 经济发展

2019年，镇江市实现地区生产总值4 127.32亿元，按可比价计算增长5.8%，其中第一产业增加值140.2亿元，下降0.6%；第二产业增加值2 004.79亿元，增长4.9%；第三产业增加值1 982.33亿元，增长7.2%。2019年地区生产总值是2015年的1.16倍。2019年人均地区生产总值128 979元，增长5.5%。

"十三五"期间，第三产业和第二产业比重增加，三次产业增加值比例调整为3.4：48.6：48.0。2019年，第一产业增加值140.2亿元，与2015年相比，增长5.5%；第二产业增加值2 004.79亿元，与2015年相比，增长16.1%；第三产业增加值1 982.33亿元，与2015年相比，增长20.7%。目前来看，镇江市第二产业和第三产业所占比重较大。2019年人均地区生产总值是2015年的1.17倍。

1.3 水生态环境状况

1.3.1 水环境状况评价

1. 饮用水环境质量情况

（1）县级及以上集中式饮用水水源地

镇江市市区和市辖城市饮用水以集中式供水为主，以地表水为主要水源地。根据省水利厅公布的江苏省集中式饮用水水源地核准名录，镇江市现用的县级及以上集中式饮用水源地有5个：镇江市长江征润州水源地、长江江心洲丹阳水源地、长江扬中二墩港水源地、句容市北山水库水源地、句容水库水源地。2020年，5个县级及以上集中式饮用水源地水质达标率均为100%。

（2）乡镇及以下集中式饮用水水源地

全市乡镇及以下集中式水源地共有3个，分别为丹徒区江心洲水源地、句容市二圣水库水源地、长江世业镇(左汊)饮用水水源地，均为"千吨万人"水源地。3个乡镇水源地水质达到或优于Ⅲ类的比例为100%，其中句容市二圣水库水源地保护区划分已取得批复，其余2个水源地保护区划分方案尚未取得批复。

（3）应急备用水源地建设情况

长江征润州水源地有金山湖应急水源地，可基本满足城区8天生活用水量。金山湖应急水源地设置了1个水质自动监测站，监测指标为pH值、溶解氧、高锰酸盐指数、氨氮、总磷五项，根据2019年公布的《镇江市水质自动监测周报》，金山湖水质能够达到《地表水环境质量标准》(GB 3838—2002)中的Ⅲ类水平。

丹阳市有九曲河备用水源地，当长江饮用水水源地突变时，以九曲河作为备用水源向善巷水厂供水，设计取水能力为10万吨/日。九曲河水质采用翻水站的监测数据，目前还无法稳定达到Ⅲ类水质标准，主要定类因子为氨氮、总磷和粪大肠菌群，但年均水质能满足Ⅲ类水质标准。

扬中市有铁皮港应急备用水源地，当长江饮用水水源地突变时，以铁皮港作为备用水源。根据2020年扬中市备用水源地水质全分析监测结果，109项监测指标全部达标。

2. 地表水环境质量情况

镇江市境内水系主要分为3个水系：一是秦淮河水系，境内流域面积有960平方千米(全部在句容市境内)，主要河流有句容河、北山水库等；二是太湖湖西水系，位于镇江市东部，境内流域面积有1 590平方千米，主要河流有京杭运河、丹金溧漕河、九曲河、香草河、鹤西河、通济河等；三是长江水系，境内流域面积有1 060平方千米左右，主要河道有长江(镇江段)、长江夹江、古运河、运粮河、捆山河、团结河和扬中市河渠等。

镇江市地表水监测包括镇江市太湖流域、长江流域、秦淮河流域30条主、次河流的63个监测点位。

（1）整体水质情况

2019年，镇江市省控及以上断面Ⅰ～Ⅲ类水质比例为94.7%，无Ⅴ类及以下断面，水质达标率为100%。

2020年，镇江市省控及以上断面Ⅰ～Ⅲ类水质比例为100%。

2019年，市控断面Ⅰ～Ⅲ类比例为76.9%，Ⅳ类水断面比例为19.2%，Ⅴ类水断面比例为3.8%。

总体来看，2019年，镇江市地表水Ⅰ～Ⅲ类断面比例为82.5%，较2016年的57.8%增长了24.7个百分点，劣Ⅴ类断面由2016年的11.1%下降为0%。其中，超标断面主要为：古运河的丹徒镇断面(总磷超标)、团结河的老孩溪桥断面(总磷、石油类超标)、捆山河的捆山河桥断面(石油类超标)、简渎河的立新桥断面(氨氮、化学需氧量超标)、战备河的东岗桥断面(总磷超标)、香草河的九里桥断面(氨氮超标)、便民河的南梗断面(石油类超标)。

(2) 长江流域水质情况

长江干流镇江段共设置监测断面5个，2019年年均水质均为Ⅱ类。镇江市共有6条入江支流，分别为古运河、运粮河、团结河、捆山河、长江夹江以及扬中河渠，共设置监测断面16个，其中Ⅲ类及以上断面共有15个，除古运河外，其余水质均为良好及以上。

(3) 太湖流域水质情况

2019年镇江市太湖流域9条主要河流上共设置监测断面21个，其中Ⅲ类以上水质断面有18个，Ⅳ类水质断面2个，Ⅴ类水质断面1个，总体水质良好。其中鹤溪河、战备河水质轻度污染，鹤溪河主要污染指标为高锰酸盐指数、五日生化需氧量、化学需氧量，战备河主要污染指标为总磷；简渎河水质中度污染，主要污染指标为氨氮、化学需氧量(非市级以上断面)。其余河流水质均为良好及以上。

(4) 秦淮河流域水质情况

2019年秦淮河流域共布设监测断面13个，Ⅰ～Ⅲ类水质断面比例为76.9%，Ⅳ类水质断面比例为23.1%，总体水质为良好。其中句容河、北山水库、中河、洛阳河、袁相河、南河水质状况良好；便民河水质状况为轻度污染，主要污染指标为石油类。

3. 水功能区水质情况

镇江市监测水质各类水功能区120个，其中跨流域调水保护区1个，保留区4个，饮用水源区30个，工业用水区33个，农业用水区26个，渔业用水区17个，景观娱乐用水区7个，过渡区2个。

2019年镇江市监测的120个水功能区的130处水质监测断面(中心河丹徒、丹阳农业、工业用水区因施工，未参与年度评价)达标率为85.5%；22个国家考核水功能区中，21个水功能区达标，达标率为95.5%；40个省级重点水功能区中，38个水功能区达到水质目标，达标率为95.0%。

表8.2　2019年镇江市各区县水功能区达标率统计表

项目	2015年	2016年	2017年	2018年	2019年
Ⅱ类个数/个	—	3	4	4	4
Ⅲ类个数/个	—	2	2	2	4
Ⅳ类个数/个	—	3	2	1	1
Ⅴ类个数/个	—	1	0	2	0
劣Ⅴ类个数/个	—	0	1	0	0
水质达标数/个	7	7	7	6	8
水质达标率/%	77.8	77.8	77.8	66.7	88.9

“十三五”期间镇江市水功能区整体水质稳步提升。2019年，镇江市Ⅲ类及以上水功能区占比为87.0%，较2016年上升了8.8个百分点；2019年镇江市Ⅴ类及以下水功能区比例为3.0%，较2016年下降了10.2个百分点。

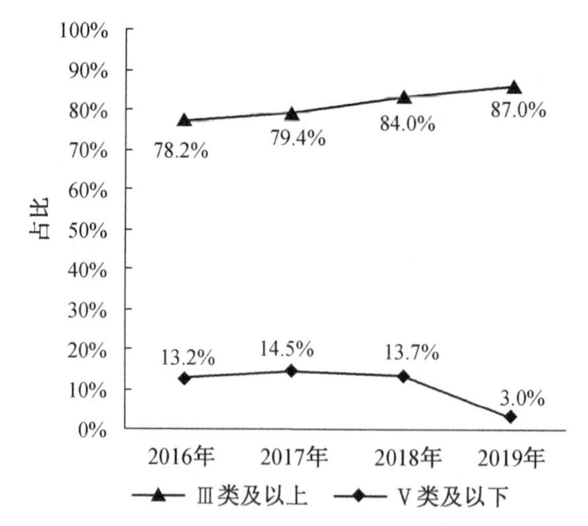

图 8.2　镇江市水功能区水质变化趋势示意图

4. 黑臭水体控制情况

"十三五"期间，全市共有 20 条黑臭水体整治任务，大部分属轻度黑臭，水体总长度约为 42 千米。目前，全市 20 条黑臭水体工程整治措施已全部完成，根据第三方调查机构开展的民意调查结果显示，公众满意度均在 90%以上，达到初见成效的目标。

1.3.2　水生态状况评价

1. 重点湖库富营养化状况

镇江市每年共监测湖库断面 38 个，涉及润州区、京口区、丹徒区、丹阳市以及句容市。根据评价结果，2016—2018 年，镇江市轻度富营养化湖库逐年减少，但 2019 年轻度富营养化湖库数量大幅增加。2019 年，全市中营养的断面仅 1 个，轻度富营养的断面 37 个。

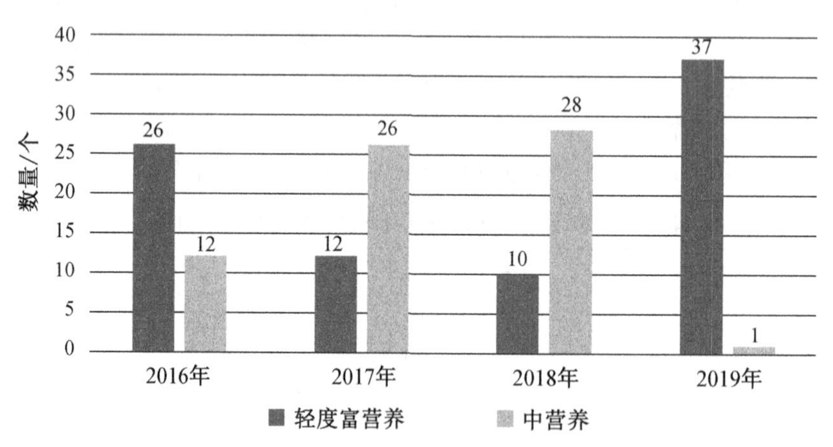

图 8.3　2016—2019 年镇江市湖库富营养化变化情况示意图

将历年富营养湖库进行对比，发现大吴塘水库、赤山湖、天王坝水库、老虎洞水库、西麓水库以及海燕水库等常年处于轻度富营养化状态。主要超标因子为总氮、总磷及透明度，2019 年高锰酸盐指数因子也呈现超标趋势。

2. 重要湿地水生态状况

镇江市涉及省级重要湿地 2 处，分别为长江湿地（镇江段）（含镇江长江豚类省级自然保护区）和江苏句容赤山湖国家湿地公园。镇江市湿地资源总量全省最少，根据 2009 年全省湿地资源普查数据和 2016 年全省自然湿地保护率基础数据矫正结果，镇江市域湿地面积约 4.18 万公顷，其中自然湿地面积 2.87 万公顷，人工湿地面积1.31万公顷。2020年镇江市自然湿地保护率为60%。

3. 重点流域水生生物状况调查

(1) 土著鱼类状况

长江江豚是目前长江流域唯一的鲸类动物，是长江生态系统健康与否的重要指示物种，主要分布在长江中下游干流及洞庭湖和鄱阳湖。"十三五"期间，镇江市开展了长江珍稀特有水产种质资源保护工作，加强豚类资源监测和保护区管理，2018年共观测到江豚233头次，陆上及水上巡护107次。根据《江苏镇江长江豚类省级自然保护区科学考察报告(2019)》，镇江段长江江豚种群分布呈不均匀分布状态，主要分布在扬中夹江口、和畅洲和焦北滩附近，呈现分布范围萎缩、数量急速衰退的趋势。

(2) 底栖动物状况

① 饮用水源地底栖生物。采用香农—威纳生物多样性信息指数评价水源水底栖动物，评价结果为物种丰富度较低，个体分布比较均匀，水质为中污染。

② 重点河湖底栖生物。2019年镇江市地表水底栖动物例行监测断面为焦山尾、葛村桥、辛丰镇、林家闸、新河桥、兆文山、吕城，根据6月和9月的监测结果，共发现12种底栖动物。采用香农—威纳生物多样性信息指数进行评价，其中长江(镇江段)、团结河、九曲河、运粮河、句容河考察断面的评价结果为物种丰富度低，个体分布不均匀，水质为重污染；余下的京杭运河(江南运河)考察断面评价结果为物种丰富度较低，个体分布比较均匀，水质为中污染。

③ 江苏镇江长江豚类省级自然保护区底栖动物。2016年至2018年对镇江保护区的底栖动物进行采样调查，总的种类数和物种组成并没有显著变化，均主要由环节动物门和节肢动物门的物种组成，二者占种类数的比例均超过75%。底栖动物评价指标为Goodnight生物指数(GBI)，对2016—2018年调查水域调查结果进行分析，2017年总体水质比2016年和2018年稍差，且2017年冬季GBI指数仅有0.25，处于中污染状态，但2016—2018年水质总体处于无污染或轻污染状态。

1.3.3 水资源状况评价

1. 水资源总体状况

① 水资源总量。2019年镇江市水资源总量为63 120万立方米，其中地表水资源量为46 143万立方米，地下水资源量为16 977万立方米。

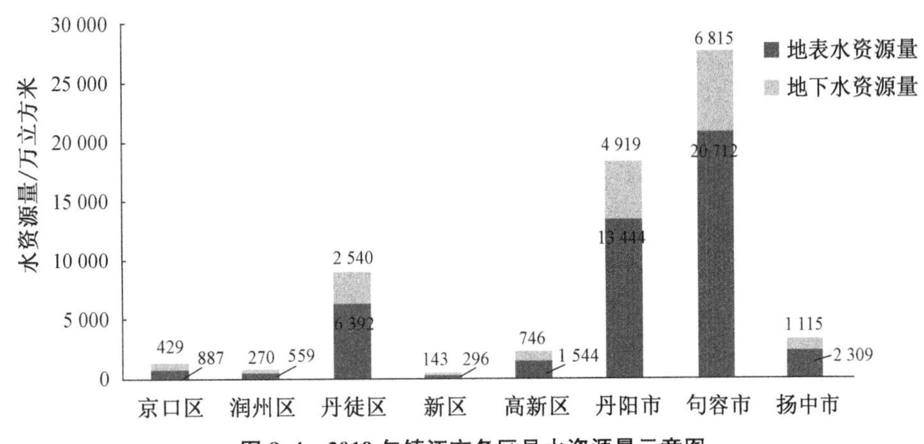

图8.4　2019年镇江市各区县水资源量示意图

镇江市地表水资源相对集中在太湖湖西水系，2019年太湖湖西水系地表水资源量为20 864万立方米，约占全市的45.2%；其次是秦淮河水系，地表水资源量为16 038万立方米，约占全市的34.8%。

镇江市水资源分布差异明显，相对集中在句容市、丹阳市以及丹徒区。2019年，句容市、丹阳市及丹徒区地表水资源量分别为20 712万立方米、13 444万立方米、6 392万立方米，分别占全市地表水资源量的 44.9%、29.1%、13.9%。

② 降水量。2019 年全市年降水量为 757.3 毫米，比多年平均降水量偏小 30.7%。从水系分区上来看，2019 年全市境内的沿江水系平均降水量 736.4 毫米，比多年平均值偏小 31.9%；太湖湖西水系平均降水量 778.3 毫米，比多年平均值偏小 30.1%；秦淮河水系平均降水量 799.1 毫米，比多年平均值偏小 27.1%。镇江市降水量年内时空分布极不均匀，60%以上集中在 5—9 月份。

2. 水资源开发利用状况

① 供用水量。2019 年全市供水总量为 266 235 万立方米，其中地表水源供水量 266 207.39 万立方米，占总供水量的 99.99%，地下水源供水量 27.61 万立方米，占总供水量的 0.01%。

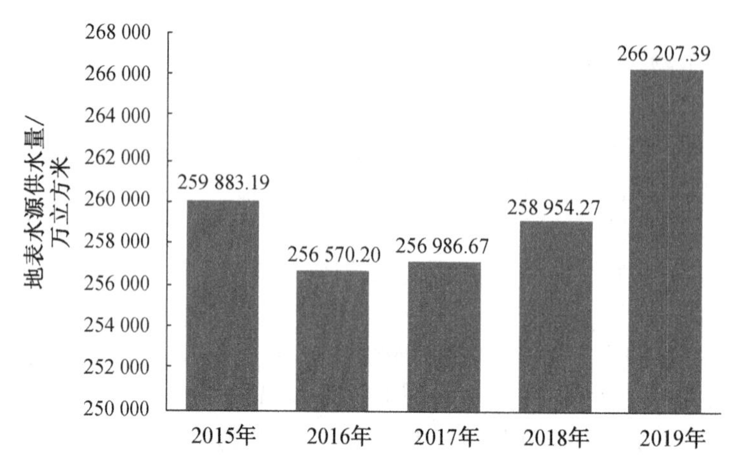

图 8.5 2015—2019 年镇江市地表水源供水总量变化情况示意图

2019 年全市用水总量 266 235 万立方米，其中农业用水 95 448 万立方米，占用水总量的 35.85%；工业用水 148 818 万立方米，占用水总量的 55.9%；生活用水 19 222 万立方米，占用水总量的 7.22%；生态环境补水量 2 747.8 万立方米，占用水总量的 1.03%。

② 用水效率。根据《省最严格水资源管理考核联席会议关于下达 2019 年度实行最严格水资源管理制度目标任务的通知》(苏水资联〔2019〕1 号)要求，镇江市 2019 年用水总量目标为 30.32 亿立方米，万元国内生产总值用水量目标较 2015 年下降 20%，万元工业增加值用水量目标较 2015 年下降 16%。

2019 年镇江市用水总量为 25.28 亿立方米，万元国内生产总值用水量较 2015 年约下降 24.1%，万元工业增加值用水量较 2015 年约下降 27.1%，均完成年度目标任务。全市 2019 年农田灌溉水有效利用系数为 0.647。

在再生水利用方面，全市已建成 40 余处雨水利用设施，形成 3.07 万立方米调蓄量(含雨水花园、下凹式绿地、雨水收集池)，2018 年雨水资源利用量约 470 万立方米。截至 2018 年，镇江市共有 5 座污水处理厂尾水开展再生利用，合计年再生水利用量 1 246.84 万立方米，尾水再生利用率约 11.4%。

3. 生态水量保障情况

河流生态流量是维持和保障河湖健康的基础，是生态文明建设的重要内容。根据江苏省水利厅《关于发布我省第一批河湖生态水位(试行)的通知》(苏水资〔2019〕14 号)，镇江市部分河湖生态水位(试行)要求见表 8.3。

表 8.3 镇江市相关重点河湖生态基流与水位表

单位：个

<table>
<tr><td>排口总数</td><td colspan="4">264</td></tr>
<tr><td></td><td>大类</td><td>数量</td><td>小类</td><td>数量</td></tr>
<tr><td rowspan="11">具体分类</td><td rowspan="3">工业排污口</td><td rowspan="3">20</td><td>厂区雨水排口</td><td>15</td></tr>
<tr><td>生产废水排口</td><td>3</td></tr>
<tr><td>生活污水排口</td><td>2</td></tr>
<tr><td rowspan="2">城镇生活污水排污口</td><td rowspan="2">17</td><td>城镇污水集中处理设施排污口</td><td>5</td></tr>
<tr><td>生活污水排污口</td><td>12</td></tr>
<tr><td rowspan="3">农业农村排污口</td><td rowspan="3">18</td><td>农村生活污水排污口</td><td>4</td></tr>
<tr><td>水产养殖排污口</td><td>10</td></tr>
<tr><td>种植业排口</td><td>4</td></tr>
<tr><td>城镇雨洪排口</td><td>175</td><td>城镇雨洪排口</td><td>175</td></tr>
<tr><td>沟渠、河港、排干等排口</td><td>20</td><td>沟渠、河港、排干等排口</td><td>20</td></tr>
<tr><td>港口码头排口</td><td>2</td><td>雨水排口</td><td>2</td></tr>
<tr><td></td><td>其他排口</td><td>12</td><td>其他排口</td><td>12</td></tr>
</table>

4. 河流断流情况调查评价

镇江市位于长江中下游地区，水资源量充足，不存在河流断流干涸现象。

1.3.4 主要水污染物排放及治理现状

1. 入河排污口设置情况

根据生态环境部 2019 年至今的长江入河排污口排查整治数据，镇江市长江入河排污口共 4 368 个，35 个排口所属水系为长江上游干流，占比 0.80%；4 333 个排口中所属水系为长江中下游干流，占比 99.20%，共涉及 8 大类 21 小类。

表 8.4 镇江市长江入河排污口溯源分类情况

序号	黑臭水体名称	黑臭水体长度/千米	黑臭水体起点	黑臭水体终点	责任单位
1	一夜河	2.4	禹象路	东入江口	京口区政府市住建局
2	镇北河	1	越河街北	镇北站	京口区政府
3	月湖中心沟	1.2	老鼠山河	李严村	京口区政府
4	纺工河	1.01	焦南泵站	江山名洲北门	京口区政府
5	老鼠山河	1.58	蒋家	京杭大运河	京口区政府
6	华村沟	1.05	谏新路	京杭大运河	京口区政府

镇江市长江入河排污口主要分布在扬中市沿岸以及丹徒区高资街道和世业镇沿岸，润州区、京口区及镇江新区沿岸也有排口分布。

2. 污染物排放情况

“十三五”期间，镇江市废水排放总量逐年下降，2019 年全市废水排放总量为 24 069.53 万吨，相比于 2016 年减少了 6 955.4 万吨。从结构上看，生活源是镇江市污染物排放的主要来源，其次是工业源，农业源和集中式源在全市污染物排放量中的占比较小。

从空间上来看，2019 年，镇江市废水排放量占比前三的区县依次是新区 23.0%、京口区 19.1%、丹阳市 13.9%。

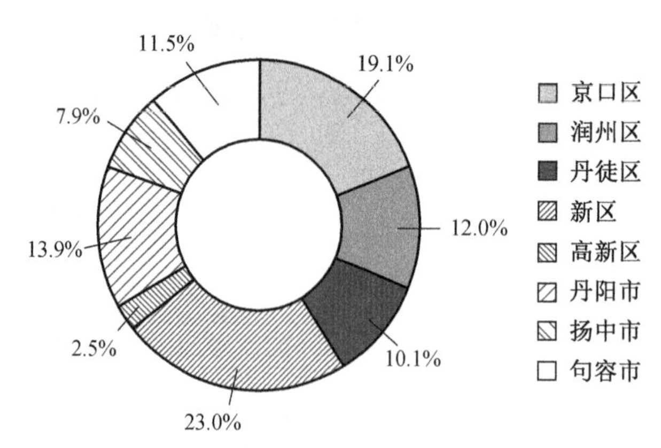

图 8.6　2019 年镇江市各区县废水排放情况示意图

按行业来看，镇江市化学原料和化学制品制造业及造纸和纸制品业废水污染物排放量占比较大，化学需氧量、氨氮、总氮、总磷排放量前 5 的行业统计情况见图 8.7。

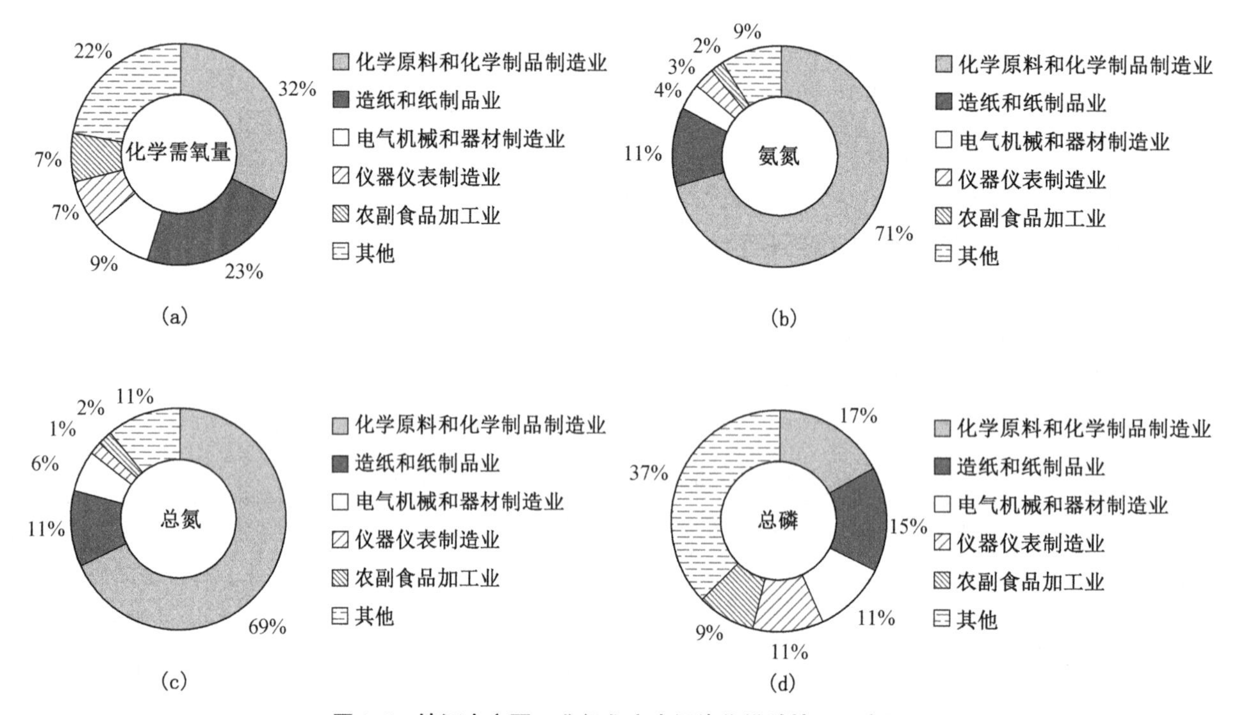

图 8.7　镇江市主要工业行业废水污染物排放情况示意图

3. 环境基础设施建设现状

目前，镇江市共建设 33 个污水处理厂，全市城镇污水处理能力 102.1 万吨/日，工业废水处理能力 8.3 万吨/日。全市城镇污水收集管网长度 2 472.7 千米，工业废水收集管网长度 50 千米。镇江市城区现状排水体制为合流制和分流制并存。其中老城核心区排水现状截流式合流制和分流制并存；新建地区、旧城改造及道路改造为分流制；城市郊区村镇以合流制为主。城区污水收集处理系统分为高资污水系统、征润州污水系统、丁卯污水系统、谷阳污水系统、谏壁污水系统、大港污水系统六大污水分区。

农村生活污水处理方面，至 2020 年底，镇江市行政村农村污水处理设施覆盖率达到 100%，自然村农村污水处理设施覆盖率达到 18.2%。

1.4 “十三五”取得的成效

“十三五”时期，镇江市委、市政府深入践行习近平生态文明思想，认真贯彻落实习近平总书记对江苏、镇江工作系列重要指示，牢固树立“绿水青山就是金山银山”的发展理念，把加强生态文明建设，打好污染防治攻坚战作为“强富美高”新镇江建设和高质量发展的重要内涵，把长江经济带“共抓大保护，不搞大开发”摆在压倒性位置。围绕改善水环境质量目标，扎实推进实施《水十条》，深入推进水污染防治各项工作，攻坚克难、积极作为，全力打好碧水保卫战，水环境质量明显改善，污染防治攻坚战取得实效。

1.4.1 城乡饮用水安全得到保障

2017 年，在省内率先出台实施《镇江市饮用水源地保护条例》，为饮用水源地保护提供法律保障。全市 5 个县级以上集中式水源地通过省组织的达标验收，2020 年水源地水质达标率保持 100%。开展集中式水源地环境保护专项行动，编制了《镇江市饮用水水源地安全保障规划》，全面完成县级以上饮用水源地环境问题整治。积极开展“千吨万人”饮用水水源地排查整治工作，关闭句容市墓东水库、仑山水库、扬中市新坝镇长江华威、油坊镇长江太平等 4 个水源地，推进丹徒区 2 个乡镇级集中式饮用水源地和丹阳市九曲河、扬中市二敦港 2 个应急备用水源地保护区划分。

1.4.2 水环境质量全面提升

“十三五”以来，镇江市累计实施水污染防治项目 370 多项。全市 9 个省级及以上工业集聚区均已实现污水集中处理并监控联网，“十三五”期间全市新增工业废水处理能力 4.3 万吨/日。全市建制镇污水处理设施已基本实现全覆盖，总设计污水处理能力达到 102.1 万吨/日，属于太湖流域其他保护区范围内的 15 座污水处理厂均已按照太湖流域标准完成了提标改造，污泥无害化处理率达 100%。农业面源污染防治水平逐步提升。2020 年，农药和化肥使用量分别较 2015 年减少 20.74%、13.3%，畜禽粪污综合利用率达 98.72%，规模养殖场治理率达 100%，秸秆综合利用率达 96.68%，废旧农膜回收率达 86.38%，行政村生活污水处理覆盖率 100%。沿江港口企业码头船舶污染物接收设施已实现全覆盖，做到固定接收和流动接收的“双保险”，在全省率先运行船舶污染物电子联系监管平台，实现船舶污染物接收转运处置全过程多部门联合监管。2020 年，化学需氧量、氨氮、总磷、总氮等 4 项主要水污染物排放总量较 2015 年分别削减 19.08%、19.88%、18.26%、18.31%，全面达到“十三五”减排目标。省级以上考核断面优Ⅲ比例为 100%，位列全省第一，省级以上考核断面、跨境河流交界断面和直接入江断面水质达标率均为 100%，城市黑臭水体全面消除，总体水质情况良好。

1.4.3 水资源节约保护格局逐步形成

2020 年镇江市用水总量为 25.3 亿立方米，万元国内生产总值用水量较 2015 年约下降 26.3%，万元工业增加值用水量较 2015 年约下降 24.76%。对纳入取水许可管理的单位和其他用水大户实行计划用水管理，全市自备水计划用水管理率达 100%。发布重点监控用水单位名录，将全市规模以上火电企业、标准以上的自备水取水户和自来水用户纳入重点监控用水单位管理体系。开展高效节水灌溉和再生水利用，2020 年全市新增高效节水灌溉面积 1.7 万亩。在全市用水总量测算及分配中均将再生水、雨水等非常规水资源纳入区域水资源统一配置。2020 年开展了古运河、运粮河、九曲河等 8 条河道生态水位保障研究，超额完成生态流量试点目标任务。

1.4.4 水生态保护初见成效

为强化长江保护修复，镇江市印发了《镇江市长江保护修复攻坚战行动计划实施方案》（镇政办发〔2019〕98 号），扎实推进长江岸线保护。2019 年，长江干流及洲岛港口岸线开发利用率为 16.35%。完成长江经济带生态环境突出问题整改，长江豚类自然保护区等一批突出问题彻底解决，镇江长江豚类省级自然保护区问题整改工作成为国家 2019 年《长江经济带生态环境警示片》江苏省唯一被国家表扬项目。开展长江两岸造林绿化，新增造林绿化 4 810 余亩。坚决落实长江流域重点水域“十年禁渔”，圆满完成“四清”目标。豚类保护管理取得初步成效，“十三五”期间，豚类保护区内长江江豚数量21～22头左右，种群数量保持稳定。开展湿地保护与修复工程，“十三五”期间，全市累计修复湿地11 656亩，2020年全市自然湿地保护率达到60%，位列全省前列。句容市开展了生物多样性本底调查试点，形成了生物多样性本底清单。

1.4.5 环境监管能力不断提升

构建镇江市污染防治综合监管平台，以信息化手段助推污染防治攻坚战，已收集问题线索的办结率达到98.08%。131家企业联入镇江市污染源监控云平台，235家企业联入产能应急管控与污防设施工况监管平台。持续动态开展监督性监测和“双随机”执法检查，全面运用移动执法新系统，进一步提高环境执法规范化水平。提升突发环境事件处置能力，对全市重点企业进行拉网式排查，全面摸底重点企业应急物资储备和化工园区环境风险预警体系建设情况。高标准建设河/湖长制体系，实现太湖流域市、市辖区、镇和村四级河长全覆盖。

1.4.6 深化开展区域协作合作

与南京市签署了跨界水体水质提升合作协议，对便民河、大道河、七乡河、句容河等主流与支流，以及方便水库及其主要入库河流在内的跨界水体水质，共同开展提升工作；与常州市加强对接合作，共同推进界牌镇、孟河镇跨界的武阳河联合治理工作。

表8.5 “十三五”规划目标和任务完成表

类别	主要目标	单位	目标值	完成值
“十三五”规划目标	达到或优于Ⅲ类断面比例	%	>76	100
	劣Ⅴ类断面比例	%	<3	0
“水十条”主要指标	水质优良(达到或优于Ⅲ类)比例	%	>70	100
	地级及以上城市建成区黑臭水体控制比例	%	<10	0
	地级及以上城市集中式饮用水水源水质达到或优于Ⅲ类比例	%	>93	100
长江保护修复攻坚战行动计划工作目标	水质优良(达到或优于Ⅲ类)的国控断面比例	%	>85	100
	丧失使用功能(劣于Ⅴ类)的国控断面比例	%	<2	0
	长江经济带地级及以上城市建成区黑臭水体控制比例	%	>90	100
	长江经济带地级及以上城市集中式饮用水水源水质优良比例	%	>97	100

1.5 存在的主要问题

1.5.1 水质持续稳定达标压力较大

“十三五”期间，全市用地布局仍不尽合理，全市产业结构仍然偏重偏化，经济社会发展与生态环境承载力不足的矛盾仍然存在。部分考核断面水质存在波动，丹金溧漕河的黄埝桥、前塍庄，京杭运河的辛丰镇、吕城、王家桥，句容河的兆文山，通济河的紫阳桥，运粮河的新河桥等省考以上断面虽年度达标，但是部分月份水质波动较大，尤其是汛期，存在水质滑坡风险，超标因子主要为氨氮和总磷。“十四五”期间水质考核断面数量大幅提升，部分新增断面水质问题尚未厘清，水污染防治压力较大。全市考核断面水环境质量提升尚未实现系统性、流域性改善，汇流支流水质情况不理想，水体稳定达标易受汇流支流水质状况影响。

1.5.2 城镇污水收集处理体系尚不健全

丹阳市、句容市等局部区域污水处理能力仍存在一定缺口，部分老城区尚存管网覆盖薄弱区，谏壁、老丹徒镇、宝华、边城、黄梅等镇域管网建设和高资开发区等片区雨污分流改造工作滞后，城市"小散乱"排水、阳台庭院排水、雨天污水直排问题较为明显。排水管网结构性缺陷多、管网渗漏严重、外水入侵、河道水倒灌、截流倍数设置不合理等问题，导致污水处理厂存在进水水量大、浓度低，污染物削减效率较低，光大海绵城市发展(镇江)有限公司和谏壁污水处理厂对照国家、省市提质增效污水处理厂进水生化需氧量浓度不低于100毫克/升的要求还存在一定的差距，京口、东区和丹徒污水处理厂进水浓度也偏低。

1.5.3 农业面源污染有待有效解决

农业生产中施用的化肥农药等随地表径流排入小河流中，造成水体氮磷污染物增加，尤其是汛期农田退水易造成断面水质波动。小规模养殖场主体责任意识不强，大部分养殖场不善管理，粪污无害化处理、资源化利用制度落实不到位。水产养殖主体大多为短期承包的个体养殖户，池塘面积小、分布零散，制约了池塘标准化改造、养殖用水循环利用、尾水达标排放等工程的实施。全市自然村现有生活污水治理设施不足，污水处理设施覆盖率低，仅为18.2%；对已建成的农村污水处理设施运行管护不到位，污水处理设施闲置现象普遍。

1.5.4 水资源、水生态保护基础薄弱

全市再生水利用不足，再生水利用设施和管网建设滞后，全市仅配套建设8.5千米再生水管网，未能满足再生水利用要求，再生水管理体系尚不健全，缺乏长期有效投入。水生态保护基础薄弱，尚未建立起水生态保护目标考核机制，长江、团结河、京杭运河(江南运河)等河道生物物种丰富度低，水生态系统多样性恢复缓慢；沿江湿地围垦复耕、提水养殖等生产活动加剧湿地滨岸生态功能退化。

1.5.5 水环境安全尚存隐患

镇江市3个县级以上集中式饮用水源地取水口分布在长江，长江取水量占全市主要供水厂总取水量的85%以上。而沿江工业企业、沿江码头、过境船只、跨江大桥等环境风险源与集中式饮用水源地交叉布局，扬中市铁皮港、丹阳市九曲河等应急备用水源地尚未完成达标建设，水源地供水安全保障体系有待进一步完善。长江、京杭运河等重点水体存在突发水环境风险隐患，长江岸线1千米范围内化工生产企业较多，配套的各类危化品储罐、码头面广量大，特别是长江水上危化品运输的环境风险不容忽视。

1.5.6 生态环境治理现代化水平有待提高

部门统筹协调机制不健全，部门间信息互通互享、协同会商机制尚未健全，"各自为政"条块治理模式尚未打破，存在低水平重复建设、资源浪费的风险，未能将有限的资金和资源应用于解决突出的生态环境问题。生态环境监测管理体系尚未健全。"垂直"改革后市监测中心站上划省厅管理，城区生态环境监测站(市辐射环境监测站)尚未建成，市、县区监测联动机制需进一步优化调整；基层监测软硬件能力仍存弱项，光化学监测设施未设立，遥感监测技术运用装备基本空白。环境监测信息化水平不高，借助信息化手段对环境监测和管理进行事中事后监管的运用不足，尚未建成基于信息化的环境监测全过程质量管理和质量控制体系。

1.6 "十四五"面临的形势

"十四五"是乘势而上开启全面建设社会主义现代化国家征程、向第二个百年奋斗目标进军的第一个五年。"十四五"时期，世界百年未有之大变局加速演变和我国社会主义现代化建设新征程开局起步交融，美丽江苏、美丽镇江建设、长三角一体化战略进程加快推进，镇江市仍然处于关键期、攻坚期、窗口期，机遇与挑战并存。

1.6.1 机遇与优势

1. 坚持习近平生态文明思想引领

党中央、国务院高度重视水生态环境保护工作。习近平总书记在全国生态环境保护大会上发表重要

讲话，对全面加强生态环境保护，坚决打好污染防治攻坚战，做出系统部署和安排，确立了习近平生态文明思想，这是新时代生态文明建设的根本遵循和最高准则，为推动生态文明建设和生态环境保护提供了思想指引和行动指南。“十四五”是向美丽中国目标迈进的第一个五年，习近平生态文明思想的确立为解决生态环境问题、推进生态文明建设提供了思想指引，开启了生态环境保护工作的新阶段。新一轮国家机构改革，整合生态环境职能，国务院机构改革将水功能区划、排污口等职能划归生态环境部门，将水生态环境保护打通岸上和水里、陆地和海洋、城市和农村、地上和地下，同时按流域设置生态环境监管机构，为流域水污染防治向“三水统筹”、综合治理拓展创造了有利条件。

2. 重大区域战略带动协同发展

“长江经济带”“长三角一体化”均已上升为国家战略，“宁镇扬一体化”发展也已进入实质性、操作性层面，多重战略在镇江交汇叠加，为镇江市提供了新的外部发展环境，生态环境共治联保能力显著提升。其一，镇江市积极融入长江经济带发展战略，努力建设成为高水平的绿色生态带、黄金经济带、文化旅游带，以长江经济带高质量发展带动全市高质量发展。其二，镇江市将全面融入长三角区域高质量一体化发展，努力成为具有区域影响力的长三角北翼重要城市。其三，宁镇扬一体化的发展将使镇江积极融入南京枢纽布局，逐步突破城际之间要素流动障碍，实现环保基础设施及污染防治工作的高度融合发展。其四，在区域战略的叠加效应下，先进区域将不断发挥辐射效应和示范效应，以点带面实现环境保护水平的共同提升，对镇江的生态环境保护工作起到有效的带动作用。

◆专家讲评◆

“十三五”期间我省长江水生态环境保护工作取得显著成效，但以重化工为主的产业结构没有根本改变，污染排放和生态脆弱的严峻形势没有根本改变，饮用水安全保障的高风险态势没有根本改变。“十四五”期间面临新形势、新任务，水生态环境保护工作迎来更多机遇和挑战。具体可以结合国家、江苏省等相关上位规划以及镇江市的具体情况来分析，必须深入分析国际国内形势，科学把握镇江市水生态环境保护面临的战略机遇和风险挑战。

3. “十三五”水污染防治成果奠定坚实基础

“十三五”时期镇江市生态环境责任体系改革成效显著，环境质量精细化管理政策体系初步形成，“四大结构调整”政策推动绿色发展成效明显，生态环境监管体系不断完善，生态环境市场经济机制基本建立，生态环境多元治理格局初步形成，初步形成党政领导、质量管理、监管落责、市场参与、多元治理的生态环境政策体系，为顺利完成生态环境规划目标和打赢打好污染防治攻坚战提供了充分支撑与保障，“十三五”污染防治攻坚战阶段性目标圆满完成，为“十四五”深入打好污染防治攻坚战奠定坚实的基础。

4. 高度重视治理体系和治理能力现代化建设

江苏作为全国唯一部省共建生态环境治理体系和治理能力现代化试点省，省委省政府高度重视生态环境治理体系和治理能力现代化建设，积极推动全省生态环境高水平保护。江苏省生态环境厅、镇江市人民政府以厅市共建方式，深入开展生态环境治理体系和治理能力现代化试点市战略合作，建立先行先试、共建共享合作机制。以省厅全面指导、系统帮扶和经验推广为契机，协同推进镇江市经济高质量发展和生态环境高水平保护。“十四五”期间镇江市生态环境治理体系和治理能力现代化建设将全面推进，形成习近平生态文明思想江苏实践新成果。

1.6.2 挑战与压力

1. 省考断面持续达标压力骤增

“十三五”期间，吕城、黄埝桥、新河桥、紫阳桥、土桥等省考以上断面不能逐月稳定达标，尤其在汛期易出现超标情况。“十四五”期间，镇江市省级及以上考核断面由 20 个增加到 45 个，新增断面水环境问题尚未完全厘清。二号彭桥、大七桥、红河桥等断面水质并不乐观，水污染防治压力成倍增加。根据“十四五”规划的水环境目标值“反退化”原则，断面水质目标“只能变好、不能变差”，各断面规划目标原则上不低于现状。因此,镇江市“十四五”水环境质量断面达标面临着巨大压力和挑战。

2. 水生态环境多要素协同治理难度大

“十四五”期间水环境保护更加注重水生态保护修复,提出“有河要有水,有水要有鱼,有鱼要有草,下河能游泳”的目标要求。水质断面尚未能稳定达标的问题仍待下大力气解决,水生态保护修复、水资源合理调度等多要素水环境问题逐渐凸显,需要统筹考虑水资源、水生态、水环境,加强多层面技术支撑,从系统、流域的角度解决突出水环境问题,应对难度加大。

3. 治污边际成本不断上升,需拓宽环境治理新思路

改善环境质量的关键举措是持续推进污染减排,当前相对容易实施、成本相对较低的污染减排措施大多已完成,要进一步提升生态环境质量,污染治理的难度将不断增加,需要付出的边际成本也会越高。“十四五”期间,要更加突出精准治污、科学治污、依法治污,不断推进环境管控精细化,大力加强环境科技支撑,深化循环经济模式,实现治污成本降低、发展效益提升,依托新一轮信息化革命,进一步提升现代化治理体系和治理能力。

4. 生态环境形势依然严峻,实现根本好转任重道远

“十三五”期间,镇江市针对经济发展带来的环境污染、水土流失、生态破坏等问题,提出新发展理念,总体上遏制住了生态环境恶化的势头。但是,生态环境形势依然严峻,尚未出现趋势性好转,环境治理成效尚不稳固,部分国省考断面水质波动面临降类风险。一方面重化型产业结构、煤炭型能源结构、开发密集型空间结构尚未根本改变,源头减幅程度不足。另一方面健康安全生态空间尚未构建完成,生态容量、生态空间的增幅太小,生态环境实现根本性好转的任务艰巨。

第二章　总体要求和发展目标

2.1　指导思想

坚持以习近平新时代中国特色社会主义思想为指导,全面贯彻党的十九大和十九届二中、三中、四中、五中全会精神,全面贯彻习近平生态文明思想,深入落实习近平总书记对江苏生态文明建设的重要指示,践行社会主义生态文明观,牢固树立“绿水青山就是金山银山”理念,深刻把握“山水林田湖草是一个生命共同体”的科学内涵,紧扣“创新创业福地、山水花园名城”发展愿景,把握“三高一争”奋斗目标和发展导向,顺应人民群众对美好生活的向往,以水生态环境质量为核心,污染减排和生态扩容两手发力,统筹水资源利用、水生态保护和水环境治理,创新机制体制,一河一策精准施治,着力解决群众身边的突出问题,持续改善水生态环境,确保镇江市“十四五”水生态环境保护目标如期实现。

2.2　基本原则

2.2.1　“三水”统筹,系统治理

坚持“山水林田湖草是一个生命共同体”的科学理念,统筹水资源、水生态、水环境,将水环境治理贯穿于源头控制、过程削减、水质净化、生态修复全过程之中,系统推进工业、农业、生活、航运污染治理,开展河湖生态流量保障、生态系统保护修复和风险管控等,做到科学治污、精准治污、系统治污。

2.2.2　突出重点,可行目标

从水环境、水生态、水资源等三个方面梳理问题清单,以国家重视、群众关注的水环境污染、水生态破坏、生态流量不足等突出的生态环境问题为重点。根据近年来水质改善程度、流域水系特征、水生态环境基础,衔接2035年美丽镇江目标,提出“十四五”期间切实可行的目标。

2.2.3　实事求是,因地制宜

客观分析当前水生态环境质量状况及存在问题、生态环境保护工作基础和经济社会发展现状,结合长

江流域资源特点，以水生态环境控制单元范围为基础，以问题为导向，科学系统设计针对性任务措施。

2.2.4 加强联动，形成合力

加强水域和陆域、河流和湖泊、城市和农村、地上和地下的统筹，从分散交叉治理向统筹协同治理转变，从物化指标控制向生态健康管控转变。注重与国家、省级规划的衔接，加强市级与部门、地方之间的协调联动，加强对区县规划编制的指导，制订并落实问题、成因、目标、任务、责任清单。

2.3 规划范围和时限

规划范围为镇江市市域范围，时限为“十四五”，即 2021—2025 年。基准年为 2020 年。

2.4 流域生态格局

镇江市“十四五”期间地表水监测断面共设置 10 个国控断面，35 个省控断面，在此基础上划分了 6 个控制单元，均属于长江流域，包括京杭运河（江南段）（江苏省）控制单元、丹金溧漕河（江苏省）控制单元、九曲河镇江（江苏省）控制单元、秦淮河（江苏省）控制单元、通济河（江苏省）控制单元以及长江（江苏省）控制单元。

表 8.6 镇江市“十四五”地表水环境质量考核断面及目标

序号	断面名称	河流（湖库）	设区市	考核县（市、区）	水质目标	备注
1	龙靖线	便民河—大道河	南京/镇江	栖霞区/句容市	Ⅲ	
2	浦河桥	浦河	镇江/常州	丹阳市/新北区	Ⅲ	
3	新港桥	捆山河	镇江	镇江新区	Ⅲ	国考断面
4	新河桥	运粮河	镇江	润州区	Ⅲ	国考断面
5	永庆桥	运粮河	镇江	镇江高新区	Ⅲ	
6	焦山尾	长江	镇江	京口区	Ⅱ	国考断面
7	龙门口	长江	镇江	镇江高新区/丹徒区	Ⅱ	
8	青龙山	长江	镇江	镇江新区	Ⅱ	
9	京口闸	古运河（镇江段）	镇江	京口区/润州区	Ⅲ	
10	辛丰镇	苏南运河段	镇江	丹徒区	Ⅲ	国考断面
11	三岔河	苏南运河段	镇江	京口区	Ⅲ	
12	宝埝桥	通济河	镇江	丹徒区	Ⅲ	
13	前滕庄	丹金溧漕河	镇江	丹阳市	Ⅲ	
14	吕城	苏南运河段	镇江	丹阳市	Ⅲ	国考断面
15	王家桥	苏南运河段	镇江	丹徒区	Ⅲ	
16	林家闸	九曲河	镇江	丹阳市	Ⅱ	国考断面
17	何家大港闸	联丰港	镇江	扬中市	Ⅲ	
18	万福桥闸	新坝大港	镇江	扬中市	Ⅲ	
19	扬子桥	三茅大港	镇江	扬中市	Ⅲ	
20	北山水库	北山水库	镇江	句容市	Ⅲ	国考断面
21	三岔	句容河	镇江	句容市	Ⅲ	
22	工业园路桥	迎丰河	镇江	丹阳市	Ⅲ	
23	二号彭桥	东山河	镇江	句容市	Ⅴ	

续表

序号	断面名称	河流(湖库)	设区市	考核县(市、区)	水质目标	备注
24	长江路高资港桥	高资河	镇江	丹徒区	Ⅲ	
25	京阳路桥	老便民河	镇江	句容市/丹徒区	Ⅲ	
26	瑞滨路桥	沙腰河	镇江	镇江新区	Ⅲ	
27	三桥路	姚桥港	镇江	镇江新区	Ⅲ	
28	大七桥	太平河	镇江	丹阳市/镇江新区	Ⅲ	
29	紫阳桥	通济河	镇江	丹阳市/丹徒区	Ⅲ	国考断面
30	土桥	句容河	镇江	句容市	Ⅲ	国考断面
31	黄埝桥	丹金溧漕河	镇江	丹阳市	Ⅲ	国考断面
32	枫庄桥	洛阳胜利河	镇江	丹徒区	Ⅲ	
33	九红桥	老九曲河(包港河)	镇江	丹阳市	Ⅲ	
34	永红河桥	永红河	镇江	丹阳市	Ⅳ	
35	华仑桥	洛阳胜利河	镇江	句容市	Ⅲ	
36	茅山水库库心	茅山水库	镇江	句容市	Ⅲ	
37	二圣水库库心	二圣水库	镇江	句容市	Ⅲ	
38	墓东水库库心	墓东水库	镇江	句容市	Ⅲ	
39	句容水库库心	句容水库	镇江	句容市	Ⅲ	
40	凌塘水库库心	凌塘水库	镇江	丹徒区	Ⅲ	
41	仑山水库库心	仑山水库	镇江	句容市	Ⅲ	
42	栾家桥	汤水河	镇江	句容市	Ⅳ	
43	东港桥	东港河	镇江	丹阳市	Ⅲ	
44	鹤溪河桥	鹤溪河	镇江	丹阳市	Ⅴ	
45	九里桥	香草河	镇江	丹阳市	Ⅲ	

注:水质目标为2021年目标。

“十四五”期间,将进一步完善流域水生态环境功能分区管理体系,健全流域空间管控体系。构建水陆统筹的水功能区划体系,优化调整水域功能定位及水环境保护目标。研究整合水功能区与控制单元,并作为实施精准治污、科学治污、依法治污的流域空间载体。构建“一江一库七河”的重要水体保护格局。

“一江”指长江干流镇江段:突出“水源保障、风险防控、支流整治”策略,强化水源地风险隐患清理整治,提升监管预警水平,切实保障饮用水安全,全面整治入江支流及入江排口,实施重金属和有机毒物污染管控,加强江苏镇江长江豚类省级自然保护区和长江扬中段暗纹东方鲀刀鲚国家级水产种质保护区管理,推动水生生物多样性恢复,实现长江干流镇江段水质保持优良,主要入江支流全部稳定达Ⅲ类标准的目标。

“一库”指北山水库。加强北山水库水源地保护,消除水源保护区存在的风险隐患,提升水源地突发环境事件风险防控水平,加快宝华镇、下蜀镇环境基础设施建设,完善城镇污水处理收集处理体系,减少城镇生活污染,实现北山水库水质保持在Ⅲ类及以上水平,降低饮用水水源地风险的目标。

“七河”指京杭运河、丹金溧漕河、九曲河、句容河、通济河、运粮河以及捆山河。坚持“外源减量、内源减负、生态扩容、科学调配、精准防控”,系统推进河流综合治理,推进入河排污口全口径排查和溯源整治,强化工业污染和城镇生活污水提质增效,突出农业面源污染控源减排,做好河湖生态流量(水位)保障工作,推进水生态环境保护修复,积极打造和谐、清洁、健康、优美、安全的大运河绿色生态带,实现京杭运河、丹金溧漕河、九曲河等重要河湖水环境质量明显改善、国控断面全部稳定达标、水资源合理利用、水生态稳定修复、水风险有效管控的目标。

2.5 发展目标

总体目标：有序衔接美丽镇江建设目标，坚持“三水统筹”，全面推进水生态环境治理和保护。至2025年水生态环境质量明显改善，水资源利用合理高效，长江镇江段及大运河镇江段等重点流域水生态系统稳定恢复，水环境风险得到有效管控，生态环境治理体系和治理能力现代化基本实现。水资源、水生态、水环境、水安全统筹推进格局基本形成，打造人与自然和谐共生的“创新创业福地、山水花园名城”。

具体指标：依据可监测、可统计、可考核原则，体现约束性和指导性相结合的思路，按照“有河有水、有鱼有草、人水和谐”的要求，建立统筹水环境、水资源、水生态的规划指标体系，考虑镇江市水系特点、水质改善程度以及水质改善的边际效应，科学合理确定各指标目标值。

表8.7 镇江市“十四五”水生态环境保护规划指标

类别	序号	指标		单位	2020年	2025年	指标属性
水环境	1	地表水优良(达到或优于Ⅲ类)比例①	国控断面	%	100	完成省级下达任务	约束性
			省控断面	%	100	完成省级下达任务	约束性
	2	地表水劣Ⅴ类水体比例	国控断面	%	0	0	约束性
			省控断面	%	0	0	约束性
	3	水功能区达标率	国家级	%	95.4	90	约束性
			省级	%	95.0	完成省级下达任务	约束性
	4	集中式饮用水水源达到或优于Ⅲ类比例	县级以上	%	100	100	约束性
			乡镇	%	100	100	约束性
	5	区域水污染物集中收集率		%	—	待定	约束性
	6	农村生活污水处理率②		%	18.2	90	约束性
	7	化肥减施率		%	—	3	约束性
	8	城市建成区黑臭水体控制比例		%	0	0	约束性
水资源	9	达到生态流量(水位)底线要求的河湖数量		个	—	9	探索性
	10	恢复“有水”的河流数量		个	—	0	探索性
水生态	11	试点开展水生生物完整性指数河湖数量③		个	—	6	探索性
	12	河湖生态缓冲带修复长度		千米	—	25	探索性
	13	湿地恢复(建设)面积		平方千米	—	0.67	探索性
	14	重现土著鱼类或水生植物的水体数量		个	—	0	探索性

注：①“十三五”期间国考、省考断面个数分别为8个、12个；“十四五”期间国考、省考断面个数分别为10、35个。
② 指自然村生活污水处理率。
③ 指“十四五”期间需提高水生生物完整性指数的河流数量。

◆专家讲评◆

目标指标是规划实施和考核的重要依据，必须准确合理，符合国家、省、市相关要求。可结合国家、省、长江流域相关水生态规划思路，从流域生态格局、水环境、水资源、水生态三方面考虑，主要指标包括国考断面水质优良比例、河湖生态缓冲带修复长度、城市生活污水集中收集处理率等。

第三章　发展重点和主要任务

3.1　完善应急水源，保障饮用水源安全

3.1.1　加强饮用水水源地规范化建设

巩固县级及以上饮用水水源地专项整治成效，加强水源地规范化建设，定期维护保护区界标、交通警示和宣传牌以及一级保护区隔离防护设施，继续加大环境问题治理力度，加强保护区预警、视频监控能力建设，推进长江扬中二墩港水源地保护区视频监控建设。开展全市水源地保护区矢量图集的动态更新。各地做好水源地保护区划分及优化调整工作，完成北山水库水源地保护区范围调整，推进丹徒区江心洲水源地和长江世业镇(左汊)饮用水水源地的保护区划分及批复。建立健全饮用水源保护区日常巡查等长效管理机制，做好水源地信息共享平台信息采集设备的运行维护。通过卫星遥感、无人机航测等手段，定期开展水源地环境安全隐患排查整治，确保饮用水安全。对饮用水安全保障问题突出的地方，组织开展交叉执法、联合执法，推动加快解决有关问题。开展饮用水水源地 PFAS 研究，为后续源头治理提供支撑。

3.1.2　加强应急备用水源地建设与管理

推进应急水源地规范化建设，开展丹阳九曲河、扬中铁皮港应急饮用水水源达标治理，编制应急备用水源地保护区区划报告和应急备用水源地达标建设方案，启动实施九曲河备用水源地取水口迁建工程。长江征润州水源地应该做好原水水质安全保障工程和金山湖应急备用水源相互衔接，形成较为完善的原水水质安全保障体系。定期进行应急备用水源地切换和水质跟踪监测，组织应急备用水源的调用应急演练，确保应急备用水源随时能够达标启用。推进优质水源供给，提升安全供水保障能力，加快推进扬中二水厂和金西水厂深度处理工艺改造，实现镇江市供水深度处理全覆盖，完成市区所有住宅小区二次供水改造，市区供水管网漏损率控制在 10%以下。到 2025 年，完成二次供水泵站标准化建设，补足二次供水系统短板，建成准确、完整的管网 GIS 系统。到 2025 年，各市、县基本实现“双源供水”和自来水厂深度处理全覆盖。

3.1.3　完善城乡统筹区域供水建设

稳步推进农村饮用水水源治理，围绕水源地的“划、立、治”展开乡镇及以下饮用水源地保护工作。开展乡镇及以下集中式饮用水水源地环境状况调查评估，督促发现的问题及时整改评估。重点推进长江世业镇(左汊)饮用水水源地保护区污水收集工程，对一、二级保护区内居民生活污水采取集中式收集处理。开展“千吨万人”水源地保护区问题隐患专项整治，解决农村饮用水水源保护工作中存在的突出生态环境问题。全面提升“千吨万人”及以下水源地规范化建设水平，按要求完成标志设置、隔离防护、环境问题整治、监控能力建设、风险防控与应急能力建设等工作，提高水源地风险防控和应急能力，持续改善饮用水水源地环境质量，切实保障饮用水水源安全。

3.1.4　提升水源地风险防范和应急响应水平

推进乡镇水源地水质自动监测站建设，提升水源地应急监测能力，加强跨地区跨部门联防联控，推进水源地信息共享。2022 年底，完成镇江市乡镇集中式饮用水水源地水质自动站建设并与省生态环境大数据平台联网。完善保护区风险源名录和风险防控方案。定期开展饮用水水源地周边环境安全隐患排查及饮用水水源地风险评估和应急演练，加强饮用水水源保护区应急物资储备，定期维护事故应急池、导流设施和防护工程设施。长江征润州水源地、扬中二墩港水源地和江心洲丹阳水源地等河流型水源地应重点加强流动源风险防控，提高船舶污染事故应急救援能力，提高水源保护区内桥梁交通事故的现场应急处置能力。北山水库、句容水库等湖库型水源地应重点加强周边农业农村面源污染治理，降低强降雨时期雨水冲刷带来的水质污染风险。公安、交通运输部门合理划定危险化学品运输禁行路段，加强道路交通安全管

理，强化危险化学品运输管控。

3.2　加强“四源共治”，加大水环境治理力度

3.2.1　加强入河排污口整治管理

进一步摸清排污口底数。在长江入河排污口排查的基础上，扩大排查范围，各区、县政府（管委会）完成辖区范围内沿河排口排查，建立排口名录。同时开展核查溯源工作，从排放口倒推，对所有排放源进行详查，将排放源同排放口进行关联，为后续精准整治和长效管理奠定基础。重点推进太湖流域入河排污口全口径排查，对太湖流域骨干河道、面积不小于 0.5 平方千米的湖泊（库）以及各级别工业园区河道开展入河（湖）排污口“排查”“监测”“溯源”等工作。

优化排污口设置布局。在入河排污口排查的基础上，结合地方经济、产业布局及城镇规划，确定禁止设置入河排污口区域、限制设置入河排污口区域范围。饮用水水源保护区、自然保护区核心区缓冲区、风景名胜区核心景区、水产种质资源保护区为禁止设置入河排污口区域；除禁止区以外的其他水域，均为限制设置入河排污口区域。对限制设置入河排污口区域内的入河排污口设置审核备案应当遵循生态保护红线、产业政策、河湖岸线保护与利用规划等要求，防止无序设置。同时根据水生态环境质量目标要求，分类确定限制区内入河排污口管控要求，倒逼陆上污染源治理。禁止长江干流新设除城镇污水处理厂外的集中式排污口。

逐步推进排污口整治。按照“取缔一批、合并一批、改造一批”的原则，制订实施排污口分类整治方案，明确整治目标和时限要求。对历史原因在禁止区内已存在入河排污口，以及其他区域违反法律法规规定的入河排污口，予以取缔。对位于水处理排污单位污水收集管网覆盖范围内，废水可以接入管网的排污口，应提出清理合并任务。对有废水混入的城镇雨洪排污口，应提出实施雨污分流改造，截断污染源的任务措施；对排水直接影响受纳水体生态环境功能的农田退水排污口，应提出科学改造和集中治理措施。对未达到受纳水体生态环境功能的水体，对汇水范围内的入河排污口提出迁建、改造、临时限排等综合整治措施。全面开展太湖流域入河排污口排查专项整治行动，综合整治入江支流、入江排污口，持续推进入江支流水质提升。

加强排污口规范化管理。落实入河（海）排污口管理指导意见，依法依规推进入河排污口分类整治，落实属地政府和相关部门责任，督促地方完成排污口分类命名并编码，基本树立排污口标志牌，明确入河排污口门规范化、标志牌、监测监控设施等建设内容。市人民政府建立排污口销号制度，通过取缔、合并、规范，最终形成需要保留的排污口清单。用好江苏省入河排污口管理信息平台，参与制订江苏省入河排污口设置审核分级分类目录，指导地方依法依规开展排污口设置审核或备案。加快入河排污口在线监控安装联网，推进排污口与断面水环境质量联动管理。2025 年底前，基本完成入河排污口分类整治工作，形成规范监管体系。

3.2.2　持续推进工业污染防治

调整优化产业结构布局。推进“三线一单”为基础的生态环境空间管控，严守生态保护红线、环境质量底线、资源利用上限、生态环境准入清单，将生态环境保护工作融入国土空间规划。科学划分生产、生活和生态三大空间，确立生态红线优先地位，严格调整程序，控制城乡发展边界和产业布局，强化规划环评引领作用，严格项目准入。

持续推进落后产能淘汰。依法依规推动能耗、环保、安全、技术达不到标准和生产不合格产品或淘汰类产能关停退出。鼓励企业加快技术改造和转型升级，主动淘汰不符合产业政策或规划的低端低效产能，推进区域、城镇、园区、用能单位等系统用能和节能。依法整治园区内不符合产业政策、严重污染环境的生产项目。

推动传统产业转型升级。开展 2020 年及“十三五”水环境承载力评价，落实空间布局、项目准入的约

束机制。推动工业结构优化升级，统筹考虑重点水体水环境承载力现状，对照其所在汇水范围落实差别化环境排放标准和管控要求，倒逼工业企业加快转型升级。深入实施传统产业提质增效，“一行一策”统筹推动电力、钢铁、石化化工、建材、造纸、电镀、包装印刷和工业涂装等传统产业提档升级，鼓励开展智能工厂、智能车间升级改造，推进实现智能化、绿色化改造，实现污染源头减量。积极推进清洁生产，以“双超双有高耗能”行业为重点制订年度强制性清洁生产清单，规范清洁生产审核行为。

推进重点行业整治提升。持续推进环境敏感区域化工生产企业调整退出。继续开展园区外化工企业环境整治提升工作，对水污染严重地区、敏感区域、城市建成区存在的高污染企业，提出退城入园、异地搬迁等任务，对落后产能提出淘汰关闭任务。推进造纸、医药、食品、电镀等行业整治提升以及提标改造，提升行业清洁生产及环境治理水平。推进污染企业搬迁改造，以长江、太湖流域为重点，积极推进涉水企业清理和综合整治。

完善工业园区基础设施。深入开展省级及以上工业园区污水处理设施整治专项行动，排查园区内污水管网建设和涉水企业纳管情况建设，绘制完整的管网图。加快实施“一园一档”“一企一管”。推动省级以上工业园区基本消除污水直排口和管网空白区。加快推进长江、太湖等重点流域工业集聚区的生活污水和工业废水分类收集、分质处理。建设工业尾水排放生态缓冲区，强化废水生物毒性削减。推进工业园区污水实时监管，原则上对全市500吨以上工业园区污水集中处理设施的进、出水口安装水量、水质自动监测设备及配套设施，并与省、市联网。

加强特征水污染物监管。加强对工业园区特征水污染物的管控，加强对重金属、抗生素、持久性有机污染物和内分泌干扰物等有毒有害水污染物的监控，落实江苏省有毒有害水污染物管控办法。继续加强医疗污水处理监管，以定点收治医院、集中隔离医学观察点以及接纳其污水的城镇污水处理厂为重点，扎实做好新冠疫情防控期间医疗污水和城镇污水处理监管工作，规范医疗污水应急处理、杀菌消毒要求，切实做好医疗污水收集、污染治理设施运行、污染物排放等监督管理，防止二次污染。完善医疗机构污水处理和消毒设施，做到达标排放。

3.2.3 全面提升城镇污染治理

推进区域水污染物平衡核算管理。按照《关于实施城镇区域水污染物平衡管理进一步提高污水收集处理率的意见》，开展全市城镇区域水污染物平衡核算管理。全面推行区域水污染物平衡核算，有效评估区域主要水污染物收集处理能力及处理量缺口，根据评估结果分类实施差别化治理措施。制订补短板工程建设计划，2021年底前制订“一区一策”整治方案。加快推进城镇污水处理设施建设、工业废水处理设施建设、污水管网建设以及水资源循环利用工程，对现有进水化学需氧量浓度低于260毫克/升的城镇污水处理厂，围绕服务片区管网开展“一厂一策”系统化整治。建立健全区域水污染物平衡监督管理，实现监控联网全覆盖。2021年底前，全面完成城镇区域主要水污染物有效收集处理情况摸排评估；到2025年，区域水污染物集中收集率达到省级下达任务要求。

全面落实城镇生活污水处理提质增效行动。积极推进城镇污水处理提质增效精准攻坚“333”行动实施方案。加快补齐生活污水收集和处理设施短板，有效管控合流制排水系统溢流污染，全面推进城市雨污管网排查，有序推进管网整治与修复，开展长江路（润州路—太平路）污水管道、运粮河东段污水截流管改造、古运河流域（平政桥—南水桥）截污管网等管网提升工程，基本消除城中村、老旧城区和城乡接合部生活污水收集处理设施空白区。积极推进工业企业、“小散乱”、单位庭院和居住小区排水整治。提升城镇污水综合处理能力、污水管网质量控制、检测修复和养护管理水平。2021年底前，光大海绵城市发展（镇江）有限公司和谏壁污水处理厂进水浓度较2018年提升30%以上，京口、东区和丹徒污水处理厂进水浓度较2018年提升10%以上。到2021年，全市完成17个“污水处理提质增效达标区”建设，城市建成区30%以上面积建成“污水处理提质增效达标区”。到2025年，城市建成区80%以上面积建成“污水处理提质增效达标区”，力争建成“污水处理提质增效达标城市”。

提高初期雨水污染治理能力。加强城市建成区初期雨水的管控，结合海绵城市建设，因地制宜开展初期雨水截留纳管、初期雨水处理设施建设，推动雨水收集和资源化利用。初期雨水污染控制主要采取源头削减、过程控制和末端处理相结合的方式。完成沿金山湖 CSO 溢流污染综合治理等海绵城市试点项目，通过建设调蓄管道、调蓄池、人工湿地以及一体化处理设备等工程措施，控制主城区初期雨水污染。到 2022 年，城市建成区 40%以上的面积达到海绵城市建设目标要求；到 2025 年，城市建成区 55%以上的面积达到海绵城市建设目标要求。

深入开展城市黑臭水体治理。做好已完成整治的城市黑臭水体长效管理，开展整治效果后评估工作。按季度开展水质监督监测，强化河道巡查和管养，做好巡河记录，巡河中发现的各类问题要及时交办、及时整改，做好水面岸坡的清理保洁，排口的动态管控和活水保质，强化督查考核，实现水体"长制久清"，做好国家示范城市建设工作。在前期开展城市黑臭水体治理的基础上，全面推进污水处理提质增效"333"行动，2021 年底前，完成古运河、一夜河、金山河等 28 条劣Ⅴ类水体整治，基本消除城市黑臭水体。

3.2.4 农业和农村污染防治

强化种植业面源管控力度。参考句容市北山、赤山湖灌区等列入全省重点灌区的退水排口监测点位清单，结合汛期影响排查，梳理出全市涉及"十四五"国省考断面的农田退水监测点位，并开展水质监测工作。在重点国考断面上游沿线区域，推进建设全市农业面源监测体系，落实相关管理制度和监管责任。对影响较大的重点国考断面汇水区范围内的农田率先开展排灌系统生态化改造，努力做到"退水不直排、肥水不下河、养分再利用"。对于暂时无法实施改造的，积极改变农业种植方式，加大机插秧推广力度，有条件的地区可通过水系、沟渠整理，减轻农业退水对断面水质的影响。继续推进高标准农田建设，加大财政支持力度，到 2021 年，全市新建高标准农田 4.6 万亩。继续推进示范家庭农场创建，2021 年新增市级及以上家庭农场 50 个。改进施肥方式，建立完善科学施肥技术体系，到 2025 年，化肥使用量较 2020 年下降 3%，农药使用量较 2020 年下降 3%。

全面推进规模化畜禽养殖场粪污综合利用和污染治理。加快养殖场设施装备改造提升，推行清洁生产，推广节水、节料、节能养殖工艺，提高畜禽养殖自动化、智能化、规范化水平。开展标准化生态健康养殖普及行动，着力打造一批种养结合、生态循环畜牧业绿色生产示范基地。支持在田间地头配套建设管网和储粪(液)池等基础设施，解决粪肥还田"最后一千米"问题，新建、改建、扩建规模化畜禽养殖场(小区)要实施雨污分流、粪便污水资源化利用，畜禽散养密集区所在地市(区)、镇级人民政府应当组织对畜禽粪便污水进行分户收集、集中处理利用。充分利用省、市专项资金，突出抓好小规模养殖场畜禽粪污资源化利用配套设施建设，2021 年底，规模、小规模场装备配套全覆盖，治理率、配套率均达到 100%。建立健全粪肥还田监管体系和制度，强化过程监管，防止随农田退水进入水体，造成二次污染。利用市级农业信息平台实行实时监控，确保畜禽粪污资源化利用去向可靠。到 2025 年，全市畜禽粪污综合利用率保持在 95%以上。

推进水产生态健康养殖。推进落实养殖水域滩涂规划，加强养殖区、限养区、禁养区管理。扬中、句容、丹阳、丹徒按照已颁布的县级"池塘生态化改造方案"，对照新出台的省池塘养殖尾水排放强制性地方标准，以百亩以上连片池塘为重点，开展养殖尾水达标排放试点示范，大力实施池塘生态化改造，推进养殖尾水处理技术模式集成示范。京口、润州、新区、高新区应及时摸清养殖底数，因地制宜指导开展养殖尾水排放或循环利用。开展养殖水域环境监测，以沿江、沿苏南运河和百亩以上连片池塘为重点，开展养殖水域环境定点监测和飞行抽检。对超标排放的养殖尾水进行限期整治。

加强农业废弃物综合利用。加大秸秆离田综合利用力度，重点推进秸秆离田能源化、肥料化、基料化利用途径，创新利用方式，严禁秸秆抛河与沿河堆放，到 2025 年，全市秸秆综合利用率稳定在 95.5%以上。完善废旧农膜、农肥包装废弃物回收处置体系，加快和完善提升回收网点建设，积极探索回收处置"338"工作法，推进废旧地膜和农药包装废弃物纳入农村生活垃圾处理体系，探索农村有机垃圾就地生态处理模式。到 2025 年，废旧农膜基本实现全回收，农药包装废弃物回收监测评价良好以上等级率达 90%以上。

深入开展农村污水治理。深入开展农村人居环境整治，加强农村生活垃圾和生活污水治理，推进农村厕所革命，探索建立符合农村实际的生活污水、垃圾处理处置体系，改厕与污水处理或利用设施同步实施。推广村庄河道、道路、绿化、垃圾和公共设施"五位一体"的综合管护模式。按照"有制度、有标准、有经费、有队伍、有督查、有问责"的要求，推动县、镇、村三级加快健全完善符合本地实际、运行高效的农村人居环境管护方式，不断提升管护水平。加快推进农村污水处理设施建设，尽快开展已建污水处理设施提标改造。到2025年，全市自然村生活污水处理率达到90%。加快推进农村黑臭水体排查整治，开展农村黑臭水体治理试点示范，在全面完成全市农村黑臭水体排查整治的基础上，编制农村黑臭水体综合治理方案，并开展示范工程建设，总结形成可复制可推广的农村黑臭水体治理模式。

3.2.5 加强船舶港口污染治理

增强港口码头污染防治能力。进一步严格管控港口岸线资源利用，落实《省交通运输厅省发展改革委关于严格管控长江干线港口岸线资源利用的实施方案》(苏交港航〔2020〕1号)要求，以集约绿色港口发展为导向，加快编制长江码头布局规划，以占补平衡为原则，严控新增使用港口岸线，整合退出不少于新增使用岸线长度的规划内已利用岸线，沿江港口岸线总量利用"零"增长。加强港口岸线资源整合，规范提升沿江老码头。研究编制《镇江市生态港口建设2025行动计划》，全力打造新一代生态港口。加强运河航运文化标识，重点建设京杭大运河绿色航运示范区。加快推进港口转型发展，通过开展非法码头整治、废旧脏乱码头专项治理、化工码头转型升级、危险货物码头功能整合，实现京杭运河沿线港口专业化、规模化、集约化发展。提高全市化学品洗舱水接收处置能力，在2025年前建设1座600艘次/年的洗舱站。根据港口各企业实际情况，建立溢油应急联防联控体系。

加强船舶污染防治。积极推广应用标准船型船舶，推动调整内河运输船舶标准船型指标，严把新增非标准船市场准入关，加快淘汰高污染、高能耗的老旧运输船舶及改造后仍达不到环保标准要求的船舶。提升流动接收船舶和车辆等设施接收能力，完善船岸衔接和接口设备，加强第三方船舶服务企业管理。强化船舶生活污水存储设施的使用和监管，确保船舶生活污水和生活垃圾应交尽交。建立完善船舶油污水联合监管和处置机制，运用信息化手段加强船舶油污水监管，帮助接收企业开拓油污水综合处置利用渠道。推广应用长江经济带船舶水污染物联合监管与服务信息系统，落实船舶污染物接收、转运、处置联合监管和联单制度。强化防治船舶及其有关作业活动污染水域环境应急能力建设，推动地方政府配备应急设备，提高船舶污染水域应急处理能力。

3.3 推进节水建设，严格水资源管理制度

3.3.1 落实水资源刚性约束

强化取用水管理。落实最严格水资源管理制度，实施水资源消耗总量和强度双控行动，严守用水总量控制、用水效率控制、水功能区限制纳污"三条红线"，严格规划和建设项目水资源论证、取水许可。严格实行县级行政区域用水总量和强度控制，强化节水约束性指标管理。优化水资源结构，统筹利用江河湖库水资源，持续严格控制地下水的取用，推进中水、雨水等非常规水资源利用。落实以水定城、以水定地、以水定人、以水定产的要求。推动火电、石化、钢铁、有色、造纸、印染等高耗水行业达到先进定额标准，到2025年，万元地区生产总值用水量、万元工业增加值用水量较2020年下降率满足省定目标要求。继续开展国家级县域节水型社会建设，积极开展节水型机关、企业、单位、学校、社区、灌区等载体建设，强化工业、农业和生活节水，完善阶梯水价政策，严控高耗水行业发展。

推进水资源节约集约利用。加快高耗水发展方式转变，建立完善节水评价机制。加强工业水循环利用，开展企业用水审计、水效对标和节水改造，大力推广节水工艺和技术，支持企业开展节水技术改造，采用差别水价、树立节水标杆等措施，促进高耗水行业节水增效。到2025年，在高耗水行业建成一批节水型企业。推进农业高效节约用水，积极探索水果蔬菜喷灌滴灌、粮食管道灌溉为主的高效节水灌溉模式。

2021 年底前，农田灌溉水有效利用系数达到 0.655 以上。推进节水型城市建设，更新改造老旧落后材质供水管网，单体建筑面积 2 万平方千米以上的新建公共建筑需安装建筑中水设施。对使用超过 50 年和材质落后的供水管网进行更新改造，进一步降低公共供水管网漏损率。

3.3.2 保障河湖生态流量

开展河湖生态流量保障工作。根据江苏省水利厅《关于做好河湖生态流量（水位）确定和保障工作的指导意见》（苏水资〔2019〕23 号），推进古运河、运粮河九曲河等重点河湖的生态流量（水位）确定工作，制定相应的保障措施。合理配置水资源，科学制订江河流域水量调度计划，推进重点河湖和跨行政区河（湖、库）水量分配工作。优化重点河湖闸坝、水库调控调度方案，按照生态保护优先的原则，合理确定闸坝、水库生态调度任务，明确闸坝、水库各时段生态下泄流量要求。建设生态流量控制断面的监测设施，对河湖生态流量保障情况进行动态监测。

加强水系连通。按照“引得进、流得动、排得出”的要求，完善多源互补、蓄泄兼筹的江河湖库连通体系，开展河湖水系连通规划。统筹系统治理，针对生态受损严重的河湖，开展重点湖泊生态清淤与综合整治工程、推进水系连通工程，消除病险，畅通水系，维护河湖水系自然形态，逐步恢复河湖生态功能，提高自净能力。打通水系连通最后“一千米”，消除断头河、死湖，逐步恢复坑塘、河湖、湿地等各类水体的自然连通。深入落实长江大保护发展战略，完善引流活水工程，充分发挥引江能力和湖泊调蓄能力，促进水体有序流动。根据城市河道现状，充分发挥境内河网纵横的调配作用，科学制订实施活水调度方案，重点做好上下游闸门控制和泵站运行管理，确保重点河道保持合理的水位和流速。按照“畅通水系、恢复引排、改善环境、修复生态、拆坝建桥、方便群众”的要求，大力开展农村河道清淤、岸坡整治和水系连通工作。到 2025 年，基本形成“河湖相连、脉络相通”的水资源配置格局。

3.3.3 推进再生水利用

开展雨水资源化利用。规划地上总建筑面积 10 万平方米以上的新建筑住宅小区项目，地上总建筑面积 5 万平方米以上、容积率小于 2 的新建公共建筑项目，总用地面积 1 万平方米以上的新建、改建、扩建广场、停车场和所有公园、绿地项目、新建城市道路的人行道、绿带工程均应配套建设雨水利用工程。每公顷建设用地宜建设不小于 100 立方米的雨水调蓄池。收集后的雨水可以用于景观水体补水，绿化用水，路面、地面、垃圾中转站等冲洗用水，冲厕用水，室外公共场所扫除，循环冷却水补水、空调冷却塔补水，消防用水，以及回灌地下水，等等。到 2025 年，新建住宅小区全面采用雨水回用措施，全市雨水资源化利用率达到 6%以上。

加快推动城镇生活污水资源化利用。系统分析日益增长的生产、生活和生态用水需求，以现有污水处理厂为基础，合理布局再生水利用基础设施。在确保污水稳定达标排放的前提下，优先将达标排放水转化为可利用的水资源，就近回补自然水体，推进区域污水资源化循环利用。推动将城市生活污水处理厂再生水、分散污水处理设施尾水用于河道生态补水，推动城市绿化、道路清扫、车辆冲洗、建筑施工等优先使用再生水。提高全市城镇污水处理厂尾水再生利用率，重点做好光大海绵城市发展（镇江）有限公司、京口污水处理厂、丹徒污水处理厂、谏壁污水处理厂、东区污水处理厂的再生水利用。到 2025 年，全市城镇污水处理厂尾水再生利用率达到 24%左右。

积极推动工业废水资源化利用。推进园区内企业间用水系统集成优化，实现串联用水、分质用水、一水多用和梯级利用。完善工业企业、园区污水处理设施建设，提高运营管理水平，确保工业废水达标排放。开展工业废水再生利用水质监测评价和用水管理，推动地方和重点用水企业搭建工业废水循环利用智慧管理平台。加大钢铁、火电、化工、制浆造纸、印染等项目再生水使用量，减少新鲜水取用。火电、石化、钢铁、有色、造纸、印染等高耗水行业项目具备使用再生水条件但未有效利用的，要严格控制新增取水许可。规模以上工业用水重复利用率达 91%以上。

稳妥推进农业农村污水资源化利用。积极探索符合农村实际、低成本的农村生活污水治理技术和模式。推广工程和生态相结合的模块化工艺技术，推动农村生活污水就近就地资源化利用。推广种养结合、以用促治方式，采用经济适用的肥料化、能源化处理工艺技术促进畜禽粪污资源化利用，促进种养结合农牧循环发展。开展渔业养殖尾水的资源化利用，以池塘养殖为重点，开展水产养殖尾水治理，实现循环利用、达标排放。

实施区域再生水循环利用工程。推动建设污染治理、生态保护、循环利用有机结合的综合治理体系，在重点排污口下游、河流入湖(江)口、支流入干流处等关键节点因地制宜建设人工湿地水质净化等工程设施，对处理达标后的尾水和微污染河水进一步净化后，纳入区域水资源调配管理体系，用于区域内生态补水、工业生产和市政杂用。加大再生水利用设施建设，完善配套管网。支持有条件的地区，积极开展区域再生水循环利用试点示范，建设再生水调蓄设施，构建“截、蓄、导、用”并举的区域再生水循环利用体系。巩固提升好海绵城市建设成果，全面推进海绵小区建设。

3.4 开展生态调查，提高水生态保护水平

3.4.1 推动河湖水生态保护修复

全面开展水生态调查与评估。按要求开展长江、大运河等重要河湖生态状况摸底调查及评估工作，持续开展生物多样性本底调查，建设一批生物多样性固定观测样地调查掌握鱼类、底栖生物、浮游生物和水生植物状况，开展定期监测和评估。推进退圩还湖规划编制与实施，逐步恢复水域面积，开展丹徒区洋湖退渔还湖水系连通工程。拓展流域水生态监测能力，引入计算机图形识别、无人机及卫星遥感、物联网等新技术、新方法，积极推进水生态环境监测站网项目建设，通过对水生生物、水文要素、水环境质量等的监测和数据收集，科学分析评价水生态的现状和变化。

推进实施尾水净化工程。根据水生态环境质量改善需要，大力推动城镇、工业污水集中处理厂尾水人工湿地净化工程建设，重点完成光大海绵城市发展(镇江)有限公司和茅山镇污水处理厂尾水湿地净化工程。到2025年，全市至少建成1～2个污水处理厂尾水生态湿地。率先在长江重要支流城镇污水集中处理设施的入河排污口，因地制宜推进生态安全缓冲区建设。

推动河湖缓冲带生态保护修复。研究制订生态缓冲带划定技术方法和管理办法，根据“守、退、补”的要求，加强生态缓冲带管理。因地制宜划定缓冲带区域，尽可能退出缓冲区的生产活动，减少人类干扰，确定生态修复点位，实施生态修复工程。围绕维护生态系统完整性、拦截面源污染、固堤护岸等需求，重点对句容河、古运河、练湖湿地等河流(湖库)开展生态缓冲带试点建设，通过采取河岸带水生态保护与修复、植被恢复、生态补水等措施，增强湖泊、湿地生态功能和自然净化能力。以大运河镇江段为主轴，保护和修复生态环境，努力把大运河镇江段打造成水清岸美的生态长廊。

3.4.2 加强湿地恢复与建设

保持湿地资源总量稳定。加强湿地总量管控和用途管制，依法将所有湿地纳入保护范围，保证全市湿地资源总量不减。建立湿地分级保护制度，实行湿地名录管理，加强各级湿地保护管理机构能力建设。完善湿地资源的用途管理制度，加强湿地用途监管。纳入湿地生态红线范围的湿地，禁止征用、征收或者改变湿地用途。因交通、航道、能源等重点建设项目确需征用、征收湿地生态红线以外湿地或改变用途的，经批准征收、征用湿地并转为其他用途的，用地单位要按照“先补后占、占补平衡”原则，负责恢复或重建与所占湿地面积和质量相当的湿地，确保湿地面积不减少。

开展湿地生态修复。坚持自然恢复为主、人工修复为辅的方式，对面积减少、生态功能退化的自然湿地进行修复和综合整治。通过截污清源、自然湿地岸线维护、河湖水系连通、增殖放流、植被恢复、野生动物栖息地恢复和湿地有害生物防治等手段，修复扩大湿地面积，提升湿地生态功能，维持湿地生态系统健康。通过退养还湿还滩、退圩还湖、退耕还湿等措施，恢复原有湿地。到2025年，全市自然湿地保护率保持在60%。

加强生态湿地建设。加强湿地自然保护区、湿地公园、湿地保护小区建设，重点保护长江湿地镇江段（含镇江长江豚类省级自然保护区）和江苏句容赤山湖国家湿地公园等 2 处省级重要湿地，推进焦南坝—苏南运河段湿地公园建设工程。在太湖流域、沿江、大运河沿线，持续开展湿地建设、保护修复，提升水生态系统功能。

3.4.3 水生生物完整性恢复

强化生物多样性本地调查。在已开展句容市生物多样性调查试点的基础上，适时启动全市的生物多样性调查工作，进一步摸清底数。积极配合省级开展生物多样性监测评估，鼓励各地对辖区内重要区域和重要水体每年至少开展 1 期生物多样性监测。深化生物多样性本底调查，重点调查公众熟知、社会关注度高的重要物种及生物遗传资源，摸清生物多样性特点与区域分布特征，加强数据成果汇总，加强与高校及科研单位合作，在本地调查工作中不断积累物种名录、实体标本和影像资料。重点选取长江、大运河等具有代表性的生态系统和珍稀濒危物种集中分布的热点区域，依托科研院所建立固定的观测样点，逐步形成全市生物多样性观测网络，构建定期观测制度。系统分析区域内生物多样性的分布特征和变化趋势等，逐步开展物种类型评估及生物安全预警工作。“十四五”期间，全市各区县应完成生物多样性本地调查。编制生物多样性物种保护目录，明确重点保护对象，健全保护机制，提升生物多样性保护能力。

强化长江重点水生物种和重要渔业生物保护。开展水生生物完整性恢复。按照坚持保护优先、自然恢复为主的方针，开展水生生物群落恢复工作。开展长江等重点流域水生生物多样性保护行动，重点保护长江江豚、白鳍豚及其他长江珍稀鱼类，推进水生生物多样性观测网络建设，实施增殖放流、生态调度、灌江纳苗、江湖连通等修复措施，推进水生生物洄游通道修复工程、产卵场修复工程和水生生态系统修复工程。以长江段恢复白鳍豚、长江江豚以及其他长江珍稀鱼类为重点，制订重现土著鱼类和土著水生植物的水体清单。重点加强镇江长江豚类省级自然保护区建设和管理。每年举行一次长江渔业资源增殖放流活动。全面落实长江“十年禁渔”措施，打造长江水生生物洄游通道。加大珍稀濒危物种、极小种群物种抢救性保护力度，深化多部门联合、跨区域协作，将生物多样性保护的“立体网”织密织牢。加强原生动植物种质资源保护，强化外来物种入侵防治，编制外来入侵物种名录并进行分类管控，形成外来物种入侵防控预警体系。

3.5 加强预警防范，提升水风险防控能力

3.5.1 加强风险防范设施建设

重点园区建设三级防控体系。开展重点园区环境风险防控体系建设，开展化工园区环境风险预警和防控体系建设试点示范，加强镇江新区新材料产业园、华科电镀专业园等工业集聚区三级防控机制建设。落实企业厂界、园区边界及周边水体的三级防控措施，开展“环境风险企业—连接水体—保护目标”三级风险防控工程建设，推行“一区一策一图”环境风险防控策略。督促风险企业合规设置事故应急池，强化工业集聚区周边水体水环境监控监管，优化水体导流拦截措施建设。指导高风险园区 1～2 个，建设围堰、防火堤、事故应急池、应急闸门、雨污切换阀等环境风险防控与应急基础设施，打造示范工程。2021 年年底前，选取 2 个对长江、京杭运河等重点河流可能造成影响的重点园区完成三级防控体系建设；2022 年年底前，全面完成重点园区三级防控体系建设方案；2023 年年底前，完成重点园区突发水污染事件三级防控体系建设，2025 年年底前，全面完成重点园区三级防控体系建设目标。

重点水域实施应急防范工程。对现有集中式饮用水源水源地取水口应急防护工程、重要河湖水体闸坝定期维护，确保设备设施处于可用状态。学习领会“南阳实践”经验，按照“以空间换时间”的总体思路，围绕长江、京杭运河及饮用水源地等重要敏感目标，完成重点河流应急处置方案。开展调查摸底，利用突发环境事件风险评估成果，系统梳理河流水系、湖库、饮用水源地等重要敏感目标及重点园区（含化工园区、化工集中区、涉危涉重园区）、重点企业等风险分布情况，评估设计饮用水源地等重要敏感目标突发水

污染事件风险和应急处置能力。根据调查摸底结果，编制镇江市突发水污染事件应急防范体系建设具体实施方案，按照主次优先顺序，对逐条河流提出建设目标，建设方法、责任单位、时间进度、资金安排等内容。开展应急措施和应急资源调查，掌握水文、闸坝信息，确认现有可利用的截留暂存空间及其实现方式，提出需补充完善的防范工程。针对每条河流编制应急处置方案，形成实际案例，并形成“一河一策一图”。2021 年年底前，选取 1～2 条重点河流编制应急处置方案。2022 年年底前，全面完成重点河流应急处置方案，同时完成试点河流应急防范工程建设；2023 年年底前，半数以上重点河流完成应急防范工程建设；2025 年午底前，全面完成建设目标。

3.5.2 完善预警体系建设

强化预警监测溯源。根据“十四五”省控断面、区域补偿断面清单，加快推进水质自动站建设。加快推进省控新增断面水质自动监测站建设工作。逐步配齐自动站流量、流向、流速等监测设备。重点围绕不达标断面，组织开展一级支流和入库河口门的全面排查监测溯源，安装微型水质自动站，驻地环境监测中心做好技术支撑，实现实时监控预警。2021 年年底前完成所有市、县行政交界国、省控断面，所有入海河流国、省控断面，主要入江支流控制断面和环太湖入湖河流及重点支浜控制断面的水质自动站建设。落实《江苏省水环境质量监测预警方案》，及时接入全省水环境自动监控预警预报系统，形成市、县地表水环境质量自动监测数据的管理和分析能力，实现精准预警、精准溯源，确保形成工作闭环。积极推动污染扩散预警模拟软件研发，2025 年底前，探索建立 2～3 种典型突发环境事件应急处置辅助系统，支撑环境应急决策。

完善预警管理机制。完善生态环境应急监测体系，提升各生态环境监测站生态环境应急监测能力。设置独立应急监测部门及人员专职负责应急监测任务。建立适合本地区实际的水生态环境应急监测管理体系和工作机制，明确各部门、各单位的应急监测工作职责和响应程序，确保快速、有效响应突发环境事件应急监测。根据镇江市环境风险特征，综合分析目前镇江市各生态环境监测站主要应急能力及装备配置。建立统一的应急监测资源数据库及信息化平台，共享区域内环境监测机构、社会检测机构、重点企业的应急监测装备、耗材储备情况和地理分布情况，确保精准调度相关力量参与突发环境事件应急监测。定期开展应急监测演练，定期组织应急监测培训，加强与其他应急队伍的协同联动，地区之间互相邀请应急演练观摩，促进应急监测工作经验和监测技术的交流提升。将社会化环境检测机构纳入市级应急监测网络建设，加强应急及重大活动期间的生态环境监测联防联控工作。

3.5.3 提升应急处置能力

加强应急物资储备建设。从环境污染治理款项中划拨出一部分作为镇江市环境应急专项资金，用于购置、保养应急设备，培训专业应急队伍等工作。推进应急物资信息化管理，建立健全应急物资经费保障多元化机制，建立健全应急物资生产、储备、调拨全过程管理系统，实现动态跟踪管理；定期更换过期、老旧物资，确保应急物资的时效性。创新应急物资储备方式，完善应急物资装备征用补偿机制，除实物储备以及与其他区域、组织或单位签订应急救援协议或互救协议外。

强化应急队伍建设。健全环境应急管理机构应急体系，强化环境应急队伍建设，开展环境应急队伍标准化、社会化建设试点。进一步加强不同性质、不同领域、不同规模环境应急救援队伍建设。推进市化工灾害专业救援队伍、水上交通危化品专业救援队伍等专业化应急队伍建设。依托行业企业专业应急救援队伍，积极组建类型多样、本领高强、灵活机动的市级专业环境应急救援力量，着力提高企业安全生产、危化品交通运输事故等过程中火灾、爆炸、泄漏等类型事故的环境应急救援处置能力。建设市级环境应急综合救援队伍，鼓励社会化应急救援队伍参与合作。通过政府购买服务、企业签订“服务协议”、搭建协作服务平台等形式，支持专业社会工作者和企业自建的应急救援队伍有序参与应急救援、开展社会化救援有偿服务业务。

建立健全联防联控应急机制。进一步完善环境应急指挥制度，强化市级层面的指挥协调力量。进一步完善辖区、乡镇、街道、相关部门环境应急组织体系和协调联动制度。明确各部门分管负责人和联络员，定期召开联席会议，充分发挥各部门专业领域优势。不断优化完善区域性、流域性突发事件应对处置联动机制。打通地区、部门间环境应急工作壁垒，建立健全上下游、区域间、部门间突发环境事件联防联控工作机制，建立跨市界河流水污染联防联控协作框架协议，建立与南京、常州之间长期协作机制，推动实现预案联动、信息联动、指挥联动、队伍联动、物资联动、监管联动，加快形成突发水环境事件应对和风险防控工作合力。

3.5.4 累积性风险防控

开展重要河湖累积性风险评估及修复。在长江干流、主要支流、大运河及重点湖库等定期开展底泥污染监测，对有毒有害或持久性污染物累积性环境风险进行评估，对治理难度及治理风险进行分级研究，划定高风险区域，并提出相应风险防控措施。对治理风险较小确需治理的河段底泥，进行风险评估后，明确疏挖范围、疏挖深度、尾水处理方法和底泥安全处理处置方案，开展工程示范，实现污染底泥的无害化、减量化，逐步消除底泥累积性风险隐患。加强长江、大运河沿线化工行业环境安全隐患排查和集中治理，强化涉危涉重行业污染防治，严格控制重金属、持久性有机物排放。

3.6 加强执法监管，落实水生态环境管理

3.6.1 强化水环境达标精细化管理

实施地表水环境质量目标管理，开展"消劣奔Ⅲ"行动，到2025年，主要入江支流水质达Ⅲ类以上。明确"十四五"国考、省考断面长名单，加强"十四五"新增断面的水质达标整治。实施断面限期达标管理，根据"十四五"国省考断面水质目标及2020年水质现状，全面梳理不达标断面清单，编制实施断面限期达标方案。加强断面达标方案执行情况的监督检查，对于水质恶化的实施挂牌督办，必要时采取区域限批等措施。按照省要求在国家控制单元的基础上细化"十四五"省级控制单元。建立基于控制单元的水生态环境管理机制，推动压实断面长责任。

3.6.2 提升监测现代化水平

建立健全监测网络体系。统一规划环境质量监测网络，推进省控新增断面水质自动监测站建设工作，逐步配齐自动站流量、流向、流速等监测设备。加强跨市交界断面的监测监控。2021年年底前，实现国考断面水质自动监测全覆盖。统筹构建污染源监控网络，加快建立完善覆盖乡镇工业企业污水排放口、农村生活污水处理设施进出水、畜禽规模养殖场排污口、水产养殖集中区养殖尾水等农业农村面源污染监测体系，推进涉及"十四五"国考断面的农田退水监测点位水质监测工作。加强入河排污口的监测监控，推进规模以上入河排污口自动在线监测以及工业园区限值限量监测监控系统建设，排污口监测管理信息与水行政主管部门及时共享。加快完善生态质量监测监控网络，建立与"三线一单"生态环境分区管控相适应的生态质量监测监控网络，全面提升卫星遥感影像处理、智能解译和自动分析评价能力，实现在自然保护区、生态红线区、重要功能区等重点区域每年一次遥感监测全覆盖。加强沿江化工园区、饮用水源地、生态安全缓冲区等风险防控区域的无人机精密遥测，加快建设覆盖全市各类典型生态系统的生态地面观测站网。到2025年，基本建成全覆盖、多要素、精准化的现代化生态环境监测监控体系。

优化监测管理机制。按照《江苏省生态环境监测条例》有关规定和机构改革职责分工，加快解决本级行政部门间监测监控职能配置存在的相互矛盾、冲突及不合理事项，推动生态环境监测监控职能配置的科学化、合理化，避免交叉重复；按照"谁考核、谁监测"的原则，进一步明确生态环境监测监控事权。建设现代化监测监控体系，推动水质监测向水生态监测过渡；加快实现环境监测与环境执法的有效联动，环境监测与应急防控的快速响应；加强排污单位按照自行监测技术指南要求，编制自行监测方案、规范开展自行监测、及时公开监测信息，加强对企业自行监测开展情况及信息公开情况的监督管理与现场检查。完善监测监控大数据平台，健全部门间、层级间生态环境监测监控数据的汇集共享机制，打破数据孤岛，实现上下

互通数据共享。健全监测数据质量控制与科学统计制度,建立高效科学的生态环境监测数据采集机制和能力。

加强监测监控能力建设。建成高水平的城区生态环境监测站,按照"一核三副、错位发展、优势互补"的原则,充分发挥丹阳、句容、扬中监测站各自优势,充分运用驻市监测中心的先进资源,建设镇江市生态环境监测站,形成"1+3"生态环境监测体系,并与江苏省镇江环境监测中心功能互补。加强环境监测设备管理,对现有监测设备仪器的状态进行定时检查,确保仪器设备正常,减少维修和损坏概率。强化监测人员质量管理意识,践行"依法监测、科学监测、诚信监测"职业理念,严格执行监测标准和技术规范,确保监测数据真实有效。开展监测技术及质量管理专题研讨,开展联合应急监测演练,促进技术水平和质量管理水平不断提升。建设实验室信息管理系统(LIMS),对"人、机、料、法、环、测"各要素进行监管,实现生态环境监测活动全流程可追溯,为统一联网、统一抽查、统一监管奠定基础。

3.6.3 严格执法监管体系

深化排污许可证管理。全面落实排污许可制,继续推进建立以排污许可证为核心的固定源"一证式"管理模式。加强排污许可证后管理,强化企业主体责任,组织开展排污许可清理整顿"回头看",建立排污许可质量控制长效机制。开展主要水污染物排污权有偿使用和交易试点。推动全市重点排污单位用水、用电、工况监控设备的安装与联网工作。建立排污许可联动管理机制,加快推进环评与排污许可融合,推动排污许可与环境执法、环境监测、总量控制、排污权交易、清洁生产审核等环境管理制度有机衔接,构建以排污许可证为核心的固定污染源监管制度体系。

健全环境治理信用体系。健全企事业环保信用评价体系,完善环保信用动态评价系统。建立健全环境治理政务失信记录,依法纳入政务失信记录并归集至相关信用信息共享平台。完善企业环保信用评价制度,依据评价结果实施分级分类监管。实行环保信用联合激励和惩戒,加大对绿色企业的正向激励,加强对生态环境领域第三方服务机构的信用监管,探索环境信用"容错纠偏"机制。落实信用信息互联共享机制,推行上市公司和发债企业强制性环境治理信息披露制度。生态环境部门与相关职能部门加强协作联动,深化守信激励与失信惩戒机制。继续推进环保"领跑者"制度。

健全生态环境综合执法体系。全面完成省以下生态环境机构监测监察执法垂直管理制度改革,由省级环保部门直接领导地级市、县级市的环境执法工作,帮助基层环境执法部门摆脱地方政府对于执法工作的干预,确保环境执法的独立性与有效性。建立联合执法领导小组体制,当发生环境污染问题时,及时启动联合执法程序,开展联合执法及时解决环境问题。完善环境执法监督和网格化监管体系。县级市依照行政管辖区域划分,按职责定任务,构建全面覆盖的网格化环境监管体系。完善"双随机、一公开"环境监管制度,整合执法资源,建立市县一体"双随机"常态化执法机制。创新执法方式,推行异地执法处罚,探索以政府购买方式委托第三方开展辅助执法。加强行政执法与刑事司法衔接,常态化开展联动执法、联合办案,形成强大震慑。

3.6.4 健全区域联防联控

完善区域协作合作。在长三角区域水污染防治协作机制基础上,研究完善跨区域、跨流域管理体系,健全与南京、常州的水污染防治长期协作机制,共商共举跨界水体水环境保护。按照长三角一体化发展需求,推动信息共享、标准衔接。深化水环境区域补偿,落实全省水环境区域补偿工作方案,强化水质改善的经济杠杆作用。补齐市级生态补偿断面监测能力,并探索建立区域内以乡镇为单元的生态补偿考核机制。

推进生态补偿和环境损害赔偿联动。探索建立市区以生态红线保护为重点的生态功能区生态补充制度,完善市区生态补充转移支付制度,拓展生态补偿付费主体,逐步让生态服务功能受益的企业、个人付费。协同推进长江水环境资源区域补偿制度和上下游地方政府对水环境质量负责的经济补偿制度。继续探索完善污染物排放权、绿色权益交易体系,提高碳排放权交易市场建设水平和交易规模。深化生态环境损害赔偿制度试点,完善实施方案和磋商、管理程序,建立企业环境损害赔偿基金与环境修复保证金制度,鼓励构建市场型环境修复基金与环境应急基金制度。开展生态补偿和环境损害赔偿联动试点，在明确补偿和赔偿的责任主体与权责关系基础上，依据保护受偿、损害担责原则完善生态补偿和环境损害赔偿联动机制。

加强环境信息公开。定期公开水环境质量状况和县级及以上城市集中式饮用水水源地水质状况，公开曝光环境违法典型案件。市县人民政府定期公开本地区攻坚任务完成等情况。生态环境部门对重点排污单位公开排放主要污染物名称、排放方式、排放浓度和总量、超标排放情况、治污设施建设和运行等污染源环境信息的活动进行监督检查。建立宣传引导和群众投诉反馈机制，发布权威信息，及时回应群众关切问题。

3.7 规划骨干工程项目

镇江市“十四五”水生态环境保护规划骨干工程项目筛选原则如下：

一是问题导向。以解决突出水生态环境问题为导向，项目实施对污染减排或生态环境自净能力提升有直接贡献。

二是合理可行。项目技术路线科学，核心工艺成熟，项目建成后运营维护经济，能够可持续运行。

三是绩效明确。遵循可监测、可统计、可考核的原则，突出项目COD、氨氮、总氮、总磷以及特征污染物的削减效果，河湖生态缓冲带修复长度增加、湿地面积恢复等生态环境效益。

根据特定的水生态环境问题、保护目标、保护要求和规划任务措施，将规划项目分类、整合，共计划骨干工程项目5大类103项。其中饮用水水源保护项目6项、污染减排项目51项、生态流量保障项目23项、水生态保护修复项目15项、水环境风险防控项目8项，总投资约149.12亿元。

规划执行过程中，具体项目可根据实际情况动态调整更新。

表8.8 镇江市“十四五”水生态环境保护规划骨干项目汇总表

类别	项目大类	数量/个	总投资/万元
饮用水水源保护	饮用水水源地规范化建设	4	38 350
	不达标水源地达标治理	2	4 800
污染减排	城镇污水处理及管网建设	28	384 020.84
	工业污染防治	10	16 760
	农业农村污染防治	6	642 870.8
	移动源污染防治	5	46 000
	排污口整治	2	1 100
生态流量保障	水资源优化调度	21	93 813.51
	区域再生水循环利用	2	20 850
水生态保护修复	水生态保护修复	15	202 616
水环境风险防控	风险预防	8	40 000
合计	/	103	1 491 181.15

第四章 规划实施保障

4.1 加强组织领导

强化主体责任，进一步完善水污染防治协调议事机构，并指导市、区建立水污染防治联席会议工作机制，实现市内全覆盖。落实"党政同责""一岗双责"的要求，加强领导，明确责任，进一步确定规划执行和落实的各级政府机构。深化河湖长制，完善断面长制，建立断面长动态更新机制，建立规划实施和落实的地方水生态环境保护责任清单。强化水生态环境保护规划的指导和约束作用，把规划确定的水生态环境保护控制性指标及主要任务纳入社会经济发展规划和政府重要议事日程。定期通报水质状况和水生态环境问题。

4.2 完善法律法规

严格执行《江苏省水污染防治条例》《江苏省长江水污染防治条例》，切实有效指导全市的水污染防治工作，制订条例细化落实分工方案，强化依法治污鲜明导向。执行池塘养殖尾水排放强制性标准，配合开展酿造、焦化及河网水功能区等领域的标准研究。

4.3 加强资金保障

深化水环境区域补偿，落实全省水环境区域补偿工作方案，强化水质改善的经济杠杆作用。落实太湖流域上游无过错举证制度，厘清上下游治污责任。加大资金保障力度，支持水污染防治，积极引入社会资本，保障重点工程建设。推进实施与污染物总量挂钩的财政政策、绿色信贷、排污权有偿使用和交易等经济政策。落实长江经济带生态保护修复奖励政策。

4.4 深化科技支撑

深入开展水环境治理及保护修复等重点领域科技攻关，推广应用先进适用技术。通过书刊、报纸、网络等媒体公开发布，加强信息反馈，建立指导目录定期完善修订机制。做好"十三五"水专项的实施保障工作，积极推进水专项示范工程建设，促进水专项成果的转化落地工作。鼓励自主创新，加快水污染防治新技术、新材料、新模式的成果落地和推广运用。

4.5 完善监督管理

建立水生态环境问题闭环管理机制，形成"发现—移交—整改—销号"的管理模式。对问题突出的断面严格落实约谈、限批等措施，加快推动水质提升。动态跟踪计划实施进展，对水污染防治工作目标任务完成严重滞后或者工作责任不落实的，通过约谈、挂牌督办、通报等方式，督促整改和落实，确保各项目标任务顺利完成。研究制订"十四五"水生态环境保护工作落实情况考核办法，每半年调度各市、区工作进展，每年开展考核评估。

4.6 鼓励公众参与

健全预警通报和信息公开等工作机制，结合水质自动监测数据，开展分析研判，对于水质未达标或降类的断面印发预警函，定期通报全市水质及水污染防治工作情况，定期在新闻媒体上通报全市水环境质量状况。善用"镇江生态环境"微信公众平台、生态环保政务微博等新媒体，及时公布环境质量信息、生态环保重大项目进展，构建全面参与格局。加大政务信息公开力度，定期公开水环境质量、水资源利用情况和水生态环境质量等情况，曝光典型环境违法案例，充分发挥社会监督作用。

盐城市"十四五"应对气候变化规划

前 言

气候变化是环境问题,更是发展问题。积极应对气候变化,是顺应当今世界发展趋势的客观需要,也是盐城市大力推进生态文明建设的内在要求,对于加快转变经济发展方式、推动经济结构战略性调整、促进绿色低碳发展具有重要意义。党中央关于"我国力争 2030 年前实现碳达峰,2060 年前实现碳中和"的重大战略决策,为积极应对气候变化、加快推动绿色低碳发展提供了方向指引、擘画了宏伟蓝图。

近年来,盐城市委、市政府深入贯彻习近平生态文明思想,采取一系列政策举措,应对气候变化取得积极进展。"十四五"时期将是推动实现碳排放达峰目标至关重要的五年,需要坚定不移持续实施积极应对气候变化国家战略,加强应对气候变化与环境治理、生态保护修复协同增效,切实提升气候治理能力,为开启全面建设社会主义现代化新征程,稳步迈向碳中和愿景开好局、起好步。根据《盐城市国民经济和社会发展第十四个五年规划和二〇三五年远景目标纲要》《盐城市"十四五"生态环境保护规划》,制订本规划。

2021 年 11 月 25 日,盐城市生态环境局在盐城组织召开了《盐城市"十四五"应对气候变化规划》(以下简称《规划》)的专家评审会。2022 年 2 月 11 日,盐城市应对气候变化工作领导小组办公室对本规划进行正式印发,印发文号为盐气候办〔2022〕1 号。

◆专家讲评◆

《盐城市"十四五"应对气候变化规划》抓住了应对气候变化的重点和特点。气候变化是全人类的共同挑战,应对气候变化,事关中华民族永续发展,关乎人类前途命运。中国高度重视应对气候变化,克服自身经济、社会等方面困难,实施一系列应对气候变化战略、措施和行动,参与全球气候治理,应对气候变化取得了积极成效。江苏作为全国第二大经济省份,温室气体排放规模大,节能降碳任务重,受气候变化影响显著,绿色低碳转型需求迫切。党的十八大以来,江苏全省上下深入贯彻习近平生态文明思想和习近平总书记对江苏工作重要指示精神,牢固树立"绿水青山就是金山银山"理念,积极顺应全球绿色发展潮流,有效推动应对气候变化各项工作走深走实。

《盐城市"十四五"应对气候变化规划》明确了新形势和新阶段下盐城市应对气候变化工作的指导思想、基本原则、总体目标、加快推动绿色低碳发展、开展市域碳排放达峰行动、主动适应气候变化、提高气候治理综合能力等重点任务,为下一步适应和减缓气候变化工作指明了方向,对于强化适应气候变化行动力度,提升应对气候变化不利影响和风险的能力,助力生态文明建设、美丽盐城建设和经济高质量发展具有重要意义,同时也为江苏省、中国乃至全球应对气候变化做出自己的贡献。

第一章 现状与形势

党的十八大以来,盐城市委、市政府深入贯彻习近平生态文明思想,全面落实党中央、国务院和省委、省政府的决策部署,紧紧围绕控制温室气体排放中心任务,采取一系列政策举措,应对气候变化工作取得积极成效。

1.1 气候变化的基本情况

温室气体排放情况。盐城市温室气体排放来源主要为能源活动排放，占比超过70%，农业活动排放占15%左右，工业生产过程排放占10%左右，城市废弃物处理排放占比小于2%，土地利用变化与林业表现为净吸收。盐城市温室气体主要为二氧化碳，2020年全市温室气体排放总量4 760.8万吨二氧化碳当量，其中二氧化碳占比约83.5%，甲烷占比6.3%，氧化亚氮占比10.2%。

气候变化影响。盐城全市年平均气温总体呈明显上升趋势，预计未来全市气温还将持续上升。气候变化导致极端天气气候事件频发，雾和霾、强对流、梅雨、暴雨、大风、台风、寒潮、雨雪冰冻、干旱等灾害性天气时有发生，2019年受强对流天气、台风影响累计导致直接经济损失4 000多万元，对农业、工业、交通运输、水利设施造成严重影响。

1.2 应对气候变化的治理体系

组织领导和规划引领进一步加强。成立盐城市应对气候变化工作领导小组，设立应对气候变化专职管理机构，完善工作机制，由专人专职负责应对气候变化事务。根据《江苏省"十三五"设区市人民政府控制温室气体排放目标责任考核办法(试行)》，开展年度控制温室气体排放目标责任评价考核。制定实施《盐城市"十三五"控制温室气体排放实施方案》。

政策体系和保障机制进一步完善。制定实施《盐城市"十三五"清洁能源发展规划》《盐城市削减煤炭消费总量专项行动实施方案》等。积极引导辖区内金融机构加大绿色信贷支持力度，提升绿色金融服务水平，将法人金融机构宏观审慎评估(MPA)纳入绿色信贷考核，从信贷指引、考核激励等方面鼓励发展绿色信贷，限制高耗能高排放的企业和项目。每年安排专项资金统筹用于应对全市气候变化及大气污染防治等相关工作。

基础能力支撑得到进一步夯实。建立健全盐城市基础统计与调查制度及职责分工，开展盐城市温室气体排放清单编制工作。积极推动重点企事业单位开展温室气体排放报告工作，报送率达到100%，积极推动重点企事业单位配套专人管理碳排放核算，制订排放监测计划，积极组织对能耗万吨标煤以上企业的碳核查。落实温室气体排放信息披露制度，积极鼓励和引导盐城市国有企业、上市公司、碳交易纳管企业率先公布温室气体排放信息和控排行动措施。全方位、多层次加强培训和宣传引导，组织开展"全国低碳日"专题活动，并积极探索自愿减排行动、碳积分、碳普惠等低碳特色活动。

1.3 应对气候变化的总体成效

1.3.1 低碳产业体系方面

产业结构调整持续推进。加快淘汰低水平落后产能，累计关停淘汰落后小火电企业3家，发电装机容量18.3万千瓦，2019年淘汰低端低效印染产能0.6万吨、纺纱产能0.52万吨、油脂产能12万吨。积极推进绿色制造体系建设，累计创建国家绿色工厂7家、绿色园区1家、绿色产品认定1个。新兴产业对全市经济社会贡献份额日益加大，2020年，890家战略性新兴产业规上工业企业累计开票销售同比增长12%，战略性新兴产业产值占工业总产值比重达到36%，同比提高7个百分点。全市服务业增加值占GDP比重达到48.93%，较上年提高1.4个百分点，以服务经济为主导的"三二一"产业结构体系进一步巩固，三次产业结构从2015年的12.3∶45.7∶42.0调整为2020年的11.1∶40.0∶48.9。

工业领域控排进一步增强。加强工业领域节能减排力度，2018年以来，依法关停取缔各类"散乱污"企业1 478家、关闭退出化工企业135家，化工企业数量压减至153家。积极申报国家"能效领跑者"企业，开展能效对标达标活动，推动行业能效水平持续提升。深入推进重点用能单位节能降耗，对纳入"百千万"行动重点用能单位，分解落实"十三五"及各年度能耗总量和节能目标，对全市重点工业企业能耗标准执行情况、落后设备淘汰情况开展节能专项执法监察，2020年完成5家省日常节能监察、78家市日常节能监察任务，对16家燃煤发电企业开展专项节能监察。

农业减排取得明显成效。深入实施化肥减量增效行动，围绕“经济施肥、环保施肥”理念，制定《化肥减量施用行动方案》《关于化肥控减问题的整改方案》等工作方案，积极整合各类项目主体，通过普及测土配方施肥技术、推广商品有机肥料、试验示范水肥一体化技术以及新肥料、新技术、新模式引进、示范等多种途径减少化肥用量，提高肥料利用率，实现减量增效。化肥施用总量逐步下降，2020年全市化肥使用总量约48.14万吨（折纯），较2015年下降7.04%。

生态系统碳汇能力持续增强。加快造林绿化步伐，推进国土绿化，增加林业碳汇，扎实推进绿美乡村和城市森林建设，“十三五”期间，全市累计新造成片林62.42万亩，建成森林村庄447个、连片1 000亩以上林业专业村101个、示范基地64个，林下经济经营和利用面积达60万亩左右，造林总量居全省第一，全市林木覆盖率已达到24.72%，成功创建国家森林城市、全国绿化模范城市。严格自然湿地保护，国际湿地城市创建通过国家林草局评估验收，大纵湖创成国家湿地公园，自然湿地保护率达61.8%。

1.3.2 低碳能源体系方面

可再生能源发展步伐加快。积极落实《盐城市“十三五”清洁能源发展规划》，2020年可再生能源装机容量达985万千瓦，占全省可再生能源装机容量28.17%。全市可再生能源发电量累计178.8亿千瓦时，占全省34.25%，可再生能源装机容量和发电量均居全省首位。海上风电并网规模352万千瓦，占全国39%、全球1/10。非化石能源占一次能源消费比重为30%，比上年提高5个百分点。

化石能源利用不断优化。大力推进“263”减煤专项行动，把开展减煤降耗工程作为降低温室气体排放的重点。2020年盐城市非电行业规上工业企业煤炭消费量276万吨，比2016年减少148万吨，超额完成省下达盐城市非电行业100万吨的减煤目标。

能源碳排放控制严格落实。认真落实能源消费总量和强度“双控”机制，完成省定减煤和主要污染物减排目标。“十三五”期间，单位GDP能耗、碳排放强度分别下降17%和30%。2020年盐城市圆满完成江苏省下达的下降2.5%的年度节能目标。

1.3.3 城镇低碳发展方面

城乡低碳化建设管理稳步推进。积极推进绿色建筑和建筑节能工作，2020年全市绿色建筑占新建建筑比例达100%，总节能量达13.2万吨标煤，完成了江苏省下达的目标任务。既有建筑节能改造稳步推进，以市中心城区带动全市既有建筑节能改造工作，2020年完成既有建筑节能改造142万平方米，完成盐城吾悦广场、江苏黄海区域海洋气象预警中心、盐城通榆河原水预处理厂等21个项目建筑能耗监测工作。加大可再生能源推广应用力度，新建政府投资公共建筑、大型公共建筑至少使用一种可再生能源，新建住宅和宾馆、医院等公共建筑设计、安装太阳能热水系统。2020年新增可再生能源应用建筑面积416万平方米。

低碳交通运输体系加快建设。截至2020年底，盐城市共有各类新能源营运车辆2787辆，比上年度增加1 254辆，增长比例81.8%。

低碳生活方式逐步深入人心。盐城市积极组织开展低碳家庭、低碳学校等践行低碳生活方式的宣传和评选活动。2020年，全市新辟城市公交线路15条、优化调整公交线路15条、新购新能源（纯电动）公交车279辆，完成新辟、优化调整公交线路和新购节能环保公交车辆年度任务。

1.3.4 适应气候变化方面

农业方面。在全省率先制定实施《农作物秸秆综合利用条例》《畜禽养殖污染防治条例》，农业废弃物治理步入法治化轨道。全面开展畜禽养殖污染专项整治行动，小型以上畜禽规模养殖场治理率均达100%，畜禽粪污资源化利用率达98.7%。化肥施用量连续13年下降，农药使用量保持零增长。农作物秸秆综合利用率达95%以上，废旧农膜回收利用率达88%。盐城农业金字招牌“盐之有味”全面打响，创成国家级农产品质量安全县3个、省级2个，建成农产品质量可追溯示范基地1 229个，绿色优质农产品比重达75%。

林业方面。扎实开展森林资源管理，严格保护管理林地，严格实施林地使用和林木采伐的限额与许可制度。着力提升森林资源质量，加强林木良种基地建设和良种培育，推进林木种苗生产的良种化、标准化进程，加大林木良种选育应用力度，提高在气候变化条件下造林良种壮苗的使用率。推进沿海新植千亩碳汇试验林工程，在9个县(市、区)的11个地块进行栽植碳汇林试验，总面积超千亩。

水资源方面。加强水资源保护，实行最严格水资源管理制度，强化水资源“双控”管理，实行“预测评估、统筹分配、保证重点”的调控方式，从严管控、压缩各县(市、区)年度用水量。落实“以水定城、以水定地、以水定人、以水定产”理念，在盐城大洋湾开展规划水资源论证，加强建设项目取水许可全过程监管。深化节水型社会建设，深入推进国家级节水型社会达标县(市、区)、省级节水型社会示范区等载体创建，2020年盐城市创成国家节水型城市。持续推进水生态文明建设，盐城市通过全国水生态文明建设试点验收，阜宁、东台、建湖通过省级水生态文明建设试点验收，金沙湖被评为“江苏省首批生态样板湖”。

公共卫生方面。基本公共卫生服务和重大公共卫生服务项目得到有力推进。传染病监测、报告与防控工作得到加强，流感、诺如病毒感染性腹泻、水痘、恙虫病等本地常见传染病防控工作得到重点加强。疫情监测预警和应急响应能力不断提升。

气象灾害防御方面。完善灾害防御工作机制，成立市气象灾害防御工作领导小组，制定市自然灾害工作管理四项制度，切实提高全市防灾、减灾、救灾工作的水平和能力。规范应对气候变化的自然灾害应急处置工作，修订《盐城市气象灾害应急预案》，及时发布灾害性天气预警信息，根据灾情发展变化及时做好灾害应急工作，建立龙卷联防机制，龙卷预警业务试点建设工作取得显著成效。优化应急物资储备品种，加大储备力度，推动救援队伍向专业化、科技化方向发展，加强综合应急救援专业队伍建设。

1.4 应对气候变化面临的形势

1.4.1 优势机遇

习近平总书记重要指示为应对气候变化明确战略指引。习近平总书记多次强调，应对气候变化不是别人要我们做，而是我们自己要做，是中国可持续发展的内在需要，也是推动构建人类命运共同体的责任担当。认真落实习近平总书记关于碳达峰与碳中和愿景的重要指示，需要把应对气候变化工作摆在更加突出位置，把降碳作为促进经济社会全面绿色转型的总抓手，积极应对气候变化，加快推动绿色低碳发展。

构建现代环境治理体系为协同融合管理提供重要支撑。二氧化碳等温室气体排放与大气污染物排放具有同根、同源、同过程的特点，控制温室气体与污染防治、生态保护在减排目标、规划政策、法规标准、监测评价、监督执法等方面协同融合潜力很大。江苏省作为部省共建生态环境治理体系和治理能力现代化试点省，为实现“双碳”目标，进一步层层压实责任，将为盐城市强化温室气体与大气污染物排放协同管理、探索切实有效的协同管控政策体系提供重要支撑。

绿色转型为实现减污降碳协同增效奠定坚实基础。盐城市坚持以新发展理念为指引、以高质量发展为追求，立足于现有的禀赋资源，全面对标“面朝大海、向海发展、赋‘能’未来，成为绿色转型典范”新定位，近年来“产业强市”蹄疾步稳，新能源发电装机容量占到全省新能源发电装机容量的近30%，占到全市电力总装机规模的65%，新能源发电量在全市全社会用电量的比重达到50%，成为长三角首个“千万千瓦新能源发电城市”。同时，推进绿色产业化，建设千里海堤防护林带，展现“生态绿+海洋蓝”海滨新景致，全力推进交通基础设施建设，以绿色互通为支撑，打造通达沿海。盐城市坚持错位竞争、特色发展，加速推进绿色转型，为实现减污降碳奠定坚实基础。

1.4.2 面临挑战

碳排放总量仍在上升。盐城市正处在工业化、城镇化加快发展的重要阶段，人均GDP、城镇化率、居民收入等指标与发达国家相比仍有较大差距，未来随着一批重大项目的落地、经济发展、城市化推进、人民生活品质提升，能源总需求将持续增长，碳排放也将呈增长趋势。近年来，碳排放强度虽呈现下降态势，但与发达经济体相比仍总体偏高。在发展经济、改善民生的同时，如何有效控制温室气体排放，妥善应对气候变化，是未来面对的重要挑战之一。

结构性排放问题依然突出。盐城市碳排放集中在能源、工业、建筑、交通、农业和居民生活等六大领域，其中能源占主导地位。产业结构转型难，电力热力生产和供应业主导全市规模以上工业行业碳排放，短期减排压力巨大，“十四五”期间将面临减煤空间进一步压缩及部分重大项目陆续投产对能耗需求进一步加大等困难。

气候治理的短板亟须补齐。应对气候变化是一项战略性、全局性和系统性的工作，当前还存在对气候变化问题的理解不全面，对绿色低碳竞争所带来的深刻影响认识不到位，低碳发展的引领和协同作用还没有得到充分发挥等问题，应对气候变化的机构建设、队伍建设和能力建设还需要进一步加强，各类“零碳”或低碳试点建设仍需大力推进。

◆专家讲评◆

由于各地生态环境与经济社会状况不尽相同，气候变化对不同区域的影响与风险有很大差异，有些地区趋于暖干化，有些地区趋于暖湿化；有些气候变化不利影响凸显，有些则比较隐蔽和深远。

《盐城市“十四五”应对气候变化规划》现状与形势章节结合盐城市特点分析透彻，语言精练，能够让人很快了解到盐城市气候变化的基本情况、应对气候变化的治理体系等，并从低碳产业、低碳能源体系、城镇低碳发展和适应气候变化等方面分析应对气候变化的总体成效以及面临的形势，有助于结合系统工程原理，制定出台不同领域和行业的适应政策、技术方案和工程规划。

第二章　总体要求

2.1　指导思想

以习近平新时代中国特色社会主义思想为指导，全面贯彻党的十九大和十九届二中、三中、四中、五中、六中全会精神，全面贯彻习近平生态文明思想，坚定不移贯彻新发展理念，以习近平总书记关于应对气候变化的重要指示精神为根本遵循，把碳达峰、碳中和纳入生态文明建设整体布局，以实施二氧化碳达峰行动、推动应对气候变化和生态环境保护融合为着力点，不断加强源头治理、系统治理、整体治理，积极培育低碳发展新动能、新经济，系统强化技术创新、模式创新和制度创新，全面提高气候治理的综合能力、绿色低碳发展的综合竞争力，为谱写好“强富美高”新盐城的现代化篇章提供坚强支撑。

2.2　基本原则

着眼气候变化影响的长期性，坚持长远战略布局。着眼长远，保持战略定力，以碳排放达峰目标与碳中和愿景为统领，绘制低碳转型的长期路线图，推动产业结构、能源结构和区域结构的低碳化变革，努力实现应对气候变化和高质量发展互动双赢。

注重气候变化问题的综合性，坚持减缓适应并重。围绕保障经济、能源、生态、粮食安全以及人民生命财产安全，实行严格的温室气体排放管控措施，采取积极主动的适应行动，同步推进减缓和适应气候变化工作。

突出应对气候变化的复杂性，坚持系统协同推进。聚焦重点领域、重点行业、重点地区，综合集成新理念、新技术、新模式，全面提升创新驱动水平、强化市场主导作用、完善基础能力支撑，加强应对气候变化与环境治理、生态保护修复协同增效。

彰显绿色低碳发展的普惠性，坚持社会多方共治。充分发挥政府的主导作用、企业的主体作用、公众和社会组织的推进作用，进一步完善激励和约束机制，形成积极应对气候变化和推动绿色低碳发展的良好舆论氛围和全社会共治合力。

2.3 总体目标

到2025年，碳排放总量和强度控制完成省下达目标，能源结构进一步优化，非化石能源比重进一步提高，单位能源消费碳排放持续下降，碳汇能力进一步增强，应对洪涝、干旱、强风、高温、冰冻等灾害的能力明显增强，力争建成国家低碳试点城市，为实现碳达峰奠定坚实基础。

表9.1 "十四五"应对气候变化主要指标表

类别	指标	单位	2020年现状	2025年目标	备注
综合指标	单位地区生产总值二氧化碳排放下降	%	30(较2015年)	完成省下达控制目标	—
	二氧化碳排放增量	万吨	—	完成省下达控制目标	—
控制温室气体排放专项指标	非化石能源占能源消费总量的比重	%	30	≥35	—
	单位工业增加值二氧化碳排放下降	%	—	完成省下达控制目标	—
	城镇新建民用建筑中绿色建筑占比	%	100	100	—
	公共交通机动化出行分担率	%	29.57	40	—
	林木覆盖率	%	24.72	≥25	—
适应气候变化专项指标	新增高标准农田	万亩	—	完成省下达控制目标	"十四五"累计新增
	万元地区生产总值用水量下降	%	31.2(较2015年)	完成省下达控制目标	—
	森林抚育	万亩	30	完成省下达控制目标	"十四五"累计完成
	自然湿地保护率	%	61.8	65	—

注："—"表示无现状值。

◆专家讲评◆

《盐城市"十四五"应对气候变化规划》设定了2025年的总目标：单位地区生产总值二氧化碳排放下降，单位工业增加值、新增高标准农田、万元地区生产总值用水量下降，森林抚育完成省下达目标，针对非化石能源占能源消费总量的比重、城镇新建民用建筑中绿色建筑占比、公共交通机动化出行分担率以及森林覆盖率等明确了具体的目标值，为碳排放提前达峰奠定坚实基础。

应对气候变化主要指标体系构建是实现碳达峰的核心，盐城市"十四五"应对气候变化规划主要指标体系结合盐城市已有工作基础和国家、省最新工作要求，增设了2项适应气候变化专项指标，符合盐城市应对气候变化所处的阶段。

第三章　重点任务

3.1　加快推动绿色低碳发展

深入推进产业体系、能源体系、城乡领域、消费领域绿色低碳转型，提升绿色低碳创新能力和综合竞争力，为推动高质量发展、构建新发展格局注入绿色低碳新动能，力争建成国家低碳试点城市。

3.1.1　推动经济高质量低碳发展

加快发展绿色低碳新兴产业。坚持产业绿色化和绿色产业化，加快发展节能环保、新能源、生态旅游等生态利用型、循环高效型、低碳清洁型和环境治理型产业。全力承接长三角及沿江高质量重大生产力转移，聚焦汽车、钢铁、新能源、电子信息四大主导产业和节能环保产业“4＋1”的产业体系，推动工业经济体系绿色集约发展。“十四五”期间力争创建1～2个国家级绿色园区，以盐城环保高新技术产业开发区为载体培育具有盐城特色的节能环保产业集群，支持盐城环保科技城加快高效节能、水污染防治、大气污染防治、固体废弃物处理等装备和产品的研发制造和推广，积极培育大型环保龙头企业和环保标杆企业，加快成立市级环保产业集团，助力亭湖打造中国节能环保产业之都。到2025年，全市新能源产业园区集聚度达85％以上，新能源优势产业链条达3～4个，新能源规上企业数量达120家。

深入推进传统产业低碳转型。突出高端化、智能化、绿色化转型方向，推动机械、纺织、化工、再生纸等传统产业加快转型，提高产品附加值，扭转代加工、组装、贴牌等传统制造模式，拓展研发设计、品牌塑造、运维服务等高附加值环节。加大清洁生产改造力度，持续推进钢铁、建材、印染等重点行业清洁生产，推动传统制造业绿色转型。实施严格的环保、能耗、技术、安全等标准，推动不符合区域定位、环境承载和安全保障的存量过剩产能转移搬迁、兼并重组。引导建筑业工业化、数字化、智能化升级。推进传统产业绿色化循环化改造，实现资源集约利用、废物交换利用、废水再生利用、能量梯级利用，大幅度提高能源资源产出率，切实降低传统产业的碳排放强度，促进传统产业的绿色循环低碳发展。

着力提升低碳创新能力。重点推进风电全产业链布局和光伏产业集群化发展，进一步凸显盐城市风电产业、光伏产业特色基础，推动产业向科技研发、检验检测、运维服务等高附加值环节攀升，打造具有全球影响力的新能源产业基地。充分发挥江苏新能源汽车研究院、悦达汽车研究院等创新平台效能，争取在新能源车、智能网联车生产研发方面取得突破。推动建设国家海上风电研究与试验基地、润阳光伏研究院等创新平台，探索推进新能源产业十大示范引领工程，打造国家级新能源创新示范城市。开展绿色创新企业培育行动，培育一批绿色技术创新企业和绿色工厂。加快在新能源汽车、能源储存、生态农业、静脉产业等领域实施一批绿色创新重大项目。

3.1.2　深化重点领域绿色低碳发展

加快构建清洁低碳能源体系。严控煤炭消费总量，实施能源消费总量和强度的“双控”制度。开展煤电机组节能减排行动，提高洁净煤发电机组比重和煤炭利用效率。优化能源供给结构，加速能源体系清洁低碳发展进程，推动非化石能源逐步成为全市能源消费增量的主体，布局沿海能源谷，有序推进海上风电集中连片、规模化和可持续发展，推进光伏装备制造发展。提高能源利用效率，强化重点用能单位节能管理，组织实施能源绩效评价，加强智慧能源体系建设，推行节能低碳电力调度。探索在省级及以上工业园区推行区域能评制度，严格高耗能项目准入。开展高能耗行业能效对标达标活动，严格节能评估审查，推动钢铁、建材、化工、纺织等重点行业以及其他行业重点用能单位深化节能改造。

持续降低工业碳排放。严格落实国家煤电、石化、煤化工等产能控制政策，新建、扩建钢铁、水泥、平板玻璃等高耗能高排放项目严格实施产能等量或减量置换。提升“两高”项目能耗准入标准，加强生态环境准入管理，严格控制新上“两高”项目。实施“两高”项目清单化、动态化管理和用能预警，建立健全遏制“两高”项目盲目发展长效机制。推动重点行业企业开展碳排放对标活动，加强企业碳排放管理体系建设，积极引导企业树立碳资产管理意识，实行企业碳资产开发推行计划，着力降低单位产品的碳排放强度，加快实现主要高耗能产品单位产品碳排放达到国际先进水平。制订电子信息、汽车制造等行业低碳技术推广实施方案，鼓励开展低碳产品认证。强化工业过程温室气体排放控制，综合采取原料替代、生产工艺改善、设备改进等措施减少生产过程温室气体排放。加强甲烷等非二氧化碳类温室气体控制。到 2025 年，主要高耗能产品单位产品二氧化碳排放达到世界先进水平，单位工业增加值二氧化碳排放量下降 20%。

推进农业低碳融合发展。实施农业绿色发展行动，开展低碳农业试点示范，推广农业循环生产方式。推进化肥使用减量增效，优化肥料品种，推广缓释型肥料、水溶肥料。加大生物农药推广力度，强化农药科学使用指导，提升统防统治覆盖率，推进绿色防控示范区建设。全面支持农作物秸秆离田收储能力建设和综合利用产业发展，“十四五”期间各县(市、区)农作物秸秆离田综合利用能力每年提高 5%以上。

加强城乡低碳化建设和管理。推动绿色建筑品质提升和高星级绿色建筑规模化发展，促进装配式建筑、BIM、智慧建筑等技术与绿色建筑等深度融合，完善绿色建筑激励与考核机制。城镇新建民用建筑全面执行绿色建筑标准，使用国有资金投资或者国有融资的大型公共建筑，按照二星级以上绿色建筑标准进行建设，推动既有建筑开展节能改造。加强技术创新和集成应用，推动可再生能源建筑应用，积极引导超低能耗建筑建设。高度重视建材企业对提高节能减排、资源综合利用和低碳发展水平的重要作用，在建材品种、品质、品牌上下功夫，推进绿色制造和绿色建材的生产、应用。在产业基础和发展态势好的地区，培育绿色建材特色产业园区，创建以绿色建材为特色的产业示范基地，为建材企业发展创造有利环境。提高绿色建材应用占比，结合新农村建设、绿色农房建设需要，引导各地因地制宜生产和使用绿色建材。持续开展建筑节能 75%和超低能耗被动式绿色建筑试点示范，推动实施“绿屋顶”计划，推进公共机构以合同能源管理方式实施节能改造，强化对公共建筑用能监测和低碳运营管理。

构建低碳交通运输体系。基本形成安全、便捷、高效、绿色、经济的现代综合交通运输体系。实施“绿色车轮计划”，推广应用新能源与清洁能源运输装备，依托省级绿色出行城市创建等行动载体，推进城市公交、物流配送等公共领域新能源车辆推广应用。力争到 2025 年，全市新能源汽车销售量不低于汽车新车销售总量的 20%。加快专用充电站和快速充电桩规划建设，“十四五”期间新建 2 万套充电设施，市区基本建成公共充电基础设施网络体系。鼓励新增和更换港口作业机械、港内车辆和拖轮、货运枢纽(物流园区)作业车辆、交通工程施工机械、公路、港航和海事巡查装备等优先使用新能源和清洁能源。因地制宜推动纯电动游轮以及旅游景区纯电动游船应用，积极探索油电混合、燃料电池等动力船舶应用。严格落实新建码头和船舶同步建设岸电设施相关要求，加快现有码头和船舶岸电设施改造，提高岸电设施使用率。推进主要港口的港作船舶、公务船安装受电设施，提高营运船舶受电设施安装比例。加强岸电使用监管，确保已具备受电设施的船舶在具备岸电供电能力的泊位靠泊时按规定使用岸电。发展先进运输方式，鼓励港口和大型工矿企业煤炭、矿石、焦炭等物资采用铁路、水路、封闭式皮带廊道、新能源和清洁能源车辆等绿色运输方式，继续推进内河集装箱运输，打造示范航线，创新公路货运模式，鼓励和支持公共“挂车池”“运力池”“托盘池”等共享模式和甩挂运输等新型运输模式。促进“互联网＋货运物流”新业态、新模式发展，开展城市绿色货运配送示范工程创建。加快淘汰老旧高能耗营运车辆、船舶、港作机械、施工机械等，推广应用节能环保交通运输装备。鼓励道路运输企业更新标准化、厢式化、轻量化货运车辆。严格实施道路运输车辆和营运船舶燃料消耗量限制准入制度。加快构建绿色出行体系，深入推进公交优先发展，强化“轨道＋公交＋慢行”网络融合发展，鼓励发展共享交通，推动汽车、自行车等租赁业网络化、规模化、专业化发展。依托“十四五”时期开工建设的交通基础设施工程，开展绿色公路、绿色航道创建，开展公路沿线、枢纽互通区、港区、航道用地绿化工程，建造碳汇林、种植碳汇草，提高交通基础设施的固碳能力和碳汇水平。充分利用互联网、大数据、云计算等新技术新手段，打造基于移动智能终端技术的服务系统，培育“出行即服务(MaaS)”新模式，推动交通运输服务智能化、运输组织高效化和交通管理精细化。

实施废弃物低碳安全处置。建立完善覆盖城乡的生活垃圾分类、资源化利用、无害化处理体系。适时扩建市静脉产业园餐厨垃圾处理厂，提升餐厨废弃物资源化利用水平。加快建筑垃圾资源化利用厂建设，在现有建筑垃圾资源化利用处理厂处理规模的基础上，新建处理规模为150万吨/年的处理线。鼓励在建住宅积极实施全装修，建立健全建筑垃圾再生产品标识制度和使用标准，提高建筑垃圾资源化利用水平。加强城镇生活污泥减量化技术、脱水技术、综合利用和处理处置技术的研发及推广应用，鼓励选用碳排放量低、资源利用率高的污泥处理处置或综合利用技术，提升生活污泥低碳化处置水平。

倡导生活方式绿色低碳变革。加强绿色消费行为引导，推广节能、可再生能源等新技术和节能低碳节水产品应用，反对过度包装。加大政府绿色采购力度，扩大绿色产品采购范围，逐步将绿色采购制度扩展至在盐国有企业，到2025年，政府采购绿色产品比例达到80%以上。提倡低碳餐饮，推行"光盘行动"，遏制食品浪费。倡导低碳居住，鼓励使用节电型电器和照明产品。增进低碳消费与低碳生产相互促进，鼓励使用符合环保纺织标准或绿色服装标准的纺织品和服装，大力推广高科技环保材料服装产品，推广绿色无公害食品，培养良好的低碳穿衣饮食习惯。积极开展绿色出行创建行动，到2025年，全市绿色出行比例达到70%。

3.1.3 加强非二氧化碳排放控制

加强工业非二氧化碳排放控制。围绕石化、化工、电力、电子等重点排放行业，强化从生产源头、生产过程到最终产品的全过程温室气体排放管理，实现工业生产全过程氧化亚氮、氢氟碳化物、全氟化碳、六氟化硫等温室气体排放得到有效控制。推广石化及化工行业生产工艺的节能新技术，控制氟化工行业生产规模，加大氟化工行业尾气处理力度，降低工业生产过程中含氟气体排放。改进化肥、硝酸、己内酰胺等行业的生产工艺，采用控排技术，减少工业生产过程中氧化亚氮的排放。

加强农业生产甲烷排放控制。鼓励各地结合本地实际统筹安排秸秆机械化还田和离田收储利用，加强农村可再生能源利用。鼓励和支持采取粪肥还田，制取沼气、制造有机肥等方法，通过种养结合，对畜禽养殖废弃物进行综合利用。到2025年，全市秸秆综合利用率稳定达到95%以上，全市畜禽粪污综合利用率稳定达到95%以上。

加强废弃物处置甲烷排放控制。在条件具备的填埋场建设甲烷收集利用设施，减少甲烷无序排放。在餐厨废弃物及污泥处置方面，在产生甲烷的工艺环节实施封闭负压集中收集处理，鼓励有条件的地方(单位)开展甲烷利用示范试点，努力控制废弃物处置领域温室气体排放。

3.1.4 增加生态系统碳汇

增加森林系统碳汇。推进国土绿化行动，推进生态园林城市、森林城市建设，继续推进沿海防护林、河道景观林、交通沿线生态林等绿化造林工程，打造一批生态廊道、景观绿道、林荫大道。加快建设千里海堤防护林带和万亩新林场，有序推进沿海防护林树种结构调整和林相改造，推动更多的盐碱荒滩成为林海，打造千里海疆绿色屏障、黄海之滨生态绿洲。构建城市公园绿地系统、林荫系统，对市区主要片区、主要道路、重要节点、公园绿地等全面实施"增绿""增景"，建设一批城市绿色花园、林荫片区。积极开展集镇和农村绿化，全面推进农村绿色通道建设。"十四五"期间，新造成片林5万亩，森林抚育30万亩。到2025年，全市林木覆盖率稳定在25%，城市建成区绿化覆盖率提高到40%以上。

增加湿地系统碳汇。实施湿地资源分级管理，扩大湿地保护范围，动态调整优化湿地保护措施。建设国际湿地城市，依托黄(渤)海湿地研究院，构建国际湿地生态保护与研究平台，积极开展全球滨海湿地、迁飞候鸟、海岸湿地、海洋蓝碳、生物多样性保护等领域的科学研究。大力开展退化湿地生态修复，优化湿地生态系统结构，维护湿地生态系统碳平衡，增加湿地面积、恢复湿地功能、增强湿地储碳能力。"十四五"期间有序推进湿地保护工程、湿地恢复工程、可持续利用示范项目等，到2025年全市自然湿地保护率达到65%。

增加海洋系统碳汇。加强海洋低碳技术研究，组织开展耐盐植物研究和海水养殖"碳汇"相关技术攻关，积极推进藻类养殖、贝类养殖等"碳汇"产业发展，增强沿海地区生态系统"碳汇"能力。加快构建海洋

“碳汇”标准体系，完善海洋“碳汇”监测系统。积极引导社会力量参与海洋“碳汇”建设，探索建立海洋“碳汇”交易规则和“碳汇”交易市场。创新海洋“碳汇”金融产品和金融政策，鼓励和引导金融资本进入海洋“碳汇”领域，引导“碳汇”产业与多层次资本市场对接，拓展涉海企业融资渠道。

◆专家讲评◆

2021年1月，生态环境部印发《关于统筹和加强应对气候变化与生态环境保护相关工作的指导意见》(环综合〔2021〕4号)，指出，科学编制应对气候变化专项规划，将应对气候变化目标任务全面融入生态环境保护规划，统筹谋划有利于推动经济、能源、产业等绿色低碳转型发展的政策举措和重大工程，在有关省份实施二氧化碳排放强度和总量“双控”。污染防治、生态保护、核安全等专项规划要体现绿色发展和气候友好理念，协同推进结构调整和布局优化、温室气体排放控制以及适应气候变化能力提升等相关目标任务。推动将应对气候变化要求融入国民经济和社会发展规划，以及能源、产业、基础设施等重点领域规划。绿色低碳转型是统筹污染治理、生态保护、应对气候变化的总抓手，既要做好战略规划等顶层设计方面的谋篇布局，也需要在政策与行动措施上全面发力，同时还需要制度体系的全面创新。

《盐城市“十四五”应对气候变化规划》课题组结合国家和江苏省有关应对气候相关工作的指导意见和规划等，坚持目标导向，围绕建成国家低碳试点城市这一愿景，加强顶层设计，明确加快推动产业结构、能源结构、运输结构的优化，绿色产业比重显著提升，基础设施绿色化水平不断提高，清洁生产水平持续提高等，突出绿色低碳发展的重点任务，具有较强的针对性、可操作性，对盐城市“十四五”时期应对气候变化工作具有指导作用。

3.2 开展市域碳排放达峰行动

以如期实现“碳达峰”为目标，制订市级“碳达峰”行动方案。分阶段、分领域、分地区有序推进全市二氧化碳排放达峰，全面实施碳排放总量和强度双控制度，深入推进区域低碳试点、近零碳排放区示范建设，加快实现经济增长与碳排放脱钩。

3.2.1 系统推进市域碳排放达峰

大力推进能源生产深度脱碳。坚持和完善能耗“双控”制度，推行用能预算管理，探索实施用能权有偿使用和交易制度，确保完成省下达的能耗“双控”目标。合理控制煤电发展规模，深入推动燃煤发电高效清洁发展，有序压减钢铁、化工、建材等主要耗煤行业耗煤量。进一步完善全市非化石能源基础设施规划布局，到2025年，新能源累计装机容量力争达到2 000万千瓦，其中，风电1 538万千瓦、光伏415万千瓦、生物质47万千瓦。新能源新增装机容量1 015万千瓦，其中，风电800万千瓦，均比“十三五”末翻一番。新能源发电装机占电力装机比重达到68%左右。推进清洁能源大规模集约化、智能电网全电压精益化、终端消费全方位电气化发展，建设以清洁能源高比例为核心的盐城城市能源互联网，着力提升“两个50%”(清洁能源占一次能源消费总量的比重超50%，电能占终端能源消费总量的比重超50%)，形成可复制、可推广的能源综合应用典型模式。到2025年，清洁能源占比、终端电能占比稳步增长、单位GDP能耗稳步下降、获得电力指数持续提升，基本建成具有高比例清洁能源消纳能力的城市能源互联网。以数据为基础、创新为驱动、服务为载体，接入电网变电站、风电场、集中式光伏、分布式光伏、智能微网、储能等项目数据，同步增加气象、海事等数据的接入和应用，加快建成全市新能源大数据中心。

积极推进重点领域有序达峰。采取综合措施有效推动高耗能行业尽早达峰，合理控制建筑、交通领域碳排放增长。严控单位产品能耗水平、碳排放水平超过行业平均水平的产能规模，加快推动淘汰落后产能和过剩产能的“出清”，推动高耗能行业和重点用能单位开展节能诊断，实施工业锅炉、余热利用等低碳节能技术改造。加强低碳交通运输体系建设，以城市中心城区、城市新区、旅游景区为主，推进城市公交车、出租车(含巡游出租车和网络预约出租车)加快更新为新能源车辆，实现区域内公共交通“低排放”。大幅提升新能源汽车使用比例，到2023年年底，新能源交通运输装备广泛推广应用，城市新增和更新新能源公交车辆占比达到80%以上。

开展国家级开发区达峰管理。在盐城经济技术开发区和盐城高新技术产业开发区全面实施碳排放达峰和峰值目标管理，纳入开发区环境影响评价区域评估。系统识别本区域碳排放历史数据、基本特征和重点领域，在盐城市碳排放达峰目标下，科学研判确定符合经济高质量发展和生态环境高水平保护要求的碳排放达峰目标、重点领域和实施路径，强化政策措施实施和体制机制创新。支持开发区结合实际实施达峰行动，开展区域二氧化碳减排专项评估，推动实施绿色化低碳化改造。

3.2.2 全面实施碳排放双控制度

完善碳排放双控目标管理。综合考虑盐城市发展阶段、战略定位、能源资源禀赋、生态环境质量等因素，确定碳排放总量和强度控制目标。将碳排放双控目标纳入盐城市经济社会发展年度计划和政府工作报告。建立健全碳排放双控目标完成情况评价制度，将碳达峰水平纳入全市高质量发展考核和污染防治攻坚战成效考核，将碳排放双控目标纳入地方和企业"环保脸谱码"管理体系，建立"红、橙、黄、蓝、绿"五色预警机制。鼓励探索创新碳排放双控管理制度和模式。加强重点企业碳排放双控目标管理，制定重点产品的碳排放限额，适时发布建筑、交通、公共机构等领域碳排放先进值。

3.2.3 深入开展低碳试点示范

开展低碳零碳示范创建。支持符合条件的地区（企业）创建国家和省级低碳试点，探索建设"零碳城市""零碳园区""零碳工厂"，加强低碳交通运输体系建设，建设近零碳交通示范区，创建近零碳港口、近零碳服务区、近零碳枢纽场站等，不断塑造绿色发展新优势。

建设全国生态碳汇先行区。基于得天独厚的生态优势，积极探索研究实现"碳中和"的盐城方案。创新湿地、滩涂、森林、农田、海洋等生态资源碳汇新模式，建立蓝色碳汇生态功能区。建设碳汇监测基地，加强生态系统增汇技术研究推广。

◆专家讲评◆

《盐城市"十四五"应对气候变化规划》积极响应了国家和江苏省有关碳达峰的相关要求，结合盐城市自身情况明确碳达峰具体的工作任务。如：国务院《关于印发2030年前碳达峰行动方案的通知》提出，坚持全国一盘棋，强化顶层设计和各方统筹。各地区、各领域、各行业因地制宜、分类施策，明确既符合自身实际又满足总体要求的目标任务。江苏省人民政府《关于印发江苏省碳达峰实施方案的通知》提出，坚决服从中央统一部署，坚持全省一盘棋，强化总体设计和统筹协调。因地制宜，分类施策，科学合理设置目标任务，系统谋划组织各地区、各领域、各行业碳达峰行动。

《盐城市"十四五"应对气候变化规划》中充分认识碳达峰对经济社会发展和气候变化的深远影响，以系统推进、重点突破为原则，从大力推进能源生产深度脱碳、积极推进重点领域有序达峰，到提出开展国家级开发区达峰管理、深入开展低碳试点示范等，提出开展市域碳排放达峰行动，积极响应国家、省碳达峰行动方案的要求，为实现碳达峰提供强有力的支撑。

3.3 主动适应气候变化

统筹山水林田湖草系统治理，协同推进适应气候变化与生态系统保护修复，全面提升水资源、农业、林业、公共卫生等重点领域和海岸带地区适应能力，强化适应型基础设施和防灾减灾体系建设，持续推进安全韧性发展，争创适应气候变化城市试点。

3.3.1 构建"山水林田湖草生命共同体"

构建多维尺度的生态安全空间格局。在以东部黄海湿地、西部湖荡湿地、中部淮河入海河道构成的"H型"生态框架内，以具有重要生态系统保育功能的生态空间保护区域为主体，构建"一带两片八廊多节点"的全市域生态系统格局。以通榆河、环城高速公路两侧保护空间为带，构建市区"中"字形生态廊道空间格局。加快灌河、黄河故道、灌溉总渠—入海水道、射阳河、黄沙港、新洋港、斗龙港和川东港等生态廊道建设，推进林地、绿地、湿地同建，形成森林、湿地等多种形态有机融合、共建共管的自然保护地体系。加快水生态修复，恢复黄河故道沿线及重要支流汇水区等生态系统，恢复土著鱼类、植物。全面推进高速铁路、高速公路、高等级公路沿线绿色通道建设。严格保护耕地和永久基本农田。

创新生态保护修复举措。稳步推进生态安全缓冲区建设，加快推进射阳河、斗龙港、川东港等生态修复试点和生态安全缓冲区试点建设，逐步扩大试点范围和试点类型，引导在重点排污口下游、河流入湖(海)口、支流入干流处等关键节点因地制宜建设人工湿地等水质净化工程设施，切实减少污染负荷，到2025年至少建成2个省级示范点。推动建设自然生态修举试验区，充分保留自然空间的原真性，防止人工活动的过多干预，促进生态系统的自我调节和有序演化。严格规范生态修复行为，强化生态修复行为监管。设立黄海湿地生态修复试验区，加快开展珍禽自然保护区核心区和缓冲区滩涂侵蚀生态修复，推进射阳河口以北侵蚀岸线整治修复，加强重要河口湿地、典型自然滩涂生态保护。

全面加强生物多样性保护。构建生物多样性保护网络，重点保护用于申报世界自然遗产地的完整滩涂湿地生态系统和独特的辐射沙脊群、东亚—澳大利西亚候鸟迁徙重要的停歇地以及麋鹿、丹顶鹤、勺嘴鹬等珍稀濒危野生动植物资源，建立鹤类、河麂等种群繁育及野生放养和培育基地，推动资源保护、培育和合理利用的协调发展，提高野生动物疫源疫病防治水平，加强对外来生物管理和风险防范，营造物产丰富、可持续的和谐生境。

3.3.2 提高重点领域适应能力

强化水资源保障体系建设。加强水资源保护，全面落实最严格水资源管理制度，实施水资源消耗总量和强度“双控”行动，严格实行计划用水管理。加强水安全保障，增强和优化区域水资源配置能力。推动区域水资源“开源”，协同完善里下河“两河引水、三线送水”供水体系，加快推进临海引江通道、沿海输配水工程建设。统筹调度淮河水资源，向渠北地区输调优质水源，为全市地表水环境质量改善提供充分的水资源容量保障。组织开展市域重点区域、重要河湖生态水位确定工作，保障通榆河、泰东河、串场河、西塘河等重点河流的生态流量(水位)。完善重点区域、重点行业的水资源配置和管控体系，推行水权交易。完善水资源节约利用体系，建立水资源刚性约束制度，加快高耗水发展方式转变，深化节水型社会和节水型城市建设。打造一批节水型企业、单位和社区，建成国家节水达标县4个，省级节水教育基地2～3个，试点开展节水型园区创建工作，建成节水示范项目24个以上，创建企业、单位、学校、社区等各类节水型载体200个以上。提高钢铁、火电、化工、制浆造纸、印染等产业再生水使用比例，减少新鲜水取用。

推动发展气候适应型农业。调整优化农业种植养殖布局，推进种植、养殖、农产品加工、生物质能利用、农业生态旅游等产业间的链接，推广农业循环发展、产业生态友好的模式，构建联动发展的现代复合型生态循环农业产业体系。因地制宜推广增施有机肥、秸秆还田、绿肥种植等高效适用技术，对主要障碍因子进行定向改良、综合施策。大力发展高效节水灌溉，加强农田水利基础设施建设，加快中低产田改造，建设旱涝保收、稳产高产、节水高效的高标准农田。加快沿海地区旱改水步伐，着力解决末级渠系配套、黄河故道高亢地区灌溉水源建设等农田水利“最后一千米”问题。到2025年，全市节水灌溉面积达到有效灌溉面积的70%。

增强林业适应能力。开展树种改良研究和试验的技术攻关，加大乡土林木良种选育和使用力度，科学培育适应温度和降水因子极端变化情况下保持抗逆性强、生长性好的良种壮苗，提高造林绿化良种壮苗供应率和使用率。开展森林防火专项整治行动，抓好林业有害生物防治，实施美国白蛾、坡面方胸小蠹等林业有害生物治理工程。深化林业灾害发生规律研究和风险评估，完善林业有害生物监测预警、检疫御灾、防治减灾和服务保障体系，加强灾害防治基础设施和应急处置能力建设，提高林业灾害防治和有害生物防控能力。

提升公共卫生适应能力。强化重大气候突变诱发疾病管理，开展媒介传播疾病防控体系建设，完善卫生设施设备配置，加强媒介传播疾病的监测、预警和防控。建立极端天气敏感脆弱人群的疾病防控体系，完善相关疾病的救治设施，重点加强化工、建筑等气候敏感产业的医疗救治能力建设。制定和完善应对高温中暑、低温雨雪冰冻、雾霾等极端天气气候事件的卫生应急预案，完善相关工作机制，建立应急物资储备库。

3.3.3 提升海岸带适应水平

加强海洋生态建设和修复。推动海域、海滩、海岸等系统保护，提升海岸带和海域生态质量，打造优质蓝色海域。实施最严格的海洋生态红线保护和监管制度，将重要、敏感、脆弱的海洋生态系统纳入海洋生态红线区管辖范围并实施强制性保护和严格管控。分类分步科学处理围填海历史遗留问题，盘活围填海存量资源。开展海洋外来入侵物种防控，加强种质资源保护，增殖优质生物资源种类和数量。加强自然岸线管控，实施自然岸线保有率目标控制制度。推进人工岸线生态化改造工作，加强受侵蚀岸线海堤维护与管理。推进条子泥鸻鹬类栖息等热点地区湿地生态修复，开展非法养殖区退养还湿工作，实施珍禽自然保护区核心区、缓冲区互花米草治理以及碱蓬湿地修复工程。开展海洋生态修复成效评估，逐步建立海洋生态修复监管、成效评估制度，到2025年，全市海洋生态修复监管、成效评估体系初步形成。

推进海岸堤防改造升级。加强海堤防护工程建设，重点建设侵蚀岸段海堤防护工程。实施海堤补充完善工程，巩固侵蚀段海堤。加强建设港区、港城和临港工业区防洪排涝工程体系。

推进"美丽海湾"保护与建设。以"美丽海湾"为载体，根据典型岸段的生态环境状况，锚定"水清滩净、岸绿湾美、鱼鸥翔集、人海和谐"的美丽海湾保护与建设目标，系统谋划，梯次推进美丽海湾保护与建设。"十四五"期间，率先建设盐城南部海域珍禽自然保护区射阳河—斗龙港段、条子泥、川东港等"美丽海湾"。

提升海洋灾害预警应对能力。加快海洋灾害智能网格预警报系统建设，建立健全监测预警体系，推进精细化数值预报系统建设，进一步提高海洋预报预警能力。积极推进海洋预报台和预警中心建设，提高海洋气象灾害监测预报预警和防御能力。扎实做好海洋灾害预警报服务，重点开展汛期、台风、冬春季寒潮大风等引起的风暴潮和灾害性海浪预警预报。加快推进海洋防灾减灾体系建设。加快推进市、县(市、区)多级海洋灾害应急指挥机构和平台建设，形成指挥有力、运转高效、分工明确、配合密切的海洋灾害防治指挥体系。完善海洋灾害及重大突发事件风险评估体系，推进海洋灾害重点防御区划定，开展年度海平面调查评估工作。健全海上重大突发事故应急体系，完善海上安全生产和船舶应急救助预案，推进船舶溢油、化学品泄漏或爆炸等事故监测及应急救助设施建设，提高航海保障、海上救生和救助服务水平。开展浒苔绿潮灾害联防联控工作，综合利用岸线巡查、近岸视频监控、船舶巡航、卫星遥感等手段，构建"海、陆、空"一体的浒苔绿潮监测预警体系。

3.3.4 加强适应型基础设施建设

强化适应型能源设施建设。以电力、天然气等基础设施建设为重点，统筹优化各类能源输储设施，着力提升能源安全保障能力。加强坚强智能电网建设，扩建双草500千伏变电站，加快实施沿海二通道射阳、丰海500千伏输变电工程和沿海220千伏网架工程，提高沿海新能源汇集送出水平，超前谋划电网加强工程，加快构建适应高比例大规模可再生能源发展的新一代电力系统。新上射阳港区2×100万千瓦、滨海港区2×100万千瓦火电机组。全面增强天然气保供能力，加快滨海LNG接收站建设，建设中俄东线、沿海输气管道和滨海LNG外输管线等重大管线工程，成立市天然气输配气管网运营公司，加快建设市域天然气长输支线管网，推动城市天然气管网互联互通。积极推进滨海港区燃气调峰发电、阜宁中海油燃气调峰发电等项目进程。推动电源侧、电网侧和用电侧"三侧组合"，全力降低新能源发电成本，统筹推进新能源发电就地消纳和并网消纳。加强沿海新能源项目规划管理，推动海上风电集中连片开发，探索海上风电开发向深远海域迈进，致力打造具有示范效应的国家级海上风电基地。推动"风光火储气"一体化发展，开展"新能源+储能"、光伏建筑一体化、智能微电网等创新示范项目建设，积极推进东台国华建成国内首个"海上风电+储能"示范项目，加快大丰、射阳海上风电施工运维母港建设，打造国家综合能源供应与技术创新应用示范基地。推进氢能基础设施规划布局，鼓励现有加油、加气站点改扩建加氢设施。逐步构建安全、高效的加氢网络，为氢能推广应用创造良好条件。积极推进氢燃料电池汽车应用示范，规划氢能公交示范路线，在港区、物流园区等运输量大、行驶线路固定区域，开展氢燃料电池物流车示范应用。探索可再生能源制氢利用，鼓励建设风电、光伏制氢示范项目，研究打造规模化的绿氢生产基地。

强化防洪除涝设施建设。加快推进淮河入海水道二期工程以及射阳河、斗龙港等骨干河道整治，加强海堤、骨干河堤达标建设，实施里下河洼地治理、新洋港闸下移、黄沙港闸拆建等重点水利工程和城市防洪工程，推进抗旱应急水源工程建设，提高流域防洪排涝抗旱能力。推动大中型灌区节水配套改造与提档升级，完成大中型灌区节水配套与现代化改造280万亩。实施农村供水保障工程，疏浚整治农村河道和村庄河塘。推进智慧水利建设，建设智慧水利云服务中心。

完善城市生命线系统。针对暴雨洪涝、强对流、台风等极端天气气候事件，提高城市生命线系统的设计、建设、养护标准，增强城市生命线使用性能和对极端天气气候事件的防护能力，扩大耐受气候变化影响的变幅阈值，减少城市建筑、交通、供排水、能源等重要生命线系统的风险暴露度。加快推进"海绵城市"建设，推动有条件的区域建设雨水吸纳、蓄渗和综合利用设施。因地制宜开展地下综合管廊建设。发展城市建筑绿顶工程，缓解城市"热岛效应"和雾霾等问题。

3.3.5 完善防灾减灾体系

加强气象灾害预测预警。完善市、县两级监测网络，提高气象灾害及其次生、衍生灾害综合监测能力。建立和完善气象灾害监测预报体系，加快中小尺度灾害性天气监测系统、海洋气象监测系统、交通电力能源等专业气象监测系统建设。加强灾害性天气事件会商分析，做好灾害性、关键性、转折性重大天气预报和趋势预测工作。基于5G等新型通信技术，完善应急预警信息发布平台，及时发布气象灾害监测预报信息，建立健全气象及其次生、衍生灾害监测预报预警联动机制，实现灾情、险情等信息的实时共享，建立和完善多种手段互补的气象灾害预警信息发布系统，形成重大气象灾害预警信息快速发布"绿色通道"。

完善防灾救灾体系。健全"政府主导、部门联动、社会参与"的气象灾害防御体系，加强全市气候灾害应急响应能力建设，提升防汛抢险抗旱、森林灭火等各类专业队伍水平，完善应急救援保障体系。充分发挥减灾委、现场指挥部的作用，执行上级工作部署、综合协调救灾工作、核查和发布灾情，以及灾情评估、抢险转移、后勤保障、安全保卫、医疗防疫、恢复重建、救灾捐赠、宣传报道等工作。加强自然灾害应急办法、救灾科学知识、现场救护技能等灾害预防常识的普及宣传、培训及演练，加强提高公众防御气象灾害意识和避险、避灾、自救、互救能力，提高公众自我适应能力。

◆专家讲评◆

《中共中央 国务院关于深入打好污染防治攻坚战的意见》也将"制定国家适应气候变化战略2035，大力推进低碳和适应气候变化试点工作"作为一项重要任务。

《盐城市"十四五"应对气候变化规划》在深入分析气候变化影响风险和适应气候变化机遇挑战的基础上，对盐城市当前至2025年适应气候变化工作做出系统谋划，特色突出，针对性强，明确了当前至2025年适应气候变化工作重点任务目标，包括构建多维尺度的生态安全空间格局、稳步推进生态安全缓冲区建设、构建生物多样性保护网络，再到强化水资源保障体系建设、推动发展气候适应型农业、增强林业适应能力等以及加强海洋生态建设和修复、强化适应型基础设施建设、完善防灾减灾体系建设等，为下一步适应气候变化工作提供了蓝图和指导，将有力推动盐城市适应气候变化工作。

3.4 提高气候治理综合能力

积极推进应对气候变化与生态环境保护工作统筹融合、协同增效，系统完善低碳发展政策工具和措施，全面提升应对气候变化基础能力，推动应对气候变化治理能力现代化。

3.4.1 强化政策制度保障

加强制度规范建设。探索开展制定应对气候变化地方法规，为落实控制温室气体排放行动目标、推进重点领域适应气候变化工作、制定重大低碳发展政策奠定法规基础。推动形成积极应对气候变化的环境经济政策框架体系，充分发挥环境经济政策对于应对气候变化工作的引导作用。

健全气候投融资机制。鼓励银行业金融机构和保险公司设立特色支行(部门),支持和激励各类金融机构开发气候友好型的绿色金融产品,在风险可控、商业可持续的前提下对重大气候项目提供有效的金融支持。探索设立以碳减排量为项目效益量化标准的市场化碳金融投资基金。探索差异化的气候投融资创新,鼓励建立区域性气候投融资产业促进中心,支持创建国家绿色金融改革创新试验区、国家气候投融资试点。

完善低碳技术产品推广政策。加强低碳技术和产品集中示范推广应用,重点建设一批"光伏+"综合利用基地,鼓励推广"光伏+"生态旅游等新模式,促进光伏与农业、渔业等其他产业有机融合。有序推进加氢设施布局建设,鼓励利用现有加油(气)站改扩建加氢设施,逐步构建安全、高效的加氢网络,为氢能推广应用创造良好条件。完成一批近零排放示范工程。

建立温室气体排放信息披露制度。定期公布全市低碳发展目标实现及政策行动进展情况,推动建立企业温室气体排放信息披露制度,鼓励企业主动公开温室气体排放信息,国有企业、上市公司、纳入碳排放权交易市场的企业要率先公布温室气体排放信息和控排行动措施。

3.4.2 构建协同治理体系

开展协同减排和融合管控试点。开展协同减排和融合管控专项试点,强化治理目标的一致性和治理体系的协同性,探索温室气体排放与污染防治监管体系的有效衔接路径。突出源头优化,统筹温室气体和大气污染物协同控制,倒逼经济结构、能源结构、产业结构、运输结构等调整,同步减少温室气体和污染物排放。加强污水、垃圾等几种处置设施温室气体排放协同控制。加强全过程监管,积极推动排放单位监管、排污许可制度、减排措施融合,将碳排放重点企业纳入污染源日常监管。建立健全碳排放报告、监测、核查、配额管理制度以及市场风险预警与防控体系,将碳排放纳入化工、建材、钢铁、造纸、电力等重点行业排污许可证管理试点,推进企事业单位污染物和温室气体排放相关数据的统一采集、相互补充、交叉校核。将减煤目标纳入碳排放配额分配因素组成和碳排放权交易体系设计框架,推进碳排放权交易,推动盐城环保科技城积极参与全国碳排放权交易市场建设管理运营,探索多元化交易模式。加强碳排放权交易第三方核查机构管理。

推进温室气体监测网络建设。根据江苏省统一部署,推进建设天地空一体化的空气中温室气体浓度监测体系,逐步开展大气中温室气体浓度时空分布特征分析,编制温室气体监测公报。

加强温室气体排放统计与核算。健全温室气体排放基础数据统计指标体系,进一步完善相关统计报表制度,在环境统计相关工作中协同开展温室气体排放专项调查。常态化、规范化编制市、县温室气体清单,建立长效协同工作机制。建立常态化的应对气候变化基础数据获取渠道和部门会商机制,研究碳排放快速核算方法,进一步完善盐城市碳排放强度核算方法。

推动评价管理统筹融合。研究将应对气候变化要求纳入"三线一单"管控体系。通过规划环评、项目环评推动区域、行业和企业落实煤炭等量减量代替、温室气体排放控制等政策要求。加强高耗能、高排放项目信息分享,推动项目开展碳排放专项评估。

3.4.3 强化科技和人才支撑

加强气候变化基础研究。加强区域气候变化基础研究和观测预测研究,深化气候变化的事实、过程、机理研究,加强气候变化基本事实监测,编制气候变化年度监测报告,提高应对气候变化能力。开展气候变化对敏感行业影响评估和风险基础研究,加强农业、林业、水资源、海岸带地区、公共卫生、防灾减灾等重点领域气候变化影响及适应研究,支持高校、科研院所开展相关基础研究。开展碳市场建设、碳排放配额分配及管理、温室气体排放报告核查及履约管理等方面研究。鼓励有条件的计量技术机构开展碳计量技术研究,提高温室气体排放计量技术水平。加强大数据、云计算等互联网技术与应对气候变化融合研究,加速实现基础研究成果应用转化。

加强机构和人才队伍建设。强化人才队伍建设,加快培养技术研发、产业管理、国际合作、政策研究等各类专业人才，建立重点排放单位核算报告员、第三方核查员、碳交易员等碳排放权交易专业技术人才队伍。加强应对气候变化研究高层次人才培养和队伍建设，鼓励高校开发低碳校本课程，增强绿色低碳意识和低碳创新创业能力。积极培育第三方服务机构和市场中介组织，发展低碳领域社会组织，加强气候变化研究后备队伍建设。加大应对气候变化和低碳发展能力建设培训工作力度，对相应的负责部门和技术团队定期开展培训工作。

3.4.4 加强国际和区域合作

加强国际合作。定期举办中国新能源高峰论坛等国际性论坛活动，打造新能源产业对外展示合作的国际品牌峰会，集聚全球新能源产业领域领军企业、知名高校和权威机构，助力新能源产业高质量发展。加大国际合作力度，重点与法国、德国、丹麦、英国等国家开展交流，推动产业、科技和人才全方位合作，积极引进艾尔姆、采埃孚、保利泰克等国际领军企业在盐城市设立研发、生产、测试、运维基地。全力开拓国际市场，主动融入全球新能源产业供应链，积极开拓“一带一路”等国际市场，引导并支持盐城市新能源装备企业“走出去”，提升国际市场影响力和竞争力。

加强区域合作。落实长三角一体化发展战略，积极开展应对气候变化区域交流合作，重点加强新能源、近零排放、城市达峰、绿色金融领域的区域合作。风电产业加强与浙江、山东、福建、广东等沿海地区在项目投资、产业配套、平台建设方面的合作，开拓产品市场。光伏产业加强与长三角地区协同合作，积极承接苏州、无锡、常州等地光伏产业转移。积极融入长三角一体化发展，开展跨区域共建共享、创新合作，研究搭建长三角新能源工程技术中心、新能源大数据中心等公共平台。

◆专家讲评◆

《盐城市“十四五”应对气候变化规划》目标明确，结构合理，内容较全面，具有较强的针对性、可操作性，对盐城市“十四五”时期应对气候变化工作具有指导作用。

宿迁市“十四五”畜禽养殖污染防治规划

前　言

宿迁市位于江苏省北部，处于徐州、淮安、连云港的中心地带，地处陇海经济带、沿海经济带、沿江经济带交叉辐射区，西部与安徽省接壤。境内有两大著名的淡水湖——洪泽湖和骆马湖，京杭大运河穿境而过。全市总面积 8 555 平方千米，其中陆地面积占 77.6%，耕地面积 4 385 平方千米，水面面积 2 367 平方千米。

宿迁市是畜牧业大市，其中沭阳县、泗洪县等已入选全国畜牧大县。“十三五”时期，宿迁市紧紧围绕生态优先、绿色发展导向，深入实施“生态立市”战略，推动畜禽养殖产业转型升级，进一步优化畜禽养殖产业结构与布局，引导畜禽粪污治理和资源化循环利用相结合，不断建立完善畜禽养殖污染防治工作机制，实现畜禽养殖业与环境的协调发展。虽然近年来畜牧业规模化水平逐步提升，但全市畜禽养殖污染防治水平有待进一步提升，畜禽养殖污染治理仍然是乡村生态振兴的突出短板，与人民群众对农村生态环境的美好期盼存在一定差距。

为了防治畜禽养殖污染，推进畜禽养殖废弃物的综合利用和无害化处理，推进农业面源污染治理，保护和改善生态环境，进一步加快推进宿迁市畜禽养殖业高质量发展，建设新时代“鱼米之乡”，依据《中华人民共和国环境保护法》《中华人民共和国畜牧法》《畜禽规模养殖污染防治条例》等法律法规规定和中央、省、市有关文件精神要求，由宿迁市生态环境局会同市农业农村局、市自然资源和规划局结合宿迁市实际，制定本规划，作为“十四五”时期全市畜禽养殖污染防治工作指导性文件。

◆专家讲评◆

《宿迁市“十四五”畜禽养殖污染防治规划》以习近平新时代中国特色社会主义思想为指导，围绕宿迁市“十四五”时期的畜禽养殖污染防治规划总体目标，从“畜禽养殖产业现状、污染防治现状、畜禽养殖环境承载力”等多个方面进行深入调研和分析，在科学识别存在问题的基础上，提出了畜禽养殖污染防治工作的预期性指标和约束性指标，梳理形成了“优化畜禽养殖产业结构布局、提高畜禽养殖污染治理水平、升级废弃物资源化利用模式、完善畜禽养殖污染治理体系、健全畜禽污染监管工作机制”等规划任务，对“十四五”时期宿迁市畜禽养殖污染防治工作具有指导作用。

该规划以深入推进畜牧业供给侧结构性改革为主线，加快形成布局合理、资源节约、环境友好、绿色健康的畜禽养殖业高质量发展新格局，构建畜禽养殖废弃物综合利用体系，为切实降低农业源污染负荷提出了可操作性强的措施，对全市各县(区)开展相关工作提供切实可行的支撑依据。

第一章　规划基础

1.1　区域概况

1.1.1　自然条件

1. 地理位置

宿迁市位于江苏省北部，介于北纬 33°8′～34°25′，东经 117°56′19″～119°10′之间，处于徐州、淮安、连云港的中心地带，地处陇海经济带、沿海经济带、沿江经济带交叉辐射区，西部与安徽省接壤。境内有两大著名的淡水湖——洪泽湖和骆马湖，京杭大运河穿境而过。全市总面积 8 555 平方千米，其中陆地面积占 77.6%，耕地面积 4 385 平方千米，水面面积 2 367 平方千米。

2. 地形地貌

宿迁市地处徐淮黄泛平原腹部，总体呈西北高，东南低的格局，平原广阔，河网密布，为典型苏北水乡。整体地形西南、西北部为岗丘，西北马陵山余脉呈缓岗状，西南部有黄土岗岭与洼地相间分布，大部分地区海拔在 40 米以下，地势平坦，地形起伏小，最高海拔 71.2 米，最低海拔 2.8 米。

3. 气象气候

宿迁市属于暖温带季风气候区，年均气温 14.2 ℃，年均降水量 910 毫米，年均日照总时数 2 291 小时。光热资源比较优越，四季分明，气候温和，太阳总辐射量约为 117 千卡/平方厘米，全年日照数 2 271 小时。无霜期较长，平均为 211 天，初霜期一般在 10 月下旬，降雪初日一般在 12 月中旬初，活动积温 5 189 ℃，全年作物生长期为 310.5 天。年均降水量为 892.3 毫米，由于受季风影响，年际间变化不大，但降水分布不均，易形成春旱、夏涝、秋冬干天气。

4. 水文水系

宿迁市地处淮河、沂沭泗流域中下游，南临洪泽湖，北接骆马湖，承接上游 21 万平方千米面积的来水，素有“洪水走廊”之称。以古黄河为界，以南 4 104 平方千米属于淮河水系，以北 4 451 平方千米属于沂沭泗水系。境内水网密布、水系复杂，拥有骆马湖、洪泽湖两大淡水湖泊，淮河、新沂河、中运河等 7 条流域性河道，总六塘河、西民便河等 16 条区域性河道，老汴河等 39 条骨干排涝河道，小型水库 39 座，嶂山闸等大中型涵闸 30 座，泗阳、刘老涧、皂河等大型翻水站，以及面广量大的农水配套工程，另有洪泽湖周边和黄墩湖两大国家重点蓄滞洪区。

洪泽湖为中国第四大淡水湖，地处江苏省西部淮河下游，苏北平原中部西侧，位于淮安、宿迁两市境内，为淮河中下游结合部，是淮河流域的重要调蓄湖泊，也是泗洪县、泗阳县的重要饮用水水源地和调水保护区。洪泽湖属浅水型湖泊，承泄淮河上中游 15.8 万平方千米的来水。在正常水位 12.5 米时，水面面积为 1 597 平方千米，平均水深 1.9 米，最大水深 4.5 米，容积 30.4 亿立方米；警戒水位 13.5 米，防洪水位 16.0 米。

骆马湖跨宿迁、徐州两市，为浅水型湖泊，湖水面积为 296 平方千米(相应水位 21.81 米)，最大宽度 20 千米，湖底高程 18～21 米，最大水深 5.5 米，大小岛屿 60 多个。其是江苏省境内四大淡水湖之一，具有灌溉、调洪、航运和渔业等功能，是调蓄沂、沭、泗洪水的大型防洪蓄水水库、京杭运河中运河的一段，同时也是南水北调的重要中转站。

京杭大运河流经湖滨新区、宿城区、宿豫区、洋河新区，止于泗阳县淮泗交界处的新袁镇交界村，全长 111.15 千米，是苏北航运的黄金水道，现为Ⅱ级航道。

5. 土壤特征

宿迁市耕地土壤主要发育于黄泛冲积物、古湖河相沉积物，全市土壤共分为潮土、砂浆黑土、黄棕壤土、棕壤土、黄褐土、褐土、粗骨土、石灰岩土、水稻土、滨海盐土和紫色土 11 个土类、15 个亚类、20 个土属、27 个土种。其中潮土类共有 406.8 万亩，占全市土壤面积的 62.82%，是面积最大的耕作土壤；砂浆黑土类面积 135.9 万亩，占全市土壤面积的 20.98%；黄褐土总面积 58.5 万亩，占全市土壤面积的 9.03%；褐土总面积 35.7 万亩，占全市土壤面积的 5.51%；棕壤土总面积 7.2 万亩，占全市土壤面积的 1.11%；粗骨土总面积 1.5 万亩，占全市土壤面积的 0.23%；滨海盐土总面积 0.8 万亩，占全市土壤面积的 0.13%；石灰岩土总面积 0.4 万亩，占全市土壤面积的 0.063%；紫色土总面积 0.3 万亩，占全市土壤面积的 0.052%；黄棕壤土总面积 0.3 万亩，占全市土壤面积的 0.046%；水稻土 0.1 万亩，占全市土壤面积的 0.015%。

6. 植被覆盖

宿迁市地处暖温带落叶阔叶林植被区南端，毗邻亚热带常绿阔叶林植被区，植物资源丰富。境内植物资源有136科388属614种，其中木本植物有84科176属261种。境内有美洲的落羽杉、番薯；欧洲的刺槐、蒺藜；非洲和大洋洲的厚壳树、芭蕉；热带亚洲蚊母树；小兴安岭的赤松；川黔新热性植物漆树；闽、粤荷花玉兰；西北柽柳；西藏紫微等。地方植物资源：乔木有杨、柳、榆、槐、椿等；灌木有木槿、柘树、白杜、杞柳、黄杨等；果树类有桃、杏、李、梨、苹果等；藤本蔓生有蔷薇、爬山虎、络石、紫藤、木香等；粮食作物有三麦、水稻、玉米、高粱等；经济作物有油菜、大豆、芝麻、花生、麻类作物等；蔬菜有白菜、韭菜、萝卜、黄瓜、大葱等；沼泽植物有芦苇、茭笋、香蒲、莎草、苔草等；水生植物有沉水植物黑藻和金鱼藻等；浮水植物有紫萍和野菱等；挺水植物有莲和慈姑等；裸子植物有苏铁、银杏、黑松、侧柏、杉木等；蕨类植物有卷柏、节节草、蕨、苹、槐叶苹等。

1.1.2 社会经济

1. 行政区划

宿迁市总面积8 555平方千米，市辖沭阳、泗阳、泗洪3县，宿豫区、宿城区2区和经开区、洋河新区和湖滨新区3个市功能区，共有67个乡(镇)和28个街道，宿迁市政府驻宿城区。

2. 经济概况

根据《宿迁市2020年国民经济和社会发展统计公报》，2020年，宿迁市经济总量进一步壮大，全市实现地区生产总值3 262.37亿元，比上年增长4.5%，比全省增速快0.8个百分点。其中，第一产业增加值341.40亿元，增长1.7%；第二产业增加值1 367.35亿元，增长4.7%；第三产业增加值1 553.62亿元，增长4.9%。产业结构持续优化，全市三次产业结构调整为10.5∶41.9∶47.6。其中，第一产业比重与上年持平，第二产业比重下降0.8个百分点，第三产业比重提升0.8个百分点。

农业经济稳步发展。2020年，全市实现农林牧渔总产值588.34亿元，现价增长6.0%，可比价增长2.0%。其中，农业产值336.18亿元、林业产值15.65亿元、牧业产值102.9亿元、渔业产值108.7亿元、农林牧渔服务业产值24.91亿元，分别占57.1%、2.7%、17.5%、18.5%和4.2%。畜牧业实现稳产保供。严格落实生猪稳产保供责任，强化非洲猪瘟防控，加快推动生猪产能恢复。全年生猪出栏量接近常年水平，年末生猪存栏量比上年增长1.8倍，为近五年最高水平。

1.2 生态环境概况

1.2.1 大气环境质量状况

2020年，宿迁市二氧化硫、二氧化氮、可吸入颗粒物、细颗粒物、一氧化碳日均值浓度和臭氧日最大8小时滑动平均浓度范围分别为2～22微克/立方米，4～91微克/立方米，6～241微克/立方米，4～220微克/立方米，0.3～2.0毫克/立方米和19～223微克/立方米；可吸入颗粒物、细颗粒物、二氧化氮和臭氧日最大8小时滑动平均浓度均出现不同程度超标；二氧化硫和一氧化碳日均值浓度未出现超标。

2020年，宿迁市环境空气质量优良天数比例为73.2%，同比上升10.2个百分点；各县区优良天数比例介于73.0%～81.7%之间，优良天数比例由高到低依次为泗阳县、泗洪县、湖滨新区、洋河新区、沭阳县、经开区、宿城区、宿豫区。

1.2.2 地表水环境质量状况

2020年，宿迁市省考以上地表水监测断面有26个，水质达到或优于Ⅲ类比例为92.3%，无劣Ⅴ类水体，同比上升7.7个百分点；达标率为100%，同比上升10.5个百分点。其中泗阳县、宿城区、宿豫区、湖滨新区水质状况为优；沭阳县、泗洪县为良好，各有1个Ⅳ类断面。

7个国家考核断面水质达到或优于Ⅲ类断面有6个，占比85.7%，同比持平，Ⅳ类断面1个，无劣Ⅴ类断面。对照2020年考核目标，7个国家考核断面全部达到年度水质目标，达标率为100%，同比持平。

19个省级考核断面水质达到或优于Ⅲ类断面有18个，优Ⅲ比例为94.7%，同比提升10.5个百分点，Ⅳ类断面1个，占5.3%，无劣Ⅴ类断面。对照断面水质2020年考核目标，全年19个省级考核断面水质均达标，达标率为100%，同比提升10.5个百分点。

1.2.3 地下水环境质量状况

2020年，宿迁市地下水点位共7个，其中市区市委党校测点水质达到Ⅲ类，县区中沭阳县沭城镇测点水质为Ⅳ类，主要定类因子为锰，其余5个测点水质为Ⅱ～Ⅲ类。

1.2.4 土壤环境质量状况

1. 土壤重金属

根据《宿迁市环境质量报告书(2016—2020)》，将国家网中基础点位、背景点位共65个测点纳入基本点位进行评价，各县区潜在生态风险指数由大到小依次为泗洪县＞沭阳县＞泗阳县＞宿城区＞宿豫区；将国家网中风险点位、省控网中风险点位、重点区域点位共49个测点纳入风险点位进行评价。比较各县区重金属潜在生态风险情况，各县区潜在生态风险指数由大到小依次为泗洪县＞沭阳县＞泗阳县＞宿城区＞宿豫区。

表10.1 宿迁市土壤风险点位潜在生态风险指数表

地区	镉	汞	砷	铅	铬	铜	锌	镍	潜在生态风险指数
宿城区	7.80	3.20	1.44	4.15	34.2	3.90	1.04	4.40	60.1
宿豫区	7.40	4.00	1.36	4.75	29.7	4.05	0.86	4.40	56.5
沭阳县	9.70	4.40	1.70	5.85	29.1	5.55	1.21	5.45	63.0
泗阳县	8.00	2.80	1.46	4.90	33.3	4.50	1.07	4.85	60.9
泗洪县	9.40	4.80	1.68	6.00	33.9	5.50	1.08	5.25	67.6

对泗阳南刘集、宿城洋北、泗洪朱湖、泗洪双沟、泗洪天岗湖等5个背景点位开展监测，以发生层剖面采样方式采集样品。将上中下三层分别定义为A、B、C三层，根据监测结果，有机质含量A＞B＞C，表明表层土壤是有机质的主要输入来源；阳离子交换量各层基本相当，分布较为均匀；pH基本呈A＜B＜C的特征，表明土壤自上而下具有向碱偏移趋势

2. 畜禽养殖场土壤环境

根据《宿迁市重点监管企业周边、工矿废弃地复垦地块、畜禽规模养殖场土壤环境质量监测方案》(宿农〔2021〕19号)，宿迁市对1 146家规模化畜禽养殖场的土壤环境质量进行了监测，并根据《土壤环境质量 农用地土壤污染风险管控标准(试行)》(GB15618－2018)中农用地土壤污染筛选值进行了土壤环境风险情况判断。据监测结果显示，全市养殖场土壤环境整体达标率为94.8%，有60家土壤重金属超出《土壤环境质量农用地土壤污染风险管控标准》的风险筛选值，根据标准，此类土壤对农产品质量安全、农作物生长或土壤生态环境可能存在风险，应当加强土壤环境监测和农产品协同监测，暂无须采取严格管控措施。

表10.2 养殖场土壤环境检测结果一览表

地区	养殖场监测数/个	超风险筛选值家数/个	达标场数占比/%	主要因子
宿城区	91	0	100	/
宿豫区	135	8	94.1	铜、锌、镍、铬、铅
沭阳县	352	16	95.5	铜、锌、砷、镉

续表

地区	养殖场监测数/个	超风险筛选值家数/个	达标场数占比/%	主要因子
泗阳县	117	1	99.1	镉
泗洪县	412	35	91.5	铜、锌、砷、镉
经开区	10	0	100	/
湖滨新区	19	0	100	/
洋河新区	10	0	100	/
宿迁市	1 146	60	94.8	铜、锌、镉、砷、镍、铬、铅

第二章　现状分析

2.1　畜禽养殖产业现状

1. 畜禽养殖类型及数量

根据《宿迁统计年鉴(2021)》,2020 年宿迁市畜牧业总产值 102.91 亿元,全市出栏生猪 201.15 万头、牛 4.59 万头、家禽 8 492.21 万羽、羊 30.57 万只;年末存栏生猪 164.89 万头、牛 6.16 万头、家禽 1 815.91 万羽、羊 12.75 万只。

猪当量根据《畜禽粪污土地承载能力测算技术指南》折算,按存栏量折算:100 头猪相当于 15 头奶牛,30 头肉牛,250 只羊,2 500 羽家禽。对具有不同畜禽种类的养殖数量,其规模可换算成生猪当量,折算出 2020 年全市畜禽年末存栏猪当量 283.69 万头。

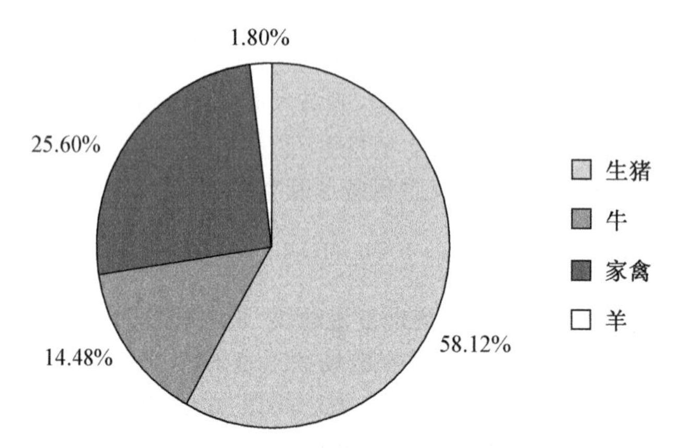

图 10.1　宿迁市不同畜种存栏量猪当量占比示意图

2. 畜禽养殖规模现状

根据《畜禽养殖污染防治规划编制指南(试行)》和江苏省农业委员会、江苏省环境保护厅 2017 年第 2 号公告,本次规划中畜禽规模养殖场标准为:生猪存栏量≥200 头,家禽存栏量≥1 万只,奶牛存栏量≥50 头,肉牛存栏量≥100 头的养殖场。畜禽养殖户标准为未达到畜禽规模化养殖标准且生猪设计出栏≥50 头,奶牛设计存栏≥5 头,肉牛设计出栏≥10 头,蛋鸡/鸭/鹅设计存栏≥500 羽,肉鸡/鸭/鹅设计出栏量≥2 000 羽的养殖户。2020 年,全市共有畜禽规模养殖场 1 270 家,畜禽养殖户 4 887 户。

表 10.3 宿迁市养殖情况

畜禽种类	规模养殖场养殖量/(万头、万只、万羽)	畜禽养殖户养殖量(万头、万只、万羽)
生猪	158.38	38.57
奶牛	2.48	0.003
肉牛	1.29	3.14
蛋禽	376.25	144.99
肉禽	4 929.77	135.98
羊	4.79	20.65

注：畜禽养殖量用以统计当年饲养量，养殖周期小于1年的生猪、肉牛、肉禽、羊等畜种以出栏量计，超过1年的奶牛、蛋禽等畜种以年末存栏量计。

2.2 污染防治现状

1. 粪污治理现状

(1) 清粪工艺

根据资料统计分析和抽样实地调查，宿迁市规模以下的养殖户清粪工艺基本为人工干清粪，规模养殖场主要采用干清粪、水泡粪、水冲粪和垫料等4种清粪工艺清理粪污。从固体粪污产生量统计，规模养殖场采用干清粪收集工艺的粪污量最多，占畜禽养殖固体粪污产生总量的62.2%，其次是水泡粪28.1%，采用水冲粪、垫料等工艺的养殖场数量较少。从畜禽养殖种类统计，生猪养殖场采用干清粪和水泡粪工艺较多，分别占比51.1%和47.3%；奶牛养殖场主要采用垫料和干清粪工艺，分别占比53.0%和47.0%；肉牛和家禽养殖场主要采用干清粪工艺，分别占比为90.7%和87.5%；肉羊均采用干清粪。根据《畜禽养殖业污染治理工程技术规范》(HJ 497－2009)，新、改、扩建的畜禽养殖场宜采用干清粪工艺。现有采用水冲粪清粪工艺的养殖场，应逐步改为干清粪工艺。宿迁市部分生猪、肉牛、家禽养殖场依然采用水冲粪工艺，粪便与冲洗水混杂，部分养殖场不进行固液分离处理，导致废水排放量增加，加大了后续废水的储存和处理难度。

表 10.4 规模养殖场各类清粪工艺清粪量统计表(t/a)

序号	畜禽种类	清粪工艺			
		干清粪	水泡粪	水冲粪	垫料
1	生猪	353 715.8	327 726.4	7 642.7	3 067.5
2	奶牛	60 311.6	0	0	67 909.5
3	肉牛	25 260.7	0	411.5	2 187.9
4	家禽	297 051.3	7 500.1	5 545.2	29 430.2
5	羊	5 673.6	0	0	0
合计		742 013.0	335 226.4	13 599.4	102 595.1

(2) 粪污处理模式

宿迁市规模以下养殖户采用人工干清粪收集粪污后，一般干粪在堆粪场腐熟发酵后还田，部分养殖户粪污在堆肥场发酵后外售，冲洗水进入化粪池发酵后定期还田；部分养殖户直接在圈舍内敷设垫料进行粪污收集和原位发酵，待畜禽出栏后，垫料外售或还田。

规模畜禽养殖场主要采用不同的固体和液体粪污处理方式，主要包括自行堆肥还田、委托第三方生产有机肥、进行沼气资源化利用、污水深度处理等模式。

A 规模以下养殖户粪污处理模式：

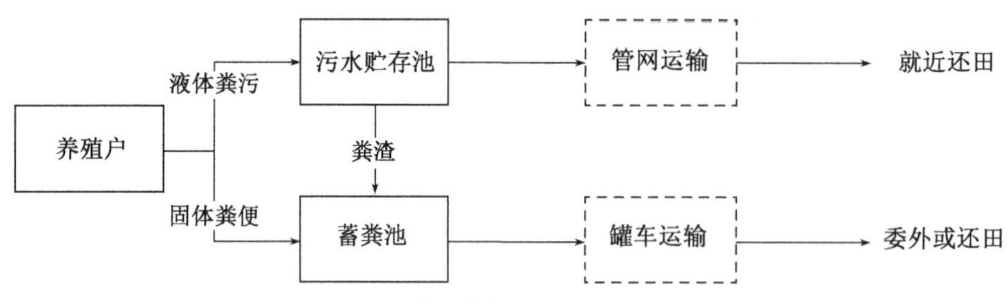

图 10.2　养殖户粪污处理模式示意图

养殖户畜禽粪污基本采用资源化利用种养结合方式进行处理。其中固体粪污在固体粪污储存设施、蓄粪池或田间地头调节贮存池内堆肥发酵后暂存，贮存时间长短不一，最终自行还田或免费让周围农户拖走还田；液态粪污和圈舍冲洗水在污水贮存池内暂存，再根据农作物种植施肥时间要求通过管道或人工实施粪污就近还田。

B 规模养殖场粪污处理模式：

宿迁市畜禽养殖固体粪污的主要处理方式为垫料消耗、堆肥发酵还田、沼气发酵还田、委托农户还田、生产有机肥、直接委外处理等，液体粪污的处理方式主要为发酵床消耗、一般处理还田、沼液发酵还田、深度处理还田、生产有机肥、直接委外处理等。

根据对全市范围内规模养殖场调查统计，固体粪便收集后委托农户还田、直接委外处理和堆肥发酵还田 3 种方式处理固体粪污量占比最高，分别为 37.35%、33.09% 和 18.78%，液体粪污收集后一般处理还田、深度处理还田、沼液发酵还田 3 种方式处理液体粪污量占比最高，分别为 48.33%、26.90% 和 16.87%。

(3) 养殖场户粪污处理配套设施

近年宿迁市推进以种养结合、农牧循环、就近消纳、综合利用为主线，以规模养殖场为重点，推广种养结合典型模式，以种植业为依托，以生物发酵、沼气利用为手段，促进畜禽养殖转型升级，实现粪污治理设施配套率 100%，并确保粪污治理配套设施完善且正常使用。

(4) 粪污资源化利用情况

宿迁市围绕《江苏省畜禽养殖废弃物资源化利用工作方案》和《江苏省农业农村污染治理攻坚战实施方案》等文件要求，以构建种养结合循环农业为目标，扎实推进畜禽养殖废弃物资源化利用建设工作，通过开展专项巩固提升行动、推广粪污高效处理利用模式、完善粪污处理设施建设等手段，推进畜禽养殖场户通过配套消纳土地实施粪污还田、建设沼气工程、生产有机肥以及委托第三方实施粪污还田等方式来进行粪污资源化利用。根据各县区 2020 年统计数据，全年累计产生粪污 303.5 万吨，畜禽粪污综合利用率达到 95.47%。

2. 臭气治理现状

目前，宿迁市畜禽规模养殖场多采用以下几种模式治理臭气。

其一，83.7%的养殖场通过种植绿化带、加强通风管理、安装水帘喷雾等方法以减少臭气对周围环境的影响，如厂区广种花草树木，道路两边种植乔灌木等，场界边缘地带形成多层防护林带，以降低恶臭污染的影响程度。此方法常见于生猪、家禽等绝大多数养殖场。

其二，5.2%的养殖场通常将微生物制剂直接添加到饲料中，可将牲畜体内的氨气(NH_3)、硫化氢(H_2S)、甲烷(CH_4)等转化为可供畜体吸收的化合态氮和其他物质，可使排泄物中的营养成分和有害成分都明显降低，从源头减缓恶臭产生。此方法常见于奶牛、肉牛等草食型牲畜养殖场。

部分养殖场采用工艺优化法和微生物处理法，在圈舍内喷洒生物除臭剂，减少恶臭气体的排出，通过在堆肥发酵过程中添加除臭微生物，对蓄粪池和粪污暂存场所臭气进行控制，抑制臭气产生。此方法多用于生猪、奶牛、肉牛、肉羊等养殖场。

此外，少部分县区存在养殖场靠近居民区无序建造，不满足卫生防护距离，产生臭味导致信访投诉问题，已通过转产、搬迁等办法进行整改，或通过新建密封堆粪场收集粪便、及时清运还田等方法，减少臭气扰民。

3. 禁养区划定

根据《宿迁市畜禽养殖禁养区划定方案》和《宿迁市畜禽养殖布局优化调整方案》，宿迁市已划定畜禽养殖禁养区共计 84 个，范围总面积 1 129.168 平方千米，占全市国土面积 13.2%。

表 10.5　宿迁市禁养区分布

序号	县区	禁养区数量/个	禁养区面积/平方千米	禁养区名称
1	沭阳县	29	158.422	沭阳城市建成区、沭阳县淮沭河沭城闸南闸北水源地一、二级保护区等
2	泗阳县	14	185.01	泗阳县县城建成区、中运河双桥水源地一、二级保护区等
3	泗洪县	17	422.59	泗洪县县城建成区、徐洪河金锁水源地一、二级保护区、江苏泗洪洪泽湖湿地国家级自然保护区等
4	宿豫区	9	65.21	宿豫城区、中运河刘老涧(宿豫区)水源地等
5	宿城区	8	176.866	中心城市建成区等、中运河刘老涧饮用水水源保护区等
6	经开区	3	63.04	黄河街道禁养区等
7	湖滨新区	3	34.76	湖滨新区中心城区等
8	洋河新区	1	23.27	洋河镇镇区规划区域等
	宿迁市	84	1 129.168	/

宿迁市严格实施分区管理，组织禁养区养殖场关闭搬迁，做到应关尽关、应搬尽搬、应转尽转。到 2020 年 12 月底，宿迁市共关闭拆除禁养区养殖场(户)728 家，其中生猪 469 家，蛋禽 136 家，其他畜种 123 家。

4. 粪污排放情况

结合宿迁市县区调研资料，根据《农业农村部办公厅关于做好畜禽粪污资源化利用跟踪监测工作的通知》(农办牧〔2018〕28 号)和第二次全国污染源普查《排放源统计调查产排污核算方法和系数手册》(生态环境部 2021 年第 24 号公告)计算各畜种养殖污染物产生量占比。

由上图可知，全市畜禽养殖的粪污主要来自生猪养殖，其中粪便、污水、氨氮、总氮和总磷产生量最多的均是生猪养殖，而 COD 产生量主要来自肉禽养殖，主要原因是两类畜种的养殖数量多，产生的粪污多，生猪、家禽产污量之和占全市粪污产生总量的比例均超过 80%；而奶牛、肉牛、羊由于养殖量小，产生的粪污比较少，占比不高。

"十四五"期间，宿迁市聚焦全面推进乡村振兴、加快农业农村现代化的新任务、新要求，深入落实中央、省农村工作会议决策部署，以保供给、优生态、强安全、促发展为目标，深化畜禽养殖业供给侧结构性改革，重点抓好生猪生产恢复、重大动物疫病防控、畜禽养殖废弃物资源化利用和畜产品质量安全等工作，推动畜禽养殖业高质量发展。根据农业农村部门给出的畜禽养殖行业发展预测，预计到"十四五"末，生猪年出栏 250 万头、肉禽年出栏 8 500 万羽。规划期内通过畜禽养殖场整治提升，改造粪污收集处理设备，建设粪污集中处理中心，完善田间综合利用设施，打通最后一千米推动畜禽粪污还田利用，切实提高粪污综合利用率，在稳定畜产品总量的基础上，实现畜禽粪污环境污染的降低。

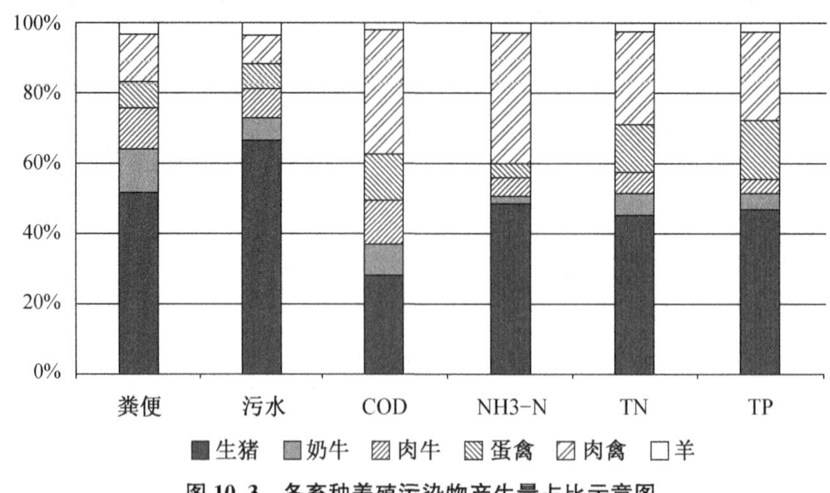

图 10.3 各畜种养殖污染物产生量占比示意图

2.3 种养结合现状

1. 种养结合基础条件

根据《宿迁市统计年鉴(2021)》,全市农作物总播种面积 74.629 万公顷,其中小麦播种面积 29.583 万公顷,水稻播种面积 22.443 万公顷,玉米播种面积 6.783 万公顷,夏收豆类播种面积 0.011 万公顷,秋收豆类播种面积 1.101 万公顷,薯类播种面积 0.353 万公顷,花生播种面积 0.863 万公顷,油菜播种面积 0.158 万公顷,蔬菜种植面积 9.248 万公顷,瓜果种植面积 1.283 万公顷,其他经济作物以苗木花卉、食用菌等特色种植业为主。

表 10.6 宿迁市作物种植情况表

序号	种植种类	面积/万公顷	单产/(千克/公顷)	年产量/吨
1	小麦	29.583	5 749	1 700 697
2	水稻	22.443	8 663	1 944 262
3	玉米	6.783	5 779	392 002
4	夏收豆类	0.011	3 573	393
5	秋收豆类	1.101	2 663	29 325
6	薯类	0.353	7 051	24 889
7	花生	0.863	4 663	40 251
8	油菜	0.158	2 518	3 990
9	蔬菜	9.248	54 768	5 064 890
10	瓜果	1.283	37 939	486 599

2. 种养结合循环农业现状

近年来,宿迁市开展整县推进畜禽粪污综合利用技术应用和推广,指导县区分类施策制定契合实际的畜禽养殖粪污治理和粪污资源化利用相关技术指南、导则,编制畜禽污染治理案例和示范点典型手册,推出养殖污染畜禽养殖污染治理可行性措施,通过发放手册、现场指导、示范宣传等多种方式,因地制宜推广畜禽粪便综合利用技术模式,创新"以种带养、以养促种"的种养结合循环发展方式,积极发展"畜禽养殖+有机肥+绿色种植"等综合种养模式,以益客、正大、德康等龙头企业为基础,以适度规模家庭农场为依托,积极推广不同规模种养结合典型模式，扎实做好绿色种养循环农业试点各项工作。在泗洪、泗阳等2个绿色种养循环农业试点县基础上，以培育粪污收集、处理、配送、还田服务组织为抓手，建机制、创模式、拓市场、畅循环，着力构建养殖场户、服务组织和种植主体紧密衔接，打通种养循环堵点，培育7个社会化服务主体，提供粪污收集处理、集中堆沤、运输配送、粪肥机械施用作业全过程服务，对接养殖场户157家，处理畜禽粪污总量31.2万吨，示范带动区域内粪肥基本还田，全市畜禽粪污资源化利用率从2017年不足40%上升至2020年超过95%。在全市复制推广绿色种养循环农业发展模式，2020年，全市建设果菜茶有机肥替代化肥核心示范区3.013万亩，推广商品有机肥13.83万吨，应用农家肥91.32万吨，沼渣沼液用量37.26万吨。

2.4 畜禽养殖环境承载力分析

1. 畜禽粪污土地承载力

考虑各县区禁养区面积和耕地资源空间分布差异，理论承载量按照可土地规划各类土地资源承载猪当量的80%计。根据《畜禽粪便土地承载力测算方法》(NY/T3877－2021)计算，宿迁市畜禽养殖承载力指数<1，且所有县区畜禽养殖承载力指数均<1，说明宿迁市现阶段畜禽养殖量未超出土地可承载的猪当量；到2025年，宿迁市承载力指数有加大幅度增长，原因在于"十四五"时期宿迁市畜禽养殖行业发展较快，养殖量增加较大，其中沭阳县、泗洪县规划养殖量预计临近当地土地可承载的猪当量，因此在后续发展中应充分考虑区域畜禽粪污承载力，严格畜禽养殖的环境准入，并可以通过提高粪肥替代化肥比例、养殖污水深度处理后回用，增加有机肥外售量等措施，确保区域养殖总量与环境承载力相匹配。

2. 畜禽规模养殖场配套土地面积

根据"十四五"时期最新要求《畜禽粪便土地承载力测算方法》(NY/T3877－2021)，宿迁市养殖场配套土地消纳面积缺口约5.26万亩，23%的规模养殖场设计养殖量超出了原"十三五"时期签订协议的配套土地的承载能力，存在签订协议的消纳土地面积缺口的养殖场主要分布在泗洪县、沭阳县。

3. 水环境承载力

根据《关于开展水环境承载力评价工作的通知》(环办水体函〔2020〕538号)中水环境承载力评价方法(试行)要求，结合断面归属评价方法，对宿迁市国控、省控、市控、县控断面进行梳理和判定。通过对"十三五"时期宿迁市26个国、省控(29个点位)评价断面的水质指标进行计算，宿迁市2020年水质时间达标率为80.2%，水质空间达标率为100%，最终得出宿迁市水环境承载力为90.1%。

根据宿迁市水环境承载力评价结果，宿迁市水环境承载力为未超载状态，其中沭阳县、泗阳县、宿豫区为未超载状态，泗洪县、宿城区为临界超载状态，全市没有呈现超载状态县区。

4. 水资源承载力

根据2025年全市生猪、奶牛、肉牛、羊、蛋禽、肉禽规划年存栏量，依据《江苏省林牧渔业、工业、服务业和生活用水定额(2019年修订)》(苏水节〔2020〕5号)，畜禽年总用水量定额为2 498.4万立方米，配套设施及工作人员生活用水量按照50%计，宿迁市畜禽养殖行业年总用水量定额应为3 747.6万立方米，约占宿迁市多年平均水资源总量的1.28%。因此，水资源承载力可满足畜禽养殖发展需要。但2020年宿迁市畜禽养殖行业实际总用水量已达到3 630万立方米，超过当年用水定额9.86%，考虑到畜禽养殖行业发展，且部分区域时空分布不均，存在区域性缺水和季节性缺水。因此，应尽可能降低水资源消耗指标，增加水资源利用率和废水回用率。

◆专家讲评◆

整个现状章节分析深入、内容全面，通过对"十三五"期间宿迁市各地区畜禽养殖产业现状、污染防治现状、畜禽养殖环境承载力等方面进行全面分析，可直观了解各地区畜禽养殖量等现状分布情况，可为后续针对性提出问题、解决问题打下良好基础。

第三章 形势分析

3.1 存在问题

3.1.1 产业结构布局有待优化

宿迁市是畜牧业大市，虽然近年来畜牧业规模化水平逐步提升，但现阶段仍然存在一些小型分散养殖，小规模及分散养殖方式粗放，生产方式不规范，增加污染防治、防疫等方面监管难度。其次，宿迁市水系发达，河网分布密集，有相当一部分的养殖场沿河道布局；泗阳一些的生猪、肉牛，沭阳部分的蛋鸡、水禽养殖场坐落在河流附近，一方面存在直接在农田沟渠进行养殖，牲畜粪污污染水体现象；另一方面，畜禽养殖产生的冲洗废水和液体粪污在长期贮存过程中存在渗出、溢流污染周边河流风险。此外，部分县区对当地土地资源的养殖废弃物消纳承载能力未根据最新指南做充分论证，对废弃物的资源属性考虑不足，出现个别乡镇内部循环利用难度较大，部分区域土地负荷加重、养殖污染风险较高的现象。

3.1.2 污染防治水平有待提高

目前宿迁市畜禽养殖行业污染治理水平整体仍然不高。部分生猪、肉牛、家禽养殖场依然采用水冲粪工艺，水资源消耗量超过定额，粪便与冲洗水混杂，排洪沟与排污沟合用，不进行固液分离处理，导致废水排放量增加，加大了后续废水的储存和处理难度；宿城、泗阳、湖滨新区等县区存在养殖场雨污分流、防渗防漏措施落实不到位，产生的污水许多经过露天排水沟进入储水塘自然储存，部分沟、塘未采取防雨、防渗措施或设施维修不善，在雨季，池塘水容易外泄下渗造成二次污染；宿豫、沭阳等部分县区粪污治理设施虽已配套齐备，但有的养殖场污水池和堆粪场存在设计能力偏小、处理能力较弱、运行维护不力、粪肥还田设施破损等问题。此外，部分规模以下畜禽养殖户养殖废弃物处理设施配备不足，不利于粪污资源化利用工作全面推进；部分养殖场主环保意识不强、不舍得投入以及政府投入畜禽养殖业的资金不足等原因，使得粪污处理设施未按照相关规定使用，存在重建设、轻管理现象，废弃物未经深度处理，污染物削减效率不高，沼渣、沼液简单还田污染环境；养殖臭气治理还处于起步阶段，迫切需要探索出行之有效的减臭治理模式。

3.1.3 资源利用模式有待升级

畜禽废弃物资源化利用去向比较单一。全市畜禽粪污综合利用的去向主要是稻麦田消纳，消纳粪污量占比超过80%，针对宿迁市特色种植产业的资源化利用模式尚未完全拓展。沭阳县的精品花木、宿城、洋河新区的生态果蔬等优势农产品缺少粪肥利用技术规范，目前进行种养结合的特色种植产业面积不到10%，资源化利用潜力有待发掘。另外，各区域粪污还田利用的污染风险差异较大。由于养殖人员技术水平不高，对于畜禽粪污资源化的了解程度也有偏差，“种地不会养猪、养猪不会种地”现象普遍。部分养殖场配套消纳土地环境承载力不足，养殖粪污农田耕地回灌存在季节性超量使用、自制有机肥和粗放型使用有机肥现象，造成还田灌溉粪肥中的N、P无法完全消纳。进入汛期后，雨水冲洗后的地表径流、农田退水成为二次污染。现阶段畜禽养殖废弃物资源化利用的相关政策法规缺乏，对废弃物资源化利用仅制定了相应的技术原则和规范，缺少废弃物集中利用的规定，畜禽养殖废弃物集中资源化利用市场主体能力偏弱，未能建立起通过畜禽粪污有效还田促进种植业绿色化、有计划发展的利益联结机制，导致资源化利用效益不明显。

3.1.4 污染防治体系有待完善

专项资金投入不足，在畜禽养殖控源减排、清洁生产、无害化处理、资源化利用等技术方面资金支持力度不够，特别是生猪、奶牛等液体粪污产生量占比高的畜种，污染防治和资源化利用成本不菲，大多数养殖场户在污染治理资金投入方面存在较大压力，污染防治积极性不高。基层环保专业人员不够，目前乡镇层面工作主要依靠畜牧兽医站，服务站主要负责畜牧生产等大量的业务工作，仅靠联合环保验收、日常巡查和信访督查，难以实现畜禽污染防治的有效监管和控制。监管工作信息化程度不高，在畜禽养殖废弃物收集、运输及有机肥生产使用、集中处置或技术运维等环节还缺乏有效监控，畜禽养殖业全链条日常环保监管力度亟须从“人防”转向“人防＋技防”。此外，畜禽养殖管理需要多部门、多环节统筹协作，管理部门间的职责交叉及政策口径异同、部分畜禽专项整治分管领导工作调换频繁，均使得污染防治的监管容易出现漏洞，对畜禽污染治理工作推进产生影响。

3.2　机遇与挑战

3.2.1　发展机遇

乡村振兴战略为畜禽养殖污染防治带来新机遇。党的十九大提出要大力实施乡村振兴战略，国家相关部委出台了推进畜禽养殖绿色发展的系列政策扶持措施；省级层面也在用地、金融、环评、保险等方面推出了“一揽子”扶持政策，为畜禽养殖绿色发展提供重要政策保障；市级层面按照规模化、融合化、品牌化、智慧化发展方向，加快推进农业大市向农业强市转型升级，着力打造长三角绿色优质农产品生产主供应基地，将吸引更多的城市资金、技术、人才等要素资源向农村流动，促进一批优质养殖企业崛起，加快推进畜禽养殖业规模经营、标准化养殖和绿色化发展。

农业农村现代化为畜禽养殖污染防治赋予新使命。畜禽污染防治是现代农业发展的重要组成部分，发展生态畜禽养殖业是实现农业农村现代化的重要支撑。十九大报告提出加快推进农业农村现代化建设，让农业更强、农村更美，进一步敦促开拓畜禽养殖污染防治新空间，在畜禽粪污资源化、畜牧兽药减量化、养殖饲料环保化、病死畜禽无害化、生产场所无臭化等方面实现新突破，促进农业畜禽养殖业设施化、循环化、绿色化、数字化发展，为加快农业农村现代化提供有力支撑。

“四化”同步集成改革为畜禽养殖污染防治增添新动能。“四化”同步集成改革示范区建设是为苏北乃至全国同类地区现代化建设探路的重大实践，是引领宿迁现代化建设的重大机遇。“坚持以农业接二连三为集成方式，着力构建现代农业产业体系，加快建设新时代鱼米之乡”是“七个坚持、七个加快”之一，推动农业农村污染综合治理、实现畜禽养殖业绿色健康发展是题中应有之义。要充分彰显绿色生态鲜明底色的目标对畜禽养殖的绿色、高质量、可持续发展提出了更高要求，为促进畜禽养殖污染治理水平不断提升增添新动能，为有力推动畜禽养殖业有机更新、迭代升级创造了有利条件。

3.2.2　面临挑战

新时代“鱼米之乡”建设蹄疾步稳，畜禽行业转型升级任重道远。围绕宿迁在农业农村现代化方面“争当表率、争做示范、走在前列”中为全省多做贡献的要求，畜禽养殖行业还有一定差距。作为畜牧大市，生猪、肉禽保供要求养殖总量将继续保持高位增长，水、土地资源利用效率有待提高，畜禽农产品的稳产保供与资源环境承载等方面的结构性矛盾依然突出，畜禽养殖业发展仍然长期处在转变发展方式、优化布局结构、升级治污水平的攻关期，“十四五”期间实现畜禽产业绿色生态发展的任务艰巨。

农业资源空间约束日益加剧，污染治理水平亟须达到更高层次。在多轮农业面源污染防治攻坚战中，畜禽养殖行业相对容易实施、成本相对较低的污染治理措施大多已完成。但畜禽粪污处理和利用方式不够规范，治理水平有待提高，粪污简单还田，甚至“以灌代排”，增加环境污染风险。过去重点关注的环境问题（雨污不分流、基础设施不全、汛期偷排直排、资源化利用率低、臭气扰民）仍需动态监管解决，过去关注不够的问题（种养结合脱节、土壤重金属超标、投入品产生的新污染物）正逐渐凸显。

外部因素加剧变化，畜禽行业发展面临不稳定性及不确定性。新冠肺炎疫情全球蔓延，“猪周期”不断波动等外部环境的不稳定性和不确定性给畜禽养殖行业发展带来严峻挑战。消费不振、销售渠道不稳、疫情冲击等因素导致逆周期牲畜出栏不畅、价格跌破成本；贸易、交通封锁导致投入品供应延后影响生产恢复，一定程度上制约了经营主体对再生产、再投入的信心和对畜禽养殖污染治理的积极性。

第四章　总体要求

4.1　指导思想

以习近平新时代中国特色社会主义思想为指导，深入贯彻党的十九大和十九届历次全会精神，全面落实习近平总书记系列重要讲话精神尤其是视察江苏时重要指示精神，以“四化”同步集成改革为引擎，以实施乡村振兴战略为统揽，以深入推进畜牧业供给侧结构性改革为主线，以规模化、标准化、资源化为主攻方向，加快形成布局合理、资源节约、环境友好、绿色健康的畜禽养殖业高质量发展新格局，持续提升畜禽养殖污染防治水平，构建畜禽养殖废弃物综合利用体系，切实降低农业源污染负荷，加快打造农业农村现代化的宿迁实践，推动美丽宿迁模样早日呈现。

4.2　基本原则

统筹兼顾，有序推进。综合考虑畜禽粪污环境承载力、畜禽养殖业发展需求、农业产业特征和经济发展状况等因素，科学规划全市畜禽养殖规模和空间布局，统筹推进畜禽养殖业发展和环境保护，加快畜禽养殖业转型升级和绿色发展。

种养结合，协同减排。以养分平衡为核心，通过优化种养布局，协同推进畜禽粪肥还田与化肥减量增效。结合种植规模和结构，科学测算养分需求，优化肥料结构和施肥方式，削减养殖业和种植业污染负荷，促进农业发展协同增效。

因地制宜，综合施策。统筹考虑自然环境、畜禽养殖类型、结构和空间布局、种植类型与规模、耕地质量、环境承载力、人居环境影响等因素，因地制宜，分区分类探索经济实用的资源化利用模式，提出差异化管控措施，鼓励全量收集和清洁高效利用。

健全机制，持续推进。以健全畜禽养殖污染治理体系为目标，加强畜禽养殖业污染防治工作，补充完善相应的监督、管理制度，用制度规范企业污染治理行为，构建系统化、规范化、长效化政策制度和工作推进机制，促进畜禽养殖业健康可持续发展。

4.3　规划目标

到2025年，全市畜禽养殖业总体布局科学，结构合理，产业层次得到较大提升，科学规范、权责清晰、约束有力的畜禽养殖废弃物资源化利用制度基本建立，以生态消纳为主、工业治理为辅的畜禽养殖污染防治体系基本建成，畜禽养殖业实现绿色高质量发展，宿迁新时代“鱼米之乡”和“江苏生态大公园”的标识更加凸显。

4.4　规划指标

指标体系主要分为产业结构布局、污染治理、资源化利用、现代化治理能力等4大类，包括区域畜禽养殖量超土地承载力情况、畜禽规模养殖场粪污处理设施装备配套率、畜禽粪污集中收集处理能力、病死畜禽无害化处理能力、绿色种养循环农业试点县创建数量、畜禽粪污综合利用率、畜禽规模养殖场粪污资源化利用台账建设率、达标排放的畜禽规模养殖场自行监测覆盖率、设计出栏万头以上猪场信息化管控比例等共9项。

表 10.7　宿迁市畜禽养殖污染防治规划指标

序号	类别	指标名称	2020 年现状值	2025 年目标值	指标类型	指标来源
1	产业结构布局	区域畜禽养殖量超土地承载力情况	不超载	不超载	约束性	关于印发《畜禽养殖污染防治规划编制指南(试行)》的通知(环办土壤函〔2021〕465 号)
2	污染治理	畜禽规模养殖场粪污处理设施装备配套率	100%	100%	约束性	《关于加强农业农村污染治理促进乡村生态振兴行动计划》(苏政办发〔2021〕106 号)
3		畜禽粪污集中收集处理能力	58.38 万吨/年	200 万吨/年	预期性	《畜禽粪污资源化利用巩固提升行动方案》(苏农办牧〔2021〕5 号)
4		病死畜禽无害化处理能力	5.12 万吨/年	保持本地化处置能力适度富余	预期性	《病死畜禽和病害畜禽产品无害化处理管理办法》
5	资源化利用	绿色种养循环农业试点县创建数量	0	2	预期性	《关于开展绿色种养循环农业试点工作的通知》(农办农〔2021〕10 号)
6		畜禽粪污综合利用率	95%	稳定在 95%以上	约束性	《江苏省"十四五"现代畜牧业发展规划》
7	现代化治理能力	畜禽规模养殖场粪污资源化利用台账建设率	97.3%	100%	约束性	《关于加强畜禽粪污资源化利用计划和台账管理的通知》(农办牧〔2021〕46 号)
8		达标排放的畜禽规模养殖场自行监测覆盖率	/	100%	约束性	《排污单位自行监测技术指南 畜禽养殖行业》
9		设计出栏万头以上猪场信息化管控比例	/	100%	约束性	《关于加强农业农村污染治理促进乡村生态振兴行动计划》(苏政办发〔2021〕106 号)

1. 区域畜禽养殖量超土地承载力情况

2020 年,宿迁市各县区承载力指数在 0.297～0.650 之间,均未出现区域畜禽养殖量超土地承载力情况(指数大于 1),全市承载力为 0.565,处于相对安全水平。根据全市及各县区畜禽养殖行业"十四五"发展规划或农业农村相关专项规划中明确要求规划养殖量预测,全市承载力为 0.843。同时,宿迁市将通过引导养殖业合理布局等方式科学精准控制区域养殖总量。确保到 2025 年,不会出现区域畜禽养殖量超土地承载力情况。

2. 畜禽规模养殖场粪污处理设施装备配套率

通过推动规模养殖场配套固液分离设施 600 余台,建设固体粪污堆场(棚)48 万平方米,污水贮存池 340 万立方米,规模养殖场粪污处理设施装备配套率达到 100%,为 2025 年最终实现禽畜污染防治规模规划目标奠定了基础。《关于加强农业农村污染治理促进乡村生态振兴行动计划》(苏政办发〔2021〕106 号)明确提出,促进畜禽生态健康养殖。对规模化畜禽养殖场的环境影响评价和"三同时"制度执行、粪污综合利用及污染防治设施运行等情况进行"回头看",农业农村、生态环境部门持续联合开展检查认定,进一步督促规模畜禽养殖场完善粪污设施装备配套,提升综合利用和污染防治水平。"十四五"时期,宿迁市将通过细化工作目标方案,严格环境准入,高标准开展畜禽养殖污染治理考核验收,认真开展治污设施建设,定期开展粪污处理设施装备配套、环境管理情况等方面督导检查，加强畜禽养殖污染防治执法监管。确保到2025年，畜禽规模养殖场粪污处理设施装备配套率保持在100%。

3. 畜禽粪污集中收集处理能力

根据《畜禽粪污资源化利用巩固提升行动方案》(苏农办牧〔2021〕5号)要求，大力培育粪污处理社会化服务组织，支持在养殖较为集中的区域建设适度规模的集中处理中心，探索建立合理的运行机制。2020年，有6家配套有机肥厂，合计处理能力为46万吨/年；3处畜禽粪污集中处理工程，合计处理能力12.38万吨/年，利用当地畜禽养殖粪污集中收集后资源化利用。根据畜禽养殖业现状和发展规划，试点泗洪县新建公益性的农村废弃物资源化处理中心或农业"绿岛"项目，合计年处理畜禽粪污190万吨，新建宿豫区有机肥厂项目，年处理畜禽粪污25万吨，可帮助解决散养殖场户畜禽粪污处理难题，较好地实现畜禽粪污资源化利用，也有利于解决种植户有机肥来源问题。预期到2025年，全市畜禽粪污集中收集处理能力达到200万吨/年。

4. 病死畜禽无害化处理能力

2020年，宿迁市有5处病死畜禽无害化处理中心，位于三县两区，合计处理能力5.12万吨/年，当年运行负荷20%。"十四五"期间，宿迁市将完善病死畜禽无害化处理认定程序和保险联动机制，不断提高保险赔付和集中专业化处理覆盖率，染疫畜禽及其排泄物、染疫畜禽产品、病死或者死因不明的畜禽尸体等污染物，统一进行无害化处理。对现有的病死畜禽无害化收集点进行进一步完善，完善病死畜禽无害化收集转运基础设施建设。预期到2025年，全市病死畜禽无害化处理中心能够保持本地化处置能力适度富余。

5. 绿色种养循环农业试点县创建数量

2021年中央财政支持开展绿色种养循环农业试点工作，加快畜禽粪污资源化利用，打通种养循环堵点，促进粪肥还田，推动农业绿色高质量发展。首批试点聚焦畜牧大省、粮食和蔬菜主产区、生态保护重点区域，优先在京津冀协同发展、长江经济带、粤港澳大湾区、黄河流域、东北黑土地、生物多样性保护等重点地区，江苏属于17个试点省份之一。宿迁市下辖2个畜牧大县为泗洪县、沭阳县，1个省级生猪调出大县泗阳县和1个省级肉禽养殖基地宿豫区，基础条件优越。"十四五"时期，通过指导整县开展粪肥就地消纳、就近还田补奖试点，扶持一批企业、专业化服务组织等市场主体提供粪肥收集、处理、施用服务。以县为单位构建1～2种粪肥还田组织运行模式，带动县域内粪污基本还田，推动化肥减量化，促进耕地质量提升和农业绿色发展，形成发展绿色种养循环农业的技术模式、组织方式和补贴方式，为大面积推广应用提供经验。预期到2025年，全市绿色种养循环农业试点县创建数量能够达到2个。

6. 畜禽粪污综合利用率

2020年，宿迁市粪污资源利用率已经达到95.47%，"十四五"时期，全市耕地的粪污土地承载力充足。土地承载力计算结果表明，宿迁市可以承载约803万头猪当量的畜禽养殖量，根据全市及各县区畜禽养殖行业"十四五"发展规划或农业农村相关专项规划中明确要求的规划养殖量预测，到2025年全市畜禽养殖量低于土地承载负荷。因此，全市的畜禽粪污土地承载力充足，具有一定的养殖空间，为"十四五"实现禽畜养殖粪污防治和种养相结合的目标提供了土地承载条件。此外，宿迁市禽畜粪污资源化技术条件良好，禽畜粪污无害化和资源化技术已经在规模以上养殖场和养殖户中推广使用，培养了一批具有粪污无害化和资源化处理的技术人员和养殖业主。同时，宿迁市现有6家有机肥厂，粪污处理能力46万吨/年；3处畜禽粪污集中处理工程，处理能力10.00万吨/年，"十四五"时期规划新建1家有机肥厂，设计处理能力25万吨/年；2处畜禽粪污集中处理工程，合计粪污处理能力190万吨/年，有效提升全市畜禽养殖废弃物资源化利用水平，提高粪污资源化利用效率。确保到2025年，畜禽粪污综合利用率稳定在95%以上。

7. 畜禽规模养殖场粪污资源化利用台账建设率

2020年，全市规模养殖场粪污资源化利用台账建成率97.3%。"十四五"期间，宿迁市农业农村局和生态环境局联合印发了《关于做好畜禽粪污资源化利用计划和台账管理工作的通知》(宿农牧〔2022〕2号)

进一步推动规模养殖场粪污资源化利用台账建设，重点对粪污收集处理设施设备配套完善及正常运行、台账资料规范填写等进行指导服务，规范台账制度落地、实施、监管工作。确保到2025年，畜禽规模养殖场资源化利用台账建设率达到100%。

8　达标排放的畜禽规模养殖场自行监测覆盖率

2020年，全市现有养殖场的畜禽粪污均进行资源化利用，未进行直接和间接排放。若"十四五"期间，新增设置废水排放口的养殖场，则拟通过依法审批排污许可证、督促规模养殖场开展例行监测、监督性监测和环境监督执法等方法，督促采用达标排放的畜禽规模养殖场开展自行监测。确保到2025年，实现达标排放的畜禽规模养殖场自行监测覆盖率100%。

9　设计出栏万头以上猪场信息化管控比例

根据省政府办公厅印发《关于加强农业农村污染治理促进乡村生态振兴行动计划的通知》(苏政办发〔2021〕106号)要求，加强畜禽养殖场户的执法监管，推进对万头以上猪场安装粪污集中贮存处理设施的视频监控。目前，宿迁市生态环境局正会同市农业农村局汇总设计出栏万头以上猪场清单，计划下步开展粪污集中贮存处理设施的视频监控安装，并列入本规划重点工程。确保到2025年，设计出栏万头以上猪场信息化管控比例达到100%。

◆专家讲评◆

畜禽养殖污染防治规划指标体系主要分为产业结构布局、污染治理、资源化利用、现代化治理能力等4大类，结合国家、江苏省等最新工作要求以及宿迁市已有工作基础，设置了6个约束性指标和3个预期性指标，为构建全市畜禽养殖废弃物综合利用体系、切实降低农业源污染负荷提供考核要求，有助于精准定位宿迁市畜禽养殖污染防治巩固提升的方向。

第五章　规划任务与措施

围绕宿迁市生态环境保护和畜禽养殖行业向资源节约型、环境友好型发展转变的规划目标，从优化结构和布局、提高污染治理水平、升级资源化利用模式、完善污染治理体系和健全污染监管工作机制等5个方面提出规划主要任务。

5.1　优化畜禽养殖产业结构布局

5.1.1　引导养殖业合理布局

严格落实禁养区管理。认真落实《宿迁市"三线一单"生态环境分区管控实施方案》和畜禽养殖禁养区划定及县区优化调整方案中有关畜禽养殖布局的管理要求，巩固畜禽禁养区退养成果，加强对禁养区内已关闭搬迁的畜禽养殖场和养殖专业户的巡查和监管，严防禁养区内畜禽养殖"复养"现象发生，对违法养殖行为依法进行处罚。优化规模化畜禽养殖场及其污染防治设施的布局，避开水源地一、二级保护区、洪泽湖湿地国家级自然保护区的核心区和缓冲区等环境敏感区域和永久基本农田保护区，以及城镇居民区、文化教育科学研究区等人口集中区域。对不在禁养区范围内、符合环保要求的畜禽养殖建设项目，应依法依规实施环评审批。引导新建畜禽规模养殖场的选址避开国考断面所在重要河道上游1千米两岸范围，指导各县区组织排查，鼓励现有畜禽养殖场户搬迁，减轻重要水功能区环境污染负荷。

产业空间布局优化。根据区域资源禀赋条件和畜禽养殖优势，统筹考量种养业发展空间，结合生态畜禽循环产业园、现代化农业产业园、蔬菜林果基地和优质粮作物优势区建设，保持合理养殖密度，按照"种养结合、规模养殖"的原则，科学布局畜禽养殖业。在具体布局上，加大力度向花木、蔬菜、林果等特色产业主产区以及泗洪县西南岗、宿豫区东北岗、沭阳县西南岗等低岗地区布局布点。以县区为单位构建

“3+N”养殖业区域布局，推动畜禽养殖规模化生产、集聚化发展。

科学确定区域养殖总量控制。统筹资源环境承载能力、畜禽产品保供能力和养殖粪污资源化利用能力，按照“畜地平衡，适度规模”的原则对全市畜禽养殖进行总量测算，并实行总量控制。各县区畜禽养殖总量原则上应执行本规划提出的养殖总量控制目标要求，根据各自的资源环境条件适当发展或削减养殖规模，沭阳县、泗洪县等有发展余量且养殖产业基础好的县可以适当扩大养殖规模，宿城区等发展余量小且资源环境条件一般的区应控制养殖规模。在严格执行畜禽养殖禁养区划定方案的前提下，根据各县区的资源环境条件和养殖现状，有区别地发展各自的畜禽养殖业，确保养殖总量不超过当地的承载量。

5.1.2 升级畜禽养殖行业结构

实施优势品种生态养殖提速工程。以聚焦增产保供为核心，以生态型高质量发展为前提，以农业产业“三群四链”中的生猪、肉禽两条精深加工链条为抓手，加快建设一批规模适度、农牧结合、资源循环的生态养殖场，持续提升优势品种绿色发展水平。扩大高效环保型生猪养殖产能，对标提升生产性能、养殖规模化、设施化和集约化水平。推动肉禽养殖提质增效，重点支持市辖区新、改、扩建肉禽笼养规模化养殖场，加快正大、桂柳等重大项目养殖场提标改造。以建设现代畜禽养殖产业体系和保障畜禽产品质量安全为重点，加快推进全市传统畜牧业向现代畜牧业转变步伐。

支持特色畜禽规模养殖场建设。稳定蛋禽、水禽、奶牛、肉羊产业生产水平，大力引进大型企业建设现代化畜禽养殖场，支持益客、光明、卫岗等龙头型企业稳产扩产，积极协调解决用地、环保、防疫等手续问题，加快标准化规模养殖场落地投产。重点升级蛋鸡、肉牛、肉羊养殖规模结构，因地制宜发展规模化养殖，引导养殖场户改造提升基础设施条件，扩大养殖规模，提升标准化养殖水平，以规模化带动标准化，以标准化提升规模化，推动全市小散养殖向标准化规模养殖转型、粗放养殖向绿色科学养殖转型，逐步形成畜禽标准化规模养殖发展新格局。

推进畜禽场户整治提升。以沭阳、泗阳等地为重点，逐步减少小散乱养殖场户的数量，对于养殖量较大且粪污无法有效处置的，应逐步淘汰关停。采取示范奖励等措施，加快推进分散饲养向集约饲养方式转变，鼓励国省考断面周围的养殖户“退户进区”。大力发展标准化规模生产、家庭牧场或“龙头企业+养殖户”等不同模式，重点引导生猪、水禽、肉羊等小散养殖户与规模养殖场合作，鼓励龙头企业或大型养殖场以入股、合作等方式，建设高效安全、绿色环保的标准化合作养殖场。

专栏1 优化畜禽养殖产业结构布局主要措施

打造“3+N”养殖业区域布局。沭阳县重点推动以江苏省沭阳汤涧现代农业产业园区的畜禽产业集群为支撑的沂南区生猪优化区、沂东北禽类优化区建设，在S245沿线花木种植乡镇发展特色养殖，构建形成以沂南区、沂东北、西部特色区为主导的“3+N”养殖业空间布局。泗阳县重点推动北部生猪优化区、S330沿线家禽优化区建设，以中部现代农业产业园服务辐射范围发展特色养殖，构建形成以运河北、成子湖片区、中部特色区为主导的“3+N”养殖业空间布局。泗洪县重点结合洪泽湖沿线片区、西南岗片区、东北区稻米主产区打造生猪优化区，构建形成以洪泽湖片区、西南岗、东北区为主导的“3+N”养殖业空间布局。宿豫区重点推动东北片肉鸡产业提档升级，宿城区重点建设黄河故道沿线肉鸡优化区。

实施区域总量控制。按照农业农村部发布的《畜禽粪便土地承载力测算方法》(NY/T3877—2021)，考虑各县区禁养区面积和耕地资源空间分布差异，理论承载量按照规划各类土地资源承载猪当量的80%计，原则上宿迁市畜禽养殖总量(存栏猪当量)控制目标为804万，其中宿城区50万、宿豫区83万、沭阳县259万、泗阳县104万、泗洪县279万、经开区4万、湖滨新区11万、洋河新区14万。对于畜禽养殖行业发展规划养殖当量超出总量的县区，需制定合理可行的污染物减排措施，包括但不限于养殖污水深度处理后达标排放、增加有机肥外售量等，以确保与环境承载力相匹配。

5.2 提高畜禽养殖污染治理水平

5.2.1 推行畜禽养殖清洁化生产

改进栏舍清洗方式。新、改、扩建的畜禽养殖场应采用干清粪、垫料等节水型清粪方式，配备自动饮水、自动清粪等设施装备，做到干化清粪、集中堆积。采取有效措施将固体粪污及时、单独清出，不与液体粪污混合排出，并将产生的干粪及时运至贮存或处理场所。引导少数采用水冲粪清粪方式的生猪、肉牛、家禽养殖场升级清粪工艺，鼓励奶牛等液体粪污产生量大、场内污水处理基础设施条件较好的养殖场提高废水回用比例，加快肉禽“平改笼”技术推广。

严格落实雨污分流改造。对照畜禽养殖标准化“两分离”技术要求，对雨污分流系统不到位的畜禽养殖场(户)进行升级改造，各县区按整改名单重点推进规模养殖场雨污分流、暗沟布设的污水收集输送系统建设。通过合理布局生产、生活、粪污处理等功能区，实行净污道分设、雨污道分流，实现养殖环境整洁，与周边自然环境和美丽乡村建设相协调，以改变原有养殖废水收集方式，有效降低养殖废水产生量。

5.2.2 推进废气治理方式升级

减少臭气源头产生。引导养殖业主在畜禽饮水、饲料中添加有益菌，促进畜禽消化、吸收能力，减少畜禽粪污产生量。正确选用优质饲料，探索推广低蛋白高能量饲料，降低排泄物中蛋白质的残留量，减少畜禽舍中恶臭气味的产生。鼓励养殖场内实施分区饲养，保持舍内干燥，减少圈内粉尘及微生物。推广含环保型微生态饲料添加剂饲粮，减少恶臭污染物的产生，如在饲料中添加合成氨基酸；或在饲料中增加非淀粉多糖的量；或在饲料中应用益生素、酶制剂、酸化剂、沸石等有效饲料添加剂；或在饲料中添加乳酸菌类、酵母菌类、光合细菌类、发酵用的丝状菌类、革兰氏阳性放线菌类等微生物添加剂。

加强臭气防控与治理。强化畜禽养殖场日常管理，增加畜禽舍清理次数，及时清理畜禽排泄物和料槽周围洒出的饲料，减少固体粪便堆放时间，减少动物粪便臭气排放。鼓励对养殖场粪污收集池、堆粪场等臭气源进行密封性管理。鼓励养殖业主在粪便厌氧处理和动物粪便中添加尿素酶等抑制剂，利用秸秆覆盖粪池或储粪罐，减少粪便暴露面积。鼓励养殖业主在圈舍、粪沟、粪污集中处理区以及养殖场周围喷洒、喷雾化学除臭剂、治污除臭剂或微生物除臭剂，减轻臭气。加强畜禽养殖场与还田利用的农田之间污水输送网络管理，严格控制污水输送沿途的弃、撒和跑、冒、滴、漏。采用规律性地翻堆肥，并适当通风，或在堆肥中掺入微生物制剂等措施，减轻或消除恶臭气体的刺激。

专栏 2 养殖场常用废气治理方式

物理除臭：可采用向粪便或舍内投(铺)放吸附剂减少臭气的散发，宜采用的吸附剂有沸石、锯末、膨润土以及秸秆、泥炭等含纤维素和木质素较多的材料。

化学除臭：化学除臭措施有化学中和除臭法和酸化剂除臭法等。化学中和除臭法：(1) 可以在畜禽舍垫料中撒一层过磷酸钙，降低臭气浓度；(2) 利用过氧化氢、高锰酸钾、硫酸铜、乙酸等物质，通过杀菌消毒，达到抑制和降低畜禽舍内有害气体的产生；(3) 用 4%硫酸铜和适量熟石灰混在垫料中，或用 2%的苯甲酸、2%乙酸喷洒垫料，以起到除臭作用。酸化剂除臭法：(1) 可以在堆肥中添加 20%的氧化钙，能够减少约 10%的氨气挥发；(2) 在堆肥中使用 11%的蔗糖，减少臭气挥发；(3) 在粪便中添加植物乳杆菌和葡萄糖复合；(4) 禽类粪便中可以添加硫酸铝，减少大部分的氨挥发量。

生物除臭：生物除臭措施有生物过滤法和生物洗涤法等。生物过滤法是首先将含污染物的废气导入增湿器进行润湿，然后进入生物滤池。当润湿的废气通过有机无机混合填料层时，被附着在填料表面的微生物吸附、吸收，在生物细胞内分解为 CO_2、H_2O、S、SO_4^{2-}、SO_3^{2-}、NO_3^- 等无害小分子物质。生物洗涤法是将污染物质与水或固相表面的水膜接触，使污染物溶于水，成为液相中的分子或离子，被微生物吸附、吸收，污染成分从水中转移至微生物体内，作为微生物生活活动的能源或养分被分解和利用，从而使污染物得以去除。

5.2.3 开展养殖场户分类治理

持续深化规模养殖场污染治理。监督指导新建的养殖场配套相应畜禽粪污设施设备，按照《畜禽规模养殖污染防治条例》要求，对新建畜禽养殖场污染防治设施的建设、验收和运行落实"三同时"制度。继续推进粪污处理设施装备工作，根据设计养殖规模配套固体、液体粪污贮存设施，保证粪污治理设施配套比例稳定达到100%。原有养殖场优化完善畜禽粪污处理和综合利用设施设备，推进污水、异味污染治理设施建设，加强污染治理设施的后期运维管理，保障设施正常运行。各县区对照辖区内提升改造清单，逐一对治理设施设备进行查漏补缺，并制订提升改造方案，2023年底前完成一批规模养殖场升级改造。鼓励更新设施设备和标准化改造栏舍，配备自动喂料、自动饮水、自动清粪等设施装备，建设一批配套漏缝地板、自动清粪运输设备、雨污分离设施、自动送料系统、粪便发酵塔等先进养殖设施设备的现代化、自动化高效养殖场。

持续推动养殖专业户污染治理。推动养殖专业户主动配合，统一指导建设标准化、规范化的粪污存储设施，贮存周期不得低于雨季最长降雨期，液态粪肥一般容量不得小于2个月的产生总量。中小养殖户优先采用就地就近消纳还田的方式，消纳土地、粪污处理和利用能力不足的中小养殖户，可依托现有大型规模养殖场的治污设施或委托第三方进行收集、运输、处理和利用。对尚未配套畜禽粪污处理和利用设施的养殖专业户，指导并督促其根据养殖种类、规模、粪污收集方式、当地的自然地理环境条件以及排水去向等因素合理确定粪污资源化利用设施的布局和规模，并在实现综合利用的情况下，优先选择低运行成本的处理工艺。

5.2.4 推进整县畜禽养殖污染治理

提升畜禽粪污集中处理能力。鼓励全县推进畜禽粪污收运体系建设，因地制宜配备粪污运输车辆、固液分离站、集中收集点、施肥一体机、配套管网等，将畜禽粪污集中收集处理后就近运送至农田、果园、菜地使用，或运送至畜禽粪便处理中心加工商品有机肥。以各县区现有有机肥厂和粪污处理中心为主要抓手，配套建设废弃物集中处理设施。引导发挥市场化机制，鼓励个体经营者参与资源回收产业链条，对周边分散的中小型养殖场的畜禽粪便收运后集中处理。

健全病死畜禽无害化处理体系。病死畜禽应按照有关卫生防疫规定单独进行妥善处置。按照"统筹规划、合理布局、区域集中，保险联动"的原则，健全病死畜禽就地集中无害化处理机制，完善病死畜禽无害化处理认定程序和保险联动机制，不断提高保险赔付和集中专业化处理覆盖率。染疫畜禽及其排泄物、染疫畜禽产品、病死或者死因不明的畜禽尸体等污染物，统一进行无害化处理。根据全市畜禽养殖结构、布局、规模和发展规划，结合运输成本和区域生态环境现状，在畜禽养殖密集区设立转运站，完善病死畜禽无害化收集转运基础设施建设，并配备专业的运输工具，形成运转高效的病死畜禽收运体系。

专栏3 畜禽养殖场户污染治理工程

清粪工艺改造工程。引导采取水冲粪清粪方式的规模养殖场逐步改变清粪工艺，通过配套漏缝地板、自动清粪运输设备等措施，采用干清粪等节水型清粪方式。

养殖废水回用工程。遴选一批基础条件好的奶牛等液体粪污产生量大的规模养殖场，新、改、扩建污水循环回用系统，引进包括废水处理设施和回用相关配套设施。厂内养殖废水经过预处理后，部分回用于圈舍冲洗。

养殖场户污染治理改造工程。支持规模养殖场饮水、清粪、环境控制、臭气处理、厌氧发酵或密闭式贮存发酵以及堆(沤)肥设施改造。到2023年，对一批规模养殖场制订针对性提升改造方案。

病死畜禽无害化处理体系建设工程。对现有的病死畜禽无害化收集点进行进一步完善，严格按照国家防疫要求设计建造，生物安全防控条件需要符合标准规范，并配备专业的运输工具，形成区域病死畜禽收运体系，实现病死畜禽集中收集处置能力全覆盖。

5.3 升级废弃物资源化利用模式

5.3.1 深入开展畜禽粪污综合利用

推进规模养殖场提档升级。鼓励在现有粪污治理基础上采取沼气工程结合种养一体化、农牧循环模式处理利用畜禽粪污。要求畜禽粪污通过厌氧菌发酵，降解粪污中颗粒状的有机物，沼渣和干粪可直接出售或用于生产有机复合肥，沼液达到无害化处理标准可直接作为肥料用于农田施肥。养殖场可根据粪污产生情况，在周边签订配套农田，实现畜禽养殖与农田种植直接有机结合。

鼓励龙头企业综合示范处理。鼓励设计出栏万头以上猪当量规模养殖场，以省级以上生态健康养殖示范场为目标，开展畜禽粪污综合治理，鼓励建立污水处理站，采用如厌氧UASB+二级A/O等深度处理工艺对废水进行处理，或以畜禽粪污集中处理中心建设项目形式推进建立有机肥厂、沼气工程，综合处理利用自身和周围小型养殖场户畜禽养殖粪污；鼓励暂时无条件的大型养殖场，对接社会化粪肥服务机构生产有机肥，与区域果菜种植基地、种植专业合作社签订用肥协议，消纳畜禽养殖粪污。

培育粪肥综合利用社会服务组织。加快构建畜禽粪污资源化利用市场机制，积极推行环境污染第三方治理，建立完善“污染者付费+第三方治理”机制，推动畜禽养殖污染治理向市场化、专业化、产业化发展。鼓励社会资本进入畜禽粪污处理及资源化利用市场，建立废弃物收集、转化、利用社会化运营网络体系，构建可持续的运行机制。积极培育畜禽粪污集中收集、贮存、输送、综合利用、粪肥统配统施、粪肥还田土地监测等全链条社会服务组织，培育壮大一批粪肥收运和田间施用等社会化服务主体，支持建设区域性畜禽养殖废弃物集中处理中心。在养殖户较为集中的区域，探索建立由第三方服务机构开展畜禽养殖废弃物的统一收集、运输、集中处置或技术运维模式。

5.3.2 分类分区开展种养结合

推动养殖企业协同种养结合。加快培育以养殖企业为主体的种养结合模式，通过土地流转直接经营一定规模的农田、果园、林地等，粪污发酵产生沼气后，沼渣沼液还田或者畜禽粪污堆肥后就近还田，实现粪污的资源化利用。协调养殖场与周边种植户进行土地流转谈判，对符合资助条件的部分企业，给予适当的财政补贴和技术扶持。鼓励养殖场周边的种植户根据农业生产需求，通过无偿或有偿的方式，辅助解决部分畜禽粪污还田问题。重点以大型生猪、奶牛养殖场为主体，通过落实养殖场配套消纳土地，建设一批养殖企业主导型种养结合实施主体。

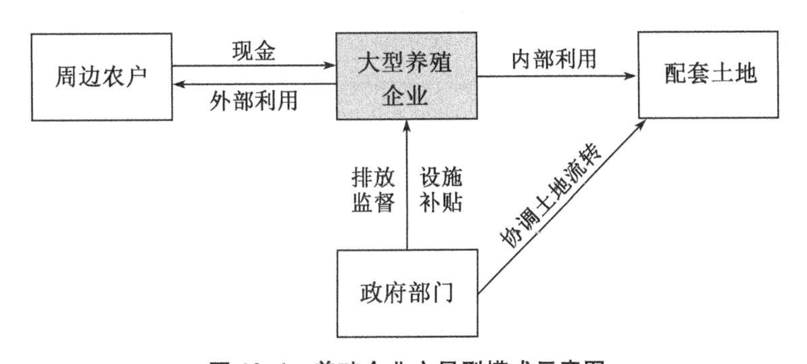

图10.4 养殖企业主导型模式示意图

壮大种植企业种养结合主体。对于畜禽养殖规模较小、分布较散而种植业较为发达的区域，鼓励大型种植企业有偿承担粪污处理设施建设、集中处理责任，减少种植业化肥的施用，减轻中小型养殖企业粪污处理压力，促进养殖企业防污治污行为，较好实现“全量资源化利用”。通过设立专项扶持资金，在一定程度上对种植企业进行补贴扶持。重点在花木谷、果菜茶有机肥替代化肥试点区、优质果蔬产业区，依托精品花木苗圃、标准化果蔬等种植基地推广此模式。

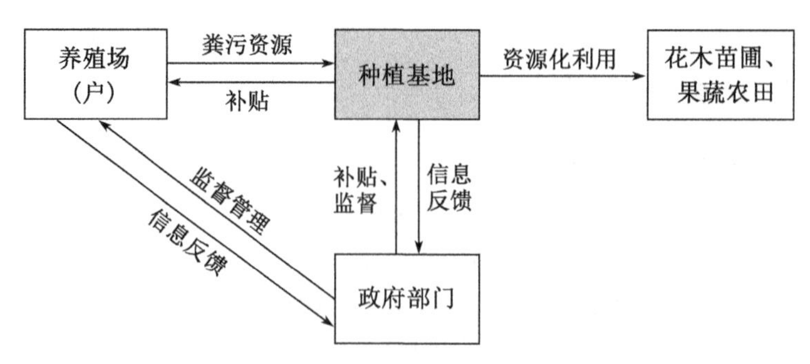

图 10.5　种植企业主导型模式示意图

引导有机肥企业助力种养结合。在禽类、肉羊养殖场比较集中的县区、片区，鼓励有机肥的生产企业通过建设区域共享的畜禽粪便收集体系与处理设施，将养殖粪污与秸秆等其他农业废弃物转化成高附加值的商品有机肥，拓展商品有机肥的销售范围，有效实现养殖粪污的本地处理与外地施用相结合。重点在泗阳县、宿豫区依托有机肥加工中心，建设和完善粪污资源化利用管理模式，充分协同解决辐射区域内的种植、畜禽污染问题。

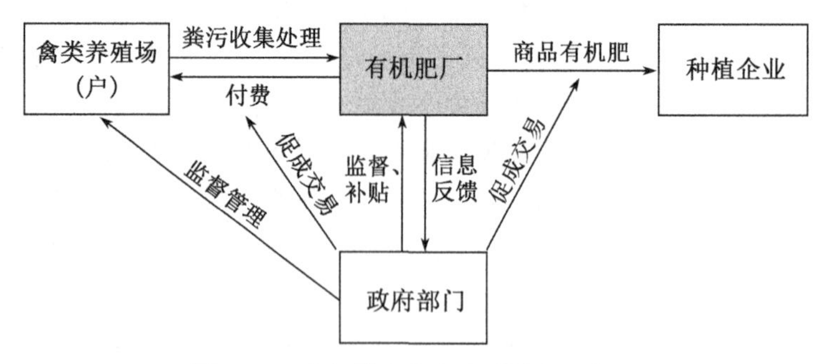

图 10.6　有机肥企业主导型模式示意图

试点粪污处理中心主导型种养结合模式。在泗阳县、泗洪县等地试点支持建设公益性的农村废弃物资源化处理中心或农业“绿岛”项目，处理后产生的沼渣沼液直接用于周边农田，沼气用于发电或周边居民使用，实现区域内畜禽粪污资源化利用，同时解决周边种植户施肥问题。

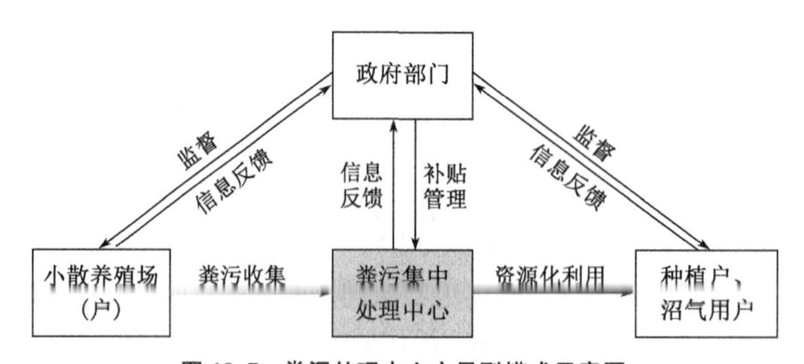

图 10.7　粪污处理中心主导型模式示意图

5.3.3　构建绿色种养循环农业

大力推行应用有机肥。鼓励沭阳沂东北稻米区、泗洪西南岗果蔬区、环洪泽湖稻鱼区及国省考断面流域内等重点区域的农业生产经营主体率先使用无害化处理达标的粪污有机肥。支持种植户在田间地头建设沼液贮存池和喷灌管网，鼓励经无害化处理的畜禽养殖废水作为肥料科学还田使用。在故黄河生态富民廊道精品果蔬产业强镇大力推广“腐熟粪肥＋配方肥”和“腐熟粪肥＋水肥一体化”技术模式。健全畜禽粪污还田利用及检测方法标准体系，加强土壤和农产品监测，加强粪肥还田技术指导，确保科学合理施用。探索在精品花木谷、“两湖”渔业群分别建立“畜—沼—花”和“牧—沼—渔”生态养殖技术循环农业科技入户示范工程，拓展有机肥还田利用途径。

开展全域生态循环农业建设。以泗洪西南岗林果片区、泗阳 S245 省道沿线林果产业带、沭阳花木片区、宿豫 S325 省道沿线果蔬产业带为重点，推进生态循环农业建设。加快绿色种养循环示范建设，推动泗阳县、泗洪县开展国家级绿色种养循环农业试点县建设，鼓励沭阳县开展国家级试点县创建，加快推进泗洪县、宿城区省级生态循环农业试点村建设，开展粪污收集、集中处理、定向配送、机械施用，协同推进种养协调发展与农业生态环境保护，推动“粪污”变“粪肥”，带动县域内粪肥基本还田，以畜禽养殖为纽带发展生态循环农业。到 2025 年，绿色种养循环农业试点县总数达到 2 个，试点示范面积不少于 20 万亩。

专栏 4　畜禽废弃物综合利用工程

养殖企业种养结合工程。重点以江苏省沭阳汤涧现代农业产业园区的畜禽产业集群、泗洪县西南岗生态畜禽循环产业园、东北生猪优化区等的大型养殖场为主体，通过落实养殖场配套消纳土地，配备粪污收集运输工具，完善粪污还田配套措施，建设以泗洪县宿迁温氏畜牧有限公司、泗阳县德康农牧有限公司等大型养殖企业主导的种养结合实施主体。

种植基地种养结合工程。重点在沭阳县 S245 沿线花木种植乡镇、泗阳县 S245、S330 沿线、宿城区黄河故道沿线果蔬产业区、洋河新区等片区，依托精品花木苗圃、标准化果蔬等种植基地，开展种养结合试点。

有机肥厂种养结合工程。重点在泗阳县现代农业产业园服务辐射范围、宿豫区东北片肉鸡产业区、宿城区南部乡镇等县区片区，主要针对区域内禽类、肉羊等干粪比例较大养殖场户，配套有机肥加工中心，充分协同解决辐射区域内的种植、畜禽污染问题。

资源化处理中心工程。率先在泗阳县、泗洪县等有条件的县区试点，选取在污染物无害化处理和资源化利用上达不到最低规模经济要求的养殖专业户或散养户集中分布的地区建设粪污集中处理中心，委托专业第三方运营，打造粪污集中处理中心主导型种养结合模式。

开展绿色种养循环农业示范建设。推动泗阳县、泗洪县开展国家级绿色种养循环农业试点县建设，鼓励沭阳县开展国家级试点县创建，全县开展粪肥就地消纳、就近还田试点，打通种养循环通道，推动建立以市场运作为主、政府引导为辅的粪污还田资源化利用长效机制。

5.4　完善畜禽养殖污染治理体系

5.4.1　加强项目规范监督管理

严格畜禽养殖场环境准入。新、改、扩建畜禽规模养殖场，应根据最新的《建设项目环境影响评价分类管理名录》进行环境影响评价。环境影响评价文件要以无害化和环境安全为目标，促进废弃物资源化利用，要根据区域内环境敏感问题和环境质量改善要求，重点论证项目的环境影响和污染防治措施的可操作性、有效性，明确应采取的环保措施，严格控制污染物排放，减缓不利影响。要突出畜禽养殖废弃物综合利用，已获得环评批复的规模养殖场如需由达标排放（含按农田灌溉水标准排放）变更为资源化利用（不含商业化沼气工程和商品有机肥生产），如在项目竣工环保验收前变更，按照非重大变动纳入竣工环境保护验收管理；在竣工环保验收后变更的，按照改建项目依法开展环评。到 2025 年，规模化畜禽养殖场项目环境影响评价执行率达到 100%。

深入推进生猪规模养殖项目环评"放管服"改革。继续对年出栏 5 000 头以下的生猪养殖项目实行备案管理、对年出栏 5 000 头以上和涉及环境敏感区的生猪养殖项目按规定实行审批。

开展建设项目环境影响评价监督检查。加强事中、事后监管，生态环境部门督促建设单位落实环保"三同时"制度，如实主动公开建设项目环境信息。生态环境局对现有的畜禽规模养殖场应加强检查，对未依法进行环境影响评价的畜禽养殖场依法予以查处。重点加强告知承诺制环评执行情况、承诺履行情况等方面的监督检查，督促企业从严落实环保主体责任。

依法核发排污许可证。新、改、扩建设有排放口的规模化畜禽养殖场应按规定申领排污许可证，不得无证排污和不按证排污，设有污水排放口的规模化畜禽养殖场排污许可证执行率达到 100%。生态环境部门应依据排污许可证对排污单位排放污染物行为进行监督执法，检查许可事项落实情况，审核排污单位台账记录和排污许可证执行报告、检查污染防治设施运行、自行监测、信息公开等排污许可证管理要求的执行情况。到 2025 年，纳入重点排污单位畜禽养殖场环境保护信息公开率达到 100%。

5.4.2 建立健全台账管理制度

全面推进粪肥利用台账制度实施。根据《关于进一步明确畜禽粪污还田利用要求强化养殖污染监管的通知》（农办牧〔2020〕23 号）要求，规模养殖场需制订畜禽粪肥还田利用计划，明确配套农田面积、农田类型、种植制度、粪肥施用时间及使用量等。同时建立畜禽粪污处理和粪肥利用台账，及时记录粪污日处理量和粪肥施用时间、施用量与施肥方式等，确保台账数据真实准确。农业农村部门参照省下发的台账格式，按照适用、方便的原则，探索建立符合养殖场实际畜禽种类以及粪污处理利用现状的台账格式；制订年度推进计划，以规模养殖场为重点，大力推进粪肥利用台账制度，鼓励有条件的专业畜禽养殖户填报，逐步完善粪肥利用台账。到 2025 年，畜禽规模养殖场粪污资源化利用台账建设率达到 100%。督促养殖场按照要求记录粪污资源化利用的管理台账，明确各场"直联直报"系统信息员，做到责任到单位、到部门、到岗位、到人头。鼓励有条件的各县区定期聘请专家对各个养殖乡镇进行现场指导粪污资源化利用化管理台账的记录和管理要点，各县区以及相关的管理部门加强对管理台账的监督检查工作，对于未记录粪污资源化利用管理台账的养殖乡镇根据情况给予责令整改、警告、处罚等必要的处理措施。

5.4.3 坚持污染防治政策导向

开展"1+5"污染防治专项规划编制。养殖规模较大的沭阳县、泗洪县、泗阳县、宿城区、宿豫区等生态环境部门应会同农业部门，按照要求编制畜禽养殖污染防治专项规划。依据环境承载能力科学布局，同时加快发展适度规模标准化养殖，促进养殖规模与资源环境相匹配。推动种养结合、农牧循环和粪污综合利用，明确对畜禽粪污全部还田利用的养殖场户实行登记管理，无须申领排污许可证。进一步完善粪肥还田管理制度，督促指导规模养殖场制订畜禽粪肥还田利用计划，根据养殖规模明确配套农田面积、农田类型、种植制度、粪肥使用时间及使用量等。

完善畜禽养殖污染防治配套制度。完善鼓励使用有机肥政策，制定针对有机肥生产、沼液沼渣综合利用等畜禽养殖废弃物综合利用工程的信贷、税收、补贴等优惠政策。制定落实畜禽养殖废弃物综合利用扶持政策，鼓励液体粪肥机械化施用，鼓励在规模种植基地周边建设农牧循环型畜禽养殖场户，促进粪肥还田，鼓励农副产品饲料化利用。推动养殖废弃物处理设施纳入农机购置补贴政策等制度落实。结合生猪保险，统筹推进病死猪牛羊禽等无害化处理，完善市场化运作模式，合理调节补助标准。

专栏 5 畜禽污染治理体系建设工程

建立粪污资源化利用计划和污染治理台账制度。指导规模养殖场制订畜禽粪肥还田利用计划，明确配套农田面积、农田类型、种植制度、粪肥施用时间及使用量等，根据粪污资源化实际利用情况建立台账登记记录。

编制县级畜禽养殖污染规划。依据《畜禽养殖污染防治规划编制指南（试行）》，指导三县两区科学编制县级畜禽养殖污染专项规划，从提出畜禽养殖污染治理总体要求、提升畜禽粪污资源化利用水平、完善粪污处理和利用设施、建立健全畜禽养殖污染治理体系等方面指导本县区进一步推进畜禽养殖污染防治工作。

完善畜禽养殖污染防治技术指导。印发《宿迁市畜禽养殖场治理和粪污资源化利用典型案例》等技术规范，针对宿迁市等重点畜种，围绕养殖模式、粪污治理利用模式等方面，梳理典型案例，推动畜禽养殖场户粪污治理设施配套到位，做好设施设备维护，推动粪污高效规范处置利用，巩固提升畜禽养殖污染治理成效。

5.5 健全畜禽污染监管工作机制

5.5.1 强化环境监管执法

严格日常环境监管。深化落实畜禽规模养殖场排污许可制度，将规模养殖场纳入日常执法监管范围，实施属地监管，对畜禽粪污资源化利用计划、台账和排污许可证执行报告进行抽查。严格畜禽养殖环境监管和畜禽粪污还田利用全过程监管，以规模养殖场为重点，推广应用视频监控系统建设，实时监管畜禽粪污收集处理过程；强化粪污资源化利用、病死畜禽尸体等废弃物处置的监管。对畜禽养殖禁养区、国省考断面所在流域等环境敏感区域，定期开展专项执法检查。

健全部门联动监管机制。生态环境、农业农村部门建立联动机制，共享畜禽养殖及日常管理的相关数据和信息。畜禽养殖场应当定期将畜禽养殖品种、规模以及畜禽养殖废弃物的产生、排放和综合利用等情况，报县级人民政府生态环境主管部门备案，生态环境主管部门应当定期将备案情况抄送同级农业农村部门。生态环境部门向同级农业农村部门开放备案系统网站权限，通报规模化畜禽养殖场环评及备案办理情况。开展粪污处理设施装备配套、畜禽粪污还田利用、环境管理情况等方面联合督导检查，加强畜禽养殖污染防治执法监管。

加强队伍和能力建设。加强环境监管队伍专业化建设，开展畜禽养殖污染治理监管执法培训，完善执法、取证、采样等专业化监管设备，提高执法和装备配备水平。加强基层环保执法队伍建设，建立乡镇环保专员制度，推动生态环境监管执法重心下移、力量下沉、保障下倾，落实乡镇基层生态环境保护职责，提升基层监管执法能力。加强监管队伍的交流，相互借鉴有效的监管方法。提升畜禽养殖环境监测能力，夯实环境监管基础，增加专业技术人员和专用仪器设备，全面提高畜禽养殖业环境监测工作水平。

5.5.2 加强环境风险防控

根据畜禽养殖业环境监测工作需要，在开展氨氮、总氮、总磷等常规指标基础上，加强土壤环境监测和农产品协同监测，鼓励有条件县区增加对还田粪肥、粪肥消纳土地及其出产的农产品等的监测。探索建立畜禽粪肥消纳土地的定期跟踪监测机制，对长期粪肥施用土地的营养元素(氮、磷)、土壤有机质、重金属(铜、锌、镉、砷)、新型污染物(PPCPs 等)等进行定期监测，及时掌握粪污养分和有害物质含量，防范还田风险。综合规模养殖场的养殖规模、粪污利用方式和去向、与受纳水体的空间位置关系及受纳水体水质要求等因素，开展畜禽养殖场摸排工作，探索建立规模畜禽养殖场环境风险管控清单，防范环境风险。

5.5.3 提升信息化管理水平

完善畜禽养殖场信息平台建设，全面掌握全市畜禽养殖污染源分布、主要污染物排放、粪污综合利用、污染防治设施建设、环境管理相关制度执行等情况。力争全市的粪污集中处理中心、病死畜禽无害化处理中心等收集、转运、处理、处置信息纳入平台统一管理。加强监测技术人员培训，探索购买第三方服务，开展畜禽养殖场污染物监督性监测、线下巡查等工作，全面提高畜禽养殖业环境监测水平。到 2025 年，全市设计出栏万头以上生猪养殖场全部实现视频监管。

专栏 6　畜禽污染监管体系建设工程

畜禽养殖监测能力提升工程。以县区为单位，农业农村部门和生态环境部门按职责分工，加强畜禽养殖业环境监测体系建设，开展粪肥处理产品中有机质、养分、重金属等检测，加强还田粪肥、消纳土地及其出产的农产品等中的重金属元素监测，对养殖区及周边开展大气、地下水、地表水和土壤开展环境质量监测，为污染治理提供基础数据支撑，并作为监督执法的重要依据。

万头以上猪场信息化监管工程。借助互联网、物联网、大数据技术，推进全市设计出栏 10 000 头以上养猪场及污染治理重要配套设施安装在线监控系统，并接入当地行政监督综合管理部门，联网打造县区级监管集成平台，实现信息化管控。

◆专家讲评◆

本规划章节内容全面、针对性强、特色突出，对前文分析的问题及挑战均提出了相应的规划措施。如沭阳县、泗洪县等有发展余量且养殖产业基础好的县可以适当扩大养殖规模，宿城区等发展余量小且资源环境条件一般的区域应控制养殖规模。该畜禽养殖污染防治规划逻辑性、指向性较强，对全市各县（区）开展畜禽养殖污染防治工作具有参考价值。

第六章　保障措施

6.1　加强组织领导

宿迁市政府加强对畜禽养殖污染防治工作的组织领导，加强污染防治工作协调，完善跨部门沟通协作机制，按照部门职责分工，分解落实畜禽养殖污染防治任务，实现资源和信息共享，形成部门合力。各县区负责对本行政区域畜禽养殖业发展和畜禽养殖污染防治工作；生态环境部门负责畜禽养殖污染防治的统一监督管理；农牧主管部门负责畜禽养殖废弃物综合利用的指导和服务；乡镇、街道政府按照职责做好畜禽养殖污染防治工作，负责对本行政区域内畜禽养殖污染治理设施建设与运行情况进行监督管理，协助生态环境部门、农业部门以及其他有关部门实施畜禽养殖污染防治工作；县级以上人民政府其他有关部门依照《畜禽规模养殖污染防治条例》规定和各自职责，负责畜禽养殖污染防治相关工作。

6.2　细化措施落实

突出重点，明确治理任务及进度，加强对重点地区的监督指导和政策扶持。通过多部门联合监督、专项监督和日常性监督等多种监管方式加大畜禽养殖污染日常监督和执法管理。加快各地畜禽养殖污染治理设施建设。加强对畜禽养殖业污染治理项目的督查和调度，确保完成治理目标任务。采取多种检查方式，重点加强对已完成治理的规模畜禽养殖场以及畜禽粪便收集处理设施的现场监督，对偷排、漏排、直排等违法行为依法严厉查处。将畜禽养殖污染治理与生态创建、各类农业财政扶持资格、各类生态环保评优等挂钩，不断加大综合整治力度。

6.3　加大政策扶持

加大对生态畜禽养殖业建设的政策扶持，出台相关政策重点扶持标准化养殖场、示范场创建、粪污资源化利用、监管体系建设、信息化管理、社会化服务平台建设和新技术推广等。探索建立涉及财政、企业、社会的多元投入机制，拓宽资金渠道，加强资金整合，加大畜禽养殖污染防治资金支持。优先制定和实施种养结合工程、循环农业试点项目、废弃物资源化利用、污染治理设施建设和运营，环境监测收费等优惠和扶持措施。完善规模养殖设施用地政策，将以畜禽养殖废弃物为主要原料的规模化大型有机肥厂、集中处理中心等工程项目的建设用地纳入土地利用总体规划，在年度用地计划中优先安排。对种养结合基地、生态养殖小区，优先予以用地保障。

6.4 推广宣传教育

积极开展畜禽养殖污染防治工作的宣传教育，营造良好的舆论氛围。通过广播、电视、报刊、网络、微博、微信、培训会、宣传栏等形式，开展畜禽养殖污染防治的舆论宣传，切实提高养殖场户和广大群众的环保意识。农业农村部门或受委托的第三方培训机构应积极组织开展技术交流与人员培训，把畜禽粪污治理和资源化利用技术作为培训的重要内容，纳入相关农业技术或养殖技能培训当中，逐步提高从业人员的污染治理技术水平。充分发挥社会舆论的监督作用，及时通报各地禽养殖污染治理工作进展、亮点与问题，对治理不力、严重污染水环境的生产主体进行曝光，赢得舆论宣传工作的主动权。提高养殖场户参与污染防治的自觉性和主动性，形成群防群治畜禽养殖污染的良好氛围。

6.5 严格监督考核

建立“属地管理、分级负责、全面覆盖、责任到人”的网格化监管体系。细化规划工程项目职责分解和任务落实，将畜禽养殖污染防治任务完成情况作为政府年度目标责任考核的重要内容，实行一把手负责制，层层明确目标任务，落实防治工作责任，并根据目标任务完成情况采取相应的奖惩措施。强化规划项目的属地管理制度，健全畜禽养殖污染防治设施建设及长效防治机制，农业农村和生态环境等部门密切配合，组建畜禽养殖污染联合检查组，加大污染防治日常监管力度，全面落实养殖主体治污责任，实现对养殖粪污的规范治理。

连云港市生物多样性保护规划(2022—2030)

前　言

"生物多样性"是生物(动物、植物、微生物)与环境形成的生态复合体以及与此相关的各种生态过程的总和,包括生态系统、物种和基因三个层次。生物多样性关系人类福祉,是人类赖以生存和发展的重要基础。

党的十八大以来,生态文明建设被纳入国家发展战略总体布局。党中央、国务院提出,要牢固树立尊重自然、顺应自然、保护自然的理念。2021 年 10 月,国家主席习近平在《生物多样性公约》缔约方大会第十五次会议(COP15)上提出"保护生物多样性有助于维护地球家园,促进人类可持续发展"。在习近平生态文明思想的指引下,印发了《关于进一步加强生物多样性保护的意见》《关于加强生态保护监管工作的意见》《关于推动职能部门做好生态环境保护工作的意见》等文件,推动生物多样性保护工作迈上新台阶。2022 年 10 月,习近平总书记在党的二十大报告中指出,要推进美丽中国建设,坚持山水林田湖草沙一体化保护和系统治理,提升生态系统多样性、稳定性、持续性,加快实施重要生态系统保护和修复重大工程,实施生物多样性保护重大工程。2022 年 12 月,《生物多样性公约》第十五次缔约方大会(COP15)第二阶段会议通过了"昆明—蒙特利尔全球生物多样性框架",为全球生物多样性治理擘画了新蓝图。

江苏省委、省政府高度重视生物多样性保护工作,走出了一条具有江苏特色的生物多样性保护道路。2022 年 4 月,省委、省政府印发《关于进一步加强生物多样性保护的实施意见》,加强全省生物多样性保护工作。同年 5 月,省生态环境厅发布《江苏省生物多样性红色名录(第一批)》《江苏省生态环境质量指示物种清单(第一批)》,省生态环境厅、省农业农村厅联合发布《江苏省外来入侵物种名录(第一批)》,全面启动江苏省物种名录管理制度,为保护珍稀濒危物种、防治外来物种入侵提供科学依据。

连云港市面向连岛、背倚云台山,境内海洋、低山丘陵与平原俱备,沿海滩涂湿地广袤,拥有江苏最大的岛屿——连岛,中部的云台山主峰玉女峰为江苏省最高点。连云港市多样的地貌和生境承载了丰富的生物多样性,是江苏省生物多样性最丰富、最具代表性的地区之一,也是江苏省生物多样性保护的核心地区之一。

连云港市委、市政府认真贯彻落实党的二十大精神和习近平生态文明思想,为切实推进生态文明建设,持续提升生物多样性保护水平,组织编制《连云港市生物多样性保护规划(2022—2030)》(以下简称《规划》)。本规划根据连云港市城市功能定位以及生物多样性现状,密切衔接《连云港市国土空间总体规划(2020—2035)》,提出连云港市生物多样性保护总体目标,构建"一湾两绿八廊多点"的生物多样性保护空间总体布局,进一步制定"一体两翼三支撑"的保护体系和"四个提升"的奋斗目标,明确规划内容和重点工程项目,筑牢生态安全屏障,共同维护、创建"山海交汇生态兴"的美丽港城。

◆专家讲评◆

生物多样性保护是一项系统工程,连云港市地理位置优越,是江苏省生物多样性最丰富、最具代表性的地区之一。连云港市委、市政府长期以来将生物多样性保护放在重要位置。本《规划》响应国家和江苏省生物多样性保护要求,综合考量连云港市国土空间规划和生物多样性调查成果,着眼于连云港市生物多样性保护关键区域,制订了一系列保护目标和主要任务。《规划》生物多样性保护布局总体合理,重点工程系统全面,可操作性强,可作为连云港市新时期生物多样性保护的行动指南。同时作为江苏省首个通过省生态环境厅评审并发布的设区市级生物多样性保护规划,也为全省其他设区市编制生物多样性保护规划提供参考和借鉴。

第一章 连云港概况

1.1 规划背景

生物多样性是指地球上的生物及其环境所形成的所有形式、层次和组合的多样化，包括遗传多样性、物种多样性和生态系统多样性。生物多样性是人类赖以生存的条件，是经济社会可持续发展的基础，也是地球生命共同体的血脉和根基。

制订生物多样性保护规划是贯彻习近平生态文明思想的重要举措。2020 年 9 月 30 日，国家主席习近平在联合国生物多样性峰会上发表重要讲话，强调生态兴则文明兴，生物多样性既是可持续发展基础，也是目标和手段。2021 年 10 月，《生物多样性公约》第十五次缔约方大会(COP15)在我国昆明召开，是联合国首次以“生态文明”为主题举办的全球性会议，国家主席习近平在领导人峰会发表主旨讲话，提出“保护生物多样性有助于维护地球家园，促进人类可持续发展”，对于全球生物多样性保护转型发展具有重要意义。2022 年 12 月，《生物多样性公约》第十五次缔约方大会第二阶段会议通过“昆明—蒙特利尔全球生物多样性框架”，框架是人类寻求建立健康且繁荣的全球生态系统、实现可持续发展目标的共识，具有重要的历史意义。

制订生物多样性保护规划是落实国家、江苏省生物多样性保护决策部署的重要途径。2021 年 10 月 19 日中共中央办公厅、国务院办公厅印发《关于进一步加强生物多样性保护的意见》，进一步明确了我国生物多样性保护的总体要求和目标任务，为生物多样性保护工作指明了方向，同时明确各地可结合实际，制定修订本区域生物多样性保护行动计划及规划。2022 年 10 月 16 日，在党的二十大开幕会上，习近平总书记强调，必须牢固树立和践行“绿水青山就是金山银山”的理念，站在人与自然和谐共生的高度谋划发展。要加快发展方式绿色转型，深入推进环境污染防治，提升生态系统多样性、稳定性、持续性，积极稳妥推进“碳达峰碳中和”。2022 年 4 月 1 日，江苏省委办公厅、省政府办公厅印发《关于进一步加强生物多样性保护的实施意见》，明确要求将生物多样性保护纳入各地区中长期规划中，提出生物多样性保护目标和主要任务。

制订生物多样性保护规划是建设美丽港城、促进人与自然和谐发展的重要抓手。连云港市地处江苏省东北端，境内平原、海洋、低山丘陵等地形齐全，海洋、森林、湿地三大生态系统俱备，生物多样性资源丰富。“十四五”时期，连云港市将迈入经济发展加速期、转型升级关键期、美丽港城提升期、后发先至收获期，需确保重要生态系统、自然遗迹、自然景观和生物多样性得到有效保护，筑牢全市生态安全屏障。保护生物多样性，对于持续改善连云港市生态环境质量，充分展现连云港市山海之美、生态之美，创造良好的人居环境，不断提升人民群众的获得感、幸福感、安全感，保障社会经济的可持续发展具有不可替代的作用。

1.2 自然地理概况

1.2.1 地理位置

连云港市地处江苏省东北部，位于北纬 33°58′55″～35°08′30″、东经 118°24′03″～119°54′51″之间。东濒黄海，与朝鲜、韩国、日本隔海相望，北与山东日照市接壤，西与山东临沂市和江苏徐州市毗邻，南连江苏宿迁市、淮安市和盐城市。东西最大横距约 129 千米，南北最大纵距约 132 千米。

连云港市下辖 3 个市辖区、3 个县级行政区，土地总面积 7 615.71 平方千米，海域面积 7 516 平方千米。连云港市东与日韩隔海相望，西依大陆桥经济带，南连长三角经济圈，北接山东半岛城市群，处于新丝绸之路经济带和 21 世纪海上丝绸之路交汇点、沿海经济带和陇海兰新经济带的接合部。

1.2.2 地质地貌

连云港市位于鲁中南丘陵和淮北平原接合部，地势由西北向东南倾斜，依次为低山丘陵、残丘垄岗、山前倾斜平原、滨海平原、沿海滩涂，形如一只飞向海洋的彩蝶。依据地貌特征，全境分为西部低山丘陵区、中部平原区、东部沿海滩涂区和云台山区四个区域。地貌以平原为主，兼有山地、丘陵、岗地，地形多样，层次分明。西部低山丘陵区海拔 100～200 米，面积 1 730 平方千米。山体主要分布在市区和东海县、灌云县，共有 99 座山体 362 个山头。中部平原区海拔 3～5 米，主要是侵蚀堆积平原、河湖相冲积平原及冲海积平原，面积 5 409 平方千米，其中耕地面积 3 925 平方千米。市境东部沿海有云台山，属沂蒙山的余脉，有大小山峰 251 座，其中云台山主峰玉女峰海拔 624.4 米，为江苏省最高峰，全市山区面积近 255.96 平方千米。东部滨海区海岸类型齐全，海岸线全长 211.59 千米。大陆标准岸线 204.82 千米，其中 40.2 千米深水基岩海岸为江苏省独有。

江苏省境内大多数海岛屿分布在连云港市境内，包括东西连岛、平山岛、达山岛、车牛山岛、竹岛、鸽岛、高公岛、羊山岛、开山岛、秦山岛、牛尾岛、牛背岛、牛角岛等 20 个岛，总面积为 6.94 平方千米。其中，东西连岛为江苏第一大岛，面积为 6.07 平方千米。

1.2.3 气候特征

连云港市处于暖温带与亚热带过渡地带，四季分明，寒暑宜人，光照充足，雨量适中。连云港市常年平均气温 14.5 ℃，历年平均降水 883.9 毫米，常年无霜期 215 天，主导风向为东南风。由于受海洋调节，气候类型为湿润性季风气候，日照和风能资源为江苏省最多，也是最佳地区之一。

连云港市气候总体呈现气温偏高、降水偏多、降水季节分布不均以及汛期强对流和暴雨多发频发等特点。全年气温偏高，全市平均气温为 14.9～15.5 ℃，高温日数偏多。全年日照总时数 1 924.7～2 196.4 小时，光照充足。

1.2.4 水系水文

连云港市地处淮河流域、沂沭泗水系最下游，境内河网发达，分为沂河、沭河、滨海诸小河三大水系。流域性河道新沂河、新沭河从境内穿过，汛期承泄上游近 8 万平方千米洪水入海，有“洪水走廊”之称。全市有省级骨干河道 82 条，其中流域性河道 4 条、区域性骨干河道 18 条，重要跨县河道 16 条，重要县域河道 44 条，15 条河道直接入海。605 条县乡河道，其中县级河道 86 条、乡级河道 519 条，总长度 2 425 千米，正常水位下河道蓄水面积 264.76 平方千米。全市有大中小型水库 167 座，其中石梁河水库为江苏省最大人工水库，总库容 5.3 亿立方米。

新沂河、新沭河、蔷薇河将全市水系划分为沂南片、沂北片、沭南片和沭北片 4 大分片。沂南片：新沂河以南区域，主要为灌南县域。沂南诸河属于灌河水系。灌河西起东三岔，东至燕尾港入海，全长 62.7 千米，河口无控制，为天然港口。上游主要支流有盐河以东的武障河、龙沟河、义泽河，盐河以西六塘河水系的南六塘河、北六塘河，柴米河水系的柴米河、沂南河。灌河中游支流主要有一帆河水系的一帆河、唐响河和甸响河。两岸各支河口均建有挡潮闸，排涝蓄淡。

沂北片：新沂河、蔷薇河之间的区域，包括灌云县全部和连云港市区大部分。片内西部为岗岭水系，东部为善南的平原洼地河网水系和市区的烧香河、大浦河及排淡河水系。西部岗岭地区为古泊善后河的支流水系，主要河道有滂沟河、西护岭河、叮当河等。善南水系实行平原梯级河网化建设，以南北向的叮当河、官沟河为西部、中部、东部梯级水位控制，主要包括车轴河、牛墩界圩河、东门五图河、五灌河等骨干河道构成的平原河网水系。

沭南片：新沭河、蔷薇河之间的区域，主要包括东海县和市区蔷薇河以西部分。龙梁河和石安河两条等高截水沟、磨山河、乌龙河、鲁兰河、淮沭新河、马河、民主河等属蔷薇河水系。除石安河、龙梁河南北流向外，其余河流大都由西向东，汇流入临洪河入海。

沭北片：新沭河以北的区域，主要为赣榆区。片内共有主要河流 17 条，其中朱范河、新集河、石梁河截洪沟由新沭河左岸汇入新沭河，绣针河为省界河流，其他河流自成一体，属滨海诸小河水系，包括龙王河、青口河、范河、朱稽河、朱稽副河、兴庄河等，呈东西方向，独流入海。

1.3 社会经济条件

1.3.1 人口

2021年末全市常住人口460.20万人,比上年末增加0.1万人。全市常住人口中,0～15岁人口为101.03万人,占总人口的21.95%;16～59岁人口为263.59万人,占总人口的57.28%;60周岁及以上人口为95.58万人,占总人口的20.77%,其中65周岁及以上人口为71.48万人,占总人口的15.53%;居住在城镇的人口为287.07万人,占总人口的62.38%;居住在乡村的人口为173.13万人,占总人口的37.62%。全年出生人口3.14万人,出生率为6.82‰;死亡人口3.11万人,死亡率为6.76‰;自然增长率为0.06‰。

1.3.2 经济发展

经济总量稳步增长。初步核算,2021全年实现地区生产总值3 727.92亿元,增长8.8%,两年平均增长5.9%。其中,第一产业增加值398.13亿元,增长3.4%;第二产业增加值1 625.76亿元,增长9.5%;第三产业增加值1 704.03亿元,增长9.5%。第一产业增加值占地区生产总值比重为10.7%,第二产业增加值比重为43.6%,第三产业增加值比重为45.7%。

居民消费价格温和上涨。全年居民消费价格上涨1.3%。分类别看,食品烟酒价格上涨0.6%,衣着价格上涨0.5%,居住价格上涨1.0%,生活用品及服务价格上涨0.7%,交通和通信价格上涨3.7%,教育文化和娱乐价格上涨2.3%,医疗保健价格上涨1.0%,其他用品和服务价格下降0.3%。在食品烟酒价格中,粮食价格上涨3.0%,食用油价格上涨9.2%,鲜菜价格上涨6.8%。

农业保持稳定增长。全年实现农林牧渔业总产值728.03亿元,增长4.3%;农林牧渔业增加值432.45亿元,增长3.5%。其中,农业增加值227.60亿元,增长3.5%;林业增加值5.58亿元,下降16.2%;畜牧业增加值47.47亿元,增长5.1%;渔业增加值117.48亿元,增长3.4%;农林牧渔服务业增加值34.32亿元,增长5.1%。

工业生产平稳运行。全市规模以上工业增加值增长13.4%,两年平均增长8.9%。重点行业增势良好。全年规模以上工业中,黑色金属冶炼和压延加工业产值增长32.4%,化学原料和化学制品制造业产值增长78.7%,医药制造业产值增长1.3%,电力热力生产和供应业产值增长29.2%,农副食品加工业产值增长10.3%,非金属矿物制品业产值增长27.0%,石油、煤炭及其他燃料加工业产值增长16.8%,电气机械和器材制造业产值增长15.8%。

1.3.3 人文历史

连云港市历史悠久。早在四五万年之前,就有原始先民在这里生息繁衍。二涧遗址、大伊山石棺墓证实约6 500年前此地受北辛文化和青莲岗文化影响,形成了独特的地域文化。藤花落龙山文化古城和将军崖岩画则证实此地在6 000年前已跨入早期文明的门槛。2002年出土的海州双龙汉代女尸的考古价值堪与湖南长沙马王堆汉墓出土的女尸媲美。被誉为"东方天书"的将军崖岩画,经北京大学太极文化研究所研究员王大有考证,确认为8 000多年前的少昊氏祭天遗迹,是全国最古老的岩画。东汉时期的艺术珍品孔望山摩崖造像,据考证比敦煌莫高窟还要早300年。堪称文化瑰宝的郁林观石刻等丰富的文化遗存,昭示着连云港市灿烂的古代文明。

连云港市自古人文荟萃。秦代方士、赣榆人徐福从这里东渡扶桑,带去先进的生产工具和百工技艺,受到日本民众的崇拜,被称为中外文化交流第一人。秦始皇4次东巡,3次到此并立石建有"秦东门"。南城鲍照是南北朝时期著名诗人,是"元嘉三大家"之一。清代乾嘉学者凌廷堪、许乔林、许桂林也都生长、生活在这片土地上。晚清出生于海州望族的沈云沛,官至邮传部右侍郎,在其任上力排众议,将陇海铁路的出海口定在海州,使海州从此迈进现代港口城市的大门。近代以来,连云港市地区的名人更是层出不穷。水利学家武同举、职业教育家江问渔、作家朱自清、画家彦涵、表演艺术家朱琳都出生在这片土地上。古海州历史悠久，儒家传统文化、宗教文化、南北文化在连云港市地区交融渗透，使连云港市民俗具有豫东、鲁南的基本民俗特色，又有苏北、皖北淮海地区的习俗风貌。以祭海、捕鱼、起网、号子等为特征的渔民习俗，以修滩、晒盐、扒摊和祭奠为主要内容的盐民习俗，彰显连云港市民俗文化的地域特色。

1.3.4 城市建设

2021 年，连云港市城乡建设发展更加协调。新改建公园 6 个、游园 18 个，新增绿地 380 公顷，市区绿化覆盖率达 42.5%。海绵城市面积达 48 平方千米，2021 年完成 13.36 平方千米。新辟优化市区公交线路 23 条，清洁能源公交实现全覆盖，新增智慧停车位 2 000 个。新建污水管网 297 千米，投产输变电工程 35 项。实施老旧小区改造 150 个，560 个居民小区实行垃圾分类。累计改善农房 4.97 万户，2021 年改善 8 212 户。实施农村人居环境五年整治提升行动，推进农村户厕排查整改，累计摸排农村户厕 90.66 万户，完成分类整改 1.32 万户。

城市生态环境明显改善。全市 $PM_{2.5}$浓度 32 微克/立方米，同比改善 13.5%；空气质量优良天数比率 83.8%，同比上升 4 个百分点。全市 45 个国省考断面达到或优于Ⅲ类水标准比例为 86.7%，劣Ⅴ类断面全面消除。全市土壤和地下水环境质量总体保持稳定，受污染耕地安全利用率 99.2%，污染地块安全利用率 100%。全年完成绿化造林 4.4 万亩，新建省级绿美村庄 50 个，新建、完善农田林网 27.1 万亩，四旁植树 546 万株。建设生态安全缓冲区 2 处，新建生态护坡及水源涵养林 2 处。推动海岛、岸线生态修复，全市生态修复岸线长度累计 80 余千米。

1.4 生物多样性概况及特点

江苏得天独厚的气候条件和自然禀赋造就了丰富多样的生态系统，主要生态系统类型包括农田、城镇、森林、湿地等陆域生态系统，以及江、河、湖、海等水生态系统。全省物种总数有 6 903 种，84 种野生动植物列入《江苏省生物多样性红色名录(第一批)》。

连云港市生物多样性具有生态系统多样、物种丰富、珍稀濒危物种多和区域特色显著的特点。连云港市地处鲁中南丘陵与淮北平原结合部，面向连岛、背倚云台山，境内海洋、低山丘陵与平原俱备，拥有农田、森林、城市、湿地和海洋等多种生态系统类型，多样的地貌和生境承载了丰富的物种多样性。2018—2020 年连云港市生物多样性本底调查记录到物种 3 673 种(含变种、变型、栽培品种及未定名种)，包括赤松、遗鸥、豹猫、松江鲈等各类国家重点保护野生动植物 93 种，黑斑侧褶蛙、半蹼鹬、鳗鲡等濒危物种 74 种，还有水榆花楸、东方铃蟾、岩栖蝮等区域特有种 80 种。连云港市拥有青头潜鸭、豹猫、黄胸鹀等 55 种列入《江苏省生物多样性红色名录(第一批)》的保护物种，占全省的 65%；猕猴、金线侧褶蛙、碧凤蝶、半蹼鹬等 86 种列入《江苏省生态环境质量指示物种清单(第一批)》的生态环境质量指示，约占全省的 73%。

1.4.1 生态系统多样性及其特点

生境丰富多样，山水林田湖海岛俱备。连云港市生态系统类型丰富、齐全，是省内生态系统类型最多的地区之一。连云港市生态系统类型包括森林、湿地、农田、海洋和城市等 5 大类，可细分为平原水田、平原旱地、有林地、其他林地、城镇用地、农村居民点、其他建设用地、河渠、水库坑塘、滩地、滩涂、盐碱地和海域等 13 种类型，以水田及旱地等农田生态系统为主，占全市生态系统的比重为 58.04%，湿地类型多样，包括河流水面、湖泊水面、水库水面、坑塘水面、沿海滩涂、浅海水域等多种类型。

1.4.2 物种多样性及其特点

物种多样性既是遗传多样性分化的源泉，又是生态系统多样性形成的基础，是反映群落结构和功能特征的较有效的指标，是生态系统稳定性的量度指标。连云港市已记录物种 3 673 种，是江苏省生物多样性丰富度最高的地区之一，也是最具代表性的地区之一。

物种多样性高。连云港市已记录到物种 3 673 种(含变种、变型、少量分布广泛的栽培品种及未定名种，剔除重复种)，其中维管植物 1 363 种，陆生脊椎动物 367 种，陆生昆虫 720 种，淡水水生生物 878 种，海洋生物 386 种。连云港市已记录物种占全省已记录物种的 53.21%。

珍稀濒危物种多。连云港市已记录珍稀濒危物种 135 种,其中国家重点保护野生动植物 93 种,《中国物种红色名录》及世界自然保护联盟(International Union for Conservation of Nature,IUCN)收录的濒危物种 74 种。连云港市有国家一级保护野生动植物 19 种,国家二级保护野生动植物 74 种,有极危(CR)物种 6 种,濒危(EN)物种 14 种,易危(VU)物种 21 种,近危(NT)物种 33 种。

区域特有物种丰富。已记录江苏仅分布于连云港市的物种 80 种。其中,维管植物 78 种,包括小戟叶耳蕨、朱兰、流苏树等。陆生脊椎动物 2 种,为东方铃蟾和岩栖蝮。此外,还发现新纪录种 7 种,其中普陀狗娃花、多被银莲花、健壮薹草、兴安薹草、黄花婆罗门参和弯穗草为江苏省新纪录种,棕脸鹟莺为连云港市新纪录种。

生境多样,鸟类天堂。连云港市东部沿海是东亚—澳大利西亚迁徙水鸟的能量补给区,支撑着反嘴鹬、白腰杓鹬等 18 种超过其迁飞种群 1%个体的水鸟种群,其中超过全球种群数量 80%的半蹼鹬在连云港市滨海湿地停歇,约 50%的蛎鹬东亚种群在此越冬。临洪—青口河口湿地被列入《中国沿海湿地保护绿皮书》2016 年"最值得关注的十块滨海湿地"。内陆水库群是越冬雁鸭类的天堂,大圣湖、宿城水库、石梁河水库及小塔山水库每年冬季承载了数量庞大的雁鸭类,全国 10%的鸳鸯种群在连云港市大圣湖、宿城水库越冬。连云港市的山地灌丛、林地生境能够承载许多典型鸣禽、猛禽物种栖息,包括画眉、鳞头树莺、寿带等。前三岛为江苏省唯一的未开发基岩海岛,具有重要的生态地位。前三岛有黄嘴白鹭、中华秋沙鸭、红胸秋沙鸭等重点保护迁徙鸟类分布,同时也是斑海雀、黄嘴潜鸟等稀有海鸟的越冬地。前三岛之一的车牛山岛附近的岛礁是黑尾鸥的繁殖地,每年来此繁殖的黑尾鸥达近万只,岛上草丛、人工林也支撑了棕脸鹟莺、红喉歌鸲等林鸟的栖息。

1.4.3 遗传多样性及其特点

生物遗传资源高度丰富。连云港市保存了穞稻、云台山野生百合、海州海菜和大白菜等特色种质资源 431 份。"十三五"以来,选育作物新品种 39 个,获植物新品种权授权 8 个,申请新品种保护 26 项。

依托于云台山这一江苏植物宝库,连云港市加强云台山省级珍稀植物种质资源库建设,通过与墟沟林场和南云台林场等国有场圃合作的方式,以云台山珍稀乡土树种为核心,收集保存红楠、鹅耳枥、南京椴、糙叶树、野鸦椿、黄连木、白檀、多花泡花树、湖北海棠、拐枣等珍稀特色种质资源 70 余份。在海州区锦屏镇岗嘴村建立了乡土树种繁育中心科研平台,专门开展云台山珍稀林木种质资源繁育技术研究,收集保存云台山珍稀濒危小种群树种,发挥林木种质资源库的功能。

连云港市作为传统渔业大市,渔业资源丰富,拥有全国八大渔场之一的海州湾渔场,是江苏省唯一的海珍品自然分布区和沙生植物分布区,获批海州湾中国对虾国家级水产种质资源保护区。

1.5 生物多样性保护管理现状

1.5.1 全面构建生物多样性保护工作框架

党中央、国务院高度重视生物多样性保护工作,出台《中国生物多样性保护战略与行动计划》《中国的生物多样性保护白皮书》《关于进一步加强生物多样性保护的意见》等系列文件,推动生物多样性建设取得重大进展和积极成效。江苏省出台《江苏省生物多样性保护战略与行动计划(2013—2030)》《江苏省生态空间管控区域规划》《关于进一步加强生物多样性保护的实施意见》等,为全省生物多样性保护工作提供全面指导。

连云港市委市政府积极响应国家与江苏省系列文件精神,高度重视生态文明建设和生物多样性保护。系统开展生物多样性调查,在全省率先实现生物多样性调查区域全覆盖。不断完善生态保护制度和保障措施,制定了《连云港市生态红线区域保护监督管理考核暂行办法》《市政府关于印发连云港市古树名木保护管理办法的通知》《市政府关于全面加强云台山风景名胜区统一管理的通知》《市政府办公室转发市建设局关于连云港市城市园林绿化建设任务目标考评办法的通知》《关于进一步加强城市绿化工作的通知》等一系列办法、方案等。先后出台《连云港市海洋生态红线保护实施规划》《连云港市海岸带综合保护与利用规划(2020—2035)》《连云港市"十四五"自然生态保护规划》《连云港市海洋生态环境保护"十四五"规划》等规划文件，不断加强生态保护力度。创新建立"河长＋流域长"制获得国家河长办推广，"湾长制"经验在全省推行，全面推进生态环境治理，为生物多样性保护打下扎实基础。

1.5.2 深入建立生物多样性保护管理体系

连云港市滨海湿地处于东亚—澳大利西亚候鸟迁徙路线的中心节点，是全球迁徙水鸟重要的停歇地与觅食场。为了保护珍贵的湿地与鸟类资源，2018 年 3 月 1 日全国第一部保护滨海湿地的地方性法规《连云港市滨海湿地保护条例》颁布实施，为保护管理湿地提供了法律保障，有力地促进了全市滨海湿地的保护与修复。

为全面贯彻中共中央办公厅、国务院办公厅《关于划定并严守生态保护红线的若干意见》精神，根据省政府"关于开展省级生态红线区域优化调整工作的通知"，连云港市以"应保尽保"为基本原则，划定 77 块生态空间保护区域，陆域生态红线占国土面积的比例逐步提高。持续推进"绿盾"专项行动，开展全市自然保护地遥感监测工作，全面摸清自然保护地、生态保护红线和生态空间管控区内的人类活动情况。通过"绿盾"专项行动，有效地打击了生态保护红线内的环境违法违规行为，为野生动植物创造了良好的生存空间。

连云港市建立了完善的自然保护地、生态保护红线、生态空间管控区和乡土树种繁育中心等就地迁地保护网络，基本实现了对重点保护区域的有效保护。已建立多种类型的自然保护地 28 处，包括云台山森林省级自然保护区、海州湾中国对虾国家级水产种质资源保护区、江苏云台山风景名胜区、云台山国家森林公园、江苏东海西双湖国家级湿地公园(试点)、连云港市临洪河口省级湿地公园、连云港市海州湾国家级海洋公园、连云港市花果山省级地质公园等。

1.5.3 系统实施生物多样性保护恢复工程

连云港市坚持以"生态优先，绿色发展"为导向，认真践行"绿水青山就是金山银山"理念，不断加大生态修复力度，推进生态系统整体恢复，成效显著。伪虎鲸、松江鲈重返海州湾和灌河口，临洪河口、青口河湿地等成为候鸟天堂，踪迹难寻的豹猫多次现身云台山区。

近年来，连云港市开展了连岛、秦山岛、羊山岛等岛屿生态修复，新浦磷矿等矿山生态修复，石梁河水库生态修复等，"连云港市秦山岛生态保护修复"案例成功入选全省"最美生态修复案例"。曾经几乎变成一座荒岛的小岛山，经过种植乡土树种，发展水稻田和池塘，小岛山及周边区域生态系统逐步恢复，生物多样性逐步提高，鸟类数量逐渐增加，陆续吸引了斑嘴鸭、绿翅鸭、小天鹅、东方白鹳等重要迁徙鸟类，繁殖季更有 50 000 余只鹭类在此筑巢繁殖。连云港市加快推进生态修复治理，修复湿地 2.84 万亩，自然湿地保护率提高到 57.1%。开展"两山行动"，累计绿化造林 89.72 万亩，其中，成片造林 33.43 万亩，位居全省前四。

1.5.4 持续增强生物多样性保护支撑力度

生物多样性保护监督力度不断加大。连云港市野生动植物保护管理加入市 110 联动执法行列，与公安、农业农村等部门组成联合执法组，定期对湿地、市场、交通要道进行检查，发现违法行为依法严肃处理。在国家全面禁止非法野生动物交易的大背景下，迅速对全市野生动物驯养繁殖场所展开"全面禁野"大排查，坚决从源头上遏制野生动物非法交易行为。连云港市公安局和市见义勇为基金会还联合发布通告，鼓励广大人民群众积极参与野生动物保护，根据有关法律法规规定对破坏野生动物资源犯罪实行有奖举报。

连云港市不断加强生物多样性保护宣传力度，采取多种形式宣传生态文明建设活动，普及生态环保知识，加强生物多样性保护新闻宣传，促进公众亲近自然、尊重自然、保护自然。积极探索生物多样性公众参与模式，以"5·22""6·5"等特殊纪念日为重要窗口，创新公众参与途径，把专业知识、可持续发展理念深入普及到基层保护管理单位与校园、社区、企业日常的工作学习生活中。引导公众参与生物多样性保护活动,努力做到全民宣传、全民关注、全民参与。

1.6 生物多样性保护面临的问题及挑战

1.6.1 沿海开发与保护不协调

连云港市作为港口城市,港口开发、围填海及沿海土地资源利用的需求相对较大,而沿海区域也是东亚—澳大利西亚迁徙路线上候鸟关键的繁殖地、停歇地和越冬地。因此,连云港市的生物多样性保护工作所面临的最严峻、最突出的问题是开发利用区域和生态保护空间之间的矛盾与冲突。由于赣榆港、徐圩港等港口开发,迁徙水鸟的高潮位停息地、觅食地有所减少。

城市发展带来的栖息地丧失与生境破碎化是降低物种多样性的主要因素之一。连云港市河流纵横、水网密布,河流湿地覆盖面积较大。由于河道淤积、水生植被过度生长等原因,造成河道生态功能降低。长期如此,湿地逐渐退化,原有底栖动物群落、碱蓬群落等逐渐退化,并开始趋于旱化,湿地结构逐渐改变,不再适宜原有的湿地生物物种栖息。如何协调区域发展与生态保护的关系,解决开发与保护的矛盾是沿海地区面临的共同难题。

1.6.2 生物资源过度开发利用

生物多样性是人类赖以生存的物质基础,海洋所提供的生物多样性价值突出,全球超过 30 亿人的生计依赖于海洋和沿海生物多样性。连云港市是长三角区域的重要发展板块、海洋经济创新发展区、东西向开放新枢纽,经济快速发展不可避免地造成了生物资源的过度利用。连云港市海州湾渔场是我国著名的八大渔场之一,是北方寒冷海流和南方温暖海流交汇的地方,各种渔业资源十分丰富。过去的几十年,连云港市地区渔船数量过大,其中仅赣榆区拥有的渔船数量就占全省的 1/3,过度捕捞导致渔业资源日益匮乏,渔获逐渐减少,引起食物网结构的改变,海洋生物多样性显著下降。近年来,虽然通过海洋伏季休渔、海洋增殖放流等行动,海洋生态生态系统稳定性和功能有所恢复,但种质资源丧失的风险仍然严峻。

由于城市发展、景区开发、道路建设等人为干扰,连云港市部分珍贵和特有的陆生种质资源加速流失,外来物种的入侵也对本地传统、特色生物资源、稀有品种资源造成威胁。连云港市云台山区是江苏省重要的珍稀濒危植物种质资源库,对江苏省生物物种资源保护具有重要意义。不少居民早春季节上山采摘蕨菜,秋冬季采挖直立百部、太子参等野生药材,大量采挖野生植物等人为活动,不仅导致物种资源遭到破坏,同时也导致局部生物多样性降低。

1.6.3 部分生态系统功能退化

连云港市丰富多样的生态系统在提供生物多样性等一系列服务功能的同时,也因环境污染、气候变化、人类活动而不断改变,尤其是湿地生态系统退化明显。农业、工业污染对湿地自净能力的削弱,降低了生态系统的稳定性和恢复力。烧香河、蔷薇河等内陆部分河道存在硬质化的堤坝,直接破坏了沿河滩地的植被及两栖爬行、小型哺乳动物原有的栖息环境,致使河流湿地具备的生态廊道功能被削弱。农业开垦及城乡建设均会导致野生动物依赖的湿地、森林生态系统面积逐渐减小,原本完整的生境变得破碎化,威胁野生动物的生存,影响种内(间)的交流,特别是迁徙能力弱,行动迟缓的类群如两栖爬行类。自然岸线的破坏加剧了徐圩及赣榆部分滨海湿地生态系统的退化,导致海洋及海岸带物种多样性的损失。

1.6.4 外来入侵物种威胁加剧

随着连云港市经济发展,人口增长,人为活动对环境的影响增大,易受到外来物种的影响。外来物种能在当地的自然或人工生态系统中定居、自行繁殖和扩散,破坏景观的自然性和完整性,损害原生生态系统及其服务功能。目前连云港市有入侵物种 26 种,其中维管植物 20 种、两栖动物 1 种、爬行动物 1 种、昆虫 2 种、底栖动物 2 种。其中入侵植物中有 6 种已经广泛分布,包括喜旱莲子草、互花米草、加拿大一枝黄花、小蓬草等。外来入侵物种对生物多样性的威胁主要体现在:外来入侵物种一般竞争力强,挤占本土物种生态位;捕食本土物种,造成本土物种种群数量下降;传播病原体,危害本土物种;改变生态系统结构等。龙王河口以南的淤泥质海滩是江苏省重要的滨海湿地区域之一,支撑着半蹼鹬等多种鸻鹬类水鸟栖息,近年来,由于互花米草不断侵蚀光滩,水鸟赖以生存的滩涂生境发生改变,该区域的湿地生态健康面临挑战,其中以临洪河口、埒子口较为严重。

1.6.5 保护监测体系尚不完善

生物多样性观测是在一定区域内对生物多样性的定期测量,是区域生态质量监测的重要组成部分,也是生物多样性保护的重要基础性工作,对于客观了解生物多样性现状和变化、评估管理成效、制定保护政策措施具有重要的作用。连云港市虽已开展生物多样性本底调查和种质资源调查,但尚未建立珍稀濒危物种、重点保护物种、外来入侵物种、指示物种的动态监测体系。云台山低山丘陵、滨海湿地等部分生态空间保护区域科研监测工作薄弱,生物多样性观测能力建设与生物多样性数据库建设有待进一步加强,生态环境监测监控智能化及信息化水平有待提升。定期公布生物多样性观测报告的制度有待进一步确立,从而完善数据库信息,促进数据和监测成果共享。基于监测数据的生物多样性保护恢复成效评估和监管工作也有待进一步加强。

1.6.6 公众保护意识有待提高

目前,公众多通过城市公园、植物园、动物园、海洋馆、自然博物馆等场所了解生物相关知识。就生物多样性宣教而言,一方面,这些场所宣教主题都较单一,彼此之间较孤立,缺乏生态系统的完整性和系统性。另一方面,植物园、动物园、海洋馆等场所展示的动植物多为外来物种,缺乏对本土物种的介绍和展示。生物多样性保护相关知识普及率较低,公众对物种资源的保护意识缺失,保护方式和措施不够科学,也大大增加了生物多样性保护的难度。

第二章 总体要求和目标

2.1 指导思想

以习近平新时代中国特色社会主义思想为指导,全面贯彻党的二十大精神,深入贯彻习近平生态文明思想,坚持"绿水青山就是金山银山"的理念,将生物多样性保护理念融入生态文明建设全过程,落实美丽江苏建设的决策部署,坚持生态优先、绿色发展,加快实施重要生态系统保护和修复重大工程,实施生物多样性保护重大工程,持续加大监督和执法力度,进一步提高保护能力和管理水平,提升生态系统多样性、稳定性、持续性,确保重要生态系统、生物物种和生物遗传资源得到全面保护。

2.2 规划原则

尊重自然,保护优先。牢固树立尊重自然、顺应自然、保护自然的生态文明理念,坚持保护优先、自然恢复为主,遵循自然生态系统演替和地带性分布规律,充分发挥生态系统自我修复能力,避免人类对生态系统的过度干预,对重要生态系统、生物物种和生物遗传资源实施有效保护,保障生态安全。

系统谋划,统筹推进。坚持遗传、物种和生态系统多样性的系统性保护,秉持"山水林田湖草生命共同体"理念,协调好海州湾经济快速发展和滨海湿地生物多样性保护的关系,促进生态质量和生态系统稳定性持续提升,形成生物多样性保护的有力保障。

分级落实,上下联动。明确各部门生物多样性保护和管理事权,分级压实责任。连云港市政府层面做好规划顶层设计,制定出台政策、规划、措施及方案,加强对各部门工作的指导和支持。连云港市各级有关部门落实生物多样性保护责任,上下联动、形成合力。

政府主导,多方参与。发挥市政府在生物多样性保护中的主导作用,加大管理、投入和监督力度,建立健全企事业单位、社会组织和公众参与生物多样性保护的长效机制，提高社会各界保护生物多样性的自觉性和参与度，营造全社会共同参与保护的良好氛围。

2.3 规划期限和目标

规划范围：连云港市全域，总面积7615平方千米，海域6677平方千米。

规划年限：2022—2030年，规划期分为2个阶段。

近期：2022—2025年，4年。

远期：2026—2030年，5年。

规划目标分为近期目标和远期目标。

近期目标：到2025年，初步建立连云港市生物多样性保护管理体系。发布进一步加强生物多样性保护的实施方案，初步建立以自然保护地为主体的就地保护体系，建立“1+2+N”的生物多样性观测网络和“一湾两绿八廊多点”的生物多样性保护空间格局，林木覆盖率达到27%，自然湿地保护率达到60%，重点物种保护率达到90%以上，生态系统状况、生物物种和生物遗产资源不下降，生物遗传资源获取与惠益分享、可持续利用机制基本建立，生物多样性保护管理能力进一步提升。

远期目标：到2030年，充分展现山海美、生态美、人文美的美丽生态港城。生物多样性保护政策、制度、标准和监测体系全面完善，完善以自然保护地为主体的就地保护体系，云台山森林、海州湾湿地和前三岛岛屿等生态系统，野大豆、半蹼鹬、豹猫、四鳃鲈鱼等国家重点保护野生动植物、濒危野生动植物及其栖息地得到全面保护，生物遗传资源获取与惠益分享、可持续利用机制全面建立，保护生物多样性成为公民自觉行动。

表11.1 连云港市生物多样性保护指标体系

具体指标		2021年现状	2025年目标	2030年目标
生态系统稳定性	林木覆盖率	26.5%	27%	27.1%
	自然湿地保护率	57.1%	60%	62%
	大陆自然岸线保有率	35%	≥35%	≥35%
	生态质量指数	56.57	稳中向好	稳中向好
	生态保护红线占陆域国土面积比例	2.73%		
	海洋生态红线区面积占全市管辖海域面积的比例	26.41%	面积不减少，性质不改变，功能不降低	面积不减少，性质不改变，功能不降低
	生态空间管控区占陆域国土面积比例	22.37%		
生物多样性保护治理	生物多样性本底调查	完成第1轮	完成重点区域补充调查	完成第2轮
	生物多样性监测体系	—	基本建成	逐步完善
	外来入侵物种监测	初步建立	基本建成	逐步完善
	国家重点保护物种保护率	>89.1%	≥90%	≥95%
	“生态岛”建设	—	建成1个	建成2个
生物多样性可持续利用	生态产品市场化机制	—	基本建成	逐步完善
	生物多样性展馆	—	建成1个	建成2个

◆专家讲评◆

规划目标方面,《规划》围绕生态系统稳定性、生物多样性保护治理、生物多样性可持续利用等三个方面共制定14项指标。规划期限包括两个阶段,近期目标是到2025年,初步建立连云港市生物多样性保护管理体系。远期目标是到2030年,充分展现山海美、生态美、人文美的美丽生态港城。规划目标在分析了区域生物多样性现状和特点、保护管理现状、面临的问题及挑战之后提出,具备系统性、全面性、可操作性,重点突出,同时体现了连云港特色,实施路径明确。

第三章　保护总体布局

从连云港市生物多样性的关键区域和地理空间特点出发,兼顾城市战略定位与发展格局,依据生态系统整体性和生物物种及生物栖息地的功能与特点,构建"一湾两绿八廊多点"的生物多样性保护空间格局,有效提升生态系统多样性、稳定性和持续性,促进生物多样性整体保护恢复。

3.1　关键区域识别

生物多样性关键区域[Key Biodiversity Area(s),KBA],即对保持生物多样性有显著作用的区域,是IUCN近几年大力推行的一个生物多样性保护的新概念,也是保护生物多样性的新工具。

根据连云港市自然条件,综合考虑生态系统类型的代表性、特殊生态功能,以及物种的丰富程度、珍稀濒危程度、地区代表性等因素,识别出连云港市生物多样性关键区域:龙王河口、兴庄河口、青口河口、临洪河口等滨海湿地,前三岛等海岛,云台山区等山地丘陵,石梁河水库、安峰山水库等内陆湖库,新沂河、灌河、青口河等河流湿地。

为加强对连云港市生物多样性关键区域的保护力度,结合《中国生物多样性保护战略与行动计划(2011—2030)》划定的黄渤海生物多样性保护优先区域范围,识别出连云港市5处生物多样性保护优先区域,即龙王河口—临洪河口生物多样性保护优先区、前三岛生物多样性保护优先区、云台山生物多样性保护优先区、石梁河水库生物多样性保护优先区、埒子口—灌河口生物多样性保护优先区。

◆专家讲评◆

创新性应用"生物多样性关键区域"工具,根据区域自然条件,综合考虑生态系统类型的代表性、特殊生态功能,以及物种的丰富程度、珍稀濒危程度、地区代表性等因素,识别生物多样性关键区域,为后续确定区域生物多样性保护优先区提供依据。生物多样性关键区域识别过程总体较科学、结果可信,为《规划》保护体系和保护任务的制订提供了重要基础。

3.2　空间总体布局

根据《江苏省生物多样性保护战略与行动计划(2022—2035)(征求意见稿)》,江苏省生物多样性保护重点区域划分为"四带三区",连云港处于滨海珍稀候鸟保护带和东陇海线丘岗残脉物种保护带交汇处,自然地理条件优越,生物多样性十分丰富。

根据《连云港市国土空间总体规划(2020—2035)》中的城市战略定位和市域生态空间保护格局规划,按照连云港市生态文明建设的总体需求和城市发展目标,结合地形地貌、气候、水资源和土地资源等特点,统筹"山水林田湖草(海)"空间特征,规划连云港市生物多样性保护"一湾两绿八廊多点"的总体布局。

"一湾"即海州湾滨海生物多样性保护区,包括连云港市全域广袤的滨海滩涂,连岛、秦山岛等海岛及其周边海域生态系统。海州湾是南黄海最西面的开敞海湾,海底自西向东缓倾,湾口水深,有秦山岛、东西连岛等为天然屏障。拥有基岩海岸、砂质海岸、粉砂淤泥质海岸三种海岸类型,多样的海岸类型承载了丰富的鸟类和海洋生物资源。

"两绿"即中部云台山系生物多样性保护功能区、西部山地丘陵生物多样性保护功能区。中部云台山系生物多样性保护功能区由锦屏山、云台山山脉构成;西部山地丘陵生物多样性保护功能区是由西部夹谷山山脉、青松岭丘陵群等组成。该区域是连云港市维管植物、哺乳动物、两栖爬行动物和昆虫最为丰富的地区,拥有水榆花楸、白木乌桕、岩栖蝮、东方铃蟾、仙八色鸫和豹猫等多种珍稀物种。

"八廊"即龙王河、青口河、新沭河、蔷薇河—临洪河、古泊善后河、通榆河、新沂河、灌河等8条河流生态廊道。连云港市地处淮河流域,水系发达。河流、滨水绿地及滩地是保护连云港市生态系统、维持生物多样性的关键区域,生态廊道能够形成森林湿地小气候,维持和保护生物多样性,有利于污染防控、水质净化和水源涵养,创造良好的生态休闲空间,为全市生态绿道建设提供良好的基底。

"多点"即由城市公园绿地、附属绿地、湖泊水库、小型河流等组成的生物多样性保护功能节点网络,是建设城市生物多样性的重要载体。起"踏脚石"作用的石梁河水库、前三岛等生态节点可实现斑块间从结构联动到功能连通的转变,对维持生态安全格局、生态网络构建中各组分间物质能量交流过程具有战略节点价值。

3.3 保护布局内容

3.3.1 海州湾滨海生物多样性保护区

海州湾滨海生物多样性保护片区由连云港市整条海岸带滩涂、近海岛屿及其周边海域组成,生态系统类型包括滨海滩涂湿地生态系统、海岛生态系统和海洋生态系统。该区域海岸地貌丰富多样,既有礁岩海岸、泥滩、沙滩以及河口和盐沼,近海还有若干基岩海岛,是东亚—澳大利西亚候鸟迁徙路线的重要中转、加油站。每年有数万只鸻鹬类水鸟在连云港市滨海湿地停歇,2019年和2020年连续两年的春迁季,在连云港记录到全球至少90%的半蹼鹬。早在2010年,连云港市海岸便被国际鸟盟识别为重点鸟区,同时也是世界自然保护联盟(IUCN)认定的关键生物多样性地区。

该区域的保护重点为加强海岸带和海岛资源生态保护与修复。优化全市海岸带功能布局,分批分片推进"美丽海湾"建设,营造海岸线自然景观空间,提升亲海岸线生态环境品质。陆海统筹,加强海州湾渔场等近岸海域生态保护修复,强化兴庄河口、青口河口、临洪河口等滨海湿地修复与保护,做好鸟类栖息地生境提升。推进连岛、秦山岛等海岛整治修复,科学合理利用海岛自然资源,建设海洋生态岛链。同时不断增强滨海湿地及近岸海域生态涵养能力和碳汇、碳贮存能力,助力连云港市实现"碳达峰""碳中和"。

3.3.2 中部云台山系生物多样性保护功能区和西部山地丘陵生物多样性保护功能区

中部云台山系生物多样性保护功能区由锦屏山、云台山山脉构成。区域内包含锦屏山省级森林公园、花果山国家地质公园、云台山国家森林公园、北固山省级森林公园等多处自然保护地,生态系统类型为森林生态系统,主要为次生阔叶落叶林,林层结构复杂,植物种类丰富,其他陆生脊椎动物和昆虫等物种多样性也非常丰富,能够支撑食物链顶级捕食者豹猫栖息,是苏中和苏北地区生物多样性最集中最丰富的地区。

西部山地丘陵生物多样性保护功能区由西部夹谷山山脉、青松岭丘陵群等组成。区域内包含东海西双湖国家湿地公园、东海青松岭省级森林公园、夹谷山省级地质公园等多处自然保护地和安峰山水库、石梁河水库、塔山湖水库等水域湿地,生态系统类型包括森林生态系统、淡水湿地生态系统等。其中大型水库是雁鸭类的主要越冬场所,每年可观测到雁鸭类达数千只,包括红胸秋沙鸭、斑嘴鸭、绿头鸭、白眉鸭、翘鼻麻鸭、鸳鸯等。

该区域的保护重点是提高低山丘陵森林生态系统的稳定性与多样性。通过云台山、锦屏山、夹谷山山脉、青松岭丘陵群、安峰山水库、石梁河水库等地区矿山宕口治理、森林景观恢复、森林增绿提质、湖库湿地退养还湿、沉水植物复植等手段,加强区域内森林生态系统、湿地生态系统的保护和管理,推动生物物种的就地保护，积极保护好典型森林植物群落和豹猫、鸳鸯等生态环境质量指示物种。

3.3.3 龙王河、青口河等七条生态廊道

生态廊道由龙王河、青口河、新沭河、蔷薇河—临洪河、古泊善后河、通榆河、新沂河和灌河等 8 条河道构成。其中通榆河南起南通九圩港，北达连云港市赣榆，是东部沿海地区江水东引北调的水利、水运骨干河道，也是贯穿连云港市南北的重要生态走廊，其余河道也均为连云港市主要入海河流和骨干河道。生态廊道区域内包含灌云潮河湾省级湿地公园、临洪河口省级湿地公园等自然保护地，所属的河流沼泽湿地是鸻鹬类、雁鸭类栖息的重要场所。最具代表性的是临洪湿地，该区域发现了很多珍稀鸟类，包括白琵鹭、小天鹅、东方白鹳、丹顶鹤、卷羽鹈鹕等国家重点保护物种、濒危物种。

该功能区的保护重点为提高生态廊道的连通度。加强河道管理，打造水清岸绿的河流生态廊道，开展河道综合整治和岸线生态化改造，优化河道及两岸动植物生境，推进植树造林和生态桥（涵洞）建设，保障野生动植物栖息繁衍及野生动物迁徙通道，解决当前人类剧烈活动造成的生态系统破碎化以及随之而来的众多生态环境问题。

3.3.4 城市公园绿地、附属绿地等生态功能节点

生态功能节点主要由城市公园绿地、附属绿地、湖泊水库、小型河流等组成。这些生态功能节点既包括灌云大伊山省级森林公园、硕项湖省级湿地公园等自然保护地，也包括苍梧绿园、郁洲公园、新浦公园、海州公园等城市公园绿地，以及其他的小型河流、坑塘湖泊、道旁绿地等。这些地区生态系统类型丰富，包含了淡水湿地生态系统、滨海湿地生态系统、城市生态系统等多种类型，同时也是生物多样性保护网络的重要节点，对生物多样性保护体系的建设具有重要支撑作用。

该区域保护重点为提高生态承载力与生态系统服务功能。提升苍梧绿园、郁洲公园、新浦公园等绿地管理水平，优化绿地景观设计，增强生态属性。大力发展水榆花楸、白木乌桕、糙叶树、南京椴、映山红、芫花等本地物种景观应用，加强加拿大一枝黄花、互花米草和美国白蛾等外来入侵物种防控，同时结合生物多样性科普宣传，提升公众对生物多样性的保护意识，形成全社会共同参与的良好氛围。

第四章 保护规划任务

4.1 加强顶层设计，完善生物多样性保护管理框架

4.1.1 完善生物多样性保护制度与政策

健全生物多样性保护和监管制度。根据省级相关部门要求，适时开展连云港市海州湾滨海湿地、水生生物资源保护管理办法等生物多样性保护、观测相关地方条例、制度的研究制定。围绕云台山省级自然保护区、西双湖国家湿地公园等自然保护地管理，半蹼鹬、豹猫等野生动物保护，海州湾渔业增殖放流，石梁河水库、通榆河等重点区域生态恢复，生物遗传资源获取与惠益分享等方面，因地制宜出台相关保护恢复管理政策法规，制定完善有关自然保护、绿色发展等的地方性规章制度。

研究制定生物多样性保护与可持续利用的激励性政策。坚持生态优先，推行森林、河流休养生息，严格实施海州湾海洋伏季休渔制度，健全“四片”农业区耕地休耕轮作制度。结合连云港区域特点，进一步完善自然保护地生态保护补偿制度，完善并推广生态环境损害赔偿制度，健全生物多样性损害鉴定评估方法和工作机制。积极开展生态文明示范“两山”理论实践创新基地等创建，提高全市生态文明建设水平。

4.1.2 建立生物多样性监测网络体系

成立连云港市生物多样性保护工作领导小组，办公室设在生态环境局，承担领导小组日常工作，负责统筹协调，推进生物多样性保护相关工作任务，下达目标任务，开展督查考核。通过相对固定或定期性的会议来进行生物多样性相关工作的决策商议与部署，通过民主协商的机制将各部门的意见有效整合。探

索推进生物多样性成果全部门共享应用,建成与发改、生态环境、资规、农业、林业、住建、交通、水利、海关、统计等部门高效协同的共建共享共用机制。

4.1.3 将生物多样性保护纳入长期规划

制订连云港市国民经济和社会发展五年规划时,提出生物多样性保护目标和主要任务。市委、市政府制订并发布生物多样性保护实施方案,自上而下地形成生物多样性保护合力。自然资源、生态环境、农业农村、水利等相关部门应将生物多样性保护工作纳入行业发展规划中,加强海州湾滨海湿地、云台山等低山丘陵、石梁河水库等淡水湿地和前三岛等海岛的生物多样性热点区域的管理及保护。同时建立相关规划、计划实施的评估监督机制,促进其有效实施。

4.2 构建观测网络,健全生物多样性监测评估体系

4.2.1 开展生物多样性专项调查

根据连云港市生物多样性重点区域,在龙王河口、兴庄河口、青口河口、临洪河口等滨海湿地,前三岛等海岛,云台山区等山地丘陵,石梁河水库、安峰山水库等内陆湖库区域适时有序开展典型生态系统和生物群落的补充调查。内陆湖库、滨海湿地及海岛区域重点关注湿地水鸟变化,低山丘陵重点掌握原生植被及林鸟种群状况。

4.2.2 建立生物多样性监测网络

构建连云港市生物多样性观测网络。按照 $1+2+n$ 的梯度,建设 1 个区域综合站(云台山森林生物多样性综合观测站),2 个观测样区(临洪河口滨海湿地生物多样性观测样区、石梁河水库湿地生物多样性观测样区),n 个固定观测样地(下辖各区县筛选 1~2 处生物多样性热点区域进行建设)。

建设生物多样性管理展示平台。开发生物多样性观测管理系统,系统搭建 2 个平台,即监测保护平台和管护应急平台;平台下研发生物多样性监测系统、水生态监测系统、农业病虫害监测预警系统、城市公园绿地病虫害预警系统、外来入侵物种预防预警系统等,另外将生态环境监测数据、国土空间规划“一张图”等现有系统一并纳入,形成“一张底版、多套数据、一个平台”。通过各业务系统的互联互通和统一数据服务,支撑生物多样性保护、水生态考核、外来入侵物种监测预警等日常管理。

4.2.3 推进生物物种名录管理与考核

编制连云港市生物多样性红色名录、外来入侵物种名录和生态环境指示物种清单,对受保护物种、受威胁物种和生态环境良好指示性物种制定管理考核办法,推进以生物多样性作为生态环境变化监测评价重要指标的进程。

4.2.4 开展生态空间保护成效评估

针对连云港市生态保护红线和生态空间管控区域、自然保护地等,建立生态功能评价指标和方法,定期开展龙王河口、兴庄河口、青口河口、临洪河口等滨海湿地,前三岛、秦山岛等海岛,云台山区等山地丘陵,石梁河水库、安峰山水库等内陆湖库区域的人类活动遥感监测,形成生态保护空间监管工作机制。开展 5 年生态状况调查评估,识别生态问题,提出保护修复监管措施。

4.2.5 推进生态质量评估及考核

以生物多样性保护水平提升为重点,将生态质量改善率逐步纳入高质量发展指标体系。依据《区域生态质量评价办法(试行)》(环监测〔2021〕99 号),基于卫星遥感监测、固定样地的生态地面监测,每年从生态格局、生态功能、生物多样性和生态胁迫等方面开展全市、各区(县)生态质量评价,并在主流媒体进行公布。基于生物多样性监测数据和区域生态质量评价结果,每五年对各区(县)生物多样性保护恢复成效、生态系统服务功能、物种资源经济价值进行科学评估,并将评估结果纳入地方生态环境质量考核体系。

4.2.6 强化建设项目对关键区域影响评价

鸟类是连云港市宝贵的自然资源，迁徙水鸟高度依赖特定类型的湿地，易受到人类建设开发活动的干扰。基于鸟类承载力研究，科学评估连云港市沿海地区国土空间开发和产业布局带来的生态影响，因地制宜地提出鸟类保护管理建议，促进港城沿海发展重要战略部署与鸟类栖息地保护相结合。同时，要求建设项目在环评报告中强化生物多样性影响评价，并针对影响提出应对策略。

4.3 立足就地保护，优化生物多样性保护空间格局

4.3.1 强化自然保护地建设

推进自然保护地规范化建设。加快构建以自然公园为基础的自然保护地体系，根据野大豆、半蹼鹬、震旦鸦雀、黄嘴白鹭、豹猫、四鳃鲈鱼等珍稀濒危物种分布范围，合理新建、扩大自然保护地，规划建设14个湿地公园。健全全市自然保护地基本信息库，科学划分自然保护地类型，积极推进自然保护地整合优化、勘界立标，开展新一轮自然保护地科学考察和总体规划编制。

加强自然保护地规范化管理。建立健全自然保护地管理机构，加强云台山森林省级自然保护区、云台山国家森林公园、江苏东海西双湖国家级湿地公园、连云港市临洪河口省级湿地公园等自然保护地人才队伍建设，完善管理设施，加强部门联动配合。实施各类自然保护地生态补偿，探索公益治理、社区治理、共同治理等保护方式。

4.3.2 加强动植物栖息地保护

加强野生植物原生境保护。在云台山、前三岛、青松岭等野生植物集中分布区域设置隔离设施（围栏）、标识警示设施（标志碑、警示牌）、看护设施（瞭望塔、看护房、巡护路、连接路）等，并在该区域对目标物种现状、生境变化状况、资源变化动态和趋势开展定位监测。

加强乡土植物保护与引种。保护水榆花楸、流苏树、红楠、南京椴、羊踯躅、滨海前胡等乡土植物所在的栖息地。采用先进技术严格按照规范进行引种、培育和利用，积极在园林绿化、药用食用等多方面推广应用。

落实珍稀濒危动物拯救措施。以《江苏省生物多样性红色名录（第一批）》中的珍稀濒危物种及其栖息地为保护对象，采取就地保护和人工繁育结合的方式，扩大其栖息地，确保其生存和繁衍。在有代表性的自然生态系统、珍稀濒危野生动植物物种的天然集中分布区、有特殊意义的自然遗迹等保护对象所在的陆地、陆地水体或者海域设立特殊物种保护小区。积极开展珊瑚菜、水蕨等珍稀濒危物种的引种繁育和原生地回迁。

4.3.3 加强城市生物多样性保护

推进城市绿地建设。依托连云港“山、河、海”环绕的自然生态基底，构建“点、线、面”一体的城市绿地系统。提高城市绿化质量，优化绿地布局结构，构建城市生态廊道，提高绿地配置和养护水平。加强对城市生态具有重大影响的生态绿地、沿海滩涂、河流水系、各类湿地的保护和绿化建设，维护城市生态安全。

加强城市野生动物管理。提高城市居民对城市野生动物的保护意识，加大城市野生动物保护宣传力度，做好城市野生动物栖息地的保护和修复，构建城市野生动物人工巢穴、生物涵洞、本杰士堆等。推进城市生物多样性调查与编目研究，开展城市生物多样性评估工作。

加大城市古树名木保护力度。做好古树名木全面普查，摸清资源状况，积极推进树龄超过50年（含）的名木后备资源普查、建档、挂牌。严格保护好现有548株古树名木的生长环境，设立保护标志，完善保护设施。

4.4 狠抓生态修复，基于NbS增强生态系统稳定性

4.4.1 推进重要生态系统修复

采用“基于自然的解决方案（Nature based Solutions，NbS）”理念，以有效和自适应的方式对生态系统

进行整体保护、恢复以及可持续管理,增强生态系统的复原力、更新能力,提升生物多样性。

持续开展森林生态系统保护。加强鲁南丘陵余脉等河湖源头地区的自然生态系统保护,有序推进云台山、花果山等森林公园建设,加大生态公益林保护力度,大力实施低质低效林改造工程和裸露地表恢复工程,提升水源涵养与水土保持能力,保护森林生态系统生物多样性。东海青湖、赣榆班庄、灌云伊山等丘陵宜林地新建、提升造林,以控制水土流失,改善地区生态、社会环境,发展特色经济林产业。全面推行林长制,完善森林长效管护机制,严惩森林资源破坏行为,深入开展森林防火隐患整治、病虫害防治行动,持续改善丘陵山地地区的森林质量,深化国家森林城市建设。造林面积10万亩,其中成片造林3万亩,2025年林木覆盖率达到27%,森林覆盖率达到22%。

积极推进湖泊湿地保护与修复。持续推进石梁河水库幸福河湖建设清水进城行动,多县区、多部门联动实施碧水畅流、生态修复工程,以草治水,以渔净水。有序开展海陵湖、西双湖、安峰山水库等退田(圩)还湖工程,逐步扩大湖泊和沼泽湿地面积。有序推进湿地公园和湿地保护小区建设,建立健全湖泊湿地保护网络体系,丰富湿地生物多样性,提升湖泊水源涵养和洪涝调蓄等水生态功能。建设湿地保护小区24个,逐步形成结构完整的湿地保护网络体系。

强化河流湿地治理。全力建设幸福河湖,推进骨干河道综合治理,加快生态复苏。加强蔷薇河、通榆河送水通道水生态保护和复苏,通过湿地净化处理、滨岸带修复、主要支流治理,提高水体自净能力。以沿海防护林建设为契机,持续完善新沭河、青口河、蔷薇河、善后河、烧香河、盐河、六塘河等重要河流沿线的绿色生态屏障,因地制宜实施沿线生态环境治理工程,有效提升滨河湿地生态缓冲区涵养水源、改善水质和清水通道维护等重要生态功能。

推进海岸带综合治理。以连云新城海岸带为重点,有序建设挡浪潜堤,控制海岸侵蚀。扎实推进沿海防护林和滨海生态走廊建设,严格控制自然岸线占用,持续实施海岸线生态化改造与保护,提升海岸带生态质量,强化海岸带防灾减灾能力。科学有序实施近岸线养殖退还,严格禁止在受保护岸线区域进行生产活动,恢复部分人工岸线的自然生态功能。重点加快赣榆区海岸线修复,构建蓝色生态屏障。除国家重大战略项目外,全面停止新增围填海项目审批。分批分片推进"美丽海湾"建设,实现海水清洁、岸滩洁净。加强海州湾生态保护修复,恢复秦山岛、连岛等海岛及其周边海域生态系统功能,科学合理利用海岛自然资源,建设海洋生态岛链。

开展滨海湿地保护与修复。严格执行《连云港市滨海湿地保护条例》,以海州湾国家海洋公园、临洪河口省级湿地公园等自然保护地为重点,大力实施各类海洋自然保护地建设,加快青口河口、灌河口、临洪河口、埒子河口等重要入海河道河口湿地的保护修复,确保以半蹼鹬、反嘴鹬、蛎鹬为代表的鸻鹬类迁徙安全。科学引导滩涂资源利用,鼓励滩涂养殖结构与模式优化,科学实施退养还湿,维护滩涂湿地生境,促进空间破碎、功能退化的滩涂湿地生态系统自然恢复。

4.4.2 开展生态安全缓冲区建设

坚持系统化思维,以自然生态环境保护和修复为核心,以小流域和小区域为单元,因地制宜考虑城乡发展本底和自然生态环境状况,在海州湾、通榆河流域沿岸、主城区近郊等环境敏感区域先行打造一批生态安全缓冲区示范工程。积极推进石梁河水库等生态安全缓冲区建设试点,构建河湖生态安全屏障。各区(县)对污水处理厂尾水开展湿地生态净化,推进新坝污水处理厂、东港污水处理厂尾水湿地建设,进一步实现尾水生态降解净化削减,降低治污成本。

4.4.3 探索"生态岛"试验区建设

积极推进前三岛、云台山、兴庄—青口—临洪河口、灌河口和石梁河水库等生态岛试验区建设。发挥自然的力量,实施科学的、积极的和适度的人工干预措施,通过开展长期生物多样性监测、物种保护保育、动植物生境改善、特殊物种保护小区建设、外来入侵物种管控和生物多样性可持续利用等措施,实现人工支持引导下的生态系统自我调节和正向演替,改善动植物生境,扩大生物多样性保护空间范围,提高区域物种丰富度和多样性水平，减缓自然生态系统破碎化趋势，促进生物多样性保护和生态系统服务价值协同发展，打造全省生物多样性保护的示范区、生态质量改善的先行区和生态产品价值实现的创新区。2025年，至少完成1个生态岛试验区建设。

4.4.4 实施“山水林田湖草海”系统治理

以“山水林田湖草海”综合保护修复为载体，推进国土空间全域综合整治，加强重要生态系统的保护和永续利用。开展古泊善后河、五灌河、沂沭泗水系骨干河道等山水林田湖草海系统治理，实施生态系统综合治理修复、土地整治与土壤污染修复、流域水环境保护治理、矿山宕口治理及生态修复等工程，推进林地、绿地、湿地、自然保护地“四地”同建，构筑绿色生态屏障，全景展现“生态绿＋海洋蓝”人海和谐壮美画卷。

4.5 提升生态质量，持续加强生态建设和物种保护

4.5.1 有效恢复生态空间区域

增加有林地、湿地等生态用地面积。推进云台山森林增绿提质，实施古泊善后河、通榆河、新沂河和灌河等沿河绿化建设和景观生态林建设，充分挖掘城镇、村庄、社区、庭院等绿化潜力。持续开展湖库、河口退圩还湿、退养还海等综合治理工作，逐步恢复生态用地面积。

提高重要生态空间版块之间的整体连通程度。通过设计相互连接、富含原生物种、生境结构多样化的大小绿地，将建筑表面变成生态表面，打造城市小微湿地，推进生态廊道建设，逐步恢复水体的自然连通，增加城市生态连通性，提升生态系统健康以及为人类和野生动物提供服务的能力，显著提升城市景观质量。

4.5.2 持续提高生物多样性

在提升生态系统质量和稳定性的基础上，加强对区域内生物多样性调查及监测的广度和深度，实现区域内被列入《国家重点保护野生动物名录》《国家重点保护野生植物名录》的高等植物、哺乳类、鸟类、爬行类和两栖类物种数的稳定增加。推进青口河口、临洪河口等滨海湿地生态修复，保护、扩大半蹼鹬等生态环境指示物种栖息地、原生境保护范围。基于云台山森林生物多样性综合观测站、临洪河口滨海湿地生物多样性观测样区、石梁河水库湿地生物多样性观测样区和布设在各区（县）生物多样性热点区域的固定样地，开展哺乳类、鸟类、两栖类和蝶类等生态环境指示物种的监测。

4.5.3 不断降低人为生态胁迫

坚持生态优先，绿色发展。科学控制向海一侧的填海造地、围海和构筑物用海面积。对手续不全的违规建设填海造地和渔业养殖填海造地实施生态修复，开展退养还海等生态修复工程；严格限制新增围海养殖、盐业和港池等围海面积；严格遵守海域开发边界，严禁越界开发。

4.6 提升生物安全，强化入侵物种普查监测和治理

4.6.1 完善入侵物种监测和预警

根据《进一步加强外来物种入侵防控工作方案》《江苏省外来入侵物种普查工作方案》，开展连云港市林草湿、农业渔业及城市绿地等入侵物种的系统普查与评估，建设入侵物种数据库，评估现有入侵物种的分布面积和危害程度。在临洪河口、云台山、石梁河水库等重要区域，徐圩港、连云港港等入境港口，建立外来物种长期监测点，完善入侵物种预警和应急防治机制，制订连云港市外来物种入侵应急预案。

4.6.2 加强外来物种引入监督管理

在《外来入侵物种管理办法》基础上，探索相应的地方配套实施方案，加强生态环境、自然资源、农业农村、海关等部门合作，形成一整套适合连云港市并且具有可操作性的监督管理体系。规范外来物种引进审批程序，逐步建立健全防止外来生物入侵的管理制度并制定科学的评价指标体系；根据《重点管理外来入侵物种名录》，建立引进生物物种名录制，对引进的物种进行分类，实行分类管理。

4.6.3 持续开展入侵物种防治工作

加强对有害生物的综合防治研究，开展松材线虫、美国白蛾等森林病虫害和重要外来入侵物种综合防治技术研究，并进行示范推广。加强农田、渔业水域、森林、湿地等重点区域外来入侵物种的控制、评估、清除等工作，按照“物种不增加、面积不扩大”的原则，加强外来入侵物种阻截防控，遏制松材线虫、加拿大一枝黄花、福寿螺、美国白蛾等扩散蔓延。优先在龙王河口—临洪河口、云台山等重点生态功能区和生态廊道开展入侵物种治理试点工程，重点对埒子河口南岸、临洪河口及北侧、青口盐场、兴庄河口北侧、赣榆港区、绣针河口等互花米草扩散区域开展治理试点，保护河口自然生态系统和滩涂湿地地貌特征。

4.6.4 加强生物技术环境安全管理

严格落实《中华人民共和国生物安全法》《生物技术研究开发安全管理办法》等法律法规，建立生物技术环境安全评估与监管技术支撑体系，充分整合现有监测基础，合理布局监测站点，快速识别感知生物技术安全风险。以基因编辑、合成生物学为代表的前沿生物技术在产生巨大经济效益、造福人类的同时，进一步防范其对野生种质资源及生物多样性带来的不利影响，有序推动生物技术健康发展。

4.7 提升资源利用，推动生态产品价值转化与实现

4.7.1 健全获取和惠益分享监管制度

开展灌云豆丹、连云港紫菜、连云港云雾茶、石梁河葡萄等生物物种遗传资源及其相关传统知识调查登记，制订完善生物遗传资源目录，建立生物遗传资源信息平台，促进生物遗传资源获取、开发利用、进出境、知识产权保护、惠益分享等监管信息跨部门联通共享。完善获取、利用、进出境审批责任制和责任追究制，强化生物遗传资源对外提供和合作研究利用的监督管理，防止生物遗传资源流失和无序利用。

4.7.2 促进生物资源可持续利用

加强生物资源开发与可持续利用技术研究。进一步发掘云台山区野生植物资源和海州湾渔业资源，筛选优良的生物遗传基因，开展新作物、新品种、新品系、新遗传材料和作物病虫害发展动态调查研究，改良生物技术水平，推进酿造、燃料、环境、药品等方面替代资源研发，促进环保、农业、医疗、工业等领域生物资源科技成果转化应用。

建立完善生物遗传资源保存体系。加强对林木、花卉、药用植物、畜禽、水产、野生动物和微生物资源遗传库的保存，完善云台山珍稀木本植物种质资源库建设。科学规范秦山岛海洋牧场区增殖放流，持续开展人工鱼礁投放，放流对虾、梭子蟹等苗种，并加强增殖放流效果跟踪评估。依法科学划定水产禁止养殖区、限制养殖区和养殖区，推进水产生态健康养殖，切实加强养殖尾水管控。

禁止掠夺性开发生物物种资源。对生物多样性资源消耗超标的区域，及时采取区域限批等措施。加强对云台山自然保护地周边社区的宣教与管理，避免村民对药用植物、野生植物资源的过度采挖。规范水域开发活动，严格管控破坏珍稀、濒危、特有物种栖息地，超标排放污染物，开(围)垦、填埋、排干湿地等对水生生物造成重大影响的活动。

4.7.3 推动林业资源发展模式转变

加强丘陵山区次生林、绿色通道和速生丰产林中的幼龄林抚育，全面提高单位面积蓄积量和综合效益。加大用材林基地建设，突出可持续经营和定向集约培育，加大人工用材林培育力度，增强木材加工业的原料供给能力。以林木良种化为根本，推进种苗基地建设，加快林下经济扩面、提质、增效，聚力打造百亿元林木种苗与林下经济产业。依托森林和湿地资源，大力发展生态旅游，推进花果山森林体验地和孔望山康养公园建设。

4.7.4 健全生态产品价值实现机制

加快推进登记信息统一管理，建立登记信息数据库，实现便捷化信息共享。基于现有自然资源和生态

环境调查监测体系，开展生态产品基础信息调查监测，摸清全市各类生态产品数量、质量等底数。探索推行国内生产总值（Gross Domestic Product，GDP）与生态系统生产总值（Gross Ecosystem Product，GEP）双核算、双运行、双提升机制。率先在连云区开展试点，研究探索建立具有连云港市特色的生态产品价值核算评估指标体系、技术规范和核算流程，对海域、海岸线、海岛生态资产和海洋生态产品的实物量、质量和价值量进行调查统计、评估与核算。规范生物多样性友好型经营活动，促进前云台山、后云台山等自然保护地与周边社区和谐相处、共同发展。推动生态产品价值核算结果应用，推行以海洋环境为重点的生态产品交易试点，创新生态产品价值多元实现路径。

4.8 提升生态碳汇，助力沿海地区绿色与低碳发展

4.8.1 提升生态系统碳汇

充分探索连云港市森林、湿地、耕地、海洋生态系统的固碳作用，推进应对气候变化与保护生物多样性协同治理。依托土地综合整治、高标准农田建设等耕地提升措施，云台山、锦屏山山体复绿、沿海防护林、河道景观林、交通沿线生态林等造林绿化建设，湿地公园创建、滨海湿地恢复等重大生态保护与修复工程，稳步提升各类生态系统碳汇。提升海岸带和海域生态环境质量，建立滨海蓝色碳汇生态功能区。充分发挥滩涂湿地固碳作用，攻关海水养殖"碳汇"相关技术，积极推进藻类养殖、贝类养殖等"碳汇"产业发展，实现海陆统筹增汇。

4.8.2 增强碳中和能力建设

提出助力"碳达峰""碳中和"的连云港市方案，促进森林、湿地、海洋三大生态系统的碳贮存和碳吸收能力，以基于自然的解决方案有效缓解气候变化。鼓励资源管理学、海岸生态学、地理学、植物学、生物地球学、化学等多学科技术融合，研究构建包括碳汇调查测算、监测与评价、固碳机制与增汇途径等相关技术方法和标准体系。

实施近零碳排放区示范工程，引导国家东中西合作示范区、市高新区等园区开展低碳园区建设，推动新南街道、兴业社区等绿色社区打造低碳社区。积极参与全国碳排放交易市场建设，推进连云港市碳排放权交易，创新市场化节能减排手段。

4.9 严格执法监管，强化生物多样性保护执法督查

4.9.1 完善生态保护监管体系

完善落实"河长制""林长制""湾长制"，提高履职成效。落实党政领导干部自然资源资产离任审计和生态环境损害责任终身追究制度。严格落实《江苏省生态环境保护督察工作规定》，做好中央、省级各项例行督察和专项督察的衔接保障，推动落实督察反馈问题整改。落实企业在生态环境保护方面的责任，推动企业生产前后的生态环境保护措施。发挥各类社会团体和市民的作用，鼓励引导环保公益组织和志愿者队伍规范健康发展。

4.9.2 强化负面清单管控措施

严格执行《江苏省自然生态保护修复行为负面清单（试行）》等文件，加强对海州湾、云台山等保护修复，对河道湖塘生态管控、造林绿化活动、城乡综合整治、生物多样性保护、水土流失防治的监管。禁止向天然开放水域投放不符合生态要求的水生生物，禁止破坏野生动物原生生境和迁徙通道，造林绿化、城乡治理等不得使用来源不清、长距离调运、未经检疫、未经引种实验的种苗木或其他繁殖材料。加强监测评估成果综合应用，依据生态环境质量状况开展自然保护地与生态保护红线保护补偿，依据重要生态保护修复工程成效优化生态保护修复治理专项资金配置。

4.9.3 全面开展执法监督检查

加强国家级生态保护红线、省级生态空间管控区的保护力度，确保"功能不降低，面积不减少，性质不

改变”。严格落实《江苏省生态空间管控区域监督管理办法》,加强生态空间保护区域监督管理,落实评估考核、生态补偿等措施,切实维护生态安全。深入推进“绿盾”专项行动,强化对各类自然保护地和重点区域自然保护地的监督检查,对已完成清理整治的问题开展“回头看”。开展休渔期专项执法行动,严厉打击非法捕捞、采集、运输、交易野生动物及其制品等违法犯罪行为。

4.10 推动公众参与,深化生物多样性保护宣传教育

4.10.1 提升生物多样性保护意识

加强生物多样性宣传。依托“世界野生动植物日”“国际生物多样性日”等重要环保节日,组织开展科普讲座、生物多样性工坊、自然观察夏令营、生物多样性自然教育等宣传活动,加强生物多样性保护相关法律法规、科学知识、典型案例、重大项目成果、对人居生活影响的宣传普及。推动新闻媒体和网络平台积极开展生物多样性保护公益宣传,加快开发面向社会公众的生物多样性移动端APP、小程序等,丰富生物多样性保护成效的展示途径,提升公众认知度和参与度。推出一批具有鲜明教育警示意义和激励作用的陈列展览,面向各级党政干部加大教育培训力度,引导各级党委和政府、企事业单位、社会组织及公众自觉主动参与生物多样性保护。

建设生物多样性体验基地。推动生物多样性博物馆、体验地建设,充分发掘本土生态特色。依托云台山森林生物多样性综合观测站,将室内生物多样性展馆与室外生物多样性观测体验区充分融合;加强基础设施、标本陈列设施、宣教设施建设,室内展馆应用3D、VR等技术进行体验和宣教,开发配套专业的生物多样性特色课程,室外观测路线注重沉浸式探索,让市民亲身体会保护生物多样性的价值。

建设生物多样性科普基地。依托湿地自然保护区(小区)、湿地公园等工程建设,规划建立以生态保护、科普教育、野外培训和休闲游览为主要内容的湿地宣传教育培训基地,提高宣传教育及培训能力,保护和展示湿地生态系统的生态特性和基本功能,突出湿地所特有的自然文化属性和科普教育内容。具体内容包括基础设施建设、标本陈列设施建设、电教设施建设、宣传栏(牌)和宣传材料制作等。

4.10.2 完善社会共同参与机制

完善公众参与机制。推动生态工程全民共建、生态产品全民共享,让公众在参与动植物保护的过程中切实受益。开展生物多样性调查培训,将民间团体、个人等纳入生物多样性调查的主体,吸引全社会共同建设生物多样性数据库。推动邻里生物多样性保护(Biodiversity Conservation in Our Neighborhood, BCON),发掘人类活动密集的地区有效保护生物多样性的最佳实践,兼顾保护和发展。

完善公众监督机制。通过政府购买服务等形式激励企事业单位、社会组织开展生物多样性保护宣传教育、咨询服务和法律援助等活动。完善违法活动举报机制,畅通举报渠道,鼓励公民和社会组织积极举报滥捕滥伐、非法交易、污染环境、非法开发建设等导致生物多样性受损的违法行为。支持新闻媒体开展舆论监督,强化信息公开机制,及时回应公众关注的相关热点问题。建立健全生物多样性公益诉讼机制,强化公众参与生物多样性保护的司法保障,增强非政府组织和公众的参与能力。

4.10.3 挖掘保护传承生态文化

落实《连云港市山海文化生态保护办法》,推动生物多样性保护与生态文化共建,在国家级云台山森林公园、海州湾海洋公园、海州湾海湾生态与文化遗迹特别保护区、花果山地质公园等生态区域深入挖掘本地原生态文化和生物多样性传统知识,推进社区和各种传统村落、老街、古镇、古城、特色小镇成为重要的非遗载体空间,持续开展整体性、针对性保护,促进本地原生态文化的传承,助力连云港市成为连接自然与人文的珍贵物产。

第五章 保护优先项目

围绕“一体两翼三支撑”和“四个提升”的生物多样性保护规划任务,紧扣“调查监测评估”“就地保护修

复”“迁地保护恢复”“入侵物种管理”“可持续利用”和“宣传教育”六大方向，系统谋划三十项优先实施项目，稳步实施山水林田湖草海保护修复和生物多样性保护重大工程，有效提升生态系统多样性、稳定性、持续性，加快建设“山海交汇生态兴”的美丽港城。具体保护优先项目略。

第六章　效益分析

6.1　生态效益

6.1.1　保护物种和遗传资源的多样性

通过进一步加强对重点区域、物种的调查、监测，能够切实掌握连云港市生物多样性本底、受威胁状况和动态变化趋势，让保护工作有的放矢，生物多样性保护基础能力得到提升。通过实施石梁河水库等重要生态系统修复工程，进一步提升大型水库作为冬季雁鸭类重要越冬场所的生态价值。

建立完善外来入侵物种监测管理体系，重点对埒子河口南岸、临洪口及北侧、青口盐场、兴庄河口北侧、赣榆港区、绣针河口等区域，因地制宜控制互花米草入侵扩散，保护并恢复河口自然生态系统和沿海滩涂湿地地貌，可以有效保护东亚—澳大利西亚候鸟迁徙路线上大量水鸟的栖息地。

通过积极推进林地、绿地、湿地、自然保护地“四地”同建，修复水生生物栖息地，打通鱼类洄游通道，加强生物栖息地、繁殖地、停歇地保护力度，促进水生生物遗传多样性恢复。

通过加强对重要野生动植物资源的调查和监测，推进连云港市种质资源遗传库和乡土树种良种扩繁和应用示范基地建设，可以有效保护与利用水榆花楸、南京椴、糙叶树等珍稀植物种质资源，使其种群得到繁衍扩大。通过对生物多样性传统知识开展调查登记，能够全面掌握连云港市生物多样性传统知识保护及利用情况，对生物多样性遗传资源的保护夯实基础。

6.1.2　改善区域环境状况和生态质量

生物多样性资源是生态系统的重要组成部分。生态环境管理已经开始从单一管理迈向多生态系统协同发展的新阶段，由以污染治理为主，向资源、生态、环境等要素协同治理、统筹推进转变。通过制订和实施生物多样性保护规划，能够较好地掌握全市生物资源现状、受胁程度和影响因素。采取有针对性的措施保护和提升物种栖息地生境，能够有效提升区域生态质量，进而提高连云港市各类生态系统的健康水平。

通过实施退耕还湿、退养还滩、盐碱化土地复湿、生态林建设、海岸线整治修复行动等措施，明显改善区域水环境和土壤环境，逐步恢复湿地面积和湿地的生态系统服务功能，生态安全维护能力显著提高，保障了亚洲迁徙鸟类的安全。通过建设云台山、滨海湿地等典型生态系统固定观测样地或野外综合观测站，加强生物多样性监测监控预警能力建设，可以强化生物丰度、植被覆盖率、土地退化、水网密度等生态环境状况指标监测，满足区域生态质量指数(EQI)考核要求的支撑。

连云港市南连长三角，北接渤海湾，西依大陆桥，处于连接新亚欧大陆桥产业带、亚太经济圈、环渤海经济圈和长三角经济圈的“十”字结点位置。实施市域生物多样性保护措施，不仅对本地的生态环境质量产生巨大效益，也是辐射提升渤海湾和长三角区域生态质量的重要支撑，为区域生态环境稳定性和保障生态安全发挥积极作用。

6.2　社会效益

6.2.1　提升城市宜居水平和生态活力

依托优良的自然资源禀赋，连云港市正在创建“国家生态园林城市”，通过生物多样性保护恢复工程的实施，可以进一步提升城市绿地、森林、湿地的建设水平，创造绿树成荫、山清水秀、鸟语花香的城市环境，展现城市的自然美、园林美、生态美和现代美，显著提升连云港市的宜居水平。

大自然中的各种生物是人们关注和喜爱的对象，城市绿色基础设施是开展自然生态保护教育的天然课堂。生物多样性保护规划的实施，为城市居民接近自然、了解自然提供了更多的机会。除了可以更加了解市域范围内的生物物种资源现状外，还可以通过各种宣传教育方式丰富城市居民的动植物知识，培养城市居民的生态环保意识，提高公众保护生态环境的自觉性。

生物多样性保护是关系全社会生态安全的公益性事业，从各方面开展生物多样性保护工作，是环境、林学、生态、水文、气象、土壤等诸多学科开展科研、教学、定位监测和推广科研成果的理想途径。根据生物多样性保护规划，建设生物多样性监测网络体系和生态廊道，提升栖息地保护与生境质量，加强迁地保护工作，建立科研长效机制，可以积累大量的科学数据，为研究生物物种的演替、分布及城市景观格局的动态变化等方面提供技术支撑，推动生物多样性保护科技的发展。同时提供给居民更多机会参与观鸟等科普研学活动，显著提高城市的生态活力。

6.2.2　加速生态文明建设和社会转型

"生态兴则文明兴，生态衰则文明衰。"生态文明建设是关系中华民族永续发展的千年大计。生物多样性是人类社会赖以生存和发展的重要物质基础，保护生物多样性，是践行习近平生态文明思想、推动连云港市生态文明建设的重要举措。有助于贯彻我国绿色发展的有关政策、规划，通过加强生物多样性保护宣传教育，提高人民群众的生态保护意识。通过探索一种新的生物多样性保护与可持续利用的运行机制，促进人与自然和谐发展，巩固东部沿海地区重要的生态屏障和蓝色碳汇功能区，为打造滨海湿地科学保护、合理利用与可持续发展提供最佳实践范例。

通过实施生物多样性保护规划，以保护为基础，坚持保护优先的理念，利用丰富的生物多样性资源开发来促进连云港市经济社会发展转型。以保护、繁育、科研、科普、旅游、成果交流、金融服务等项目为核心，以政策和政府投资撬动社会资本共同参与，促进生物多样性保护成果和利益共享，同时拉动商业和服务业发展，将生态资源依赖型调整为保护优先、有序可持续利用的绿色发展模式。依托生物资源，推广生态旅游产业、健康产业、特色农业等产业，优化产业结构，积极推进"一带一路"建设，加强国际交流合作，充分发挥连云港市的区位优势和资源优势，拉动苏北地区绿色转型发展。

为连云港市吸引高端人才，显著提高创新能力。通过建设种质资源扩繁基地、开展繁育技术研究，吸引国内外高端研发人才来连云港市开展联合研发工作。在保护工作方面，连云港市作为东亚—澳大利西亚候鸟迁徙路线的中心区域，通过全球滨海论坛、东亚—澳大利西亚迁飞区伙伴协定等国内外平台，搭建滨海湿地鸟类多样性科研平台，吸引生物多样性保护领域的专家和学者，为保护生物多样性、促进可持续发展注入动力，凝聚东部沿海乃至全球生物多样性保护治理合力，共同推进生物多样性保护、廊道规划和管理以及社区生计改善。

6.3　经济效益

6.3.1　促进生态价值向经济价值转化

连云港市地处江苏省东北端，拥有平原、海洋、低山丘陵等多种地形，海洋、森林、湿地三大生态系统俱备，生物多样性本底条件优良，可以开发利用的野生动植物资源较为丰富。通过生物多样性保护工作的开展，城市生物多样性得到明显提升，生物资源得到大量积累。探索生态产品价值实现的途径，逐步建立健全生态产品价值实现机制，完善生态保护补偿和生态环境损害赔偿政策制度，促进连云港市的生态优势转化为经济优势，推动实现"绿水青山就是金山银山"。

通过开展生态产品信息普查，建设生物种质资源数据库和信息平台，收集当地居民在长期传统生产生活实践中创造、传承和发展的有利于生物多样性保护和可持续利用的知识、创新和做法，能够为生态产品价值实现提供支撑。随着生物物种人工繁育、生物资源开发利用技术的逐步成熟，生态系统提供的物质产品量显著增加，经济价值不断提升，未来将从中研发和提取更多食药用产品，形成成熟产业，创造更多就业平台和工作机会，促进连云港市生态系统生产总值和区域生产总值“双提高”。

6.3.2 推动生态休闲及康养旅游发展

连云港市依山傍海，风格独特，境内具有丰富的山海、河湖、丘陵、湿地、海岛等自然资源，是我国优秀旅游城市、国家园林城市和江苏三大旅游资源富集区之一。生物多样性保护规划项目实施后，全市生态环境得到明显改善，将把更多“走出去”的游客和市民“引进来”，促进连云港市旅游业的繁荣。

通过重点开展重要自然湿地、森林公园、风景名胜区、郊野公园和水产种质资源保护区建设，加强生物栖息地、繁衍地、停歇地保护，有助于提高生态系统水源涵养、海岸带防护、水质净化、碳固定、物种保育等多种调节服务和休闲旅游、景观价值等文化服务，促进生态系统调节、文化服务价值的转化。花果山景区、云台山风景名胜区、连岛景区等自然生态空间不仅是生物多样性的主要载体，也为市民开展休闲旅游、生态康养提供了更多理想场所。通过适度的旅游开发，能够带动当地旅游业和相关服务产业的发展，区域内旅游业经济效益得到显著提高。

第七章 保障措施

7.1 加强组织领导

连云港市人民政府作为生物多样性保护工作的责任主体，成立生物多样性保护领导小组和专门机构，带领协调市发展和改革委员会、市财政局、市自然资源和规划局、市生态环境局、市住房和城乡建设局、市农业农村局、市水利局等部门推进生物多样性保护重点工作任务。整合法律法规中有关生物多样性保护的内容，研究制定连云港市自然保护地和保护物种的保护实施细则，明确保护范围、责任部门、管理制度和处罚范围力度等。严格落实生物多样性保护党政同责、一岗双责，进一步加强相关组织建设、队伍建设和制度建设，切实担负起生物多样性保护责任，推进环境污染防治和生物多样性保护协同增效。

深化生物多样性保护工作多部门协同合作机制。科技、自然资源、生态环境、水利、住建、农业农村等有关部门要认真履行生物多样性保护相关职能，将生物多样性保护工作纳入各部门的相关规划中。明确生物多样性保护在河长制、湾长制等管理创新中的责任制定，完善生物多样性考核指标体系，同时将生物多样性保护工作纳入政府绩效考核内容，实行目标责任制，加强协调配合，推动工作落实。

7.2 保障资金投入

将生物多样性保护与可持续利用纳入连云港市经济发展规划中，加强各级财政资源统筹，通过现有资金渠道继续支持生物多样性保护工作，并向生物多样性观测网络、生态安全缓冲区“生态岛”试验区等重大生态工程倾斜。研究建立市场化、社会化投资机制，多渠道、多领域筹集生物多样性保护资金。充分调动全社会积极性，按照“政府引导、社会参与、市场运作”的要求，鼓励不同经济成分和各类投资主体，以多种形式参与生物多样性保护建设。加强资金监管，严格执行投资问效、追踪管理。对生物多样性保护资金的来源、申请、使用进行严格的审核，对资金使用全过程进行监督，对资金使用的重大失误进行责任追究。

7.3 强化科技支撑

构建连云港市生物多样性监测网络，建立配套生物多样性数据库，加强对从事生物多样性保护专职人员的技术培训。重视并加强生物多样性保护、恢复领域基础科学和应用技术研究，推动科技成果转化应用。发挥科研院所专业教育优势，建设生物多样性保护和恢复重点实验室及科研团队，加强生物多样性人才培养和学术交流。完善人才选拔机制和管理办法，建设高素质专业化人才队伍，增强生物多样性保护和履约、对话合作能力。鼓励相关企业加大自主研发力度，促进环保、农业、医疗、工业等领域生物资源科技成果转化应用。实施不受用人单位编制、增人指标、工资总额和户籍所在地限制等优惠政策，由政府财政给予资助和补贴,以吸引国内外的先进科技和管理人才为生物多样性保护工作服务。

7.4 推动公众参与

将生物多样性信息公开化,发挥政府在生物多样性保护中的主导作用,有效利用新媒体、互联网等渠道加强生物多样性保护的宣传力度。强化社会监督机制,完善群众监督举报制度,建立健全企事业单位、社会组织和公众参与生物多样性保护的长效机制,提高社会各界保护生物多样性的自觉性和参与度,营造全社会共同参与生物多样性保护的良好氛围。

加强社区共管和公众参与,组织开展保护地管理机构与社区共管机制示范,优先安排当地社区居民参与巡护管理等工作,解决生计替代和就业问题,调动广大社区居民参与生物多样性保护工作的积极性。鼓励企事业单位、社会团体、民间组织和个人积极参与城市生物多样性保护管理,提升全社会生物多样性保护意识。

淮安市"十四五"生态环境基础设施建设规划

前　言

"十四五"时期，是"两个一百年"奋斗目标历史交汇期，是淮安巩固提升全面建成小康社会成果和为基本实现社会主义现代化打好基础的关键时期，也是在高水平建成小康社会基础上迈进新时代的关键阶段。生态环境基础设施是实现生态环境质量持续改善的基础保障，也是协同推动经济高质量发展和生态环境高水平保护的重要支撑。

2021年，淮安市委市政府提出了聚焦"对标找差、补短强特、创新实干"主题，解放思想再出发，比学赶超再登攀，在新征程上推动淮安高质量发展开新局的总体要求，确立了"十四五"聚焦打造"绿色高地、枢纽新城"、全面建设长三角北部现代化中心城市的奋斗目标，并作出开展环境基础设施建设提升年行动，加快补齐环境基础设施短板，形成布局合理、功能完备、运行高效、支撑有力的环境基础体系的工作部署。为加快推进生态环境治理体系和治理能力现代化建设，根据《淮安市国民经济和社会发展第十四个五年规划和二〇三五年远景目标纲要》等文件，组织编制了《淮安市"十四五"生态环境基础设施建设规划》（以下简称《规划》），明确了生态环境基础设施建设的目标方向和重点任务，谋划了生活污水处理、工业废水集中处置、生活垃圾收运处置、固危废处置利用、减排降碳和清洁能源供应、生态保护基础设施建设、生态环境监测监控能力提升、环境风险防控与应急能力建设、"绿岛"建设等九大类项目，确立了"年度跟踪、动态调整"的项目库建设机制，为未来五年淮安市生态环境基础设施建设指明了方向。

◆专家讲评◆

生态环境基础设施既是供给端，又是需求端；既服务重大项目，本身也是重大项目；既能保GDP，又能增GDP。环境基础设施规划编制应重点关注的一是应突出系统性，基础设施涵盖城乡生活污水、工业废水、生活垃圾、危废和一般工业固废、清洁能源、自然生态保护、生态环境监管等多个领域，需形成完整体系和全市统一的抓手；二是突出导向性，聚焦淮安市生态环境基础设施突出问题和薄弱环节；三是突出统筹性，既严格落实上位政策，也充分考虑各地实际；四是突出工程性，在任务部分对各类设施建设能力规模都提出具体要求，并提出构建生态环境基础设施重点工程项目库，确保规划可量化、可考核，推动真正贯彻落实。

《淮安市"十四五"环境基础设施规划》突出了"系统性、导向性、统筹性、工程性"，有效衔接"十四五"时期新发展总体要求，是指导淮安市今后五年生态环境基础设施建设的纲领性文件。《规划》在系统总结"十三五"时期生态环境基础设施进展成效的基础上，围绕存在问题和面临形势，坚持生态优先、绿色发展，坚持减污降碳协同增效，统筹设计了"十四五"时期生态环境基础设施的重点任务，提出了相应的重大工程和保障措施。《规划》指导思想明确，内容全面，具有实践性和可操作性。

第一章　形势分析

1.1 "十三五"工作回顾

1.1.1 生活污水处理能力大幅提高

"十三五"期间，加快推进污水管网全覆盖、全收集、全处理，建成区排水管网密度达到18.05千米/平方千米，建成投运12座城市生活污水处理厂，总处理规模达70.5万吨/日，出水全部达到一级A标准；建成乡镇污水厂83座，总处理规模达6.42万吨/日；截至2020年底，全市行政村农村生活污水处理设施覆盖率达61.9%。

1.1.2 工业污水治理能力明显提升

"十三五"期间，工业园区污水治理能力明显提升，截至2020年底，省级及以上工业园区全部实现废水集中处理，污水处理厂全部安装在线监测设备，工业污水处理能力达到18.75万吨/日。

1.1.3 垃圾处置利用能力显著提高

"十三五"期间，淮安市新建4座生活垃圾焚烧发电厂，3座生活垃圾飞灰填埋场，生活垃圾处置总能力为3 825吨/日，其中焚烧能力为3 525吨/日；新建1座餐厨废弃物处理设施，餐厨废弃物处理率达到98.07%。新建城乡垃圾中转站52座，实现了乡镇垃圾中转站的全覆盖。加大生活垃圾转运收储设施投入，总计投放各类垃圾分类设施40 000余组，各种垃圾清运车451辆投入使用，"组保洁、村收集、县(区)转运、市处理"的垃圾收运处置体系全面覆盖。积极推进城乡垃圾无害化处置一体化，垃圾无害化处置率达到100%。全市垃圾分类集中处理率达到88.32%，城市居民小区生活垃圾分类覆盖率达到90%，建筑垃圾年资源化利用率达到54.67%。

1.1.4 工业固危废得到妥善处置

"十三五"期间，淮安市根据"减量化、资源化、无害化"的原则，推进工业固体废物综合利用和无害化处理。2020年，危险废物产生量约为18万吨，安全处置率达到97.45%，医疗废物实际收集量为3 514.48吨，集中处置率为100%，处理能力达6 070吨/年；淮安工业园区建成危险废物指挥监管平台，实现对企业危险废物从产生、收集、贮存到转移、利用处置的全生命周期监管。

1.1.5 非化石能源占比持续增长

"十三五"期间，淮安市持续优化电力生产结构，适度发展天然气发电，科学发展风电、光伏、生物质等可再生能源电力，非化石能源占能源消费总量的比重达到11%，单位GDP二氧化碳排放强度累计下降24.5%。

1.1.6 湿地保护与修复建设成效显著

"十三五"期间，淮安市扎实推进国际湿地城市创建，建成国家湿地公园2个(古淮河、白马湖国家湿地公园)、省级湿地公园1个(天泉湖省级湿地公园)、湿地保护小区28个。全市湿地保有量300万亩，占淮安市土地面积的19.7%，自然湿地保护率达到59.2%。

1.1.7 生态环境监测能力显著增强

"十三五"期间，全市新建乡镇(街道)空气自动站83个，配合建成省级$PM_{2.5}$网格化自动监测设备4台(套)，配合省级完成17个重要考核断面的水质自动站建设，建成机动车尾气遥感监测系统10套，实现全市重要水体、重点断面以及各级行政单元水、气自动监测的全覆盖；污染源监测监控网络不断完善，监测信息化水平明显提升，建立涵盖监测、监控、执法、执纪的生态环境大数据平台，监测信息化水平明显提升。

1.2 “十四五”生态环境基础设施差距分析

针对淮安市城镇生活污水处理、危险废物处置利用、垃圾处置、农村生活污水处理以及监测监控能力等领域生态环境基础设施现状，综合运用数值模拟、经验系数、类比调查等方法，科学分析“十四五”时期重点领域生态环境基础设施建设差距，主要体现在以下几个方面。

生活污水处理能力：综合考虑“十四五”时期社会经济发展水平，预估城镇污水处理能力缺口为16.53万吨/日；淮安市老城区部分区域仍为雨污合流排水体制；50.6%的乡镇污水处理设施为一级B排放标准；农村污水处理设施覆盖率较低，部分处理设施排放标准未达到《农村生活污水处理设施水污染物排放标准》(DB32/3462)要求，且现有污水处理设施运维水平不高。

工业污水处理能力：工业废水和生活污水混排现象较为普遍，城镇生活污水处理厂尾水不能稳定达标排放。大中型企业中水回用比例普遍不高，受再生水管网铺设、回用去向等因素限制，污水处理厂再生水回用率低；考虑到“十四五”时期经济增长，以及企业发展导致的新增工业废水处置需求，预判全市工业污水处理能力缺口为12.34万吨/日。

垃圾处理能力：根据淮安市人口增长水平，结合市焚烧能力建设需求，预判全市垃圾焚烧处置缺口约为1 000吨/日；餐厨垃圾处理能力缺口约为10.5万吨/年；建筑垃圾年资源化利用率缺口为30.33%。

危险废物处置能力：全市废盐、医疗废物等特殊种类危险废物处置能力短板明显。2020年，全市废盐已统计产生量约8 000吨，且可能仍有部分废盐未统计，同时全市尚无废盐处置能力；目前全市医疗废物处置能力为6 070吨/年，但应急处置能力不足，且现有处置方式以高温蒸煮和微波消毒为主，处置方式单一，局限性较大。

环境监测监控能力：生态环境监测能力欠缺的问题突出，市级监测能力尚不完善，基层监测能力不足，各县区监测站人员编制、监测用房等普遍低于《全国环境监测站建设标准》三级标准。生态环境监测设备现代化水平不高，大数据应用尚不完善。同时，应急监测能力较弱，应急监测设备不足。

农业、危废等多种类绿岛：绿岛类项目过少，项目种类单一，集群治污效果尚未显现。

1.3 “十四五”面临机遇与挑战

“十四五”时期，是淮安市打造“绿色高地、枢纽新城”，全面建设长三角北部现代化中心城市的关键时期，生态环境基础设施建设作为重要支撑面临重大机遇和挑战。

从机遇上看，习近平生态文明思想深入人心，“创新、协调、绿色、开放、共享”的新发展理念深入贯彻，为新时代生态环境基础设施建设工作提供了思想指引和行动指南。淮安市确立打造“绿色高地、枢纽新城”，长三角北部现代化中心城市的定位，坚持以绿色发展彰显生态优势，大力推动生态经济化、经济生态化，探索淮安市高质量发展的创新之路。淮安市“十四五”的发展战略为加快补齐生态环境基础设施建设的突出短板提供了良好机遇。同时，淮安市经济总量已迈上4 000亿元台阶，在全国百强市的排名逐年攀升，人均GDP已迈上1万美元台阶，经济的迅速发展为生态环境基础设施建设提供了资金保障。在经济发展长期向好、高质量发展大力推进的趋势下，法律、行政、经济等政策支持力度不断增强，市场投入机制日趋多元化，有效提高企业完善生态环境基础设施的积极性和主动性。同时，随着人民群众物质文化生活水平不断提高，人民群众对优质生态产品的需求越来越迫切，也为完善生态环境基础设施提供了驱动力。

从挑战上看，面对淮安市生态环境质量改善要求的持续加强，以及“十四五”期间污染排放依然处于高位的现实压力，生态环境基础设施的支撑能力存在明显短板。生态环境基础设施建设缺乏规划、管理缺乏统筹、经费保障不足、投入与成效不匹配等历史欠账短时内仍无法消弭，同时随着“碳达峰、碳中和”目标的提出，对以污水处理设施、生活垃圾焚烧设施为代表的众多高碳排放的生态环境基础设施，在深挖减碳潜力、推动减污降碳协同增效等方面提出更高的要求。如何尽快补齐生态环境基础设施短板，支撑生态环境的持续改善，协同推进经济高质量发展和生态环境高水平保护，是淮安市面临的巨大挑战。

◆专家讲评◆

习近平总书记指出，生态环境投入不是无谓投入、无效投入，而是关系经济社会高质量发展、可持续发展的基础性、战略性投入。江苏作为全国唯一的生态环境治理体系和治理能力现代化试点省，实体经济基础雄厚、科技人才资源丰富、数字经济蓬勃发展、多重国家战略机遇交融，为加大生态环境投入，加快生态环境基础设施建设，构建数字化、智能化的生态环境基础设施体系奠定了坚实基础。但目前生态环境基础设施建设方面依然存在底数不清、管理缺乏统筹、经费保障不足等问题。在全省这样的大形势下，淮安市面临的机遇与挑战也是同样复杂的，需要结合"十四五"时期淮安市的新定位——"绿色高地、枢纽新城"，以及淮安市的区位因素、社会经济情况、生态环境情况、基础设施建设情况、"十四五"国家省市的相关要求来分析。

第二章　指导思想和规划目标

2.1　指导思想

坚持以习近平新时代中国特色社会主义思想为指导，全面贯彻党的十九大和十九届二中、三中、四中、五中、六中全会精神，践行"绿水青山就是金山银山"理念，始终牢记习近平总书记对淮安的殷切嘱托，把握"经济生态化、生态经济化"发展理念，围绕打造"绿色高地、枢纽新城"、全面建设长三角北部现代化中心城市目标要求，坚持依法治污、科学治污、精准治污，着力补齐重点领域生态环境基础设施建设短板，推进生态环境治理体系和治理能力现代化，提升环保产业可持续发展能力，将生态环境治理项目与资源、产业开发项目一体化实施。

2.2　基本原则

统筹规划、分步实施。充分认识生态环境基础设施的系统性、整体性，根据实际需求和前期工作进度，区分轻重缓急，优先解决突出需求，坚持先规划、后建设，分期分批有序推进生态环境基础设施建设。鼓励各类污染物协同治理，探索跨区域生态环境基础设施项目建设，实现一定区域内共建共享。

聚焦问题、补齐短板。聚焦生态环境基础设施处置能力不足、运行效率不高、设施分布不均等突出问题和薄弱环节，坚持分类施策、精准发力，加快补齐生态环境基础设施短板，尽快提升生态环境基础设施建设水平。

创新机制、多元并进。将生态环境基础设施建设作为深化环境保护工作的重要抓手，建立持续高效的投入机制、市场竞争的价格机制、开放共享的运行及管理制度。拓宽资金来源渠道，鼓励社会资本参与生态环境基础设施的投资、建设与运营，形成"政府主导、市场化运作"的投融资和建设运行管护机制，实现专业化运营、规范化管理。

2.3　主要目标及指标

到 2025 年，全面形成布局合理、功能完备、运行高效、支撑有力的生态环境基础设施体系，成为淮安市生态环境高水平保护和经济社会高质量发展的重要保障。

城乡污水处理目标。到 2025 年，建成区 60%以上面积建成"污水处理提质增效达标区"，城市生活污水集中收集率达到 70%，农村生活污水治理率达到 60%。城镇污水处理厂排放标准全部提高到《城镇污水处理厂污染物排放标准》中的一级 A 标准，部分有能力地区提高至《地表水环境质量标准》中的准Ⅳ类标准；加快推动生活污水资源化利用，城市再生水利用率达到 25%。

工业废水处理目标。到 2025 年，省级及以上工业园区和主要涉水行业所在园区污水管网全覆盖、工业废水集中处理设施稳定达标运行，化工园区(集中区)实现"一企一管"全覆盖。

垃圾收运处理目标。到2025年，全市城乡生活垃圾无害化处理率达到100%，生活垃圾焚烧处理能力占无害化处理总能力的100%；垃圾分类体系有效运行，实现全市垃圾分类集中处理率达96%，其中，城乡生活垃圾无害化处理率达100%，城市居民小区生活垃圾分类覆盖率95%，城市餐厨废弃物处理率100%，城市建筑垃圾资源化利用率85%。

固危废处置目标。到2025年，全面补齐工业废盐、飞灰等特殊种类危险废物处置利用短板，县级以上城市建成区医疗废物无害化处置率达到100%，补齐医疗废物应急能力短板，同时推进污泥处置和资源化利用，危险废物处置能力与需求基本匹配。

清洁能源供应能力目标。到2025年，非化石能源消费比重达到20%左右，单位GDP能源消耗比2020年下降14.5%，单位GDP二氧化碳排放比2020年下降20%，为实现"碳达峰碳中和"打下坚实基础。

生态保护基础能力建设目标。到2025年，实现重点水体周边生态安全缓冲区全覆盖，每个县区打造1～2个集水质净化、生态景观等功能于一体的生态安全缓冲区样板，为推动"两山"转化提供先行示范。

生态环境监测监控能力建设目标。到2025年，建立完善的生态环境监测监控体系，监测监控标准化、自动化、信息化水平显著提高。逐步完成省级、市级、县级及乡镇工业园区(集中区)限值限量监测监控网络建设。全市应急监测能力显著提升。

环境风险防控与应急处置能力建设目标。到2025年，生态环境风险防控体系更加完备，突发水污染事件应急防范体系基本建成。

表12.1 淮安市"十四五"生态环境基础设施建设规划指标体系

序号	类别	目标	单位	2020年现状值	2025年目标值
1	城乡污水处理	建成区污水处理提质增效达标区面积占比	%	/	60
2		城市生活污水集中收集率	%	/	70
3		农村生活污水治理率	%	/	60
4		城市再生水利用率	%	/	25
5	工业废水处理	省级及以上工业园区和主要涉水行业所在园区污水管网	/	/	全覆盖
6		工业废水集中处理设施	/	/	稳定达标
7	垃圾收运处理	城乡生活垃圾无害化处理率	%	100	100
8		生活垃圾焚烧处理能力占无害化处理总能力	%	71.47	100
9		垃圾分类集中处理率	%	88.32	96
10		城市居民小区生活垃圾分类覆盖率	%	90	95
11		城市餐厨废弃物处理率	%	72.74	100
12		城市建筑垃圾资源化利用率	%	54.67	85
13	固危废处置	医疗废物无害化处置率	%	100	100
14		工业废盐、飞灰等特殊种类危险废物处置利用	/	/	能力匹配
15	清洁能源供应能力	非化石能源消费比重	%	11	20
16		单位GDP能源消耗下降比	%	/	14.5
17		单位GDP二氧化碳排放下降比	%	/	20
18	生态保护基础能力	生态安全缓冲区	/	/	重点水体周边全覆盖
19	生态环境监测监控	限值限量监测监控网络	/	/	逐步建设
20	环境风险防控与应急处置	水污染事件应急防范体系	/	/	基本建成

◆专家讲评◆

基础设施建设规划目标的设置可重点参考《关于加快推进城镇环境基础设施建设的指导意见》《江苏省"十四五"生态环境基础设施建设规划》中的目标要求；同时，基础设施建设规划涉及的实施部门是非常多的，在编制过程中，目标设置还需和《淮安市国民经济和社会发展第十四个五年规划和二〇三五年远景目标纲要》《淮安市"十四五"生态环境保护规划》《淮安市"十四五"住房城乡建设规划》《淮安市城市管理及行政执法"十四五"发展规划纲要》等同级规划充分衔接，包括任务措施、重点工程也同样如此，这样才能增强规划的可操作性。

第三章　主要任务

3.1　完善生活污水处理设施

3.1.1　加快推进城乡污水管网建设

加快推进城中村、老旧城区、城乡接合部和搬迁安置区的生活污水收集管网建设，加快消除收集管网空白区。结合老旧小区和市政道路改造，推动支线管网和出户管的连接建设，做好混错接、漏接、老旧破损管网更新修复工程，提升污水收集效能。逐步推进清江浦区、淮安区、淮阴区、洪泽区老城区现有合流制排水系统改为分流制，对暂不具备雨污分流改造条件的地区，因地制宜采取溢流口改造、截流井改造、破损修补、管材更换、增设调蓄设施等工程措施，降低合流制管网溢流污染。准确、翔实做好排水管网普查工作，建立和完善市政排水管网地理信息系统(GIS)，实现测绘的所有数据的动态化、可视化、数字化管理，逐步提升智慧化管理水平。加强管网日常管理与养护工作，建立完善覆盖城乡生活污水治理设施的长效运维管护机制，出台生活污水管网设施养护办法，进一步明确管护责任、养护标准，确保管护工作专业化、规范化。

3.1.2　稳步提升城镇污水处理能力

综合考虑城市发展水平，评估现有污水处理和污泥处置设施能力与运行效能，按照"有序建设，适度超前"的原则，科学合理规划城乡污水处理厂建设规模，进水化学需氧量(COD)浓度低于260毫克/升或者五日生化需氧量(BOD_5)浓度低于100毫克/升的城市污水处理厂，围绕服务片区管网，系统排查进水浓度偏低原因，制订并实施"一厂一策"系统整治方案。深入推进城镇生活污水处理设施提标改造，到2025年，城镇污水处理厂排放标准全部提高到《城镇污水处理厂污染物排放标准》中的一级A标准，部分有能力地区提高至《地表水环境质量标准》中的准Ⅳ类标准。城镇污水处理厂因地制宜建设尾水生态湿地，新、扩建城镇污水处理厂同步建设尾水生态湿地，鼓励有条件地区打造集水质净化、生态景观、文化休闲等功能于一体的尾水生态湿地公园。到2025年，基本实现"污水处理厂+尾水生态湿地"的生态治污模式全覆盖。

3.1.3　着力提升农村污水治理水平

依据农村不同区位条件、农村人口密集程度、污水产生规模，因地制宜采用污染治理与资源利用相结合、工程措施与生态措施相结合、集中与分散相结合的建设模式和处理模式，统筹推进农村生活污水治理设施建设，与村庄规划同步、与供水设施建设同步、与新建新型农村社区项目建设同步，进一步扩大农村生活污水治理设施覆盖范围。加强农村生活污水治理与改厕治理衔接，积极推进粪污无害化处理和资源化利用。健全完善农村污水治理管护机制，以县为单位，建立以县级政府为责任主体、镇(街道)为管理主体、村级组织为落实主体、农户为受益主体、运维机构为服务主体的"五位一体"运维管理体系。鼓励开展农村生活污水治理托管服务试点，逐步推行城乡污水处理系统统一规划、统一建设、统一运行、统一管理，鼓励委托第三方机构对污水处理处置设施打包运维，实行运维绩效考核加强监管模式。组织开展农村污水已建设施"回头看"专项行动，确保已建设施长效稳定运行。

3.1.4 加强农业面源污染防治设施建设

以粪肥利用、种养结合为路径，加快养殖场粪污处理设施设备改造提升，推行经济高效的粪污资源化利用模式，到2025年，规模畜禽养殖场粪污处理设施配套率保持100%，规模以下畜禽养殖粪污综合利用率不低于70%。科学确定水产养殖密度，合理投放饲料、使用药物；严格控制在水库、湖泊围栏围网养殖。养殖水面6.67公顷以上的连片池塘、单个养殖主体水面3.33公顷以上的池塘及工厂化等封闭式养殖水体水产养殖尾水执行《池塘养殖尾水排放标准》(DB32/4043)，有序实施水产养殖池塘生态化改造，实现养殖尾水循环利用，促进养殖尾水达标排放。加强汛期水质提升，在盱眙县维桥河、高桥河、团结河、汪木排河等重点退水区域安装在线监测装置，对国考断面水质影响较大的沿岸农田，进行种植结构调整和排灌系统生态化改造，必要时采取汛期前临时性管控措施和污水临时应急处理，做到"退水不直排、肥水不下河、养分再利用"。推进高标准农田生态化改造工程，推进农田灌溉水循环利用，利用现有池塘、退养鱼塘建设调蓄池，对农田沟渠、塘堰等灌排系统进行生态化改造，构建农田退水闭路循环回用与生态拦截体系。

3.1.5 统筹推进城乡黑臭水体消除工作

巩固提升城市黑臭水体治理成果，做好长效管理，开展整治效果后评估工作，实施智慧水务工程，推进城区黑臭水体监控、自动监测及排污口监控系统建设，继续实施水质监督检测，强化河道巡查管养、水面岸坡清理保洁、排口动态管控和活水保质，防止水体"返黑返臭"。加快推动涟水、金湖、盱眙等县城建成区黑臭水体治理工作。系统治理农村黑臭水体，开展农村黑臭水体排查，建立名册台账，完成现有69条农村黑臭水体整治工作，确定污染源、污染状况及污染成因，采取控源截污、清淤疏浚、水体净化等措施进行综合治理。在清江浦区、金湖县和淮阴区启动农村黑臭水体治理示范，制订"一河一策"整治方案，形成可复制可推广的农村黑臭水体治理模式。建立农村黑臭水体治理长效机制，深入落实河长制，构建黑臭水体治理监管体系，健全农村黑臭水体治理设施第三方运维机制，鼓励专业化、市场化治理和运行管护。到2023年，基本形成农村黑臭水体治理工作体系和长效治理机制，建立农村黑臭水体"对账销号"制度，全市基本消除农村黑臭水体。

3.1.6 协同推进污水资源化利用

坚持"节水即治污"的理念，以现有污水处理厂为基础，合理布局再生水基础设施。开展公共领域节水，建设节水型机关、高校，控制宾馆、洗车等高耗水服务业的用水。加快推动生活污水资源化利用，探索污水、雨水等非常规水资源的开发利用途径。推动污水资源化利用，在重点排污口下游、河流入湖口、支流入干流处，因地制宜实施区域再生水循环利用工程，将达标排放水转化为可利用的水资源就近回补自然水体，也可用于工业用水、市政用水、河湖湿地生态补水和农业灌溉用水等。对于提供公共生态环境服务功能的河湖湿地生态补水、景观环境用水使用再生水的，鼓励采用政府购买服务的方式推动污水资源化利用。

3.1.7 探索建立区域水污染平衡管理体系

以县区城市规划区、重点工业园区为核算区域，以污水处理厂收集范围为基本核算单元，系统核算接入集中式处理设施的工业废水、生活污水、畜禽养殖废水的水污染物(化学需氧量)排放收集总量及削减总量，有效评估区域主要水污染物收集处理能力及处理量缺口。建立健全区域水污染物平衡监督管理，构建水污染物平衡核算管理信息平台。部署开展日处理能力500吨及以上规模生活污水集中处理设施在线监控联网，发挥"互联网+监管"优势，推进全市日处理能力500吨及以上的生活污水集中处理设施在进水和出水处安装流量、水质等自动监控设备及配套设施，并与省、市生态环境监控平台联网。

3.2 提升工业废水处理能力

3.2.1 强化园区配套雨污水管网建设

开展工业园区(集聚区)和工业企业内部管网的雨污分流改造，重点消除污水直排和雨污混接等问题，结合所在排水分区实际情况，鼓励有条件的相邻企业，打破企业间的地理边界，统筹开展雨污分流改造，实施管网统建共管。梳理园区雨污管网资料，绘制雨污水管网布局走向图，明确总排口接管位置，并在主要出入口上墙公示，接受社会公众监督。加快实施“一园一档”“一企一管”工作，持续推进工业园区污水处理设施整治专项行动，排查区内污水管网建设和涉水企业纳管情况，全面消除污水直排口和管网空白区。

3.2.2 提升工业污水集中处理能力

加快推进园区工业废水与生活污水分开收集、分质处理，推进省级及以上工业园区和化工、电镀、造纸、印染、制革、食品等主要涉水行业所在园区配套独立的工业废水处理设施，对建设标准较低、不能稳定达标排放的现有设施进行限期改造。到2025年，实现污水管网全覆盖、工业废水集中处理设施稳定达标运行。组织对废水接入市政污水管网的工业企业开展排查评估，经评估认定不能接入城市污水处理厂的企业，限期退出；可继续接入的企业，在依法取得排污许可和排水许可、确保废水经预处理达标后准予接入。推进工业园区污水实时监管，在日处理能力500吨以上工业园区污水集中处理设施的进、出水口安装水量、水质自动监测设备及配套设施，并与省、市联网。加强对工业园区特征水污染物的管控，建立重点园区有毒有害水污染物名录库，加强对重金属、抗生素、持久性有机污染物和内分泌干扰物等有毒有害水污染物的监控。配套建设工业尾水排放生态安全缓冲区，强化废水生物毒性削减。

3.2.3 深化工业节水减排

开展企业用水审计、水效对标和节水改造，支持企业开展节水技术改造和废水“近零排放”改造，重点在火电、钢铁、纺织、造纸、石化、化工、食品和发酵等重点用水行业，推广节水新技术、新工艺和新设备，提高重点用水行业节水水平，对超过用水定额标准的企业分类分步限期实施节水改造。推进园区开展以节水为重点内容的绿色高质量转型升级和循环化改造，加快节水及水循环利用设施建设，促进企业间串联用水、分质用水、一水多用和循环利用。开展工业废水再生利用水质监测评价和用水管理，推动地方和重点用水企业搭建工业废水循环利用智慧管理平台。鼓励排水量达500吨/日以上的企业提高中水回用比例，加快建设中水回用管网，减少废水污染物排放。

3.3 健全垃圾收运处置体系

3.3.1 大力提升生活垃圾处置利用能力

按照“生活垃圾全量焚烧处置”的目标，大力推进生活垃圾焚烧发电厂建设，建设完善垃圾焚烧飞灰处理等配套设施，加快瀚蓝生活垃圾焚烧发电厂一期技改项目、淮阴区光大生活垃圾焚烧发电厂扩建项目、市区生活垃圾飞灰资源化利用项目等工程建设。补齐厨余垃圾和有害垃圾处理设施短板，推进市区、盱眙县、淮安区餐厨废弃物处置项目。合理规划建设生活垃圾应急填埋场，推进洪泽区生活垃圾(飞灰)应急填埋场建设。加大大中型垃圾中转站的建设，对现有王元垃圾填埋场开展封场和生态修复。

3.3.2 加强生活垃圾处理设施运行监管

研究建立城市生活垃圾处理工作监督巡查制度，加强对现有生活垃圾处理设施的运行监管，不断优化运营管理模式。探索引入第三方专业机构实施运营管理，提高运营管理的科学水平。完善全市生活垃圾处理设施建设和运营监控系统，定期开展生活垃圾处理设施排放物监测，常规污染物排放情况每季度至少监测一次，二噁英排放情况每年至少监测一次，必要时加密监测。对渗滤液处理能力不足的填埋场，根据填埋场垃圾处置现状和渗滤液处置能力需求，加快实施渗滤液处理设施提标改造或扩建。

3.3.3 完善生活垃圾分类收运体系

全面推进城市生活垃圾分类收集、分类运输设施建设，加快老旧分类收集设施改造，喷涂统一、规范、清晰的标志，确保设施设置规范、干净整洁。按照“分类投放、分类收集、分类运输、分类处置”的总体要求，加快构建生活垃圾分类“全链条”体系，形成各环节无缝对接。推进城市生活垃圾收运体系升级改造，进一步完善“组保洁、镇(村)收集、县(区)转运、市处置”的城乡生活垃圾统筹收运处理体系建设,到2025年,基本建成规范有序的生活垃圾分类收集和分类运输体系。

3.3.4 推进建筑垃圾资源化利用

积极推进建筑垃圾资源化利用,逐步构建“布局合理、技术先进、规模适宜、管理规范”的建筑垃圾循环利用体系。“十四五”期间,新建1座建筑垃圾资源化利用厂,提档升级多个小型建筑垃圾资源化利用厂,推进建筑垃圾收运、处置一体化管理体系建设。

3.4 提高固危废处置利用水平

3.4.1 提高一般工业固体废物处置利用能力

重点围绕煤矸石、工业副产石膏、粉煤灰、钢渣等大宗工业固体废物,加大综合处置利用设施建设力度,加快推广规模化、高质化综合利用技术、装备,积极开拓综合利用产品在冶金、建材、基础设施建设、地下采空区充填、土壤治理、生态修复等领域应用。到2025年,大宗工业固体废物全部实现综合利用。全面摸清一般工业固体废物产生的种类、数量及区域分布的底数,统筹布局,解决各县区发展不平衡、结构不合理的问题。充分发挥光大环境等骨干企业在固体废物处置利用行业的主力作用和标杆作用,推进固体废物处理处置行业发展。建设“无废城市”,持续推进固体废物源头减量和资源化利用,最大限度减少填埋量,将固体废物环境影响降至最低。

3.4.2 补齐特殊类别废物处置短板

统筹建设特殊类别危险废物利用处理设施,针对工业飞灰、工业污泥、废盐等库存量大、处置难、处理能力不足的危险废物,加快提升配套处置利用能力,补齐特殊类别危险废物处置与应急能力短板。加大工业污泥减量技术示范推广,加快推进专业化、规范化利用处置能力建设,统筹规划、合理布局,构建稳定的污泥资源化利用消纳渠道,加快建设污泥处置设施。鼓励开展飞灰资源化利用技术的研发与应用,实施一批飞灰利用处置项目。

3.4.3 提升危险废物处置监管水平

推进危险废物全生命周期监控系统建设,压紧压实产废单位主体责任,全面推行危废转移二维码扫描、电子联单等信息化监管,从产生到处置全过程留痕可追溯,切实防控环境风险。严格危险废物产生贮存环境监管,通过“江苏环保脸谱”,全面推行产生和贮存现场实时申报,自动生成二维码包装标识,实现危险废物从产生到贮存信息化监管,严格危险废物转移环境监管,加强危险废物流向监控,严厉打击危险废物转移过程中的环境违法行为。落实企业主体责任,落实危险废物污染环境防治和安全生产第一责任人,督促企业严格落实危险废物污染环境防治和安全生产法律法规制度,依法及时公开危险废物污染环境防治信息,依法依规投保环境污染责任保险。

3.4.4 提升医疗废物处置能力

督促企业按照医疗废物集中处置技术规范,对现有医疗废物集中处置设施进行符合性排查,加快推动现有医疗废物集中处置设施扩能提质改造,确保处置设施符合环境保护、卫生等相关法律法规要求。建立健全医疗废物收集转运处置体系,加快补齐县(区)级医疗废物收集转运短板。加强医疗废物分类管理,做好源头管控,促进规范处置。增加移动式医疗废物处置设施投入,为疫情防控时提供就地应急处置服务。

3.4.5 探索固废处置利用盈利模式

鼓励专业化第三方机构从事固体废物资源化利用、环境污染治理与咨询服务,打造一批固体废物资源化利用骨干企业。以政府为责任主体,推动固体废物收集、利用与处置工程项目和设施建设运行,采用第三方治理或政府和社会资本合作(PPP)等模式,实现与社会资本风险共担、收益共享,积极探索适合淮安的固废处置盈利模式。

3.5 增强清洁能源供应能力

3.5.1 推动能源消耗总量和强度“双控”

以加快推进结构性减煤为主、稳步推进技术性减煤为辅，逐步降低煤炭在全市能源结构中的比重。鼓励区域热电联产整合优化，实施大型机组改造供热，推进洪泽中电热电扩建工程、涟水热电联产工程、淮钢余气综合利用发电工程，探索主城区淮阴电厂等燃煤企业持续开展煤电机组节能减排行动，推动提高洁净煤发电机组比重和煤炭利用效率，着重降低主城区煤炭消耗总量。不断减少民用散煤使用，支持金湖开展“无煤县”实施路径研究与方法探索，树立全市绿色低碳发展新样板。

3.5.2 持续推进减排降碳

聚焦重点行业，高标准完成钢铁行业全流程超低排放改造；开展生物质锅炉专项整治，工业聚集区内存在多台分散生物质锅炉的，推进生物质锅炉拆小并大；4 蒸吨/小时以上生物质锅炉安装烟气自动监控设施，并与生态环境部门联网，同时加强建成区外生物质锅炉监管。对涉工业炉窑行业，通过提标改造或使用清洁低碳能源、工厂余热、电厂热力替代等方式，实现有组织排放全面达标、无组织排放有效管控。推动垃圾焚烧重点设施完成超低排放改造或深度治理、清洁能源替代等，落实超低排放改造(深度治理)措施。

3.5.3 大力发展可再生能源

科学发展风电、光伏、生物质等可再生能源电力，集散并举、以散为主促进光伏系统应用，发展分布式光伏系统，统筹推进集中式光伏电站，因地制宜推动“光伏＋”渔业、农业、牧业等综合利用评价示范基地建设。鼓励居民社区、家庭和个人发展户用光伏系统，推动光伏入社区、进家庭，实现分布式可再生能源的就地消纳和有效利用。在洪泽、盱眙等农林生物质丰富地区，科学规划生物质发电布局，推进农林生物质直燃热电联产项目建设。根据畜禽养殖场、城市生活污水处理厂以及食品、酿酒、印染等企业工业废水规模，推进大中型沼气发电工程建设。探索可再生能源富余电力转化为热能、冷能、氢能，实现可再生能源多途径就近高效利用。

3.5.4 抓好天然气产供储销体系建设

持续扩大天然气供应规模，以加快规模化天然气工程建设为抓手，以生物天然气商业化可持续发展、形成绿色低碳清洁可再生燃气新兴产业为目标，积极创新生物天然气发展模式，在农林剩余物资源丰富、农村经济条件较好、居住较为集中的乡镇、村庄，以及规模化畜禽养殖场、城市污水处理厂、工业有机废水处理设施周边，推进生物天然气高效利用，提升生物质清洁高效水平。推进天然气管道、LNG 接收站、天然气储气设施等项目建设，积极推进盐穴储气工程，扩大气源接受存贮能力。大力推进天然气热电冷联供的供能方式，推进分布式可再生能源发展，推行终端用能领域多能协同和能源综合梯级利用，提升用能效率。

3.6 强化生态保护基础能力建设

3.6.1 推进重点水体生态安全缓冲区建设

因地制宜建设生态净化型、生态涵养型、生态修复型和生态保护型等生态安全缓冲区，采取人工湿地、水源涵养林、沿河沿湖植被缓冲带和隔离带等生态环境治理与保护措施，提高水环境承载能力。强化典型引路，先行在一帆河、二支大沟打造生态涵养型缓冲区，在盱眙县、金湖县部分城镇污水处理厂打造生态净化型缓冲区，并逐步向其他条件成熟的地区延伸，构建生态安全屏障，实现人类生产空间与自然空间的有机结合。

3.6.2 进一步推进重点湖泊退圩还湖

适应新时期治水新思路的要求，进一步加强大运河文化带保护与开发，推进古淮河、维桥河等骨干河道水生态修复与保护，加快实施洪泽湖、宝应湖及高邮湖等重点湖泊的退圩还湖，组织编制湖泊生态环境保护实施方案，解决湖泊水质和流域生态主要问题，继续加大城市生态治理力度，推进洪泽湖水系连通前期工作，实现对水资源、水生态及水环境的系统治理。实施滨岸生态修复，提升湖滨湿地生态质量。

3.6.3 建立完善生物多样性观测网络

开展市、县区生物多样性本底调查，摸清淮安市生物多样性热点区域，稳步提升生物多样性观测能力，探索开发生物多样性监测技术，建设盱眙铁山寺森林生物多样性观测站，根据生物群落观测需要，配备相应的野外观测设施设备。

3.7 提升生态环境监测监控能力

3.7.1 健全污染源自动监控能力

在固定源方面，确保排污单位按期完成联网工作，督促排污许可证中规定需开展自动监测的排污单位与省级联网，完善自动监控手段，强化排污单位过程监控，加强视频监控、用电监控、工况监控等监控技术应用，结合污染源日常例行监督监测，对火电、石化、化工、建材、钢材等碳排放量较大(煤炭年消耗量1万吨标煤以上)的重点核查单位开展碳排放监测；在移动源方面，开展船舶排放自动在线监测与遥感遥测联动在线监控系统建设试点，加强储油库、加油站、油码头的油气回收在线监控装置安装与统一联网，推进油品运输环节的油气回收远程监控系统建设，“十四五”末基本建成全市储油单位、运油车船、售油站点的油气回收“全链条”式在线监控网络；在农村面源方面，完成“千吨万人”水源地水质监测、农田灌溉水质监测、农村生活污水处理设施进出水水质监测等专项工作；入河排口方面，按照“排查、定类、整改、建设”同步推进的原则，推动全市规模以上入河(湖)排污口水质自动监测站建设，“十四五”末实现全市规模以上入河(湖)排污口水质自动监测全覆盖。

3.7.2 提升园区监测监控能力

完善园区周边环境质量监测网，推进省级及以上工业园区(集中区)空气自动监测站以及水质自动监测站建设。化工园区按照省政府办公厅《关于江苏省化工园区(集中区)环境治理工程的实施意见》要求布设监测点位开展监测并及时公开信息；推动重点工业园区、化工园区结合园区 VOCs 排放特征，安装 VOCs 自动监测设备，强化特征污染物监测监控，建立完善园区化学品动态管理系统及废水、废气、土壤等特征污染物名录库；健全园区企业在线监控系统，督促并确保省级以上工业园区(集中区)所有企业按排污许可要求和监测规范安装在线监测设备及自动留样、校准等辅助设备，园区污水处理厂排放口安装流量计和自控阀门，实现限量排放和自动截污，逐步建立覆盖企业生产活动“全周期”的用电、工况、视频监控系统，并与省、市生态环境部门联网。推进工业园区(集中区)限值限量监测监控能力建设，推进建立集成统一的园区监管平台，建成工业园区(集聚区)及周边环境质量自动监测、污染源在线监测监控、企业工况、用能、视频监控，治理设施运行状态监控，固体废物全过程监管，污染物排放总量核查台账一体的数字化监管平台，并与省、市生态环境部门联网，结合限值限量工作，在淮安工业园区开展环境空气碳浓度试点监测。

3.7.3 加强监测监控标准化建设

加强实验室标准化建设，推进设区市以下监测监控机构实验用房标准化改造与建设，根据检验检测机构实验室资质认定管理有关要求，保障日常监测工作所必需的场所，根据监测项目、分析能力、仪器设备(含其他辅助设备)等实际情况合理设置实验用房面积。加强执法监测标准化建设，配齐满足重点排污单位执法监测和突发环境事件应急监测需求的基础装备物资，并结合区域重点环境风险行业和企业特征，增加配备部分特征因子监测仪器装备，切实增强监测技术力量，提升监测能力水平。加强应急监测标准化建设，配备突发环境事件应急监测装备，充分调动全社会力量，实现企事业单位应急物资、装备等资源的共建、共享、共用。

3.7.4 加强监测监控信息化建设

提升信息化基础能力，从机房、计算、存储、网络、运维等各方面推进生态环境监测监控基础设施建设，加快建设市生态环境大数据平台，提升生态环境监控现代化水平。提升大数据整合能力，依托市生态环境监测监控平台，加快大数据集成整合处理。提升智慧分析能力，加强各级生态大数据平台的人工智能开发，提升大数据平台的高效运算、自动分析、智能关联、开放定制、情景模拟、沙盘推演等功能，实现对环境质量、污染源、生态质量监测监控数据的综合应用。推进各类生态环境监测监控数据与省市生态环境部门大数据交换平台对接，确保数据安全和共享质量，提升数据使用效率。

3.8 增强环境风险防控与应急处置能力

3.8.1 强化环境风险防控能力建设

落实饮用水源安全保障，加强应急备用水源地建设与管理，推进洪泽区备用水源地建设工程、涟水湖应急水源地达标建设工程等，逐步完善“双源供水”格局。着力解决农村水源地保护薄弱的问题，按照城乡供水一体化要求，推进城乡区域供水和农村饮水安全工程同步实施。巩固提升水源地常规监测、预警监测和视频监控能力，加强农村水源水质监测，建立健全部门间监测数据共享机制。构建突发水污染事件应急防范体系，按照“以空间换时间”思路，围绕京杭大运河、洪泽湖、白马湖等重要敏感目标，全面排查周边重点园区、重点企业等风险分布情况，编制全市突发水污染事件应急防范实施方案，重点河流形成“一河（区）一策一图”，重点园区制订三级防控体系建设方案，构建三级防控体系。

3.8.2 推进环境应急物资储备及装备建设

按照社会储备、就近调配、快速输运、储备充足的原则，依托企业、社会化环境应急物资储备资源，建立覆盖全市的环境应急物资储备库，逐步建立高效的应急物资调拨运转机制。依托省级环境应急物资储备信息线上平台，实现各县区环境应急物资储备信息库全覆盖，应急物资调用渠道顺畅、便捷迅速。

3.8.3 提升核与辐射安全监管能力

强化国家核技术利用辐射安全监管系统平台运用，充分利用“互联网＋”技术开展辐射监督检查。完善淮安市执法监测体系，形成独立完成辐射监测任务的能力。健全应急体系，加强核与辐射应急指挥机制、应急监测能力建设。加强放射源安全监管，确保废旧放射源全部安全收贮。

3.9 探索建设多类型“绿岛”项目

按照“集约建设、共享治污”的理念，推动“绿岛”建设试点，因地制宜建设一批“绿岛”类项目。针对餐饮一条街、小吃街，通过建设公共烟道，升级老旧设备，实现餐饮油烟集中处置净化，并在餐饮店排口和总排口均安装油烟在线监控设备，实现远程监控。针对中小企业挥发性有机物治理难、治理成本高、排放不达标等问题，在喷涂需求高的中小企业聚集区，建设集中式喷涂中心，实现喷涂污染物集中治理；针对非规模化养殖畜禽粪便处理问题，建设集中畜禽粪便处理或资源化利用中心，形成农业“绿岛”；针对连片养殖区域的非规模化养殖户尾水达标难的问题，建设集中的水产养殖尾水净化设施；针对中小型企业贮存库手续不全、专业管理人员少、管理不规范、安全风险大等难题，建设符合环保要求的固危废储存转运中心。

第四章 重点工程

4.1 已谋划工程概况

4.1.1 工程总体情况

围绕生活污水处理、工业废水集中处置、生活垃圾收运处置、固危废综合处置利用、减排降碳和清洁能源供应、生态保护基础设施建设项目、生态环境监测监控能力提升、环境风险防控与应急能力建设、“绿岛”建设共九个领域，共计谋划摸排工程项目 185 个，计划投资额为 473.02 亿元，其中，补短板项目 164 个，强特色项目 21 个。

表 12.2 淮安市“十四五”生态环境基础设施建设重点工程项目统计表

序号	项目类别	项目个数/个	计划总投资/亿元
1	生活污水处理项目	54	126.72
2	工业废水集中处置项目	15	13.39
3	生活垃圾收运处置项目	20	25.21
4	固危废综合处置利用项目	13	20.39
5	减排降碳、清洁能源供应项目	24	213.07
6	生态保护基础设施建设项目	21	63.04
7	生态环境监测监控能力提升类项目	28	4.61
8	环境风险防控与应急能力建设项目	6	5.49
9	“绿岛”类项目	4	1.1
10	合计	185	473.02

总体来看，本轮重点工程项目中，生活污水处理项目、减排降碳、清洁能源供应项目和生态保护基础设施建设项目个数较多、投资总额较高。

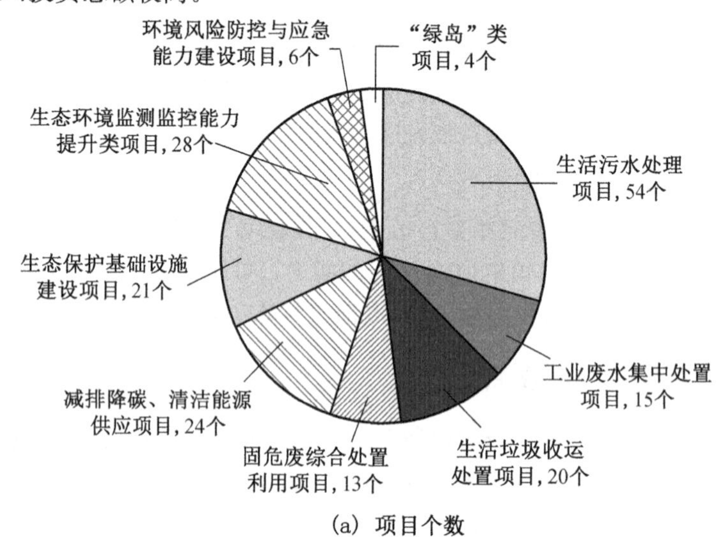

(a) 项目个数

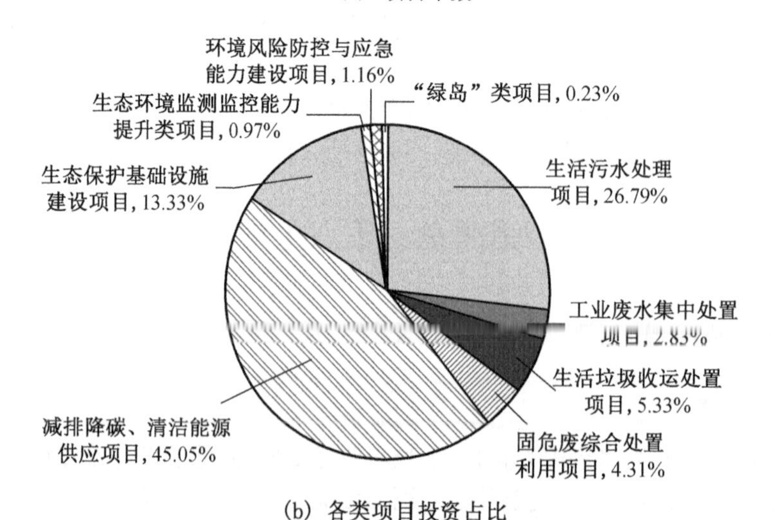

(b) 各类项目投资占比

图 12.1 “十四五”期间淮安市生态环境基础设施建设项目及投资占比示意图

4.1.2 工程实施预期效果

生活污水处理设施项目共 54 个，投资额为 126.72 亿元，预计新增城镇污水处理能力 11.34 万吨/日，并同步配套管网。

工业废水集中处置项目共 15 个，投资额 13.39 亿元，预计新增工业废水处理能力 10.45 万吨/日，并同步配套管网。

垃圾收运处置类项目共 20 个，投资额 25.21 亿元，预计新增生活垃圾焚烧处置能力 500 吨/日，餐厨垃圾处理能力 455 吨/日，厨余垃圾处理能力 250 吨/日，建筑垃圾处理能力 180 吨/日。

固危废处置利用类项目共 13 个，投资额 20.39 亿元，预计新增危险废物焚烧处置能力 4 万吨/年(包括 1 万吨医疗废物焚烧能力)，刚性填埋能力 1.2 万吨/年，工业废盐综合利用能力 5 万吨/年。

减排降碳、清洁能源供应类项目共 24 个，投资额 213.07 亿元。实施苏盐井神有限公司盐穴储气工程，涟水热电联产项目，洪泽区、金湖县等地光伏发电项目，对多家锅炉进行改造和深度治理。

生态保护基础设施建设项目 21 个，投资额 63.04 亿元。"十四五"期间，继续实施洪泽湖和宝应湖退圩还湖工程，新建一帆河等 4 个生态安全缓冲区，治理水土流失面积 10 平方千米。

生态环境监测监控能力提升类项目共 28 个，投资额 4.61 亿元，谋划了以工业园区自动监测提升能力项目和水污染预警及溯源能力提升项目为代表的强特色项目，以各级生态环境部门执法能力提升、市园区环境监测站能力建设及各县区监测监控能力标准化建设、水源地自动监测站建设为代表的补短板项目。

环境风险防控与应急能力建设项目共计 6 个，投资额 5.49 亿元，着力提升水环境风险防范和应急能力。

"绿岛"类项目共 4 个，投资额 1.1 亿元。预计建设 2 个餐饮油烟集中治理绿岛、1 个集中喷涂中心和 1 个小微企业危废收集储存绿岛。

4.1.3 工程组织实施模式

为统筹推进生态环境基础设施项目落实，本次构建以各相关市直部门为牵头单位，各相关县区人民政府、园区管委会或企业为实施单位的工程组织实施模式。同时，积极拓展投资主体，大力引导社会资本加大生态环境基础设施项目资金投入力度，推进 PPP、EPC 等投融资模式发展。优选专业企业特别是具有突出技术和融资优势的大型央企、国企，对生态环境基础设施进行集中式、专业化建设和运营维护。

4.2 生态环境基础设施重点工程项目库

开展全市生态环境基础设施重点工程项目库建设，定期摸排环境基础设施建设需求，制订工程建设计划，落实实施单位、资金来源，形成"实施一批、储备一批、谋划一批"的项目分类滚动管理机制，每年对入库项目实施跟踪调度和动态调整，逐步补齐淮安生态环境基础设施短板，形成布局合理、功能完备、运行高效、支撑有力的生态环境基础设施建设体系。同时，年度项目应尽早谋划、尽早实施，坚持提前预防，强化源头治理，保障年度目标的顺利完成。

表 12.3 重点支持项目清单

类别	项目大类	项目细类
生活污水处理	城镇污水处理及管网建设	城镇污水处理设施建设与改造项目、配套管网建设项目、污泥处理处置设施建设与改造项目、初期雨水收集与处理项目、入河排污口规范化建设项目等
	农村污水治理	农村生活污水管网建设项目、农村生活污水集中式或分散式处理设施建设项目、农村生活污水收集处理再利用设施建设项目、必要的设施改造工程、规模化畜禽养殖场污水项目、农田退水和地表径流净化项目、池塘生态化改造项目等

续表

类别	项目大类	项目细类
	再生水循环利用	污水再生利用项目、再生水输送管网项目、人工湿地水质净化项目等
工业污水处理	工业污染防治	工业集聚区污水集中处理设施建设与改造项目、配套管网建设项目、企业水污染防治设施提标改造、清洁化改造项目等
	工业节水减排	重点行业节水项目、工业中水回用项目等
垃圾收运处置	收运处置	垃圾分类收集设施项目、建筑垃圾处置项目、餐厨垃圾处理项目、农村生活垃圾分类、收集、转运和处理设施的建设及购置项目、生活垃圾无害化处理设施项目等
	运行监管	生活垃圾处理设施运营监控系统项目等
固废处置利用	固体废物处置	一般工业固体废物集中处置项目、危险废物综合利用项目、污水处理厂污泥处理利用、河湖底泥、滩涂重金属治理项目、固体废物处理处置废弃物场所整治项目等
	农业废弃物处置	农药包装废弃物回收处置、畜禽粪污综合利用、秸秆综合利用、地膜回收项目等
减污降碳工程	重点行业绿色改造	水泥、电解铝、石化、焦化等行业绿色改造项目、“两高”行业产能淘汰和压减项目、电厂超超低排放改造项目、钢铁企业超低排放改造(不含清洁运输)项目等
	锅炉综合治理	燃煤锅炉淘汰项目、燃煤锅炉超低排放改造项目、燃气锅炉低氮改造项目、生物质锅炉深度治理项目等
	工业窑炉综合治理	工业炉窑淘汰项目、工业炉窑清洁能源替代项目、工业炉窑深度治理项目、工业炉窑提标改造项目等
	VOCs 综合治理	低 VOCs 含量原辅材料替代项目、工业 VOCs 深度治理项目、VOCs 液体储罐排查建档及治理项目、VOCs 企业集群排查整治项目、VOCs 治理示范型企业打造项目等
	燃煤清洁化替代	煤炭总量控制项目、能源布局优化与散煤清洁化利用项目、农村散煤治理项目等
	清洁能源和可再生能源供应	风电、光伏、生物质能源建设项目、天然气供储销项目等
生态保护	保护与修复	湿地保护与修复项目、退圩还湖项目、农村生态河道项目、河湖水生植被恢复项目、生态缓冲区建设项目、自然生态修举试验区建设项目、矿山修复项目、国土绿化项目、水土保持项目等
	生态流量保障	水系连通项目等
	生态文明示范建设	生态保护修复项目、生物多样性调查保护项目、生态文明创建奖补项目、“两山”实践创建基地建设项目、生态环境科普基地建设项目、生态文明实践教育基地建设项目等
监测监控	环境监测站建设	市级环境监测站、县区级环境监测站能力提升项目等
	自动监测站建设	大气自动站建设项目、水质断面自动站建设项目、水源地自动站整改提升和信息共享项目等
	环境监管能力	环境大数据平台建设项目、环境执法能力提升项目、地表水环境监管能力建设项目、地下水环境监管能力建设项目、废水综合毒性管控能力建设项目、水源地监控能力建设项目、移动源监测执法设备配备项目、VOCs 执法设备配备项目等

续表

类别	项目大类	项目细类
	监测监控体系建设	空气VOCs监测项目、大气污染源监控监测项目、港口、铁路货场等重要交通枢纽及重要交通干道空气质量监测项目、新建/改造污染源监控平台及其他各种环境监管平台和系统建设项目、区域空气质量预测预报中心能力建设项目等
风险防控与应急	水源地风险防控	保护区隔离防护设施建设项目、保护区环境问题整治与生态修复项目、保护区矢量确定项目、保护区内风险源应急防护项目、湖库型水源地富营养化与水华防治项目等
	风险预防	事故应急池、应急闸坝等预防设施建设项目、电磁辐射和核辐射污染防治项目、废旧放射源和放射性废物安全处置项目等
	应急能力	应急队伍、应急监测设备、应急物资配备项目等
"绿岛"项目	集群治理	工业集群或园区开展大气、水污染物集中治理以及危险废物规范集中收集贮存项目，建设畜禽粪便集中处理或资源化利用中心项目，建设集中的水产养殖尾水净化设施项目，针对餐饮、汽车维修、小五金加工等行业建设公共烟道、公共涂装操作间、集中加工点等设施项目等

第五章　保障措施

5.1　强化统筹协调

建立市政府主要领导牵头，各分管领导配合的生态环境基础设施建设推进工作机制，由市政府办负责统筹，发改委协调各有关部门按职责范围进一步落实。各市级牵头部门加强与各县区的工作对接，进一步细化落实任务分工、压实责任，形成上下联动、左右协作的工作格局，确保各项生态环境基础设施建设任务落实见效。

5.2　加强过程管理

加大生态环境基础设施的监管，各部门应根据职责建立生态环境基础设施全过程监管和督促整改机制，大力推进生态环境基础设施环境信息公开工作。建立生态环境基础设施考核评价体系，定期对各类生态环境基础设施运行管理水平和效果进行考核评价，坚持定量评估与定性评估相结合、自我评估和第三方评估相结合，形成"年度调度—中期评估—终期评估"的全过程规划评估体系，及时依据评估结果对规划目标任务进行科学调整。

5.3　创新支持方式

加大生态环境基础设施资金投入力度，将生态环境基础设施升级改造列为年度重点支持项目，优先保证资金安排。充分发挥绿色金融对生态环保的重要支撑作用，加强政府部门、金融机构和企业的沟通交流，形成"政—银—企"合作共赢的良好局面。研究制定生态环境基础设施建设投融资、财政等支持政策。加强工业用能指标、排污指标、用地指标保障，向生态环境基础设施重点建设项目做适当倾斜。

5.4　优化规划布局

做好与国土空间规划等规划衔接工作，优化生态环境基础设施空间布局，探索环境基础设施项目与周边群众利益分享机制，有效防范和化解"邻避效应"。